오리온 자리에서 왼쪽으로

TURN LEFT AT ORION

by Guy Consolmagno, Dan M. Davis

Copyright © 2000 by Guy Consolmagno, Dan M. Davis
Illustrations by Karen Kotash Sepp, Anne Drogin, and Mary Lynn Skirvin
Korean translation copyright © 2003 by Henamu Publishing co.
All rights reserved.

First edition published 1989
Second edition published 1995
Reprinted 1995
Third edition published 2000
Reprinted 2001

This Korean edition was published by arrangment with
Cambridge University Press through Eric Yang Agency Co., Seoul.

이 책의 한국어판 저작권은 에릭양 에이전시를 통해
Cambridge University Press 사와 독점 계약한 해나무에 있습니다.
저작권법에 의해 한국 내에서 보호를 받는 저작물이므로
무단 전재 및 무단 복제를 금합니다.

오리온 자리에서 왼쪽으로

초보자를 위한 최고의 천체 관측 가이드북

가이 콘솔매그노 · 댄 데이비스 지음 | 최용준 옮김

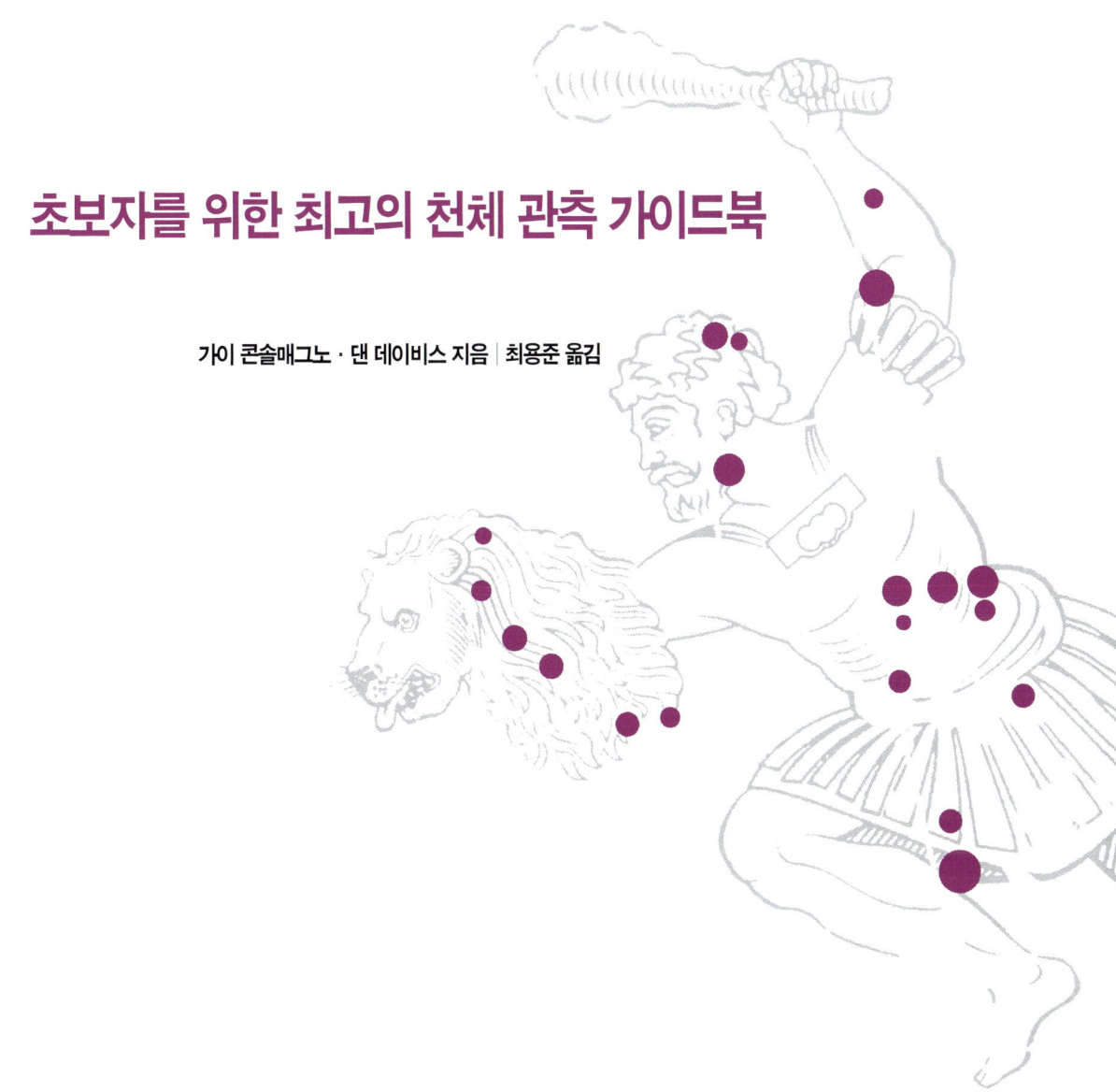

차 례

알비레오를 어떻게 찾을까? 6

이 책을 어떻게 사용할 것인가? 8

달 14
  2000~2011년 사이 전세계에서 볼 수 있는 월식 25

행성 28
  2000~2011년 사이 행동들의 대략적인 위치 30
  2000~2001년 사이 저녁 하늘에서 수성을 볼 수 있는 날 31
  2001~2012년 사이 화성의 충(衝) 31

계절별 천체:겨울 40
  산개 성단 47
  확산 성운 53
  행성상 성운 61

계절별 천체:봄 74
  은하 89
  구상 성단 99

계절별 천체:여름 102
  적색거성 109

계절별 천체: 가을 154

남반구의 천체들 182

망원경을 어떻게 사용할 것인가? 204
  구름이 걷히길 기다리는 동안… 204
  관측을 하러 바깥으로 나갈 때… 208
  망원경의 보관과 유지 209
  컴퓨터와 아마추어 천문학자 210

여기서 어디로 가야 하는가? 212

용어 해설 214

표 218
  표1: 이 책에서 설명한 천체들 218
  표2: 천체 유형별로 정리한 천체들 221

찾아보기 224

무엇을 어디서 그리고 언제 230

감사의 글 230

알비레오를 어떻게 찾을까?

예전에 나는 미국 평화봉사단에 자원해 몇 년 동안 아프리카에서 물리학을 가르친 적이 있다. 그러다 한 달 정도 미국으로 돌아와야 했는데, 그때 우연히 당시 뉴욕 근방에서 살고 있던 친구 댄과 이야기를 나눌 기회가 있었다.

우리 둘은 아프리카의 아름답고 캄캄한 밤하늘, 내가 가르치는 학생들이 천체에 대해 품고 있는 끝없는 호기심에 대해 이야기했다. 그리고 그날 오후 댄의 조언에 따라 맨해튼으로 가서 케냐로 가지고 갈 작은 망원경을 하나 샀다.

댄은 내가 산 물건에 나보다도 훨씬 더 흥분했다. 욘커스 가의 지저분한 동네에서 자랐으며 안경알로 불을 붙일 수 있을 만큼 눈이 나쁜 사람이면 의당 그렇듯이, 댄은 꼬마 시절부터 열렬한 아마추어 천문학자였다. 그리고 그는 내가 아프리카에서 볼 몇 가지 광경에 대해서 무척이나 기뻐했다.

처음에 나는 이해할 수가 없었다. 모두들 마찬가지겠지만, 나 역시 어렸을 적에는 망원경이 있었다. 경품으로 탄 2인치 굴절 망원경이었다. 그 망원경으로 달을 봤던 기억이 난다. 그리고 목성과 토성을 어떻게 찾는지도 알고 있었다. 하지만 그 이후 더이상 어떤 천체를 보아야 하는지 알지 못했다. 광택이 번쩍거리는 잡지에서 볼 수 있는 천연색의 찬란한 성운들? 하지만 그런 사진들은 모두가 거대한 망원경으로 찍은 것이었다. 설사 무엇을 봐야 하는지 알고 있다 해도 내가 가진 작은 망원경으로는 그러한 모습을 볼 수 없었다. 게다가 나는 어디를 봐야 할지도 몰랐다. 그리하여 내 망원경은 벽장에서 먼지를 뒤집어쓰고 있다가 결국 내 조카에게 넘어갔고 그 뒤 나는 다시는 그 망원경의 모습을 볼 수 없었다.

하지만 댄은 자기가 한 번도 보지 못했던 남반구의 별과 캄캄한 밤하늘의 땅 아프리카로 내가 가지고 갈 새 망원경에 무척 흥분해 있었다. 그곳에는 볼 만한 멋진 천체들이 많다고 댄은 주장했다. 그 친구는 내게 성도와 쌍성, 성단, 은하들의 목록이 실린 책들을 주었다. 정말 이런 천체들을 내 작은 망원경으로 볼 수 있을까?

하지만 댄이 준 책은 내게 커다란 실망만 안겨주었을 뿐이다. 우선, 책에 나와 있는 별자리가 어디가 위고 어디가 아래인지 알 수 없었다. 그리고 설사 내가 그 방향을 알아낸다고 해도, 책의 저자들은 내가 적어도 6인치 반사경이나 굴절렌즈가 설치된 망원경을 가지고 있다고 가정한 듯했다. 책에 나와 있는 천체 가운데 내가 가지고 있는 3인치 망원경으로 볼 수 있는 천체가 무엇인지 도무지 알 방법이 없었다.

마침내 보다 못한 댄이 어느 날 밤 나를 데리고 나갔다.

"알비레오를 보자고."

나는 이전에는 알비레오라는 말을 들어본 적이 없었다.

"저기 바로 위에 있어. 이쪽을 향하고, 고정시키면, 자 여기 보이는군." 댄이 말했다.

"기가 막힌걸! 쌍성이라니! 둘 다 보여!"

"색깔도 봐봐."

"우와…… 하나는 노란색이고 또하나는 파란색이군. 정말 멋진 대조로군그래."

"멋지지? 이제 이중 쌍성을 보자고."

그런 식으로 한 시간이 흘렀다.

결국 내게는 세상에 있는 책을 전부 합친 것보다 어떤 천체를 보아야 하며 그 천체를 어떻게 찾아야 하는지를 가르쳐주는 친구 한 명이 훨씬 더 좋았던 것이다. 그러나 불행히도, 댄을 아프리카로 데리고 갈 수는 없었다.

내 경험이 드문 것은 아니라고 생각한다. 해마다 수천 대의 망원경이 팔리지만 사람들은 그 망원경으로 한두 번 정도 달을 보곤 다락방에 처박아두어 먼지만 쌓이게 할 뿐이다. 사람들이 흥미가 없기 때문이 아니다. 밤하늘에서 육안으로 볼 수 있는 2천여 개의 별들 가운데 1천9백여 개는 작은 망원경으로 보아봤자 별 볼일 없기 때문이다. 맨눈으로는 볼 수 없지만 작은 망원경으로는 볼 수 있는 쌍성이나 변광성, 성운과 성단을 하늘에서 찾기 위해서는 하늘의 어느 부분을 보아야 하는지 알아야만 한다.

우리가 흔히 구할 수 있는 관측 지침서를 보면 도대체 무슨 내용인지 이해하기 무척 어렵다. 왜 우리가 전문적인 좌표계와 씨름해야만 하는 걸까? 내가 원하는 것이라고는 망원경을 밤하늘 어딘가로 '향하게' 한 다음 "어이, 이리 와서 이것 좀 봐!"라고 말하는 것뿐인데 말이다.

우리가 이 책을 쓰기로 결심한 것은 내가 처음 관측을 시작했을 때와 비슷한 처지에 있는 사람들, 즉 필요도 없는 천문학 전문지식을 배우느라 시간을 허비하지 않으면서도 별 보는 재미를 느끼고 싶어하는 사람들을 위해서이다.

— 가이 콘솔매그노(이스튼, 펜실바니아, 1988년)

제3판에 부치는 서론

댄이 내게 알비레오를 처음 보여주고 난 뒤 십오 년이 지났다. 그 동안 여러 가지 일이 있었다. 당시 우리는 댄의 아이를 깨우지 않기 위해 관측을 마치고 돌아올 때는 발소리를 죽이고 살금살금 걸어야만 했다. 댄과 그의 아내 레오니의 아이들은 이제 십대가 되었다. 1983년에 나는 미국 평화봉사단에 합류하기 위해 매사추세츠 공과대학(MIT)의 연구직을 포기했고 1989년에는 예수회에 들어가기 위해 라파예트 대학의 교수직을 포기했다. 그리고 이제는 다시금 모든 시간을 연구에 쏟고 있고 여전히 여행도 하고 있다.

그리고 예전에 산 90밀리미터 망원경을 여전히 간직하고 있다. 하지만 이제는 애리조나의 그래햄 산에 있는 바티칸 천문대의 고등기술 망원경(Advanced Technology Telescope)으로 관측을 한다. 이 망원경은 1.8미터 반사 망원경으로서, 이 망원경 제작에 채택된 광학과 제어 기술, 그리고 대형 망원경으로는 세계 최초로 스핀-캐스트 공법을 이용해 만든 반사경은 21세기 망원경을 위한 시험대 역할을 하기도 한다. 댄은 소박하게 슈미트-카세그레인 8인치 망원경으로 바꾸는 데 그쳤다.

1984년 이후 변한 것은 우리들 개인의 삶뿐만이 아니었다. 지난 십오 년 동안, 아마추어 천문학에서 커다란 발전이 있었다.

개인용 컴퓨터와 컴퓨터용 천문학 프로그램들은 밤하늘에서 천체를 찾는 방식을 완전히 바꾸어놓았다. 이제 자판 몇 개만 누르면 어느 별이 어느 순간 어디에 있는지를 알 수 있다. 더 중요한 것은, 혜성이나 소행성, 외행성의 궤도를 입력해 맞춤형 성도를 인쇄하는 데 별 어려움이 없다는 점이다. 게다가 컴퓨터 제어 망원경을 살 수도 있다. 단지 숫자만 몇 개 누르면 망원경 스스로가 미리 좌표를 입력해놓은 천체로 찾아가는 그런 것들 말이다. 이렇게 편리한 세상에서 대체 누가 책 같은 걸 필요로 하겠는가?

아마추어용 망원경의 성능은 발전해왔다. 돕슨 식 설계 덕분에 거의 모든 사람들은 가격에 부담을 느끼지 않고도 6인치나 8인치 반사 망원경을 살 수 있게 되었고, 컴퓨터 제어 기술 덕분에 소형 슈미트-카세그레인 망원경의 성능은 예전보다 훨씬 더 좋아졌다. 값은 오르지 않은 채 말이다. 그런데 왜 여전히 3인치 망원경에 만족해야만 한단 말인가?

그런데도…… 어젯밤, 우리는 댄의 집 앞뜰에서 내 친구의 삼십 년 된 낡은 2.4인치 굴절 망원경(현재의 십대 소유주로부터 허락을 받고 빌려온 것이다)으로 쌍성을 보았다. 이 책의 새로운 판에 포함시킨 천체들을 실제로 볼 수 있는지 확인한다는 구실을 갖다붙였지만 진짜 이유는 그냥 재미있기 때문이었다. 소형 망원경 만세!

허블 망원경이나 우주 탐사에 관한 소식에서 느낄 수 있는 그 어떤 흥분도 아마추어 천문학에서 얻는 감동을 대신할 수는 없다. 오히려 그런 흥분 때문에 더 많은 사람들이 바깥으로 나가 스스로 '하늘'을 들여다보게 된다. 여러분은 3인치 망원경으로 1994년에 슈메이커-레비 혜성이 목성에 충돌하며 남긴 흔적을 찾아볼 수 있다. 그리고 혜성은 목성에 남긴 흔적만큼이나 뚜렷한 흔적을 인간의 상상력에 남겨놓았다. 이후, 하쿠다케(1996년), 헤일-밥(1997년) 혜성은 만사를 제쳐놓고라도 결코 놓쳐서는 안 되는 장관을 제공했다.

인터넷은 이 책에 흥미로운 영향을 끼쳤다. 우리는 통신을 통해 멋진 비평들을 여러 개 받았다. 하지만 사람들이 보낸 편지를 읽으면서, 사람들이 이 책을 어떻게 사용하고 있는지 알게 되어 놀랐다. 우리 책의 독자들은 3인치 망원경을 쓰는 아마추어만이 아니었다. 이 책은 쌍안경을 사용하는 사람들에게 인기가 있으며 돕슨 식 망원경을 쓰는 사람에게는 쓸모 있는 길잡이가 되었고 8인치 대형 망원경을 처음 다루는 초보자에게 선택의 길잡이가 되고 있다.

이러한 사실을 마음속에 새기면서 새로운 판에는 우리가 쓰는 3인치 망원경보다 조금 더 크거나 작은 망원경으로 볼 수 있는 천체를 추가했다. 또한 이번 기회에 예전에 있던 실수나 오자들을 잡아냈다(한 명은 이전 판이 '거의 완벽'했다고 말해줬다. 우리는 이전 판 전반에 걸쳐 베텔기우스라는 철자를 틀리게 썼던 것이다! 조언을 해준 그 사람의 영혼에 축복이 내리길). 우리는 책의 순서 일부분을 재배치했고, 각 천체가 하늘에서 가장 잘 보이는 달을 표시했다. 물론 행성과 일식, 월식 표도 갱신했다. 그리고 초판이 나온 뒤로 궤도를 따라 자리를 옮긴 쌍성의 새로운 위치도 기록했다. 또한 여러 '이웃' 천체들도 새로 첨가했다. 그리고 몇 번에 걸쳐 남반구를 여행한 뒤로는 남반구에 있는 몇몇 천체들을 추천하지 않는다면 죄를 짓는 듯한 느낌이 들어 넣지 않을 수가 없었다.

하지만 우리의 기본 철학은 변하지 않았다. 여러분이 작은 망원경을 가지고 있고, 하늘을 바라볼 여유가 있으며, 무엇보다도 밤하늘을 사랑한다는 가정 말이다. 『오리온자리에서 왼쪽으로』는 망원경으로 하늘을 볼 때 여전히 내 곁에 필요한 책이다. 여러분에게도 이 책이 충실한 동반자가 된다면 정말 좋겠다.

— 예수회 수도사 가이 콘솔매그노
(뉴욕, 스토니브룩을 방문하여, 1998년)

이 책을 어떻게 사용할 것인가?

이 책에 우리는 작은 망원경으로도 관측하기에 좋은 천체들을 가장 잘 보이는 계절과 하늘에 위치한 장소별로 모아 정리해놓았다. 이 목록을 만들면서, 여러분 역시 우리 것과 비슷한 망원경, 즉 주경 또는 렌즈의 지름이 6에서 10센티미터(2.4인치~4인치) 정도인 망원경을 가지고 있으리라 가정했다. 이 책에 있는 모든 천체는 이상적인 기상 조건이 아니더라도 이 정도의 작은 망원경으로 볼 수 있다. 천체에 대해 우리가 하는 모든 설명은 우리가 직접 작은 망원경으로 관측하며 본 것이다.

방향 찾기 우선, 이 책을 보기 위해 별자리를 외울 필요는 없다. 별자리란 천문학자들이 제멋대로 하늘을 나눈 뒤 내키는 대로 붙여놓은 이름에 불과하다. 이 이름들이 앞으로 우리가 보게 될 천체를 식별하는 데는 편리하겠지만 그 이외의 점에서라면, 별자리 걱정은 하지 말아라. 별자리에 대해 알고 싶다면 세상에는 그에 관한 책들이 수없이 많다. 개인적으로 좋아하는 책은 H. A. 레이(H. A. Rey)가 쓴 『별The Stars』이다. 하지만 망원경 관측을 할 때 여러분이 필요로 하는 내용은 다른 별을 찾는 단서가 될 가장 밝은 별들이 어디에 있는가 하는 점이다. 이런 밝은 별들의 위치는 **계절별 천체**의 맨 앞 길잡이 항목에서 설명해놓았다.

태양과 마찬가지로 별도 서쪽으로 지기 때문에 오랜 시간 동안 관측할 계획이라면 하늘에서 천체의 고도가 너무 낮아지기 전에 서쪽에 있는 천체부터 먼저 관측해야 한다. 물론 천체가 지평선에 가까워지면 가까워질수록 대기 때문에 흐리고 찌그러져 보이므로 별이 가능한 하늘 높이 떠 있을 때 보는 것이 좋다(천체가 여러분의 머리 꼭대기에 있을 때는 예외이다. 대부분의 망원경은 삼각대 때문에 천장을 향하기 어렵게 되어 있다.

머리 위를 똑바로 쳐다볼 때는 지평선 근처를 볼 때와는 다르다. 더럽고 대류활동이 심한 대기를 통해 천체를 보지 않아도 되니 말이다. 지평선 부근의 낮은 곳을 보는 일은 되도록 하지 말자! 남쪽의 별은 결코 높은 고도까지 뜨지 않는다. 이에 대해 여러분이 할 수 있는 일이란 아무것도 없다. 하지만 지평선에 있는 별들은 계절이 바뀌면서 또는 밤이 지나면서 하늘 높이 뜰 것이다.

따라서 이런 경우에는 천체가 천장을 지나기 바로 전이나 지난 직후에 관측하도록 하라).

자, 이제 밤이 되었다. 여러분은 어떤 천체를 관측할 것인가? 책 뒤에 있는 '무엇을, 어디서 그리고 언제' 표에 그 모든 내용이 실려 있다. 이 표는 여러분이 관측을 하는 달과 시간에 계절별 천체들이 위치한 각 별자리를 싣고 있다. 별자리를 찾기 위해 보아야 할 방향(예: W=서쪽), 그리고 지평선 부근을 보아야 하는지(예: W-), 높은 곳을 보아야 하는지(예: W+) 등의 내용이 있다. '++'라는 표시만 되어 있는 별자리는 바로 머리 위에 위치한다는 뜻이다. 이제 여러분은 각 계절별로 분류된 책장을 넘겨 밤에 각 별자리에서 볼 수 있는 천체들을 점검할 수 있을 것이다.

달과 행성 이 책의 첫 부분에 소개하는 내용은 달과 행성들이다. 하늘에서 달을 찾는 일은 문제가 될 리 없다! 사실, 달은 환한 낮 시간에도 태양과 달리 안전하고도 쉽게 맨눈으로 관측할 수 있는 유일한 천체이다(사실, 여러분이 꼭두새벽에 일어날 생각이 없다면, 낮은 하현달을 볼 수 있는 유일한 시간이다. 시도해보시길!).

달 관측에는 뭔가 특별한 것이 있다. 또한 달은 위상(位相)이 변함에 따라 모습도 꽤 많이 변한다. 우리는 이 책에 달의 서로 다른 다섯 개의 위상 사진과 설명을 실어놓았으며 월식이 일어나는 시기와 그때마다 무엇을 보아야 하는가에 대한 표도 실어놓았다.

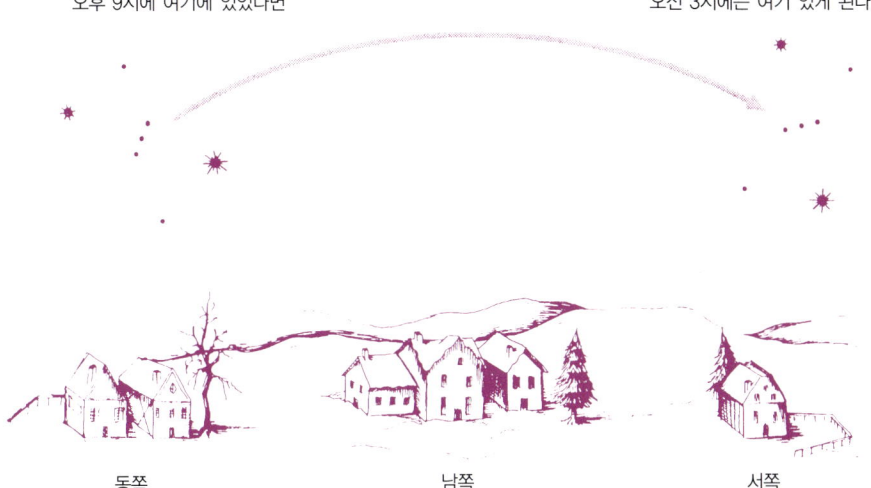

오후 9시에 여기에 있었다면　　　　오전 3시에는 여기 있게 된다.

동쪽　　　남쪽　　　서쪽

또는 석 달 뒤 오후 9시에 여기 있게 된다.

별이나 멀리 떨어진 천체는 각각에 대한 상대적 위치가 변하지 않는다. 하지만 저녁 시간대에 볼 수 있는 별은 계절에 따라 달라진다. 3월에 보기 쉬운 천체는 9월이 되면 보이지 않는다. 이런 천체들을 '계절별 천체'라고 한다. 물론 어떤 천체는 한 계절 이상 보이기도 한다. 우리가 '겨울 하늘'에 대해 이야기할 때 이는 우리가 겨울 지방표준시 오후 9시에 보는 하늘을 말하는 것이다. 여러분이 새벽 3시에 일어나서 하늘을 본다면 이 책은 상당히 다른 모습이 될 것이다. 대략 따져보면 별이 뜨는 시간은 한 계절이 지나면 여섯 시간씩 빨라진다. 그러므로 봄철 저녁에 보이는 별은 겨울철 아침에, 여름날 저녁에 보이는 별은 봄철 아침에 보인다.

행성은 망원경으로 볼 때 밝고 작은 빛원반으로 보인다. 심지어는 2.4인치 망원경(즉 주경이나 렌즈의 지름이 2.4인치인 망원경)으로 볼 때조차 밝은 행성들과 그 주변을 꽤 자세히 볼 수 있다. 예를 들어 여러분은 금성의 위상, 화성의 극관(極冠), 목성의 구름 띠와 (어떤 때에는) 대적반(大赤斑, Great Red Spot), 토성의 고리, 그리고 목성과 토성의 위성 가운데 커다란 몇 개를 볼 수 있다. 별의 위치를 기준으로 볼 때, 행성의 위치는 해마다 바뀐다. 하지만 여러분이 하늘의 어디를 보아야 하는지 대충이라도 알고 있다면 행성을 찾기란 아주 쉽다. 대개의 행성은 하늘에서 가장 밝은 별들만큼이나 밝기 때문이다. 우리는 이 책에 각 행성들을 언제 찾을 수 있는지에 대한 표를 넣었으며, 각 행성들을 관측할 때 무엇을 보면 좋은가에 대해서도 설명해놓았다.

계절별 천체 이 책에 각 계절별로 대략 저녁 9시경 미국, 캐나다, 유럽, 한국, 일본 등 위도가 25도에서 55도 사이에 있는 모든 지역에서 가장 잘 보이는 별의 목록을 실어놓았다. 이 섹션에서 우리가 설명하는 모든 천체는 다른 천체들과의 상대적 위치가 고정되어 있다. 하지만 저녁 시간대에 볼 수 있는 별은 계절에 따라 달라진다. 가령 3월에 잘 보이는 별은 9월에는 볼 수 없다.

어떤 천체는 한 계절 이상에 걸쳐 보이기도 한다. 즉 오리온 성운은 겨울철에 가장 잘 보이지만 이 이유만으로 봄철에는 보이지 않는다는 뜻이 아니라는 것이다. 우리는 바로 전 계절에서 가장 잘 보이던 천체들 가운데 여전히 서쪽 하늘에서 볼 수 있는 것들은 각 계절의 시작부에 있는 표에 실어놓았다.

또한, 예를 들어 우리가 '겨울철 하늘'에 대해 이야기할 때 지방표준시로 오후 9시경의 겨울 하늘에 대해 이야기하고 있다는 사실을 기억해두기 바란다. 여러분이 새벽 3시에 일어나 하늘을 바라본다면 그 모습은 책에 나와 있는 것과 꽤 다를 것이다. 대략 따져보면 별이 뜨는 시간은 한 계절이 지나면 여섯 시간씩 빨라진다. 그러므로 봄철 저녁에 보이는 별은 겨울철 아침에, 여름날 저녁에 보이는 별은 봄철 아침에 볼 수 있다.

각 천체에 대해 우리는 이름을 표시하고 천체의 유형을 설명했다.

쌍성⁺은 육안으로는 하나의 별로 보이지만 망원경으로 보면 두 개(또는 그 이상)의 별로 분해되어 보인다. 그래서 망원경을 사용해 직접 관측하면 깜짝 놀랄 정도로 깊은 인상을 받게 되며, 특히 두 별이 서로 다른 색깔을 가지고 있다면 더욱 그렇다. 또한 대개 대기가 탁하고 하늘이 밝은 때라도 쌍성은 찾기 쉽다. 각 쌍성에 대한 설명에는 각 별에 대한 설명, 색깔과 밝기, 하늘에 투영되어 보이는 두 별 사이의 거리(초⁺단위로 표시)가 들어 있는 간단한 표를 포함시켜놓았다.

변광성⁺은 밝기가 변하는 별이다. 우리는 1시간이나 또는 그 이내에 밝기가 극적으로 변하는 변광성을 찾는 방법에 대해 설명해놓았다.

산개 성단⁺은 별들의 모임으로 대개는 (천문학적 기준으로 볼 때) 꽤 젊은 별이 함께 모여 있는 천체이다. 산개 성단을 보고 있노라면 섬세하고 반짝이는 보석들이 한데 모여 있는 듯한 느낌이 든다. 어떤 때에는 낱개로 분해해 볼 수 없는 흐릿한 별들을 배경으로 밝은 별들이 점점이 보이는 경우도 있다.

깜깜한 밤에 이런 모습을 보고 있노라면 그 아름다움에 숨이 막힐 지경이다. 산개 성단에 대해서는 47쪽에서 마차부자리에 있는 성단에 대해 설명할 때 좀더 자세히 설명하겠다.

은하, 구상 성단, 여러 가지 형태의 성운은 여러분의 망원경으로 볼 때 작은 빛구름처럼 보일 것이다. **은하**⁺는 우리로부터 수백만 광년⁺ 떨어져 있을 뿐, 우리 은하와 마찬가지로 수십억 개의 별들로 이루어져 있다. 여러분이 망원경을 통해 보는 흐릿한 빛이 사실은 머나먼 곳에 있는 다른 '섬 우주'이며 이 책에서 우리가 말하는 은하들에서 나오는 빛은 (마젤란 성운을 제외하고는) 모두가

⁺ 표시는 책 뒤의 용어 해설 참조.

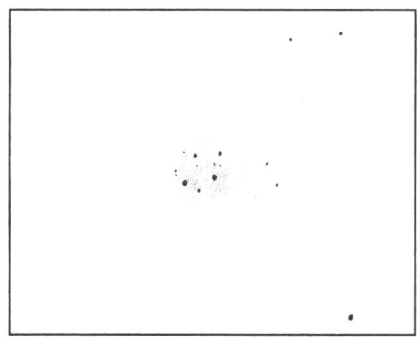
산개 성단: M37

은하: 소용돌이 은하

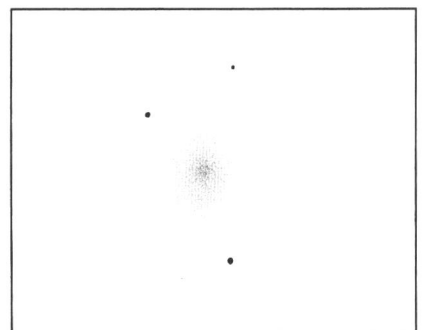
구상 성단: M3

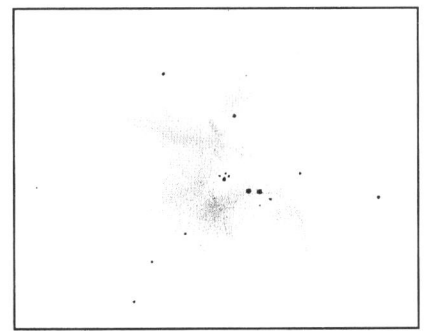
확산 성운: 오리온 성운

인류가 지구 위를 걸어다니기도 전에 나온 빛이라는 사실은 놀라울 따름이다. 은하에 대해서는 89쪽(소용돌이 은하와 M51)에서 자세히 설명했다.

구상 성단⁺은 우리 은하 안에 있는 존재로, 수십만 개의 별들이 구형으로 빽빽하게 밀집해 있는 집단이다. 맑고 깜깜한 밤이면, 일부 구상 성단에서는 개개의 별이 보이기도 한다. 이런 별들은 우리 은하에서, 아니 어쩌면 우주에서 가장 나이가 많은 별에 속한다. 구상 성단에 대해서는 99쪽(사냥개자리에 있는 M3)에서 훨씬 자세히 설명하도록 하겠다.

확산 성운⁺은 젊은 별에서 나온 가스와 먼지로 이뤄진 구름이다. 확산 성운은 아주 어두운 밤에만 잘 보이지만 섬세한 빛줄기들은 작은 망원경으로 볼 수 있는 가장 멋진 장관 가운데 하나다. 확산 성운에 대한 더 자세한 내용은 53쪽(오리온 성운)에 나와 있다.

행성상 성운⁺은 나이 든 별이 내뿜어 생긴 가스 껍질로서, 행성과는 아무런 관계도 없는 천체이다. 행성상 성운은 작지만 밝다. 아령 성운이나 고리 성운 같은 것은 독특하게 생겼다. 행성상 성운에 대해서는 61쪽(쌍둥이자리에 있는 광대얼굴 성운)에서 훨씬 자세히 설명해놓았다. 죽어가던 별이 초신성으로 폭발하면 단순한 구조의 가스 구름을 남긴다. M1은 초신성 잔해⁺이다. 49쪽을 보라.

다음으로 천체의 공식 명칭에 대해 이야기하도록 하자. 처음에는 목록과 목록 번호가 별자리만큼이나 당혹스러울 수도 있다. 하지만 이런 명칭은 하늘에 있는 천체들을 구별하기 위해 모두가 쓰고 있는 방법이며 여러분 역시 이 명칭을 알아야만 한다. 때로는 여러분의 망원경을 통해 보이는 천체의 모습과 천문학 잡지(이런 잡지에는 이들 천체가 오로지 목록 번호로만 구별되는 경우가 종종 있다)에 실려 있는 번쩍이는 천연색 사진을 비교해보는 것도 재미있다.

별의 이름은 그 별이 포함된 별자리의 이름 뒤에 그리스 문자나 아라비아 숫자를 붙여 만든다. 별자리 안에서 그리스 문자는 가장 밝은 별부터 시작해서 (아주 대충 결정한) 밝기 순서로 붙는다. 예를 들어 시리우스는 큰개자리의 가장 밝은 별이기 때문에 큰개자리 알파라 한다. 다음으로 밝은 별에는 베타, 감마의 순으로 이름을 붙인다. 육안으로 보이는 더 어두운 별은 플램스티드 번호, 예를 들어 백조자리 61처럼 별자리 안에서 서에서 동으로 이동해가며 이름을 붙인다. 그보다 흐린 별들에 대해서도 (여러 가지 방법의) 명명법이 있지만 그런 별 대부분은 여러분이나 우리의 관심 밖에 있는 천체들이다.

쌍성 역시 목록 번호가 붙어 있다. 프리드리히 스트루베(Friedrich Struve)와 셔번 번햄(Sherburne Burnham)은 20세기에 쌍성을 전문으로 찾던 인물들이었다. 이 둘이 만든 목록에 들어 있던 쌍성은 현재 그 이름을 그대로 간직하고 있다. 변광성은 문자를 붙인다. 각 별자리마다 발견된 변광성 순으로 R에서 Z까지 문자를 붙이고 그 이상의 변광성이 발견되면 두 개의 문자를 붙인다. 예를 들어 게자리 VZ 하는 식으로 말이다.

이 책에서는 성단, 은하, 성운에 대해 『메시에 목록』(M13처럼 숫자와 함께 쓴다)과 『새 일반 목록 New General Catalog』(NGC 2392처럼 숫자와 함께 쓴다)의 두 개 목록을 쓴다. 찰스 메시에(Charles Messier)는 1700년대에 혜성을 전문으로 찾던 인물이었는데 그에게 은하나 성운은 쓸모 없는 존재였다. 메시에는 계속해서 은하와 성운을 반복적으로 발견했고 그것들의 많은 수가 혜성과 비슷하게 생겼기 때문에 점차 혼란스러워했다. 그래서 메시에는 혜성을 찾는 동안 은하와 성운을 보지 않을 수 있도록 이들 천체의 목록을 만들었다. 이런 과정에서 메시에는 하늘에서 가장 흐린 천체까지도 목록을 만들게 되었다. 하지만 메시에는 목록 번호를 붙일 때 천체와는 상관없이 되는 대로 붙였다. 19세기까지 그 기원을 더듬어갈 수 있는 『새 일반 목록』은 하늘의 서쪽에서 동쪽을 가로지르면서 번호를 붙여나갔다. 하늘의 같은 영역에서 여러분이 보는 천체에는 비슷한 NGC 번호가 붙어 있다.

우리는 각 천체마다 등수(rating)를 매겨놓았으며 하늘의 상태, 필요한 접안렌즈의 성능,

관측하기 가장 좋은 달을 기록했다.

등수란 작은 망원경으로 각 천체를 보았을 때 얼마나 멋진가를 우리가 완전히 주관적인 기준으로 매긴 값이다.

이런 천체들 가운데 몇몇은 달이 없는 어둡고 맑고 상쾌한 저녁에 보면 완전히 숨이 막힐 지경이다. 헤르쿨레스자리에 있는 거대 구상 성단인 M13을 예로 들 수 있다. 그리고 하늘이 썩 맑지 않다 할지라도 이 구상 성단은 관측하기 충분할 정도로 크고 밝다. 이런 천체, 그리고 각 유형에서 최고의 표본이 되는 천체는 모두 망원경 네 개의 등수를 주었다(오리온 성운과 마젤란 성운은 망원경 다섯 개이다. 이 두 천체는 절대로 놓치지 말아라).

인상적이지만 '최고의 유형'에 들어가지는 못하는 것들에게는 망원경 세 개의 등수를 주었다. M3을 예로 들 수 있다. M3은 무척 멋진 천체지만 M13에 비하면 매력이 떨어진다.

그 밑으로는 망원경 두 개짜리 천체들이다. 이들 천체는 망원경 세 개짜리 천체들보다 찾아내기 더 어렵거나 찾아내기는 쉽더라도 각 유형의 다른 표본보다 보는 재미가 떨어지는 것들이다. 예를 들어 게 성운(M1)은 유명한 젊은 초신성 잔해이다. 하지만 게 성운은 아주 흐릿하며 작은 망원경으로는 보기 힘들다. M46과 M47은 아름다운 모습을 하고 있지만 남쪽 하늘의 외진 구석에 있으며 위치를 찾는 데 도움이 될 만한 다른 별들도 거의 없다. 작은곰자리의 쌍성인 미자르는 찾기는 쉽지만 색깔도 없고 다른 쌍성과 달리 어떤 미묘함도 없다. 이런 천체들은 '망원경 두 개'로 표시했다.

마지막으로, 솔직하게 말해 어떤 천체들은 진혀 볼 만하지가 않다. 날이 정말로 맑지 않다면 여러분은 이들 천체를 찾기도 힘들 것이다. 이들 천체는 완벽주의자, 즉 작은 망원경으로 볼 수 있는 극한까지 하나도 남김없이 모든 천체를 보고 싶어하는 '우표 수

이상적인 관측 조건은 서늘하고 상쾌하며 달빛이 없는, 도시의 불빛에서 수백 킬로미터 떨어진 산 위에 혼자서 관측을 하는 것이다. 캠핑을 갈 때 망원경을 가지고 가는 것을 잊지 말기를! 하지만 완벽한 조건을 기다릴 필요는 없다. 이 책에서 우리가 설명하는 대부분의 천체는 도시에서도 볼 수 있다. 아파트의 옥상은 비공식 천문대를 세울 수 있는 좋은 장소이다.

집가'를 위해서 넣어놓은 것이다. 이런 사람들에게는 이런 천체야말로 찾아보기 가장 재미있는 천체가 될 수도 있다. 단지 찾기가 어렵다는 이유로 말이다. 하지만 추운 겨울밤에 왜 당신이 집 안에 들어가 텔레비전을 보지 않는지 이해하지 못하는 이웃 사람들에게는 이런 천체를 보는 일은 무척이나 지루해 보일 것이다. 이런 천체들에게 우리는 망원경 하나의 등수를 주었다.

하늘의 상태는 여러분이 얼마나 좋은 관측을 할 수 있는지를 결정한다. 물론 이상적 조건은 바람과 구름과 달빛이 없는, 도시의 불빛에서 수백 킬로미터 떨어진 산 위에 혼자서 관측을 하는 것이다. 하지만 사실 꼭 그렇게 완벽한 상태는 필요 없다. 대부분의 천체는 교외의 불빛 속에서도 보인다. 이 책에 나오는 모든 천체는 맨해튼 도심 반경 25킬로미터 안에서 3인치 망원경으로 볼 수 있다—우리가 그랬다. 이 책에 들어 있는 스케치 가운데 상당수는 뉴저지의 포트리 시 근처에서, 조지 워싱턴 다리의 그늘에서 그린 것이다. 롱아일랜드의 가장 어두운 야생지대까지 가야 했던 경우도 있었지만 그것은 남쪽 지평선 부근에 있는 흐린 천체 몇 개 때문이었다. 어떤 밤이든 별이 뜨기만 하면 관측을 하라. 그만한 가치가 있는 일이다. 다채로운 쌍성의 경우처럼, 약간의 배경 불빛이 그 색깔들을 오히려 더 두드러지게 해 멋지게 보이게도 하니까 말이다.

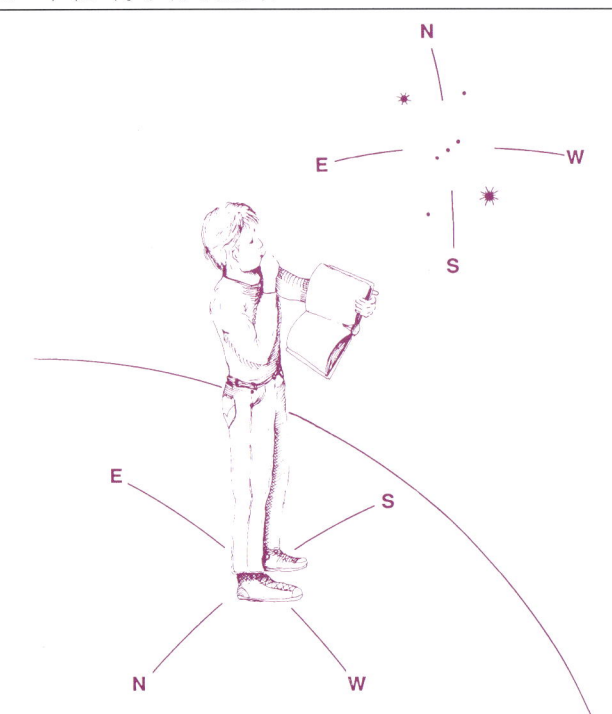

지구에 서서 천구를 바라보면 하늘에서 보이는 동서의 방향은 우리가 일반 지도에서 익숙해져 있는 동서 방향과 반대로 나타난다.

한편, 우리의 목록에 있는 천체에서 아주 어두운 밤하늘에서만 보이는 것들은 '어두운 하늘'라고 표시해놓았다. 이런 천체를 최상의 상태로 보려면 다음번 캠핑을 갈 때 망원경을 가지고 가서 달이 뜨지 않을 때까지 기다려라. 하늘의 상태가 좋을 때는 흐릿한 천체는 물론이거니와 밝은 성운조차도 전혀 새로운 모습으로 보일 것이다.

접안렌즈에서 고배율과 밝기를 동시에 얻을 수 없다는 사실을 알아두자. 행성이나 쌍성처럼 작고 밝은 천체에 고성능의 접안렌즈를 쓸 수 있다(대개 접안렌즈의 크기가 작을수록 배율은 크다. 더 자세한 내용을 알고 싶으면 '망원경을 어떻게 사용할 것인가' 편을 참조하라). 그 이외의 경우에는 고배율 접안렌즈를 쓰고 싶은 유혹을 물리쳐라. 그리고 망원경의 '성능'을 과대 선전하는 광고물은 깡그리 무시하라. 저배율 렌즈로 더 많은 것을 볼 수 있다. 은하와 같이 흐릿하고 퍼져 있는 천체를 보는 데는 저배율 렌즈를 써야만 충분한 밝기로 볼 수 있다. 예외가 있다면 오리온 성운뿐이다. 오리온 성운은 저배율과 고배율 렌즈 어떤 걸 써도 흥미로운 모습을 볼 수 있다.

최적 관측 시기는 여명이 끝나는 무렵부터 9시 또는 10시의 시간 동안 북반구의 중위도 지방에서 일 년 가운데 각 천체들이 상대적으로 하늘의 높은 곳에 떠 있는 특정 달을 가리킨다(특별히 남반구에서 볼 수 있는 천체라고 표시한 경우는 예외이다). 물론 앞서 말한 바와 같이, 여러분이 좀더 늦은 시간까지 관측을 한다면 자신이 좋아하는 천체들을 볼 수 있는 기간이 몇 달 더 길어진다.

쌍안경이나 대형 망원경으로 보는 것이 좋은 천체들이 있다. 이런 경우 우리는 '쌍안경' 또는 '돕슨 식' 망원경+ 그림을 넣어두었다.

이런 등수 다음에 있는 것은 **육안용 성도**(星圖)이다. 이 도표는 3등급의 별을 표시하는 것이 식별에 도움이 되는 경우를 제외하고는 2등급 이상의 밝은 별만 넣어두었다.

등급+은 별의 밝기 단위이다. 숫자에 따라서 밝기가 어떻게 변하는지에 유의하길 바란다. 숫자가 작을수록 더 밝은 별이다. 즉 1등급 별은 2등급 별보다 약 2.5배가 더 밝으며, 2등급 별은 3등급 별보다 약 2.5배가 더 밝다. 아주 밝은 별은 0등급으로 표시하며, 음수의 등급을 가진 별도 있다! 맑은 날 저녁이라면 망원경의 도움 없이 맨눈으로 약 6등급의 별까지 볼 수 있다. 하지만 도시의 불빛 때문에 3등급의 별조차 보기 힘든 상황이다.

그 다음 그림은 **파인더스코프로 보았을 때의 시야**+를 나타낸다. 우리는 별을 중심으로 생각하기 때문에 그림의 위쪽이 남쪽이라는 사실에 주의해야 한다. 그 이유에 대해서는 잠시 뒤에 설명하겠다. 서쪽을 가리키는 작은 화살표는 별이 파인더스코프+에서 흐르는 방향을 표시한다(대부분의 파인더스코프는 아주 낮은 배율이기 때문에 이렇게 서쪽으로 별이 흐르는 속도는 무척 느리다).

이 그림 반대편에 있는 그림은 **망원경으로 보았을 때의 시야**로 접안렌즈를 통해서 여러분이 보았을 때 보이는 장면이다(스타 다이아고날+을 설치했을 때이다. 다음 페이지를 보라). 이 그림은 우리가 작은 망원경을 통해 직접 관측한 것을 바탕으로 만들었다. 우리가 그린 그림은 일반인이 쉽사리 볼 수 있는 것들이며, 시야에 들어오는 흐린 별 모두를 그려넣지는 않았다.

저배율 접안렌즈의 배율은 35x 또는 40x라고 가정했다. 또 중간배율의 접안렌즈 배율은 약 75x로, 고배율의 경우는 150x로 가정했다.

다시 한번 말하지만, 그림에 화살표를 넣은 이유는 별이 흘러가는 방향을 보여주기 위해서라는 사실을 명심하기 바란다. 지구가 자전함에 따라 별은 우리의 시야 바깥으로 흘러가게 된다. 여러분이 쓰는 접안렌즈가 고배율일수록 이런 흐름은 더 빠르다. 이런 흐름이 귀찮아 보일 수도 있지만—여러분은 망원경을 계속해서 재조정해야만 한다—어느 쪽이 서쪽인지를 알 수 있기 때문에 유용하기도 하다.

이 그림은 전문용으로 쓰기 위해 만든 것이 아니다—항해를 하는 데 이 그림을 쓰면 안 된다! 이 그림의 목적은 무엇을 찾아야 하며 망원경에 보이는 천체가 무엇인지를 여러분에게 가르쳐주기 위한 것이다.

본문에서 우리는 **보아야 할 곳**과 천체를 알아보는 방법에 대해 설명해놓았다. 그리고 망원경으로 보았을 때 관측을 시도해볼 만한 내용들, 색깔, 관측하는 천체의 주변에 있는 천체들, 갑자기 일어날 수 있는 문제들에 대한 **코멘트**를 달아놓았다. 쌍성의 경우, 우리는 각 구성원에 대해 설명한 표를 넣었다. 마지막으로 우리는 여러분이 보는 것에 대한 조언을 하기 위해 각 천체에 대한 현재의 천문학적 지식에 대해 간단히 설명했다.

동쪽은 동쪽이고 서쪽은 서쪽이다(망원경에서는 빼고) 이 책에 실려 있는 그림들의 방향은 어떻게 된 걸까? 우리가 남쪽과 북쪽, 동쪽과 서쪽을 혼돈한 것일까?

그렇게 해놓은 데는 몇 가지 이유가 있다. 첫째 우리 모두는 도로 지도나 지리부도, 즉 발 밑에 있는 사물에 대한 지도를 보는 데 익숙하다. 이런 지도는 전통적으로 북쪽을 위로, 동쪽을 오른쪽으로 그리고 있다. 하지만 우리가 하늘을 바라볼 때 땅은 우리의 뒤쪽에 있게 된다. 지표면 바깥에서 땅을 굽어보는 때와는 달리, 우리는 천구의 안쪽에서 천구를 처다보게 된다. 이는 마치 창문에 그려진 이발소 이름을 보는 것과 비슷하다. 이발소 안에서 보면 글자는 거꾸로 보인다. 같은 방식으로, 북쪽을 위쪽으로 그린 성도는 동쪽과 서쪽이 서로 바뀌어야만 한다. 서쪽이 오른편에, 동쪽이 왼편으로 말이다.

다음으로, 대부분의 파인더스코프는 렌즈가 두 개 달린 간단한 구조의 망원경이다. 이는 파인더스코프로 보면 모든 사물의 위아래가 바뀌어 보인다는 뜻이다(쌍안경과 오페라 쌍안경에는 이런 효과를 보정하기 위해 또하나의 렌즈나 프리즘이 들어 있다). 그러므로 북쪽이 위로 가는 대신, 파인더스코프로 보았을 때는 동쪽과 서쪽이 바뀌는 것과 함께 남쪽이 위로, 북쪽이 아래로 보인다. 즉 우리가 파인더스코프를 들여다볼 때에는 육안으로 볼 때와는 달리 동서와 남북이 전부 바뀌어 보인다.

마지막으로, 요즘 팔리고 있는 대부분의 작은 망원경에는 등을 부러뜨리지 않고도 하늘에 있는 천체를 볼 수 있도록 빛의 방향을 꺾어주는 다이아고날이라 부르는 조그마한 프리즘 또는 거울이 부착되어 있다. 하지만 이는 여러분이 망원경으로 보는 모습이 파인더스코프로 보는 모습의 거울상이라는 뜻이다. 잡지나 책에 실린 사진 대부분도 이러한 거울상이다. 망원경으로 보았을 때에는 우리가 다이아고날을 통해 보이는 식으로 나타냈다.

하지만 요즘 지상용으로 많이 팔리고 있는 '정찰용 망원경'에는 '직립 프리즘'이라 불리는 45도 프리즘이 달려 있기 때문에 거울상으로 보이지 않는다는 사실에 주의해야 한다. 이런 도구와 진짜 다이아고날과 혼돈하지 말아라. 이런 도구는 새를 관찰하기 편하게 만든 것으로, 이것으로 머리 위 하늘을 바라보려 한다면 불편한 자세 때문에 목뼈가 부러질지도 모른다. 그리고 이런 망원경으로 보았을 때 보이는 장면은 이 책에 있는 그림의 거울상이 된다.

마찬가지로, 뉴튼 식 망원경⁺에는 다이아고날이 없다(오늘날에는 돕슨 식 망원경이 가장 일반적인 형태이다. '망원경을 어떻게 사용할 것인가'에서 여러 가지 형태의 망원경에 대해서 말하겠다). 여러분이 뉴튼 식 반사 망원경을 가지고 있다면 접안렌즈를 통해 보이는 모습은 우리가 이 책에 그린 '망원경으로 보았을 때의 시야'를 거울에 비친 것처럼 보일 것이다.

망원경을 어떻게 사용할 것인가 여러분이 이제 막 관측을 시작한 초보자라면 망원경을 '간수하고 보살피는' 법에 대해 쓴 이 책의 마지막 부분이 편리하다는 사실을 발견할 것이다. 우리는 관측을 쉽고 편하게 하는 법, 망원경을 유지, 보수할 때 해야 할 일(그리고 절대로 하지 말아야 할 일), 여러분 각자가 가지고 있는 망원경의 이론적 한계를 어림잡아 계산한 값을 적어놓았다. 아마추어 천문학을 진지한 취미로 삼을 생각이 있는 사람들을 위해 댄은 자신이 쓴 후기에 고급 과정용 책을 제시했다. 그리고 이 책의 말미에 천문학 전문용어와 우리가 이 책에서 말한 모든 천체에 대한 좌표와 기타 기술적 세부 사항이 들어 있는 표를 실었다. 여러분은 태양이 지기를 기다리는 동안 이 내용을 읽을 수 있을 것이다.

하지만 이들 마지막 내용을 제외하고는 이 책을 야외에서 보아라. 책 귀퉁이를 접어 표시를 하고, 책이 이슬에 젖게 하라. 일 년쯤 관측을 하고 나면 여러분은 이 책의 어느 부분이 더러운지를 가지고 자신이 가장 좋아하는 천체가 무엇인지 말할 수 있게 될 것이다!

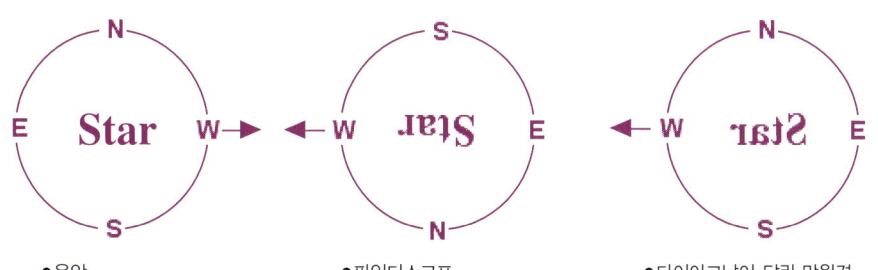

육안으로 보았을 때의 시야 : 파인더스코프로 보았을 때의 시야는 위와 아래가 바뀌어 있다. 다이아고날이 설치된 대부분의 망원경에서 보았을 때의 시야는 거울 대칭으로 나타난다. 뉴튼 식(그리고 돕슨 식) 반사 망원경은 거울 대칭으로 보이지 않는다. 화살표는 별이 동쪽에서 서쪽으로 시야를 가로질러 흘러가는 방향을 보여준다.

- 육안
- 쌍안경
- 직립 프리즘이 달린 정찰용 망원경

- 파인더스코프
- 다이아고날이 달린 망원경 (뉴튼 식과 돕슨 식)

- 다이아고날이 달린 망원경
- 이 책에서 나타낸 방식으로서, 망원경의 시야

달

달을 보기 위해 책을 참조할 필요는 없다. 심지어 망원경도 필요 없다.
달은 밤하늘에서 가장 찾기 쉽고 탐구할 거리가 가장 많은 천체이다.
하지만 달에서 찾아볼 만한 것들에 대해 몇 가지 더 알게 된다면 관측은 더욱 재미있을 것이다

예비 지식 쌓기 달은 작은 망원경으로도 자세하고 선명하게 볼 수 있다. 하지만 고배율을 쓴다면 구덩이와 바다가 한꺼번에 뒤범벅되어 보이기 때문에 무엇을 봐야 할지 알 수가 없다. 그러므로 우선 해야 할 일은 달에 대한 예비 지식을 쌓는 것이다.

달의 둥그런 끝부분은 가장자리라 한다. 달은 언제나 거의 같은 면을 지구 쪽으로 향하고 있다. ('칭동'[+]이라 부르는) 약간의 변화가 있지만 무시해도 좋을 정도이다. 가장자리 근처에 있는 구덩이는 언제나 가장자리 근처에서만 볼 수 있다.

달은 태양으로부터 빛을 받는 지역이 달라짐에 따라 위상(位相)이 변한다. 전체 과정은 29일이 걸리며 '한 달'이라는 개념은 여기서 나온 것이다. 이는 보름달일 경우를 제외하고는 우리가 보는 달의 일부분만 태양 빛을 받고 있고 다른 부분은 그림자가 져 있다는 뜻이다. 태양 빛을 받는 영역과 그늘이 진 영역의 경계를 명암 경계선이라 한다.

명암 경계선은 달에서 밤과 낮을 구별한다. 명암 경계선에 서 있는 우주비행사는 달의 지평선에서 태양이 떠오르는 장면을 볼 수 있을 것이다(달이 차고 있다면 말이다. 달이 이지러지는 경우라면 태양이 지는 장면을 보게 된다). 이 경우 태양은 달의 지평선에 무척 낮게 떠 있기 때문에 달에 있는 아주 작은 언덕이라 할지라도 길고도 멋진 그림자를 드리우게 된다. 이런 경우를 '낮은 태양 각도'에서 빛을 받는다고 말한다.

따라서 명암 경계선은 (동그랗고 매끈하게 보이는 달의 가장자리와는 달리) 대개 거칠고 들쭉날쭉한 선이다. 이런 긴 그림자는 달 표면의 거칠고 황량한 모습을 과장해 보여주는 경향이 있다. 즉 여러분이 망원경으로 명암 경계선을 보면 멋진 장관을 볼 수 있다는 뜻이다. 작은 망원경으로 달을 볼 때는 5킬로미터보다 작은 영역에 있는 모습들은 구별하기가 힘들다. 하지만 명암 경계선을 따라서는 단지 수백 미터에 불과한 언덕이라 할지라도 몇 킬로미터에 걸쳐 그림자를 드리우기 때문에 우리들이 쓰는 작은 망원경으로도 쉽게 관측할 수 있다.

달은 위상이 커지면서 태양 빛을 받는 면적이 커져 초승달에서 보름달이 되었다가(달이 찬다고 한다) 차츰 면적이 줄어들어(달이 이지러진다고 한다) 그믐달이 된다. 달이 지구와 태양 사이에 있으면서 어두운 면만을 우리에게 향하고 있을 때를 삭(朔)이라 한다.

달이 삭의 위치를 벗어나면 저녁 하늘에 태양이 지자마자 서쪽에서 뜬다. 반달('상현달'이라 하기도 한다)이 되면 달은 최고로 높이 뜨고 해가 질 때 자오선을 통과하며 자정에 서쪽으로 진다. 달이 차고 있을 때는 D자 모양으로 보인다. 지구로 향한 면 전체가 태양 빛을 받는 보름달은 태양이 질 때 뜨고 태양이 뜰 때 진다. 이지러지고 있는 달은 늦은 저녁 시간까지 뜨지 않는다. 이때는 C자 모양으로 보인다.

우리가 관측하는 저녁 시간에 볼 수 있는 달은 보름달이 되어가는 달이므로 보름달 이전의 위상에 대해 강조해 다루겠다.

동쪽은 동쪽이고 서쪽은 서쪽이다(달 표면은 빼고) 전통적으로 지구에서 관측을 하는 천문학자들은 우리의 북쪽을 향하고 있는 달의 가장자리를 북쪽 가장자리라 칭했고 남쪽 또한 마찬가지다. 또한 서쪽을 향하고 있는 가장자리를 서쪽이라 했고 동쪽도 같은 방식으로 불렀다.

여러분이 지구에서 달을 관측하는 경우라면 하등 이상할 것이 없다. 하지만 여러분이 달에 있는 우주비행사라면 무척이나 혼란스럽게 되는데 ('이 책을 어떻게 사용할 것인가'에서 보았듯이) 이 방향은 지도에서 쓰는 것과 반대이기 때문이다. 그래서 미 항공우주국은 우주 시대를 맞이해 달을 탐사할 우주비행사들을 위해 새로운 전문용어를 만들었다. 덕분에 여러분은 달의 방향을 말할 때 두 가지 상반되는 용어를 쓰는 상황을 맞게 되었다. 한 책에서 '서쪽'이라고 말하는 방향이 다른 책에서는 동쪽이 된 것이다.

이 책은 땅 위에서 관측을 하는 일반인들을 위한 책이지 우주비행사용이 아니다. 우리가 이 책에서 달의 동쪽 측면이라고 말할 때는 동쪽 지평선에 가장 가까운 면을 뜻한다. 또한 다이아고날이 있는 망원경에서 보여주는 모습은 육안으로 보는 것의 거울상이라는 점을 명심하자. 망원경을 통해 여러분이 보는 모습과 일치하도록 하기 위해, 여기에 나오는 달 그림 역시 거울상으로 표시했다.

여러분이 보는 것 달은 지구 주위를 공전하는 작은 행성과 무척 비슷하다. 사실 지구와 달은 둘이 태양 주위를 공전하는 것처럼 서로의 주위를 춤추며 회전하는 이중 행성이라 할 수 있다.

달의 표면에서, 우리는 두 가지 형태의 지형을 볼 수 있다. 달의 가장자리와 남쪽에는 거칠고 산이 많은 지역이 여러 곳 있다. 이 지역에 있는 바위는 아주 밝고 대부분이 흰색이다. 이런 지역을 고지대라 한다.

반대로 바다(mare)라 부르는 지역은 어둡고 아주 평평하며 낮

은 영역이다. mare는 '바다'를 뜻하는 라틴어로, 처음으로 망원경을 통해 달을 관측했던 사람들이 이 평평한 지역을 어떻게 생각했는지 잘 보여주고 있다.

달의 구석구석, 특히 고지대 여기저기와 (가끔씩은) 바다에서도 구덩이라 부르는 둥그란 사발 모양이 보인다. 사실 몇몇 바다는 아주 둥근 모습을 하고 있어 아주 커다란 구덩이처럼 보이기도 한다. 이런 식으로 커다랗고 둥글게 움푹 들어간 지역을 분지라 한다.

달의 진화 1960년대와 70년대의 아폴로 계획을 통해 인류가 처음으로 달에 도달해 암석을 지구로 가져온 이후, 우리는 달의 고지대와 바다, 구덩이는 물론이고 우리의 이웃에 있는 이 행성이 어떻게 진화했는지에 대해서도 꽤 정확히 이해하게 되었다.

현재 각광받고 있는 이론에 따르면, 달을 구성하고 있는 물질들은 약 45억 년 전에 지구가 만들어지는 동안 대략 화성 크기의 원시 행성이 지구에 **대충격**을 주는 바람에 지구에서 떨어져나간 것이라고 한다. 이렇게 생긴 파편들은 수백만 개의 운석이 되었고, 중력에 의해 서로를 끌어당기면서 지구 주변에 고리를 형성했다가 결국 하나의 커다란 덩어리로 합쳐졌다.

달 표면 전체에 보이는 **구덩이**들은 달 형성의 마지막 과정에서 생긴 흉터로, 운석(대충격으로 생긴 파편들과 태양 주위를 떠돌고 있던 다른 물질들)이 달에 부딪히면서 지반이 가라앉은 결과이다. 이렇게 구덩이가 파일 때 구덩이에서 튕겨나온 물질들이 달 표면에 떨어졌다. 이 물질 대부분은 구덩이 주변에 쌓이면서 주변의 달 표면보다 높은 가장자리를 만들었고 어떤 파편들은 구덩이에서 조금 더 멀리까지 갔다. 이렇게 멀리까지 튕겨나온 파편은 또 다른 작은 구덩이를 만들었고, 이런 까닭에 커다란 구덩이 주변에는 적어도 원래의 구덩이 크기만한 면적에 걸쳐 작은 구덩이들이 많이 분포하고 있는 모습을 볼 수 있다. 이렇게 지표면보다 높이 올라온 가장자리와 커다란 구덩이 둘레에 2차로 생긴 구덩이들을 **분출물 퇴적대**라 한다.

이런 파편의 일부는 원래 구덩이에서 수백 킬로미터 떨어진 곳까지 날아가기도 한다. 파편이 부딪친 곳은 주변의 바위보다 더 밝은 색깔을 띠기 때문에 커다란 구덩이 둘레에 파편이 부딪친 곳들은 방사형의 광조(光照)가 보인다. 광조는 보름달일 때 가장 쉽게 볼 수 있다.

구덩이들이 많이 모여 있는 고지대는 달에서 가장 나이가 많은 지역이다. 현재까지 밝혀진 바에 따르면, 달 표면에 부딪힌 운석들은 커다란 에너지를 가지고 있었기에 표면에 부딪히면서 바위를 녹여 수백 킬로미터 두께의 용암으로 된 바다를 만들었다고 한다. 고지대의 바위는 이런 **마그마의 바다**가 식으면서 재결정(再結晶)된 최초의 바위이다. 아폴로 우주선의 비행사들이 고지대에서 가져온 바위에는 알루미늄이 많고 마그마의 위쪽에 뜰 수 있을 정도로 가볍기 때문에 달의 원래 지각을 형성하고 있다.

지각이 잘 형성된 다음, 몇 개의 커다란 운석이 마지막으로 달 표면을 때리면서 둥그런 **분지**를 만들었다. 바다 영역은 이후 수십억 년에 걸쳐 형성되었다. 철과 마그네슘이 풍부한 용암이 달 깊숙한 곳에서 지각 바깥으로 분출되어 분지의 가장 낮은 지역을 채웠다. 이 지역에서는 비교적 적은 수의 구덩이만 보이는데, 이로부터 현무암 용암이 달 표면으로 흘러나오기 이전에 운석 대부분이 표면으로 떨어졌다는 사실을 알 수 있다.

현재… 그리고 미래의 달 약 30억 년 전, 바다 지역에서 용암이 분출된 이후로 달 표면에는 변화가 거의 없다. 가끔씩 운석이 충돌해 타이코처럼 갓 만들어진 선명한 모양의 분화구가 생기기도 했다. 하지만 일반적으로는 지구에서라면 유성으로 보일 작은 운석들이 수없이 표면으로 떨어졌을 뿐이다. 달에는 공기가 없기 때문에 유성이 표면까지 도달할 수 있고, 이 유성은 바위, 언덕, 산을 깎아먹어 달 표면을 아폴로 우주비행사가 보았던 것처럼 부드럽고 먼지가 쌓인 모습으로 바꾸어놓았다.

구덩이가 얼마나 '선명하게' 보이는지 관측함으로써 여러분은 구덩이의 상대 나이를 알 수 있다. 비슷한 방식으로, 어떤 지역에 얼마나 구덩이가 밀집해 있는가를 세어봄으로써 그 지역이 (상대적으로) 얼마나 오래 되었는지 알 수 있다. 아폴로 우주선이 타이코 분화구와 같이 갓 태어난 구덩이에서 나온 분출물 조각을 포함해 여러 지역에서 가져온 표본을 (광물 안에 든 방사선 물질의 붕괴에 기초해) 조사해보면 이들 상대 나이의 실제 값에 대한 단서를 얻을 수 있다. 이 표본으로부터, 가장 오래 된 고지대의 나이는 약 45억 년이라는 사실을 알아냈다. 약 40억 년 전에 충격에 의해 거대한 분지들이 생겼고 그후 10억 년 동안 현무암 용암의 바다가 그 위를 덮고 있었다. 그 이후에는 드문드문 운석이 부딪치는 일 말고는 거의 아무런 일도 일어나지 않았다. 예를 들어 타이코 분화구는 운석의 충돌에 의해 약 3억 년 전에 만들어졌다.

그리고 시간이 좀더 지나면서 혜성과 수분이 풍부한 운석이 달에 충돌했고, 이 과정에서 달 표면에 마지막 첨가물이 더해졌다. 1998년, 루나 프로스펙터(Lunar Prospector) 탐사선은 달을 공전하면서 달의 극지방 주변의 추운 지역에 있는 흙에 얼음이 섞여 있다는 증거를 발견했다. 이 얼음은 그리 멀지 않은 미래에 인류가 달에 정착하는 데 필요한 물로 쓰일지도 모른다.

아폴로 우주선의 비행사들은 이미 자신들이 왔다 간 표시를 달에 남겼다. 로켓이 착륙했던 곳에는 새로운 구덩이가 생겼다. 그리고 우주비행사의 발자국은 풍화작용을 받지 않고 지구상에 인류가 남긴 그 어떤 발자취보다 오래 갈 것이다.

초승달
(삭이 지난 뒤 1~5일)

지난달 이후로 달이 보이지 않던 저녁 하늘에 달이 뜨면 그 아름다운 모습에 기분이 좋아지면서 달이 사라지지 않고 여전히 존재한다는 사실에 안도감마저 들게 된다. 하지만 삭이 지난 뒤 처음 며칠 사이에 달을 관측하려면 어느 정도는 도전 정신이 필요하다. 사실, 삭이 지난 뒤 얼마나 일찍 달을 육안으로 볼 수 있는지 정확히 계산하는 일은 무척 어렵다. 하지만 이슬람 교도처럼 음력을 쓰는 사람들에게 이는 실생활에 무척 중요한 일이기도 하다.

물론 삭이 지난 뒤 24시간도 채 지나기 전에 새로 뜬 달을 본 사람들도 있기는 하지만 아주 드문 경우이고, 일반적으로는 삭이 지난 이틀 이전에 관측 시간과 상관없이 달을 보기가 어려운 것으로 알려져 있다. 이 시기에는 아직도 여명이 밝으며 달은 동쪽의 여명이 있는 곳에 낮게 떠 있다. 황도(달, 태양, 행성이 하늘을 가로지르는 길)가 남서쪽 지평선을 따라 움직이는 가을에는 특히 낮게 뜬다.

일반적 특징 이 시기의 달에서 볼 수 있는 가장 커다란 특징은 두 개의 작은 바다다. 서쪽에 있는 것이 **풍요의 바다**이고 그 북쪽에 자리잡은 것이 **위난의 바다**이다.

북쪽과 남쪽에 있는 두 개의 바다, 특히 남부 고지대는 무척이나 황량한 모습을 하고 있다. 이 지역에는 중간 크기부터 작은 크기에 이르기까지 다양한 구덩이들이 여기저기 흩어져 있다. 이 지역에 있는 구덩이는 너무나 많기 때문에 개개를 구별해보기란 불가능에 가깝다. 구덩이가 무척 많은 탓에 여러분이 언제 관측을 하든 상관없이 명암 경계선 오른쪽에서 늘 구덩이를 발견할 수 있을 것이다. 달의 어두운 지역 바로 안쪽에 있으면서 다른 지형과 분리되어 보이는 밝은 점을 찾아보라. 한쪽이 아직 그늘에 가려진 구덩이의 동쪽 가장자리이거나 아니면 아직 바닥까지는 태양 빛이 비치지 않는 구덩이의 중앙 봉우리가 이런 식으로 보인다.

고지대는 무척 가파르기 때문에 명암 경계선의 전체적인 모습은 꽤나 들쭉날쭉하다. 일반적으로 고지대는 태양 빛이 바다보다 훨씬 동쪽까지 비친다. 이런 현상은 풍요의 바다 동쪽에서 특히 잘 볼 수 있으며, 이곳은 **고요의 바다** 서쪽 끝이 막 보이기 시작하는 곳이다. 주변의 고지대 산들은 이들 낮은 지역의 바다에 햇빛이 들어가는 것을 막는다.

구덩이 둘러보기 풍요의 바다 중앙에서 동쪽으로는 멋진 구덩이가 두 개 있다. 바다 중앙에 가까이 있는 분화구는 우리가 쓰고 있는 '메시에' 목록을 만든 혜성 탐사가 이름을 따서 **메시에 분화구**라 하며 가장자리 쪽에 있는 분화구는 **메시에-A**라 부른다(처음에는 피커링이라는 이름으로 불렸으나 같은 이름이 붙은 다른 구덩이가 있어 혼란스러웠다). 때때로 메시에-A에서는 혜성의 **꼬리**라 부르는 이중 광조가 동쪽으로 뻗어나와 보이기도 한다.

이 두 개의 구덩이는 운석이 달 표면에 비스듬한 각도로 충돌해 생긴 듯하다. 운석은 길쭉한 모양의 메시에 구덩이를 만든 다음 튕겨 올랐다가 떨어지면서 메시에-A를 만든 것이다. 동쪽으로 향하던 운석의 운동량 때문에 동쪽 두 개 지점에 충격을 주면서 두 개의 광조를 만들었다.

고지대는 구덩이가 무척 많으며, 이 구덩이들은 다양한 침식 상태를 보여준다. 풍요의 바다 서쪽 가장자리에 있는 **랑그레누스 분화구**를 보자. 이 구덩이는 꽤 최근에 만들어졌지만 복잡한 구조를 하고 있다. 위난의 바다 북쪽에는 커다란 구덩이가 세 개 있다. 남쪽에서 북쪽 순으로 **클레오메데스, 제미누스, 메살라**이다. 이들 가운데 메살라가 가장 오래 된 것으로, 수십억 년에 걸쳐 소형 운석들이 충돌하며 구덩이 가장자리를 닳게 만든 뚜렷한 증거이다. 이보다는 작고 젊은 구덩이인 **부르크하르트**는 클레오메데스와 제미누스 사이에 있다. 북동쪽으로는 **아틀라스**와 **헤르쿨레스** 구덩이가 눈에 확 들어온다. 둘 가운데 큰 쪽인 아틀라스 구덩이는 중앙 봉우리가 더 선명하다는 사실을 기억하자.

삭에서 약 4일이 지난 뒤부터 풍요의 바다 남동쪽에 검은 지역이 보이기 시작한다. 이곳이 **감로주의 바다**이다. 감로주의 바다 동쪽, 둥그런 가장자리에는 눈에 잘 띄는 세 개의 구덩이가 있다. 북쪽에 있는 구덩이는 **테오필루스**로, 중앙에는 높은 산이 있다(이런 구덩이를 '중앙 봉우리' 구덩이라 부른다). 테오필루스 구덩이의 남동쪽은 **키릴루스**라는 이름의 더 오래 된 구덩이와 겹쳐 있다. 키릴루스의 바로 남쪽에는 가장자리가 닳은 **카사리나** 구덩이가 있다.

'어두운 지역' 명암 경계선을 따라 파여 있는 구덩이를 관측하는 것도 재미있지만, 명암 경계선을 중심으로 그림자 지역 바로 안쪽에서 햇빛을 받으며 홀로 우뚝 서 있는 봉우리를 망원경으로 찾아보는 재미도 쏠쏠하다. 이런 작은 산들은 빛의 섬처럼 보이며, 초승달일 경우 달의 뾰족한 끄트머리에 있는 극지방 부근에서 특히 아름답게 보인다. 초승달의 뾰족한 부분이 달의 북극부터 남극까지 뻗어 있지 않다는 사실을 명심하자. 달의 북극과 남극은 높은 산맥들이 줄지어 있기 때문에 그림자에 가려져 있다.

극지방 깊숙이 자리잡고 있는 구덩이처럼 햇빛이 절대 미치지 못하는 지역이 있다. 1994년에 달 주위를 돌았던 클레멘타인(Clementine) 탐사선이 보내온 레이더 신호와 1998년에 루나 프로스펙터에서 모은 자료에 따르면, 이곳에는 그리 크지는 않지만 얼음으로 덮인 지역이 존재할 가능성이 있다고 한다. 이 지역은 아폴로 계획이 완전히 메말라 있다고 선고한 바로 그 달에서 유일하게 물이 있을 수 있는 곳이다.

음력으로 매달 2일이나 3일 이른 저녁, 적당히 어두운 하늘에 뜨긴 했지만 아직은 초승달 모습인 때, 지구에 비친 햇빛은 부드럽게 반사되어 달을 비춘다. 그 덕분에 달 전체 모습을 볼 수 있다. 이는 "초승달에 안긴 낡은 달"이라는 진부한 시구(詩句)로 표현되기도 하는 현상이다.

왜 이런 일이 생기는 걸까? 보름달은 지구에서 보았을 때 무척 밝다는 사실을 떠올리자. 하지만 달에서 보았을 때 보름의 지구는 훨씬 더 밝다. 지구는 달보다 표면적이 거의 15배나 더 크고 지구의 하얀 구름은 달의 어둠침침한 갈색 바위보다 5배나 빛을 더 잘 반사한다. 그러므로 달에 비치는 '지구빛'은 지구에 비치는 '달빛'보다 약 75배나 더 밝다. 그 결과 음력 2, 3일의 지구빛은 여러분이 달 전체를 볼 수 있을 만큼 환하게 달을 비춘다.

지구빛에 비친 달의 모습은 이상한, 아니 무섭다 해도 과언이 아니다. 지구의 창백하고 푸르스름한 빛은 달을 비현실적일 만큼 이상한 모습으로 보이게 한다. 그리고 일 주일 동안 그림자에 가려 있어야 할 부분을 먼저 본다는 행위는 막이 오르기 전 리허설 장면을 몰래 훔쳐보는 느낌마저 들게 한다.

일반적으로 달의 동쪽 지역은 눈이 시릴 정도로 밝은 보름달일 때나 음력으로 매월 후반기 새벽 일찍 일어나야만 볼 수 있기 때문에, 지구빛이 달을 비추는 기간은 폭풍우의 바다나 아리스타쿠스 구덩이처럼 26쪽과 27쪽에 나오는 달의 동쪽 부분에 있는 특징들을 보는 데 편한 시기이다. 이 시기에 타이코와 코페르니쿠스 구덩이처럼 보름달일 때 보이는 특징(22쪽을 보라)이 얼마나 많이 보이는지 한 번 찾아보라. 순전히 재미를 위해서라도 말이다.

초승달

엄폐 현상 기대하며 기다릴 가치가 있는 특별한 사건으로 달이 별 앞을 지나가는 현상, 즉 엄폐 현상을 들 수 있다.

별을 기준으로 달은 한 시간에 대략 자신의 직경만큼 동쪽으로 천천히 흘러간다. 달이 차는 기간 동안은 어두운 부분이 동쪽에 자리잡고 있다(엄폐 현상은 초승달일 때 관측하기 쉬운데, 어두운 가장자리가 지구빛에 의해 살짝 비춰지는 모습을 망원경으로 볼 수 있기 때문이다. 엄폐 현상이 일어나려면 얼마나 기다려야 하는지를 이 빛 덕분에 좀더 쉽게 판단할 수 있다). 동쪽 가장자리 바로 바깥쪽에서 별을 발견했다면, 망원경으로 그 별을 십 분 내지 십오 분쯤 지켜보고 있어라. 빛을 받지 않는 달의 앞쪽 언저리가 별 앞을 지나갈 것이고, 별은 갑자기 깜빡거리기 시작할 것이다.

이런 일이 일어나리라는 것을 미리 알고 있다 할지라도 이 장면을 직접 보면 등골이 오싹해지면서 온몸에 전율이 일어날 정도로 흥분을 하게 된다. 사람의 잠재의식은 이렇게 아무 소리 없이 갑자기 일어나는 일에는 충격을 받기 마련이니까.

어떤 엄폐 현상은 밝게 깜빡거리다가 점점 어두워지고 아예 완전히 사라지는 두 단계에 걸쳐 일어난다. 이런 현상은 서로 가까이에 있는 쌍성에 엄폐 현상이 일어날 때 벌어진다. 그리고 별이 달 반대편에서 다시 나타날 때는 무대에 조명이 켜지는 것처럼 보인다. 이런 경우에 단계에 따라 밝기와 색깔이 변한다. 예를 들어 달이 안타레스를 엄폐할 때면, 안타레스의 동반성인 7등급 밝기의 녹색 별이 더 밝고 붉은색인 안타레스보다 몇 초 일찍 다시 나타난다.

달의 가장자리가 별을 스치기만 하는 경우, 별은 달의 산맥과 계곡 뒤편을 지나면서 몇 차례에 걸쳐 깜빡거리기도 하는데, 이런 경우를 '스치는 엄폐'라 한다.

그리고 하나 더. 행성에도 엄폐 현상이 일어날 수 있다! 사실, 달과 행성은 하늘에서 거의 비슷한 궤도(황도 12궁을 따라 가는 '황도'이다)로 가기 때문에 엄폐 현상이 별보다 더 자주 일어난다. 토성의 고리 가운데 하나, 또는 초승달 모양을 했을 때의 금성의 뾰족한 부분이 달의 계곡 뒤에서 나타나는 장면을 꼭 관측해 보자. 엄청나게 즐거운 일일 테니까!

바깥으로 나가기 전에 엄폐 현상에 대한 정보를 얻으려면 『캐나다 왕립천문학회 편람 Royal Astronomical Society of Canada Handbook』과 같은 역서(曆書)를 참조하면 된다. 덧붙여 『스카이 & 텔레스코프』 1월호에는 그해에 있을 엄폐 현상에 대한 예고가 실려 있다.

반달
(삭이 지난 뒤 6~8일)

달의 위상이 '반'('상현'이라고도 한다)에 도달하면, 명암 경계선을 따라 그림자들이 멋진 모습으로 정렬해 있는 모습이 또렷이 보이며 가장자리를 따라서는 색과 밝기의 대조도 확실히 드러난다. 또한 이 시기는 달이 하늘 높이 떠서 관측하기에 더할 나위 없이 좋다. 게다가 이때는 날이 지날수록 달이 밝게 보이기까지 한다. 물론 보름달일 때에 비한다면 밝기가 단지 1/12에 지나지 않는다. 하지만 보름달은 너무 밝아 달 표면에 있는 세세한 특징들을 관측하기가 어렵다.

이 시기에 보이는 달의 서쪽은 세 개의 뚜렷한 구역으로 나눌 수 있다. 북쪽의 고지대, 바다, 그리고 남부 고지대이다. 남부 고지대는 밝고 구덩이가 많은 지역으로, 달에서 가장 오래 된 지역일 것이다. 바다는 평평하고 거무스름하며 달 표면에서 젊은 지역에 속한다. 북쪽의 고지대는 여러 가지 면에서 가장 흥미로운 지역으로, 남쪽보다는 어둡지만 바다 지역보다는 밝고 남쪽보다 구덩이가 적지만 바다보다는 훨씬 더 황량한 지형을 보여주고 있다.

북쪽의 고지대 달의 적도 바로 북쪽과 햇빛이 미치는 명암 경계선의 가장자리가 만나는 지점에서 어둡고 불규칙한 모양의 지형을 찾아보라. 이곳은 증기의 바다이다. 증기의 바다에서 바로 북서쪽으로 맑음의 바다가 있고 이에 인접해서는 아펜니노 산맥이 무척 인상 깊게 펼쳐져 있다. 아펜니노 산맥은 이 시기 달의 밤이 만드는 그늘에서 거무스름하게 뻗어나온 비의 바다에 의해 중간이 갈라진다. 맑음의 바다 북동쪽 가장자리를 따라 계속되는 산맥의 북쪽은 코카서스 산맥이라 부른다. 이 산맥들은 모두 나이가 40억 년 이상 되었으며 거대한 운석에 의해 생긴 비의 바다 분지에서 분출된 물질에 의해 생겼다.

아펜니노 산맥의 북쪽 가장자리를 따라 있는 산맥의 끝자락이 헤들레이 산이다. 일단 헤들레이 산의 그림자가 충분히 줄어들면 태양은 산의 동쪽을 비추기 시작하고, 강바닥처럼 생긴 작고 구불구불한 모양의 지반 침하 지역을 볼 수 있게 된다. 이곳은 헤들레이 열구로, 녹은 화산암이 이 지역을 범람하면서 만들어진 용암 관(管)이 무너져 생겼다고 천문학자들이 믿고 있다. 그리고 아폴로 15호는 헤들레이 산 바로 북쪽의 헤들레이 열구 옆에 착륙했다.

맑음의 바다 북서쪽 가장자리를 따라서는 꿈의 호수라는 작은 만(灣)이 있다. 이 만과 커다란 바다 사이에 있는 고지대의 '지협'은 포시도니우스 구덩이이다. 이 구덩이가 얼마나 침식했는지 주목하라. 이 구덩이와 그 주변으로 용암이 흘러 들어간 모습도 볼 수 있다. 이 구덩이는 현무암 용암에 거의 완전히 잠겨 있다.

꿈의 호수 북동쪽과 코카서스 산맥 정북쪽으로는 포시도니우스보다 훨씬 나중에 생긴 듯한 선명한 구덩이가 두 개 보인다. 코카서스 산맥에 가까운 구덩이는 에우독수스라고 한다. 북쪽으로 에우독수스보다 약간 큰 구덩이가 있다. 아리스토텔레스이다. 구덩이의 안과 그 근방에 비친 그림자를 잘 살펴보라. 가장자리가 얼마나 날카로운지 알 수 있을 것이다. 아리스토텔레스를 고배율로 관측해서 그 표면이 얼마나 거친지도 살펴보라. 이것이 (15쪽에서 설명했던) 아리스토텔레스 구덩이의 '분출물 퇴적대'이다.

음력 7일, 아리스토텔레스 구덩이 동쪽으로 보이는 명암 경계선의 오른쪽에 남동에서 북서서 방향으로 깊게 파인 알프스 계곡이 보인다. 알프스 계곡은 아리스토텔레스보다 직경이 약간 더 길다.

증기의 바다 남쪽 가장자리에는 히기누스 열구가 곡선으로 있다(그 중앙에는 작은 구덩이가 있다). (굴절 망원경$^+$을 제외한) 대부분의 망원경으로 보면 이곳은 1시 45분을 가리키고 있는 시계 바늘처럼 보인다. 이곳에서 바로 서쪽으로 증기의 바다와 고요의 바다 사이를 가로지르는 아리아대우스 열구가 있다. 헤들레이 열구와 마찬가지로 이 열구들은 용암 관이 무너져 생긴 것이다.

바다 지역 이 시기에 볼 수 있는 커다란 바다로는 맑음의 바다(얇고 하얀 띠가 중심부를 가로지르는 둥그렇고 어두운 지역이다)와 그 북서쪽에 인접한 고요의 바다, 남서쪽에 있는 풍요의 바다를 들 수 있다.

아리아대우스 열구에서 풍요의 바다를 따라가보라. 열구의 남쪽에 인접해(풍요의 바다에서 남동쪽 지역) 작은 구덩이 두 개가 서로 일부 겹쳐 있을 것이다. 각각 리터와 사빈이라 한다(사빈은 리터와 남서쪽 부분이 겹쳐 있다). 이들은 감로주의 바다로 이어지는 '해협' 동쪽에 있다. 입구의 서쪽으로 마스켈린느 구덩이가 있다. 사빈에서 마스켈린느 방향으로 약 1/4쯤 되는 지점에는 아폴로 11호가 1969년 7월 20일에 착륙한 곳이 있다. 달이 맞은 첫번째 방문객이다.

삭이 지나고 5일 또는 6일째가 되면 고요의 바다 안에 있는 수많은 산맥을 볼 수 있다. 일부분은 주름진 현무암인데, 이는 용암이 식으면서 줄어들었기 때문이다. 또다른 일부분은 용암류의 전선으로 약 30억 년 전에 달의 내부에서 바깥으로 분출한 용암이 식으면서 남긴 흔적이다. 용암전선은 높지는 않지만, 태양이 달을 비출 때 그림자를 드리운다. 덕분에 지구에서 작은 망원경으로도 쉽게 볼 수 있다. 하지만 삭이 지난 뒤 7일째부터는 이런 산맥들을 볼 수 없다.

맑음의 바다를 찾아보라. 둥그렇고 거무스름한 바다 위로 난데없이 하얀색 띠가 대각선 방향으로 가로지르고 있다. 하얀색 띠 위로 두드러지게 보이는 구덩이가 베셀이다(보름달일 때 이 띠는 타이코 구덩이의 광조로 보인다).

포시도니우스 남쪽에서 맑음의 바다 서쪽 경계까지 이어져 있는 검은색 '줄무늬'에 주목하라. 이 부분은 바다의 중앙부보다 훨씬 더 검다. 색깔이 다른 이유는 다른 종류의 용암이 흘러 들어와 그 위를 덮었기 때문이다. 고요의 바다에서 정북 방향이자 맑음의 바다 남서쪽 모퉁이에 아주 검은 물질이 고지대 쪽으로 튀어나와 있다. 타우루스-리트로우 계곡으로, 아폴로 17호가 착륙했던 곳이다. 아폴로가 가져온 표본에 의하면 이곳의 검은 바위는 나이가 거의 40억 년이나 될 정도로 무척 오래 되었으며 티타늄이 풍부하다.

세번째로 큰 바다인 풍요의 바다에서는 메시에와 메시에-A 구덩이에 주목하자(16쪽에 이미 설명했다). 태양 고도가 높아짐에 따라 그림자가 없어지고 구덩이가 밝게 보이는 현상을 관측하라. 햇빛은 메시에-A에서 동쪽으로 향하는 두 개의 광조를 더 뚜렷하게 볼 수 있게 해준다.

음력 7일의 명암 경계선을 따라가다 보면, 증기의 바다 남동쪽에 중앙의 만이라는 작은 바다가 있다. 이 이름은 지구에서 보았을 때 달의 중앙에서 오른쪽에 있는 낮은 지역이기 때문에 붙은 것이다.

남부 고지대 남쪽에는 너무나 많은 구덩이가 있어 일일이 구별하기는 힘들다. 감로주의 바다 동쪽 가장자리를 따라가다 보면 세 개의 멋진 구덩이가 보인다. 북쪽부터 열거하자면 테오필루스, 키릴루스, 카사리나이다. 이들의 차이에 주목하자. 특히 테오필루스는 키릴루스의 북서쪽 가장자리와 약간 겹쳐 있다. 이 모습으로 미루어볼 때, 테오필루스가 키릴루스보다 더 나중에 생겼다는 사실을 알 수 있다(게다가 보기에도 테오필루스가 훨씬 더 생생해 보인다).

관측을 시작했다면, 남부 고지대에 이런 식으로 겹쳐 있는 구덩이들이 이 책에서 말한 것보다 훨씬 더 많이 있다는 사실을 알게 될 것이다. 사실, 이 지역에는 너무나 많은 구덩이가 있기 때문에 문자 그대로 '포화 상태'라 할 수 있다. 따라서 이 지역에 새로운 운석이 떨어져 구덩이가 새로 생긴다 해도 기존에 있던 구덩이에 겹쳐서 생길 확률이 무척이나 높다. 여러분이 정조준을 해서 남부 고지대에 운석을 떨어뜨린다 해도 기존에 있는 구덩이를 피해서 완전히 새로운 구덩이를 만들지는 못할 것이다.

음력 7일, 명암 경계선의 오른쪽, 중앙의 만 바로 남쪽을 보라. 커다란 구덩이가 하나 보일 것이다. **히파르쿠스**이다. 그 남쪽에는 **알베테그니우스** 구덩이가 있다. 히파르쿠스 구덩이는 오래 되고 침식이 심한 반면 알베테그니우스는 젊고 모양도 뚜렷하다. 이 둘은 직경이 160킬로미터가 넘는다는 점에서 무척 인상 깊게 다가

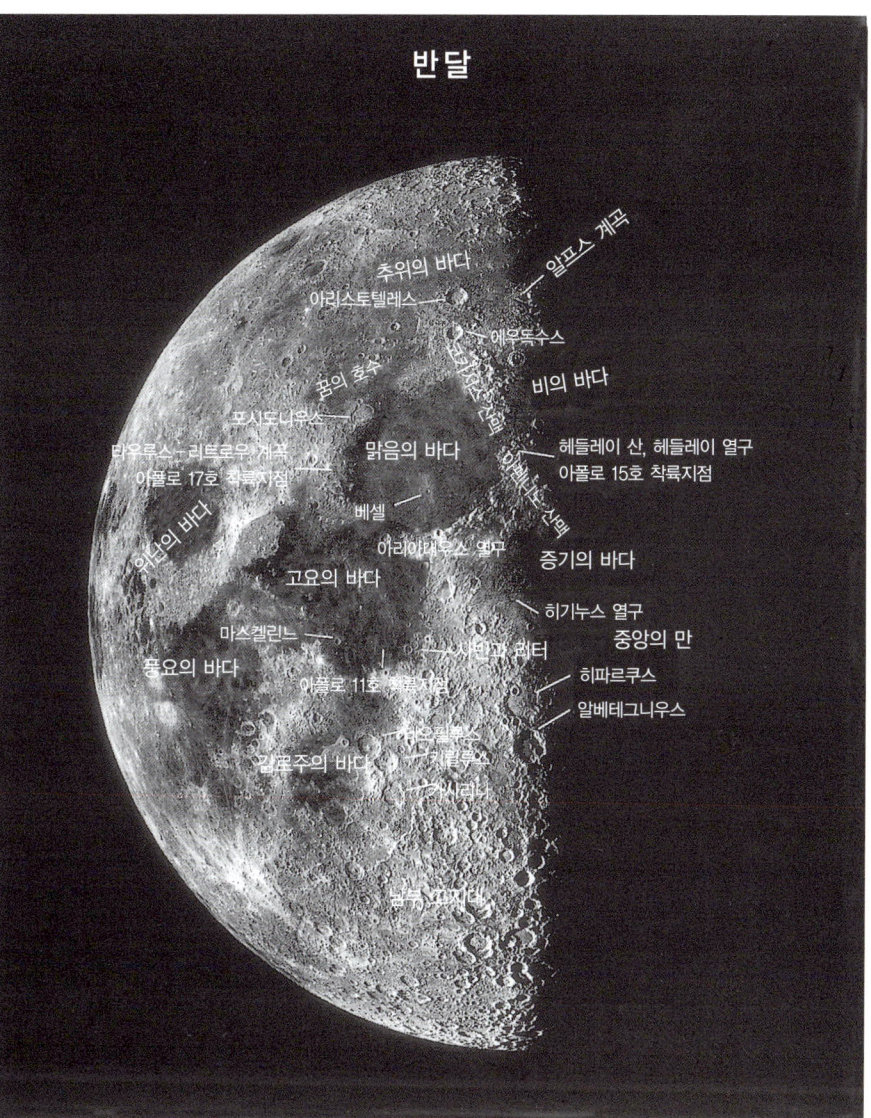

온다.

8일째 되는 날에는 히파르쿠스와 알베테그니우스의 바로 동쪽으로 세 개의 커다란 구덩이가 보인다. 북쪽에서부터 남쪽 순으로 열거하자면 **프톨레메우스, 알폰수스, 아자첼**이다.

상현과 보름 사이의 달: 반달 보다 불룩한 모양의 달
(삭이 지난 뒤 9~11일)

이 기간은 달 관측에 가장 좋은 시기이다. 달에서 눈을 떼지 못할 정도로 하루가 다르게 새로운 특징들이 나타나기 때문이다.

달 중앙에서 서쪽으로는 이전에 보았던 세 개의 커다란 바다가 보인다. 맑음의 바다(하얀 띠가 가로지르는 지역), 고요의 바다, 풍요의 바다이다. 하지만 명암 경계선이 후퇴하면서 더 크고 둥그런 바다가 경계선을 따라 달의 중앙 북쪽으로 나타난다. 바로 비의 바다이다(우리는 음력 월초에 이 바다의 서쪽 경계를 보았다). 비의 바다 남쪽에는 아펜니노 산맥의 장관을 볼 수 있다(상현달일 때도 이 산맥을 볼 수 있다).

아펜니노 산맥을 남동쪽으로 따라가다 보면 바다를 이루는 곳과 경계 지점에 중간 크기의 구덩이를 찾을 수 있다. 에라토스테네스라고 한다. 이 시기에 볼 수 있는 구덩이 가운데 에라토스테네스는 코페르니쿠스 다음으로 멋진 구덩이다.

코페르니쿠스에서 남동쪽에 폭풍우의 바다가 있다. 넓은데다 어디서 어디까지라고 명확히 정의 내리기 힘든 구역이며 아직까지는 대부분이 그림자에 가려져 있다. 코페르니쿠스의 남쪽에 있는 두 개의 작은 바다는 인식의 바다와 구름의 바다이다. 그리고 구름의 바다 남쪽으로 남부 고지대가 있다.

비의 바다와 그 주변 비의 바다 북서쪽에 동서 방향으로 길쭉하게 뻗어 있는 **추위의 바다**가 있다. 이 두 곳에는 살펴볼 만한 특징들이 몇 가지 있다.

비의 바다 북서쪽 가장자리에 있는 알프스 계곡을 보라(반달 부분에서 설명했다). 이 계곡은 바다를 이루는 물질로 차 있으며, 북서에서 남동으로 아주 곧게 뻗어 있다.

비의 바다 북동쪽으로는 거대한 구덩이의 가장자리가 1/2쯤 보이는데, 이 구덩이는 음력으로 열흘째가 되어야 겨우 보이기 시작한다. 이 구덩이의 이름은 **무지개의 만**이다. 이곳은 비의 바다에 있는 거대한 '만'이다. 비의 바다에서 흘러 들어온 현무암 용암이 이 구덩이 벽을 절반쯤 뒤덮은 듯하다.

무지개의 만 남서쪽, 비의 바다에는 북쪽에서 남쪽으로 뻗은 듯한 주름진 능선이 상당수 있다. 이 산맥들은 태양이 낮게 떠서 길다란 그림자를 던졌을 때만 볼 수 있다.

비의 바다 북쪽, 무지개의 만과 알프스 계곡 사이에는 **플라토**라는 이름의 커다랗고 바닥이 평평한 구덩이가 있다. 고배율로 관측하면 이 구덩이의 바닥이 얼마나 평평한지—거의 자연 그대로의 상태이다—볼 수 있다. 이 구덩이는 비교적 최근에 현무암으로 채워졌기 때문에 표면에 구덩이를 만들 만한 운석의 충돌이 거의 없었다(물론 여기서 '최근'은 상대적인 개념이다. 이 구덩이에 있는 물질들은 30억 년 이상 된 것으로서, 지구에 있는 대부분의 바위들보다 훨씬 더 오래 되었다).

플라토의 바로 남쪽, 비의 바다 안쪽으로는 바다를 뚫고 솟은 봉우리들이 줄지어 있는 모습이 보인다. 지금은 용암이 비의 바다를 뒤덮은 채 차갑게 식어 있지만, 예전에 비의 바다에 충격이 가해지며 구덩이가 패였고 그 주위를 둥그렇게 둘러싸고 높은 산들이 생긴 것이다. 무지개의 만에 가장 가깝게 위치하며 동쪽으로 뻗어 있는 산맥을 **곧은 산맥**이라 부른다. 플라토 바로 오른쪽에서 서쪽으로 드문드문 있는 산들을 한데 모아 **테네리피 산맥**이라 한다. 플라토의 남쪽 가장자리에서 남서쪽으로 좀더 내려가다 보면 **피코**라는 봉우리가 외로이 서 있는 모습을 볼 수 있다.

플라토처럼 평평한 바닥 이외에는 아무런 특징이 없는 구덩이로 **아르키메데스**를 들 수 있다. 이 구덩이는 비의 바다 중심에서 정확히 서쪽, 아펜니노 산맥의 북쪽에 위치하고 있다. 아르키메데스 구덩이의 바로 북쪽에는 몇 개의 봉우리가 외떨어져 있다. 이 곳을 **스피츠버겐**이라 한다. 아르키메데스에서 남서쪽으로 내려가다 보면 바다처럼 평평하기는 하지만 색깔은 오히려 바다보다 밝은 이상한 지역이 나오는데, 이곳은 **혼돈의 바다**이다.

코페르니쿠스 구덩이 음력으로 9일째에는 비의 바다 남동쪽 가장자리에 있는 카르파티아 산맥을 볼 수 있게 된다. 이 산맥의 바로 남쪽에는 코페르니쿠스라는 아주 멋진 구덩이가 있다. 이 지역에 해가 뜨는 장면은 작은 망원경으로 볼 수 있는 가장 멋진 장관 가운데 하나이니 절대 놓치지 마라. 저녁 시간에 관측을 하면 구덩이 전체의 모습을 볼 수 있다. 중앙 봉우리들이 처음으로 빛을 받고 차츰차츰 전체 구덩이가 밝아지는 모습을 보는 재미는 말로 표현하기가 힘들 정도다.

코페르니쿠스 구덩이는 상대적으로 크고 선명하며 젊은 구덩이다. 구덩이의 직경은 약 백 킬로미터이다. 가장자리의 일부가 구덩이 중심부로 무너져내린 곳의 벽은 계단처럼 되어 있는데 그 모습이 어떤지 살펴보라.

작은 구덩이에는 중앙 봉우리가 없다. 작은 구덩이는 단지 사발처럼 보일 뿐이다. 하지만 코페르니쿠스처럼 커다란 구덩이는 평평한 바닥 중앙에 산이 있는 경우가 많다. 이 중앙 봉우리들은 운석의 충돌 때 파편들이 빠져나가 가벼워진 중심부와 아직 여전히 무거운 가장자리의 무게 차이에 의해 달의 지각이 뒤틀리며 변형되어 생겼다. 코페르니쿠스보다 더 큰 구덩이들은 바닥이 깨지고 금이 가는 등 더 복잡한 과정을 거쳤다. 아주 커다란 구덩이의 주변은 충격으로 물질들이 사라지고 지표면이 다시 퉁겨져 나오기 때문에 비의 바다에 있는 분지처럼 다중 고리 모양의 산맥이 생기기도 한다.

코페르니쿠스 구덩이 주변은 무척이나 황량하다. 날씨가 맑은 날 저녁, 고배율 접안렌즈를 이용해 1차 구덩이에서 바깥쪽으로 사방으로 뻗어 있는 밝고 흰 줄무늬를 따라 줄지어 선 2차 구덩이를 찾아보자. 이 구덩이들은 코페르니쿠스가 운석에 의해 파일 때 퉁겨져 나간 물질들에 의해 파인 것이다.

구름의 바다 주변 알폰수스는 달의 중앙 바로 남쪽에 있는 세 개의 구덩이(북쪽에서 남쪽으로 나란히 위치해 있다) 중 가운데 것이다. 북쪽에 있는 더 커다란 구덩이는 **프톨레마이우스**이고 남쪽에 있는 좀더 작은 것은 **아자첼**이다. 알폰수스의 가운데에는 작은 중앙 봉우리가 있다(아자첼에는 좀더 뚜렷한 모양의 중앙 봉우리가 있다). 음력 8~9일경, 태양이 이 지역을 비추기 시작하자마자 이 봉우리들을 관측하면 알폰수스를 관통해 북에서 남으로 쭉 뻗은 거친 지역을 보여주는 길다란 그림자를 볼 수 있다. 알폰수스 안에 아주 거무스름한 곳이 세 개 있다. 구덩이 바닥에서 서쪽, 동쪽, 남쪽에 각각 하나씩 있다. 여기에 주목하라. 이들은 불규칙한 원뿔 모양에 아주 새까만 물질로 되어 있는데, 아마도 이 지형이 '화산'이며 폭발 당시에 나온 분출물이 유리질로 굳은 화산암이 많이 있을 거라고 추정하고 있다.

구름의 바다 서쪽 가장자리, 자그마한 구덩이에 그어진 가늘고 검은 선에 주목하라(바로 그 동쪽에는 **버트**라는 이름의 자그마한 구덩이가 있다). 이 선은 **곧은 벽**이라 한다. 이 선은 사실 거대한 '정단층'이 만든 그림자로서, 바다의 동쪽(오른쪽) 바닥이 서쪽 바닥에 비해 약 250미터쯤 내려앉은 것이다. 곧은 벽은 일단 태양의 고도가 더 높아져 보름달에 가까워지면 보이지 않게 된다. 하지만 보름이 지나면 하현이 될 때까지 다시 볼 수 있게 된다(그 시기에는 지는 해의 빛을 받기 때문에 곧은 벽은 밝은 선으로 보인다).

남부 고지대 이 시기에 관측할 수 있는 가장 뚜렷한 구덩이는 **클라비우스**이다. 이 이름은 예수회 천문학자의 이름을 따서 붙인 것이다. 클라비우스는 달에서 가장 큰 분화구 가운데 하나로 직경이 약 250킬로미터나 된다(영화팬이라면 SF 영화 〈2001년 스페이스 오디세이〉에서 이곳에 달 기지가 있었다는 것을 기억할 것이다). 남서쪽에서 클라비우스를 가로질러서는 북동쪽으로 갈수록 작아지는 몇 개의 구덩이들이 곡선을 그리며 늘어서 있다.

클라비우스의 안팎으로 여러 가지 세부적인 볼거리가 많기 때문에 여러 가지 배율의 접안렌즈를 사용해 관측할 만한 가치가 있다. 이곳에는 구덩이들이 무수히 많기 때문에 명암 경계선 오른쪽으로 몇 개의 구덩이는 꼭 볼 수 있다. 즉 가장자리 벽과 중앙 봉우리에 막 햇빛이 비치는 장면을 볼 수 있다. 이 광경은 무척 생동적이다. 게다가 망원경으로 달을 관측하는 게 처음이라면, 명암 경계선의 오른쪽에 있는 구덩이를 하나 골라 어떤 식으로 빛을 받는지를 유념해 관측해보라. 그리고 집으로 돌아오기 전에 한 번

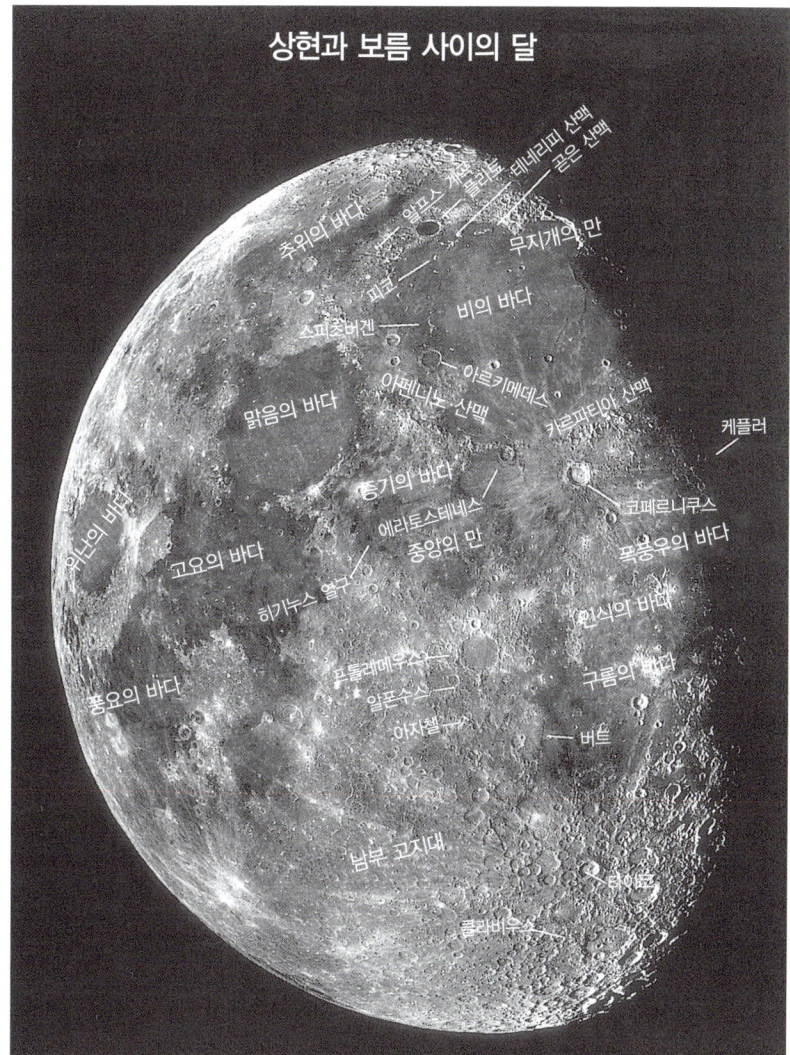

코페르니쿠스의 남쪽, 구름의 바다 바로 북쪽에 인식의 바다가 있다(구름의 바다보다 덜 거무스름하다). 이곳의 이름은 1960년대 초, 미국이 처음으로 달 착륙에 성공시킨 레인저 7호의 착륙 장소였다는 데서 유래했다. 여러분이 사, 오십대라면 레인저 9호가 알폰수스 구덩이를 향해 가는 장면을 텔레비전으로 보며 느꼈던 그 놀라움을 기억하고 있을 것이다. 레인저 9호가 계속해서 달에 가까워지는 장면이 클로즈업되면서 화면에는 '달에서 생중계'라는 자막이 찍혀 있었다. 새 시대의 새벽녘 같은 느낌이었다

더 그 구덩이를 관측해보라. 그 짧은 시간에 나타난 변화에 분명히 놀라게 될 것이다.

클라비우스와 구름의 바다 서쪽 가장자리 중간쯤에는 타이코라는 이름이 붙은 중간 크기에 또렷한 모양의 구덩이가 있다. 구름의 바다와 남부 고지대를 가로지르는 상당수의 흰색 띠, 즉 '광조'가 이 젊고 생생한 구덩이를 향하고 있다는 점을 주의해 보라. 사실 맑음의 바다를 가로지르는 흰색 띠조차도 따라가 보면 결국 이 구덩이를 향하고 있다. 며칠 뒤 보름달이 되면 타이코는 달에서 가장 눈에 띄는 존재가 되어, 육안으로도 볼 수 있을 정도로 밝고 하얗게 빛나게 된다.

보름달
(삭이 지난 뒤 12~16일)

보름달이 뜨는 동안은 중앙 봉우리나 구덩이 가장자리가 만드는 기다란 그림자를 볼 수 없다. 대신, 밝은 지역과 어두운 지역 사이의 뚜렷한 명암 대비를 볼 수 있다.

달은 거의 한 달 내내 단조롭다 못해 지루할 정도로 칙칙한 회색을 띤다. 영겁의 세월 동안 소형 운석들이 바위에 맹공을 퍼부어 구멍을 내고 가루를 만들었기 때문에 달에 있는 바위의 표면은 무척이나 거칠다. 따라서 태양이 바위의 옆면을 비출 때면 무수한 작은 그림자들이 생겨난다. 게다가 거친 표면에서 빛이 반사되며 주변의 바위 부스러기들에 의해 빛이 분산, 흡수되기 때문에 달이 밝게 보이지 않게 된다. 하지만 보름달의 경우, 모든 상황이 바뀐다. 더이상 그림자는 없다. 그리고 부서진 바위의 매끈한 표면은 빛을 흡수하거나 산란시키는 대신에 반사를 시작한다.

그 결과 보름달에서 하루나 이틀 전부터 달은 무척 밝아진다. 보름달이 되면 3인치 이상의 망원경으로는 눈이 부셔 달 관측을 할 수 없을 정도가 된다. 접안렌즈에 값싼 '중간 짙기의 필터'를 끼워 보면 명암 대비가 더욱 뚜렷해지면서 보름달을 관측하는 일이 훨씬 즐거워진다. 필터가 없으면 고배율 접안렌즈를 써서 관측할 수도 있다. 배율이 높아지면 밝기가 감소한다는 사실을 상기하자. 아무것도 없는 상황이라면 선글라스를 끼고 보면 된다. 한번 시도해보길!

달이 태양 빛을 우리 쪽으로 더 많이 반사함에 따라 달 표면의 매끈한 지역(따라서 가장 빛을 잘 반사하고 빛나는 지역)과 가장 최근에 운석이 부딪힌 곳들은 밝은 장소로 바뀌어 보인다. 그리고 이런 모든 영역 가운데 가장 생생하고 밝은 장소는 단연 타이코 구덩이이다.

보름달이 되어가는 과정 보름달이 되어가면서 명암 경계선은 달의 동쪽 가장자리로 천천히 움직인다(태양이 달을 비출 때 생기는 명암 경계선은 실제로 일정한 비율로 달을 돌지만, 우리가 있는 지역에서는 달을 비스듬한 각도로 관측하기 때문에 이 경계선이 더 천천히 도는 것처럼 보인다). 달의 동쪽 상당 부분은 **폭풍우의 바다**라는 어둡고 넓은 지역이 차지하고 있다. 둥그런 모양의 다른 두 바다와 비교해보면 폭풍우의 바다는 꽤 불규칙한 모양임을 알 수 있다.

비의 바다 바로 남쪽, 폭풍우의 바다에서 밝고 커다란 **코페르니쿠스 구덩이**를 찾아보라. 삭이 지나고 11일경이 되면 코페르니쿠스와 함께 대략 정삼각형을 이루는 두 개의 밝은 구덩이가 보인다. 동쪽 가장자리로 대략 반쯤인 곳에 **케플러**가 있다. 코페르니쿠스로부터 북서쪽 가장자리로 2/3쯤 간 곳에 있는 것은 **아리스타쿠스**이다.

아리스타쿠스의 바로 북동쪽에는 **슈로터의 계곡**이라는 이름의 열구가 굽이쳐 흐른다. 슈로터의 계곡은 그 자체로 이 지역이 용암과 화산 활동이 활발했다는 증거가 된다. 이 열구는 아리스타쿠스 동쪽에 인접해 헤로도투스 구덩이의 벽부터 시작한다. 헤로도투스는 운석의 충격으로 생긴 것이 아니라 사실은 화산이 폭발해 생긴 듯하다. 아리스타쿠스 주변은 보름달이 되기 전에 특히 더 관심을 끈다. 빛뿐만 아니라 그림자에 의해서도 슈로터의 계곡을 구별해낼 수 있기 때문이다.

습기의 바다는 폭풍우의 바다 남동쪽 구석부터 뻗어 있는 달걀 모양의 어두운 지역이다. 습기의 바다 바로 북쪽에는 **가센디 구덩이**가 자리를 차지하고 있다. 태양 빛이 가센디를 비추며 지나갈 때면 구덩이의 작은 지형들이 커다란 그림자를 만들기 때문에 관측자는 이 구덩이의 바닥이 상당히 부서져 있다는 걸 알 수 있다. 이러한 '바닥 균열'은 커다란 구덩이가 만들어질 때 달 표면이 어떤 식으로 구겨지는지를 보여주는 또하나의 예이다.

가센디와 케플러 사이, 폭풍우의 바다에는 **플램스티드와 한스틴 구덩이**를 포함해 불완전한 구덩이들이 많이 있다. 용암에 의해 일부분이 덮인 것들이다.

보름달이 되기 직전인 음력 12일이나 13일에는 흥미로운 화산 지역이 보이기 시작한다. 케플러에서 아리스타쿠스의 중간 지점에서 반쯤 간 다음 다시 가장자리 쪽으로 비슷한 거리만큼 떨어져 있는 곳을 보라. 명암 경계선 근방에 작은 그림자들이 모여 있는 장면을 볼 수 있을 것이다. 각 그림자는 높이가 몇백 미터밖에 되지 않는 낮은 화산 돔이 만든 것이다. 이 돔들을 **마리우스 언덕**이라 한다. 마리우스 언덕에서 약간 남서쪽으로는 **마리우스 구덩이**가 있다. 마리우스 구덩이는 현무암 용암으로 완전히 뒤덮였기 때문에 테 모양의 흔적만 희미하게 남아 있을 뿐이다. 하지만 바로 남서쪽으로는 작고 좀더 밝은 구덩이가 있기 때문에 마리우스 구덩이를 찾기는 어렵지 않다.

보름일 때 잘 보이는 구덩이들 남부 고지대에서 가장 두드러져 보이는 구덩이는 단연 **타이코**이다. 타이코는 심지어 검은 무리에 둘러싸여 있는 아무 모양이 없는 밝고 하얀 빛처럼 보인다. 무리 바깥은 구덩이 안쪽처럼 밝지 않지만 밝은 빛을 띤다. 구덩이에서 멀어질수록 이 밝은 기운은 수많은 밝은 띠, 즉 광조로 갈라져 달 표면을 화려하게 장식하고 있다.

코페르니쿠스 구덩이도 여전히 두드러져 보이지만 불과 며칠 전만 해도 이 구덩이를 그토록 화려하게 만들었던 또렷한 그림자들이 이제는 보이지 않는다. 이제 코페르니쿠스는 타이코보다 밝지도 두드러져 보이지도 않는다. 달의 동쪽 가장자리 부근에는 용암으로 채워진 검은 달걀 모양의 **그리말디 구덩이**가 있다. 이 구덩이는 플램스티드 구덩이 바로 동쪽에 위치하고 있다.

조명 효과 이전에는 눈에 잘 띄지 않던 구덩이들도 이제는 생생하고 하얀 색깔 때문에 무척이나 두드러져 보인다는 점에 주목하라(앞쪽에 나와 있는 그림들을 보라. 그림자는 높은 지역만 더 두드러져 보이게 했다). 예를 들어 증기의 바다 북쪽 해안에서 맑음의 바다 쪽으로 치우쳐 있는 밝고 동그란 **마닐리우스 구덩이**를 보라. 마닐리우스는 상현달일 때는 전혀 눈에 띄지 않았다. 마닐리우스의 북서서쪽, 맑음의 바다 가장자리에는 **메넬라우스 구덩이**가 밝게 보인다.

메넬라우스 언저리에서 시작한 밝고 하얀 줄무늬는 맑음의 바다에 의해 가로막힌다. 이 줄무늬는 타이코 구덩이에서 시작된 광조처럼 보인다. 이 빛줄기의 중간에는 작지만 밝은 구덩이가 있다. 베셀이다.

1시 45분 모양을 하고 있는 히기누스 열구를 다시 찾아보라. 증기의 바다 중간에 있다. 바로 북쪽 지역은 현무암으로만 되어 있는 것처럼 아주 어둡게 보인다. 하지만 상현달일 때는 그림자 덕분에 이 지역이 매끈한 바다와는 달리 아주 거친 지역임을 알 수 있다. 현무암 용암이 고지대 산악 지역을 아주 얇은 두께로 뒤덮은 듯하다.

달의 서쪽 지역에 대해 이전에 설명했던 모든 것이 아직 그대로라는 사실을 상기하라. 달라진 것은 빛이 내리쬐는 각도뿐이다. 풍요의 바다에 있는 이중 구덩이 메시에와 메시에-A를 보라. 또 위난의 바다 바로 동쪽에 위치한 **프로클루스** 구덩이처럼 이전에는 그리 눈에 잘 띄지 않았던 몇 개의 구덩이들에 주목하라.

한편 바로 며칠 전에는 클라비우스가 남부 고지대에서 가장 눈에 띄는 구덩이였다는 사실을 기억하라. 하지만 보름달일 때의 클라비우스는 찾기조차 힘들다!

보름달

달 가장자리를 따라서 보름이 가까워지면 달의 가장자리 그 자체를 보는 게 재미있어진다. 고배율 접안렌즈를 써라. 이때가 되면 달은 매끄럽게 보이며, 달 표면의 미끈한 선을 망가뜨렸던 산과 구덩이는 단지 당구공에 난 홈 정도로밖에 보이지 않는다. 그러면서도 달 가장자리를 따라 있는 표면의 부조를 자세히 볼 수 있다. 명암 경계선말고 태양에 의해 비춰지고 있는 가장자리를 보아야 한다는 사실에 주의하라. 이는 보름달이 되기 전에는 서쪽 가장자리를 보아야 하며, 보름달 이후에는 동쪽 가장자리를 보아야 한다는 뜻이다.

특히 적도 근처, 동쪽 가장자리에 보이는 **동방의 분지** 옆면을 살펴보라. 이 분지는 1960년대 이전 지상에서 관측을 하는 사람들한테는 겨우 그 존재만 알려져 있었지만, 1960년대 우주선이 찍은 사진에서는 위난의 바다 반 정도 되는 둥그런 바다 주위를 테두리들이 아름답게 둘러싸고 있는 모습으로 나타났다.

달의 방향은 작은 '칭동'에 의해 영향을 받는다는 사실에 주의하라. 18년도 더 되는 주기로 달은 자전축을 중심으로 위아래, 좌우로 약간씩 끄덕거린다(실제로 달의 자전 속도는 꽤 일정하다. 달이 지구를 도는 궤도의 이심률과 경사가 이러한 운동을 하는 것처럼 보이게 할 뿐이다). 이는 가장자리에 있는 영역 가운데 그 일부가 우리에게 보였다 안 보였다 한다는 뜻이다. 우리가 칭동이 일어나는 전 기간에 걸쳐 관측을 한다면 달 표면의 약 9%를 더 볼 수 있다.

보름달 이후 보름이 지나고 나면 명암 경계선은 달의 서쪽 가장자리로 서서히 옮겨가고 그곳에 뚜렷한(즉 가장 흥미롭고 세부묘사가 많은) 그림자가 생기게 된다. 이는 16쪽에서 설명한 초승달과 같은 지역이다. 하지만 다른 조명 조건 때문에 완전히 다른 모습으로 보인다.

달은 이제 해가 지고 나서 뜨며 그 뜨는 시간도 조금씩 더 늦어진다. 달이 뜨기를 기다리는 사이의 어두운 하늘은 각 계절에 보이는 흐릿한 천체를 관측하기에 딱 좋은 상태가 된다.

월식 관측

대략 일 년에 두세 차례 보름달이 지구의 그림자를 지나는데 그때 우리는 월식을 볼 수 있다. 월식은 밤 내내 일어나는 현상이 아니라 단지 몇 시간 정도에 걸쳐 일어나는 현상이며, 당연히 우리는 달이 떴을 때만 월식을 볼 수 있다(보름달은 언제나 저녁에 뜬다). 관측을 하는 여러분이 월식을 볼 수 있는지, 볼 수 있다면 어떤 월식을 볼 수 있는지 등은 월식이 일어나는 당시에 여러분이 있는 장소가 저녁 시간이냐 아니냐에 달려 있다.

2000년부터 2011년 사이에는 25번의 월식을 볼 수 있다. 그 가운데 11번은 개기월식, 즉 달 전체가 태양이 지구에 의해 완전히 가려져 생기는 지구 그림자의 '본영(本影)'을 지날 때 생기는 월식이다. 나머지 14번의 월식은 달의 일부분만이 본영을 통과하는 본영식과, 반영(半影) 지역(달의 일부 지역이 지구에 의해 태양 빛을 차단당하지만 완벽하게 그늘이 지는 지역은 없는 곳)을 통과하는 반영식으로 구별된다.

월식의 시작 월식이 시작되면 가장 먼저 찾아봐야 할 것은 폭풍우의 바다 근처이다. 달의 동쪽 가장자리가 점차 빛을 잃으면서 어두워지기 시작할 것이다. 눈으로는 달이 반영 지역을 처음으로 지나가는 월식의 초기를 볼 수 없다. 달의 가장자리가 눈으로 볼 수 있을 만큼 충분히 어두워지기까지 대략 삼십 분쯤 걸린다. 경험법칙에 따르면, 달은 대략 한 시간에 자신의 직경에 해당하는 거리만큼 하늘을 가로질러 간다. 즉 동쪽 가장자리 근방이 어두워지는 것을 알아차릴 때쯤이면 달의 반은 이미 그림자 속에 들어가 있으며 달 중심은 이제 막 부분 일식을 시작하고 있을 것이다. 이런 이유로 반영에 50% 미만으로 들어가는 월식은 이 책의 표에 들어 있지 않다. 잠자는 시간을 버리면서까지 그런 월식을 볼 가치는 없다.

월식이 본영식이라면, 달의 일부 지역에서는 지구에 의해 태양이 완전히 가려지는 모습을 볼 수 있다. 본영과 반영 사이의 경계는 또렷하지는 않지만 쉽게 발견할 수 있다.

개기식 동안 달의 모습 개기월식은 분명 어느 순간에 달 전체가 본영에 들어가 있다는 뜻이다. 그때 달이 완전히 어두워지지 않았을 수도 있지만 여러 가지 색깔로 바뀔 것이다. 월식이 일어나는 동안 달이 어떻게 보일지는 두 가지 중요한 요인에 의해 결정된다. 첫번째는 달이 본영 안으로 얼마나 깊게 들어가는가이다. 본영에 깊게 들어가면 들어갈수록 달은 더 어두워진다. 두번째 요인은 월식이 일어나는 동안 이를 관측하는 장소에 태양이 뜰 때인가 아니면 질 때인가 하는 점이다.

달을 비추는 모든 빛은 일단 지구 대기를 거쳐 굴절된 것이기에 두번째 요인은 무척 중요하다. 우리가 살고 있는 둥그런 행성을 둘러싸고 있는 얇고 투명한 공기층은 구형의 렌즈와 같은 역할을 하여 달이 있는 곳의 어둠 속으로 빛을 모아준다. 이 공기층이 맑으면—즉 날씨가 좋다면—달은 식이 진행되는 도중이라 할지라도 여전히 꽤 밝게 보일 수 있다. 하지만 가장자리를 따라서 구름이 끼어 있다거나 또는 (1980년대 초반에 있었던 세인트 헬렌 산의 화산 폭발 후처럼) 공기중에 화산재가 떠 있는 경우라면, 달은 붉고 어둡게 보일 것이다.

프랑스 천문학자인 앙드레 다농(André Danjon)은 개기식 도중에 식의 정도를 측정하는 척도를 고안해냈다. 그의 척도에 따르면, 'L=4'인 월식은 달이 밝은 오렌지빛이나 붉은빛을 띠는 반면 그림자의 가장자리는 밝은 파란색을 띤다. L=3인 월식은 일반적으로 밝고 붉은 달이 되며 가장자리는 노란색으로 보인다. L=2에서는 본영은 진하고 탁한 붉은색으로서 색의 변화가 그리 크지 않은 반면 본영의 가장자리 쪽으로는 훨씬 더 밝다. L=2, L=3, L=4인 월식에서 바다와 고지대 사이의 밝기 대비는 뚜렷하며 심지어는 몇 개의 밝은 구덩이도 볼 수 있다. 반면 L=1인 월식의 경우는 달이 무척 어두우며 갈회색이라 망원경으로도 자세한 모습을 관측할 수 없다. 마지막으로 L=0인 경우는 아주 드물게 나타나며 문자 그대로 달이 어디에 있는지 확실하게 알지 못하면 달을 찾기조차 힘들 정도이다.

작은 망원경으로 월식 관측하기 망원경이 없어도 월식을 관측할 수 있다. 사실, 너무 큰 망원경을 쓰면 색 대비를 볼 수 없기 때문에 월식이라는 멋진 광경이 그저 그런 붉은색 천체 현상으로 바뀌어버리고 만다. 하지만 작은 망원경을 쓰면 본영이 달의 특징들을 지나쳐가는 모습을 볼 수 있다. 궤도를 도는 달의 운동을 관측할 수 있는 것이다. 게다가 작은 망원경을 쓰면 가장 멋진 색깔의 달을 볼 수 있다. 저배율 접안렌즈로 월식을 관측하라. 달의 전체 모습을 보면서 색깔까지도 볼 수 있을 것이다.

엄폐 현상을 찾아보라. 17쪽에서 설명했듯이 달은 지구의 주위를 돌다가 별의 앞을 가리며 지나가는 '엄폐' 현상을 일으킬 때가 있다. 월식 때의 달은 무척 어둡기 때문에 흐린 별도 잘 보이고 이 때문에 훨씬 더 멋진 엄폐 현상이 일어난다. 따라서 월식 때에는 더 많은 별이 엄폐되는 장면을 볼 수 있다.

월식 때의 달 밝기와 친숙한 별의 밝기를 비교해보라. 달빛은 퍼져 있는 반면 별빛은 한 점에 집중해 있기 때문에 둘의 밝기를 직접 비교하기란 쉬운 일이 아니다. 한 가지 좋은 방법은 파인더 스코프나 쌍안경 반대편으로 달을 보아 달빛을 한 점에 모으는 것이다. 이런 방법을 통해 달의 등급을 추정할 수 있다. 일반적인 보름달은 -12.5등급이며 월식 중간에는 0등급이 보통이다. 이는 베가나 아크투루스와 비슷한 밝기이다(등급에 대해서는 215쪽을 참조하라). 하지만 특히 어두운 월식의 경우 달은 4등급짜리 별만큼이나 어두워진다.

2000~2011년 사이 전세계에서 볼 수 있는 월식

시 기	유 형	볼 수 있는 지역
2000년 1월 20~21일	개기	아메리카, 유럽, 아프리카
2000년 7월 15~16일*	완전 개기	동아시아, 태평양
2001년 1월 9~10일	개기	유럽, 아프리카, 아시아
2001년 7월 4~5일*	40% 본영식	태평양
2001년 12월 29~30일*	90% 반영식	태평양
2002년 5월 25~26일*	70% 반영식	태평양
2002년 11월 19~20일	85% 반영식	아메리카, 유럽, 아프리카
2003년 5월 15~16일	개기	아메리카, 아프리카, 서유럽
2003년 11월 8~9일	거의 개기	아메리카, 유럽, 아프리카
2004년 5월 4~5일	개기	아프리카, 유럽, 아시아
2004년 10월 27~28일	개기	아메리카, 유럽, 아프리카
2005년 4월 23~24일*	85% 반영식	태평양
2005년 10월 16~17일*	5% 본영식	태평양
2006년 3월 14~15일	100% 반영식	아프리카, 유럽, 서아시아
2006년 9월 7~8일	20% 본영식	아프리카, 유럽, 아시아
2007년 3월 3~4일	개기	아프리카, 유럽, 서아시아
2007년 8월 28~29일*	완전 개기	태평양, 서북 아메리카
2008년 2월 21~22일	개기	아메리카, 유럽, 아프리카
2008년 8월 16~17일	80% 본영식	아프리카, 유럽, 서아시아
2009년 2월 9~10일*	92% 반영식	동아시아, 태평양
2009/10년 12월 31일~1월 1일	8% 본영식	유럽, 아프리카, 아시아
2010년 6월 26~27일*	50% 본영식	태평양
2010년 12월 21~22일*	개기	동태평양, 북아메리카
2011년 6월 15~16일	완전 개기	아프리카, 유럽, 아시아
2011년 12월 10~11일*	개기	아시아, 태평양

* 날짜 경계선에서 1일을 더한다.

각 월식마다 그 월식이 가장 잘 보이는 장소와 월식의 유형이 무엇인지를 기록했다. 예를 들어 하와이에서 2001년 7월 4~5일 (일본과 오스트레일리아에서는 7월 5~6일이 된다)에서는 달의 40%가 지구의 깊은 그림자를 지나게 된다. 이 월식은 하와이, 일본, 한국, 중국의 밤 시간에 일어나기 때문에 유럽에서는 볼 수 없다. '태평양'은 오스트레일리아, 뉴질랜드를 포함한다. '아메리카'는 남아메리카와 북아메리카 모두를 포함한다. 대륙은 서쪽에서 동쪽 순으로 열거했다. 첫머리에 나오는 대륙에 사는 사람들은 월식을 저녁때에 볼 수 있는 반면, 마지막으로 기록된 대륙에 있는 사람들은 해뜰 무렵에 월식을 관측할 수 있다.

이지러지는 달
(음력으로 마지막 2주)

보름이 지나면 달은 점점 밤늦게 뜬다. 보름달은 해가 질 때까지 뜨지 않는다. 하현달이 되면 달은 자정에 뜨며 여명이 밝아오는 새벽 무렵이 되어서야 관측하기 충분한 고도로 떠오른다. 즉 대부분의 사람들에게 이 시기의 달을 관측하기란 귀찮은 일이 될 것이라는 뜻이다.

일 년 중 이지러지는 달을 관측하기에 가장 좋은 시기는 가을이다. 이 시기의 달 궤도는 남동쪽 지평선을 따라 낮게 걸쳐 있다. 따라서 뜨는 시각은 크게 변하지 않은 채 달은 지평선과 거의 평행한 궤도를 따라 거의 북쪽으로 질주한다. 이 달이 북반구의 9월과 10월(남반구에서는 3월과 4월), 해가 질 때 떠올라 들판을 비추는 '중추만월'로서 거의 일 주일 정도 밝은 달을 볼 수 있다. 일 년 중 이 시기에 보름달에서 6일이 지난 이지러진 달(즉 음력 20일경)은 저녁 9시 30분경에 뜬다(이는 위도 40도에서이다. 위도가 이보다 더 높으면 더 일찍 달이 뜬다). 이때에는 비교적 한밤중이 되기 전에 쉽게 달을 관측할 수 있다.

이지러지는 달을 관측하기 위한 일반적 법칙 이지러지는 달에서도 차는 달에서 본 것과 같은 특징을 관측할 수 있다. 보름이 지나면 명암 경계선이 초승달이었을 때의 위치로 되돌아온다. 하지만 달이 차오를 때의 모습과는 상당히 다른 모습을 보여준다. 서쪽이 아닌 동쪽에서 빛을 받기 때문이다. 남북으로 뻗어 있는 지형적 특색의 경우에 특히 이런 효과가 두드러진다.

이런 차이 가운데 가장 극적인 예는 구름의 바다 서쪽 가장자리에 있는 **버트** 구덩이 근처에 위치한 단층절벽인 **곧은 벽**이다. 이 지역의 동쪽 바닥은 서쪽 바닥에 비해 약 250미터쯤 높이 솟아 있다. 차는 달일 때 이 절벽은 넓고 어두운 그림자를 드리운다. 이제 태양이 동쪽에서 비추기 시작하면 이 절벽은 좁지만 밝은 선을 보여준다.

이처럼 다른 모습을 보여주는 또다른 지형은 비의 바다 남서쪽 가장자리를 따라 나 있는 **아펜수스 산맥**이다. 이 시기에는 그림자가 서쪽으로 드리워지기 때문에 이 산맥의 동쪽을 따라 나 있는 특징들, 예를 들어 붕괴된 용암 관인 헤들레이 **열구**를 더 쉽게 볼 수 있다(아폴로 15호가 착륙했던 곳 근처이다).

이런 일광 조건 아래서는 여러 곳의 바다 역시 다른 특징들을 보여준다. 바다의 색깔이 검게 보이는 원인은 현무암 때문이다. 그리고 이 현무암은 점액질의 용암이 달 표면을 뒤덮었기 때문에 생긴 것이다. 많은 경우, 이렇게 녹은 용암은 바다 가장자리에 도달하기 전에 굳어버려 '흐름 전선(flow front)'이라 부르는 절벽을 바다 가장자리에 만들게 된다. 이런 전선은 그 성질상 한쪽이 다른 쪽보다 더 높다. 그래서 곧은 벽처럼 이들 역시 예전에는 어두운 그림자로 보이던 곳은 밝은 선으로 보이고 밝은 선으로 보이던 곳은 그림자가 져 보인다. 명암 경계선이 바다를 지날 때 이들을 찾아보라.

이지러지는 달을 관측할 때도 달의 남서쪽과 남쪽 지역은 대부분이 고지대이며 바다보다 밝고 아주 황량한데다 구덩이가 무척 많다는 점은 변함없다. 어떤 저녁 시간이든 간에 고지대를 관측하면 명암 경계선 오른편으로 눈에 잘 띄는 구덩이 몇 개는 꼭 볼 수 있을 것이다. 이는 태양이 낮게 뜨면서 긴 그림자를 드리우기 때문이다. 어느 구덩이가 움푹 파였고 어느 구덩이가 평평한지, 중앙 봉우리가 단순히 하나인지 아닌지 또는 바닥에 균열이 있는지 따위의 구덩이간의 차이가 가장 선명하게 드러나는 곳은 명암 경계선 근처이다. 낮은 태양 각이 되면 작은 지형조차 아주 긴 그림자를 드리우게 된다.

보름에서 하현달 사이 음력 20일 또는 보름달에서 6일이 지났을 때 **감로주의 바다** 동쪽을 보면 카사리나 구덩이를 볼 수 있다. 이 바다 가장자리에서 테오필루스와 겹쳐 있는 키릴루스 구덩이가 있다. 이 시기에는 고요의 바다 동부와 맑음의 바다에 있는 정교한 흐름 전선이나 주름진 능선들이 잘 보인다. 맑음의 바다의 서쪽 가장자리에 있는 **포시도니우스** 구덩이 역시 잘 볼 수 있다.

아펜수스 산맥과 **코카서스** 산맥 북쪽으로 뻗은 확장부는 이미 멋진 그림자를 드리우기 시작한다. 코카서스 산맥의 바로 북쪽으로는 전에 황량한 모습이던 에우독수스와 아리스토텔레스 구덩이가 이 세세한 모습들을 멋지게 드러낸다.

(달 표면에서 이들 지형이 어디에 있는지 알고 싶으면 22쪽의 보름달 편을 보라.)

하현달 달이 하현이 됨에 따라 그림자가 거대한 클라비우스 구덩이와 밝고 젊은 **타이코** 구덩이를 포함해 남부 고지대의 구덩이들을 가로질러 가는 모습을 관측해보라. 비의 바다 서편 **아르키메데스**와 북쪽에 있는 플라토 구덩이도 놓치지 말아라. 아르키메데스와 플라토는 바닥이 바다같이 생겨서, 작은 망원경으로 보면 바닥이 거의 완벽하게 평평하다. 이 두 구덩이의 안쪽에서 뭔가 특징(가령 균열이나 작은 구덩이들)을 찾는다는 것은 무척이나 어렵다.

플라토 구덩이 바로 서쪽으로 **알프스** 계곡을 가로지르는 길다란 그림자를 찾아보라.

달이 다시금 삭에 다가가면, 명암 경계선이 아펜수스의 남동쪽 끝에 있는 **에라토스테네스**를 지나가는 모습, 그리고 어둠이 **코페르니쿠스**와 케플러, 그리고 마지막으로 **아리스타쿠스**를 삼키는 장면을 지켜보자. 구덩이는 보이지 않지만, 이들 구덩이의 동쪽 가장자리와 중앙 봉우리가 던지는 그림자들이 천천히 기어가는 장면은 우리가 상현에서 보았던 장면(18쪽에 설명되어 있다)을 뒤로 돌려보는 것과 같다.

삭이 되기 며칠 전, 해가 뜨기 직전 달을 보며 지구 반사광을 다시 한번 찾아보자. 또다시 여러분은 지구가 달에 비추는 빛으로 바다 지역을 추적할 수 있을 것이다.

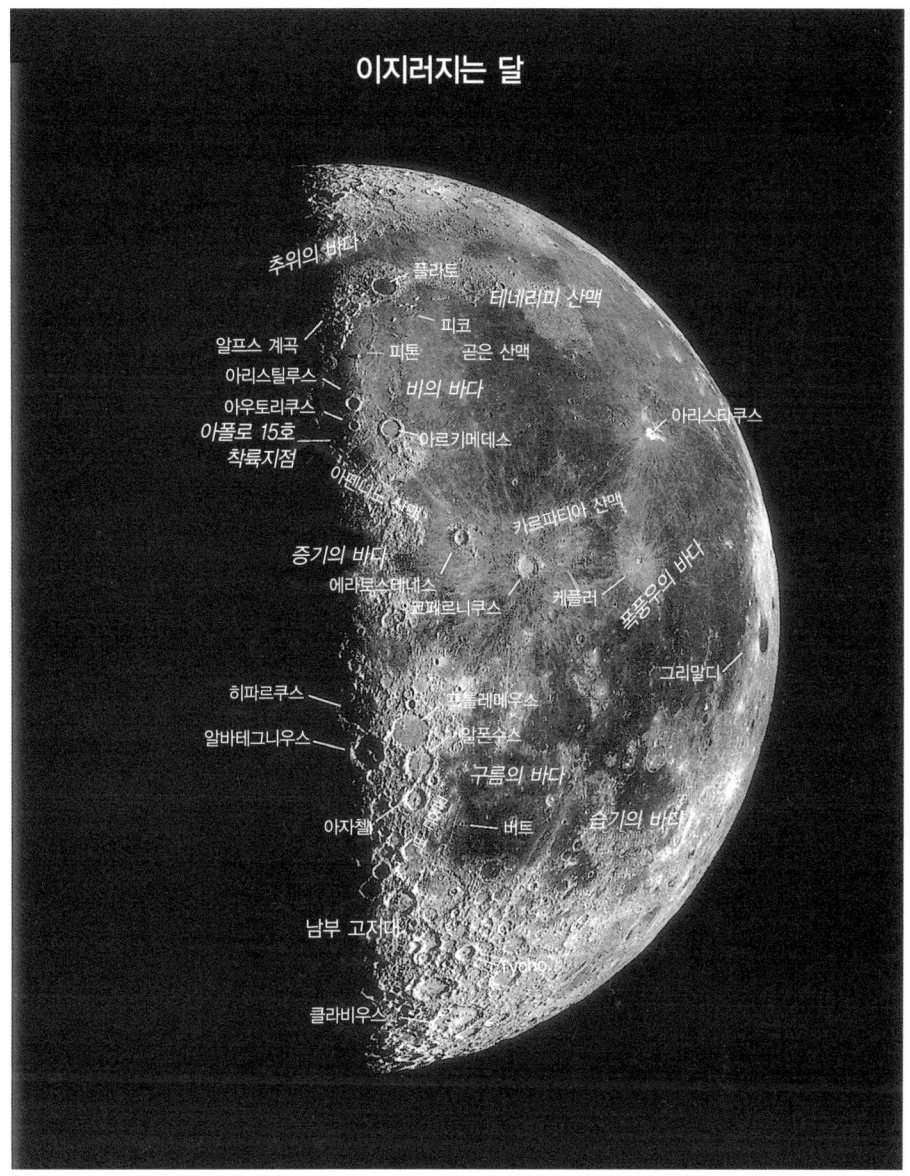

이지러지는 달은 한밤중이 지난 다음에야 뜨기 때문에 자주 보기는 힘들다. 하지만 이지러지는 달의 특징을 볼 수 있는 한 가지 쉬운 방법은 낮에 보는 것이다! 이 시기의 달은 아침 내내 발견하기 무척 쉬운데다 작은 망원경으로 보았을 때 놀랄 만큼 밝고 선명하다. 어떤 면에서 보자면, 낮에 달을 관측하는 것이 더 쉽다. 태양 때문에 밝은 하늘이 달빛을 가려 관측하는 데 눈이 부시거나 하는 문제가 없기 때문이다. 하지만 낮의 햇빛은 여러분이 그토록 애지중지하며 보관해온 혹은 그랬다고 믿고 있던 접안렌즈에 얼마나 많은 먼지가 끼어 있는지 확연히 보여주니 마음의 준비를 단단히 하도록!

아침 공기는 일반적으로 차갑고 고요하다. 그러므로 이지러지는 달을 관측할 때는 아침에 하는 것이 좋다. 하지만 늦은 오후가 되면 태양은 사물을 달구게 되고 따라서 이 시간대는 이지러지는 달을 관측하는 데 좋은 시간이 아니다. 물론 달이 태양에 가까이 있을 때 관측을 하고 싶지는 않을 것이다. 음력 5일 이내라면 태양이 지평선 아래에 있을 때 달을 관측하는 것이 좋다.

행성

행성은 작은 망원경으로 관측할 수 있는 천체 가운데 가장 흥미로운 대상이다. 그러나 행성은 또한 가장 실망스러운 대상이 되기도 한다. 행성에 흥미를 느끼는 것은 당연하다. 행성은 우리가 보는 또다른 세상이며 평생 들어온 이름이고 첫 대면을 망원경으로 한다 할지라도 오랜 친구 같은 편안함을 느낄 수 있는 대상이기 때문이다. 하지만 똑같은 이유로 실망을 얻을 수도 있다. 우리가 눈을 감고도 행성이 어떻게 생겼는지를 그릴 수 있을 만큼 행성에 대해 충분히 알고 있기 때문이다. 우리는 1960년대 우주선이 보내온 사진들을 보았다. 하지만 우리가 쓰는 작은 망원경으로는 사진에서와 같은 모습을 볼 수 없는 법이다.

행성을 보았을 때 당장 알 수 있는 사실은 행성이 밝지만 작다는 점이다. 이는 행성이 하늘의 어디에 있는지를 알고 있다면 찾기 아주 쉽지만 찾고 나서는 그 모습에 다소 실망하리라는 뜻이다. 행성은 밝기 때문에 기상 상태와 망원경이 허락하는 한 최고의 배율로 볼 수 있다. 행성은 작기 때문에 관측하는 여러분은 늘 고배율로 관측하고 싶을 것이다. 하지만 제발 부탁이니 참아라! 그리고 고요한 저녁(종종 얇은 구름이 높이 낀 날)을 기다리며 공기의 요동이 없어지는 찰나를 놓치지 말아라.

(천왕성과 해왕성은 흐리고 작다! 이 둘은 초록색의 작은 빛원반으로 보인다. 행성과는 관계없지만 '행성상 성운'은 이런 모습으로 보인다고 해서 붙인 이름이다. 명왕성은 무척이나 흐려서 겨우 14등급밖에 안 되기 때문에 하늘에서 명왕성을 찾기란 불가능에 가깝다. 8인치 이상 되는 큰 망원경과 아주 자세한 성도, 깜깜한 밤, 그리고 엄청난 인내력이 없다면 명왕성을 찾겠다며 스스로를 괴롭히지 말기 바란다.)

행성을 찾으려면 어디를 보아야 하는가 행성은 아주 정확한 길을 따라 태양을 돌고 있다. 더구나 명왕성을 제외한 모든 행성의 궤도는 비슷한 면에 놓여 있다. 이는 우리가 있는 지구의 관측 지점, 행성, 달, 그리고 태양이 모두 하늘의 좁다란 길을 따라 지나간다는 뜻이다. 이 길을 황도라 부른다. 일 년 동안 태양은 황도의 12개 별자리를 따라 지나간다. 달과 행성들 역시 각자의 속도로 같은 별자리들을 통과해간다.

태양이 여름철 하늘을 지날 때는 하늘 높이 호를 그리지만 겨울에는 남쪽 지평선을 따라 낮게 지난다는 사실을 떠올리자. 이제 여름의 낮하늘은 겨울의 밤하늘이라는 사실을 기억하라(그래서 여름철에 개기일식이 일어나면 태양 빛이 사라지고 오리온자리의 밝은 별들을 포함한 겨울철 별자리를 볼 수 있다!). 여름밤의 행성은 남쪽 지평선을 따라 질주한다. 그리고 겨울철이 되면 행성들은 6개월 뒤에 태양이 지나갈 길을 따라 머리 높이 지나간다.

계절별 천체의 앞쪽에 있는 '길잡이'에 황도 12궁이 어디에 있는지 표시해놓았다. 행성들을 이곳에서 찾을 수 있다. 여러분이 이들 별자리 가운데 한 곳을 보는데 성도에 기록되지 않은, 깜박이지 않으면서 밝은 별을 보았다면 그 천체는 틀림없이 행성이다.

여러분에게 좀더 도움을 주기 위해 30쪽에 2000년부터 2011년까지 계절별로 각 행성들의 위치를 표로 만들어 실어놓았다. 물론 이 위치는 표준시로 9시에 관측을 한다는 가정 아래 만든 것이다. '서쪽'에 들어 있는 행성들은 한밤중에 지며 '동쪽'이라고 표시된 행성들은 한밤중에 더 높이 뜬다. 표에 'M'이라고 나와 있으면 이 행성은 저녁 시간에는 볼 수 없다는 뜻이다. 대신 아침 이른 시간에 동쪽에서 볼 수 있다. 표에 큰 점(●)이 있으면 이는 그 계절에 그 행성은 태양에 너무 가까이 있기 때문에 볼 수 없다는 뜻이다.

수성, 천왕성, 해왕성은 목록에 싣지 않았다. 수성은 계절별 성도에 싣기에는 너무 빨리 움직인다. 게다가 수성은 1~2주밖에 보이지 않는다. 대신에 우리는 31쪽에 별도로 수성을 관측할 수 있는 때를 표로 만들어놓았다.

반대로 천왕성과 해왕성은 하늘에서 너무 천천히 움직인다. 이 둘은 별자리 사이를 아주 천천히 움직인다. 2000년에서 2010년의 십 년 사이에 이 두 행성은 거의 움직이지 않는다. 어쨌거나 염소자리에서 물병자리 쪽으로 움직이며 초가을 하늘에서 가장 잘 보인다. 두 행성은 너무 흐려 육안으로 보기 힘든데다 파인더스코프 시야 그림에 싣기에는 또 너무 빠르게 움직인다. 이 두 행성을 찾는 가장 쉬운 방법은 행성의 궤도를 찍어주는 컴퓨터 프로그램을 써보는 것이다. 이런 프로그램이 없다면 천체 연감이나 『애스트로노미』, 『스카이 & 텔레스코프』와 같은 잡지에서 매달 혹은 매년 두 행성이 어디에 있는지에 대한 정보를 자세히 얻을 수 있다. 『스카이 & 텔레스코프』 1월호에는 천왕성, 해왕성, 명왕성을 찾을 수 있는 연간 성도도 들어 있다.

행성은 어떻게 보이나 맨눈으로 보았을 때는 행성과 별의 구분이 불가능해 보이겠지만, 이 둘은 확연히 다르다. 우선, 가장 밝은 행성 네 개(수성, 화성, 목성, 토성)는 하늘에서 가장 밝은 별 대부분보다 더 밝다. 둘째로, 별은 반짝이지만 행성은 지구의 대기가 아주 불안정할 때를 제외하고는 반짝거리지 않는다.

행성이 반짝거리지 않는 데는 명확한 이유가 있다. 별이 반짝이는 이유는 별빛이 우리 눈에 도달하기 위해서는 대기를 통과해야 하기 때문이다. 햇살 좋은 날 수영장 바닥이 어떤 모습으로 보이는지 생각해보라. 수영장 바닥은 햇살이 춤추는 모습으로 너울거린다. 이는 수영장 물이 만드는 물결 때문이다. 물결이 수영장 위를 넘실거리면서 빛의 진행 경로를 앞뒤로 굴절시킨다. 비슷한 방식으로, 지구의 대기가 울퉁불퉁하기 때문에 빛이 통과할 때 이를 약간 굴절시킨다. 여러분이 수영장 바닥에 앉아 있다면 빛이 여러분 머리 위를 통과할 때 반짝이는 모습을 볼 수 있을 것이다. 마찬가지로 대기 아래에 있는 우리들은 별빛이 순간적으로 반짝이는 모습을 볼 수 있다(한랭전선이 통과할 때처럼 대기가 불안정할 때는 특히 더욱 그렇다).

그렇다면 왜 행성은 반짝이지 않는 것일까? 그 차이는 별은 너무 멀리 떨어져 있기 때문에 우리가 볼 때 점광원으로 보이지만 행성은 원반 형태로 보인다는 점에 있다. 여러분은 망원경으로 이를 확인할 수 있다. 행성은 밝은 원반으로 보인다. 그러나 아무리 고배율 접안렌즈를 쓴다 할지라도, 그리고 하늘에서 가장 밝은 별이라 할지라도 우리가 볼 때는 밝은 점으로밖에는 보이지 않는다. 우리 눈으로 들어오는 단 한 가닥 광선은 대기의 불안정 때문에 굴절되어 결국 우리 눈에서 벗어나게 된다. 하지만 원반에서 나오는 빛다발 가운데 일부가 굴절되어 우리 눈에 보이지 않는다 할지라도 다른 부분에서 나오는 빛에 의해 충분히 보충된다. 우리들은 그 차이를 구분해낼 수 없다. 행성의 한 점에서 나오는 빛이 우리 눈에서 사라지더라도 다른 부분에서 나오는 빛은 우리 눈에 들어오게 된다. 그 결과 우리는 행성에서 나오는 빛의 일부는 언제나 볼 수 있다. 우리는 행성의 빛을 지속적으로 볼 수 있고, 따라서 행성은 반짝거리지 않는다.

또한 행성들끼리도 쉽게 구별할 수 있다. 금성은 노란색이며 놀랄 만큼 밝다(심지어는 능숙한 관측자마저 금성을 UFO라 착각하는 경우가 있다. 금성이 12월 저녁에 뜰 때면 교회에 '베들레헴의 별'이 다시 나타났다고 전화가 걸려오기도 한다!). 금성은 지구보다 가깝게 태양 둘레를 돌기 때문에 언제나 태양 근처에서 볼 수 있다. 그러나 해가 진 다음 서쪽 하늘의 중간 이상을 넘어서 위치한 금성은 결코 볼 수 없다(여러분이 해뜨기 직전 동쪽에 있는 금성 관측을 한다면 해가 뜬 다음에도 꽤 한참 동안 금성을 관측할 수 있다. 시도해보라!). 목성 역시 노란색이고 금성만큼이나 밝다. 목성이 서쪽 지평선 근처에 있는 경우에 종종 금성과 혼동할 수 있다. 화성은 또렷한 붉은색이며 놀랄 만큼 밝아지기도 한다. 토성은 금성이나 목성보다 더 진한 노란색이지만 그 둘만큼 밝지는 않다.

행성 각각에 대해서는 뒤에서 설명하기로 하자.

이 책은 태양 관측이 아닌 밤하늘에 관한 내용을 다루는 책이다. 하지만 태양은 그 자체가 항상 변화무쌍한 천체로, 관측의 재미를 충분히 느낄 수 있다. 흑점 관측, 수성과 금성이 태양을 지나가는 모습, 일식의 장관을 관측하는 것은 굉장히 즐거운 일이다. 하지만 충분한 준비를 하지 않은 채 태양 관측을 시도한다는 것은 대단히 위험하기 때문에 부추길 수만은 없다. 태양 관측은 접안렌즈나 망원경은 물론이고 눈에도 해를 줄 수 있다. 망원경 대물렌즈(또는 대물거울)에 맞도록 특별히 고안된 비싼 필터를 쓰는 경우를 제외하고는 태양을 직접 관측하는 일은 감수해야 하는 위험에 비해 그 대가가 너무 적다.

제대로만 한다면, 태양의 모습을 스크린에 투영해 보는 방법은 쓸 만하고 안전하다. 그러나 여전히 접안렌즈가 상할 위험이 있으며, 어떤 경우에는 망원경이 망가질 수도 있다. 하지만 뭔가 잘못된다 할지라도 최소한 눈이 머는 일만은 방지할 수 있다. 또한 이 방법을 쓰면 태양 관측을 쉽게 할 수 있다. 흰 종이를 접안렌즈에서 50센티미터쯤 떨어진 곳에 놓은 채 태양 빛이 종이에 투영되도록 하라. 흰 종이를 상자 안에 넣어놓으면 좀더 쉽게 투영시킬 수 있다. 그리고 상자 옆면으로는 상에 그늘이 지게 만들어 투영된 상에 태양 빛이 들지 않도록 하라. 그 그림자를 보면서 망원경을 태양 쪽으로 조준하고, 파인더스코프에는 천 같은 걸 씌워야 한다(파인더스코프로 태양 빛이 들어가면 어딘가에 불이 붙을 수도 있다!). 이 방법을 쓰면 태양 빛이 너무 강한 날에는 성능 좋은 접안렌즈를 망가뜨릴 수도 있지만 눈을 망가뜨리는 것보다는 낫지 않은가.

제일 중요한 것 한 가지. 그 누가 아무리 '안전'하다고 주장할지라도 접안렌즈용 태양 필터는 절대로 쓰지 말아라. 댄은 열세 살 때 잘 알지 못해서 그런 행동을 한 적이 있었다. 초점이 맞춰진 태양 빛이 필터를 부수던 순간 다행히도 댄이 망원경을 보고 있지 않았기에 망정이지 그렇지 않았다면 깜깜한 하늘에 있는 천체를 보는 그의 능력은 물론이고 모든 것을 영원히 잃을 뻔했다.

2000~2011년 사이 행성들의 대략적인 위치

계 절	금 성	화 성	목 성	토 성
2000년 겨울	M	짐	남서쪽	남서쪽
2000년 봄	M	●	●	●
2000년 여름	●	●	M	M
2000년 가을	●	M	동쪽 낮은 곳	동쪽 낮은 곳
2001년 겨울	서쪽	M	서쪽 높은 곳	서쪽 높은 곳
2001년 봄	M	M	짐	짐
2001년 여름	M	남쪽 낮은 곳	●	●
2001년 가을	M	남서쪽 낮은 곳	M	뜸
2002년 겨울	●	짐	남쪽 높은 곳	남쪽 높은 곳
2002년 봄	짐	●	서쪽	짐
2002년 여름	서쪽 낮은 곳	●	●	●
2002년 가을	●	M	M	뜸
2003년 겨울	M	M	동쪽	남쪽 높은 곳
2003년 봄	M	M	남서쪽 높은 곳	서쪽
2003년 여름	●	뜸	●	●
2003년 가을	짐	남쪽	M	M
2004년 겨울	짐	남서쪽	뜸	남동쪽 높은 곳
2004년 봄	짐	서쪽 낮은 곳	남쪽 높은 곳	서쪽
2004년 여름	M	M	짐	●
2004년 가을	M	●	●	M
2005년 겨울	M	M	●	남동쪽
2005년 봄	●	M	남동쪽	서쪽
2005년 여름	●	M	남서쪽 낮은 곳	●
2005년 가을	짐	동쪽	●	M
2006년 겨울	M	남서쪽 높은 곳	M	동쪽
2006년 봄	M	서쪽	남동쪽	남서쪽
2006년 여름	M	M	남서쪽	●
2006년 가을	●	●	●	M
2007년 겨울	M	M	M	동쪽
2007년 봄	서쪽 낮은 곳	M	M	남서쪽 높은 곳
2007년 여름	짐	M	남쪽	●
2007년 가을	M	뜸	짐	M
2008년 겨울	M	남쪽 높은 곳	●	뜸
2008년 봄	M	서쪽	M	남쪽 높은 곳
2008년 여름	●	짐	남동쪽 낮은 곳	짐
2008년 가을	●	●	남서쪽 낮은 곳	●
2009년 겨울	짐	●	●	뜸
2009년 봄	M	M	M	남쪽
2009년 여름	M	M	뜸	짐
2009년 가을	M	M	남서쪽	●
2010년 겨울	●	동쪽	●	뜸
2010년 봄	짐	서쪽 높은 곳	M	남쪽 높은 곳
2010년 여름	짐	짐	뜸	짐
2010년 가을	M	●	남쪽 높은 곳	●
2011년 겨울	M	●	서쪽 낮은 곳	뜸
2011년 봄	M	M	●	남쪽
2011년 여름	●	M	M	짐
2011년 가을	짐	M	동쪽	●

2000~2011년 사이 저녁 하늘에서 수성을 볼 수 있는 날

아래 표기된 날짜로부터 일 주일 이내의 기간에만 볼 수 있다

2000년 2월 15일	2004년 3월 29일	2008년 1월 22일
2000년 6월 9일	2004년 7월 27일	**2008년 5월 14일**
2000년 10월 6일	2004년 11월 21일	2008년 9월 11일
2001년 1월 28일	2005년 3월 12일	2009년 1월 4일
2001년 5월 22일	2005년 7월 9일	**2009년 4월 26일**
2001년 9월 18일	2005년 11월 3일	2009년 8월 24일
		2009년 12월 18일
2002년 1월 11일	2006년 2월 24일	
2002년 5월 4일	2006년 6월 20일	**2010년 4월 8일**
2002년 9월 1일	2006년 10월 17일	2010년 8월 7일
2002년 12월 26일		2010년 12월 1일
	2007년 2월 7일	
2003년 4월 16일	**2007년 6월 2일**	2011년 3월 23일
2003년 8월 14일	2007년 9월 29일	2011년 7월 20일
2003년 12월 9일		2011년 11월 14일

표를 사용하는 방법

금성, 화성, 목성, 토성을 저녁 시간에 볼 수 있는지 알아보려면 왼쪽에 있는 표를 사용하라. 여러분이 관측하고자 하는 연도와 계절을 표에서 찾자. 계절별 저녁 시간에 보이는 행성의 대략적인 위치가 표에 실려 있다.

찾고자 하는 행성이 표에서 'M'으로 표기되어 있다면 그 계절 대부분의 밤엔 그 행성을 볼 수 없다. 대신 이른 새벽에 동쪽이나 남동쪽을 관측하면 원하는 행성을 볼 수 있다. 그리고 검은 점(●)이 찍혀 있다면 그 행성은 태양에 너무 가까이 있기 때문에 밤에 쉽게 볼 수 없다는 뜻이다. 계절이 지나면서 하늘과 행성의 위치는 천천히 변하기 때문에 위의 표는 대략적인 길잡이 역할밖에 하지 못한다. 표에 한 계절의 마지막 달에 어떤 행성이 서쪽에 보인다고 나와 있더라도 실제로는 그 행성이 태양에 이미 너무 가까이 위치해서 볼 수 없을지도 모른다.

화성은 여러 계절에 걸쳐 볼 수 있지만 태양-지구-화성의 순서로 있을 때, 즉 상대적으로 지구에 가까워지는 '충(衝)'이 되는 한두 달의 기간 동안 가장 잘 보인다. 오른쪽 표에 화성의 크기, 밝기와 함께 화성이 충이 되는 달도 넣어놓았다.

화성이 우리에게 가장 가까워지는 계절과 함께 금성이 커다란 초승달 모양으로 보이는 계절은 색깔 있는 글씨로 표기해놓았다.

수성은 무척 빨리 움직이기 때문에 왼쪽에 있는 표 같은 것은 아무 쓸모가 없다. 대신 위에 있는 표를 참조하라. 위의 주어진 날짜에서 일 주일 내에는 태양이 진 직후 수성은 서쪽 지평선에 나지막이 떠서 그저 그런 밝기의 별처럼 보일 것이다. 이 날짜에서 약 6주 뒤부터 태양이 뜨기 직전 동쪽 하늘에서 수성을 볼 수 있다. 굵은 글씨로 되어 있는 날짜는 태양이 진 뒤 수성이 지평선에서 약 20도 위로 뜨는 날짜들로, 북반구의 관측자들이 수성 관측을 하기에 가장 좋은 때이다.

2001~2012년 사이 화성의 충(衝)

날짜	크기(초)	등급
2001년 6월	21	−1.9
2003년 8월	25	−2.4
2005년 11월	20	−1.8
2007년 12월	16	−1.1
2010년 1월	14	−0.8
2012년 3월	14	−0.8

금성과 수성

금성은 행성 중에서 가장 밝다. 금성이 궤도의 어디에 위치하는가에 따라 밝기는 약 −3등급에서 −4.4등급까지 변한다. 금성은 무척 화려하며 노란빛을 띤다. 금성은 하늘에서 가장 밝은 점으로 보인다. 이에 반해서 수성은 금성보다 몇 등급 더 어두우며 찾기도 훨씬 어렵다.

금성과 수성은 지구와 태양 사이에 있는 궤도를 돌기 때문에 우리가 관측하는 지점에선 항상 태양 근처에서 보이게 된다. 이는 두 행성을 볼 수 있다 할지라도 태양이 졌을 때면 이미 서쪽 지평선 근처에 있다는 뜻이다. 수성은 태양이 진 직후 곧바로 지며, 금성도 일반적으로 해가 진 뒤 두 시간 이상 관측할 수 없다.

망원경으로 보는 금성 망원경으로 보면 달과 마찬가지로 금성도 위상이 변하는 것을 볼 수 있다. 금성은 태양 주위를 공전하며 다음과 같은 과정을 겪는다.

금성이 저녁 시간에 처음 하늘에 나타난 뒤, 날이 지날수록 금성은 태양으로부터 멀어져간다. 금성은 태양이 진 다음 조금씩 더 하늘에 오랫동안 머물고 조금씩 더 밝아진다. 이 시기 금성을 망원경으로 관측하면 작은 원반 모양으로 보인다.

시간이 지나면 원반 모양은 더 커지고 모양은 좀더 길쭉해진다. 이러한 금성의 변신은 달이 보름에서 점차 이지러져 하현으로, 마침내는 삭으로 변해가는 모습을 닮았다. 하지만 금성은 위상이 변함에 따라 크기도 무척 많이 변한다. '반(半)금성'이 되었을 때는 금성이 태양 근처에 있었을 때보다 세 배나 크다. 이렇게 되기까지는 약 일곱 달이 걸린다. '반금성'일 때 이 행성은 태양에서 가장 멀리 떨어져 보이는데, 이때를 **최대 이각**⁺점이라 부른다. 이 점을 지나면 금성은 더 밝아지지만 조금씩 일찍 지기 시작한다.

최대 이각이 되는 시기에서 한 달 뒤, 금성의 밝기는 −4.4등급으로 가장 밝다. 이는 하늘에서 가장 밝은 별인 시리우스보다 열다섯 배나 밝은 밝기이다. 궤도를 도는 동안, 금성은 점점 가늘어지지만 크기는 오히려 커지는 초승달 모양이 된다. 두 달 동안, 금성은 반금성에서 가늘고 밝은 낫 같은 형태로 바뀐다. 금성이 지구에 가장 가까이 다가오는 시기에 금성의 크기는 직경이 1분 이상이 되기도 한다.

찾아볼 특징들 물론 초승달 모양의 금성이 가장 멋지다. 이 모습은 아주 작은 망원경이나 심지어는 쌍안경으로도 볼 수 있으며, 그 밝기는 이미 멋진 모습을 하고 있는 행성에 새로운 멋과 흥미를 더해줄 것이다.

거기에 더불어, 원반 모양일 때는 별 재미가 없지만 다른 위상일 경우에는 눈여겨볼 만한 점이 몇 개 있다. 첫째, 가장 가늘어졌을 때 초승 모양의 뾰족한 끝부분이 금성의 양쪽 극지방 너머까지 뻗어 있는 경우가 있다. 게다가 다른 색 필터를 통해 보면 초승꼴의 두께가 다르게 보이기도 한다. 특히 금성이 초승달 모양을 하고 있는 동안, 붉은색 필터는 그 모습을 더 두껍게 만들어 반금성처럼 보이게 하는 반면, 푸른색 필터는 금성의 모습을 더 가느다랗게 만든다. 그리고 공전 궤도상의 위치로 미루어보았을 때 틀림없이 반금성이라고 예측했던 날보다 거의 일 주일쯤 빠르게 반금성이 된다(이는 쉬뢰터Schröter가 1793년에 처음으로 지적한 이후로 **쉬뢰터 효과**라 한다).

이런 효과는 행성의 두꺼운 대기가 빛을 행성의 흐릿한 원반 주위로 굴절시키기 때문에 나타난다. 금성의 구름으로 들어간 빛은 대기에 의해 산란되어 금성의 밤에 해당하는 지역으로 들어갔다가 결국 우주 공간으로 빠져나와 망원경으로 들어온다. 하지만 빛이 산란된다 할지라도 푸른빛은 대기의 화학 성분에 의해 흡수된다. 따라서 밤 영역에서 나오는 빛 대부분은 푸른색이 아닌 붉은색이 된다.

이러한 것들은 작은 망원경으로는 알아차리기 어려운 미묘한 변화들로서, 경험 있는 관측자들이 신중히 기록해 알게 된 내용이다. 하지만 이런 변화를 보려는 시도만으로도 아마추어 천문학자들은 큰 기쁨을 얻을 수 있다.

수성 찾기 수성은 관측하기 아주 어려운 대상이다. 수성은 금성보다 더 가까이 태양 주위를 돌기 때문에 금성보다 훨씬 빨리 공전한다. 이 때문에 수성을 쉽게 볼 수 있는 기간은 넉 달에 겨우 1주 또는 2주 정도이며 그나마 이른 저녁때이다.

태양에서 서쪽으로 가장 멀리 떨어져 보이는 '동방 최대 이각'이 되는 주의 어느 한 날을 정해 해가 진 뒤 한 시간 안쪽 이른 저

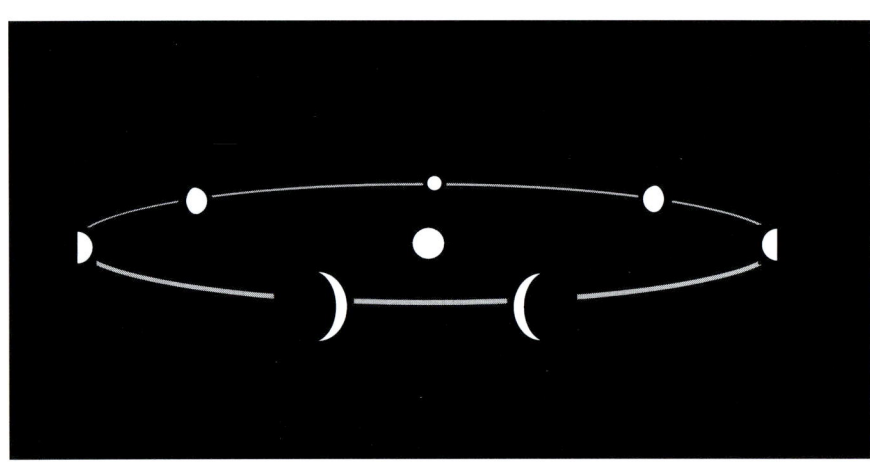

금성과 수성은 태양의 주위를 공전하기 때문에 지구에서 그 모습은 빛을 받는 위치에 따라 달라 보인다. 작은 망원경으로 보더라도 금성은 작고 볼록한 원반 모양에서 크고 가느다란 초승꼴까지 변하는 것을 볼 수 있다.

녁에 수성을 찾아보라(또는 대략 6주 후, '서방 최대 이각'이 되는 해가 뜨기 직전에 찾아볼 수도 있다). 2000년에서 2011년까지의 수성의 동방 최대 이각 날짜는 31쪽의 표에 있다.

수성은 지평선에 충분히 가까이 있기 때문에 태양과 행성이 지나는 길인 황도가 하늘 높이 호를 그리고 있을 때 관측하기 제일 좋다. 봄철 해가 질 때와 가을철 해가 뜰 때가 그런 시기다. 이렇게 시기에 따라 이각의 크기는 꽤 차이가 크다. 예를 들어 2000년 10월 6일, 뉴욕에 있는 관측자에게 이각은 겨우 7도이지만 남아프리카의 케이프타운에 있는 관측자에게는 거의 25도나 된다.

더구나 수성의 궤도는 원이 아니라 타원이다. 원일점$^+$일 때의 태양으로부터 거리는 근일점일 때보다 40%나 더 멀다. 즉 저녁 때 수성을 관측하기 가장 좋은 조건은 봄철에 원일점 근처에서 동방(저녁) 이각이 되는 때이다. 이런 조건이 되면 수성의 원래 이각에서 5도나 커지게 된다. 하지만 북반구의 관측자들에게는 지난 수백 년 동안 이러한 이점을 누린 적이 한 번도 없었다. 이런 점에서 남반구의 관측자들은 천운을 타고났다고나 할까. 10월과 11월(남반구의 봄철)에 벌어지는 이각은 남반구 관측자들에게 최적의 조건이 된다.

망원경으로 보았을 때 최대 이각일때 수성을 고배율 접안렌즈를 단 작은 망원경(3인치)으로 보면 직경이 겨우 7초쯤 되는 작은 반달처럼 보인다. 수성의 공전 궤도는 지구의 공전 궤도보다 안쪽이기 때문에 수성 역시 금성과 비슷한 위상을 보여준다. 하지만 대부분 수성은 태양에 너무 가까이 있기 때문에 반수성일 때만 보기가 쉽다.

뒤집어 말하면, 수성이 가장 잘 보일 때는 반금성일 때처럼 수성 역시 약 두 배쯤 멀어진다는 뜻이 된다.

하지만 이는 또한 수성이 가장 잘 보이는 때는 우리에게서 가장 가까웠을 때보다 두 배쯤 멀리 있을 때라는 뜻이기도 하다. 초승달 모양의 금성처럼 말이다. 더구나 수성은 직경이 금성의 반 정도밖에 되지 않는 아주 작은 행성이다. 마지막으로, 금성의 구름은 햇빛을 아주 효과적으로 반사하지만 수성은 어두운 바위 표면이다. 이런 모든 효과들이 합쳐져 수성은 금성보다 어두운 행성으로 보이게 된다. 수성의 등급은 -1등급부터 +1등급 사이에서 변하며 꽤 밝은 편에 속하지만, 서쪽 하늘 낮게, 그러면서도 지평선으로부터는 충분히 높은 곳에 위치해야 하며, 밝기가 여명보다 밝아야만 보이기 때문에 해가 진 뒤로 한 시간 정도밖에 관측할 수 없다.

수성은 (우리가 별 관심이 없는 몇 종류의 원자를 제외하고는) 대기가 없다. 그 결과 금성과는 달리 초승달 모양일 때도 뾰족한 끝이 확장되어 보이지 않으며 다른 색 필터를 쓴다고 해서 모습이 달라 보이지 않는다.

관측자 노트 2004년 6월 8일, 금성은 몇 시간 동안 태양을 가로질러 간다. 수성 역시 2003년 5월 7일과 2006년 11월 8일에 태양면을 통과해간다(더 자세한 사항을 알고 싶으면 천문학 잡지를 참조하라). 여러분이 가지고 있는 망원경에 태양을 관측할 수 있는 장비가 장착되어 있다면 위의 현상을 관측해보라. 무척 재미있을 것이다. 하지만 29쪽에 있는 태양 관측에 대한 주의점을 명심하라.

태양면 통과 2004년 6월 8일, 우리는 이제껏 그 누구도 보지 못한 사건을 목격할 수 있는 기회를 잡게 된다. 바로 금성이 태양면을 통과하는 장면이다. 몇 시간에 걸쳐 금성은 태양의 원반을 가로질러 간다.

태양면 통과는 약 여섯 시간쯤 걸리며 동쪽 반구에서 가장 잘 보인다(하지만 미국 동부에 있는 사람들은 해뜰 무렵 이 현상의 끝자락만 볼 수 있다). 수성 역시 2003년 5월 7일(동쪽 반구에서 보인다), 2006년 11월 8일(북미와 태평양 지역에서 보인다)에 태양면을 통과한다.

여러분이 가지고 있는 망원경에 태양을 관측할 수 있는 장치가 장착되어 있는지 확인하라(29쪽을 보라). 여러분이 태양을 관측하는 천문학자가 아니라 할지라도 태양면 통과는 놓치기 너무나 아까운 천체 현상이다.

수성이 태양 표면을 가로질러 갈 때 수성은 아주 어둡고 흑점처럼 완벽한 구형으로 보인다. 하지만 검은 색깔이 흑점보다 균일하며 흑점 본영(아주 검게 보이는 중심부)보다 오히려 더 검기 때문에 금방 구별해낼 수 있다. 그러나 이 둘을 구별할 수 있게 하는 것은 반영(본영 주위를 둘러싸고 있는 반쯤 어둡고 끝이 울퉁불퉁한 테두리)이 부족하기 때문이다. 1970년에 태양면을 통과할 때 수성은 흑점의 무리와 마주쳤는데, 이 덕분에 태양 표면을 가로지르는 수성의 움직임을 더욱 쉽게 관찰할 수 있었다. 2006년에 수성이 다시 통과하게 될 때는 이런 현상은 잘 보이지 않을 것인데, 이는 그 근처에 있는 흑점의 수가 최소일 것이기 때문이다.

태양면 통과를 하는 동안, 금성은 아주 크게 보일 것이다. 직경이 거의 1분 정도로서, 태양 직경의 3%가 된다. 이는 태양이나 달을 제외하고는 태양계 내의 그 어떤 천체보다도 큰 크기이다. 이 거대한 검은 점이 태양의 얼굴을 가로질러 갈 때 여러분은 맨눈으로(보호 장구를 갖춰야 한다!) 이 모습을 볼 수 있다.

'이슬 효과' 때문에 태양면 통과에 걸리는 시간을 알아내기란 어렵다. 이슬 효과는 태양을 배경으로 보이는 작고 검은 행성과 태양의 밝은 면이 만드는 강한 빛의 대비 때문에 일어나는 착시 현상으로, 행성이 태양면으로 들어간 직후(그리고 빠져나오기 직전)에 행성으로부터 태양의 가장자리로 검고 작은 그림자가 뻗어나가는 것처럼 보인다.

더구나 금성의 두꺼운 대기는 태양 빛을 굴절시키기 때문에 정확히 언제 금성이 태양 가장자리에 도착하는지를 말하기 힘들다. 수성은 원래 대기가 없기 때문에 언제 태양면을 통과하기 시작해서 빠져나오는지를 알아내기가 금성보다는 다소 쉬운 편이다.

금성의 태양면 통과는 무척 희귀한 사건으로 1세기에 몇 번 일어날까 말까 한 현상이다. 2004년에 이어 2012년 6월 6일에 일어나는 태양면 통과는 태평양 주변 지역에서 가장 잘 볼 수 있다.

혜성으로 유명한 에드먼드 핼리는 지구의 여러 지역에서 금성의 태양면 통과에 걸리는 시간을 측정하여 그 값을 비교하면 지구, 금성, 태양 사이의 거리를 알 수 있다는 사실을 알아냈다. 그리하여 1761년과 1769년에 처음으로 이러한 방식으로 태양면 통과 시간을 관측했으며, 1874년과 1882년의 관측을 통해 처음으로 태양계의 크기가 확립되었다. 그리고 쿡 선장은 이에 자극받아 1769년에 일어난 태양면 통과를 관측하기 위해 남태평양을 처음으로 여행했다.

화성

화성 찾기 화성은 육안으로 보면 붉은색으로 밝게 빛나는 별처럼 보인다. 하지만 몇 달에 걸쳐 관측하면 밝기가 상당히 변한다는 사실을 알 수 있다. 또한 화성은 꽤 빠른 속도로 별자리 사이를 움직인다.

지구가 태양 주위를 공전하면서 한 계절에서 다른 계절의 별자리로 움직이는 것처럼 화성도 태양 주위를 공전하지만 화성이 궤도를 한 바퀴 도는 데는 지구보다 거의 두 배의 시간이 걸린다(지구의 궤도는 화성보다 태양에 더 가깝다. 지구는 안쪽 궤도를 돌고 있기 때문에 궤도를 한 바퀴 도는 데 걸리는 시간이 더 짧다). 지구는 태양과 화성 사이에 있으면서 화성을 추월하는 순간 화성에 가장 가까워진다. 이 시기, 태양이 지면 화성은 동쪽에서 떠오르며, 한밤중에는 머리 꼭대기까지 높이 떠오른다 이때 화성은 **충의 위치**에 있다고 표현한다. 게다가 이 시기의 화성은 지구에 가장 가까이 있기 때문에 밝기도 가장 밝다. 또한 화성과 지구는 태양 주변을 이심원을 그리며 돈다(지구보다는 화성이 좀더 중심이 어긋나 있다). 이 둘의 공전 궤도는 태양에 대해 단순한 동심원이 아니라 어떤 지점에서는 다른 지역보다 더 가까워지는 타원 궤도이다. 두 궤도가 가장 가까워지는 장소는 지구가 8월이 되는 시기이다.

따라서 화성을 관측하기 가장 좋은 시기는 화성이 충의 위치에 있을 때이다(즉 태양이 서쪽으로 진 다음 곧바로 동쪽 하늘에 보이는 시기이다). 그리고 충의 위치가 제일 좋을 때는 두 행성이 가장 가까이 접근했을 때, 즉 8월에 화성이 충의 위치에 오는 경우이다.

이런 경우는 15년 내지 17년마다 한 번씩 일어난다(2003년 이후 다음은 2018년이다). 이런 충의 시기가 되면, 해가 진 뒤 동쪽에서 뜨는 화성은 시리우스보다 2.5배나 밝고(-2.4등급) 불길한 핏빛으로 비친다. 또한 이 시기에는 화성의 크기가 가장 커 직경이 25초나 되기 때문에 작은 망원경으로 화성 표면을 자세히 들여다볼 수 있는 절호의 기회가 되기도 한다. 이 시기 화성의 남반구는 여름이다. 즉 화성의 남극 쪽이 태양 쪽으로 기울어져 남극 부분을 가장 잘 볼 수 있다. 게다가 화성의 극관(極冠, 화성의 자전축 양극 부근을 덮고 있는 흰 부분—옮긴이)은 가장 확실히 눈에 띈다. 8월이 아닌 다른 시기, 즉 1월이나 3월에 일어나는 충의 경우, 화성의 밝기는 1/5쯤 되며 시지름(천체의 외관상의 지름—옮긴이)도 14초 미만으로 최적의 시기보다 겨우 반 정도밖에 되지 않는다.

여름철에 행성들은 겨울철 태양이 지나가는 길을 지난다는 사실을 떠올리자. 8월 최적의 충은 북반구 관측자에게 화성이 남쪽 하늘 낮게 떠 있을 때 최고 멋진 화성을 보여준다. 하지만 남반구 관측자들이 최고 멋진 화성을 보는 때는 화성이 겨울 하늘 높이 떠 있을 때이다.

찾아볼 특징들 망원경으로 보면 화성은 밝지만 작은 오렌지빛 원반으로 보인다. 충일 때 이 원반은 완전히 동그랗게 보인다. 충에서 멀어지면 그 모양은 상현달과 보름달의 중간처럼 오른쪽으로 약간 불룩한 모습으로 보인다.

화성 표면을 얼마나 자세히 볼 수 있는가는 화성이 얼마나 가까이 있으며, 날씨가 얼마나 맑으며 여러분이 가지고 있는 망원경이 얼마나 좋은 것인가에 달려 있다. 가까이에 있는 쌍성을 두 개로 분해해 볼 수 있는 정도의 밤이면 화성의 표면을 자세히 관측할 수 있다. 그렇게 날씨가 좋지 않은 날이라 할지라도 얼음으로 하얗게 뒤덮여 있는 화성의 남극과 북극의 극관을 볼 수 있다. 일반적으로 남극관이 북극관보다 더 크다.

화성은 24시간 37분마다 한 번씩 자전한다. 즉 여러분이 매일 밤 같은 시간에 화성을 관측한다면 전날 본 화성과 상당 부분 같은 면을 보게 되는 것이다. 이런 식으로 관측을 하면 화성의 모든

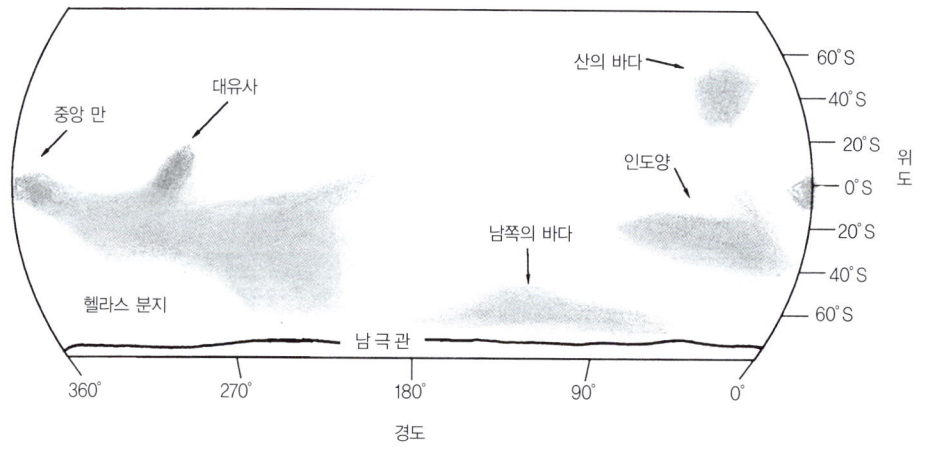

충(衝)에 있는 동안, 화성은 지구에 가까이 있기 때문에 작은 망원경으로도 표면의 자세한 특징들까지 충분히 볼 수 있다. 오른쪽에 있는 그림은 2.4인치 굴절 망원경으로 1971년도에 있었던 충 시기 동안에 그린 것이다. 이 그림은 화성 표면 전체 지도이며 실제 관측할 때는 반밖에 볼 수 없다.
관측할 때 지구로 향하고 있는 화성면의 경도를 알려면 천문 역서를 참조하라(213쪽을 보라).

면을 다 보는 데 한 달 이상이 걸린다. 한편으로, 여러분은 단지 한두 시간 만에 이 행성이 자전한다는 사실을 알아낼 수 있다. 관측을 시작할 때와 관측을 끝낼 때 화성의 스케치를 한 다음 두 그림을 비교해보라.

충 근처의 맑은 날 저녁이면 화성의 표면에 평소보다 어두운 자국이 나 있는 것을 볼 수 있다. 이런 자국 가운데 가장 눈에 띄는 것은 북쪽을 가리키고 있는 커다란 검은색 삼각형이다. 이 모습은 인도 대륙을 뒤집어놓은 것처럼 보인다. 이 영역은 '대유사(大流砂)'라 부른다. 이 영역이 보이는지 여부는 당연히 이 지역이 지구를 향하고 있는가 아닌가에 달려 있다.

화성을 관측하는 대부분의 밤은 실망스러울 것이다. 하지만 인내심을 갖자. 아주 작은 망원경으로도 붉은 행성의 멋진 모습을 볼 수 있는 완벽한 조건이 잠깐이나마 찾아올 것이다. 맑고 고요한 저녁, 별의 반짝임이 심하지 않은 날에 관측을 시도하라. 그런 뒤 계속해 지켜보고 있어라. 삼십 분 내내 지켜보고 있어도 우리가 바라는 완벽한 조건은 몇 번뿐이겠지만(그리고 그 상태조차 몇 초밖에 지속하지 않겠지만) 그럼에도 기다릴 가치는 충분하다.

또한 화성은 얇은 대기층이 있다. 그래서 어떤 때는 작은 망원경으로도 대기에 있는 구름과 먼지 폭풍을 관측할 수 있다. 얇고 하얀 구름은 적도 바로 위쪽, 사르시스(Tharsis)라고 알려진 화산 지역에서 제일 자주 보인다. 매리너 9호 탐사선은 이 영역에서 거대한 순상 화산을 발견했다. 이 화산은 올림푸스 산으로 높이는 에베레스트 산 높이의 세 배이며 넓이는 폴란드만큼 넓다. 이 지역에는 비슷한 규모의 화산이 세 개 더 있다. 이 거대한 산맥으로 부는 바람은 따뜻한 화성 표면에 있는 촉촉한 공기를 추운 상층 대기로 밀어낸다. 그러면 수증기가 얼게 되고 구름이 만들어진다. 파란색 필터를 끼우고 화성을 관측하면 이런 구름들이 더욱 눈에 잘 띈다.

화성의 바람은 행성 전체에 먼지 폭풍을 일으킨다. 밀가루처럼 곱고 철이 녹슨 조각 같은 빛깔의 밝은 먼지들은 공기중에 몇 주간씩 떠돌며, 화성 표면 일부를 검게 보이게 하던 검은색 화산암을 보이지 않게 가리기도 한다. 물론 좀더 규모가 작은 먼지 폭풍도 있다. 이런 폭풍은 붉은색 필터를 쓰면 더 잘 볼 수 있다.

여러 가지 색깔의 필터를 구입할 수 있다. 하지만 필터 대신 눈에 각 색깔의 셀로판지를 대고 봐도 필터가 주는 효과를 느낄 수 있다.

관측자 노트 화성은 언제나 충의 시기에 제일 잘 보인다. 31쪽을 보라. 하지만 모든 충이 다 같은 것은 아니다. 가장 잘 보이는 충은 15~17년 주기로 찾아온다. 특히 2003년 8월의 충은 대부분의 '최상급' 충보다도 더 좋은 특별한 경우이다. 절대로 놓치지 마라.

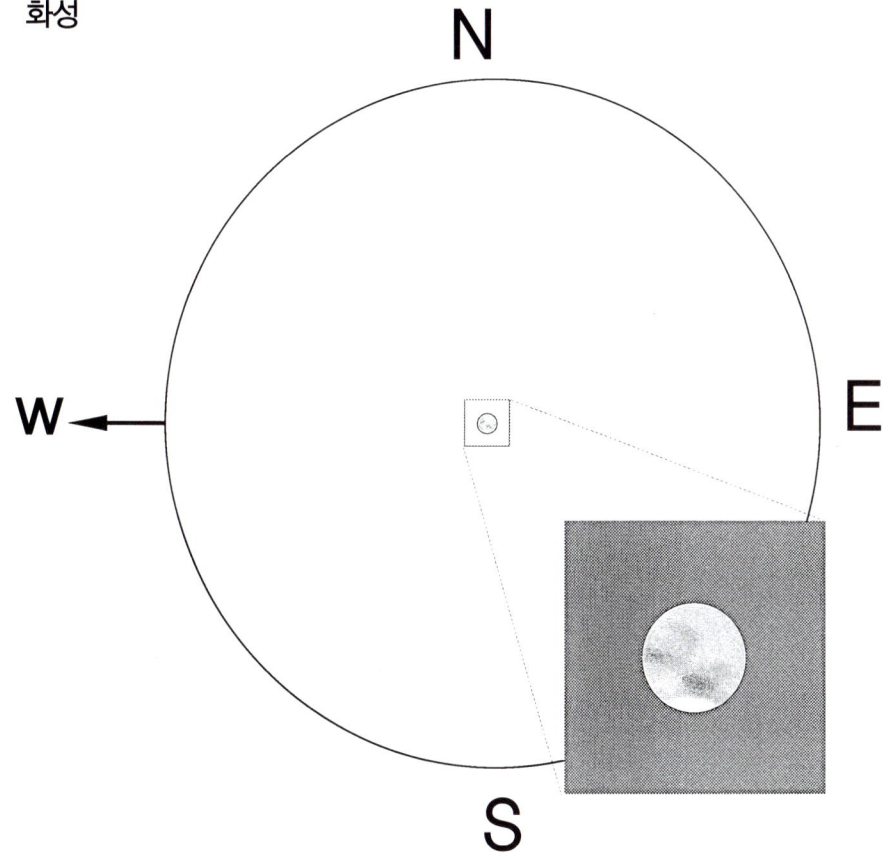

목성

목성 찾기 목성이 태양 주위를 한 바퀴 도는 데는 12년이 걸린다. 즉 황도 12궁을 일 년에 한 개의 비율로 통과한다는 뜻이다. 그리고 목성의 밝기는 −2.5등급으로 가장 밝은 별인 시리우스보다 세 배나 밝다. 목성은 밤하늘에서 달과 금성 다음으로 밝은 천체이다 (아주 드문 경우, 화성이 더 밝게 보이기도 한다). 더구나 목성은 행성 가운데 가장 큰 원반 모양으로 보이고(시지름이 50초에 달한다), 따라서 절대로 반짝거리지 않는다. 약간 노란빛을 띠며 밝게 빛나는 목성은 무척 특이하게 보인다.

망원경으로 보는 목성 목성은 실제로도 가장 큰 행성일 뿐만 아니라 지구에서 망원경으로 볼 때도 가장 크게 보이는 행성이다(초승달 형태로 보일 때의 금성은 예외로 하자). 목성의 밝은 원반에는 몇 개의 검은 띠가 보인다. 띠와 띠 사이에 보이는 하얀 지역은 대(帶)라고 한다.

목성 가까이에 있는 밝은 점 네 개를 볼 수 있다. 목성의 위성 가운데 가장 커다란 것들이다. 사실, 이들은 5등급 밝기의 별과 같은 밝기이다. 이들 위성은 목성 주위를 며칠에 한 번씩 돌며 계속해서 그 위치가 달라진다.

찾아볼 특징들 목성을 자세히 들여다보면 목성이 완전한 구형이 아니라 적도에서 극지방으로 갈수록 약간 가늘어진다는 사실을 알 수 있다. 원반 자체에서는 백색 대와 어두운 띠 부분에 주목하라. 이들은 목성의 적도와 나란히 동−서 방향으로 나 있다. 띠 안에는 꽃줄 장식이라 부르는 여러 가지 불규칙한 특징들이 보인다. 저녁 시간에 관측을 하면 목성이 자전축을 따라 도는 동안 이러한 꽃줄 장식이 원반을 가로지르는 모습을 볼 수 있다. 몇 개월 또는 몇 년에 걸쳐 이 띠의 구조와 어두운 정도가 변한다.

맑은 날 저녁이면, 목성의 남반구에서 창백한 붉은 점을 발견할 수 있다. 이 **대적반(大赤斑)**은 수백 년에 걸쳐 관측된 현상으로 해마다 색깔과 또렷한 정도가 변한다. 1970년에 대적반은 비교적 쉽게 찾을 수 있었지만 1980년에는 그 밝기가 꽤 어두워져서 아래쪽의 어두운 띠를 가리고 있는 대적반의 비교적 밝은 부분만 볼 수 있었다. 1994년에 슈메이커−레비 9 혜성의 조각이 목성에 충돌한 결과 남반구에서 어둡고 눈에 잘 띄는 점들이 나타났다. 이 점들은 아주 작은 망원경으로도 볼 수 있어 천문학자들을 놀라게 했다. 아마 다른 점들도 혜성의 충돌로 생긴 흔적일 것이다.

목성 주위 네 개의 갈릴레오 위성은 (목성에서 가까이 있는 순서로 하면) 이오, 유로파, 가니메데, 칼리스토라고 부른다. 가니메데가 그 가운데 가장 밝다. 이오는 가니메데와 거의 같은 밝기이며 옅은 주황빛을 띤다. 유로파는 색깔은 옅지만 더 어둡다. 칼리스토는 가장 어둡고 (늘 그런 것은 아니지만) 목성에서 가장 멀리 떨어져 있다.

네 개의 위성 궤도는 목성의 적도와 나란히 있다. 목성의 축은 아주 약간만 기울어져 있기 때문에(따라서 계절이 없다), 우리는 이 위성의 궤도를 언제나 측면에서만 보게 된다. 이 위성들은 언제나 한 선을 따라 앞뒤로 이동하는 것처럼 보인다. 각 위성은 동쪽으로부터 목성을 가로질러 서쪽으로 최대 거리까지 이동하다가 다시 뒤로 목성을 가로질러 동쪽에서 나타난다. 목성의 궤도가 약간 기울어져 있기 때문에 가장 바깥쪽에 있는 위성인 칼리스토는 목성을 가로질러 가는 대신 위나 아래로 지나가는 모습이 보이기도 한다.

위성이 목성의 앞면을 가로질러 갈 때(목성면 통과) 목성에 생기는 위성의 그림자는 위성의 크기와 거의 비슷하다. 맑은 저녁에는 작은 망원경으로도 이 그림자를 볼 수 있다. 어떤 경우에 행성 자체가 목성면을 통과하는 모습을 볼 수도 있다. 흰색의 유로파는 어두운 띠를 바탕으로 대비되기 때문에 가장 쉽게 찾아볼 수 있다. 어두운 칼리스토도 밝은 대를 배경으로 볼 수 있다. 위성이나 그 그림자가 목성을 가로질러 가는 데는 두 시간(이오)에서 다섯 시간(칼리스토)이 걸린다.

안쪽에 있는 이오와 유로파는 빨리 움직이기 때문에 하루 저녁만 관측해도 위치가 변한 모습을 쉽게 알아차릴 수 있다. 여러분은 언제나 최소한 세 개의 위성을 동시에 볼 수 있다. 아주 드물게 갈릴레오 위성 네 개가 전부 다 안 보이는 경우도 있는데 이는 네 개 위성 모두가 목성의 뒤쪽에 있기 때문이다.

우리가 보는 것 목성은 거대한 가스 행성으로, 대부분이 수소와 헬륨으로 이루어져 있다. 목성은 우리가 생각하는 것과 달리 행성의 '표면'을 이루는 그 무엇도 없지만, 행성 속 깊이 파고들어가면 수소가 금속 상태로 되어 있고 그 중심에 작은 고체 핵이 있음을 발견할 수 있을 것이다. 하지만 지구에서 우리가 볼 수 있는 모든 것은 가스 덩어리 위에 떠 있는 구름들뿐이다.

대기 깊숙이 있는 구름들은 기본적으로 물로 이루어져 있지만 어두운 갈색을 띠게 하는 이물질도 포함되어 있다(현재까지 밝혀진 바에 따르면, 이들 대부분은 황 화합물이다). 하지만 이 어두운 구름 위로는 암모니아 얼음 결정으로 이루어진 밝고 하얀 구름이 있다. 관측자가 보는 것은 목성의 표면이 아니라 하얀색이 또렷한 백색 대, 즉 암모니아 구름이며, 암모니아 구름이 없는 곳이라면 물과 황이 주성분인 구름으로 이루어진 띠이다.

목성은 약 9시간 55분마다 한 번씩 자전을 한다. 목성의 반지름은 지구 반지름의 거의 열두 배이며, 이는 목성 표면의 자전 속도가 어마어마하다는 뜻이기도 하다. 이 때문에 목성의 구름들은 적도 방향으로 정렬되어 있다. 또한 '원심력' 때문에 적도 부분이 상당히 부풀어 있다. 이런 이유로 목성은 완벽한 구형으로 보이지 않는다.

목성의 위성들은 그 자체로 꽤 큰 천체이다. 위성 가운데 가장 작은 유로파는 거의 달만하며 이오는 그보다 좀더 크다. 가니메데와 칼리스토는 수성보다도 크다. 이오는 바위가 많으며 수십 개의 화산이 있고 표면이 황 화합물로 뒤덮여 있다(이 때문에 이오는 노란색으로 보인다). 다른 세 개의 위성은 대부분 얼음으로 덮여 있다. 사실, 가니메데와 칼리스토는 얼음으로 된 거대한 눈덩이라 할 수 있다. 하지만 얼음에 섞인 먼지들 때문에 가니메데 표면의 일부분과 칼리스토 표면의 대부분은 순수한 얼음 표면으로 된 유로파보다 더 어두워 보인다.

관측자 노트 *약 6년 주기로 일정 기간 동안 어느 위성을 중심으로 살펴보면 빨리 움직이는 위성이 느린 위성을 따라잡아 가려버리는(또는 가려지는) 현상이 나타난다. 이러한 '상호 사건(mutual events)' 관측은 무척 신나는 일이다. 이 현상은 2002~2003년 사이와 2009~2010년 사이에 일어난다. 이 현상에 대한 자세한 설명과 정확히 언제 이 현상이 일어나는가에 대해서는 천문학 월간지를 참조하라. 또한 월간지에는 각 달마다 목성 위성의 움직임에 대해서도 나와 있다.*

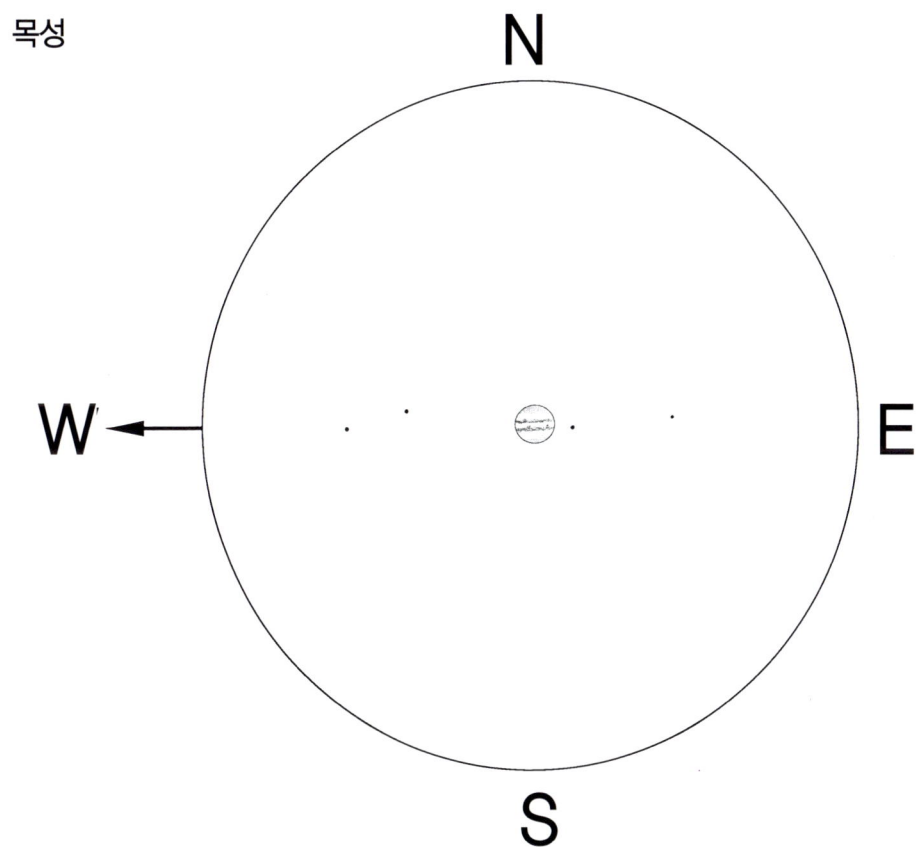

목성

토성

어디를 볼 것인가 토성은 1등급 밝기의 노란 별처럼 보이며 고리까지 완전히 다 보이면 밝기가 0.6등급까지 올라가기 때문에 관측하기 무척 쉬운 천체이다. 하지만 밤하늘에 떠 있는 1등급 밝기의 별들과 섞여 있는 토성을 찾아내기란 쉽지 않다. 토성은 금성이나 목성과는 달리, 밤하늘에서 가장 밝은 '별'로 우뚝 자리매김을 한 것도 아니고 화성처럼 뚜렷한 자기 색깔이 있는 것도 아니기 때문이다.

토성을 알아보기 위해서는 하늘의 어디쯤에 어떤 행성이 있는지 알고 있어야만 한다. 대략이나마 하늘에서 행성의 위치를 알고 있어야 1등급 밝기의 별을 토성과 구별할 수 있기 때문이다.

2002년, 토성은 겨울에 뜨는 별인 알데바란 근처에 있었다. 하지만 알데바란은 오렌지빛을 띠기 때문에 토성과 상당히 비슷하다. 2005년에는 카스토르와 폴룩스 근처에 토성이 위치하겠지만 명확히 구별되는 한 쌍이기 때문에 토성과 혼동하는 일은 없을 것이다. 하지만 2007년과 2008년 봄에는 조심해야 한다. 토성이 레굴루스 근처에 있기 때문이다. 그리고 2012년 봄에는 스피카 근처에 위치한다. 이런 별들은 토성과 혼동하기 정말 쉽다. 이때 토성은 레굴루스보다 아주 약간 더 밝을 뿐이며 스피카와도 무척 비슷하다. 하지만 토성은 이런 청백색의 별들보다 훨씬 노랗다. 그리고 별과 달리 토성은 반짝거리지 않는다.

망원경으로 보는 토성 토성과 그 고리는 성능이 좋은 쌍안경으로도 충분히 볼 수 있다. 작은 망원경으로 보면 토성 근처에 8등급 밝기의 별과 비슷한 점이 보인다. 이 점은 토성의 가장 큰 위성인 타이탄이다.

토성과 고리는 공전 궤도에 대해 기울어져 있다. 따라서 시간이 지나 토성이 태양 주위를 돌면 우리에게 보이는 고리의 모습도 바뀐다. 토성이 태양 주위를 한 바퀴 도는 동안 두 번, 또는 15년에 한 번 꼴로 고리의 모습이 가장 넓게 보이게 된다. 이때 고리의 장관을 볼 수 있으니 절대 놓치지 말아야 한다. 물론 토성이 한 번 공전하는 동안 고리의 가장자리가 우리 쪽을 향하는 때가 두 번 있고 이때는 고리를 관측하기 어렵다.

충의 시기에 고리는 시지름이 44초가 된다. 고리가 가장 넓게 보이는 때(2000년 초반)에는 아래에 설명한 대로 고리의 그림자와 카시니 간극‡이 가장 잘 보인다. 고리가 거의 가장자리만 보일 때(2008년 후반부터 2010년 중반)의 토성은 보통 때 밝기의 반 정도밖에 되지 않는다. 이때가 토성의 위성 가운데 작은 것들을 볼 수 있는 최적의 시간이다.

이 시기의 짧은 시간 동안 고리는 보이지 않게 된다. 관측자들은 완전히 다른 행성을 보고 있다고 느낄지도 모른다. 고리가 있는 원반을 보는 대신 여러분에게 보이는 것은 직경이 20초 정도인 작고 노란색 원반뿐일 테니 말이다.

찾아볼 특징들 토성의 고리는 작은 망원경으로 즐길 수 있는 가장 멋진 광경이다. 토성에 드리워진 고리의 그림자를 발견할 수 있는지 시도해보라. 더 자세히 보면 토성의 그림자가 고리 위에 드리워져 있는 모습도 볼 수 있다. 두번째 광경은 '충'(이때는 토성이 태양 반대쪽에 있으면서 태양이 질 때 뜬다) 근처에서는 볼 수 없다. 대신 태양이 질 때 토성이 남쪽에 위치해 그림자의 각이 가장 잘 보이는 때에 관측을 하라. 이 그림자는 고리의 어느 편이 토성의 뒤편에 있는지를 가리킨다. 이런 그림자를 볼 수 없다면 고리들간의 상대적인 기울기며 방향을 관측하기란 불가능에 가깝다.

작은 망원경으로 고리 사이에 있는 카시니 간극을 보는 것도 어렵기 하겠지만 도전해볼 만한 관측이다. 이 간극은 시지름이 약 0.5초 정도 되는 가늘고 검은 선처럼 보이며 가장 바깥쪽의 세번째 고리 바로 안쪽에 있어 안쪽에 있는 고리와 구별을 해준다.

작은 망원경에 비친 토성의 모습은 아주 매끈하고 아무 특징도 없어 보인다. 날씨가 좋은 밤이면, 여러분은 적도 근처에 있는 희미한 띠나 극지방 근처에 약간 더 어두운 지역을 볼 수 있을 뿐이다.

3인치 망원경으로 쉽게 볼 수 있는 토성의 위성은 타이탄 하나뿐이다. 타이탄은 8등급 밝기의 별만큼 밝으며, 타이탄의 공전 궤도 반지름은 토성에서 고리까지의 거리보다 9배 정도 더 크다. 고리처럼 타이탄의 궤도도 기울어져 있기 때문에 타이탄은 토성의 고리까지 거리의 4.5배만큼 떨어져 있는 것처럼 보일 수도 있고 아니면 더 가까이 있는 것처럼 보일 수도 있다(후자의 경우에는 토성보다 위 또는 아래에 위치한다).

하지만 고리가 안 보이는 시기에는 빛이 희미한 위성인 레아, 디오네, 테시스도 3인치 망원경으로 뚜렷하게 볼 수 있다. 이 세 위성은 타이탄 궤도의 1/4에서 3/7배 정도 크기의 궤도를 따라 돈다. 세 위성 모두 상당히 어두워서 10등급 정도 밝기이다. 링이 거의 단면으로 보일 때 천문학 월간지를 참조해 이 위성들의 위치를 확인하라.

또다른 위성인 아이페투스는 좀 특이한 경우이다. 아이페투스의 궤도 반지름은 타이탄의 궤도 반지름보다 거의 세 배나 크다. 아이페투스의 한쪽 면은 얼음으로 뒤덮여 있으며 다른 한쪽은 거무스름한 물질로 뒤덮여 있다. 이 위성이 토성의 동쪽에 위치할 때는 위성의 어두운 면이 우리를 향하고 있으며 밝기는 11등급이기 때문에 3인치 망원경으로 보기에는 좀 무리이다. 하지만 이 위성이 토성의 서쪽에 위치할 때는 밝은 면이 우리를 향하고 있고, 그때의 밝기도 9.5등급으로 작은 망원경으로 보기에 충분하다.

우리가 보는 것 토성은 목성과 마찬가지로 거대 가스 행성이다. 하지만 태양에서 목성보다 멀리 떨어져 있기 때문에 목성보다 온도가 낮으며 얼음 암모니아 구름도 더 두껍고 목성에서 볼 수 있는 검은 띠 구조는 적은 편이다.

고리는 1평방미터당 평균 잡아 '수십, 수백 억 개'―아마도 1,000,000,000,000,000,000개―의 얼음 조각들로 구성되어 있다. 얼음 조각의 크기는 우박 정도부터 자동차나 그 이상의 크기까지 다양하다. 이런 토성 주위의 얼음 집적소는 혜성 따위와 부딪쳐 깨진 작은 얼음 위성의 파편이거나 토성이 처음 생길 때 만들어진 얼음과 가스 구름 찌꺼기 혹은 남은 잔해인 듯하다.

고리의 직경은 270,000킬로미터 이상이지만 그 두께는 겨우 몇 킬로미터에 지나지 않는다. 이 때문에 지구에서 고리의 가장자리를 볼 때는 '사라지고' 보이지 않게 되는 것이다. 고리는 또한 (2009년 여름처럼) 태양 쪽으로 가장자리를 향하게 될 때도 보이지 않게 된다. 이 시기에 지구에서는 고리를 비스듬히 볼 수 있는 위치에 있지만 고리를 구성하는 입자들은 서로에게 효과적으로 그림자를 드리운다. 더구나 이 시기는 태양이 토성 위성의 궤도면과 일치해 있기 때문에 토성 위성들간에 '상호 사건'(상호 엄폐 현상과 식 현상)이 일어난다. 충분히 커다란 망원경을 쓰면 위성의 그림자가 고리로 떨어지는 모습을 지켜볼 수 있다.

토성의 위성은 목성의 위성과 마찬가지로 얼음과 먼지들로 구성된 공이다. 오직 타이탄만이 갈릴레오 위성들과 비슷한 크기이며(가니메데보다 약간 작다), 다른 위성들은 직경이 겨우 수백 킬로미터에 지나지 않는다. 또한 타이탄은 두꺼운 대기가 있는 유일한 위성으로도 유명하다. 타이탄 표면의 공기는 지구와 달리 산소가 없고 대부분이 질소로 되어 있으며 대기압은 지구의 두 배이다. 또한 타이탄은 지구보다 훨씬 더 추워서 영하 185도 정도이다. 타이탄에 내리는 비 또는 구름은 물이 아닌 메탄으로, 우리가 지구에서 난로에 쓰는 천연 가스와 비슷한 물질이다.

관측자 노트 *고리의 변화에 주의하라. 고리들은 2003년에 가장 넓은 면을 보여주며, 이때야말로 고리의 그림자와 좁은 카시니 간극을 가장 잘 볼 수 있다. 2008년부터 2011년까지는 고리가 가장 안 보이는 시기이다. 대신, 토성의 작은 위성들은 정말 잘 보인다. 고리는 가장자리 쪽을 우리에게 향하며 따라서 2008년 12월, 2009년 9월, 2010년 6월에는 지구에서 볼 수 없게 된다.*

토성

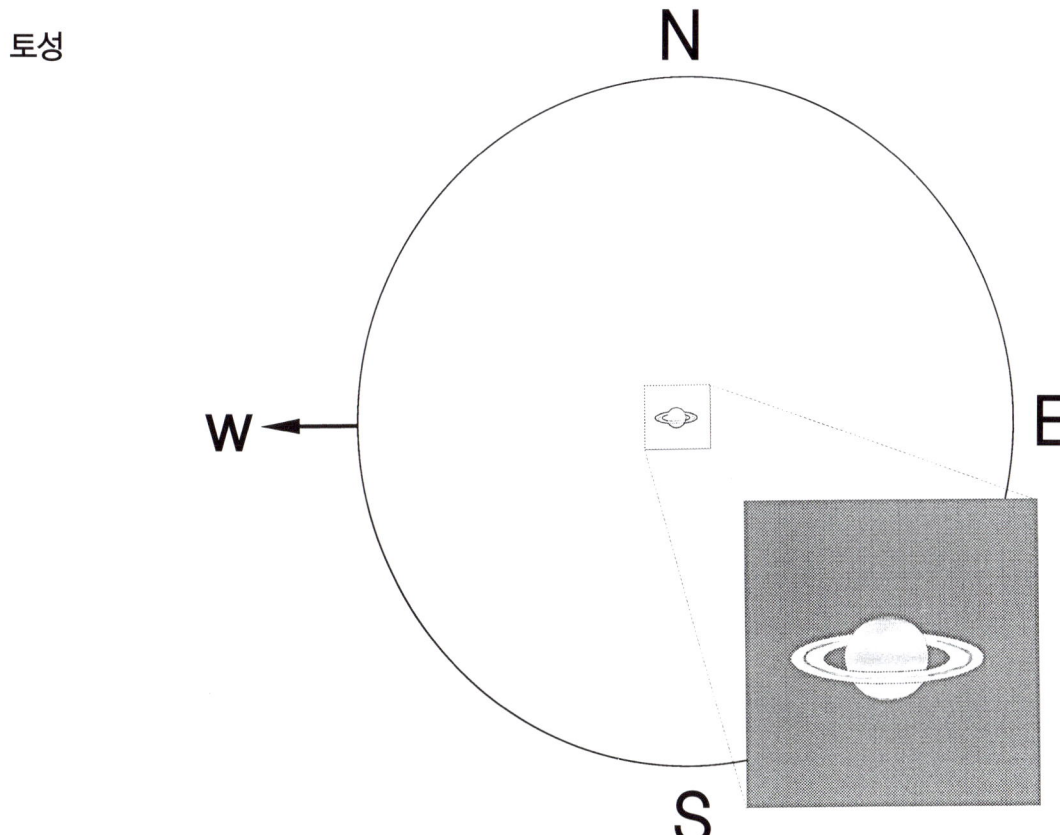

계절별 천체: 겨울

겨울밤은 캘리포니아나 플로리다 같은 남쪽 지방조차 추운 시기이다. 북반구에서 가장 깜깜하고 청명한 날은 동시에 가장 추운 날로서, 북극 지역에서 맑은 대기를 관통해 볼 때이다(성운을 보기에는 이런 날씨가 최고지만 한랭전선이 지나간 직후라면 공기의 교란 때문에 쌍성을 낱개의 별로 분해해 보기란 매우 어렵게 된다).

망원경 조작을 하려면 오랜 시간 동안 꼼짝 않고 조용히 서 있어야 한다. 추운 겨울날 밤, 꼼짝 않고 서 있으려면 무척이나 추울 것이다. 게다가 여러분은 관측을 하는 동안 망원경의 손잡이며 조종간 따위를 만져야 하는데, 이런 물건들은 흔히 금속으로 만들어져 있어서 차갑다 못해 손이 에이는 느낌까지 들 것이다. 여러 겹의 내의, 두꺼운 양말, 따뜻한 모자, 여기에 무릎깔개(무릎도 추워진다!), 덮개, 장갑은 물론이고 커피나 코코아가 담긴 보온병까지 잊지 말고 챙겨라. 망원경을 설치할 곳에 눈을 치워야 할 사태가 벌어질지도 모르니 삽도 준비하자(물론 이때는 충분한 여유 시간도 함께 있어야 할 것이다). 앉을 의자도 준비하라. 편안하고 따뜻하게 관측할 수 있도록 만반의 준비를 하라.

관측을 시작하기 십오 분쯤 전부터 망원경을 바깥에 설치하라. 이는 렌즈나 거울이 차가워질 시간을 주기 위해서이다. 망원경이 주위 공기보다 따뜻하면 경통 안에 공기의 흐름이 생겨 상이 찌그러져 보일 수도 있다. 주위 공기가 따뜻하다면 수증기를 포함한 실내 공기가 망원경에 갇히게 되고, 망원경 렌즈에 응축되어 안개가 낀 것처럼 될 것이다(특히 막힌 경통으로 되어 있는 망원경에선 심각한 문제이다. 208쪽을 보라). 접안렌즈에 눈을 대기 전에 망원경 안쪽에 있는 따뜻한 공기가 빠져나갈 시간을 주어야 한다.

방향 찾기: 겨울 하늘 길잡이

북동쪽으로 북두칠성이 떠오른다. 관측자가 얼마나 남쪽에 사는가에 따라 국자 모양에서 손잡이 부분은 지평선에 있는 건물 따위에 가려질 수도 있다. 국자 모양의 끄트머리에 가장 높이 떠 있는 두 별은 북쪽에 있는 북극성을 가리킨다. 북극성을 향해 있으면 여러분이 정북을 향하고 있다고 확신해도 좋다.

북쪽 하늘 더 높이, 그리고 서쪽으로는 다섯 개의 밝은 별이 커다랗게 W자를 그리고 있다(보는 방향에 따라서는 M으로 보일 수도 있다). 카시오페이아자리이다. 카시오페이아 너머 정서 방향으

서쪽으로 해가 저녁 일찍 지기 때문에 겨울철 서쪽 지평선 위로 가을철에 가장 쉽게 볼 수 있었던 천체들을 여전히 쉽게 볼 수 있다. 그러므로 관측을 하는 동안 이런 천체들을 그냥 지나치지 말아라.

천체	별자리	유형	쪽
M31	안드로메다	은하	160
M33	삼각형	은하	164
메사르심	양	쌍성	166
알마크	안드로메다	쌍성	162
M52	카시오페이아	산개 성단	172
NGC 663	카시오페이아	산개 성단	172
NGC 457	카시오페이아	산개 성단	172
이중 성단	페르세우스	산개 성단	180

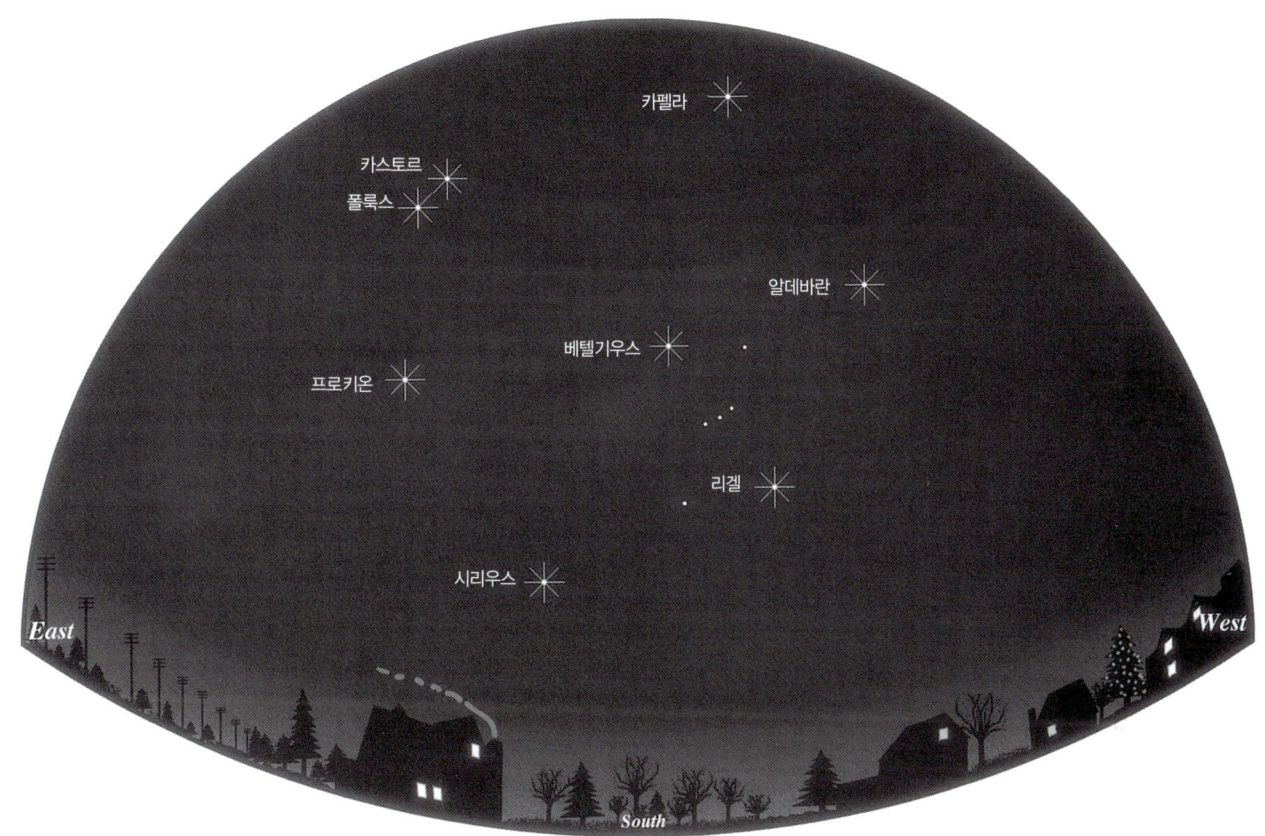

로 지는 별들은 안드로메다자리와 페가수스 사각형이다. 일 년 가운데 이 시기에 페가수스 사각형은 다이아몬드 모양으로 보인다.

하늘에서 가장 눈에 띄는 별은 남쪽에 있다. 우선, 오리온자리를 찾아라. 밝은 별 셋이 오리온의 허리띠를 이루고 있으며 두 개의 별은 어깨를(왼쪽 위에 아주 밝고 붉은 별이 있다), 그리고 나머지 별 둘이 다리를 이루고 있다. 오리온자리 어깨쯤의 아주 밝고 붉은 별은 **베텔기우스**라 한다. 다리에 있는 밝고 파란 별은 **리겔**이다.

오리온의 허리띠를 이루고 있는 세 개의 별이 가리키는 방향을 따라가다 약간 오른쪽을 보면 남동쪽에 **시리우스**가 눈부시게 밝은 모습을 뽐내며 뜨고 있다. 사실, 시리우스는 큰개자리에 속하며 밤하늘에서 가장 밝은 별이다. 오리온자리 위쪽으로 **알데바란**이라는 오렌지빛의 아주 밝은 별이 있다. 알데바란은 황소자리에서 가장 밝은 별이다. 황소자리는 달과 행성이 여행하는 길목에 있는 황도 12궁 가운데 하나이다. 황도 12궁에서 성도에 없는 밝은 '별'이 보인다면 그것은 분명 행성이다.

황소자리 위, 알데바란의 북동쪽으로 보면 다섯 개의 별이 찌그러진 오각형을 이루고 있다. 이 밝은 별들 중 북동쪽에 있는 가장 밝은 별이 **카펠라**이다. 이 별들은 마차부자리를 이루고 있다. 마차부자리 동쪽으로 두 개의 밝은 별이 있다. **카스토르와 폴룩스**이다. 카스토르와 폴룩스 그리고 남쪽과 서쪽으로 쭉 뻗어 있는 별들이 쌍둥이자리를 이루고 있다. '점들을 연결'한 뒤 상상력을 약간 발휘해서 지평선과 평행하게 누워서 지팡이를 들고 있는 두 명의 사내 모습을 그려보라. 쌍둥이자리는 황도 12궁의 하나이기도 하다. 행성도 찾아보라.

쌍둥이자리 남동쪽, 시리우스 쪽으로 돌아오면 **프로키온**이라는 밝은 별이 보인다. 시리우스, 리겔, 알데바란, 카스토르, 폴룩스, 프로키온은 베텔기우스를 둘러싼 고리를 만든다. 이 지역이 하늘에서 1등급 밝기 이상의 별이 가장 많은 곳이다!

황소자리: 플레이아데스, 산개 성단, M45

하늘의 상태
  관계 없음

접안렌즈
  최저배율 가능,
  파인더스코프

최적 관측 시기
  10월부터 3월

플레이아데스를 이루는 별 주변에 있는 빛무리를 찾아보라.

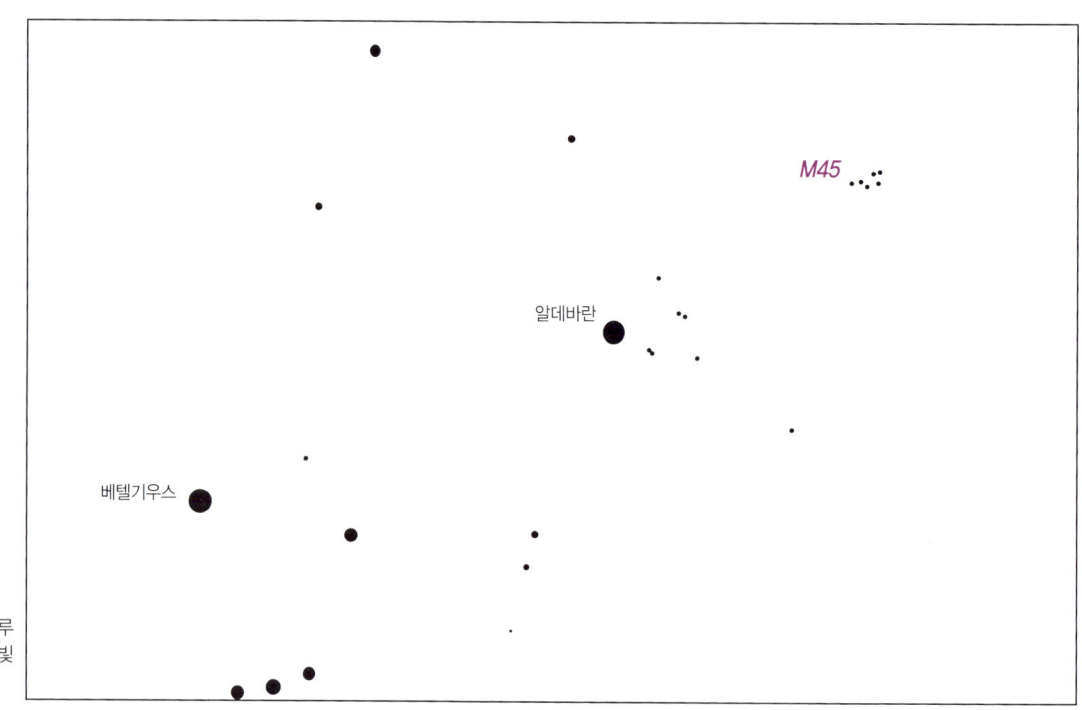

보아야 할 곳 남쪽 지평선 높이 떠 있는 오리온을 찾아라. 오리온의 오른쪽 위로 흐릿한 별들이 왼쪽으로 기울어진 'V'자 형태를 하고 있다. V자의 왼쪽 맨 위에서 주황색으로 아주 밝게 빛나고 있는 별이 알데바란이다. 오리온자리의 오른쪽 어깨로부터 알데바란을 지나가면 작은 별들의 모임이 있다. 바로 플레이아데스 성단(목록번호는 M45)이다. 이 성단은 맨눈으로 보면 여섯 개밖에 보이지 않지만 '일곱 자매'라는 이름으로 불리기도 한다(실은 아주 맑고 어두운 저녁에 관측을 하고 여러분이 아주 눈이 좋다면 육안으로 18개까지 볼 수 있다).

파인더스코프로 보았을 때 플레이아데스는 크고 밝고 지구에 가까이 있으며, 파인더스코프로 보면 이 성단의 아름다운 모습을 더 잘 볼 수 있다. '국자' 모양의 성단에 있는 가장 밝은 여섯 개의 별 근처에는 수십 개의 별들을 더 볼 수 있다.

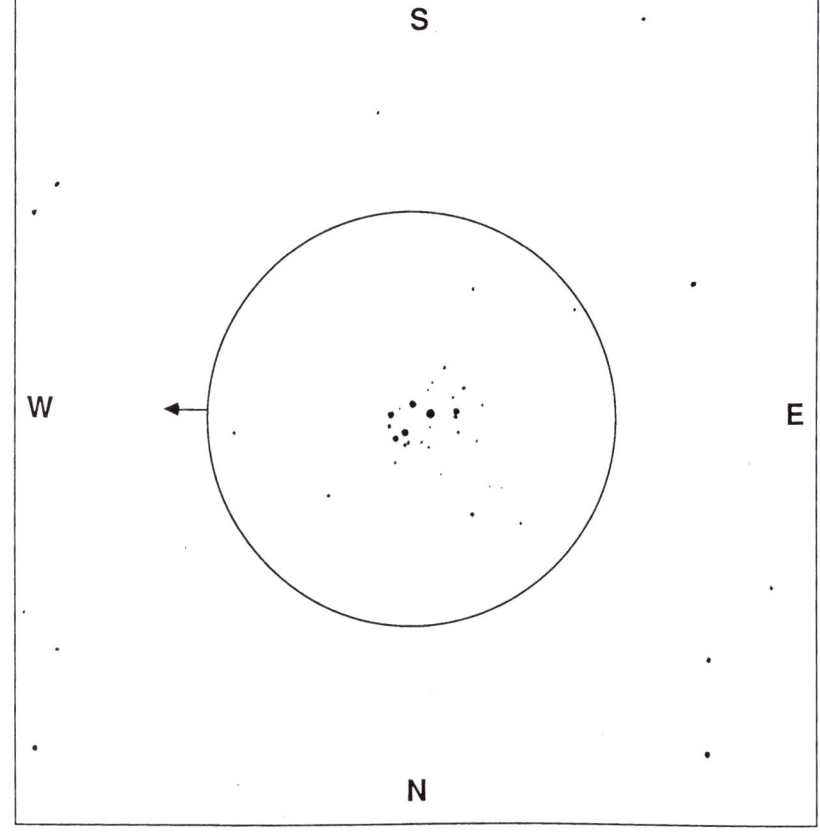

파인더스코프로 보았을 때

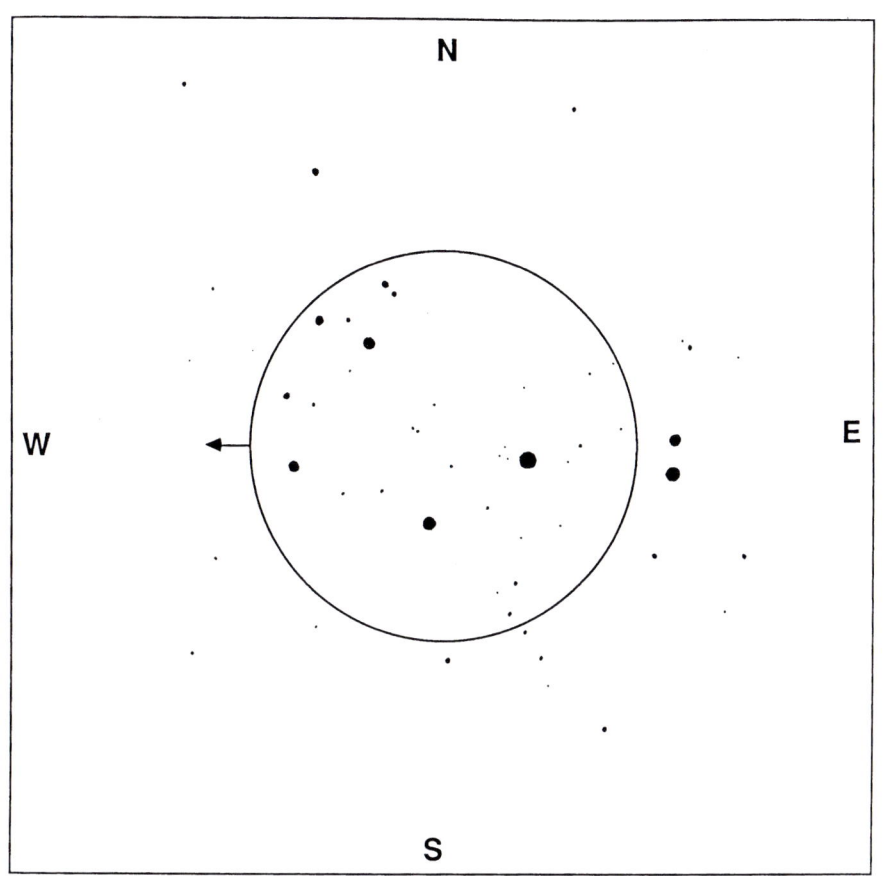

저배율로 보았을 때의 M45

망원경으로 보았을 때 40개에서 50개 정도의 별이 보이겠지만 망원경은 시야가 너무 좁아 저배율로 본다 할지라도 한꺼번에 전부 볼 수는 없다. 아주 어두운 저녁 하늘에 더 큰 망원경(6인치 이상)을 쓴다면 별들 주위로 흐릿하게 빛나는 가스를 볼 수 있다. 최남단에 '사발' 모양을 이루고 있는 네 개의 별 가운데 남쪽에 메로페라는 별을 특히 주의해서 보라.

코멘트 플레이아데스는 쉽게 찾을 수 있는데다 망원경 크기와 상관없이 관측할 만하다. 쌍안경으로는 이 성단을 이루는 많은 별의 멋진 모습을 한눈에 볼 수 있고, 커다란 망원경을 쓰면 아주 어두운 저녁에 별들 주변에 있는 성운의 모습까지도 볼 수 있다. 여러 가지 면으로 볼 때, 이 성단은 2~3인치 망원경으로 보기에 적당하지 않은 크기이다. 그럼에도 아주 어두운 하늘 한 자리에 빽빽이 모여 있는 밝고 파란 별들을 관측하면 진한 감동을 받을 것이다.

보아야 할 것 플레이아데스 성단에는 2백 개 이상의 별이 있다. 이 성단은 우리로부터 4백 광년 떨어져 있다. 별의 대부분은 직경 8광년 안에 모여 있지만, 성단의 크기는 30광년이다. 작은 망원경으로 볼 수 있는 별들은 모두 젊고 파란 별들로 분광형[+]이 B와 A이며 이 별들이 태어난 가스 구름에 의해 둘러싸여 있는 경우가 많다. 현재까지도 이 가스 구름이 존재하며 밝은 별 가운데 그 어떤 것도 적색거성[+]으로 진화하지 않았기 때문에 천문학자들은 이 별들의 나이가 태양 나이의 1% 정도밖에 안 되는 5천만 년 정도의 꽤 젊은 집단이라고 믿고 있다.

산개 성단에 대한 더 자세한 정보를 얻으려면 47쪽을 보라.

마차부자리 : 세 개의 산개 성단, M36, M37, M38

하늘의 상태
관계 없음

접안렌즈
저배율

최적 관측 시기
10월부터 4월

보아야 할 곳 카펠라를 찾아라. 마차부자리는 한쪽으로 기울어진 커다란 오각형처럼 보인다. 카펠라는 오각형에서 오른쪽 위에 있다(북쪽을 '위'라고 부른다). 멘칼리난이라는 이름의 별은 왼쪽 위에 있다. 세타는 왼쪽 아래에 있다. 엘나스는 아래쪽으로 가서 세타의 오른편에 있다. 이오타는 좀더 오른쪽에 있다. 세타와 엘나스의 중간을 조준하라.

파인더스코프로 보았을 때 하늘이 맑고 깜깜하면 흐리고 작게 보이기는 하겠지만 파인더스코프로도 세 개의 성단을 모두 다 볼 수 있다. M36은 세타와 엘나스의 중간 지점에서 약간 북서쪽에 위치한다. M38을 보려면 M36의 위치에서 파인더스코프의 시야를 반 정도 북서쪽으로 움직여라. M37을 보려면 세타 별과 엘나스의 중간 지점에서 시작해서 파인더스코프의 시야를 동쪽으로 반쯤 이동하라.

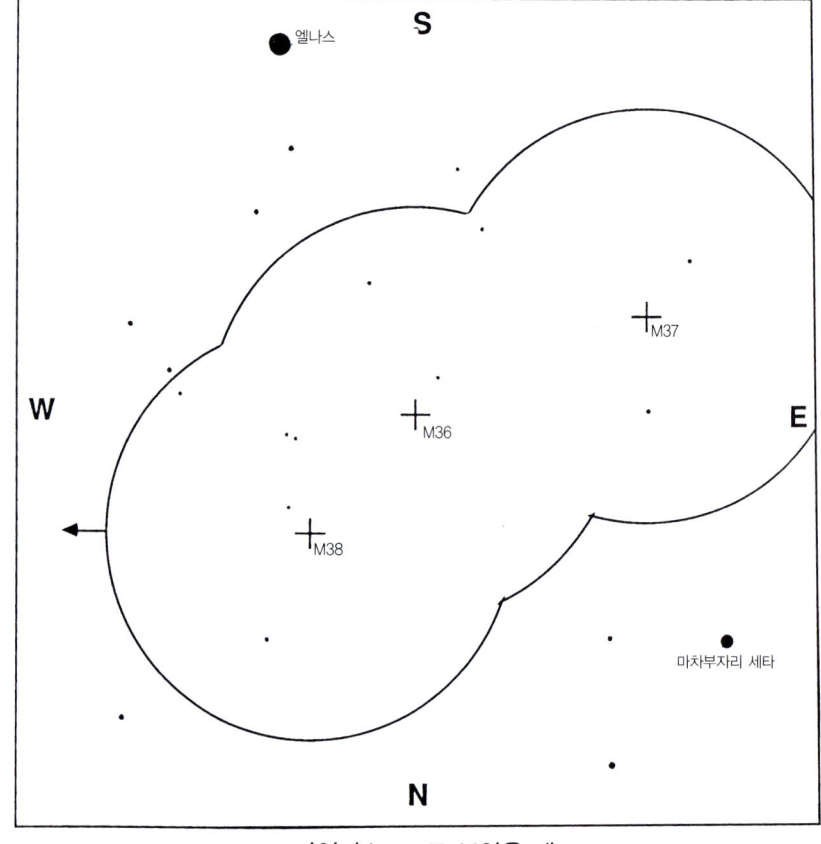

파인더스크프로 보았을 때

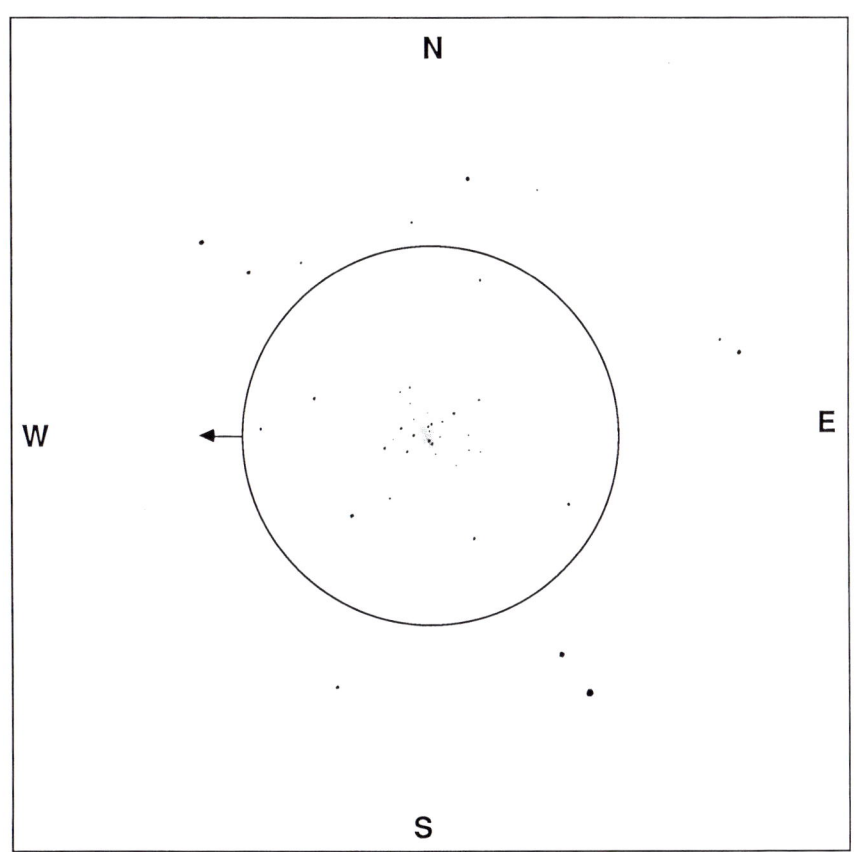

저배율로 보았을 때의 M36

M36

망원경으로 보았을 때 M36은 별이 성기게 모여 있는 원반처럼 보인다. 중심부는 별이 좀더 빽빽하게 모여 있으며, 가장자리에 비해 약간 더 밝다. 성단의 중심부에 있는 멋진 쌍성을 포함해서 꽤 밝은 십여 개의 별을 볼 수 있다. 이 쌍성 주변에는 빛이 안개처럼 퍼져 있다. 또 하늘의 상태와 망원경의 크기에 따라 열 개 이상의 흐린 별을 또렷하게 볼 수 있으며 주변시[+]로는 삼십여 개 또는 그 이상의 별을 볼 수 있다. 망원경에 눈을 대고 눈 가장자리로 흐린 별들을 보려고 노력해라. 이런 별들 대부분은 성단의 주변을 둘러싸고 고리를 형성하고 있다.

코멘트 마차부자리에 있는 세 개의 성단 가운데 M36은 M38이나 M37보다 (비록 크기는 작지만) 밝기 때문에 3인치나 그보다 작은 소형 망원경으로 보기에 가장 적합하다(하지만 커다란 망원경으로 볼 때는 M37이 멋지게 보인다). 보석 같은 파란색의 아름다운 별들과, 작은 망원경으로 분해해 보기 너무 어두운 수십 개의 별들이 모여 아름다운 빛무리를 보여주는 M36은 관측하기도 쉽고 볼 만한 가치가 충분한 천체이다. M36은 밝은 천체이기 때문에 파인더스코프로도 볼 수 있지만, 저배율로 보면 더욱 인상적인 모습을 볼 수 있다. 저배율로 보면 각각의 밝은 별과 그 주변에 분해되어 보이지 않는 별들이 내는 빛무리 모두를 볼 수 있다.

여러분이 보는 것 60개의 젊은 별로 이루어진 이 성단은 지름이 약 15광년이고 우리로부터 4천 광년 떨어져 있다. 가장 밝은 별은 태양보다 수백 배 더 밝다. 별들 대부분은 'B'형으로 밝고 푸르고 뜨겁다.

저배율로 보았을 때의 M37

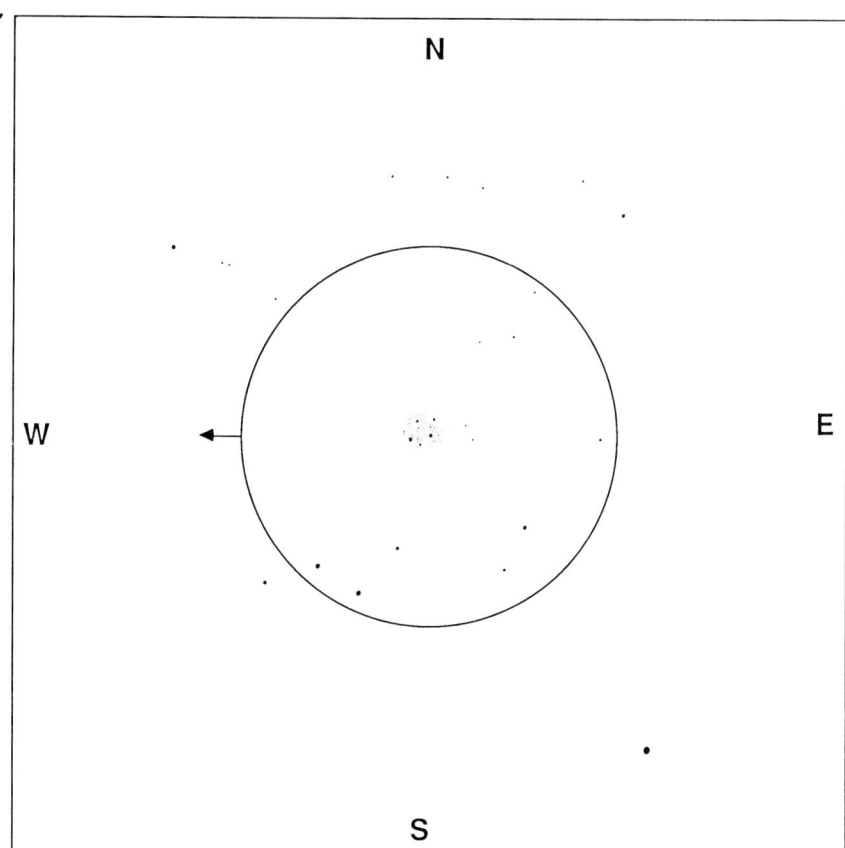

저배율로 보았을 때의 M38

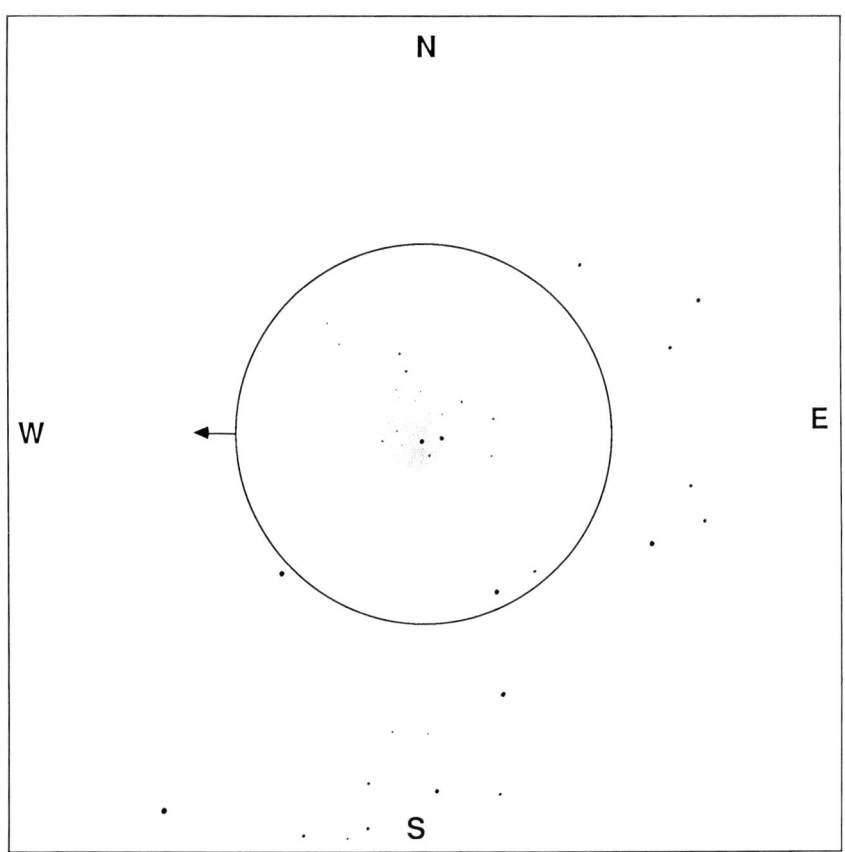

M37

망원경으로 보았을 때 작은 망원경으로 보면 타원형의 빛구름 안에 여섯 개 정도의 밝은 별만 구별해 볼 수 있다. 중심에는 더 밝은 오렌지빛 별이 있다. 이런 몇 개의 별을 제외하면, 작은 망원경으로 보았을 때 M37은 구상 성단처럼 보인다. 4인치에서 6인치 망원경을 쓰면 안개처럼 퍼져 있는 빛구름 대신 많은 별들을 구별해 볼 수 있다.

코멘트 구경+이 큰 망원경으로 보면 마차부자리에 있는 성단들의 멋진 모습을 볼 수 있지만 3인치보다 작은 망원경으로는 성단을 구성하고 있는 개개의 별들이 보이지 않고 대신 희미하게 뭉뚱그려진 빛안개만 보일 것이다. 이런 별들 대부분은 밝기가 11등급에서 13등급이라서 작은 구경의 망원경으로 보기에는 너무나 어둡다.

여러분이 보는 것 이 성단은 M36보다 크며, 수백 개의 별로 이루어져 있고 그 가운데 150개 정도는 6인치 망원경으로도 쉽게 구별해 볼 수 있다. 빛구름 안에 있는 별들은 직경 25광년 사이에 퍼져 있다. 하지만 우리로부터 거리는 4천5백 광년 정도로 M36보다 좀더 멀다.

M38

망원경으로 보았을 때 M38은 M37에 비해 더 쉽게 분해해 볼 수 있으며, 작은 망원경으로 보아도 일반적으로 보이는 빛무리 이외에 다섯 개의 별을 쉽게 분해해 볼 수 있고, 하늘이 어두운 정도에 따라 열 개 정도 더 볼 수도 있다. 다소 성긴 모습의 커다란 이 성단은 별들을 낱개로 분해해 보기 어려우며, 불규칙한 모양의 빛무리로 정교하게 덮여 있다.

코멘트 파인더스코프로는 보기 힘들며, 망원경으로 본다 할지라도 M36에서처럼 밝고 촘촘한 모습 대신 별들이 성기게 모여 있는 모습으로 보인다. M38에는 두드러지게 밝은 별이 없다. 성단에 있는 별들의 배경으로 빛무리가 있지만, 6인치 망원경으로 개개의 별을 구별해내기는 어렵다. M37과 달리, 작은 망원경으로 볼 때의 M38은 빛구름이 개개의 별로 확연하게 분해되어 보이지 않기 때문에 별 감흥을 일으키지 못한다.

여러분이 보는 것 이 성단은 직경이 약 20광년 정도 되며 지구로부터 약 4천 광년 정도 떨어져 있다. 즉 이 성단은 마차부자리에 있는 다른 두 산개 성단과 이웃이다. 이 성단에는 백 개 정도 되는 별이 있다.

산개 성단은 비슷한 나이의 별들이 모여 있는 집단으로, 거대한 가스 구름에서 생겨났으며(오리온 성운이 그 예이다. 53쪽을 보라), 현재 자신들이 태어난 장소를 천천히 벗어나고 있다. 구상 성단과 달리, 산개 성단에 있는 별들은 서로 가까이 있지 않고 숫자도 많지 않아 자체 중력으로 성단을 촘촘하게 만들지도 않는다. 대신, 우리 은하 안에 있는 다른 별들의 중력으로 인해 새로 태어난 별들이 성단 전체에 퍼지게 된다.

산개 성단의 나이를 추측하려면 성단 안에 있는 별들의 분광형이 무엇인지를 보면 된다.

예를 들어 M37에 있는 대부분의 별들은 '분광형 A'에 속한다. 이는 별들이 밝고 파란색이며 뜨겁다는 뜻이다. 비교해보면, 이 성단에서 태양(G형 별)과 같은 밝기는 15등급보다도 어둡게 보인다. 이런 별을 보기 위해서는 적어도 15인치 이상 되는 큰 망원경이 필요하다.

하지만 M37의 가장 밝은 별은 파란색이 아닌 오렌지색이다. 어찌 된 일일까?

산개 성단을 이루고 있는 별들은 대개 아주 젊고 자신들이 처음 태어난 장소에서 바깥쪽으로 퍼져나가고 있다. 하지만 O, B, A형처럼 크고 밝은 별은 보통 크기의 별보다 더 빨리 자신의 연료를 소모하며 빠르게 진화한다. 이 별들은 너무나 크기 때문에 대부분의 별보다 밝지만 그러기 위해서는 엄청난 속도로 연료를 태워야만 한다. 즉 가장 크고 밝은 별들은 보통의 별보다 연료를 먼저 태우고 **적색거성**이라는 별의 죽음 단계로 돌진한다(적색거성에 대해 더 알고 싶으면 108쪽의 라스알게시를 보라). 그러므로 우주적 관점으로 보았을 때 아주 젊은 별들로 구성된 산개 성단에 적색거성이 한두 개 정도 섞여 있는 것은 그리 이상한 일이 아니다. 궁극적으로 이러한 별은 신성이나 초신성이 되어 폭발하게 되고, 별을 이루고 있던 물질은 성간(星間) 공간으로 돌아가 새로운 별과 태양계를 만들게 된다.

M37에 있는 O형과 B형 별은 적색거성으로 진화하고 있다. 이는 이 성단에 남아 있는 가장 밝은 파란색 별의 분광형이 A형이라는 뜻이다.

이 과정이 얼마나 빨리 일어나는지를 추정해보면 성단의 나이를 알 수 있다. M36 같은 성단에는 B형 별이 아직 많이 있으며 나이는 대략 3천만 년 정도로 젊은 편이다. M38 또한 꽤 젊은 축에 들어 4천만 년 정도밖에 안 된다. 하지만 M37은 O형과 B형 별이 연료를 모두 쓴 뒤 적색거성으로 바뀌었으므로 나이가 많은 성단이다. 이 성단의 나이는 대략 1억 5천만 년 정도이다.

황소자리: 게 성운, 초신성 잔해, M1

하늘의 상태
　어두운 하늘

접안렌즈
　저배율

최적 관측 시기
　10월부터 4월

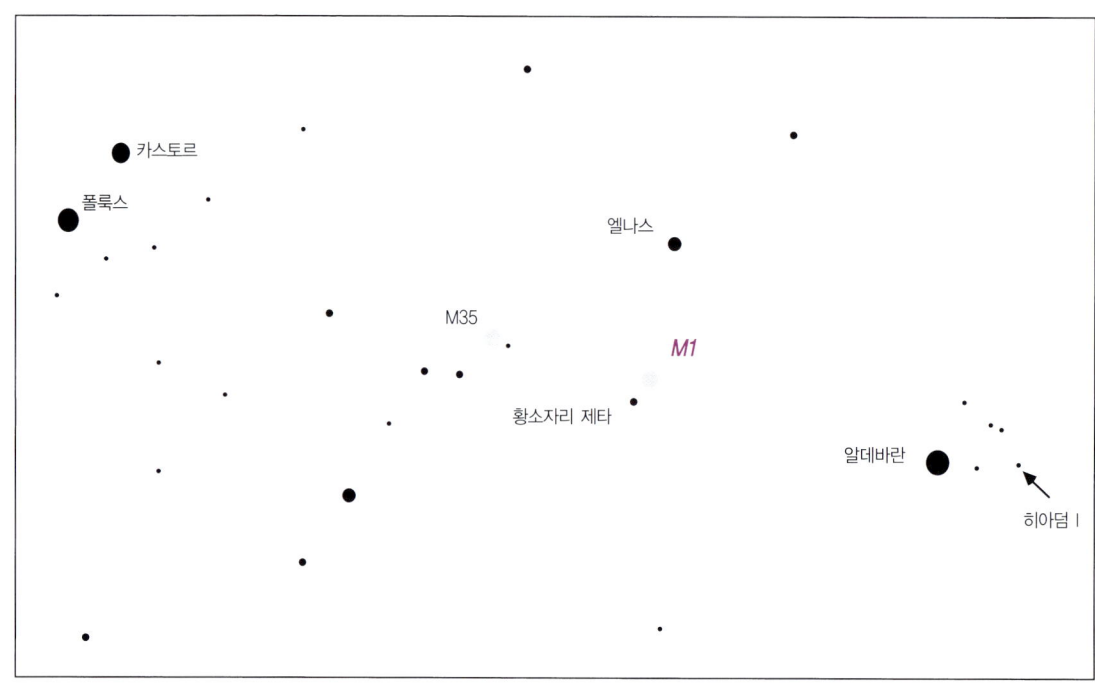

보아야 할 곳 남쪽 지평선 높이 떠 있는 오리온을 찾아라. 오른쪽 위를 보면 북동쪽으로 'V'자 모양을 하고 있는 흐릿한 별들이 있다. V자의 왼쪽 꼭대기에는 주황색으로 아주 밝게 빛나고 있는 알데바란이 있다. V자의 뾰족한 부분에 있는 별은 히아덤 I이라고 부른다. 히아덤 I에서 알데바란까지의 거리를 한 걸음이라고 정의하자. 히아덤 I에서 알데바란으로 한 걸음 간 다음, 왼쪽으로 네 걸음 더 가보라. 그 지점에서 바로 위, 즉 북쪽으로 적당히 밝은 별이 보일 것이다. 황소자리 제타이다. 제타의 북쪽으로 더 밝은 별이 있다. 엘나스이다. 망원경을 제타로 향하게 하고 엘나스가 제타의 어느 방향에 있는지 기억해둬라.

파인더스코프로 보았을 때 우선, 파인더스코프 중앙에 제타가 오도록 해라. 그리고 망원경을 제타로부터 엘나스 방향으로 대략 보름달 직경의 두 배쯤 움직여라(시야 가장자리로 약 1/3쯤 가게 된다). 파인더스코프에 M1이 들어올 것이다.

망원경으로 보았을 때 성운 안에서 동쪽에 하나, 남

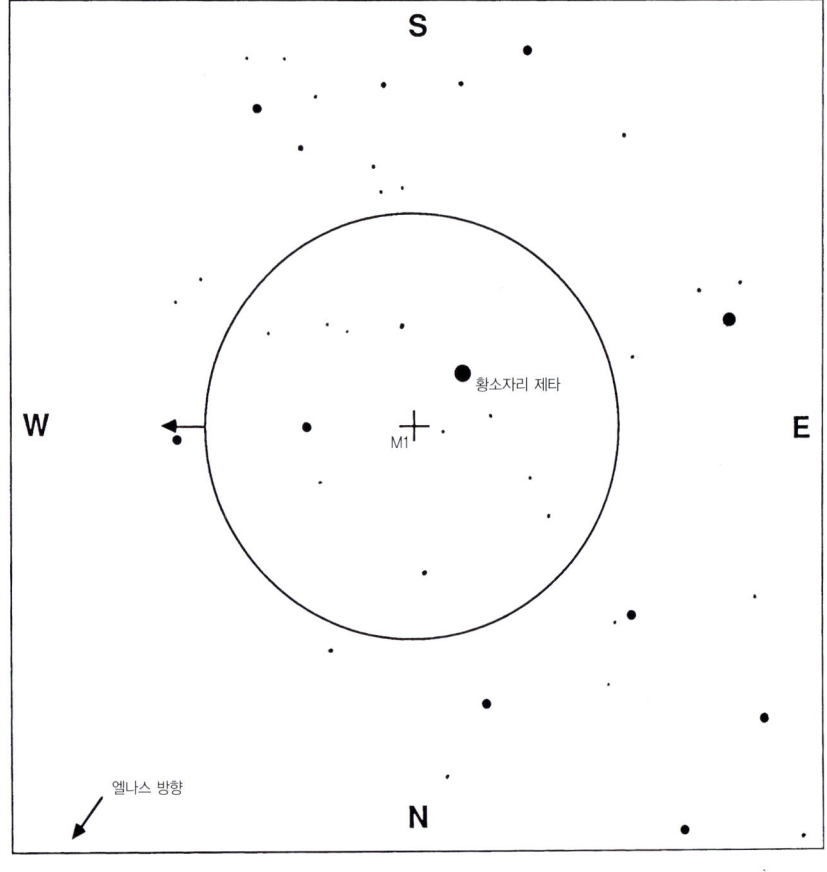

파인더스코프로 보았을 때

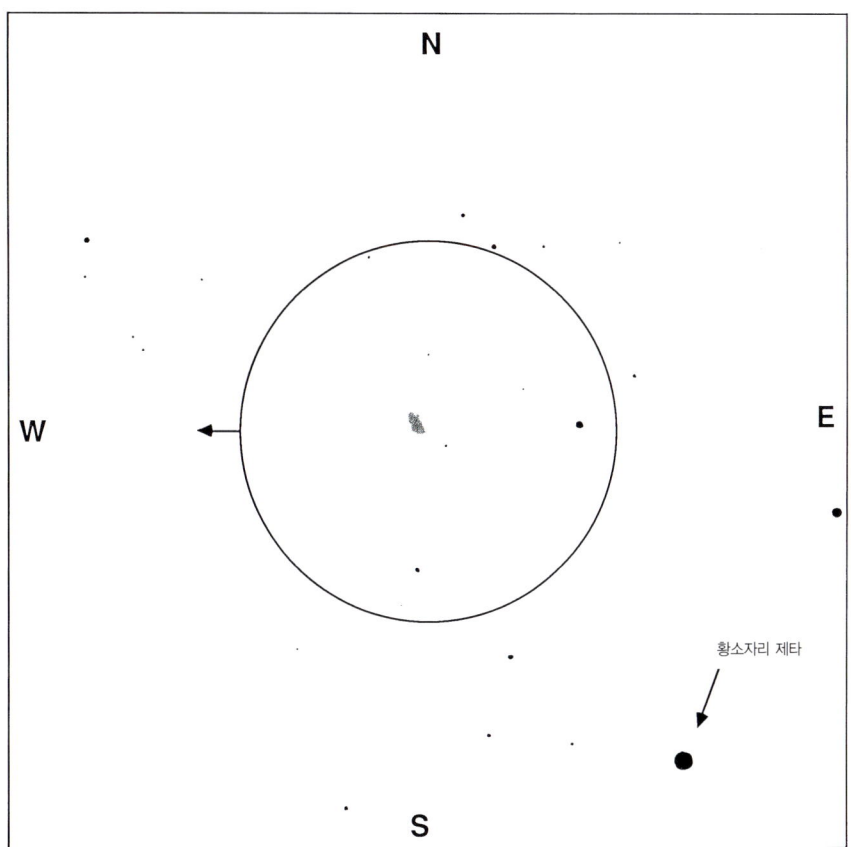

저배율로 보았을 때의 M1

쪽에 하나, 두 개의 별이 보일 것이다. 이 성운은 흐릿하긴 하지만 꽤 큰 빛무리로 보인다. 이 천체는 꽤 길쭉한 모양으로 폭에 비해 길이가 두 배 조금 못 된다. 주변시로 보면 그 모양을 알아보기 좀 더 쉬울 것이다.

코멘트 M1은 흐리기 때문에 작은 망원경으로 보면 타원형의 흐릿한 빛구름처럼 보인다. 달이 떠 있다면 커다란 망원경으로 본다 할지라도 이 성운을 찾기란 사실상 불가능하다. 볼거리라는 차원에서 이 천체는 지루하다. 이 천체가 흥미로운 이유는 모습 때문이 아니라 이 천체가 무엇인가 때문이다.

여러분이 보는 것 이 천체는 초신성 잔해로, 회전하는 중성자별 주위를 가스 구름이 감싸고 있다.

1054년 7월, 중국, 일본, 한국, 터키(그리고 미국 원주민)의 관측자들은 우리가 지금 보고 있는 게 성운에서 밝은 별이 나타났다고 기록했다. 그 별은 7월 초 마침 그 지역에 태양이 뜨고 지는 때를 제외하고는 낮에도 보일 만큼 밝았으며 밤에는 무척이나 멋진 장관이었을 것이다.

우리는 60쪽에서 광대얼굴 성운에 대해 이야기하면서 자신의 연료를 다 쓴 별이 수축해서 가스 구름을 만들고 행성상 성운으로 바뀌는 과정에 관해 설명하겠다. 아주 커다란 별은 가지고 있던 핵연료를 다 쓰고 나면 수축을 했다가 격렬하게 폭발하게 되는데,

이 현상이 초신성이다. 간단히 말하면, 초신성이 내는 빛은 은하에 있는 다른 모든 별이 내는 빛의 밝기와 맞먹는다.

별이 폭발한 뒤 가스는 우주로 팽창하는 반면, 폭발하고 남은 중심의 핵은 엄청난 밀도로 축퇴된 물질이 된다. 이러한 천체를 **중성자별**(neutron star)이라 한다. 가스는 중성자별의 강력한 중력과 자기장 때문에 아주 빠르게 퍼져나가고, 이 때문에 중성자별의 에너지가 전파의 형태로 방출된다. 이처럼 초신성 잔해는 아주 강한 전파원이다. 2차 세계대전이 끝난 직후, 전쟁중에 개발된 전파 망원경과 기타 장비를 고스란히 물려받은 천문학자들은 이 성운이 강한 전파원이라는 사실을 발견했다. 1968년에는 이 성운에서 규칙적인 신호가 나오는 것도 발견했다. 이 신호는 1초에 30번 꼴로 양 방향에서 에너지 방출을 하는 것으로서, 최초로 발견된 '펄서(pulsar)'이다.

폭발하기 전 원래 별의 질량을 추정해보았더니 태양보다 다섯 배에서 열 배 정도 무거웠다. 이 질량의 대부분은 중앙에 있는 높은 밀도의 별에 채워져 있다(이 별의 밝기는 16등급으로 커다란 망원경으로 볼 수 있다). 신호는 별이 1초에 30번씩 자전하기 때문에 나오는 것이다. 이렇게 빠른 회전은 별의 지름이 몇 킬로미터 정도밖에 되지 않기 때문에 가능하다. 이렇게 작은 공간에 모든 질량이 들어차 있기 때문에 중앙에 있는 이 별은 밀도가 매우 높고 표면 중력이 어마어마하게 크다.

이 성운은 우리로부터 약 5천 광년 떨어져 있다. 게 성운의 폭은 이미 7광년이나 되고 1초에 1천 킬로미터의 비율로 계속 팽창하고 있다. 이 성운이 5년마다 직경 1초씩 증가한다는 뜻이다.

성운이 커지면 빛 에너지가 넓게 퍼지기 때문에 밝기는 흐려진다. 2백 년 전, 이 성운의 밝기는 지금보다 두 배 정도 더 밝았다. 당시의 밝기가 오늘날처럼 어두웠다면 찰스 메시에는 자신의 목록에 이 성운을 넣지 않았을 것이다.

오리온자리: 오리온 성운(M42와 M43)

하늘의 상태
어두운 하늘

접안렌즈
성운을 볼 때는 저배율,
사다리꼴 성단을 볼 때는 고배율

최적 관측 시기
12월부터 3월

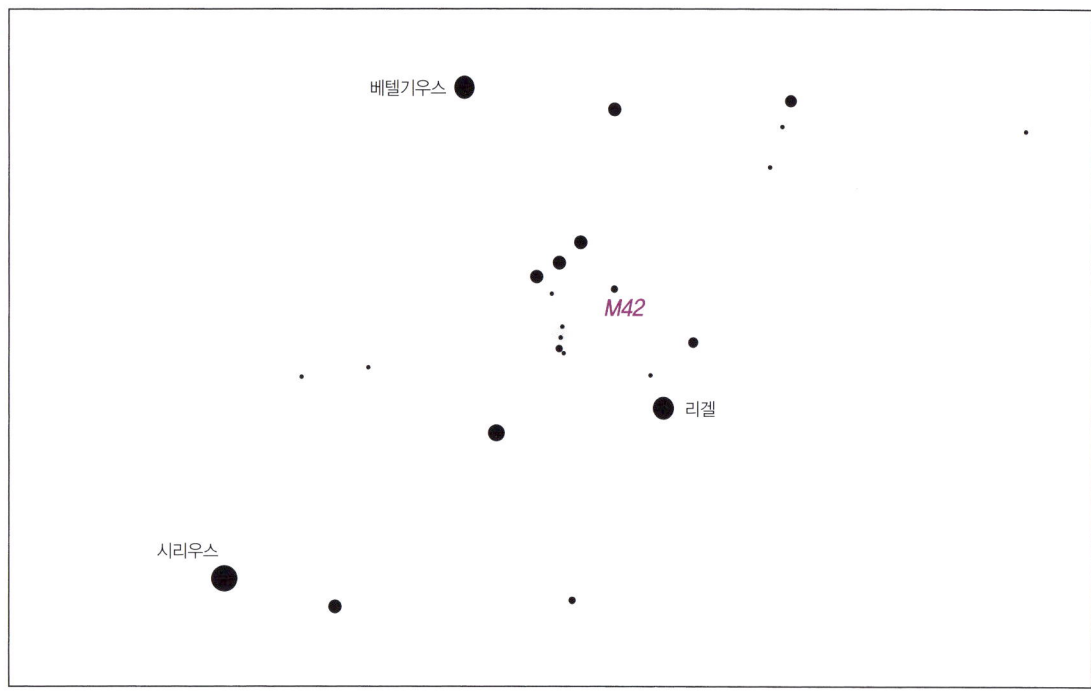

보아야 할 곳 남쪽 하늘 높이 떠 있는 오리온자리를 찾아라. 세 개의 밝은 별이 오리온의 '허리띠'를 이루고 있다. 이 허리띠에 칼처럼 매달린 흐릿한 별들이 일직선으로 있다. 이 흐린 별에 망원경을 조준하라.

파인더스코프로 보았을 때 이 선(오리온이 찬 칼)의 중앙에 있는 별은 선명한 점이라기보다 윤곽이 흐릿한 빛조각처럼 보인다. 이 천체가 성운이다. 망원경의 십자선 중앙을 이 천체에 맞춰라.

망원경으로 보았을 때 저배율로 보면 이 성운은 흐린 별들과 밝고 불규칙한 빛조각이 모여 있는 것처럼 보이며 천조각 중앙에 보석이 박힌 듯 보이기도 한다. 날씨가 좋은 날 고배율로 관측하면 서로 가까이 있는 네 개의 별이 다이아몬드 또는 사다리꼴을 이루고 있는 모습을 볼 수 있다. 이것이 '사다리꼴'이다.

사다리꼴을 저배율 접안렌즈 시야 중앙에 두고 북쪽으로 1/4쯤 되는 곳을 보면 8등급 밝기의 별이 있다. 빛무리가 이 별을 포함해서 약간 더 북쪽까

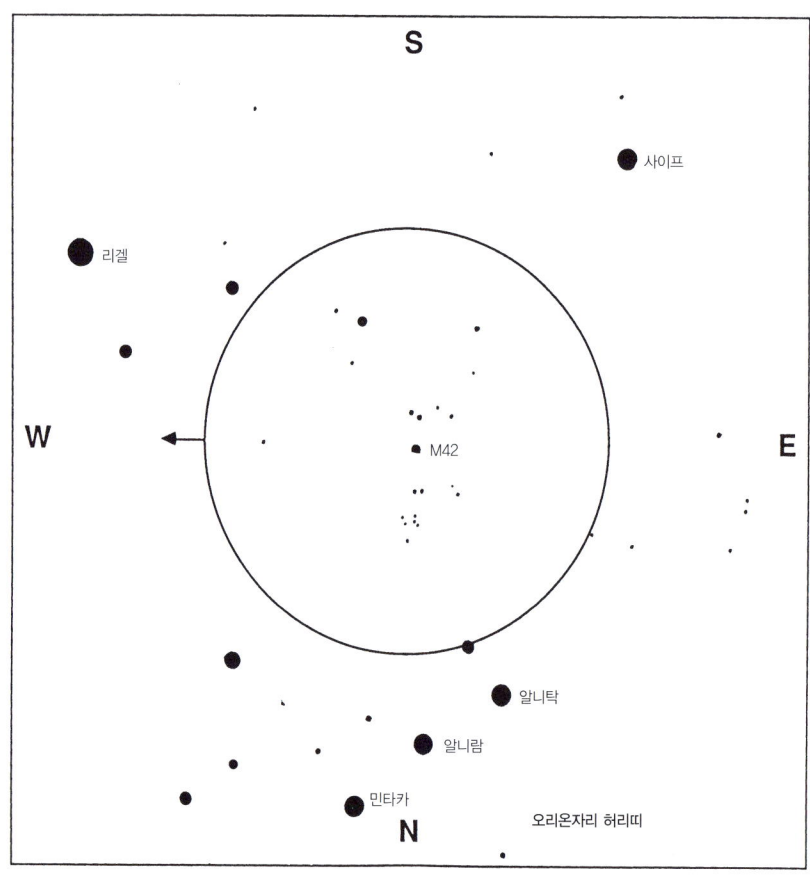

파인더스코프로 보았을 때

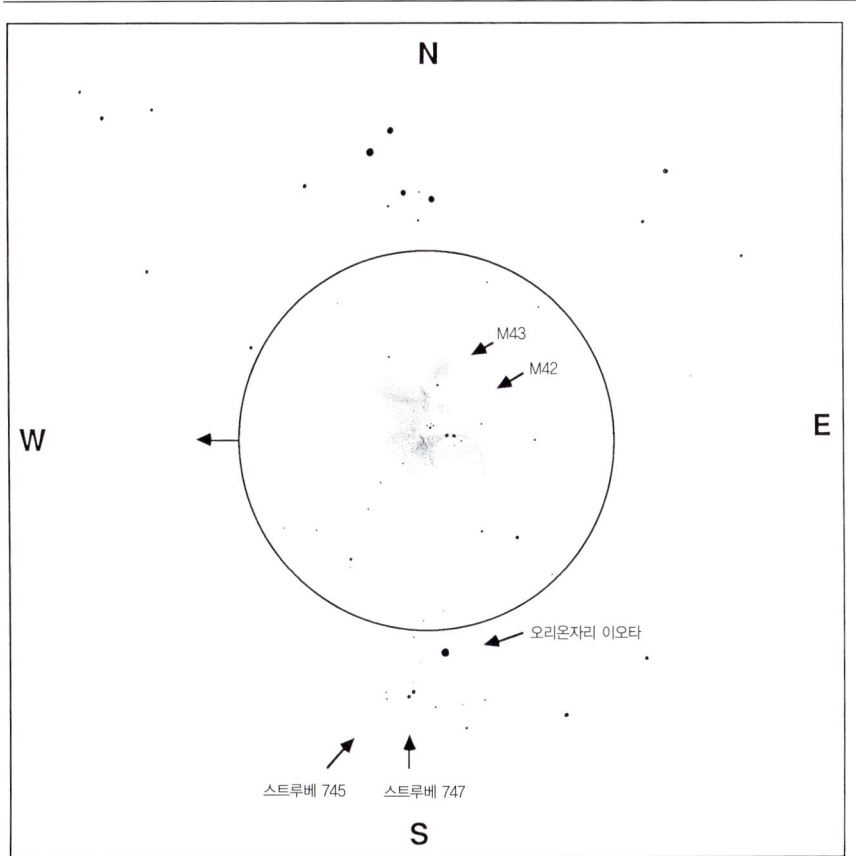

저배율로 보았을 때의 M42

지 뻗어 있다. 이 천체가 M43으로, M42와 같은 성운에 속한다.

코멘트 하늘이 어두울수록 구름 안을 더 자세히 관찰할 수 있고 구름이 우주 공간 멀리까지 퍼져 있는 모습도 볼 수 있다. 완벽한 하늘 상태라면 성운이 띠고 있는 연녹색도 볼 수 있을 것이다.

사다리꼴 주변은 자세히 살펴볼 만한 곳이다. 저배율과 중배율로 보면 어두운 지역을 가르는 몇 개의 빛줄기를 볼 수 있다. 사다리꼴 주변에는 성운 가스가 그리 많지 않다. 이의 일부는 착시 현상으로, 사다리꼴에 있는 별들의 밝기가 우리 눈으로 하여금 성운에서 나오는 더 흐린 빛을 못 보게 만드는 것이다. 하지만 이 효과의 일부는 진짜이다. 밝은 별들에서 나오는 빛이 가스의 일부를 밀어내서 별들 주위에는 성운 가스가 적다.

M42와 M43을 보면, 빛의 넝쿨이 이들 두 성운 근방까지 뻗어 있다는 인상을 받는다. 하지만 이 둘 사이에는 어두운 틈이 있으며, 이는 성운의 일부를 가리는 먼지로 된 암흑 구름이 우리의 시야를 막기 때문일 것이다.

여러분이 보는 것 오리온 성운과 사다리꼴 성단은 별이 탄생하는 거대한 지역으로 오리온자리에 속하는 별 대부분을 감싸고 있다(오리온자리 시그마는 이 그룹의 또다른 일원이다. 54쪽을 보라).

확산 성운 M42, M43은 이 지역에서 활발히 별이 태어나는 곳으로, 갓 태어난 별들이 이 지역의 가스를 강하게 비추고 있다. 이 성운을 작은 망원경을 통해 보면 한쪽 끝에서 다른 쪽 끝까지 거리가 20광년 정도밖에 안 되어 보이지만, 이 지역에서 나오는 전파로 추정해보면 직경이 100광년 넘는 차갑고 어두운 가스 구름이 있다. 눈에 보이는 성운에 있는 물질은 수백 개의 태양을 만들 수 있는 질량인 반면, 주위를 둘러싸고 있는 암흑 성운은 태양을 수천 개 만들고도 남는다. 이 성운은 우리로부터 약 1천5백 광년 정도 떨어져 있다.

사다리꼴에 있는 네 개의 밝은 별 가운데, 가장 밝은 별(C별)을 제외하고 나머지 별들은 사실 아주 근접 쌍성계이다. 이 쌍성들 가운데 어느 것도 망원경으로 구별해 볼 수 없다. 쌍성 두 개는 식쌍성(eclipsing binaries)다. 식쌍성이란 쌍성 가운데 하나가 나머지 다른 하나의 앞을 주기적으로 지나가며 쌍성계 전체의 밝기가 어두워지는 천체이다.

오리온자리 BM이라고도 알려져 있는 B별은 사다리꼴 북쪽 끝에 있다. 오리온자리 BM은 두 개의 무거운 별로 구성되어 있으며, 두 별의 질량을 합치면 태양보다 열 배 이상 무거우며 밝기는 백 배에 달한다. 식 현상은 6.5일마다 한 번씩 19시간 동안 일어난다. 식이 일어나는 시기에 쌍성의 밝기는 1/2 미만으로 떨

고배율로 보았을 때의 '사다리꼴'

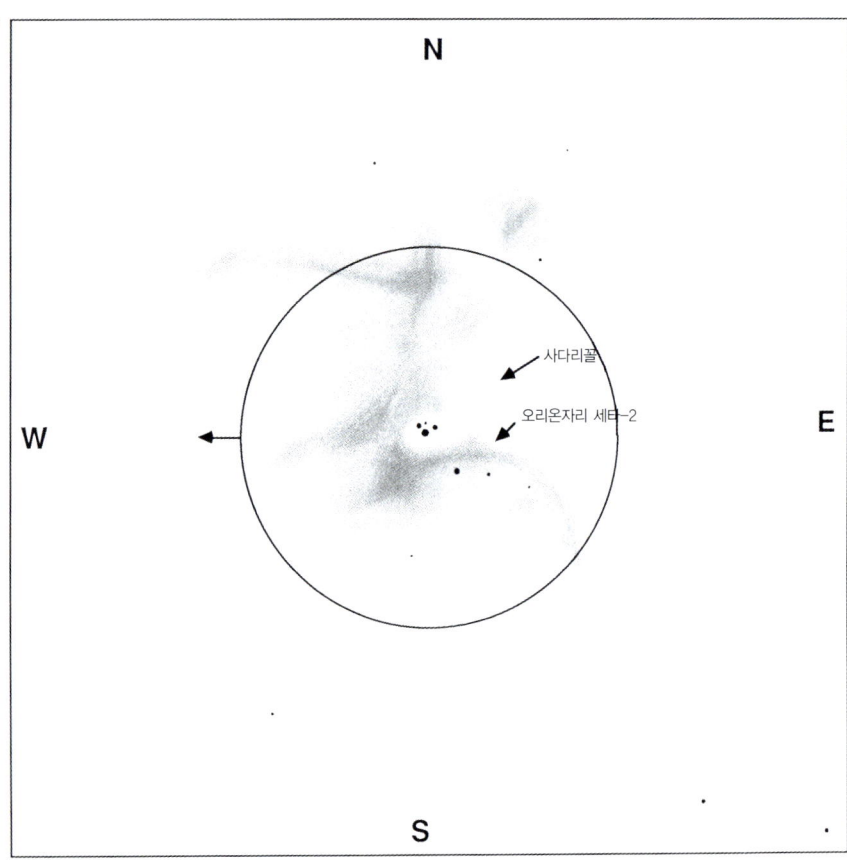

어진다.

서쪽에 있는 A별은 오리온자리 V1016이라고도 한다. 천문학자들은 사다리꼴을 수백 년 동안 관측해왔음에도, 1973년이 돼서야 오리온자리 V1016이 변광성이라는 사실을 알아냈다. 오리온자리 V1016은 65.4일에 한 번씩 식 현상을 일으키며 20시간 이상 어두워진다. 보통 때의 밝기는 D별과 같다. 더 어두워 보이면 식 현상이 일어나고 있을 때이다.

이에 더해서, 사다리꼴 안과 그 주변으로는 더 흐린 별들이 적어도 네 개 이상 있다. 이 가운데 두 개는 11등급 밝기로 중간 크기 정도의 망원경(4인치 이상)으로도 볼 수 있다.

사다리꼴의 별들은 커다란 망원경으로 볼 수 있는 3백 개 이상의 별 가운데 가장 밝은 별들일 뿐이다. 사다리꼴의 가장 서쪽에 있는 별들은 쌍성이다. 이들 가운데 사다리꼴 가까이에서 밝게 빛나고 있는 둘은 쌍성인 오리온자리 세타-2로 태어난 지 얼마 안 된 별이다. 5등급에서 6.5등급 밝기인 오리온자리 세타-2는 사다리꼴 남동쪽에서 각거리로 2분쯤 떨어진 곳에 있다.

천문학사를 살펴보면 이 성운은 꽤 일찍 발견되었다. 하지만 18세기 후반기 윌리엄 허셜 경(Sir William Herschel)에 의해서야 진지하게 연구되기 시작했다. 허셜은 당시 최고의 천문학자로서 천왕성을 발견하기도 했다. 하지만 허셜이 그린 사다리꼴 지역에는 1840년대 다른 천문학자들이 커다란 망원경으로 관측을 했을 땐 아무 어려움 없이 볼 수 있었던 약간 어두운 별 두 개가 빠져 있었다. 시간이 지나면서 이 두 별과 우리 사이를 가로막고 있던 암흑 구름이 옅어졌기 때문이거나 우리가 보고 있는 두 별이 새로 태어난 별이기 때문일지도 모른다.

또한 그 주변에는 M42 남쪽으로, 저배율 접안렌즈 시야의 가장자리 근방을 보면 다중성인 오리온자리 이오타가 있다. 이 천체를 작은 망원경으로 보면 두 개의 별로 분해되어 보이는데, 3등급 밝기인 주성에서 남동쪽으로 11초 떨어진 곳에 동반성(7.5등급)이 있다.

사다리꼴(오리온자리 세타-1)

별	등급	색깔	위치
C(남)	5.4	백색	주성
A(서)	6.7*	백색	C에서 북서로 13초
B(북)	8.1**	백색	C에서 북북서로 17초
D(동)	6.7	백색	C에서 북동으로 13초

* 변광성 '오리온자리 V1016' : 7.7등급까지 어두워짐
** 변광성 '오리온자리 BM' : 8.7등급까지 어두워짐

이오타에서 남서쪽으로 9분 채 못 간 곳에서 스트루베 747이라는 쌍성을 쉽게 알아볼 수 있다. 이 쌍성은 밝고 두 별 사이의 간격도 널찍하다. 주성의 밝기는 5.5등급이며, 동반성은 6.5등급 밝기로 주성에서 북동쪽으로 36초 떨어져 있다. 스트루베 747의 두 별은 오리온자리 이오타와 멋지게 한 줄로 정렬해 있다.

스트루베 747에서 서쪽으로 5분 채 못 가면 어두침침한 쌍성 스트루베 745가 보인다. 이 쌍성은 둘 다 같은 등급의 별로 이루어져 있으며(약 8.5등급), 주성과 동반성 사이의 각거리는 29초 정도이고 남서쪽 방향으로 정렬해 있다.

오리온 성운은 **확산 성운**으로, 대부분이 수소와 헬륨으로 이루어진 가스 구름이다.

이러한 성운을 이루는 가스는 성운 안에 있는 젊은 별들이 내는 에너지를 받아 빛을 낸다. 예를 들어 M42 안에 있는 사다리꼴과 다른 별들, 그리고 M43에 있는 8등급 밝기의 별은 실제로는 가스를 통과해 보이는 빛 이상의 에너지를 내뿜는다. 이 별들로부터 나오는 고에너지 자외선은 네온사인에서 전류가 그러하듯 가스 원자에 있는 전자를 원자로부터 떼어낸다. 전자가 다시 원자와 합쳐지면 붉은색과 녹색 빛을 방출한다. 성운을 찍을 때 쓰는 필름은 우리 눈보다 붉은빛에 더 민감하도록 만들었기 때문에 사진으로 찍은 이 성운을 보면 붉은색이 강하다. 하지만 우리 눈으로 볼 때는 약간 녹색으로 보인다.

이 가스 구름에서 무슨 일이 벌어지고 있는 것일까? 구름에 작용하는 자체 중력은 가스 덩어리를 서로 뭉쳐 내부에서 핵융합 반응이 일어나게 만들고, 핵융합 반응이 일어나는 순간 가스 덩어리는 별이 된다. 우리가 보고 있는 장면이 바로 별이 태어나는 현상이다.

이 이론을 뒷받침하는 몇 가지 주장이 있다. 첫째로, 성운 안에 있는 별들의 스펙트럼(별빛에 있는 색깔의 상대적 밝기)이 이론적으로 젊은 별이 내는 스펙트럼과 일치한다. 또한 별들이 다른 별들에 대해 상대적으로 움직이는 속도를 측정하는 것이 가능하다.

예를 들어 사다리꼴 주위에 있는 별들의 움직임을 거꾸로 따라가 보면, 수십만 년 정도의 기간 동안 모두 같은 장소에서 움직이기 시작했다는 결론을 내릴 수 있다. 대부분의 별이 수십억 년씩 산다는 생각을 해보면, 사다리꼴 주위의 별들은 단지 유아기에 지나지 않는다는 사실을 알 수 있다. 사다리꼴에서 멀어지면서 점점 나이 든 별들을 발견할 수 있다. 이론에 따르면, 이 성운에서 별이 태어나기 시작한 것은 약 1천만 년 전이다.

확산 성운의 많은 예가 우리 은하에 존재하며, 종종 산개 성단의 별들과 관련되어 있다. 성단 안에 있는 다른 성운들을 봄으로써 우리는 별이 태어나는 각기 다른 단계를 볼 수 있다.

오리온자리: 다중성 계, 오리온자리 시그마

하늘의 상태
  안정된 하늘

접안렌즈
  고배율

최적 관측 시기
  12월부터 3월

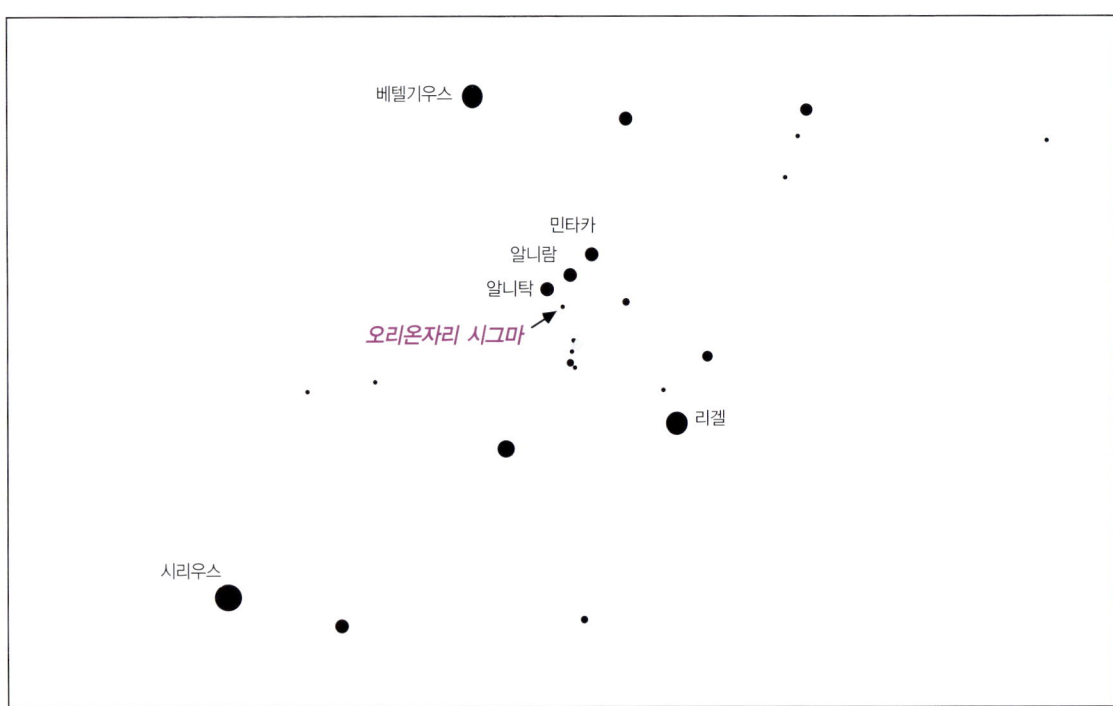

보아야 할 곳 오리온을 찾은 뒤 허리띠를 이루고 있는 세 개의 별을 보아라. 왼쪽부터 알니탁, 알니람, 민타카이다. 알니탁 바로 아래(동쪽 별)에 약간 덜 밝은 별이 하나 있다. 오리온자리 시그마이다.

파인더스코프로 보았을 때 허리띠를 이루는 세 개의 별은 파인더스코프로 보이며, 시그마는 이 세 개의 밝은 별보다 아주 약간 흐릴 뿐이므로 찾기 쉬울 것이다. 알니탁을 시계판의 중심축으로 보고 남쪽이 12시 방향이라고 한다면 허리띠를 이루는 다른 별들은 8시 방향에, 그리고 오리온자리 시그마는 11시 방향에 있다.

망원경으로 보았을 때 시야에서 가장 밝은 별은 시그마 A, B로 쌍성이지만 서로 너무 가까이 있기 때문에 작은 망원경으로는 분해해 볼 수 없다. A/B의 동쪽에 있는 별은 D별로, 커다란 망원경으로 보면 붉은 색조를 볼 수 있다. 북동쪽으로 약 세 배쯤 더 가면 E별이 있다. 더 큰 망원경으로 보면 A/B의 남서쪽에 희미하게 빛나는 C별을 볼 수 있다.

같은 시야에서 북서쪽으로 스트루베 761이라 부

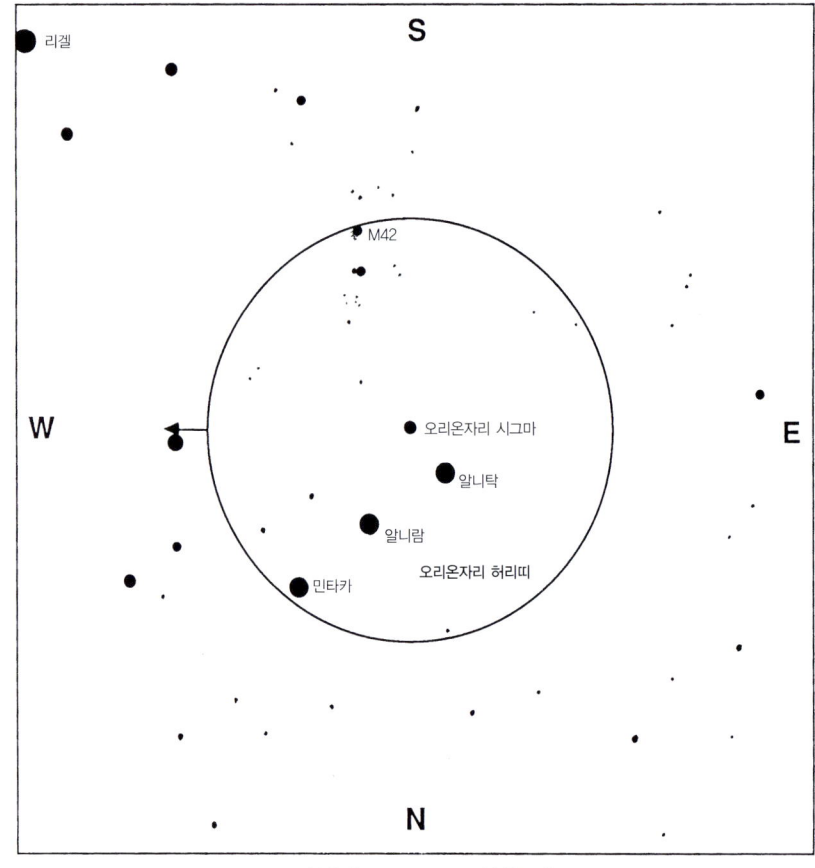

파인더스코프로 보았을 때

고배율로 보았을 때의 오리온자리 시그마

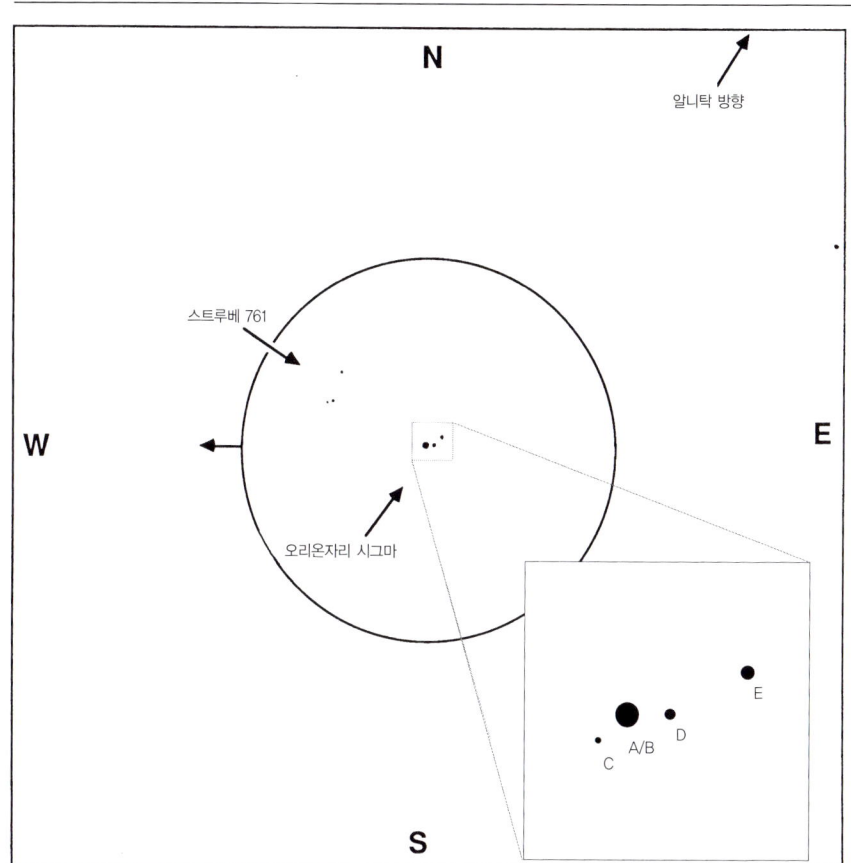

르는 삼중성이 있다. 이 삼중성은 북쪽을 향해 길쭉한 삼각형 모양을 하고 있다.

코멘트 대부분의 작은 망원경(4인치 이하)에서 오리온자리 시그마는 삼중성으로 보인다. 주성인 A/B 옆에 있는 C별이 너무 흐리기 때문이다. 하지만 6인치 망원경으로 보면 C별도 볼 수 있다. 스트루베 761을 이루는 모든 별은 작은 망원경으로도 볼 수 있다.
 두 개의 복잡한 다중성계가 같은 시야 안에 서로 가깝게 있기 때문에 어느 별이 어느 별인지 구별해내려면 꽤 어려울 것이다.

여러분이 보는 것 오리온자리 시그마 계는 우리로부터 1천5백 광년 정도 떨어져 있다. A와 B는 아주 밝고 무거운 별들로서 100AU(천문단위)+ 떨어져 있지 않다(작은 망원경으로 분해해 보기에는 너무나 가까이 있다). C와 D는 A에서 아주 멀리 있다. 각각 3,000AU와 4,500AU만큼 떨어져 있다. E는 A별로부터 거의 1/3광년 정도 떨어져 있다.
 오리온자리 시그마, 스트루베 761, 오리온자리의 허리띠 별 셋, 오리온 성운은 나이가 젊은 쌍성, 성운들이 한데 모여 있는 집단이며 은하를 함께 여행하고 있다.

또한 그 주변에는 알니탁(시그마에 가까이 있는 허리띠 별)과 민타카가 쌍성을 이루고 있다. 알니탁은 동반성에 아주 가깝기 때문에 (남남동쪽으로 겨우 2.4초 떨어져 있다) 작은 망원경으로 분해해 보기가 힘든 천체이다. 또다른 동반성은 북쪽으로 약 1분 정도 떨어져 있으며 어두운 별(10등급)이다. 민타카의 동반성은 (주성에서 북쪽으로 53초 떨어져 있기 때문에) 쉽게 구별해 볼 수는 있지만 밝기가 7등급으로서 꽤 어두운 편에 든다.

오리온자리 시그마

별	등급	색깔	위치
A/B	3.8	백색	주성
C	10.0	백색	A에서 남서쪽으로 11초
D	7.2	붉은색	A에서 동쪽으로 13초
E	6.5	파란색	A에서 동북동쪽으로 42초

스트루베 761

별	등급	색깔	위치
A	8	백색	주성
B	8.5	백색	A에서 남남서쪽으로 68초
C	9	백색	B에서 서쪽으로 8.5초

외뿔소자리 : 삼중성, 외뿔소자리 베타

하늘의 상태
　안정된 하늘

접안렌즈
　고배율

최적 관측 시기
　1월부터 3월

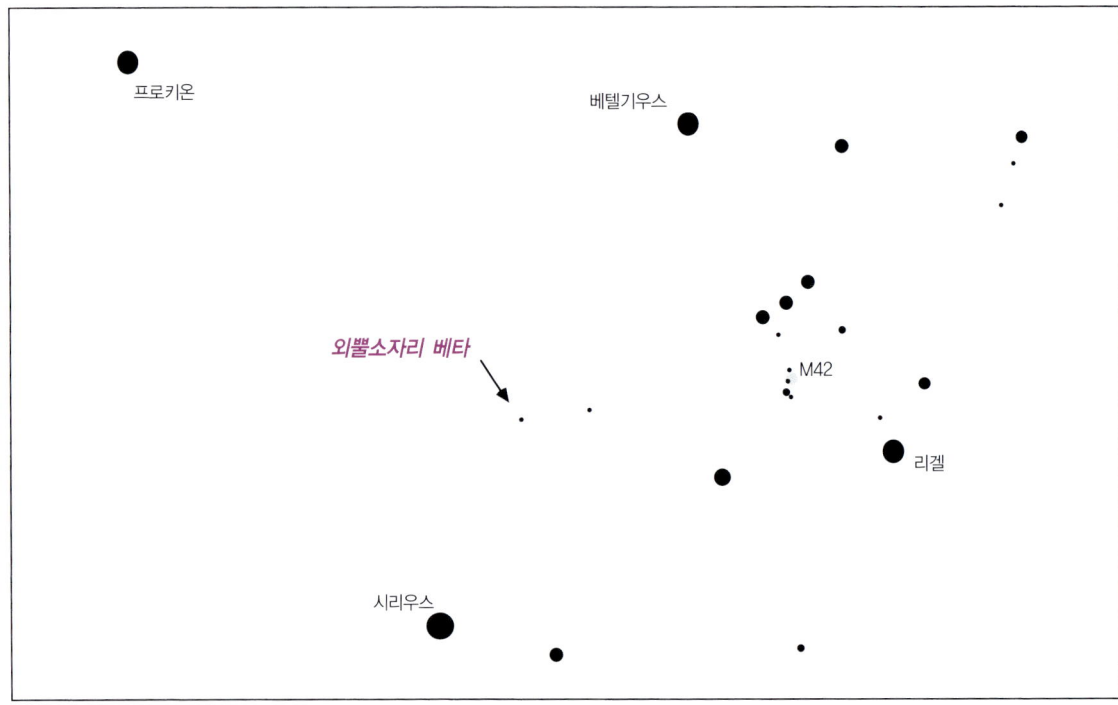

보아야 할 곳 남쪽 지평선 높이 떠 있는 오리온자리를 찾은 다음 어깨에서 붉은색으로 아주 밝게 빛나고 있는 베텔기우스를 찾아라(허리띠를 이루는 세 개의 별 왼쪽 위에 있다). 그리고 오리온자리에서 왼쪽으로 돌아 허리띠에 있는 별들이 가리키는 방향을 따라 남동쪽을 보면 번쩍거리는 시리우스가 있다(물론 행성보다야 못하겠지만 시리우스의 밝기는 -1.4등급으로 하늘에서 가장 밝은 별이다).

시리우스와 베텔기우스의 중간 못 미치는 곳에 동서 방향으로 있는 두 개의 흐린 별이 보일 것이다. 오리온자리에서 더 멀리 있는, 동쪽에 있는 별에 시야를 맞춰라. 외뿔소자리 베타이다.

파인더스코프로 보았을 때 하늘에는 그저 적당히 밝은 별이 두 개 있을 뿐이다. 이 두 별은 파인더스코프 시야에 한꺼번에 들어온다. 동쪽에 있는 별에 시야를 맞춰라.

망원경으로 보았을 때 흰색의 주성 A 주위로 파란 빛의 별 B, C가 돌고 있다. A, B, C를 이으면 곡선

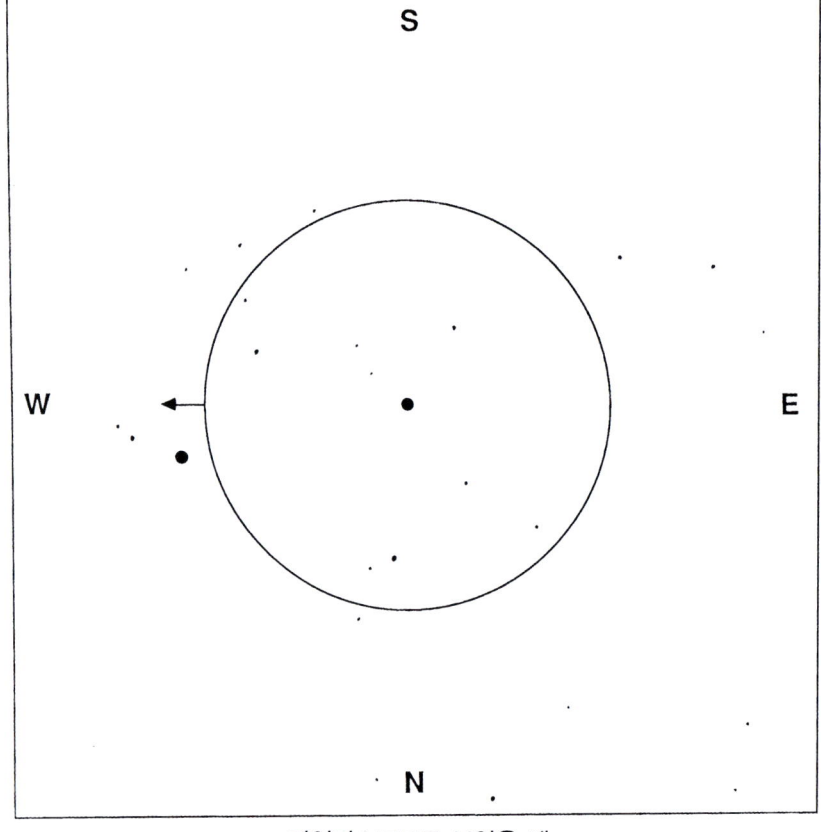

파인더스코프로 보았을 때

고배율로 보았을 때의 외뿔소자리 베타

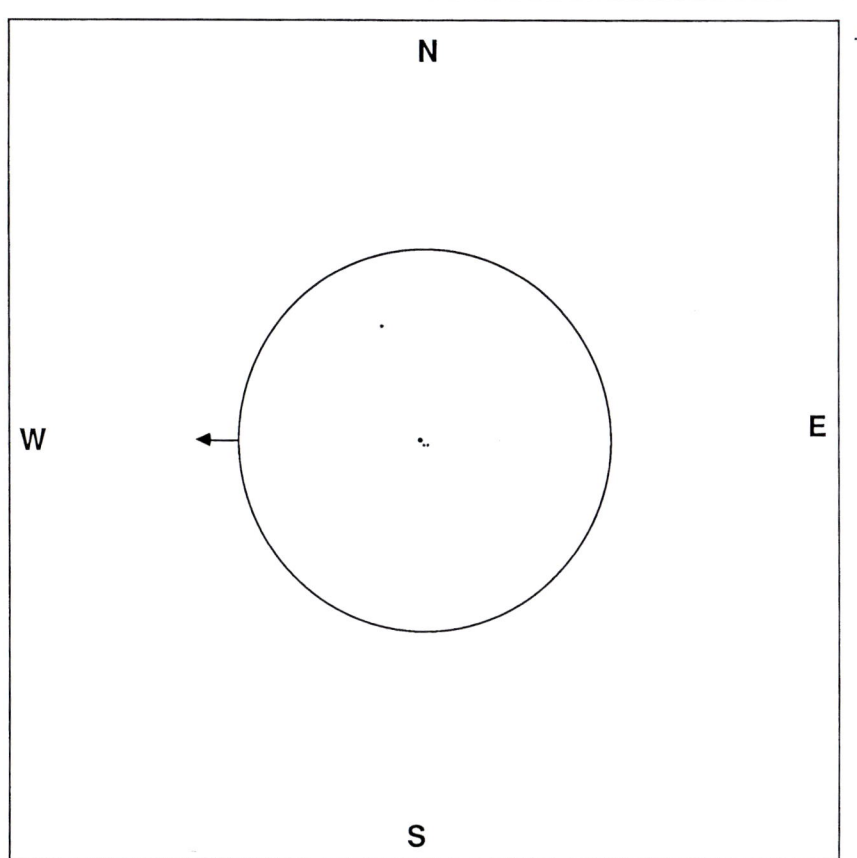

이 된다.

코멘트 세 별 모두 밝기 때문에 최대한의 배율을 써서 볼 수 있다. 물론 하늘이 허용하는 한에서 말이다. 불행히도 겨울 하늘은 아주 불안정하다. 관측할 때 별이 많이 깜박인다면 세 별 가운데 상대적으로 가까이 붙어 있는 파란 두 별을 구별해 보기란 정말 어려울 것이다. 대기의 불안정한 정도는 관측할 때 쓸 수 있는 고배율 접안렌즈의 한계가 얼마나 되는지를 결정한다.

저배율 접안렌즈를 쓰면, 파란색 별 두 개를 따로 구별해 볼 수 없기 때문에 두 개의 별로만 보인다. 하지만 삼중성이 아닌 쌍성으로 보인다 할지라도 그 아름다움에는 변함이 없다.

여러분이 보는 것 사실 외뿔소자리 베타는 사중성이다. 이 가운데 세 개는 꽤 밝으며 서로 가까이 붙어 있지만 네번째 별은 어둡고 (작은 망원경으로 보기에는 너무 흐리다) 다른 세 개의 별에서 멀리 떨어져 있다. 세 별 모두 우리로부터 450광년 정도 떨어져 있다. 백색의 A별은 B에서 1,000AU 떨어져 있다. B와 C는 400AU 떨어져 있다. 서로 멀리 떨어져 있는데다가 서로에 대해 무척이나 느리게 움직이기 때문에 한 번 궤도를 도는 데는 수천 년이 걸린다.

별	등급	색깔	위치
A	4.6	백색	주성
B	5.2	파란색	A에서 남동쪽으로 7.2초
C	5.6	파란색	B에서 동남동쪽으로 2.8초

쌍둥이자리: 카스토르, 다중성, 쌍둥이자리 알파

하늘의 상태
　안정된 하늘

접안렌즈
　고배율

최적 관측 시기
　12월부터 5월

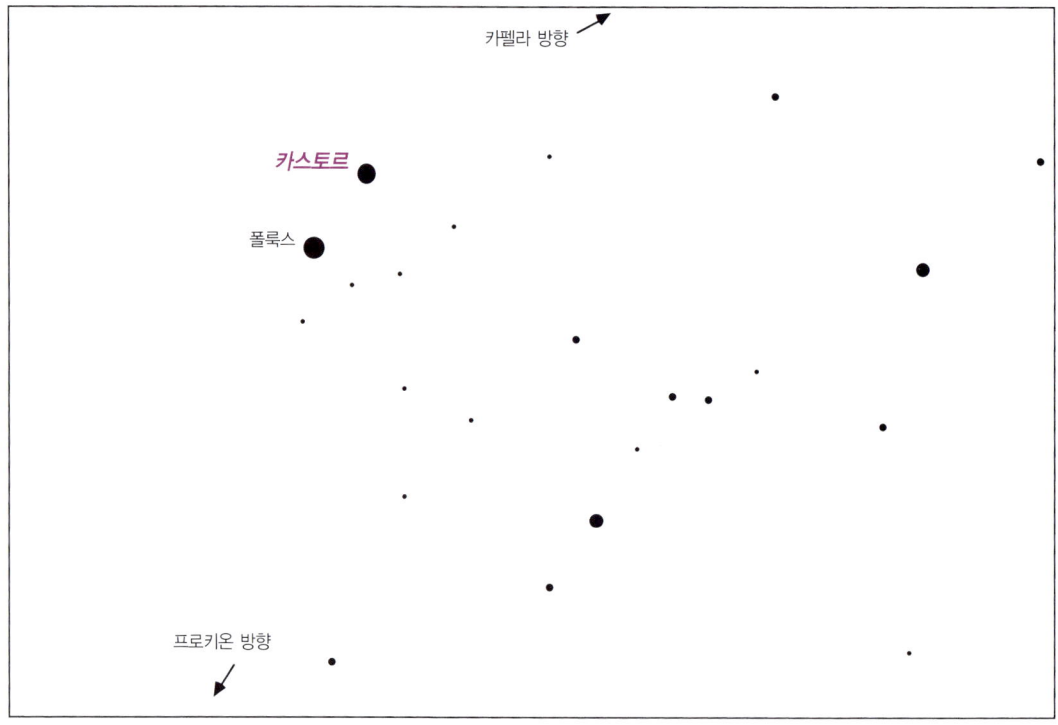

보아야 할 곳 쌍둥이자리를 찾아라. 카스토르는 북서쪽에 있는 파란색 별이다(남쪽을 바라보았을 때 오른쪽 위에 있는 별이다).

파인더스코프로 보았을 때 카스토르는 무척 밝기 때문에 하늘에서 못 찾을 수가 없다. 폴룩스를 카스토르로 착각하는 경우를 빼면 말이다. 카스토르는 파란색 별이며 그 왼편에서 카스토르보다 약간 더 밝게 빛나고 있는 노란색 별이 폴룩스이다. 카스토르는 폴룩스보다 북서쪽에 있으며 폴룩스보다 카펠라에 더 가까이 있다.

망원경으로 보았을 때 맑은 날 저녁, 고배율 접안렌즈를 써서 보면 카스토르가 밝은 두 개의 별로 분해되어 동서 방향으로 정렬해 있는 모습이 보일 것이다. 두 별의 남남동 방향으로 아주 흐린 별이 있다는 점에 주의하라. 밝은 두 별은 특별한 색깔이 없다. 대신 세번째의 흐린 별은 오렌지빛을 약간 띠고 있다.

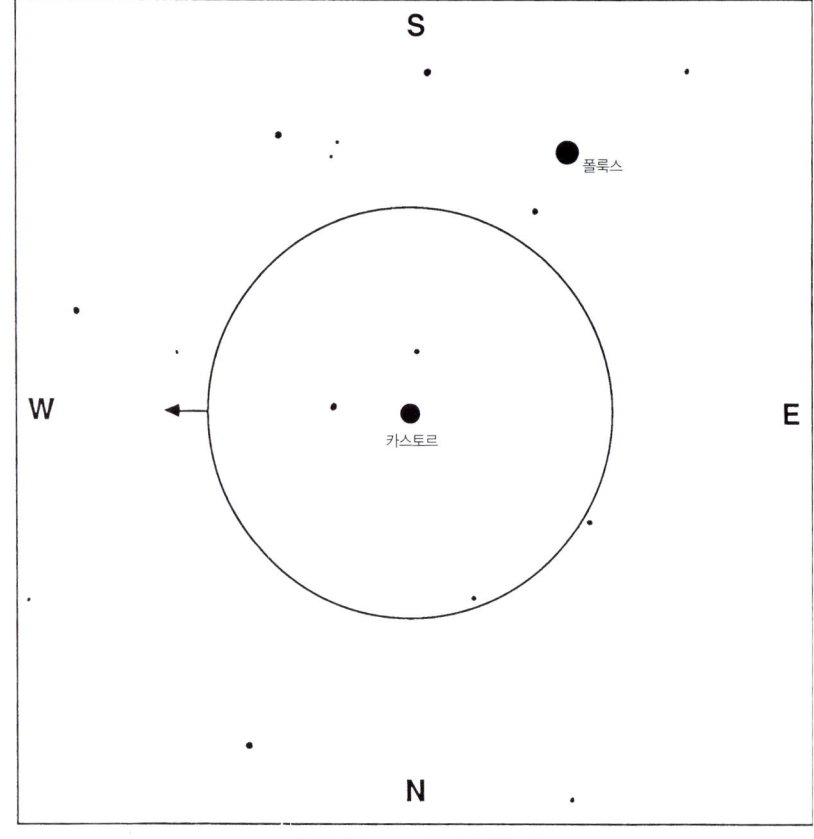

파인더스코프로 보았을 때

고배율로 보았을 때의 카스토르

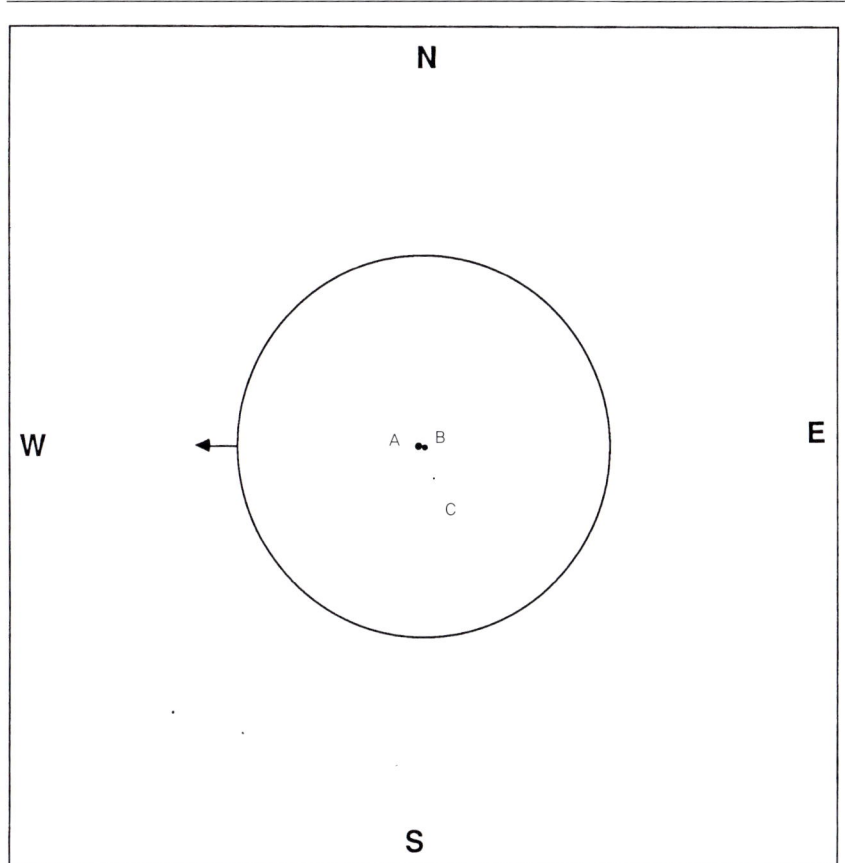

코멘트 이 쌍성을 통해 작은 망원경으로 얼마나 자세히 볼 수 있는지를 알아낼 수 있다. 육안으로 볼 때 카스토르가 많이 '반짝'거리는 날이라면, 작은 망원경을 써서 쌍성으로 분해해 보겠다는 꿈은 버려라. 하지만 안정된 하늘에 고배율을 쓴다면(100x 정도) 2인치 망원경으로도 A, B별을 구별해낼 수 있다. C별은 흐리고 멀리 떨어져 있기 때문에 중배율 이하로 보는 것이 차라리 낫다.

여러분이 보는 것 이 천체는 최소한 육연성이며 우리로부터 45광년 떨어져 있다. 하지만 작은 망원경을 통해서는 이 계를 이루는 여섯 개 별 가운데 세 개까지만 볼 수 있다(그것도 최대한 노력했을 때의 이야기다). 위에서 설명한 가장 밝은 A, B별은 젊고 뜨거운, 분광형이 A형인 별로 각각 쌍성을 이루고 있으며, 크기는 태양의 두 배 정도이고 밝기는 열 배쯤 된다. C별도 '분광 쌍성'이다(162쪽의 '알마크'를 보라). 별의 밝기 변화로부터 C별이 사실은 두 개의 'K형' 왜성으로서, 크기는 태양의 2/3 정도이며 밝기는 3%도 안 된다는 사실을 알 수 있다.

A, B별은 각각 쌍성을 이루고 있으며, 동반성과의 거리는 수백만 킬로미터 정도로 별 직경의 두세 배에 지나지 않는다. 이 쌍성의 거리는 무척이나 가깝기 때문에 서로의 주변을 도는 데 며칠밖에 걸리지 않는다. A쌍성은 9일에 한 번씩 서로를 돈다. B쌍성은 3일에 한 번씩 서로를 돈다. 가장 가깝게 붙어 있는 C쌍성은 거리가 250만 킬로미터도 되지 않으며 서로를 도는 데 채 하루도 걸리지 않는다.

B쌍성은 약 4백 년에 걸쳐 A쌍성의 주위를 돈다. 이 궤도는 타원으로 태양계보다 더 커다랗다. 이 둘이 가장 가까이 접근할 때는 겨우 1.8초밖에 떨어져 있지 않다. 현재 이 둘의 거리는 약 4초로서 천천히 증가하고 있다. 앞으로 수백 년 동안, B별은 결국 북쪽으로 움직여 최대 6.5초까지 거리가 벌어졌다가 다시 A쪽으로 되돌아온다. 21세기 중반에는 A와 B를 가장 작은 망원경으로도 쉽게 구별할 수 있게 될 것이다.

C쌍성은 다른 별과 1,000AU 이상 떨어져 있다. C쌍성이 A와 B 주변을 한 바퀴 완전히 도는 데는 1만 년 이상이 걸린다.

별	등급	색깔	위치
A	2.0	백색	주성
B	2.9	백색	A에서 동북동쪽으로 4초
C	9.5	오렌지색	A에서 남남동쪽으로 73초

쌍둥이자리: 광대얼굴, 행성상 성운, NGC 2392

하늘의 상태
  어두운 하늘

접안렌즈
  중배율, 고배율

최적 관측 시기
  12월부터 5월

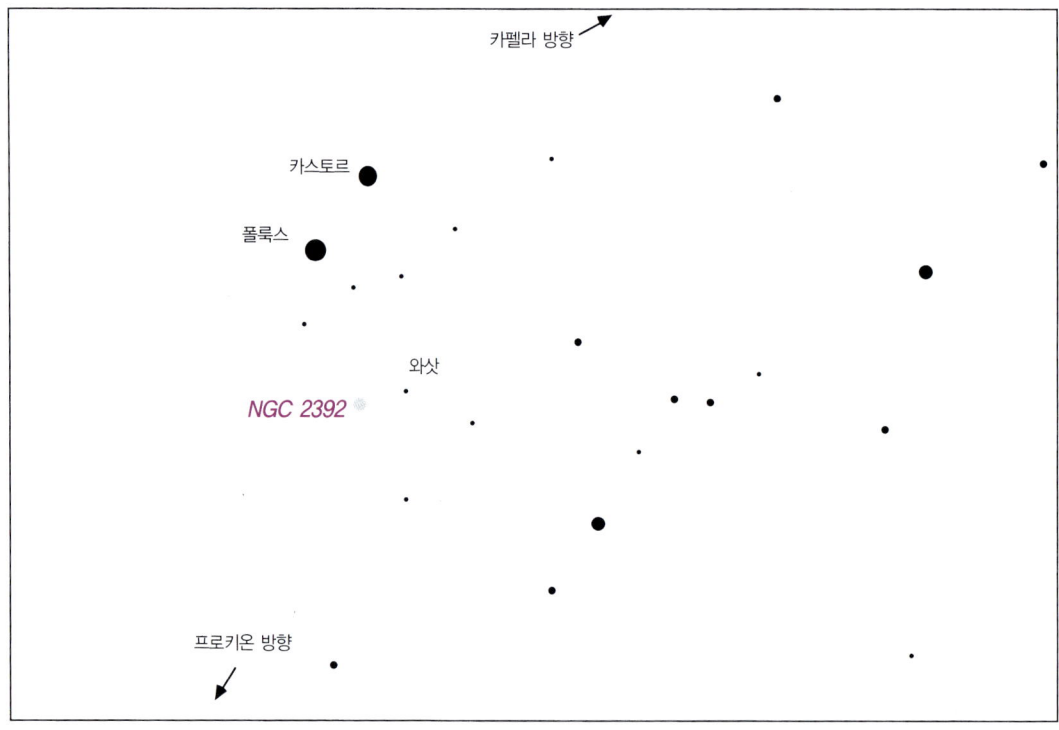

보아야 할 곳 쌍둥이자리를 찾아라. 카스토르는 북서쪽에 있는 파란색 별이며(카펠라에 가깝게 있다) 폴룩스는 약간 더 밝은 노란색 별로 남동쪽에 있다. 이들 밝은 두 별은 두 명의 '지팡이를 든 남자'의 머리 부분에 해당한다. 왼쪽 지팡이 든 남자의 허리에 있는 천체가 와샷이다(폴룩스 아래쪽으로 두번째 별). 와샷 동쪽으로 우리가 찾는 성운이 있다.

파인더스코프로 보았을 때 우선 와샷에 시야를 맞춰라. 와샷은 파인더스코프에서 정삼각형을 이루는 세 별 가운데 가장 밝게 보일 것이다. 삼각형에서 북동쪽 별은 쌍둥이자리 63이다. 쌍둥이자리 63은 두 개의 흐린 동반성을 가지고 있다. 우선 쌍둥이자리 63에 중심을 맞춘 후 남동쪽으로 보름달 1/2 정도 거리만큼 더 움직여라.

망원경으로 보았을 때 이 성운은 초점이 제대로 맞지 않는 청녹색 별처럼 보일 것이다. 그리고 성운 바로 북쪽으로는 또다른 별이 있다. 이 성운을 찾

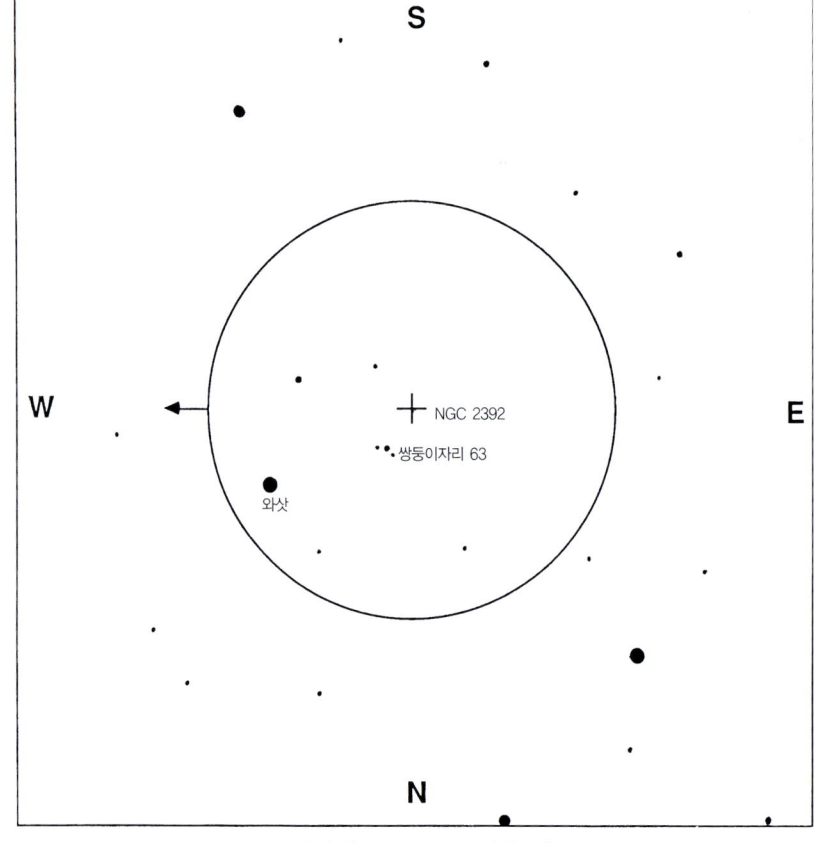

파인더스코프로 보았을 때

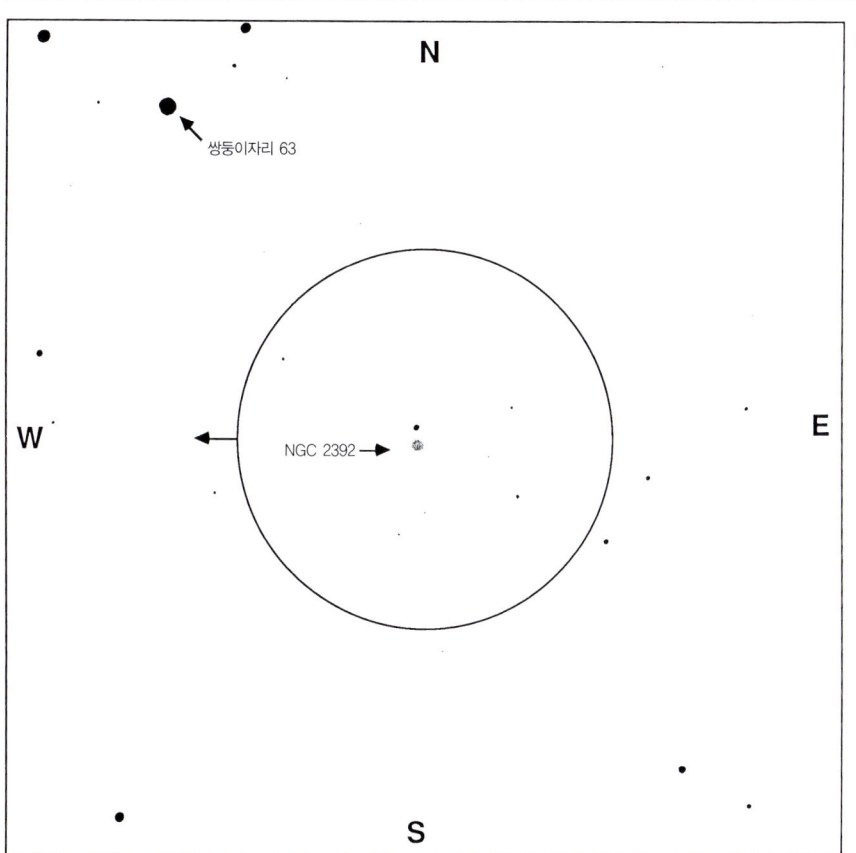

중배율로 보았을 때의 NGC 2392

으려면 중배율을 써라. 성운과 별은 비슷한 밝기의 쌍성처럼 보일 것이다. 고배율로 보면 이 성운은 둥글고 보풀이 선 원반처럼 보이는 반면 근처의 별은 여전히 점광원으로 남아 있을 것이다.

코멘트 이 천체는 꽤 밝은 성운이며 고배율로도 볼 수 있다. 청명한 날 밤, 6인치 망원경을 쓰면 이 성운 중앙에 있는 별도 볼 수 있을 것이다. 작은 망원경으로도 성운의 녹색은 확연히 보인다. 하지만 이 성운에 '광대얼굴'이라는 이름이 붙게 한 성운의 검은 특징들을 보기 위해서는 아주 커다란 망원경이 필요하다.

여러분이 보는 것 이 성운은 NGC 2392로 우리로부터 약 3천 광년 떨어져 있다. 가스 구름 자체는 직경이 40,000AU(약 2/3광년) 정도에 걸쳐 퍼져 있으며, 가스의 운동으로 미루어볼 때, 일 년에 20AU 이상 커지고 있다. 이 사실에서 우리는 이 성운의 나이가 2천 년이 채 되지 않았으며 행성상 성운 가운데 가장 젊은 성운이라는 사실을 추론할 수 있다.

행성상 성운 별의 일생에서 후반기에 접어들면 별의 핵에 있던 가벼운 원소들 대부분이 연소되어 더 무거운 원소가 되며(이런 핵융합으로 인해 별이 빛을 낸다), 별 중심 지역의 온도와 압력은 진동하기 시작한다. 핵연료가 떨어지면 별은 차가워진다. 하지만 이러한 냉각으로 인해 별은 수축하게 되고 이 과정에서 별 내부의 온도가 올라가며 팽창한다. 이런 내부 수축과 팽창의 반복에는 수천 년이 걸린다. 수축과 팽창은 점점 커지게 되고, 결국에는 물질들이 중심으로 무너지며 에너지를 내뿜게 된다. 여기서 나온 에너지가 별의 바깥 표피를 우주 공간으로 날려버린다. 그러면 핵 주위에 차갑고 팽창한 구름이 생기는 반면 핵은 작고 뜨거운 '백색왜성[+]'이 된다.

예전에 이 별이 적도 부근에서 상대적으로 밀도가 짙은 가스 고리를 내뿜었다면, 새로 팽창한 가스 구름은 이 고리 때문에 적도 부근에서는 팽창하지 못한다. 대신, 고리 위아래 양쪽으로 불룩해진 풍선처럼 될 것이다(126쪽에 있는 아령 성운이 바로 이런 천체이다). 이런 천체를 위에서 보게 된다면 우리는 팽창하는 가스의 부푼 배 대신 고리를 보게 될 것이다(116쪽의 고리 성운을 보라). 중심에 있는 별은 너무 흐려 작은 망원경으로 보기 힘들다.

성운 안에 있는 가스는 구름 중앙의 뜨거운 백색왜성이 내는 에너지를 받아 빛난다. 이 빛은 붉은색과 녹색이 마구 뒤섞여 있는 것처럼 보인다. 우리 눈과 달리 사진 필름은 녹색보다 붉은색에 더 민감하게 반응하므로, 이 성운을 사진으로 찍어보면 붉은색 구름처럼 보인다. 하지만 작은 망원경을 통해 눈으로 볼 때는 밝고 작은 녹색 원반처럼 보인다. 이런 성운들이 처음 발견된 것은 18세기로, 허셸이 작은 녹색 원반으로 보이는 천왕성을 발견했을 때와 비슷한 시기였다. 망원경으로 보았을 때 두 천체가 비슷하게 보이기 때문에 이 성운의 이름을 '행성상' 성운이라고 붙였다. 하지만 겉모습을 제외하고는 행성과 아무런 관련도 없다.

쌍둥이자리 : 산개 성단, M35

하늘의 상태
관계 없음

접안렌즈
저배율

최적 관측 시기
12월부터 5월

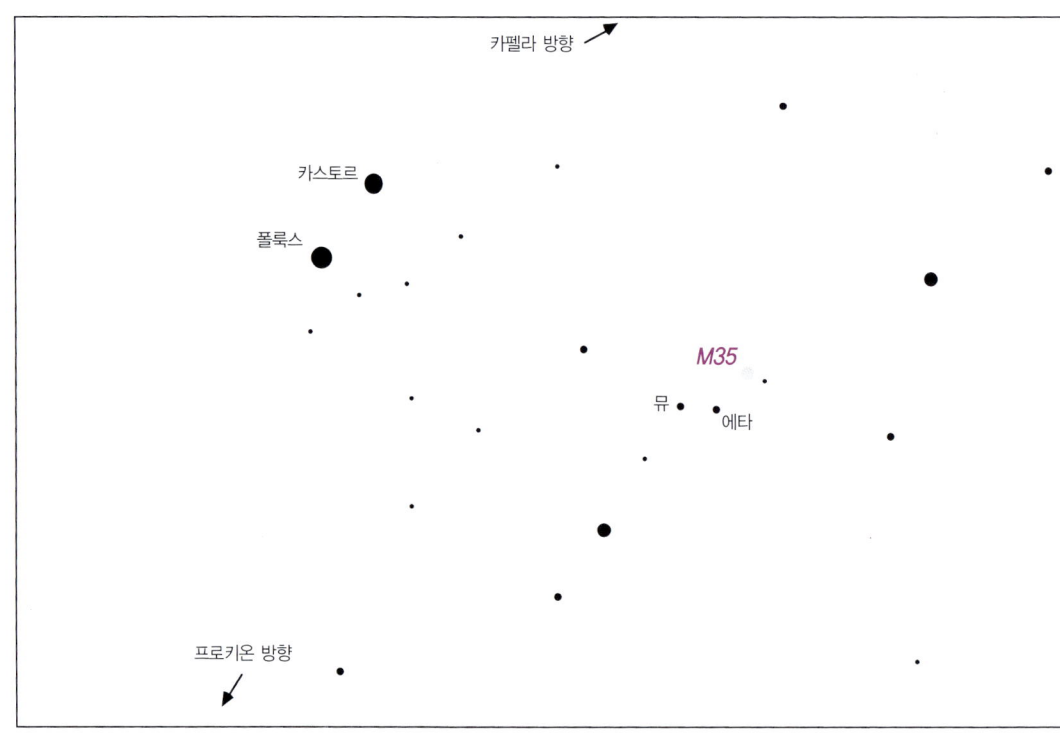

보아야 할 곳 쌍둥이자리를 찾아라. 카스토르는 북서쪽에 있는 아주 밝게 빛나는 파란 별(남쪽을 향해 서 있을 때 오른쪽 위에 있다)이며, 폴룩스는 남동쪽에서 카스토르보다 좀더 밝게 빛나고 있는 노란색 별이다. 이 밝은 두 별은 두 명의 '지팡이 든 사내' 각각의 머리에 해당한다. 북서쪽 쌍둥이의 남서쪽 '발'을 보면 동서 방향으로 위치한 거의 같은 밝기의 별 두 개를 발견할 수 있다. 동쪽 별은 쌍둥이자리 뮤이고 서쪽 별은 쌍둥이자리 에타이다. 파인더스코프를 이 두 별에 맞춰라.

파인더스코프로 보았을 때 구부러진 선 모양을 하고 있는 세 개의 별을 찾아라. 에타와 뮤 오른쪽(동쪽)에 있는 밝은 두 별은 위에서 설명한 대로 동서 방향으로 위치해 있다. 파인더스코프 중앙을 에타에 맞추면 파인더스코프 시야의 서쪽 가장자리 약간 북쪽으로 세번째 별인 쌍둥이자리 1이 들어온다. 성단과 쌍둥이자리 1은 에타로부터 거의 같은 거리만큼 떨어져 있다. 성단을 발견하려면 에타로부터 시작해서 쌍둥이자리 1로 향하되 약간 왼쪽으로 방

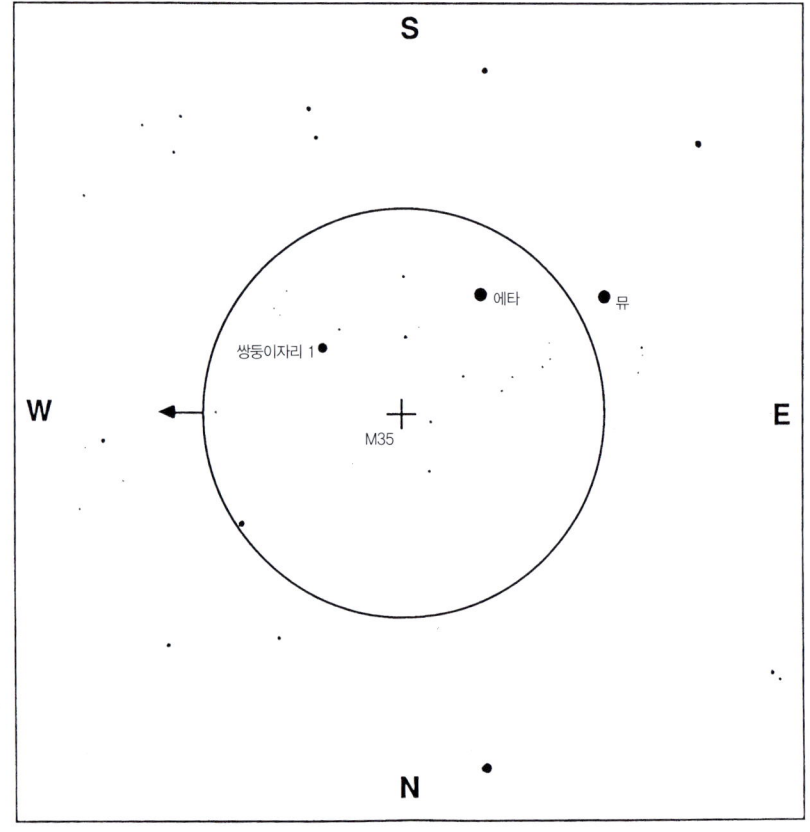

파인더스코프로 보았을 때

저배율로 보았을 때의 M35

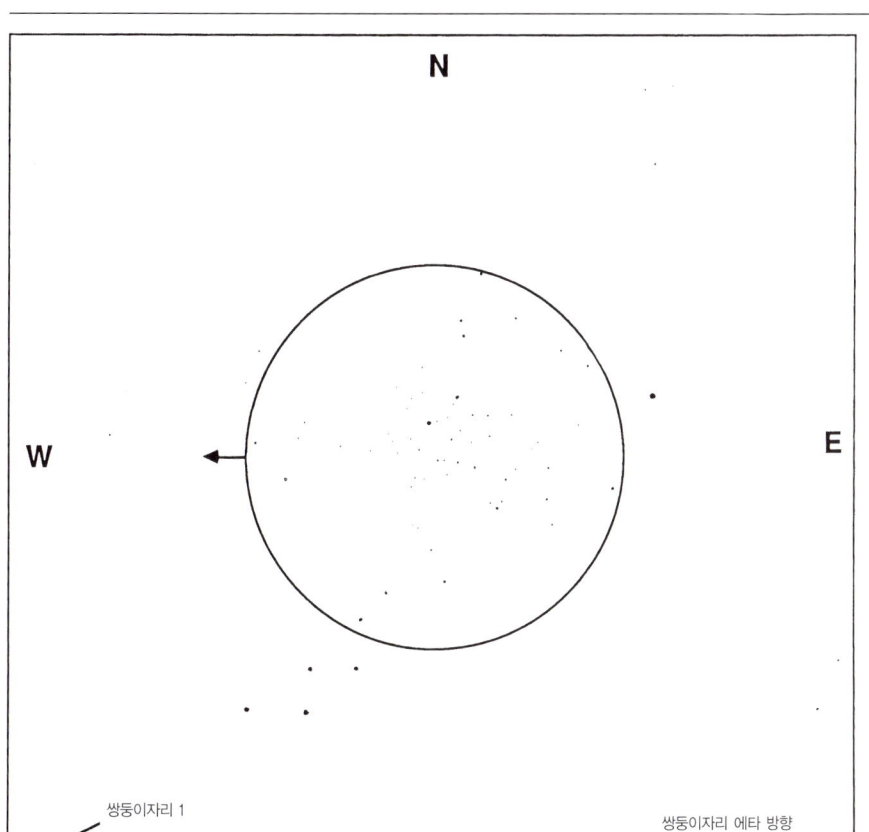

향을 틀어라. 흐린 빛조각 같은 모양으로 보이는 성단을 발견할 수 있을 것이다.

망원경으로 보았을 때 처음에 보면 대여섯 개의 밝은 별에 눈길이 먼저 갈 것이다. 그러나 좀더 오래 지켜보면 50개 정도의 흐린 별들과 그 배경에 있는 흐릿한 빛도 볼 수 있을 것이다.

코멘트 M35는 꽤 아름다운 산개 성단이다. 이 성단의 별 대부분은 뜨겁고 파란 별이지만 가장 밝은 별 가운데 어떤 것은 노란색 또는 오렌지색으로 '주계열' 단계를 지나 이미 거성으로 진화했다.

처음 보았을 때는 덩치는 크지만 별이 특별히 많이 보이지는 않는다. 하지만 잠시 뒤면 배경으로 흐린 별들이 많이 있다는 사실을 알 수 있을 것이다. 성단의 어디를 보든 흐릿한 별을 많이 볼 수 있다. 눈에 긴장을 풀고 주변시로 보면 흐린 별들이 훨씬 더 많이 보이기 시작한다. 이렇게 점차 더 많은 별들이 보이는 현상은 쌍안경이나 작은 망원경(3인치 이하)의 가장 두드러진 효과이다. 더 큰 망원경으로 보면 모든 별이 한꺼번에 보이기 때문에 시간이 지나면서 점차 많은 별들이 보이는 감동은 얻을 수 없다.

이 지역은 별이 많고 아름다운 특별한 곳으로, 처음에는 은하수 안에 있는 다른 별들과 성단을 혼동할 수도 있다. 하지만 일단 성단을 찾은 다음에는 절대로 혼동을 일으키지 않을 것이다.

여러분이 보는 것 이 산개 성단은 직경이 약 30광년쯤 되고, 수백 개의 별로 이루어져 있으며 우리로부터 3천 광년 약간 못 미치는 곳에 있다. 별 색깔로 미루어볼 때, 이 성단은 약 5천만 년 전에 생성된 젊은 산개 성단인 듯하다.

산개 성단에 대해 더 많은 정보를 얻으려면 47쪽을 보라.

큰개자리: 산개 성단, M41

하늘의 상태
관계 없음

접안렌즈
저배율

최적 관측 시기
1월부터 3월

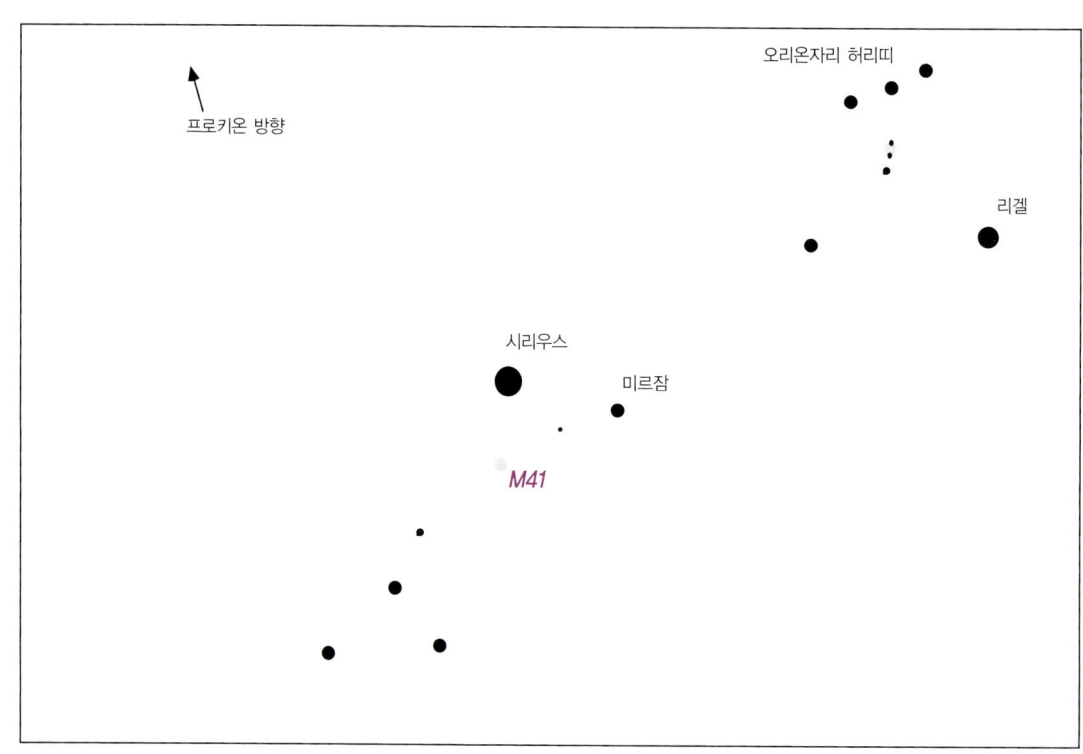

보아야 할 곳 남쪽 지평선 높이 떠 있는 오리온자리를 찾은 다음 왼쪽으로 방향을 틀어라. 오리온의 허리띠에 있는 세 개의 별이 가리키는 남동쪽에서 밝게 빛나는 별이 시리우스이다(시리우스는 몇 개의 행성을 제외하고는 하늘에서 가장 밝은 별이다). 시리우스 서쪽으로 조금 더 가면 미르잠이라는 밝은 별이 보인다. 미르잠과 시리우스를 연결하는 선을 상상해보라. 시리우스에서 직각으로 뻗은 또다른 직선을 상상하고 첫번째 선의 2/3쯤 남쪽으로 가라. 산개 성단이 바로 그 지점에 있다.

파인더스코프로 보았을 때 시리우스는 시야의 북쪽 가장자리 바로 바깥에 위치하고 있을 것이다. 성단은 마치 넘실거리는 빛조각처럼 보일 것이다.

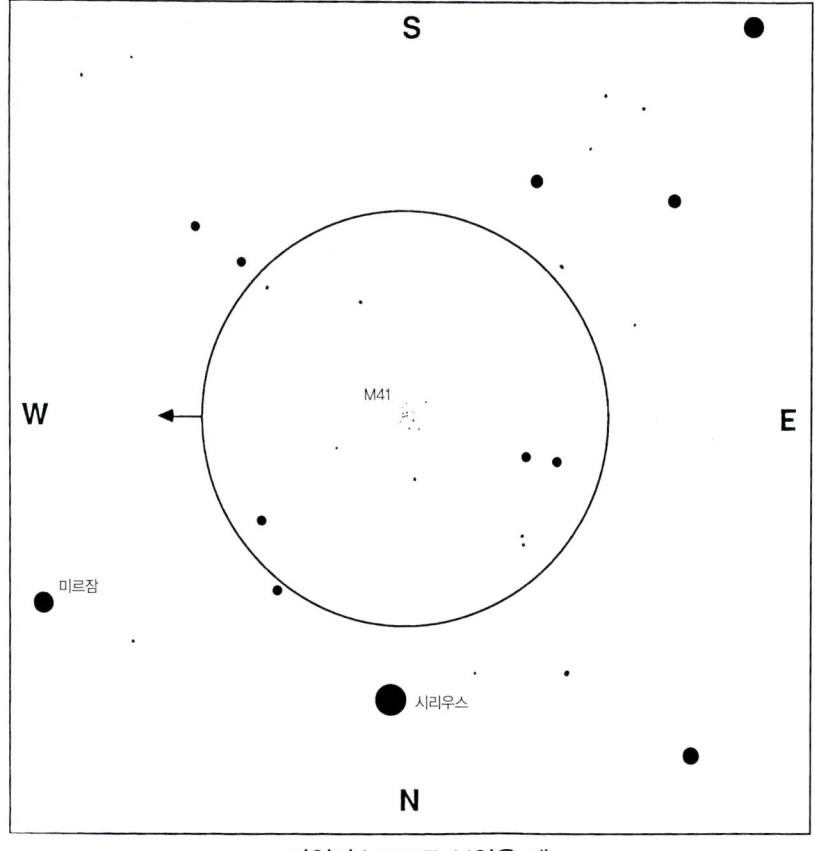

파인더스코프로 보았을 때

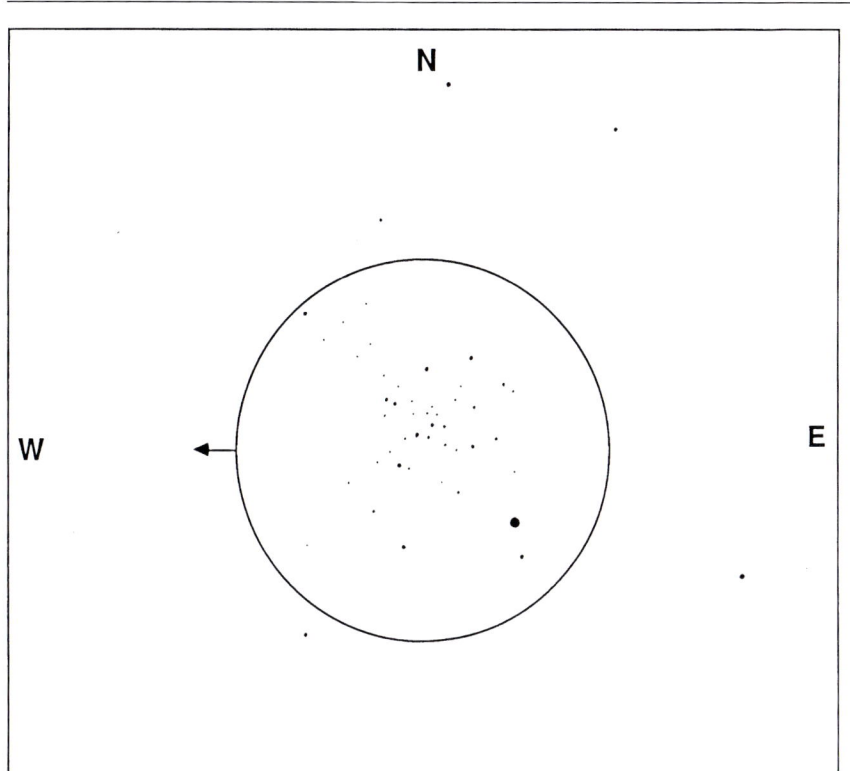

저배율로 보았을 때의 M41

망원경으로 보았을 때 이 성단에는 별들이 다소 성기게 모여 있다. 낱개로 수십 개의 별을 볼 수 있으며, 밝은 별부터 흐린 별까지 골고루 있다.

코멘트 이 성단은 꽤 찾기 편하다. 밝은 별부터 흐린 별까지 골고루 분포되어 있기 때문에 하늘이 얼마나 어두운지를 시험하는 데도 좋다. 시계의 한계 부근에 언제나 몇 개의 별들이 있다.

쌍안경으로 보면 밝기는 어둡지만 커다란 빛이 안개처럼 펼쳐져 있는 모습을 볼 수 있다. 3인치 망원경으로 보면 하늘이 특별히 어둡지 않다 할지라도 30~40개 정도의 별을 볼 수 있다. 성단의 중앙에는 7등급에서 9등급 밝기의 별이 몇 개 있으며, 그 주위로 10등급에서 11등급 사이의 백색 별이 멋지게 흩뿌려져 있는 모습을 볼 수 있다. 8등급에서 9등급 사이의 별들 대부분은 파란색이다. 더 밝은 별(7등급에서 8등급 밝기)은 붉은 오렌지빛 거성이다. 그리고 6등급 밝기의 별인 큰개자리 12는 성단의 남동쪽 가장자리에 위치하고 있다.

여러분이 보는 것 이 성단은 약 백 개의 별이 직경 20광년 정도 되는 지역에 모여 있으며, 우리로부터 2천5백 광년 떨어져 있다. 이 성단에서 가장 밝게 빛나는 붉은 오렌지빛 별은 K형의 적색거성이며 나머지 대부분의 별들은 B와 A형으로 파란색이다. 이 성단의 나이는 꽤 젊어서, 수억 년 안팎이다. 산개 성단에 대해 더 알고 싶으면 47쪽을 보라.

하늘에서 이 성단을 찾기 위해서는 밝은 별인 시리우스와 미르잠을 쓴다. 밝기가 -1.4등급인 시리우스는 오늘날 하늘에서 가장 밝은 별이다. 하지만 최근 유럽 우주국(European Space Agency)에서 히파르코스(Hipparchos) 위성을 통해 별의 운동과 거리를 측정한 결과, 천문학자들은 지난 5백만 년 동안 하늘의 모습이 어떻게 변했는지 계산할 수 있게 되었다. 그 결과 약 450만 년 전에는 미르잠이 우리에게 훨씬 더 가까워서, 현재의 거리인 5백 광년이 아니라 겨우 40광년밖에 떨어져 있지 않았다는 사실을 알아냈다. 그 당시 미르잠의 밝기는 -3.6등급으로 금성과 비슷한 밝기였으며 하늘에서 가장 밝은 별이었다.

외뿔소자리: 산개 성단, M50

하늘의 상태
관계 없음

접안렌즈
저배율

최적 관측 시기
1월부터 3월

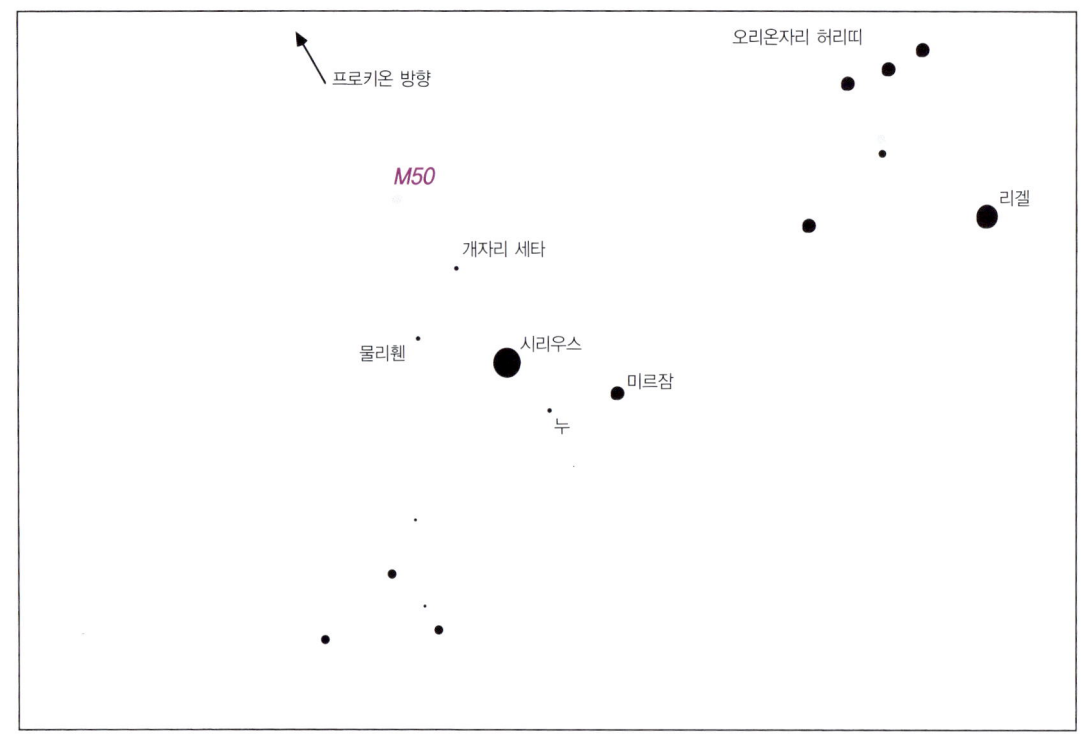

보아야 할 곳 오리온자리 허리띠의 오른쪽에서 파란색으로 눈부시게 빛나고 있는 시리우스를 찾아라(비록 몇 개의 행성이 더 밝기는 하지만 시리우스는 하늘에서 가장 밝은 별이다). 시리우스의 서쪽에는 또다른 밝은 별이 보인다. 미르잠이다. 미르잠에서 시리우스까지 동쪽으로 한 걸음 가면 물리휀이라는 이름의 좀 어두운 별이 보인다. 시리우스와 물리휀은 북쪽에 있는 어두운 별, 개자리 세타와 함께 정삼각형을 이룬다. 시리우스에서 세타로 한 걸음 가보자. 그리고 한 걸음 채 더 못 가서 여러분은 산개 성단을 만나게 될 것이다.

파인더스코프로 보았을 때 방금 찾은 그 지점에서 시계의 바늘처럼 남쪽과 서쪽으로 위치한 세 개의 별을 찾아라. 성단은 시계의 중심 바로 동쪽에 있다. 날씨가 좋은 저녁이면 뭉텅뭉텅 빛으로 덩어리진 모습으로 보일 것이다.

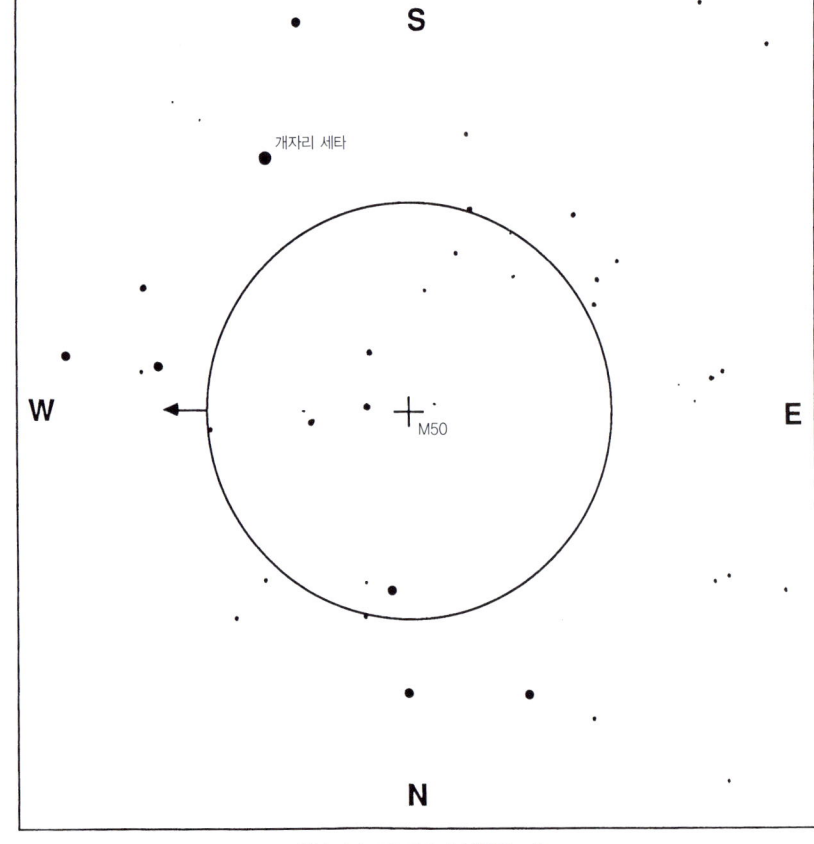

파인더스코프로 보았을 때

저배율로 보았을 때의 M50

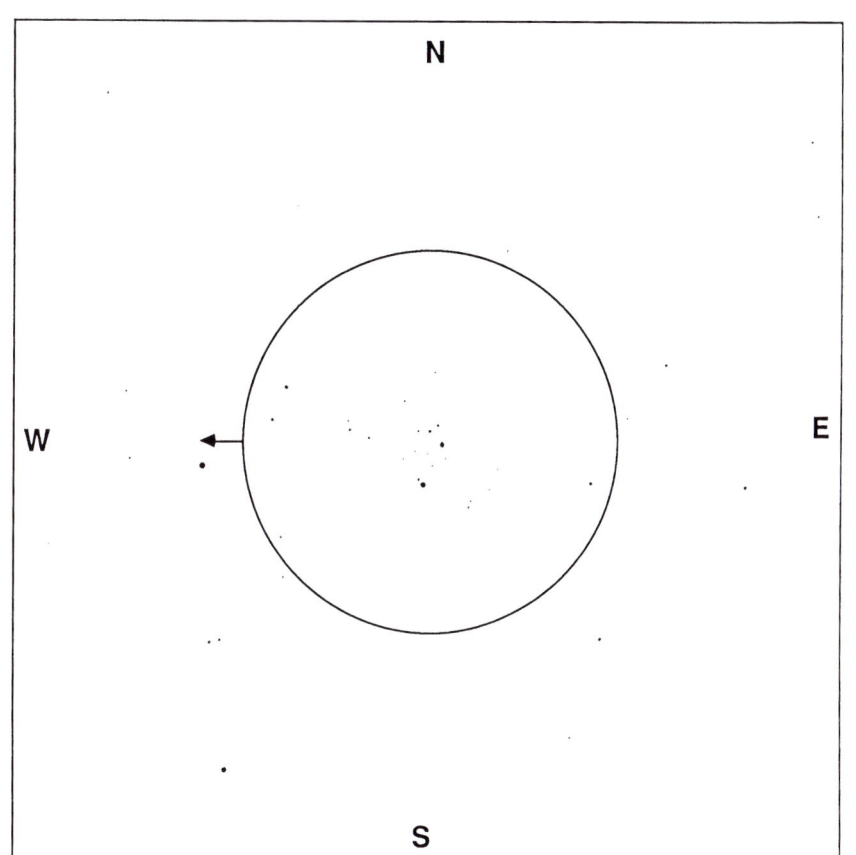

망원경으로 보았을 때 저배율 접안렌즈로도 이 성단은 쉽게 볼 수 있다. 이 성단의 남쪽 끝에 위치한 어둡고 붉은 별을 찾아보라. 이 성단의 나머지는 약 열 개 정도의 별이 서로 한가롭게 흩어져 있을 뿐이다.

코멘트 이 산개 성단에 있는 별들 사이에서 색 대비는 정말 멋있게 나타난다. 남쪽 끝에 있는 붉은 별과 바로 북서쪽에 있는 더 흐린 별은 아주 뚜렷히 대비된다. 성단의 북쪽 끝에 있는 세 개의 밝은 별과 그 곁에 약간 더 흐린 별은 평평한 'Y'자 모양을 하고 있고 모두 파란색이다.

성단의 중앙에는 흐린 별들이 몇 개 있으며, 이들은 여러분의 망원경으로 볼 수 있는 한계 등급까지 어두운 별들이다. 아무리 날씨가 좋다 할지라도(또는 나쁘다 할지라도), 이 성단의 가장자리에 있는 별은 늘 볼 수 있다. 작은 망원경으로 보면 대개 십여 개의 별을 뚜렷하게 볼 수 있으며 날씨가 좋으면 더 많은 별을 볼 수 있다.

여러분이 보는 것 이 성단은 약 백 개의 별로 되어 있으며 우리로부터 3천 광년 정도 떨어져 있다. 이 성단의 주요 부분은 직경이 10광년쯤 된다. 남쪽에 밝게 보이는 붉은 별은 이 성단에 있는 가장 큰 별들이 적색거성으로 진화하기 시작했다는 사실을 암시한다. 하지만 밝고 푸르게 빛나는 몇 개의 별은 B형으로, 이 성단의 나이가 5천만 년 미만으로, 플레이아데스보다 젊다는 점을 암시하고 있다.

산개 성단에 대해 더 알고 싶으면 47쪽을 보라

큰개자리 : 산개 성단, NGC 2362

하늘의 상태
관계 없음

접안렌즈
중배율

최적 관측 시기
1월부터 3월

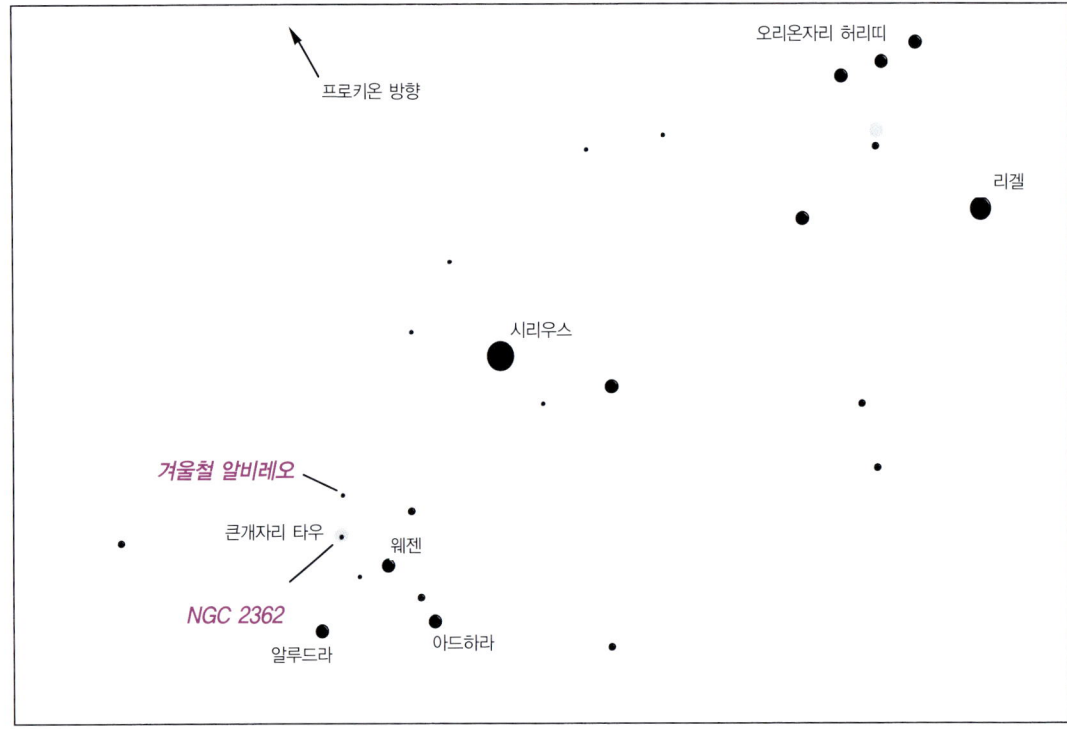

보아야 할 곳 오리온자리 허리띠에서 동쪽으로 선을 따라가면 남쪽에 파란색으로 밝게 빛나고 있는 시리우스가 보인다(하늘에서 가장 밝은 별이다). 시리우스의 남쪽에서 약간 동쪽을 보면 세 개의 별이 큰개자리의 '뒷다리와 궁둥이'를 이루고 있다. 삼각형에서 맨 위의 별(가장 북쪽 별)은 웨젠이다. 왼쪽 아래(남동쪽)에 있는 별은 알루드라이며 오른쪽 아래(남서쪽)에 있는 별은 아드하라이다. 아드하라에서 북동쪽으로 웨젠을 향해 한 걸음 가면 큰개자리 타우라는 흐린 별이 나온다.

파인더스코프로 보았을 때 큰개자리는 왼쪽 위(남서쪽)에 있는 웨젠, 위(남쪽)에 있는 오메가와 함께 삼각형을 이룬다. 망원경을 타우로 향하게 하라. 타우 바로 밑(북쪽)에는 밝기가 약간 덜한 별(큰개자리 29)이 있기 때문에 쉽게 찾을 수 있을 것이다.

망원경으로 보았을 때 이 산개 성단은 타우(가장 멋지게 보인다) 주위를 둘러싸고 신비롭게 빛나는 별

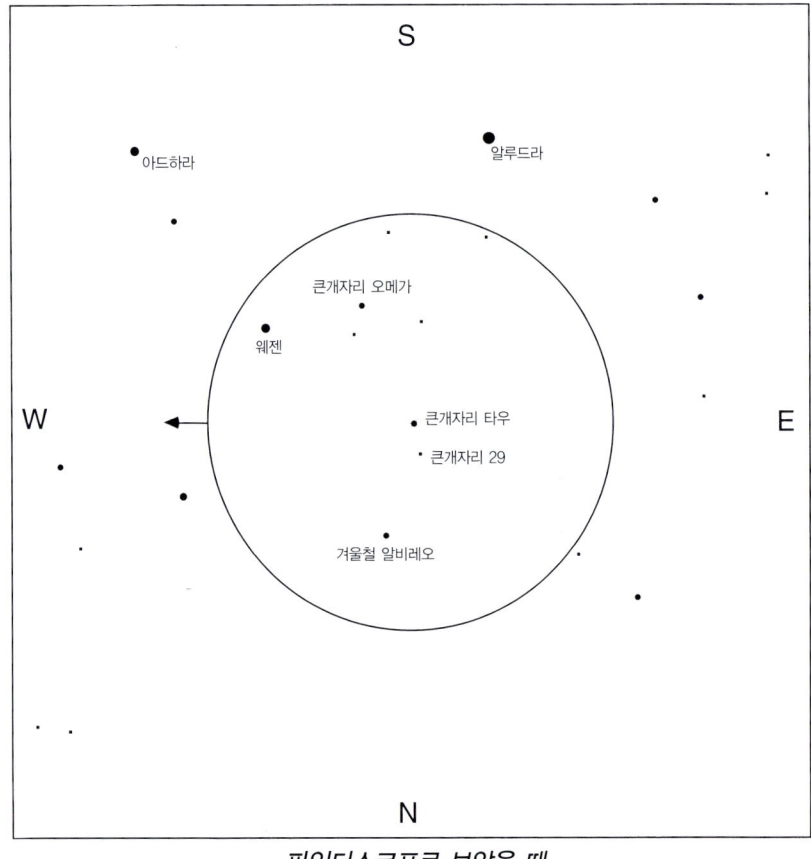

파인더스코프로 보았을 때

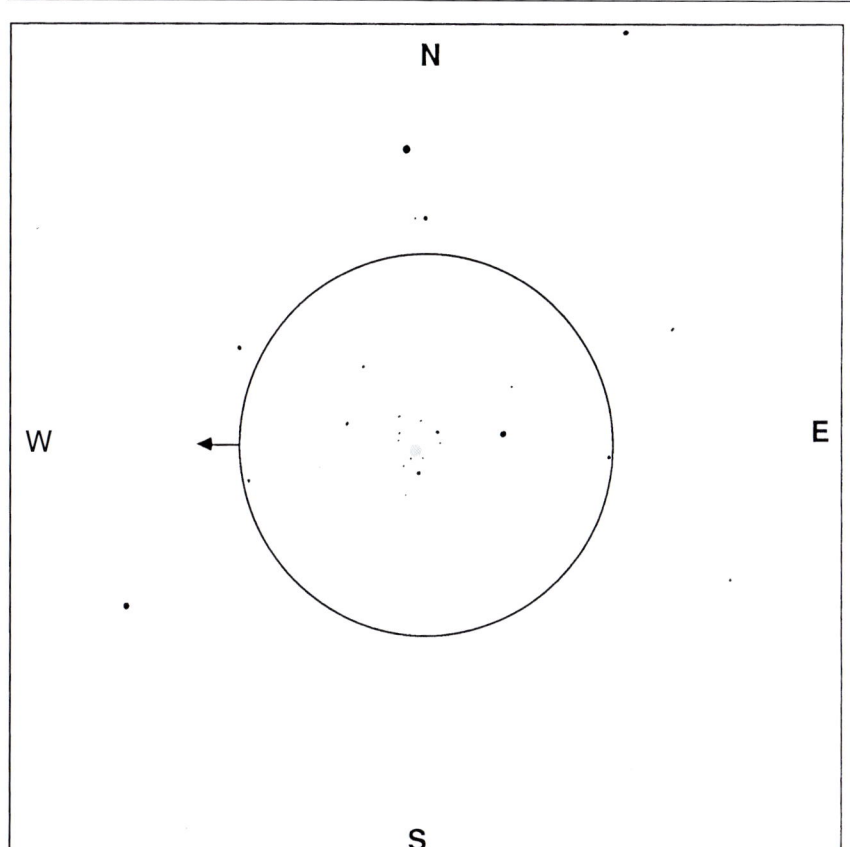

중배율로 보았을 때의 NGC 2362

들로 이루어져 있다. 이 성단의 모든 구성원은 아주 흐리다.

코멘트 타우를 찾기는 쉽지만 그 별을 둘러싸고 있는 성단을 볼 수 있는가 없는가는 관측자의 실력에 달려 있다. 그러나 날씨가 좋은 저녁이면 작은 망원경으로도 열 개나 그 이상의 별을 관측할 수 있다.

여러분이 보는 것 이 성단은 아마도 하늘에서 볼 수 있는 가장 젊은 성단 가운데 하나일 것이다. 이 성단에 있는 몇몇 별들은 O형으로 다른 산개 성단에서는 이미 적색거성으로 진화한 별들이다(47쪽을 보라). 그 결과 이 성단의 나이는 아마 5백만 년 정도밖에 되지 않았으리라고 추정하고 있다.

성단의 크기는 직경 10광년 이하이며 우리로부터 5천 광년 정도 떨어져 있다. 커다란 망원경으로 사진을 찍으면 약 40개 정도의 별을 쉽게 볼 수 있지만 성단 안에 있는 별은 훨씬 더 많다.

또한 그 주변에는 타우에서 북쪽으로 큰개자리 29를 지나가 저배율 망원경의 시야 서쪽 가장자리를 보면 5등급 밝기의 별과 그 별에서 북동쪽으로 26초 떨어진 7등급 밝기 별이 보인다. 저배율 접안렌즈를 쓴다 할지라도 이 두 별을 쉽게 분해해낼 수 있다. 주성은 붉은색이 뚜렷한 반면, 동반성은 백색 또는 노란색으로 보인다.

이 천체는 전문용어로는 허셀 3945라는 이름으로 부르지만 '겨울철 알비레오'라는 이름으로 더 잘 알려져 있다. 사실, 색 대비나 별 사이 거리를 보면 알비레오가 연상된다. 알비레오는 더 밝고 잘 알려진 쌍성으로 여름철에 볼 수 있다(118쪽을 보라).

겨울철 알비레오는 타우가 있는 산개 성단에서 쉽게 발견할 수 있고, 이 덕분에 겨울은 한결 더 즐거운 시간이 된다

겨울철 알비레오

별	등급	색깔	위치
A	4.8	붉은색	주성
B	6.8	노란색	A에서 북동쪽으로 26초

고물자리 : 두 개의 산개 성단, M47과 M46

하늘의 상태
 M47 : 관계 없음
 M46 : 어두운 하늘

접안렌즈
 저배율

최적 관측 시기
 2월부터 3월

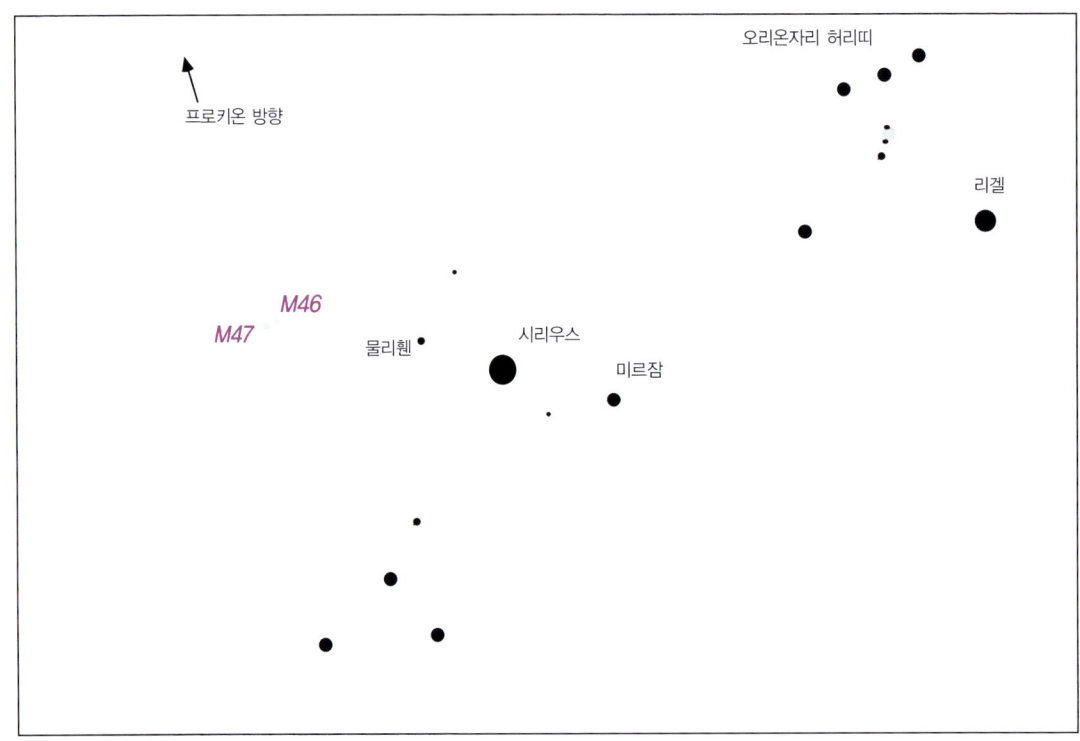

보아야 할 곳 우선 오리온에서 남동쪽(오리온자리 허리띠가 바로 이 방향을 가리킨다)으로 눈을 돌려 하늘에서 가장 밝게 빛나고 있는 시리우스를 찾아라. 시리우스 오른편에서 밝게 빛나고 있는 별이 미르잠이다. 미르잠에서 시리우스 방향으로 한 걸음 왼쪽(동쪽)으로 가면 물리휀이라는 흐린 별이 나온다. 이 방향으로 한 걸음 반쯤 가면 M46과 M47이 있는 곳에 도착하게 된다.

파인더스코프로 보았을 때 M46과 M47은 별들이 특히 성긴 곳에 있다. 이 둘은 동서 방향으로 위치해 있으며, 세 개의 별이 이 둘을 둘러싸고 납작한 삼각형을 이루고 있다. 파인더스코프로 볼 때는 M47이 더 보기 쉽다. 구름이 적게 낀 날이면 M46이 M47 바로 동쪽에 있는 모습을 볼 수 있다. M46을 파인더스코프로 보려면 하늘이 아주 어두워야만 한다.

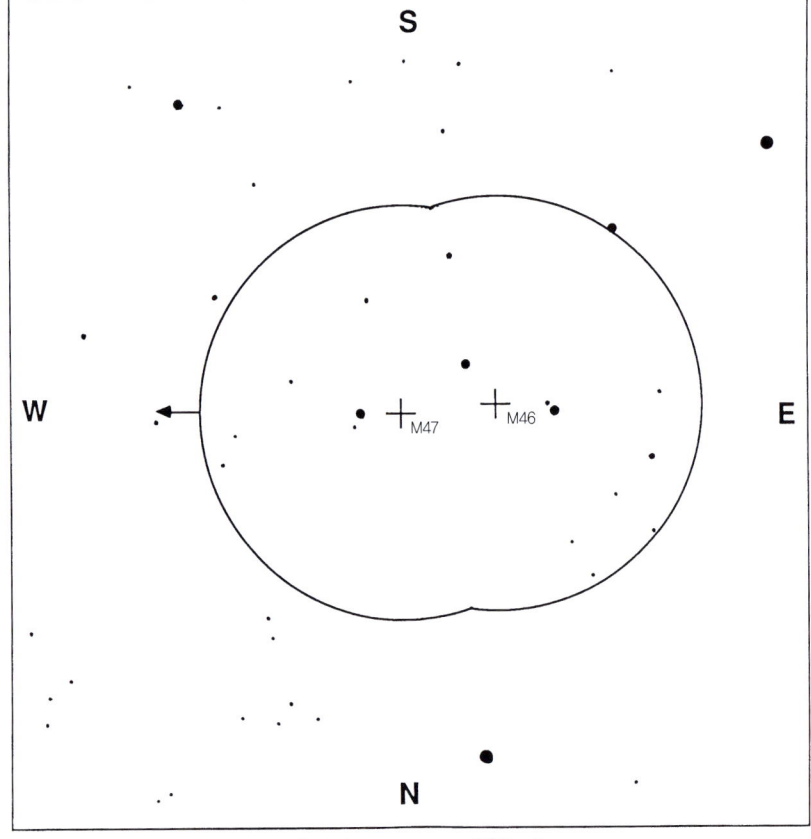

파인더스코프로 보았을 때

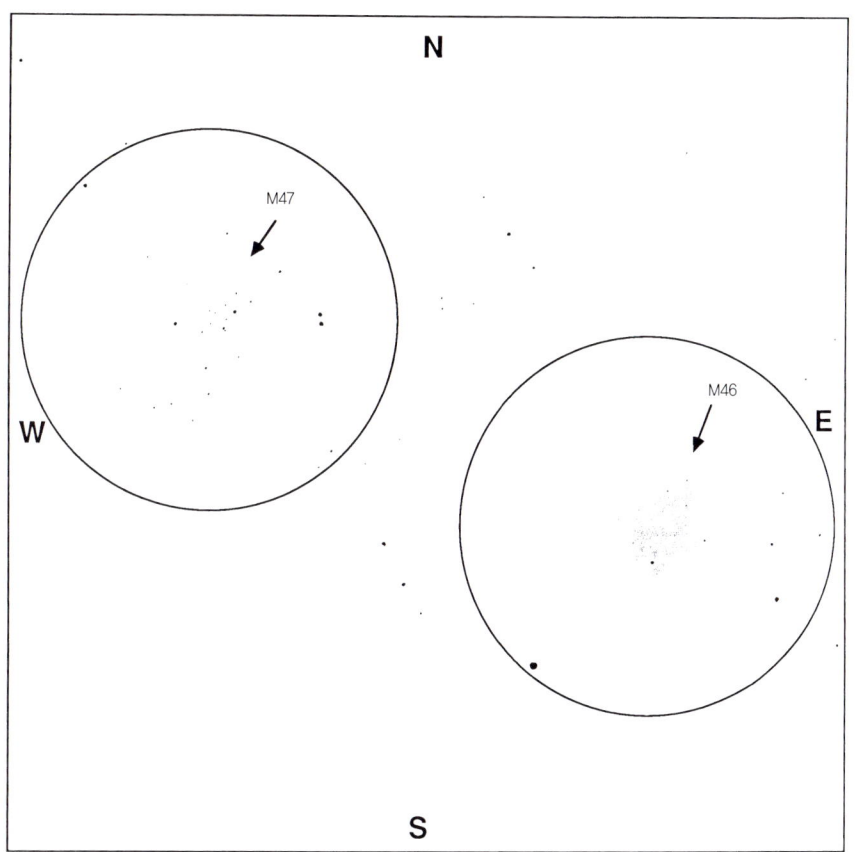

저배율로 보았을 때의 M47과 M46

망원경으로 보았을 때 M47은 또렷해서 성단을 구성하고 있는 별들을 쉽게 구별해 볼 수 있다. 이 별 가운데 상당수는 파란색으로 꽤 밝게 빛난다. 이 성단에는 흐린 별도 많지만, 밝은 별이 성운 전체에 골고루 분포되어 있고 무척이나 또렷하게 보이기 때문에 '빛무리'를 만들지 않는다. 이 성단에는 꽤 밝은 별이 5개, 다소 어두운 별이 8개, 그리고 흐리긴 하지만 '2~3인치' 망원경으로 볼 수 있는 별이 20개 정도 있다. 성단 중심부 근처에 각거리로 7초쯤 떨어진 곳에 흐린 쌍성이 있다는 사실에 주목하라.

M46은 아주 어두운 저녁이 아니고는 작은 망원경으로 볼 때 특별히 눈길을 끌지 못한다. 이 성단은 몇 개의 흐린 반점이 박힌 엷은 구름처럼 보인다. '주변시'로 보면 이 구름은 먼지 알갱이처럼 보인다.

코멘트 M47에는 눈에 확 띄는 별이 없는데다 그 주위로 은하수에 있는 수많은 별들까지 있지만, 일단 한번 찾아보고 나면 그 뒤로는 쉽게 찾을 수 있다. M46은 작은 망원경으로 볼 때는 성단 자체로는 별 감흥을 느낄 수 없지만, 이 성단을 찾는다는 시도 자체는 해볼 만한 도전이다. 물론 6인치 또는 그 이상 되는 망원경으로 보면 이 성단은 M47보다 더 멋진 모습을 보여준다. M47에는 11등급에서 14등급 밝기의 많은 별들이 있으며 이 별들은 커다란 망원경으로 보면 아주 멋진 모습을 보여주지만 2인치 망원경으로 보기에는 너무 흐리다.

여러분이 보는 것 M47은 50여 개의 젊은 별로 구성되어 있으며, 한두 개 정도는 오렌지색을 띠지만 대부분은 파란색이다. 성단 전체는 직경이 약 15광년 정도이며 우리로부터 1천5백 광년 이상 떨어져 있다.

M46은 수백 개의 젊고 밝은 파란색 별들로 이루어져 있다. 이 별들은 모두 엇비슷한 밝기를 하고 있고 약 40광년 정도에 걸쳐 모여 있는 성긴 집단이다. M46은 M47에 비하면 흐리게 보이는데, M47보다 우리로부터 세 배나 멀리 떨어진 약 5천 광년 정도의 거리에 있기 때문이다.

M47(NGC 목록에는 NGC 2422라고 알려져 있다)이라고 알려져 있는 이 성단을 진짜로 메시에가 관측했을까? 메시에는 M47과 상당히 비슷한 산개 성단에 대해 설명해놓았지만, 메시에가 지시한 곳을 찾아보면 설명해놓은 성단이 보이지 않는다. 오늘날은 메시에가 성단의 위치를 잘못 적었으며, 사실 그가 관측한 성단은 NGC 2422라 믿고 있다.

산개 성단에 대해 더 알고 싶으면 47쪽을 보라.

고물자리 : 산개 성단, M93

하늘의 상태
어두운 하늘

접안렌즈
저배율

최적 관측 시기
2월과 3월

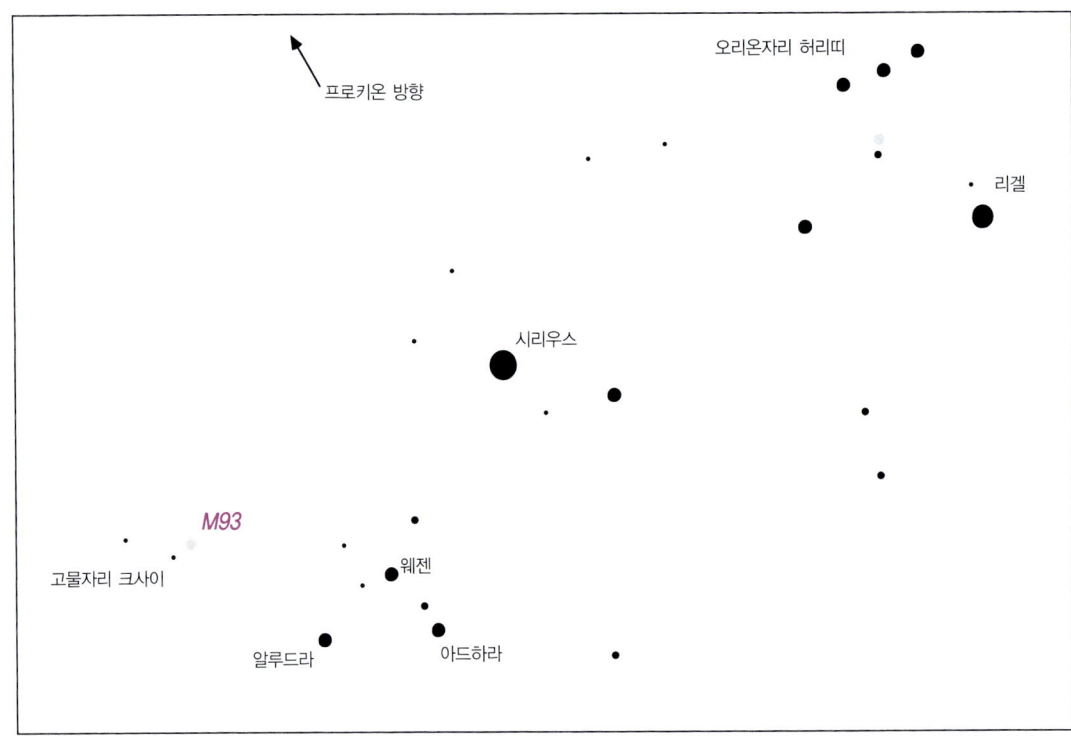

보아야 할 곳 오리온자리 허리띠에서 남동쪽으로 내려가서 파란색으로 밝게 빛나고 있는 시리우스를 찾아라(하늘에서 가장 밝은 별이다). 시리우스에서 남쪽으로 그리고 약간 동쪽을 보면 웨젠, 알루드라, 아드하라 세 개의 별이 있다. 이들은 큰개자리의 '뒷다리와 엉덩이'에 해당한다. 이 삼각형의 한 변 길이를 '한 걸음'이라고 정의하자. 이 삼각형의 가장 위를 이루고 있는 웨젠으로부터 한 걸음 밑으로 내려와서 알루드라의 왼쪽으로 향하라(남동쪽이다). 그리고 북동쪽(왼쪽 위 방향)으로 90도 돈 뒤 이 방향으로 한 걸음 반만큼 따라가라. 바로 그곳이 M93과 고물자리 크사이가 있는 지역이다.

파인더스코프로 보았을 때 별이 꽤 많은 지역에서 고물자리 크사이를 찾아라. 고물자리 크사이는 남동쪽으로 동반성(고물자리 크사이보다 2등급 더 어둡다)을 가지고 있으며 파인더스코프로 보았을 때 쌍성으로 보이기 때문에 구별이 쉽다. 고물자리 크사이에서 보름달 지름의 세 배 정도(파인더스코프 시야로 약 1/4) 북서쪽으로 가면 M93 성단이 있다.

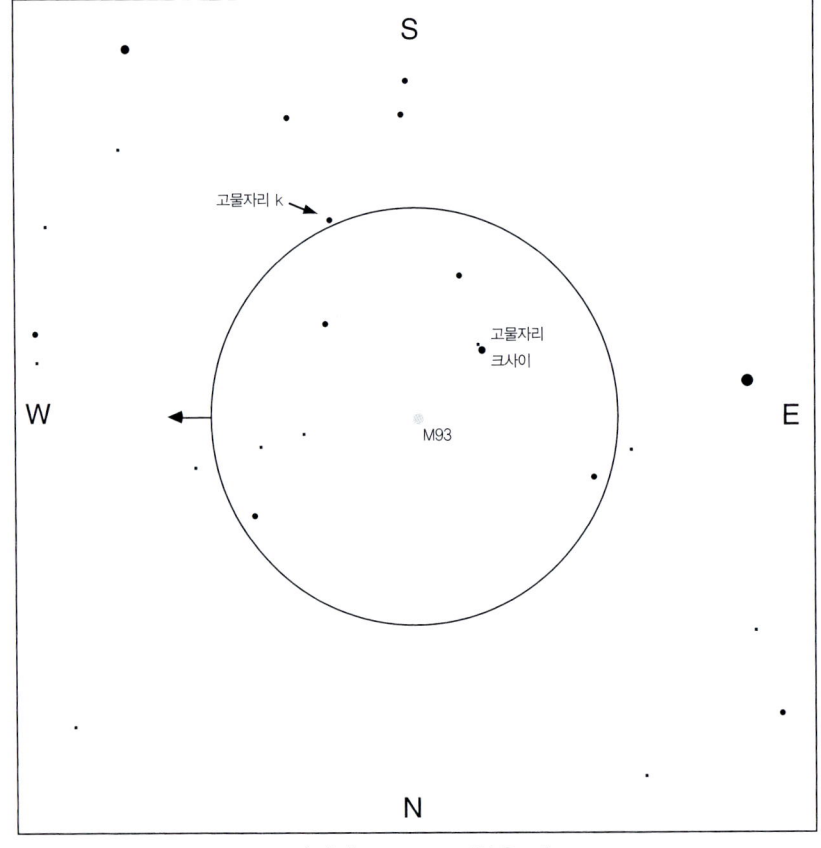

파인더스코프로 보았을 때

저배율로 보았을 때의 M93

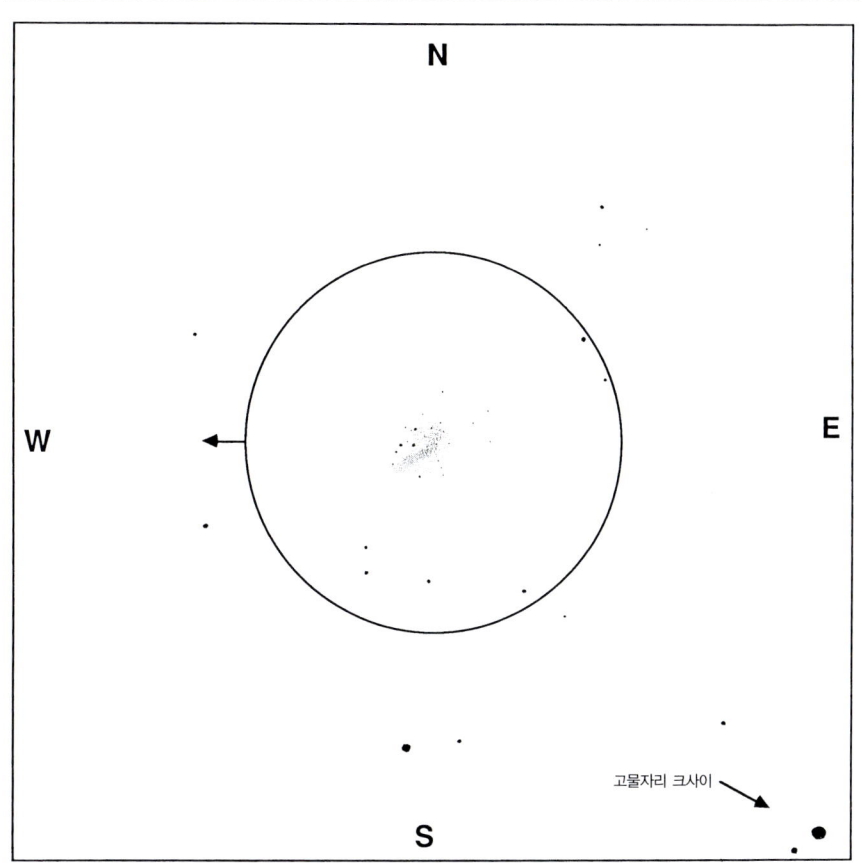

날씨가 좋은 저녁이면 파인더스코프로도 볼 수 있다.

망원경으로 보았을 때 이 성단에는 약 20개의 별이 밀집해 있으며, 그 대부분은 꽤 어둡지만, 어렴풋이 보이는 낟알 같은 흔적들은 망원경의 한계 등급보다 어두운 별들이 더 많이 있음을 암시하고 있다.

코멘트 주변시로 보면 더 많은 별을 볼 수 있다. 오래 볼수록 많은 별을 볼 수 있다. 이 성단은 M46이나 M47보다 훨씬 작아 보인다. 하지만 날씨가 좋은 저녁이면 작은 망원경으로도 20개 또는 그 이상의 별을 거뜬히 볼 수 있다.

이 천체는 꽤 멋진 산개 성단이지만, 하늘에서 이 지역은 오리온자리와 비교해볼 때 간과하기 쉬운 곳이다. M93은 오리온자리가 서쪽 지평선으로 이동하는 겨울의 후반기(또는 저녁 늦은 시간)에 가장 쉽게 관측할 수 있다. M93을 찾기 위해서 겨울에 뜨는 별을 길잡이로 쓰고 있지만 어떤 의미로 보자면 M93이 봄을 알리는 전령 구실도 하고 있다.

여러분이 보는 것 이 성단은 60여 개의 별로 구성되어 있으며, 사진으로 보면 이 별들은 이 성단의 구성원인 듯한 수백 개의 다른 흐린 별들과 쉽게 구별이 된다. 이 성단의 크기는 20광년 정도이며 우리로부터 약 3천5백 광년 정도 떨어져 있다. 성단에 있는 별들의 스펙트럼으로부터 성단의 나이는 약 1억 년 정도 되었다는 사실을 추정할 수 있다(산개 성단에 대해 더 알고 싶으면 47쪽을 보라).

또한 그 주변에는 고물자리 크사이 남서쪽으로 3도 정도 가면 4등급 밝기의 고물자리 k가 보인다. 고배율로 보면 고물자리 k는 실은 4.5등급 밝기의 두 별로 이루어진 쌍성으로 '묘안석(描眼石)' 같은 멋진 모습을 하고 있다. 10초 약간 못 미치는 두 별 사이의 거리는 작은 망원경으로 관측하기에 딱 알맞다. 심지어 겨우 관측을 할 수 있는 정도의 날씨라 할지라도 반짝거림이 잠깐 멈추는 순간, 이 두 별 사이의 어두운 하늘을 볼 수 있다.

계절별 천체 : 봄

봄에 관측할 때 가장 골치 아픈 문제는 아마도 진흙과 씨름해야 한다는 점일 것이다. 여러분이 관측을 하려는 곳이 봄철에 습지가 되곤 했다면 날이 어두워지기 전에 관측을 하려는 장소가 충분히 말라 있는지 꼭 확인하고 무릎에 받칠 만한 것도 준비하자. 하지만 봄철에 벌어질 수 있는 심각한 문제는 따로 있다. 낮이 조금씩 길어지면서 땅거미가 하루에 몇 분씩 늦게 지기 시작한다는 점이다. 별은 하루에 4분씩 일찍 진다. 태양이 날마다 적어도 1분 정도 늦게 진다는 점과 합쳐보면—영국과 북유럽에서는 2~3분 늦게 진다—서쪽으로 지는 천체들을 관측할 수 있는 시간이 하루에 5~7분씩 줄어든다는 사실을 알 수 있다. 좋아하는 겨울철 별자리를 조금이라도 더 오래 보고 싶다면 서둘러야만 한다. 무엇을 보아야 할지에 대한 계획을 세울 때 서쪽에 있는 천체를 먼저 보도록 하라.

봄에 은하수는 지평선을 따라 떠 있지만 구상 성단처럼 우리 은하 안에 있는 천체들은 아주 드물다. 이는 한편으로 우리 은하 바깥 멀리 떨어져 있는 천체들을 관측하기에 알맞은 시기라는 뜻도 된다. 봄은 다른 은하를 관측할 수 있는 최적의 계절이다.

방향 찾기 : 봄 하늘 길잡이

하늘 높이, 거의 머리 꼭대기에 떠 있는 북두칠성을 찾아라. 그릇처럼 생긴 끝부분에 있는 두 개의 별을 **지극성**(指極星)이라 부른다. 이 두 별을 따라 북쪽 지평선으로 선을 뻗어 가면 북극성을 발견할 수 있다. 북극성을 보고 있으면 정북 방향을 향하고 있는 것이다.

북두칠성으로 돌아와, 남쪽과 동쪽으로 휘어 있는 북두칠성의 손잡이가 그리는 호를 따라가라. 이 호를 따라가다 처음으로 만나는 별이 **아크투루스**이다. 아크투루스는 '0등급' 밝기의 별로, 하늘에서 가장 밝은 별 가운데 하나이며 뚜렷한 오렌지빛을 띠고 있다. 이 호를 따라 남쪽으로 가면 파란색으로 아주 밝게 빛나고 있는 별을 만날 수 있다. 스피카로 처녀자리에 있는 별이다. 이 두 별, 아크투루스와 스피카가 동쪽 하늘을 볼 때 길잡이로 삼을 천체들이다.

다시 북두칠성으로 돌아가자. 우선 몸을 돌려 남쪽을 향해 서

서쪽으로 겨울철에 가장 잘 볼 수 있는 천체들 가운데 많은 수는 봄철이 되어도 서쪽 지평선 위에서 여전히 쉽게 볼 수 있다. 하지만 날이 지나면서 해가 점차 늦게 지기 때문에 이들 천체가 사라지기 전에 먼저 관측을 해야 한다는 사실을 명심하라.

천체	별자리	유형	쪽
오리온 성운	오리온	성운	50
오리온자리 시그마	오리온	삼중성	54
외뿔소자리 베타	외뿔소	삼중성	56
M35	쌍둥이	산개 성단	62
M41	큰개	산개 성단	64
M46, M47	고물	산개 성단	70
M93	고물	산개 성단	72

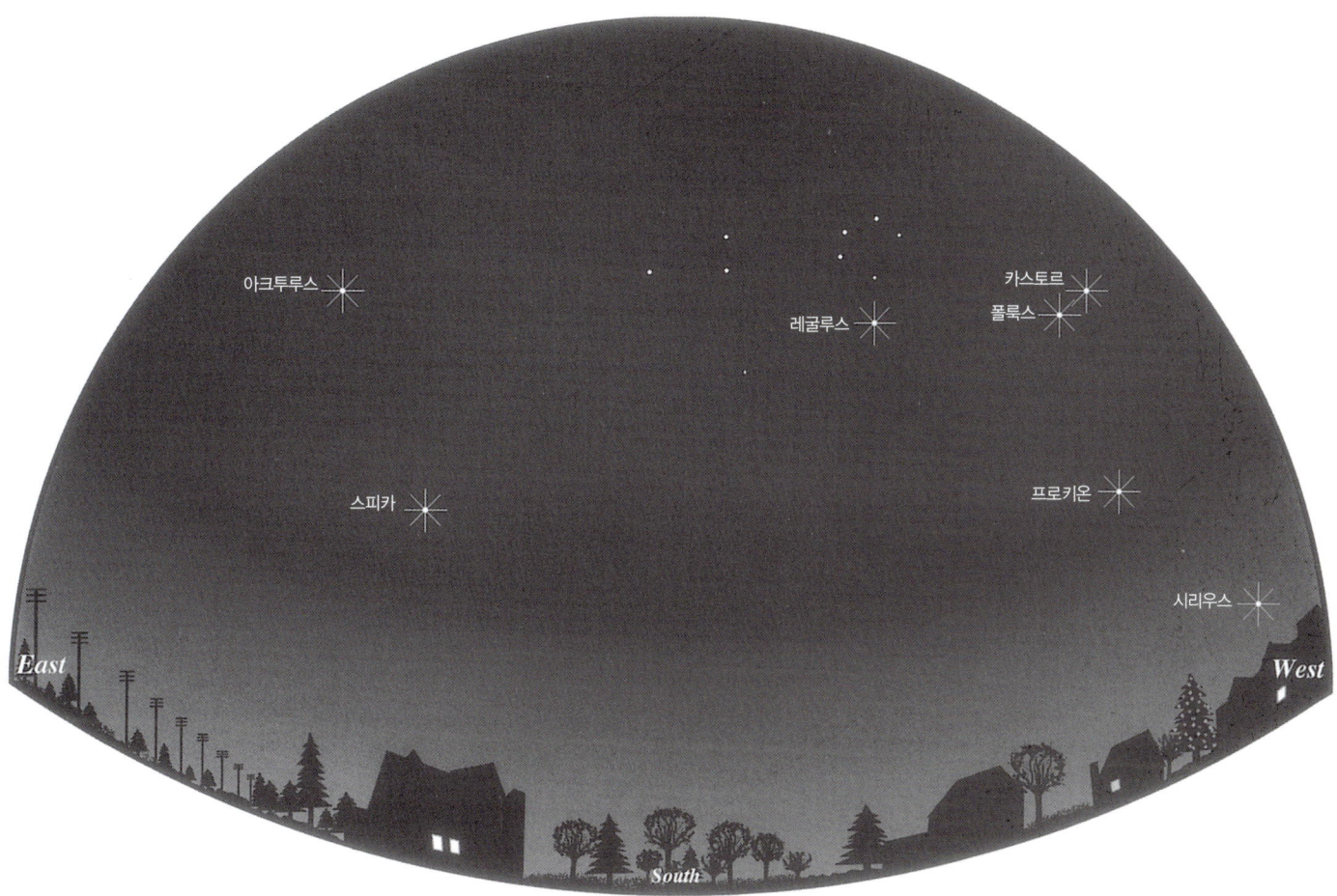

라. 북두칠성을 보기 위해서는 몸을 뒤로 젖혀야 할 것이다. 몸을 곧게 펴서 남쪽을 보고는 북두칠성 아래쪽으로 북두칠성 크기만큼 내려가면 물음표가 거꾸로 선 듯한 모양(?)으로 늘어서 있는 별들을 발견할 수 있을 것이다. 어떤 사람은 '낫' 모양이라고도 한다. 이 별들은 사자자리의 일부이기 때문에, 상상력을 더 발휘해보면 사자의 갈기 부분이라고 할 수도 있겠다. 이 뒤집어진 물음표 모양, 또는 갈기의 끝에 있는 밝은 별이 **레굴루스**이다. 레굴루스는 1등급 밝기의 별로 스피카의 밝기와 비슷하다.

사자자리 서쪽으로 향하자. 서쪽 지평선에 위치한 천체는 쌍둥이자리를 만드는 지팡이를 든 두 남자이다. 이 별자리의 머리 부분에 있는 밝은 별은 **카스토르**(쌍둥이의 오른쪽, 즉 북쪽)과 **폴룩스**(왼쪽, 즉 남쪽)이다. 남쪽으로는 이 둘보다 더 밝은 별인 **프로키온**이 있다. 서쪽으로는 오리온자리를 이루는 밝은 별들과 가장 밝은 별인 **시리우스**가 막 지고 있을 것이다. 봄이 오면서 이들 밝은 별은 하나 둘씩 황혼으로 사라진다.

쌍둥이자리에서 북쪽 하늘로 돌아서면 북서쪽 지평선 부근에 밝은 별이 보인다. **카펠라**이다. 카펠라의 밝기는 아크투루스의 밝기(0등급)와 비슷하지만 아크투루스의 오렌지빛과 달리 황백색을 띤다. 이런 색깔 차이를 통해 카펠라의 표면온도가 아크투루스보다 훨씬 뜨겁다는 사실을 알 수 있다.

쌍둥이자리, 사자자리(레굴루스 포함), 처녀자리(스피카 포함)는 모두 황도 12궁에 포함된 별자리이다. 행성들은 종종 황도 12궁 사이로 모습을 드러내기도 한다. 황도 12궁에 있으면서 위의 그림에서 찾을 수 없는 밝은 '별'이 있다면 그건 틀림없이 행성이다. 그림에 없다고 행성을 무시하지 말아라. 볼 만한 가치가 충분한 천체이다.

게자리 : 벌집, 산개 성단, M44

하늘의 상태
관계 없음

접안렌즈
저배율

최적 관측 시기
1월부터 5월

게자리 제타

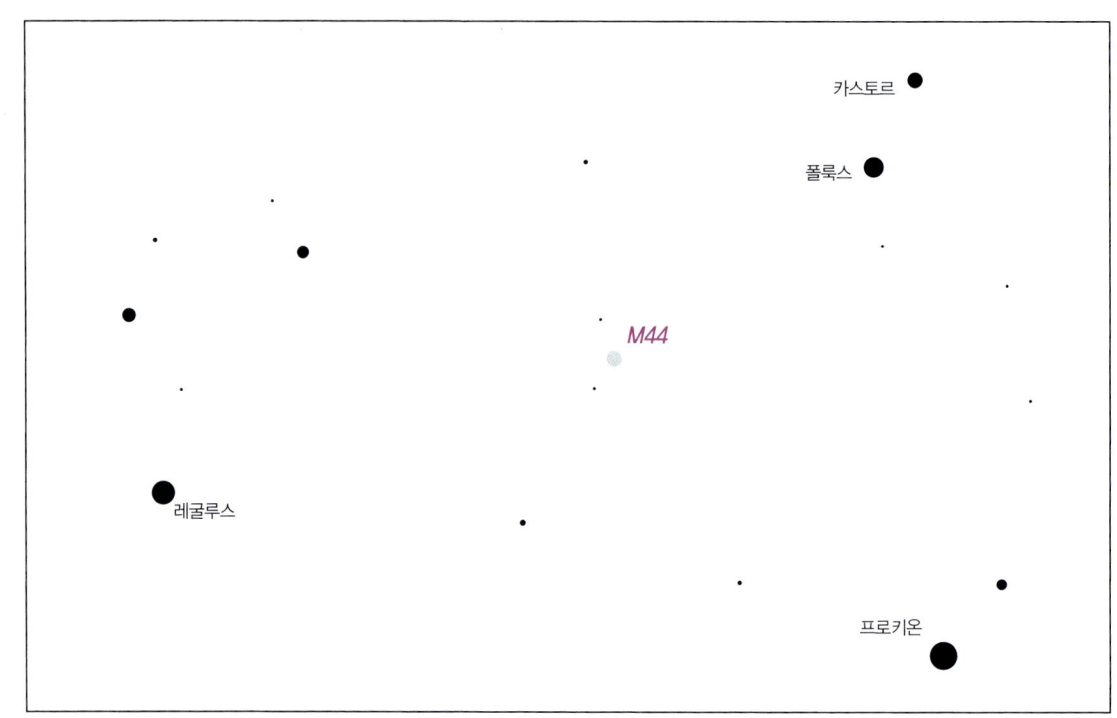

보아야 할 곳 서쪽 하늘 쌍둥이자리에서 밝게 빛나고 있는 카스토르와 폴룩스를 찾자. 쌍둥이자리 오른쪽(북쪽)에서 파랗게 빛나고 있는 별이 카스토르이며 왼쪽(남쪽)의 노란색 별이 폴룩스이다. 카스토르에서 폴룩스까지의 거리를 한 걸음이라고 정의하자. 카스토르에서 폴룩스로 한 걸음 간 다음 같은 방향으로 세 걸음 더 가라. 자, 오른쪽으로 방향을 틀어 한 걸음 더 가라. 그러면 대략 폴룩스와 레굴루스의 중간쯤에 왔을 것이다. 이제 남북으로 정렬된 두 개의 별이 보일 것이다. 벌집 성단은 이 두 개의 흐린 별 중간에서 아주 약간 서쪽으로 치우쳐 있다. 날씨가 좋은 저녁이면 망원경을 쓰지 않고 맨눈으로도 조그맣고 희미한 빛조각을 볼 수 있다.

파인더스코프로 보았을 때 벌집 성단은 파인더스코프로 쉽게 볼 수 있으며 남북 방향으로 놓여 있는 두 별 사이에서 약간 서쪽으로 치우쳐져 덩어리져 있는 빛조각처럼 보인다. 성단 안에 있는 몇 개의 별은 파인더스코프 상에서 낱개로 분해되어 보일

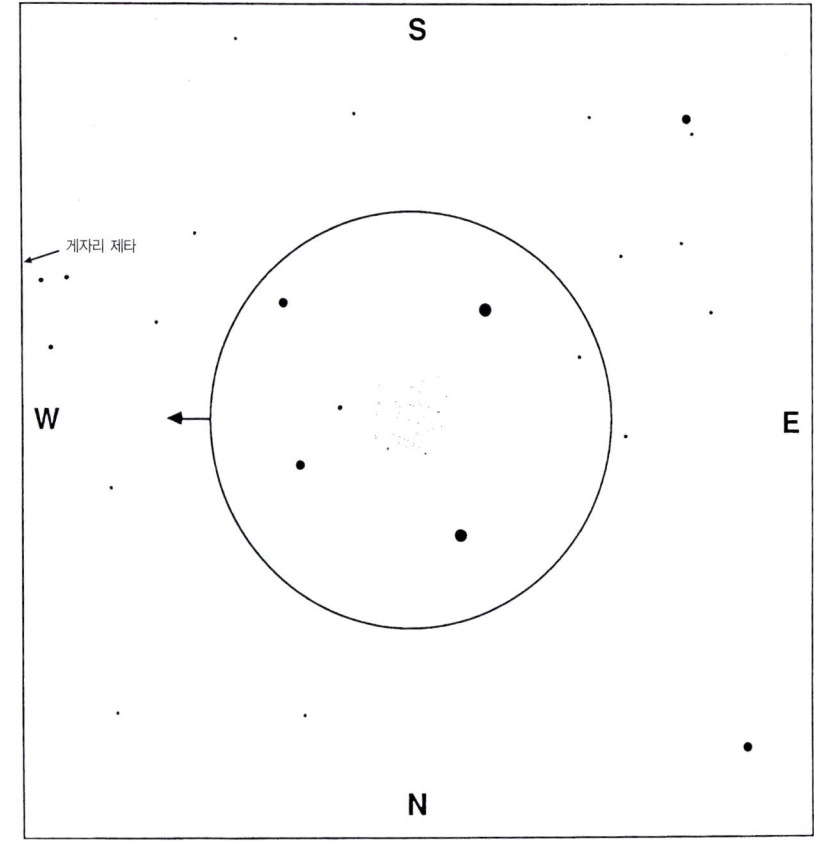

파인더스코프로 보았을 때

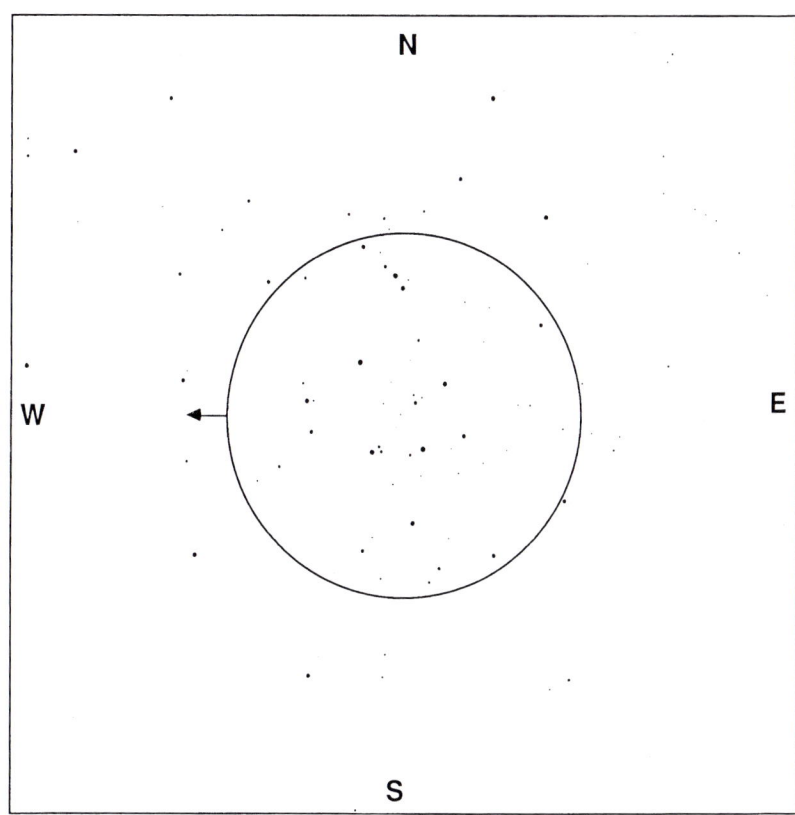

저배율로 보았을 때의 벌집 성단

것이다.

망원경으로 보았을 때 쌍성과 삼중성을 포함해 약 50개 정도의 별이 보인다. 이들 대부분은 7등급과 8등급으로 밝은 편에 속하며, 네 개의 별은 진한 오렌지빛이다. 여러분이 아주 저배율 접안렌즈를 써서 넓은 시야로 보지 않는다면 이 성단은 아마 여러분이 쓰는 망원경의 시야 바깥까지 뻗어 있을 것이다.

코멘트 벌집 성단은 커다랗고 밝은 성단이어서 파인더스코프를 쓰는 것이 더 잘 보인다고 할 수 있을 정도이다. 그러니 꼭 최저배율 접안렌즈를 쓰도록 하라. 작은 망원경을 이용하더라도 흐릿한 별 몇 개는 낱개로 구별해 볼 수 있다. 그리고 이 성단은 다른 산개 성단보다 더 '부자'라는 생각이 들 것이다. 성단 안에 있는 가장 밝은 별 한 쌍은 약한 오렌지빛을 띠고 있다. 그 외의 별들은 모두 파란색이다.

여러분이 보는 것 이 산개 성단에는 총 4백여 개의 별이 느슨하고 불규칙한 모양으로 모여 있으며 대부분 약 15광년 정도 안에 모여 있다. 우리로부터 이 성단까지의 거리는 약 5백 광년 정도로 플레이아데스 성단보다 아주 조금 더 멀리 떨어져 있다. 밝은 오렌지빛 별들은 적색거성으로 진화한 별들이다. 이런 증거로부터, 이 성단의 나이는 4억 년 정도 되었으며 다른 성단에 비해 나이가 많다는 결론을 내릴 수 있다.

플레이아데스와 마찬가지로, 이 성단은 육안으로도 볼 수 있다. 그리스 신화에서는 이 천체를 나귀 옆에 있는 여물통(그리스어로 '프레세페 praesepe')으로 표현하곤 했다. 이 천체는 현재까지도 종종 프레세페라는 이름으로 불린다.

산개 성단에 대해 더 알고 싶으면 47쪽을 보라.

또한 그 주변에는 벌집 성단이 보이는 파인더스코프의 시야에서 네 개의 별에 주목하라. 남쪽에 있는 두 별에서 서쪽으로 한 걸음 간 다음 계속해 서쪽으로 한 걸음 더 가보자. 그러면 여러분의 시선은 M44에서 약 5도쯤 서쪽(그리고 약간 남쪽)을 보고 있을 것이다. 파인더스코프로 보았을 때 적당히 밝아 보이는 게자리 제타가 그곳에서 여러분을 기다리고 있을 것이다. 게자리 제타는 5등급 밝기의 천체로, 태양과 같은 별이 적어도 세 개 이상 모여 있는 다중성계이다.

이 천체는 동북동쪽으로 6초 떨어진 곳에 동반성이 있지만 작은 망원경으로 보면 5.1등급 밝기의 별 하나로 보인다. 하지만 이 '주성'은 사실 근접 쌍성이다. A와 B는 상당히 비슷한 밝기로서 (5.7등급과 6.0등급) 약 1초 정도 떨어져 있다(B는 바로 북동쪽에 위치해 있다). 아주 안정된 하늘일 때 6인치 이상의 망원경을 쓰지 않고는 이 둘을 분해해 볼 수 없다.

더 멀리 떨어져 있는 동반성은 6.0등급 밝기의 게자리 제타 C이다. 이 천체 또한 근접 쌍성이지만 아마추어 장비로 구분해 보기에는 너무 가까이 있다.

A, B, C 모두 노란색 왜성으로 태양과 상당히 비슷하다. 이 다중성계는 약 80광년 떨어져 있다.

게자리: 산개 성단, M67과 변광성, 게자리 VZ

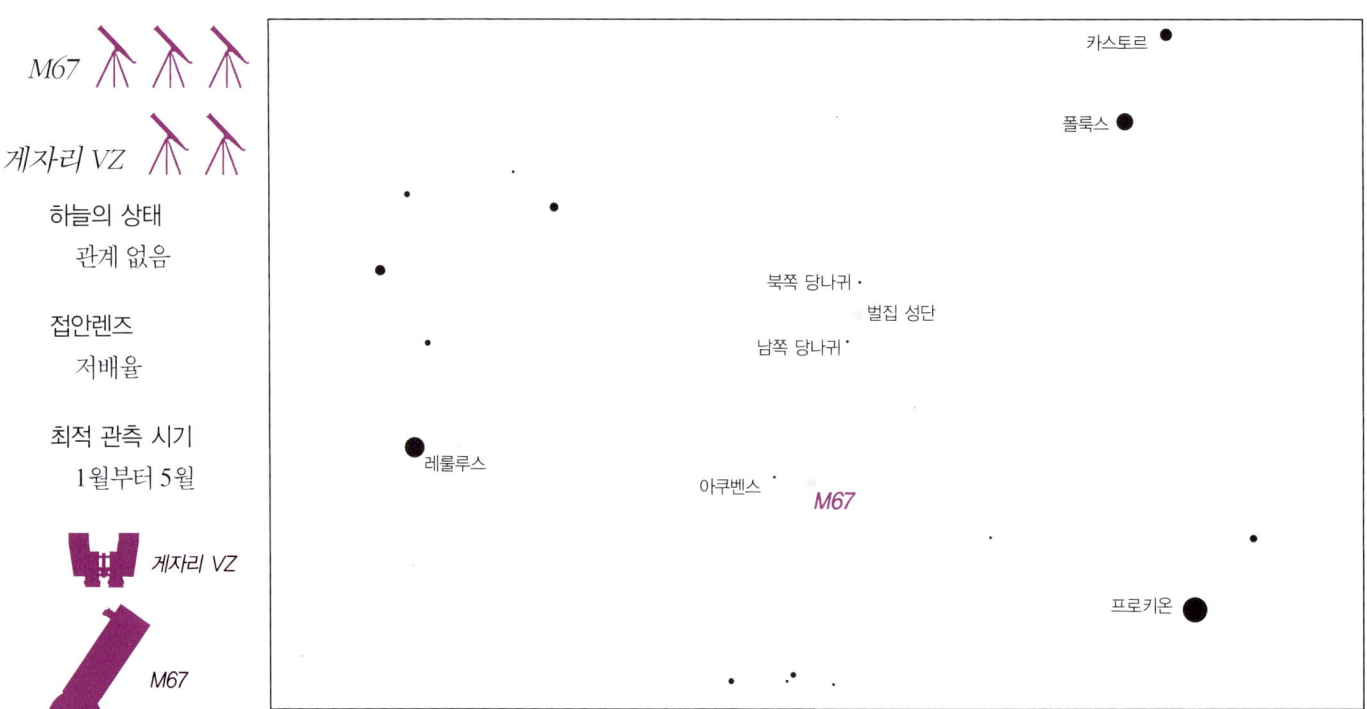

M67 🔭🔭🔭
게자리 VZ 🔭🔭

하늘의 상태
관계 없음

접안렌즈
저배율

최적 관측 시기
1월부터 5월

게자리 VZ
M67

보아야 할 곳 레굴루스와 프로키온(쌍둥이자리 왼쪽 아래로 보이는 밝은 별)의 중간쯤에서 아쿠벤스라는 3등급 밝기의 별을 찾아라. 아쿠벤스는 벌집 성단에서 남쪽에(그리고 약간 동쪽으로 치우쳐서) 자리잡고 있다. 근방에서 가장 밝은 별이다.

파인더스코프로 보았을 때
M67 : 아쿠벤스를 찾아라. 이 천체의 남동쪽에 좀 흐린 이웃이 있다. 파인더스코프를 시야의 반쯤 서쪽으로 움직여서 꽤 비슷한 밝기의 별인 게자리 50(남서쪽에 있다)과 게자리 45(북동쪽에 있다) 쪽을 향하게 하라. 두 별과 아쿠벤스의 중간쯤에 작은 빛구름이 보일 것이다. 바로 우리가 찾는 산개 성단이다.
게자리 VZ : 파인더스코프에서 게자리 45와 50의 남쪽으로 비슷한 밝기의 게자리 49가 있다. 게자리 VZ는 게자리 49의 서쪽에 있는 흐린 별이다. 이 천체는 게자리 49와, 게자리 36과 37이라는 흐린 한 쌍의 별 중간에 위치하고 있다.

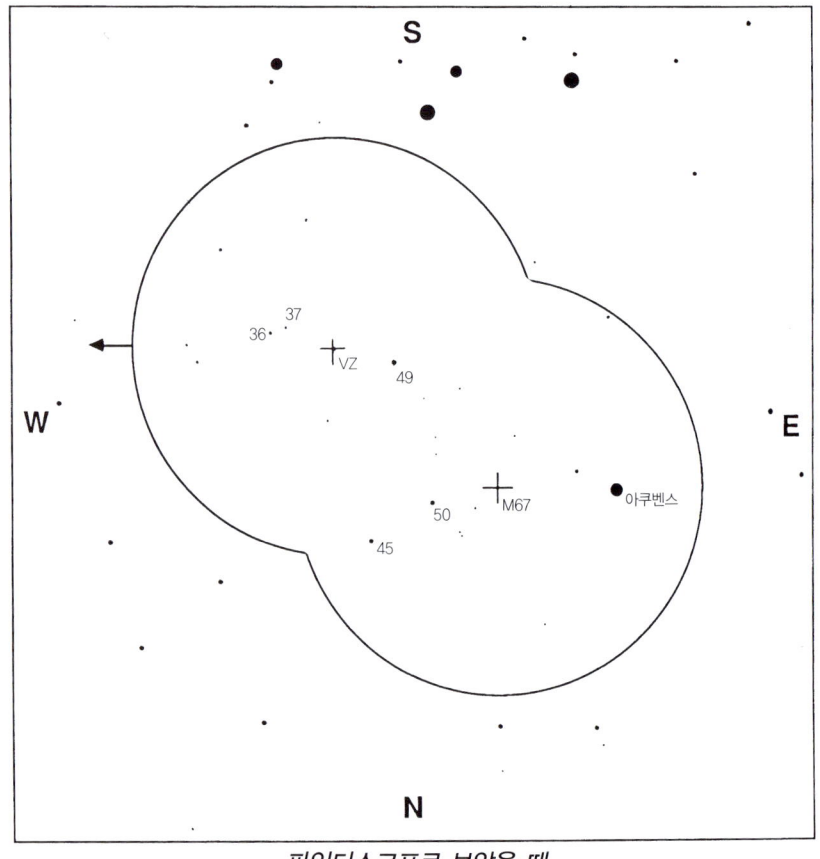

파인더스코프로 보았을 때

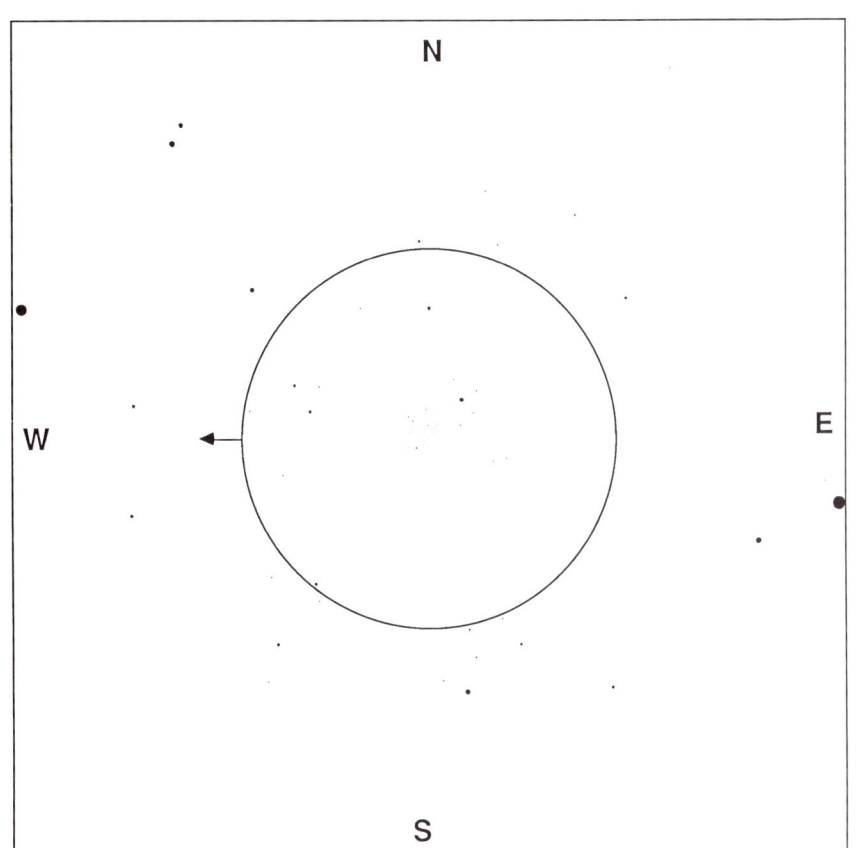

저배율로 보았을 때의 M67

망원경으로 보았을 때 M67은 각각의 별이 모여 있는 작은 공처럼 보인다. 이 성단의 가장자리에는 8등급 밝기의 별이 있다. M67에는 9등급 밝기의 별이 몇 개 있으며, 10등급 밝기의 별도 십여 개 있고, 성단 전체가 알갱이 모양의 빛무리에 둘러싸인 것처럼 보이게 만드는 더 흐린 별들도 있다. 6인치 망원경을 쓰면 성단에 있는 수십 개의 별을 낱낱이 구별해 볼 수 있지만 낱알 모양은 여전히 보일 것이다.

게자리 VZ는 1도(보름달 직경의 두 배) 정도 동쪽에 있는 흐린 별이며 북쪽으로는 게자리 36과 37이 있다.

코멘트 M67은 인상적이지는 않지만 나름대로 멋진 천체이다. 성단에 있는 별들 대부분은 (3인치 이하의) 작은 망원경으로 보았을 경우 색깔을 구별하기 힘들 정도로 어둡다.

게자리 VZ는 작은 망원경으로 볼 수 있는 가장 활동적인 변광성이라는 데는 이견이 없다. 이 천체는 꽤나 어두운 별이다(가장 어두울 때는 7.9등급이다). 하지만 두 시간이 지나면 두 배 이상 밝아졌다가 다시금 이전의 가장 어두운 상태로 돌아간다. 관측을 하러 가면 먼저 게자리 VZ의 밝기를 게자리 36, 37 한 쌍과 비교해보라. 그리고 한 시간 뒤에 다시 한번 이 별을 바라보라. 이 변광성은 6.5등급 밝기인 게자리 36보다는 언제나 어둡다. 하지만 7.4등급인 게자리 37은 VZ의 비교성이 되기에 안성맞춤이다.

VZ는 네 시간을 주기로 7.2등급과 7.9등급 사이를 변하기 때문이다.

여러분이 보는 것 산개 성단이 만들어지는 곳은 대개 우리 은하의 원반 부분이다. 이런 성단이 은하 중심 둘레를 도는 동안, 은하의 다른 별들이 미치는 중력은 성단을 서서히 흩뜨린다. 하지만 M67은 드물게도 은하면에서 멀리 떨어져 있기 때문에(은하면에서 약 1천5백 광년 떨어져 있다), 다른 별들이 끌어당기는 중력의 힘이 상대적으로 약해서 오랜 시간 동안 성단의 별들이 함께 모여 있게 된다. '적색거성' 단계로 진화한 성단 내 별들의 개수로 미루어 짐작하건대, 이 성단의 나이는 50억 년에서 100억 년 사이로 태양계보다 오래 되었다. 이 성단은 현재까지 알려진 가장 나이 많은 산개 성단 가운데 하나이다. M67은 약 5백 개의 별로 되어 있으며 직경 10광년이 조금 넘는 울퉁불퉁한 공 모양을 하고 있고 우리로부터의 거리는 약 2천5백 광년이다(산개 성단에 대해 더 자세히 알고 싶으면 47쪽을 보라).

게자리 VZ는 '거문고자리 RR' 형 변광성이다. 이런 별 내부는 다소 불안정해 가열, 팽창, 냉각, 수축의 과정을 네 시간 안에 모두 거치게 된다. 게자리 VZ는 가장 밝을 때 태양보다 백 배나 많은 빛을 내지만 우리로부터 약 1천 광년 정도 떨어져 있기 때문에 무척이나 흐리게 보인다.

게자리 : 쌍성, 게자리 이오타

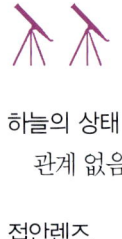

하늘의 상태
관계 없음

접안렌즈
중배율

최적 관측 시기
1월부터 5월

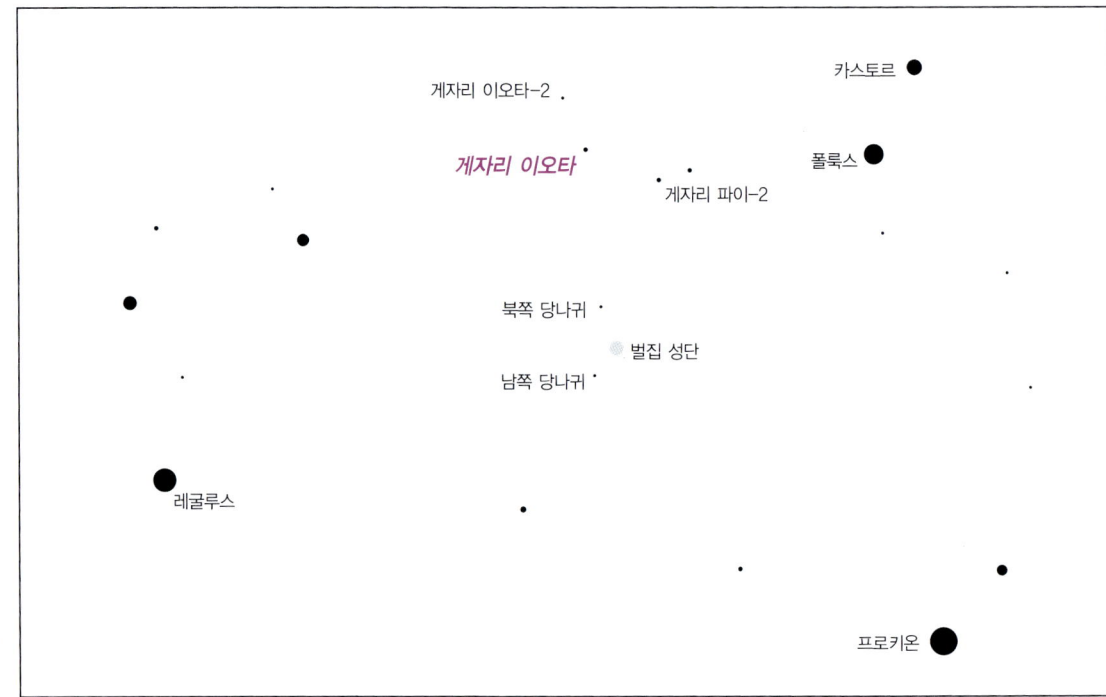

게자리
이오타-2와
파이-2

보아야 할 곳 레굴루스와 쌍둥이자리 중간쯤에 있는 벌집 성단을 찾아라. 이 성단은 어두운 밤하늘에서 보면 흐린 두 별 곁에 있는 희미한 빛조각처럼 보인다. 벌집 성단은 종종 여물통이라는 이름으로도 불리며, '여물통'의 북쪽과 남쪽에 있는 두 개의 흐릿한 별은 두 마리의 당나귀로, 북쪽 당나귀와 남쪽 당나귀라는 이름이 붙어 있다.

남쪽 당나귀로부터 북쪽 당나귀까지의 거리를 한 걸음이라 정의하자. 남쪽 당나귀에서 북쪽 당나귀 방향으로 한 걸음 간 다음 계속해서 두 걸음 더 가라. 이 지점에서 약간 서쪽을 보면 주변보다는 약간 밝지만 그저 그런 밝기의 별이 하나 보인다. 게자리 이오타이다(더 정확하게 말한다면 게자리 이오타-1 별이다. 이유는 아래에 나와 있다).

파인더스코프로 보았을 때 게자리 이오타는 별이 거의 없는 지역에 있기 때문에 그다지 밝은 별이 아님에도 주위 별들보다 빛나 보인다.

망원경으로 보았을 때 주성은 노란색, 또는 오렌지

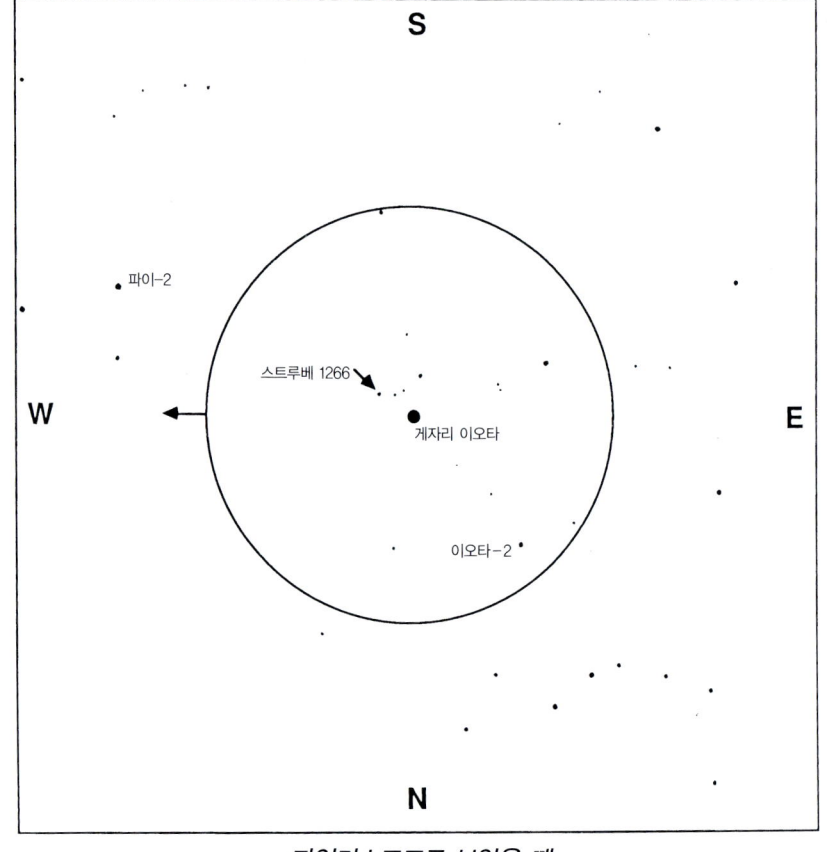

파인더스코프로 보았을 때

중배율로 보았을 때의 게자리 이오타-1

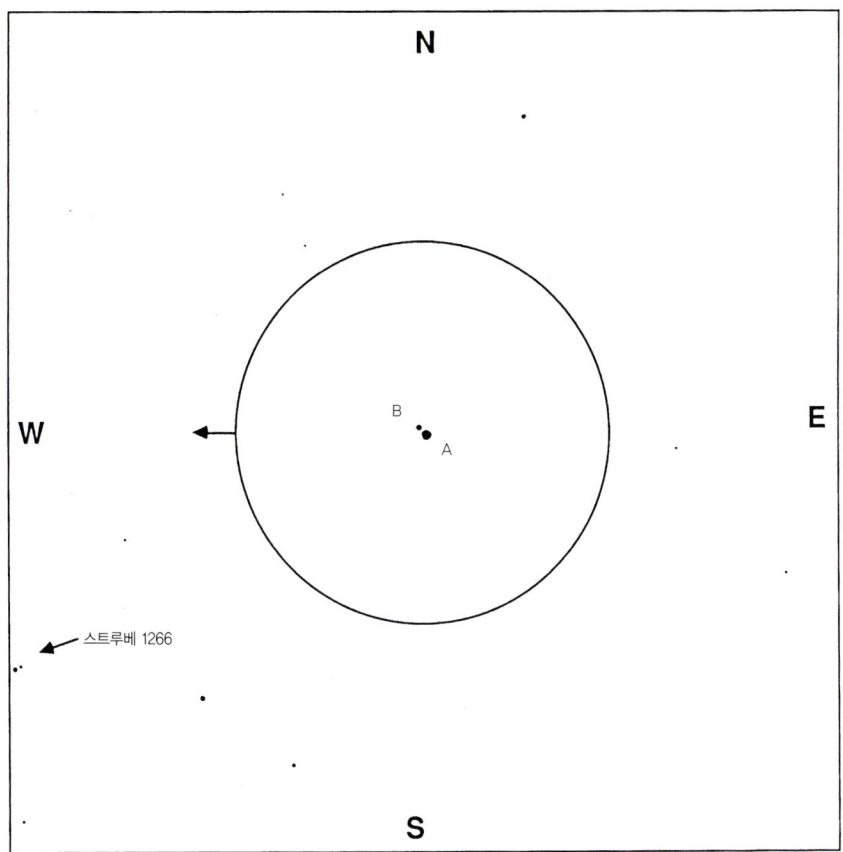

빛이 도는 노란색이며 동반성은 파란색으로 주성의 북서쪽에 위치하고 있다.

코멘트 게자리 이오타의 색깔은 아주 인상적이고 두 별 사이 간격은 꽤 커서 작은 망원경으로 보았을 때도 쉽게 분해해 볼 수 있다. 아주 멋진 쌍성으로 보일 것이다. 물론 하늘에서 찾을 수만 있다면 말이다.

여러분이 보는 것 게자리 이오타-1은 우리로부터 170광년 떨어져 있으며 두 별 사이 거리는 꽤 먼 편이어서, 적어도 지구와 태양 사이 거리의 1천6백 배는 된다. 이 거리는 1광년의 약 2%인 것이다! 이 두 별은 너무 멀리 떨어져 있기 때문에 서로를 아주 천천히 돌고 있다(한 번 도는 데 약 3만 년이 걸린다). 그러니 서로 상대방에 대해 움직이는 모습을 우리가 볼 수 없다 할지라도 그리 놀라운 일은 아니다.

주성은 태양처럼 노란색이지만 태양보다 반지름이 10배 정도 크며 밝기는 60배 정도 밝은 거성이다. 동반성도 태양보다 약간 크며 온도도 더 높다. 이 때문에 이 별이 파란색으로 보이는 것이다. 두 별은 너무나 멀리 떨어져 있기 때문에 A별 주변에 사람이 살고 있다면 그 사람에게는 동반성이 아주 밝은, 대략 보름달 밝기의 반 정도로 밝은 별로 보일 것이다. B 주변에 있는 행성에서는 A가 보름달의 네 배쯤 되는 밝기로 보일 테고 말이다.

또한 그 주변에는 게자리 이오타의 서남서쪽으로 40분(보름달 직경보다 약간 더 되는 거리)쯤 가면 스트루베 1266이라는 또다른 쌍성이 있다. 이 쌍성은 8등급 밝기의 주성과 주성에서 동북동쪽으로 23초 떨어진 곳에 있는 9등급 밝기의 동반성으로 이루어져 있다.

우리가 이오타라고 설명한 별은 더 정확하게 말하자면 '게자리 이오타-1'이다. 게자리 이오타-1에서 북동쪽으로 2도 떨어진 곳에는 '게자리 이오타-2'라는 또다른 다중성이 있다. 게자리 이오타-2는 밝기가 1.5등급만큼 더 어두우며 낱별로 구별해 보기도 더 어렵다. 두 개의 밝은 별(6.3등급과 6.5등급)은 남동-북서 방향으로 겨우 1.5초밖에 떨어져 있지 않기 때문에 3인치나 4인치 망원경으로는 낱개의 별로 분해해 보기가 거의 불가능하다. 세번째 별은 9등급 밝기이고 위의 두 별에서 남남서 방향으로 거의 1분 정도 떨어진 곳에 있다.

이오타-1에서 서남서 방향으로 5도 떨어진 곳에는 게자리 파이-2가 있다. 자세히 관찰해보면, 게자리 파이-2를 북동-남서 방향으로 5초만큼 떨어져 있는 6등급 밝기의 별 두 개로 분해해 볼 수 있다.

게자리 이오타-1

별	등급	색깔	위치
A	4.2	노란색	주성
B	6.6	파란색	A에서 북서쪽으로 31초

스트루베 1266

별	등급	색깔	위치
A	8.2	백색	주성
B	9.3	백색	A에서 동북동쪽으로 23초

큰곰자리: 두 개의 은하, M81과 M82

하늘의 상태
어두운 하늘

접안렌즈
저배율

최적 관측 시기
1월부터 6월

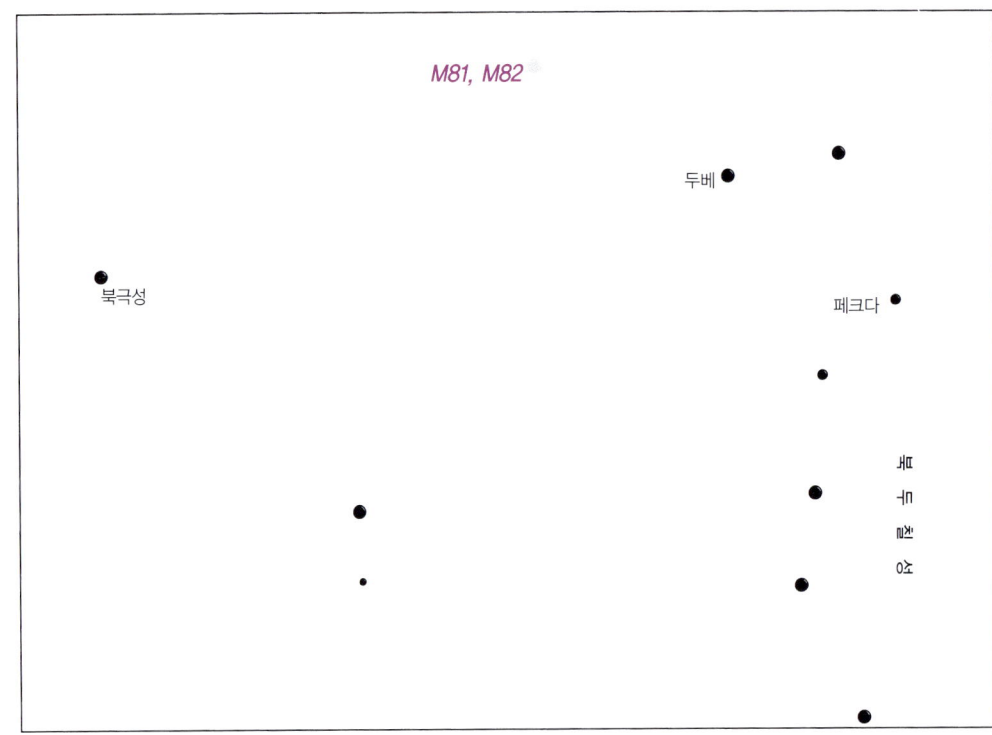

보아야 할 곳 북두칠성에서 그릇 모양을 하고 있는 네 개의 별을 찾아라. 페크다(그릇 모양에서 손잡이 아래에 있는 별)에서 두베(그릇 모양에서 반대편에 있는 별)로 대각선을 그려라. 페크다에서 두베로 간 다음, 다시금 그 선을 따라 같은 거리만큼 더 가라.

파인더스코프로 보았을 때 파인더스코프의 시야에는 천체가 무척이나 적게 들어온다. 두베에서 움직이면 대략 일직선을 이루고 있는 네 개의 흐릿한 별을 발견할 수 있을 것이다. 대부분의 파인더스코프에서는 두베가 시야에서 사라지자마자 이 네 개의 별이 나타날 것이다. 계속 움직여라. 그곳이 중간 지점이다. 흐릿한 네 개의 별이 시야에서 사라지면 4등급 밝기의 큰곰자리 24가 시야에 들어올 것이다. 이 별을 조준하라. 이제 망원경에 최저배율 접안렌즈를 끼운 다음 망원경으로 별을 향한 마지막 단계로 들어가라.

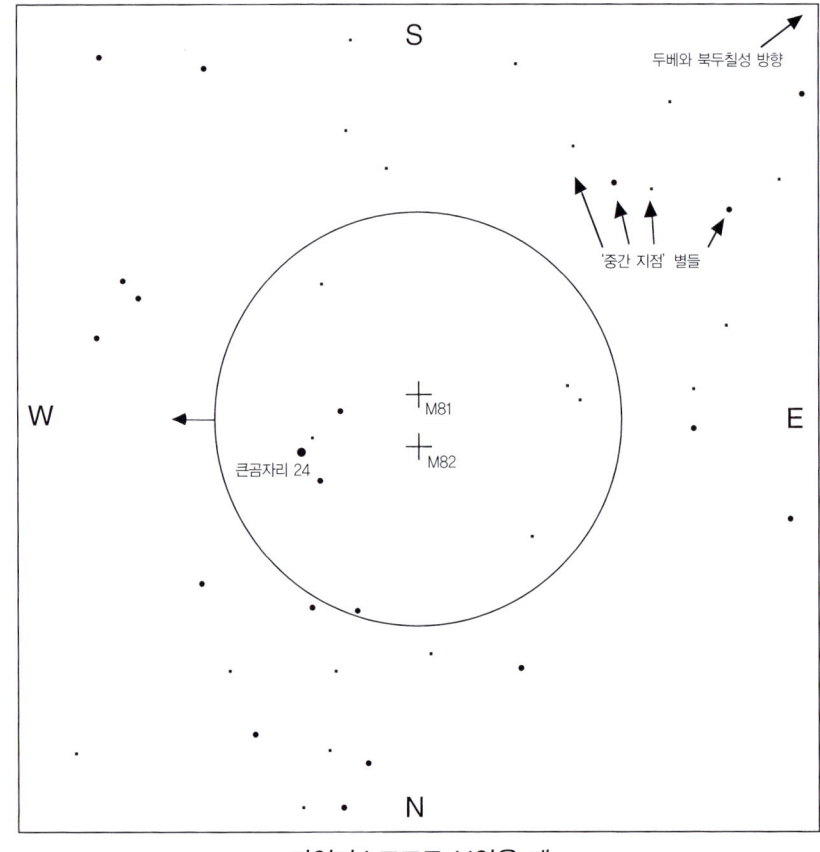

파인더스코프로 보았을 때

저배율로 보았을 때의 M81과 M82

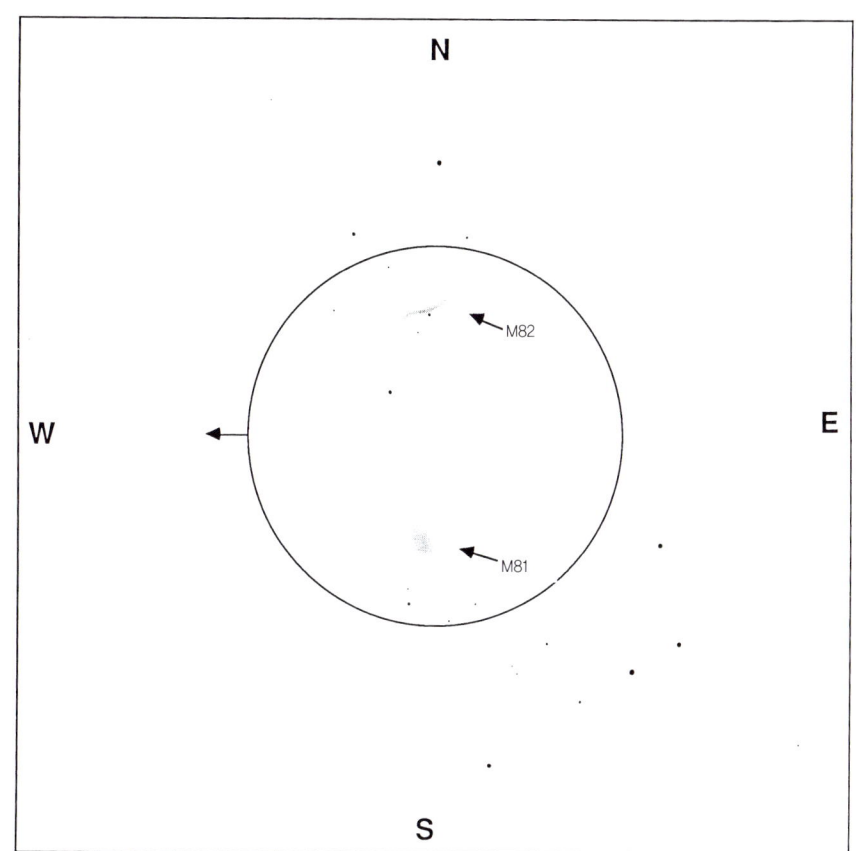

망원경으로 보았을 때 큰곰자리 24는 직각삼각형의 모서리에 있다. 큰곰자리 24와 다른 두 별은 직각삼각형의 긴 변을 이루며 다른 한 별이 짧은 변 끝 지점에 있다. 긴 변의 끝을 조준하고 망원경을 천천히 동쪽으로 움직여라. 은하를 볼 수 있도록 눈을 떼지 말아야 한다. 또다른 흐릿한 삼각형에 도달했다면 너무 많이 움직인 것이다. 두 개의 은하는 흐트러진 광원처럼 보인다. 북극성에서 남쪽으로 멀리 떨어져 있는 은하가 M81이다. M81은 달걀 모양으로, 폭에 비해 길이가 두 배 가까이 된다. 또다른 하나는 M82로 가느다란 연필 모양이며, 퍼진 구슬이 성기게 꿰어져 있는 듯이 보인다.

코멘트 대개의 은하들이 그렇듯이, M81과 M82는 꽤 밝으며 하늘이 맑고 어두울 때 특히 어울리는 한 쌍을 이룬다.

달걀 모양의 M81은 북서-남동 방향으로 길쭉한 모습을 하고 있다. M81은 중심이 좀더 밝아 보이지만 핵이 뚜렷하게 구별되어 보이지는 않는다.

가느다란 모양의 M82는 덩어리지고 불규칙한 모양을 하고 있다. 어두운 저녁일수록 M82의 바깥쪽 경계까지, 다시 말해서 좀더 '연필처럼' 생긴 모양을 볼 수 있다. 이 은하는 약간 구부러진 모습을 하고 있기도 해서, 마치 북서쪽으로 입을 벌린 얕은 그릇처럼 보이기도 한다. 정말로 날씨가 좋은 저녁에 (6인치에서 8인치, 또는 그 이상되는) 커다란 망원경으로 보면 M82를 가로질러 가는 먼지 띠를 볼 수 있다.

여러분이 보는 것 두 은하는 우리로부터 7~8백만 광년 떨어져 있다. 두 은하는 서로 꽤 가까워서, 거리가 십만 광년도 되지 않는다. 이는 지구에서 안드로메다 은하 사이 거리의 1/20이 채 안 되는 거리이다. 두 은하 가운데 하나에 살고 있는 천문학자라면 다른 한 은하를 아주 자세히 볼 수 있을 것이다! 두 은하는 약 여섯 개의 은하가 모여 있는 집단의 일원이지만 다른 은하들은 이 두 은하보다 상당히 어둡다.

M81은 나선 은하이다. 작은 망원경으로 보면 이 은하의 중심핵만 볼 수 있다. 커다란 망원경으로 사진을 찍으면 안드로메다 은하나 우리 은하수와 마찬가지로 핵에서 뻗어나온 나선 팔을 뚜렷하게 볼 수 있다. 이 은하의 크기는 약 4만 광년이지만 작은 망원경으로 보면 오직 중앙의 밝은 부분만 볼 수 있다. 그렇지만 이 은하에는 수천억 개의 별이 있다.

M82는 불규칙 은하이다. 따라서 나선 팔은 없지만 대신 불규칙한 먼지 구름과 별의 집단이 많다. M82는 M81보다 작아서 직경이 2만 광년밖에 안 되지만 그래도 수백억 개의 별들을 포함하고 있다.

M82는 불규칙한 모양 때문에 천문학자들 사이에서 많은 관심과 논란을 불러일으켰다. 이 은하에서 나오는 빛과 전파를 자세히 관측한 결과, 이 은하의 핵에서는 아주 커다란 폭발이 있었으며, 그 충격파는 수천 광년을 가로질러 간 것으로 밝혀졌다. 이러한 폭발을 일으킨 원인은 무엇일까? 이 원인에 대해서는 아직 논란이 있다. 어쨌든 이 천체는 작은 망원경으로 볼 수 있는 가장 이상한 은하라는 데는 논란의 여지가 없다.

은하에 대해 더 많이 알고 싶으면 89쪽을 보라.

큰곰자리: 미자르와 알코르, 말과 기수, 쌍성, 큰곰자리 제타 a

하늘의 상태
　관계 없음

접안렌즈
　중배율

최적 관측 시기
　2월부터 6월

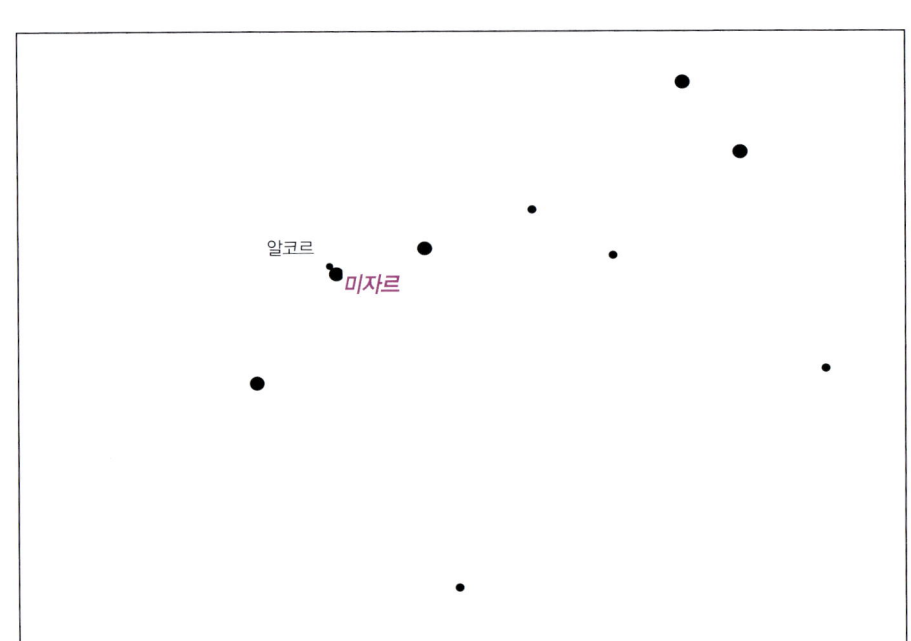

보아야 할 곳 이 천체는 하늘에서 가장 찾기 쉬운 쌍성이며 또한 낱개의 별로 분해해 보기도 아주 쉽다. 북두칠성을 찾은 다음, 손잡이를 이루는 세 개의 별에서 가운데 별을 찾아라. 이 별이 미자르로, 맨눈으로도 옆에 알코르라고 부르는 희미한 별을 볼 수 있다. 이 한 쌍의 별은 아랍어로 '말과 기수'를 뜻한다. 이 천체는 또한 '수수께끼'라는 이름으로 알려져 있으며, 시력을 시험하는 수단이 되기도 한다. 하지만 꽤 나쁜 조건에서도 이 시험을 통과 못 하는 사람은 거의 없다.

파인더스코프로 보았을 때 두 개의 별이 보이며, 하나가 유달리 더 밝게 보일 것이다. 밝은 쪽이 미자르이고 어두운 쪽이 알코르이다.

망원경으로 보았을 때 여전히 미자르와 알코르를 볼 수 있지만, 미자르를 자세히 보면 새로운 사실을 하나 알 수 있다. 미자르는 두 개의 별이다.

코멘트 미자르는 맨 처음 발견된 쌍성이며 사진으

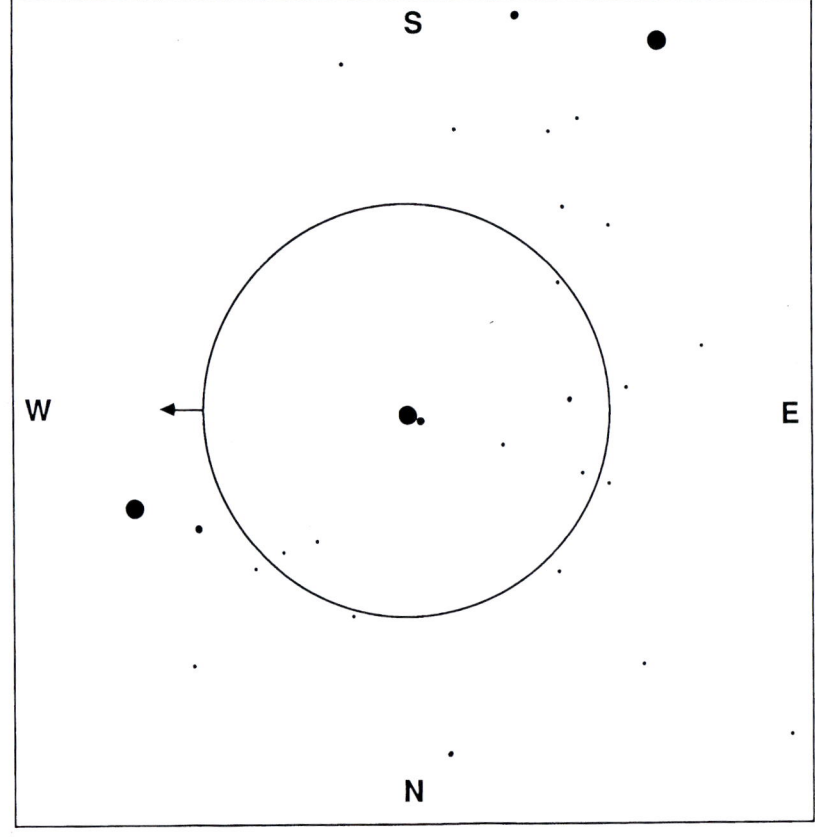

파인더스코프로 보았을 때

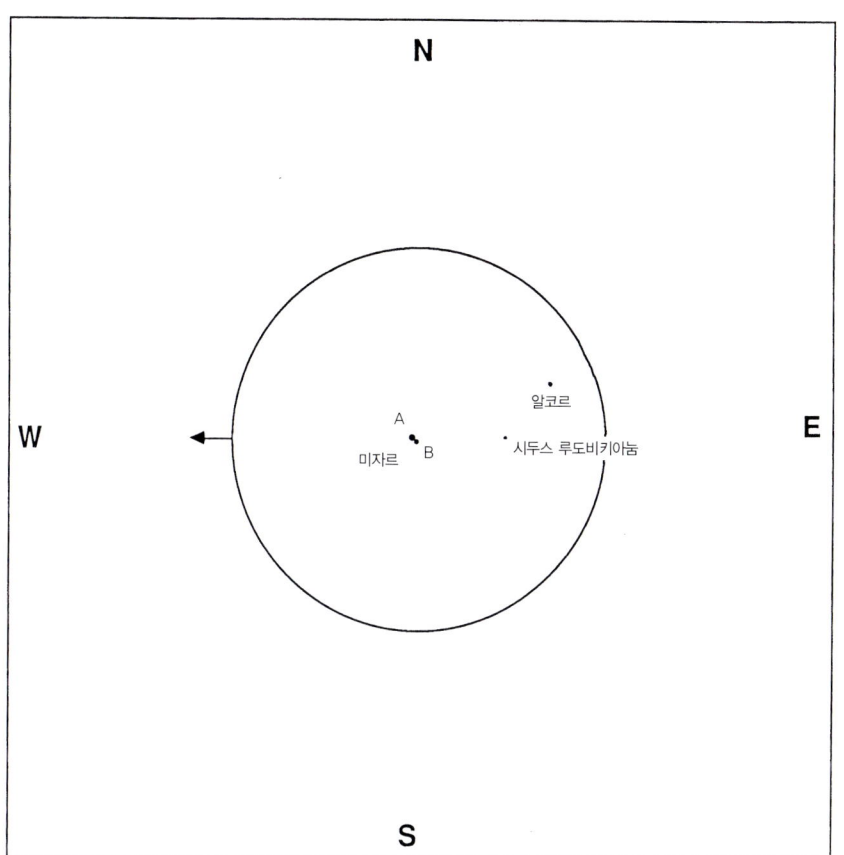

중배율로 보았을 때의 미자르

로 찍은 최초의 쌍성이기도 하다. 하지만 두 별은 특별한 색깔이 없기 때문에 하늘에서 발견하기는 쉽지만 다른 쌍성에 비해 보는 재미는 덜하다.

알코르는 미자르 주위를 도는 동반성이 아니다. 하지만 이 두 별은 관련이 있다. 이에 대한 설명은 아래에 있다.

또한 시야에는 '시두스 루도비키아눔(Sidus Ludovicianum)'이라는 인상적인 이름이 붙은 8등급 밝기의 흐린 별이 있다. 18세기의 진취적인 독일 천문학자 한 명은 이 별을 자신이 발견한 새로운 행성이라 주장하며 자신이 섬기던 왕인 루드비히 5세의 이름을 따 이 천체의 이름을 붙였다. 이 천체는 이름이 붙어 있는 별 중 가장 어두운 편이다.

여러분이 보는 것 미자르와 그 동반성, 알코르를 포함한 북두칠성의 모든 별은 '큰곰자리 그룹'의 일원으로 산개 성단의 잔해이다. 이 그룹에 속한 모든 별들은 아마도 같은 시기에 만들어졌을 것이다. 이제 이 별들은 천천히 태양계를 지나 우리 은하 중심을 향해 각자의 궤도를 따라 서로부터 멀어지고 있다. 이들 대부분은 우리로부터 거리가 1백 광년이 채 안 되며 이 때문에 이 별들 가운데 많은 수가 밝게 보이는 것이다. 사실, 하늘에서 가장 밝게 보이는 시리우스도 이 그룹의 일원이다!

미자르는 우리로부터 81광년 떨어져 있는 반면 알코르는 78광년 떨어져 있다. 즉 이 두 별은 서로 꽤 가까운 거리에 있다. 알코르를 공전하는 행성이 있다면, 그곳에서는 미자르와 그 동반성의 멋진 모습을 맨눈으로도 충분히 감상할 수 있을 것이다. 미자르 A는 금성처럼 밝게 보이고 미자르 B는 목성보다도 밝게 보일 것이다. 이 두 별의 간격은 아마도 7분(달 직경의 1/4) 정도가 될 것이다.

미자르와 그 동반성에서, 작은 별은 주성을 약 400AU 거리를 두고 공전한다. 이는 두 별이 지구와 태양 사이보다 약 4백 배만큼 멀리 떨어져 있다는 뜻이다. 이러한 거리에서는 한 별이 다른 별을 완전히 한 번 돌기까지 수천 년이 걸린다.

주성은 태양보다 2.5배 더 무겁다. 주성의 반경은 태양의 두 배이며 밝기는 25배 더 밝다. 동반성은 태양 질량의 두 배이며 직경은 60% 더 크고 밝기는 열 배 정도 더 밝다.

별	등급	색깔	위치
A	2.4	백색	주성
B	4.0	백색	A에서 남남동쪽으로 14초

작은곰자리: 북극성, 쌍성, 작은곰자리 알파

하늘의 상태
관계 없음

접안렌즈
고배율

최적 관측 시기
1년 내내

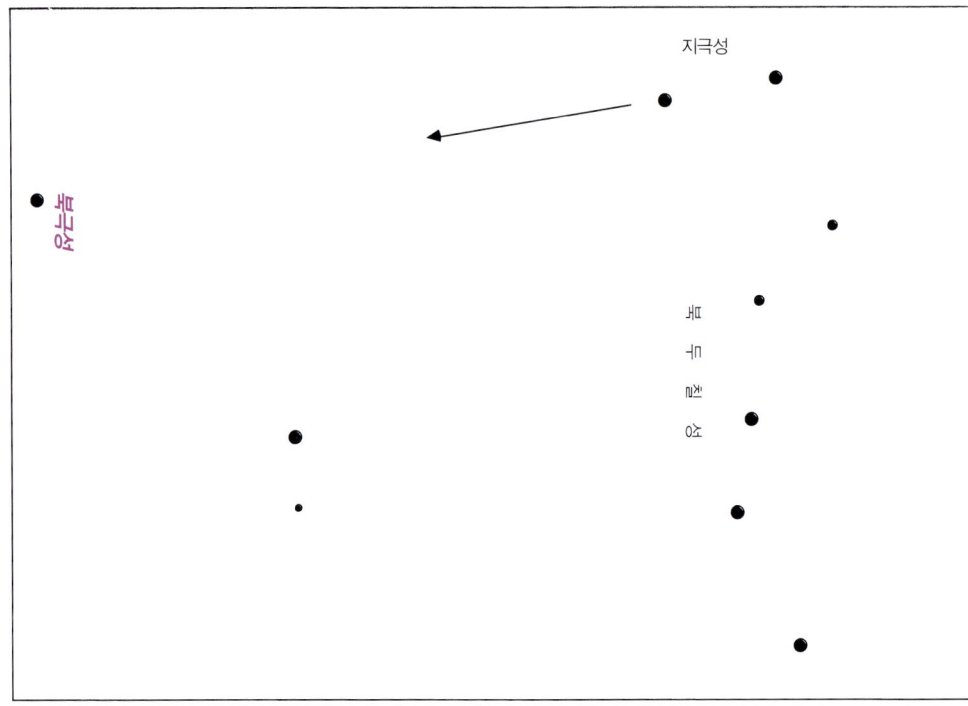

보아야 할 곳 북두칠성을 찾은 뒤 손잡이에서 가장 멀리 떨어져 있는 두 개의 별을 보라. 이 별들은 '지극성'이다. 아래에서 위로 가상의 선을 그리고 이 선을 꽤 밝은 별이 나타날 때까지 뻗어보라. 이 별이 북극성이다. 북극성을 바라보면 여러분은 항상 정북 방향을 보고 있게 된다.

파인더스코프로 보았을 때 북극성은 이 지역에서 가장 밝은 별이기 때문에 북극성을 찾지 못한다면 그것이 오히려 더 이상할 정도이다(물론 북극성이 하늘에서 가장 밝은 별은 아니다. 45개 정도의 별이 북극성보다 더 밝게 보인다. 북극성의 명성은 밝기 때문이 아니라 그 위치 때문이다).

망원경으로 보았을 때 주성은 노란색이며 백색이나 파란색으로 보이는 동반성보다 상당히 밝다(7등급, 또는 약 6백 배 더 밝다).

코멘트 북극성 관측은 2~3인치 망원경으로 해볼 만한 멋진 도전이다. 두 별을 분해해서 보기 힘든

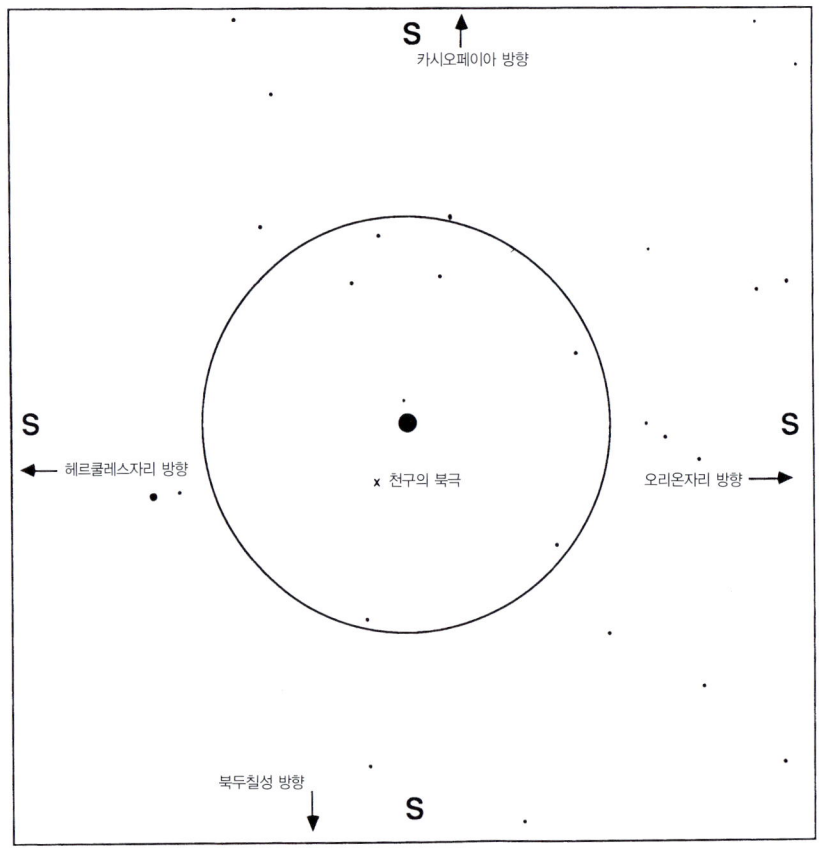

파인더스코프로 보았을 때

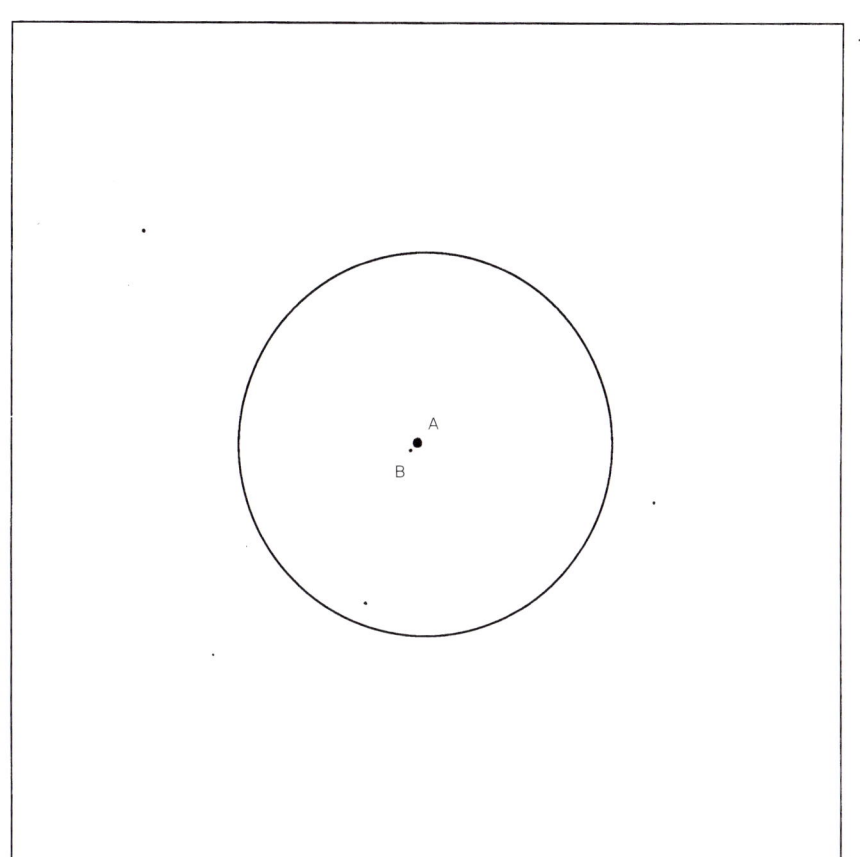

고배율로 보았을 때의 북극성

이유는 두 별이 특별히 가까이 있어서가 아니라 주성이 동반성보다 훨씬 밝기 때문이다. 그러나 고배율로 보면 주성의 광채를 없애고 흐린 별을 볼 수 있다.

북극성 관측에 있어 생기는 두번째 어려움은 망원경에 '적도의(赤道儀)' 가대[+]를 장착했을 경우 일어난다. 적도의 가대는 하늘을 가로지르는 별을 관측하기 쉽게 하기 위해 고안된 것이지만, 이런 가대를 단 망원경으로 북극성을 보기는 무척 불편하다. 왜냐하면 일반적으로 극축은 북극성에 아주 가까운 곳을 가리키도록 맞춰져 있기 때문이다(207쪽을 보라). 이러한 문제를 피하기 위해서는 단지 이 축이 북극성이 아닌 다른 곳을 가리키도록 고쳐 놓으면 된다. 그리고는 추적 장치를 꺼놓아라. 북극성은 망원경 시야에서 벗어나지 않는 유일한 별이다! 하지만 일단 북극성 관측을 마치고 나면 극축을 다시 맞추는 것을 잊지 말아야 한다.

여러분이 보는 것 북극성은 우리로부터 약 4백 광년 떨어져 있으며 적어도 삼중성계이다. 이 가운데 우리가 볼 수 있는 두 개의 별은 서로 2,500AU 이상 떨어져 있으며 서로를 한 번 도는 데 4만 년 이상 걸린다. A별에서 나오는 빛의 스펙트럼의 진동을 분석한 결과, A별은 분광 쌍성이기도 하다는 사실을 알아냈다. A별은 B별보다 수백 배 더 가까운 곳에 어두운 동반성을 가지고 있다. 동반성이 A를 도는 데는 겨우 30년밖에 걸리지 않는다.

북극성은 북극을 관통하는 축이 가리키는 곳에 위치해 있기 때문에 지구에 살고 있는 사람들에게는 가장 유용한 별이다. 하지만 시간이 지나면서 지구의 자전축이 변하기 때문에 결국 우리의 북극 축은 다른 곳을 가리키게 된다. 고대 이집트와 바빌론 시대에 북극성은 진북으로부터 10도 이상 떨어져 있었다. 그 당시에는 튜반(Thuban)이라는 별이 북극성 역할을 했다.

오늘날 북극성과 진북 사이의 각거리는 1도 이내이다. 2100년에는 0.5도 미만이 될 것이다. 2100년은 북극성이 북극에 가장 가까울 때이며, 북극성이 진짜로 북극을 가리키게 될 것이다.

북극성 A는 거성으로 태양보다 온도는 그다지 높지 않지만 훨씬 크며 약 1천5백 배 더 밝다. 북극성 A는 세페이드 형 변광성이다. 북극성 A의 밝기는 별의 대기가 팽창, 수축을 함에 따라 약간씩 변한다. 더 이상한 점은, 이 밝기의 폭이 시간에 따라 감소한다는 점이다. 1백 년 전, 북극성은 4일마다 밝기가 0.12등급만큼 변했다. 하지만 오늘날의 변화 폭은 수백분의 1등급 정도로 육안으로 알아차리기는 불가능하다.

북극성 B는 보통의 별로 태양보다 약간 더 크며 밝기는 세 배쯤 더 밝다. 북극성에서 태양을 보면 우리가 동반성을 보는 것보다 약 세 배쯤 흐리게 보인다.

별	등급	색깔	위치
A	2.1	노란색	주성
B	9.0	파란색	A에서 18초

사냥개자리: 소용돌이 은하, M51

하늘의 상태
  어두운 하늘

접안렌즈
  저배율

최적 관측 시기
  2월부터 6월

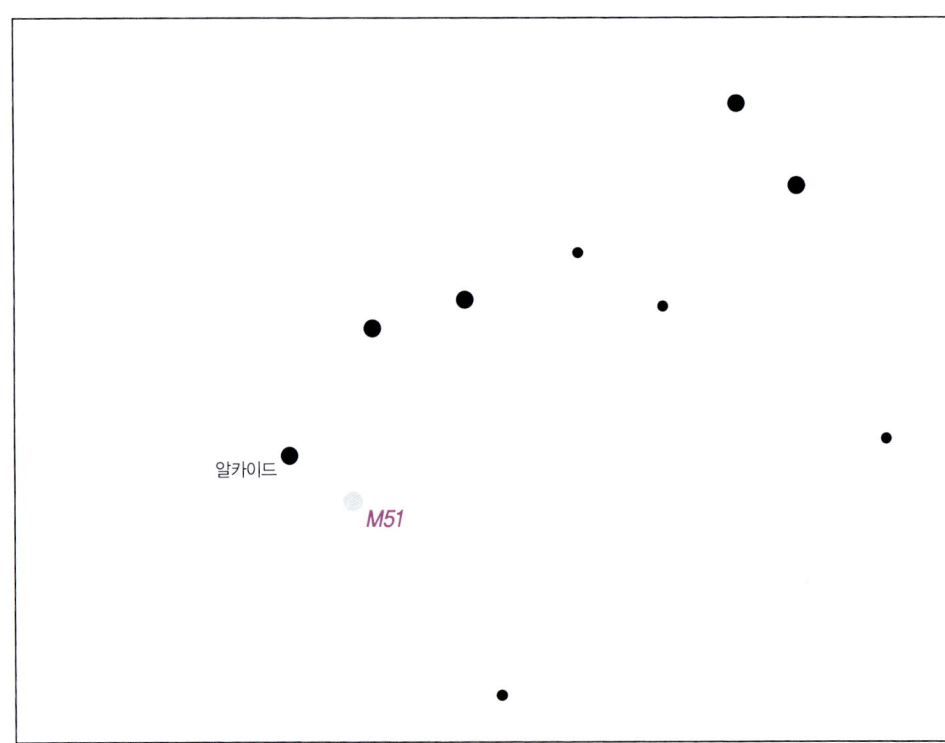

M51과 양치기자리 카파

보아야 할 곳 북두칠성의 손잡이 끝부분 별 알카이드를 찾아라.

파인더스코프로 보았을 때 알카이드와 그 서쪽으로는 다소 어두운 별(사냥개자리 24 또는 줄여서 24 CVn이라 부른다)이 보일 것이다. 사냥개자리 24에 중심을 맞춰라. 파인더스코프의 시야를 시계면이라 생각하고 사냥개자리 24를 중심축이라 하자. 알카이드가 시계의 3시 방향에 있을 때, 11시 방향에는 M51이 있다.

망원경으로 보았을 때 이 은하는 어렴풋한 빛조각처럼 보인다. '주변시'로 자세히 보면 빛이 집중된 곳이 마치 초점이 제대로 맞지 않은 쌍성처럼 보인다. 더 커다란 천체는 M51이고 북쪽에 있는 더 작은 은하는 NGC 5195이다. M51은 NGC 5195보다 덩치는 커다랗지만 좀더 성긴 은하이다.

코멘트 소용돌이 은하라는 이름은 커다란 망원경으로 이 천체를 찍었을 때 사진에서 보이는 아름다운 나선 팔에서 유래하였다. 사실 이 은하는 최

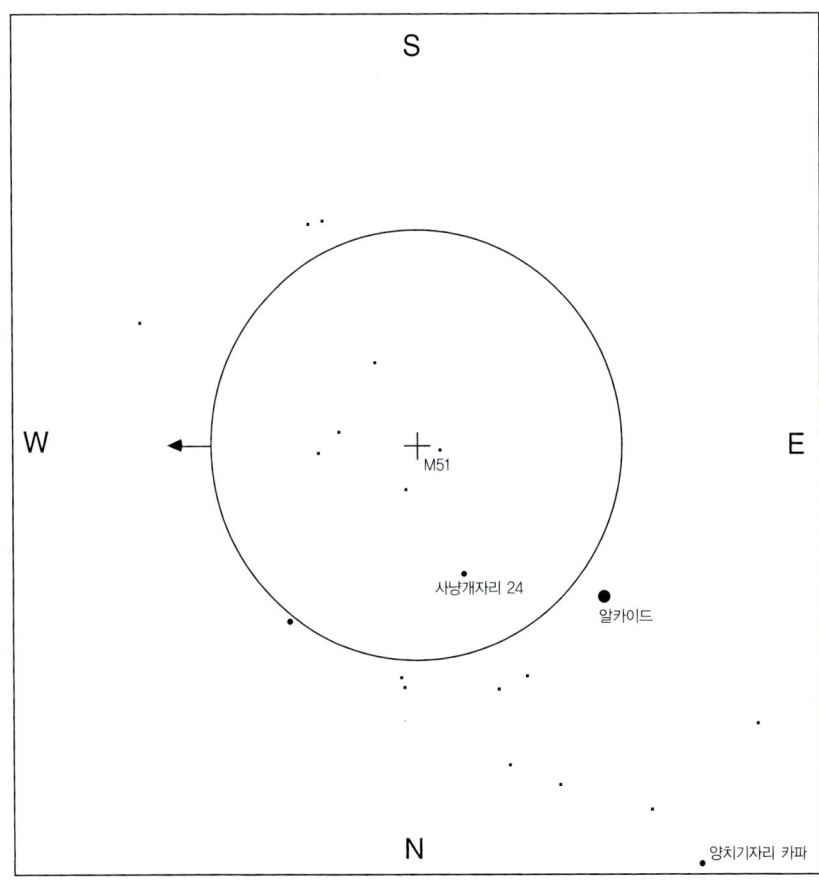

파인더스코프로 보았을 때

저배율로 보았을 때의 M51

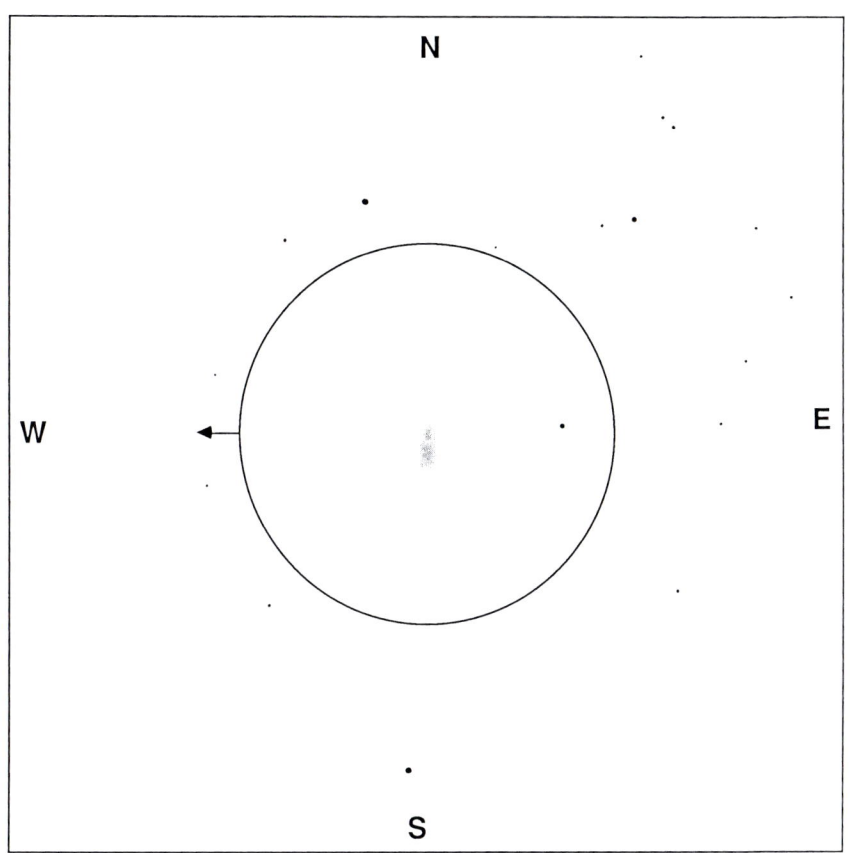

초로 나선팔이 관측된 은하이다. 대기 요동이 없고 깜깜한 밤이면 8인치 망원경으로도 나선팔을 볼 수 있다.

여러분이 보는 것 주 은하인 M51에는 1천억 개 이상의 별이 적어도 직경이 5만 광년 이상인 멋진 나선 팔에 분포하고 있다. NGC 5159은 빽빽한 타원 은하인 듯하며, 우리에게 크게 보이는 M51보다 더 큰 은하인 듯하다.

우리로부터 이 은하들까지의 거리는 1천5백만~4천만 광년 사이로 추정하고 있다. 커다란 망원경으로 M51에 있는 먼지 구름을 발견했고, 이 구름은 NGC 5159 앞쪽에 있는 것으로 밝혀졌다. 이로 볼 때, NGC 5159는 M51 너머에 있는 듯하다.

또한 그 주변에는 양치기자리 카파는 알카이드에서 동남동 쪽으로 약 3도쯤 떨어진 곳에 있는 쌍성이다. 동반성은 6.6등급 밝기의 노란색 별로 4.6등급 밝기에 파란색인 주성에서 남서쪽으로 13초 떨어져 돌고 있다. 이 쌍성을 찾는 일은 2.4인치 망원경으로는 약간 어렵겠지만 더 큰 망원경으로는 꽤 즐거운 일이 될 것이다.

은하는 우주의 기본 단위이다.

아직까지 이유는 잘 알려져 있지 않지만, 우주는 생성되고 나서 수십억 개의 별을 만들 수 있는 덩어리로 쪼개진 듯하다. 이런 덩어리들이 수축해서 은하가 되었으며, 은하의 중심부 여기저기에 구상 성단의 구름들이 생겨나고, 은하의 원반부에는 별들이 생겨 행성이 태양 주위를 돌듯 은하 중심을 돌고 있다.

은하는 크게 세 가지로 나눌 수 있다. **타원 은하**는 커다랗고 다소 납작한 구상 성단 같은 모습을 하고 있다. **불규칙 은하**는 이름에서도 알 수 있듯이 수십억 개의 별들이 특정한 모양 없이 불규칙하게 모여 있다. 가장 아름다운 은하는 **나선 은하**로서, 수십억 개의 별들이 은하 중심을 둘러싸고 있는 두세 개의 나선 팔을 따라 분포하고 있다. 소용돌이 은하와 우리 은하가 나선 은하의 예이다. 소용돌이 은하의 동반 은하는 아마도 타원 은하인 듯하다. 큰곰자리에 있는 M82는 불규칙 은하인 반면 그 동반 은하인 M81은 나선 은하이다.

은하들이 한데 모여 있는 모습들이 관측되기도 하는데, 이런 은하단에는 십여 개에서 수백 개의 은하들이 모여 있으며, 각 은하들은 서로의 중력에 묶여 우주 공간을 함께 헤쳐나간다. 안드로메다와 그 동반 은하(160쪽), 삼각형자리 은하(164쪽) 그리고 우리 은하와 동반 은하(마젤란 성운, 196쪽과 198쪽)는 모두 국부 은하군의 일원이다. 큰곰자리에 있는 은하(82쪽)와 사자자리에 있는 은하(92쪽)는 다른 은하군을 이루는 구성원의 한 예이다. 이런 은하단들은 모두 서로에게서 멀어져가는 것처럼 보인다. 이는 은하들이 약 120억 년에서 150억 년 전 일어난 대폭발(빅뱅)에서 생겨난 조각이라는 사실을 암시하는 증거이다.

은하단은 또다시 다른 은하단과 뭉쳐 있으며, 이런 천체를 **초은하단**이라 한다. 초은하단은 푸딩 안에 들어 있는 건포도처럼 독립된 개체인가, 아니면 스펀지 안에 있는 빈 공간처럼 우주의 빈 공간이 만드는 '거품' 주위를 연결하고 있는 것인가? 우리는 아직 이에 대한 답을 알지 못하지만 이 질문의 해답은 우주가 태어나던 대폭발 당시에 무슨 일이 벌어졌는지를 이해하는 데 중요한 단서가 된다.

사냥개자리: *코르카롤리, 쌍성,*
사냥개자리 알파 별, 그리고 은하 M94

하늘의 상태
  코르카롤리: 관계 없음
  M94: 어두운 하늘

접안렌즈
  코르카롤리: 중배율
  M94: 저배율, 중배율

최적 관측 시기
  2월부터 6월

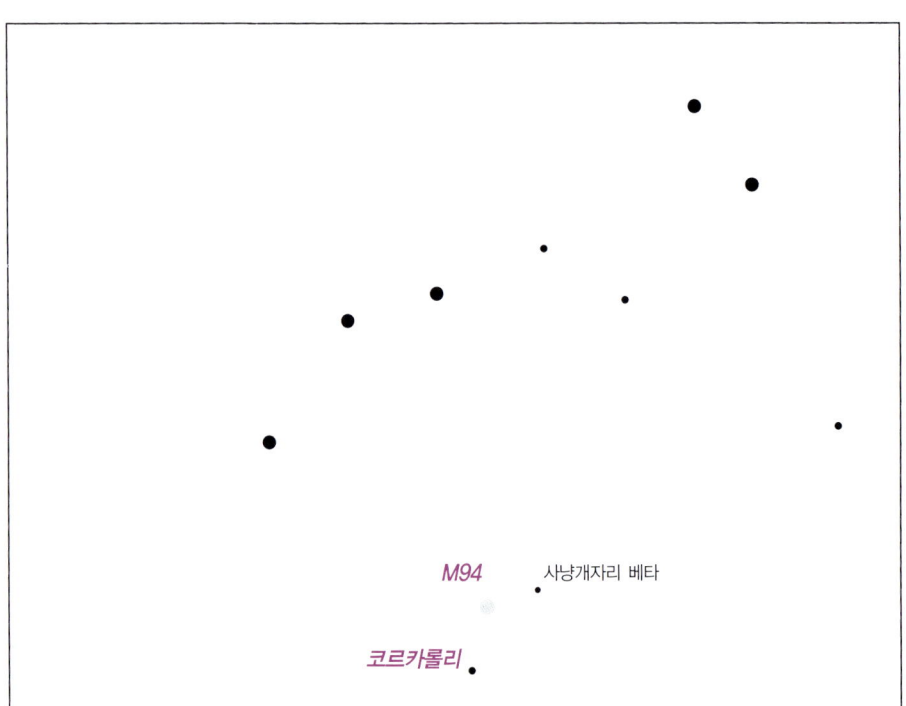

보아야 할 곳 북두칠성을 찾은 뒤, 국자의 손잡이 부분을 이루는 세 개의 별을 찾아라. 북두칠성의 손잡이 아래쪽(북극성에서 멀어지는 방향)에 있는 두 개의 별은 육안으로도 또렷이 볼 수 있다. 이 두 별은 '사냥개'를 나타낸다. 이 별들 가운데 밝은 별, 즉 손잡이 가장 안쪽에 있는 별이 사냥개자리 알파 또는 코르카롤리, '찰스 왕의 심장'이다(영국의 비극적 왕 찰스 1세에서 연유한 이름이다).

파인더스코프로 보았을 때
코르카롤리: 이 천체는 인접 영역에서 가장 밝은 별이며, 따라서 파인더스코프로 찾기도 꽤 쉽다.
M94: 코르카롤리로부터 북서쪽에는 꽤 밝은 별이 또 하나 있다. 사냥개자리 베타이다. 이 두 별을 연결하는 선을 상상하고는 망원경을 이 두 별을 연결하는 선 중앙으로 향하게 하라. 이 선에서 북동쪽으로 90도, 거리는 이 두 별 사이 거리의 약 1/3 정도 이동하라.

망원경으로 보았을 때 코르카롤리는 밝은 쌍성으로 쉽게 분해해 볼 수 있다. 주성은 파란색이며 동

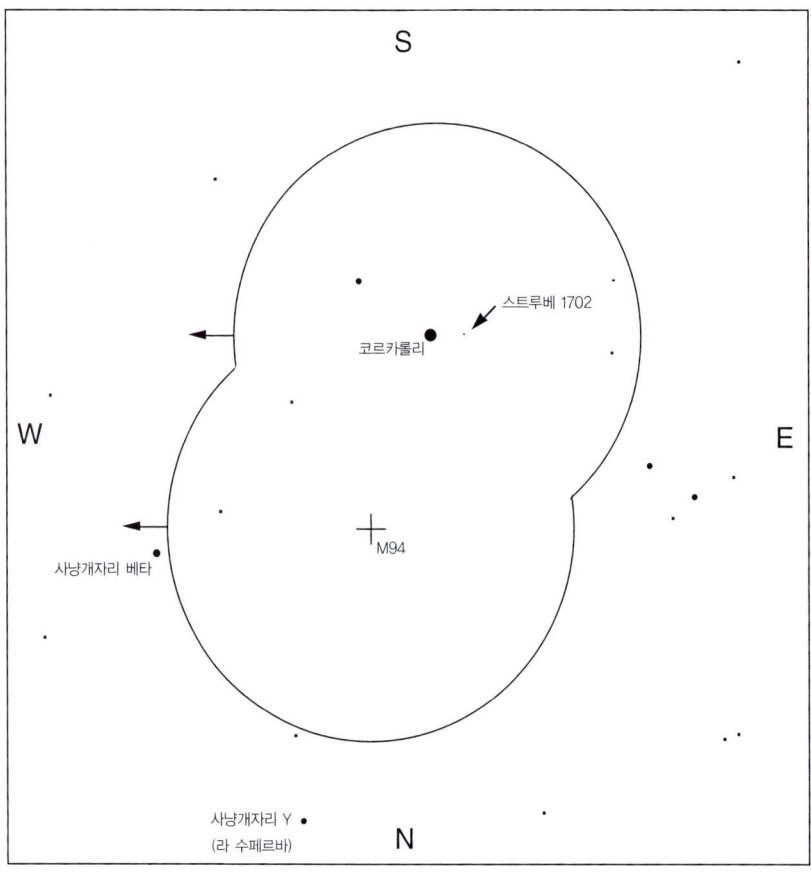

파인더스코프로 보았을 때

반성보다 거의 열 배 정도 더 밝다. M94는 균일한 밝기의 작고 동그란 빛조각처럼 보인다.

코멘트 코르카롤리는 꽤 우아한 쌍성으로 분해해 보기도 쉬우며, 미묘한 색깔의 변화도 있다. 주성은 청백색이며, 동반성은 노란색 또는 오렌지빛으로 보인다.

작은 망원경으로 보면, M94에서 볼 수 있는 것은 은하의 중심핵뿐이다. 이 핵은 꽤 조그맣다. 저배율로 보면 이 은하는 초점이 맞지 않은 별처럼 보일 수도 있다. 하늘에서 이 은하를 찾을 때는 저배율을 쓰고 관측할 때는 중배율을 써라.

여러분이 보는 것 코르카롤리는 우리로부터 130광년 떨어져 있고 쌍성끼리는 800AU 이상 떨어져 있으며 주기도 1만 년 이상이다. 이 쌍성에서 밝은 별은 태양보다 약 3배쯤 무거우며 밝기는 50배 정도일 것이라고 보고 있다. 어두운 별은 태양보다 1/3배 정도 더 크며 2/3배쯤 무겁고 밝기는 6배쯤 밝다.

M94는 다른 은하에 비해 작은 편에 속하며 막대 나선 은하라는 독특한 모습을 하고 있다. 이 은하는 우리로부터 약 1천5백만 광년 떨어져 있다. 은하의 직경은 약 3만 광년이며 태양보다 약 1백억 배 정도 밝다. 은하에 대해 더 자세히 알고 싶으면 89쪽을 보라.

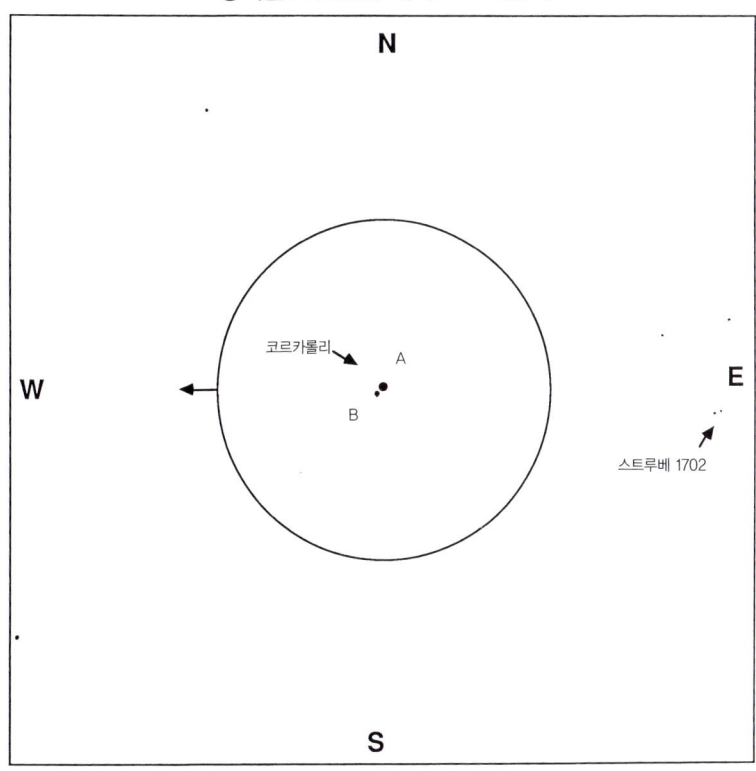

중배율로 보았을 때의 코르카롤리

또한 그 주변에는 코르카롤리 바로 동쪽(약 0.5도, 또는 보름달 직경만큼)으로 스트루베 1702가 있다. 이 천체는 대략 동서 방향으로 위치한 쌍성으로, 별 사이의 거리는 코르카롤리의 두 배쯤 되는 36초이다. 이 천체는 찾기 쉽다. 코르카롤리를 시야의 중앙에 놓고 기다리면 된다. 2분 30초 뒤, 지구의 자전으로 인해 스트루베 1702는 시야의 중앙에 오게 된다.

코르카롤리에서 베타로 한 걸음 간 다음 왼쪽으로 돌아 다시 한 걸음 가면 짙은 빨간색의 멋진 별이 보일 것이다. 이 별은 사냥개자리 Y로서, 160일 주기로 5등급에서 6.5등급까지 밝기가 변하는 변광성이다. 사냥개자리 Y는 독특한 색깔 때문에 라 수페르바라고도 불리며 쌍안경이나 작은 망원경으로 볼 만한 가치가 있다.

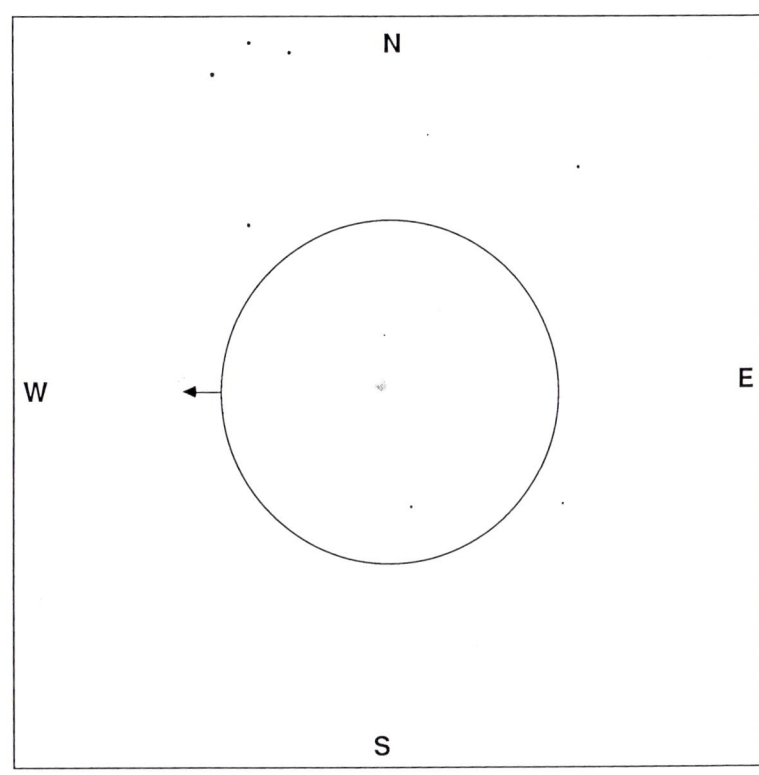

저배율로 보았을 때의 M94

코르카롤리

별	등급	색깔	위치
A	2.9	파란색	주성
B	5.4	노란색	A에서 남서쪽으로 19초

스트루베 1702

별	등급	색깔	위치
A	8.3	백색	주성
B	9.0	백색	A에서 동쪽으로 36초

사자자리 : 두 개의 은하, M65와 M66

하늘의 상태
 어두운 하늘

접안렌즈
 저배율

최적 관측 시기
 2월부터 6월

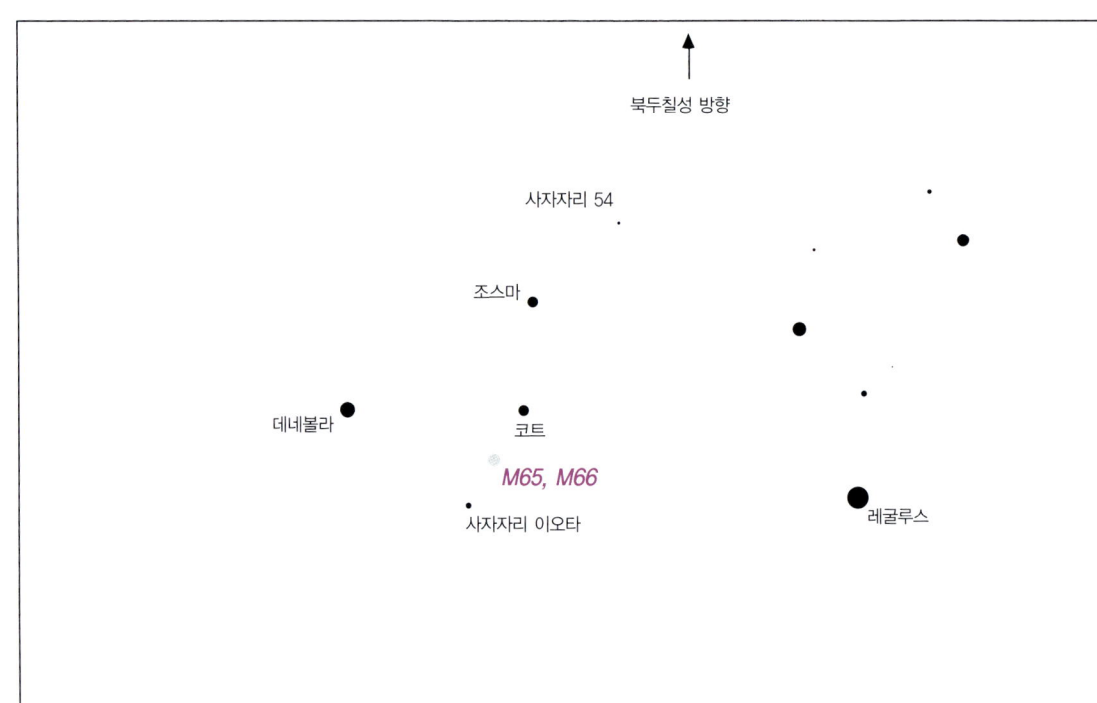

보아야 할 곳 레굴루스와 '낫', 즉 사자의 '갈기'를 이루며 물음표를 거꾸로 한 모양의 별들을 찾아라. 왼쪽으로(서쪽 방향) 세 개의 별이 사자의 궁둥이와 뒷다리를 이루고 있다. 세 별은 직각을 이루고 있다. 직각을 이루는 곳, 즉 오른쪽 아래(남서쪽)에 있는 별이 코트이다. 코트 아래 약간 왼쪽(남쪽으로 가서 약간 동쪽)으로 가면 좀더 어두운 별이 나온다. 바로 사자자리 이오타이다. 우리가 찾는 은하들은 이 두 별 사이 중간에 위치하고 있다.

파인더스코프로 보았을 때 코트와 사자자리 이오타를 한꺼번에 파인더스코프 시야에 넣을 수 있다. 이 두 별 사이 중간 지점을 조준하라. 사자자리 73이라는 흐린 별이 약간 서쪽으로 치우쳐 있을 것이다. 우선 파인더스코프로 사자자리 73을 찾은 다음 망원경에 은하들이 보일 때까지 동쪽으로, 그리고 약간 남쪽으로 이동하라.

또다른 방법은 사자자리 73을 찾은 다음, 여러분의 저배율 망원경 시야의 중심과 북쪽 가장자리 중간쯤에 사자자리 73을 오게 하는 것이다. 그리

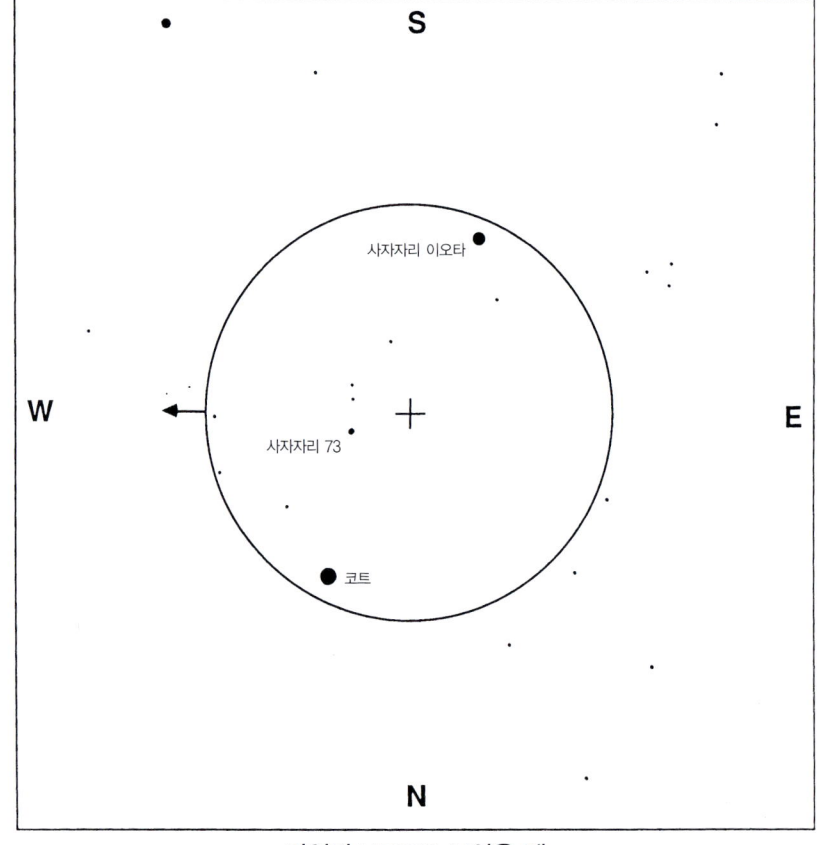

파인더스코프로 보았을 때

저배율로 보았을 때의 M65와 M66

고 4분을 기다려라. 두 개의 은하가 시야로 흘러들어올 것이다.

망원경으로 보았을 때 두 은하는 M81, M82보다는 어둡지만 더 가까이 있다. 두 은하는 비슷한 밝기에, 어둡고 윤곽이 흐릿한 빛처럼 보인다. 서북서쪽에 위치한 M65는 약간 길쭉한 얼룩 같은 모양으로, 중앙에 빛막대가 관통해 있으며 M66보다 어둡다. M66은 더 균일한 밝기이며, M65의 원반보다 더 길쭉한 모양을 하고 있지만 M65의 안쪽 막대처럼 길쭉한 모양을 하고 있지는 않다.

코멘트 이 은하들을 감상하려면 맑고 어두운 저녁이어야 하고 눈이 어둠에 잘 적응해 있어야 하지만, 가까이에 있는 이 한 쌍의 은하는 그러한 노력을 기울일 만한 가치가 있다.

이 천체는 주변시라는 재주를 연습하기에 알맞은 천체이다. 근처에 있는 어두운 별(이런 별은 망원경 시야에 상당히 많이 있다)을 응시하며 시야의 가장자리(이 부분이 어두운 빛에 더 민감하다)로 은하의 세밀한 부분들을 더 자세히 보도록 하라. 시야에 있는 다른 어두운 별을 보며 다른 방향으로 보는 연습을 하면서 여러분의 눈에서 어느 쪽 가장자리가 제일 잘 보이는지를 찾아보라.

여러분이 보는 것 M65와 M66은 서로 인접해 있는 나선 은하로서, 우리로부터 약 2천만 광년 정도 떨어져 있다. 각 은하는 직경이 대략 5만 광년 정도 된다. 하지만 작은 망원경으로 보면 2만 광년 크기인 중심핵만 볼 수 있다. 이 은하 사이의 거리는 약 125,000광년이다. 두 은하 모두 우리 은하보다는 다소 작은 편이다.

우리가 이 은하 가운데 하나에서 살면서 지구를 바라본다면 우리 은하와 안드로메다 은하(M31)는 5도 이상 떨어진 빛얼룩으로 보이며, 두 은하의 밝기는 M65, M66과 비슷할 것이다. 이 지점에서 우리 은하는 나선이 정면으로 보이는 반면, M31은 가장자리 쪽이 우리를 향하기 때문에 빛막대처럼 보인다.

은하에 대해 더 자세히 알고 싶으면 89쪽을 보라.

또한 그 주변에는 근처에 NGC 3628이라는 좀더 어두운 은하가 있다. NGC 3628을 보기 위해서는 대개 4인치 망원경이 필요하며 어두운 하늘이어야만 한다. M65와 M66이 높이가 폭의 두 배인 '원추형 종이모자'의 바닥이며, 대략 북쪽을 향하고 있다고 상상하라. NGC 3628은 이 삼각형의 꼭지점이 있는 곳에 있다.

쌍성인 사자자리 54는 코트, 데네볼라, 조스마가 이루는 삼각형(사자자리의 엉덩이와 뒷다리 부분)에서 쉽게 찾을 수 있다. 데네볼라에서 조스마 쪽으로 한 걸음 간 다음 다시 반 걸음 더 가면 4등급 밝기의 사자자리 54를 만날 수 있다. 고배율로 보면 사자자리 54는 4.5등급 밝기인 주성과 6.4초 동쪽에 있는 6.3등급 밝기의 두 별로 분해되어 보인다.

사자자리 : 알지바, 쌍성, 사자자리 감마 별

하늘의 상태
  안정된 하늘

접안렌즈
  고배율

최적 관측 시기
  2월부터 6월

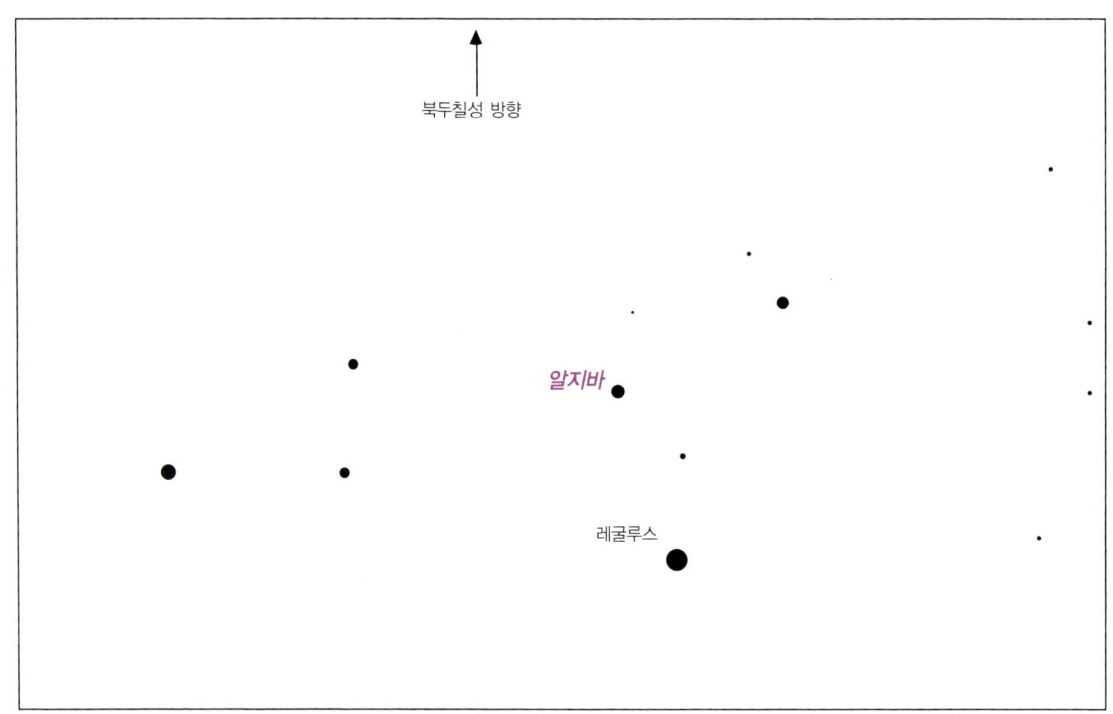

보아야 할 곳 남쪽에 높이 떠 있는 밝은 별, 레굴루스를 찾아라. 레굴루스는 커다란 '물음표'를 뒤집어놓은 모양을 하고 있는 여섯 개의 별 가운데 맨 아래에 있다. 여섯 개의 별 중 레굴루스로부터 세 번째 별이 알지바이다. 알지바는 '물음표'를 이루는 여섯 개의 별 가운데 레굴루스 다음으로 밝은 별이다.

파인더스코프로 보았을 때 알지바는 밝은 별이지만, 이곳에는 밝은 별들이 많다. 여러분이 제대로 찾았다면 파인더스코프에서 바로 남쪽으로 좀더 어두운 별이 하나 보일 것이다.

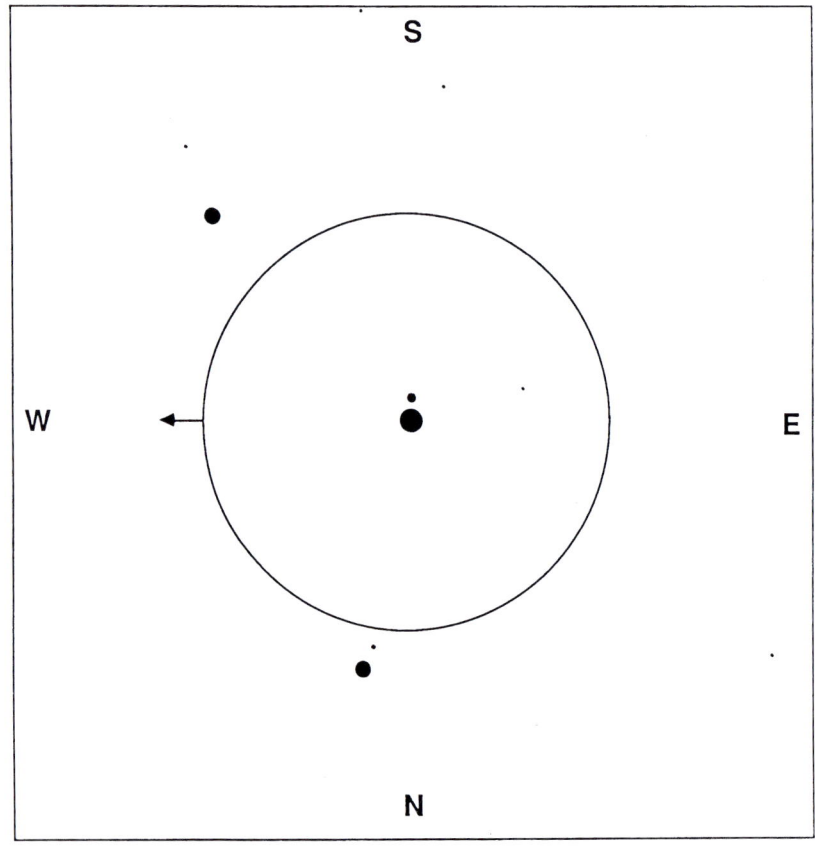

파인더스코프로 보았을 때

고배율로 보았을 때의 알지바

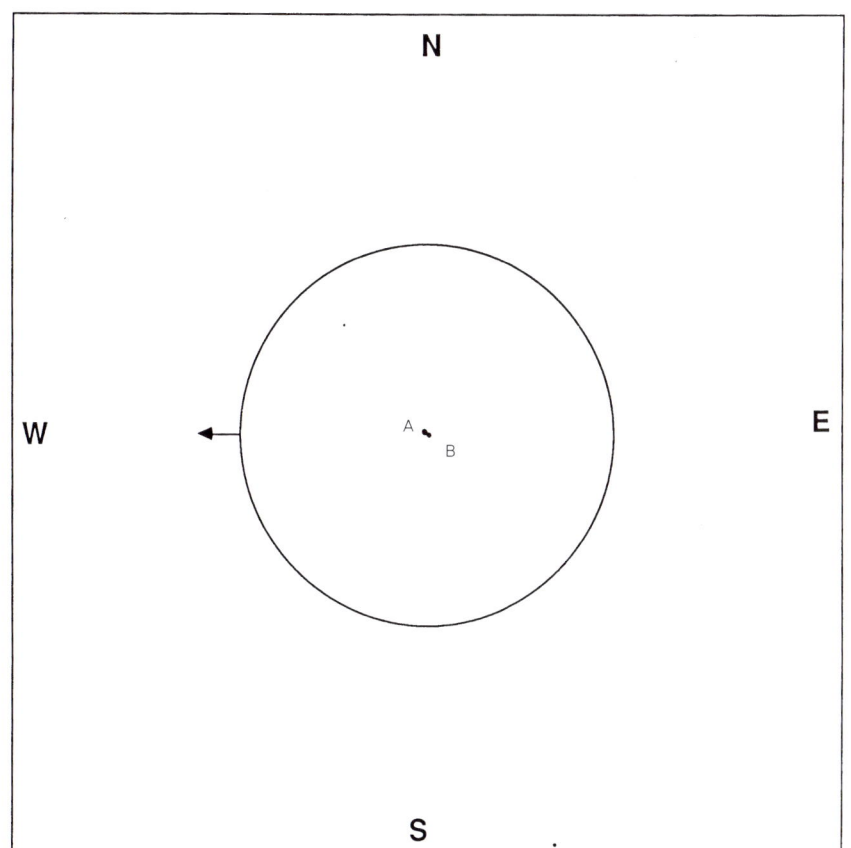

망원경으로 보았을 때 두 별이 꽤 가까이 있어 보인다. 주성은 황금빛 노란색인 반면 동반성은 그 색깔이 뭐라고 말하기 어렵다. 어떤 사람들은 동반성이 오렌지빛이라고 하는 사람들도 있다.

코멘트 대기가 안정된 밤이면 이 한 쌍은 작은 망원경으로도 뚜렷하게 분해해 볼 수 있다. 하지만 공기 요동이 심하다면 구별해 보기 힘들 것이다. 가지고 있는 최고배율의 접안렌즈를 써라. 이 천체는 밝기 때문에 황혼이 질 무렵, 더 어두운 천체가 보이길 기다리는 동안에도 잘 볼 수 있다. 황혼을 배경으로 보면 알지바의 색깔이 더욱 두드러져 보인다.

여러분이 보는 것 알지바는 우리로부터 1백 광년 이상 떨어져 있으며 동반성은 직경이 거의 300AU에 해당하는 타원 궤도를 돌고 있다. 동반성이 한 번 공전을 마치려면 거의 6백 년이 걸리며 그래서 지난 1백 년 동안, 천문학자들은 동반성이 주성에 대해 천천히 움직이고 있는 모습을 볼 수 있었다. 이 천체의 궤도는 무척이나 길쭉한 모습을 하고 있으며 주성에서 가장 멀리 떨어져 있을 때는 2100년으로서 중심으로부터 거리가 약 175광년 정도가 된다. 이 시기에 이 쌍성은 지구에 있는 망원경으로 볼 때 약 5초 정도 떨어져 있게 된다.

별	등급	색깔	위치
A	2.6	노란색	주성
B	3.8	오렌지색	A에서 남동쪽으로 4.4초

머리털자리 : 구상 성단, M53과 검은 눈의 은하, M64

하늘의 상태
　어두운 하늘

접안렌즈
　저배율

최적 관측 시기
　3월부터 8월

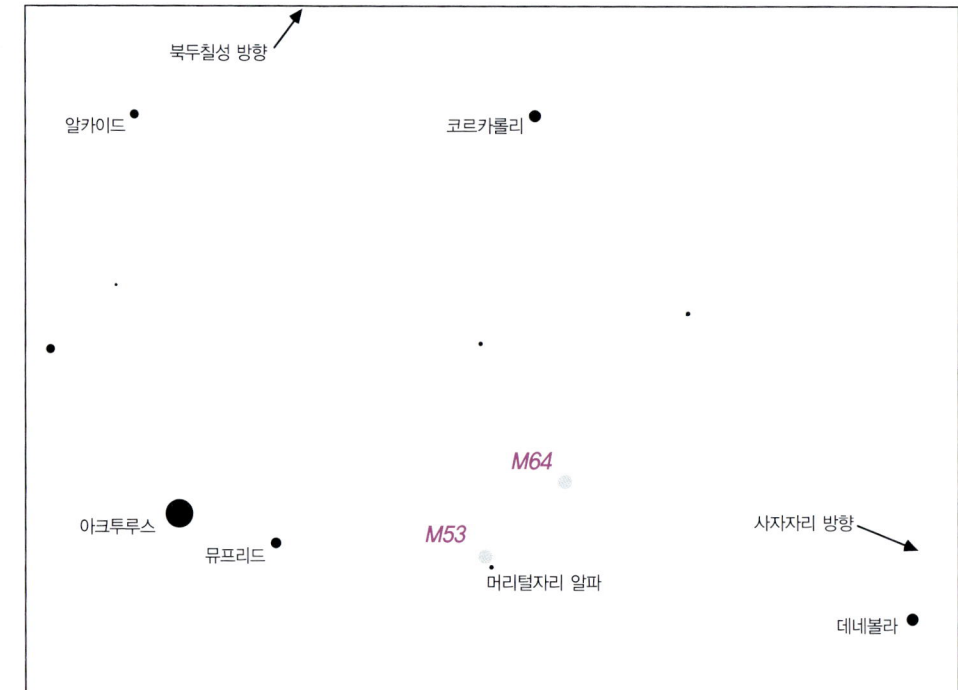

보아야 할 곳 북두칠성에서 남동쪽으로 오렌지빛으로 밝게 빛나고 있는 아크투루스를 찾아라. 아크투루스 바로 서쪽에 보이는 별은 뮤프리드이다. 이 두 별을 연결하는 선을 상상해보라. 이 선을 따라 한 걸음 아크투루스에서 뮤프리드 쪽으로 간 다음 두 걸음 더 진행해 조금 북쪽을 보면 약간 어두운 별을 볼 수 있다. 머리털자리 알파이다(이 지점에서 조금 남쪽에 있는 훨씬 밝은 별과 혼동하지 말아라). 파인더스코프를 머리털자리 알파에 맞춰라.

파인더스코프로 보았을 때

M53 : M53은 머리털자리 알파와 더 흐린 별들이 모인 곳 중간 지점에서 별들 쪽으로 조금 더 간 곳에 있으며, 머리털자리 알파와는 북서쪽으로 약 1도 정도 떨어져 있다.

M64 : 머리털자리 알파를 파인더스코프 시야의 남동쪽 구석에 맞추면 파인더스코프의 북서쪽 구석으로는 거의 머리털자리 알파만큼이나 밝은 머리털자리 35가 보인다. 우리가 찾는 은하는 머리털자리 35에서 북동쪽으로 약 1도(보름달 직경의

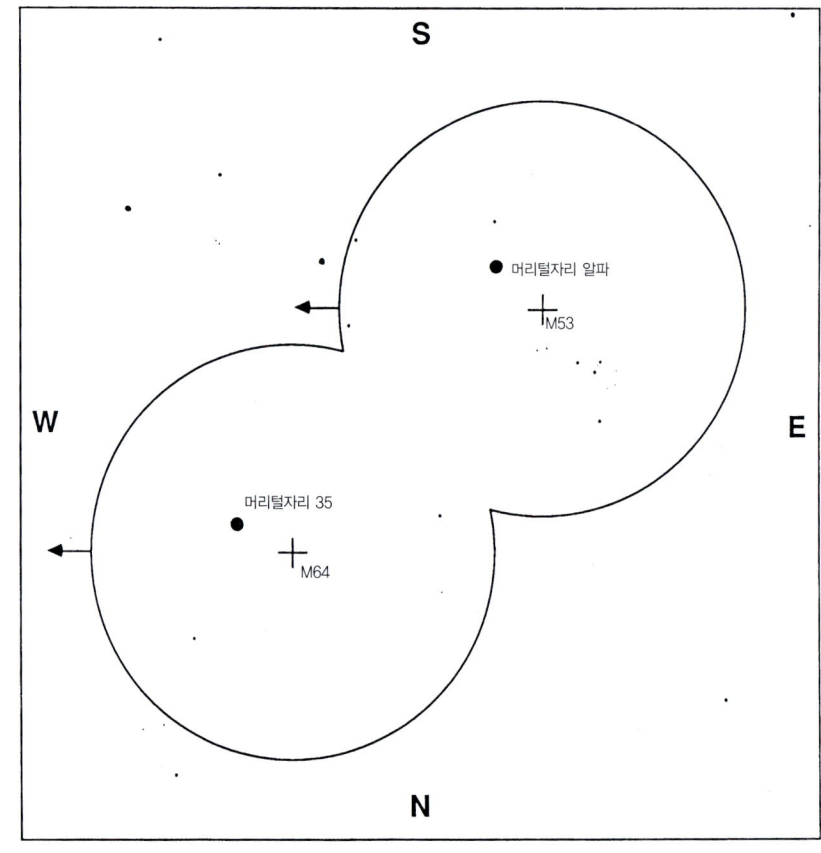

파인더스코프로 보았을 때

두 배)만큼 떨어져 있다.

망원경으로 보았을 때 M53은 작고 흐릿하고 거의 완벽하게 둥근 원반처럼 보인다. 이 은하의 중심은 가장자리보다 아주 약간 더 밝다.

M64는 아주 또렷하게 보이지는 않는 편으로, 어두운 구성 성단처럼 어두운 빛조각으로 보이지만 약간 길쭉한 모습을 하고 있다(폭에 비해 길이가 1.5배 정도로, 서북서-동남동 방향으로 누워 있다).

코멘트 4인치나 그 이상의 망원경으로 보면 M53 중앙의 낟알 모양을 볼 수 있지만, 작은 구경의 망원경으로는 이 성단에 있는 개개의 별을 볼 수 없다. 3인치 망원경으로 볼 수 있는 것은 밝고 둥근 성단의 핵뿐이다. 이 성단의 바깥 지역을 구성하고 있는 흐릿한 빛원반을 보기 위해서는 더 커다란 망원경이 필요하다(6인치 또는 8인치).

작은 망원경으로 볼 때 M64에서 볼 수 있는 것은 은하의 핵뿐이다. 아주 날씨가 좋은 저녁이면, 날카로운 눈을 지닌 관측자는 4인치 망원경으로도 이 은하의 중심을 지나가는 검은 띠를 볼 수 있을 것이다. (6인치 이상의) 더 큰 망원경으로 보면 이 띠는 더 쉽게 볼 수 있으며, 이 은하의 이름이 연유한 까닭이기도 하다.

여러분이 보는 것 우리는 다음 쪽에서 M3과 구상 성단에 대해 설

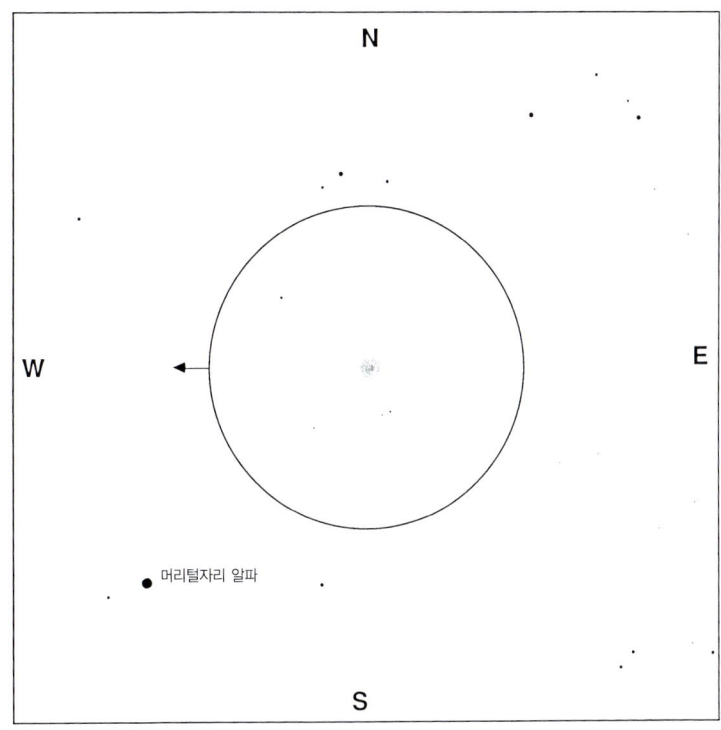

저배율로 보았을 때의 M53

명할 것이다. 작은 망원경으로 보면, M53은 M3보다도 어두워 보인다. 사실 이 성단은 못해도 M3 정도로 크지만 우리로부터 거리는 1.5배쯤 더 멀다. 이 성단은 오래 된 별의 모임으로 아마도 십만 개 정도가 모여 있는 듯하며, 성단의 크기는 거의 3백 광년에 달한다. 별의 대부분이 모여 있는 성단의 중심부(작은 망원경으로 보는 지역이 바로 이 부분이다)은 약 60광년 크기이다. 이 성단은 우리로부터 6만 5천 광년 떨어져 있다.

M64는 아주 밝은 나선 은하 가운데 하나로서, 태양보다 백억 배 이상 밝다. 하지만 밝기가 정확히 얼마나 되는가는 우리로부터 이 은하까지의 거리가 정확히 얼마나 되는지에 따라 다르다. 가까이에 있는 천체들까지의 거리를 바탕으로 이 은하까지의 거리를 추정해보면, 이 은하는 우리로부터 약 1천만~4천만 광년 사이의 거리에 있다. 은하의 크기 추정 역시 이 은하가 얼마나 멀리 있는가에 따라 다르다(더 멀리 있다고 생각할수록 더 크기가 커진다). 이 은하의 크기는 직경이 2만 5천에서 십만 광년 사이라고 생각된다.

이 은하의 중심을 가로지르는 검은 띠는 은하의 핵과 그 위에 있는 나선 팔 부분을 가리는 두 개의 먼지 구름 때문이다. 커다란 망원경으로 찍은 사진을 보면 달걀 형태의 은하 위에 있는 이 검은 조각 때문에 검은 눈과 같은 모습을 하고 있다.

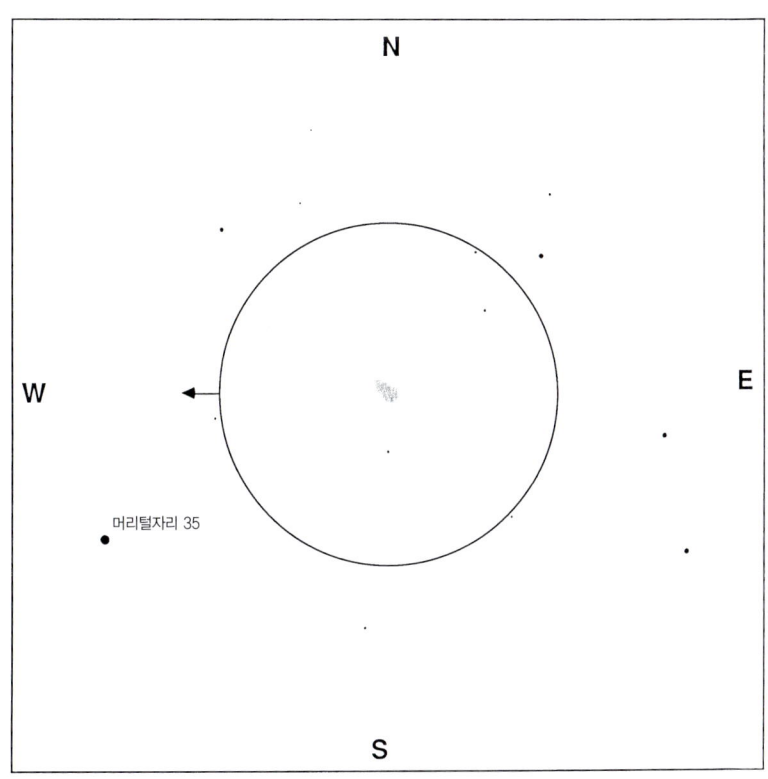

저배율로 보았을 때의 M64

사냥개자리 : 구상 성단, M3

하늘의 상태
 어두운 하늘

접안렌즈
 저배율

최적 관측 시기
 4월부터 7월

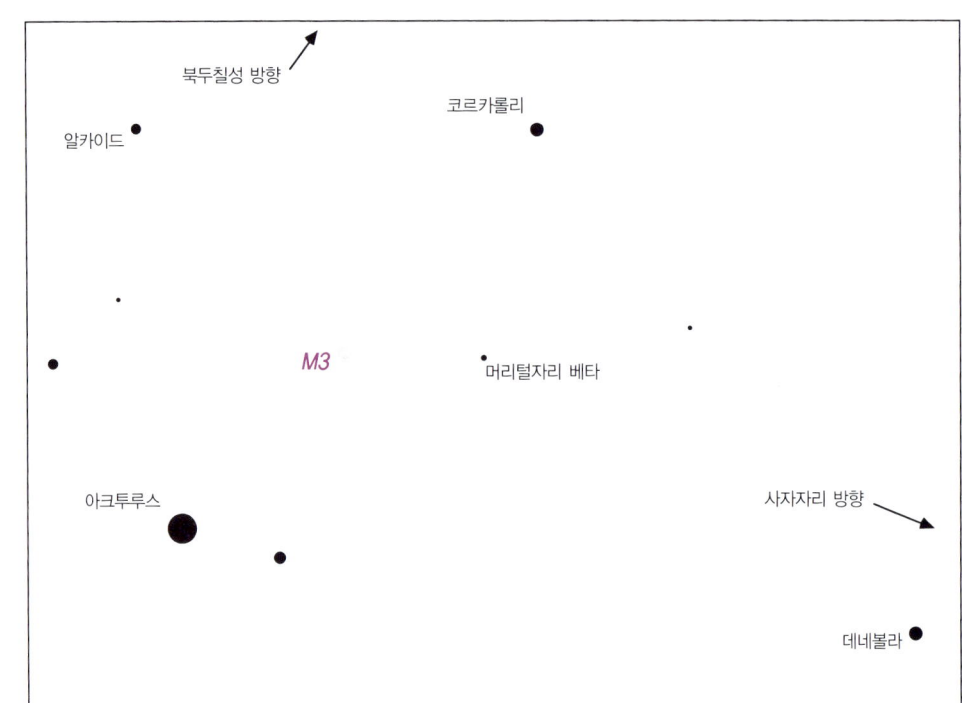

보아야 할 곳 북두칠성 '손잡이' 아래쪽에서 쉽게 볼 수 있는 두 개의 별 가운데 더 밝은 별인 코르카롤리(90쪽을 보라)와 손잡이로부터 남동쪽으로 떨어져 있는 오렌지빛의 밝은 별 아크투루스를 찾아라. 망원경을 이 두 별 중앙에서 약간 서쪽으로 향하게 해 머리털자리 베타라는 이름의 어두운 별에 향하도록 하라.

파인더스코프로 보았을 때 이 지역은 별이 거의 없는 곳이기 때문에 머리털자리 베타만이 눈에 띄는 별일 것이다. 파인더스코프로 보았을 때, 베타에서 바로 서쪽에 있는 두번째 별을 볼 수 있을 것이다. 이 별이 보인다면 지금까지는 제대로 찾아온 것이다(파인더스코프로 보았을 때의 그림에서 작은 상자 그림을 보아라).

 일단 머리털자리 베타를 발견하고 나면 파인더스코프 시야의 가장자리가 중심으로 올 때까지 동쪽으로 움직여라. 그러면 파인더스코프의 시야가 움직이는 반대편에서 마치 흐리고 퍼진 별처럼 생긴 M3이 나타나기 시작한다.

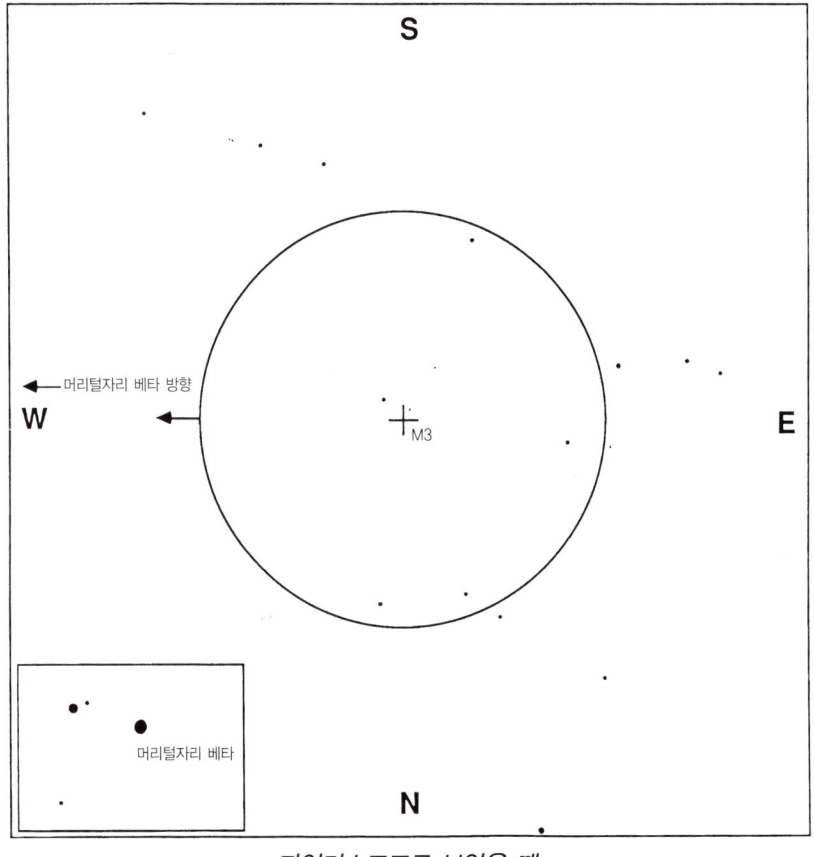

파인더스코프로 보았을 때

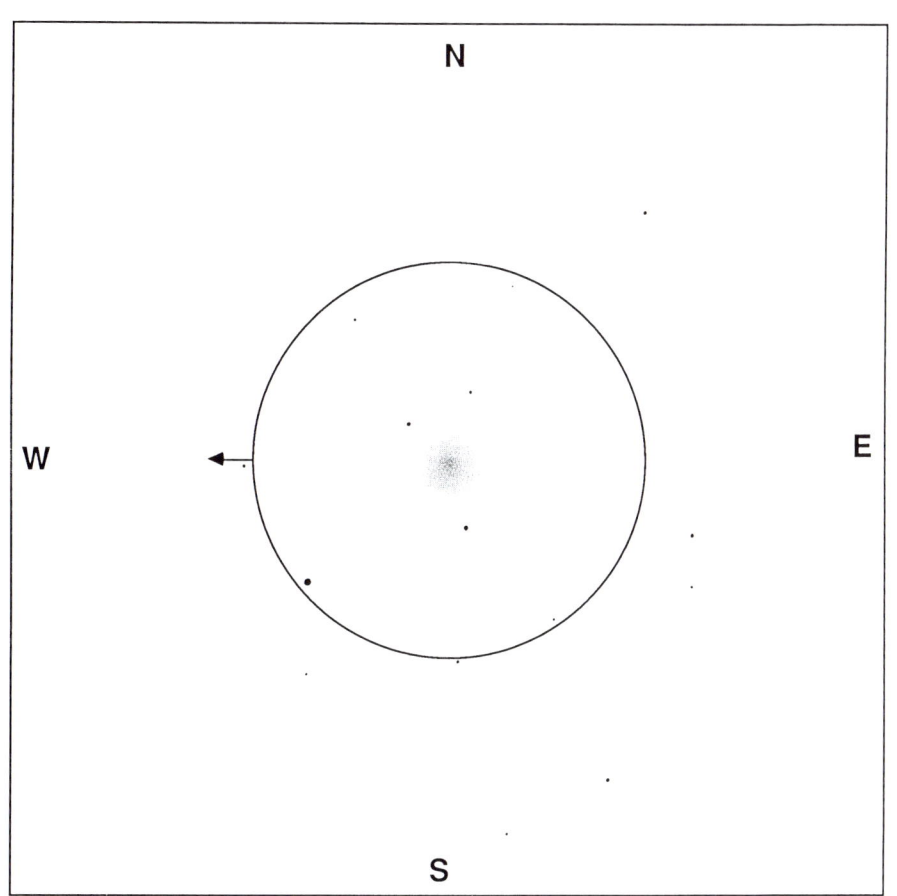

저배율로 보았을 때의 M3

망원경으로 보았을 때 이 구상 성단은 별이 밝고 빽빽하게 들어차 있으며, 빛낟알로 이루어진 공 같은 모습으로 보일 것이다.

코멘트 이 구상 성단은 북쪽 하늘에서 볼 수 있는 가장 밝은 성단 가운데 하나이다. 맑고 어두운 저녁, 저배율 접안렌즈를 써서 관측을 하면 성단의 중심부가 낟알들처럼 보인다. 망원경 구경이 4인치나 그 이상이라면 성단 가장자리에서도 개개의 별을 분해해 볼 수 있을 것이다(하지만 작은 망원경으로 본다 할지라도 이 성단은 꽤 멋지다). 고배율 접안렌즈를 쓰면 별들을 분해해 보기 쉽지만 대신 성단의 밝은 모습은 사라진다. 그리고 배율을 너무 높인다면 이 성단을 관측하는 데 어려움을 겪게 될 것이다. 성단의 핵은 주변을 둘러싸고 있는 빛구름보다 훨씬 밝다.

여러분이 보는 것 이 성단은 직경 2백 광년 이상 되는 지역에 모인 별들의 집단으로, 약 백억 년 이전에 별들이 탄생한 이후로 상호 중력에 의해 지금까지 함께 모여 있는 천체이다. 더 큰 구경의 망원경으로 보면 거의 5만 개의 별들을 분해해 볼 수 있다. 이 성단의 크기와 밝기를 고려해볼 때, 성단 안에는 약 50만 개의 별이 있으리라 생각하고 있다. M3은 우리로부터 4만 광년 떨어져 있기 때문에 원래 밝기는 태양보다 20만 배 정도 밝지만 우리가 볼 때는 6등급 밝기로 어둡게 보인다.

M3과 같은 **구상 성단**은 우주에서 가장 오래 된 별들을 포함하고 있다. 구상 성단의 나이를 알기 위해서는 산개 성단(47쪽을 보라)에서와 마찬가지로 적색거성으로 진화한 별들을 조사해보면 된다. 이런 방식으로 계산한 결과, 구상 성단의 나이는 최소 백억 년 정도로 우리 은하의 나이와 비슷하다.

하지만 구상 성단에 있는 별들에는 또다른 특징이 있다. 구상 성단에 있는 별들은 일반적으로 수소와 헬륨으로만 만들어졌으며, 태양과는 달리 철이나 규소가 거의 없다(지구와 같은 행성을 만들려면 이러한 원소들이 필요하다). 이런 원소들이 구상 성단 안의 별에 존재한다면 별 깊숙이 파묻혀 있는 것이 틀림없다. 사실 현재까지의 이론에 따르면, 철과 같이 무거운 원소들은 아주 커다란 별의 중앙에서 수소와 헬륨 원자의 핵융합에 의해 만들어진다고 한다.

이런 무거운 원소들이 별 깊숙한 곳에서 만들어진다면, 어떻게 바깥으로 빠져나와 행성을 만들 수 있을까? 수소와 헬륨으로 핵융합이 끝나게 되면 별은 언젠가는 '초신성'이 되어 폭발하게 된다(49쪽을 보라). 이런 방식으로 별 안에 있던 모든 무거운 원소들이 우주 공간으로 빠져나오게 되고, 여기에서 무거운 원소들은 수소와 헬륨 가스들과 섞여 새로운 별을 만들게 된다. 하지만 구상 성단 안에 있는 별들은 스스로 만들어 핵 깊숙한 곳에 간직하고 있는 것을 빼고는 이런 무거운 원소들을 가지고 있지 않다. 이런 무거운 원소가 어디에서 왔든지 간에 적어도 초신성 잔해와는 관련이 없는 가스로부터 만들어졌음이 틀림없다. 즉 이 별들은 초신성이 폭발하기 전에 만들어진 별임이 틀림없다. 이는 구상 성단이 우리 은하에서 가장 오래 된 별이라는 증거이다.

목동자리: 이자르, 쌍성, 목동자리 엡실론과 알칼루로프스, 삼중성, 목동자리 뮤

하늘의 상태
 안정된 하늘

접안렌즈
 고배율

최적 관측 시기
 4월부터 8월

알칼루로프스 A와 B

보아야 할 곳 서쪽 하늘 높이 떠 있는 오렌지빛 밝은 별(0등급) 아크투루스를 찾아라. 이자르는 아크투루스에서 북북동쪽으로 약 10도 정도 떨어진 곳에 있는 중간 밝기(2등급)의 별이다.

이자르를 지나서 계속 가다보면 3등급 밝기의 델타와 4등급 밝기의 알칼루로프스가 나온다.

파인더스코프로 보았을 때 이자르는 육안으로도 보기 쉬운 별이기 때문에 파인더스코프로 찾는 데는 아무런 문제도 없을 것이다.

알칼루로프스는 이자르보다 약간 더 어둡기 때문에 도시의 불빛 아래에서는 육안으로 볼 수 없을지도 모른다. 파인더스코프를 알칼루로프스보다는 찾기 쉬운 델타에 맞춘 다음 알칼루로프스가 시야에 들어올 때까지 파인더스코프를 북동쪽으로 움직여라.

망원경으로 보았을 때 이자르의 동반성은 붉은 오렌지빛의 5등급 밝기의 별로, 2등급 밝기인 주성에서 정북 방향으로 7초만큼 떨어져 있다.

알칼루로프스와 그 동반성은 꽤 거리가 떨어져

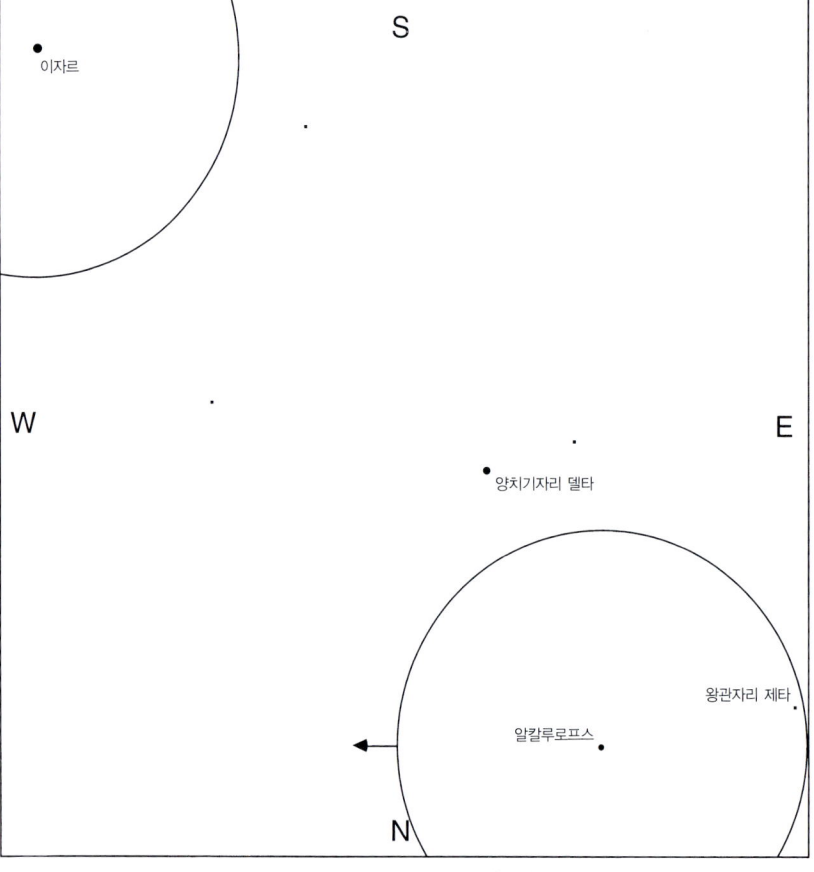

파인더스코프로 보았을 때

보이며, 동반성은 주성보다 몇 등급 더 어둡다. 하지만 고배율로 보았을 경우에는 동반성이 비슷한 밝기의 별 두 개로 분해되어 보인다(이 두 별은 겨우 2초 떨어져 있다).

코멘트 이자르는 특히 아름다운 쌍성이다. 이 두 별은 무척 가까이 있고 밝기 차이도 많이 나기 때문에 적어도 중배율 접안렌즈를 써야 하지만 고배율 접안렌즈로 보면 별의 색깔 구별이 잘 안 되는 경향이 있다.

알칼루로프스는 쌍안경으로 보아도 멋진 천체로서, 멀리 떨어진 동반성을 쉽사리 분해해 볼 수 있다. 또한 아주 고배율 접안렌즈를 쓰면 (3인치보다 큰 구경과 아주 안정된 하늘 아래에서) 동반성을 다시 분해해 볼 수 있다. 하지만 아쉽게도 2~3인치 망원경으로는 이런 멋진 광경을 보기가 무척 어려울 것이다. 그러나 밤이 정말로 맑고 깨끗하다면 2.4인치 망원경으로도 동반성을 분해해 볼 수 있다.

여러분이 보는 것 이자르는 우리로부터 약 250광년 떨어져 있다. 이 쌍성은 1829년 처음 발견된 이후 아주 조금밖에 움직이지 않았으며, 아마도 수백 AU 떨어져 있을 것이다.

알칼루로프스(이 이름은 목동의 지팡이에서 나온 것이다)는 우리로부터 약 95광년 떨어진 곳에 있다. 이자르의 동반성이 이루는 쌍성은 주성으로부터 3천 광년 이상 떨어진 곳에서 궤도를 돌고 있다. 이 쌍성의 궤도는 아주 잘 알려져 있다. 이 쌍성은 이심 궤도를 그리며 260년마다 한 번씩 서로를 돈다. 서로 가장 가까이

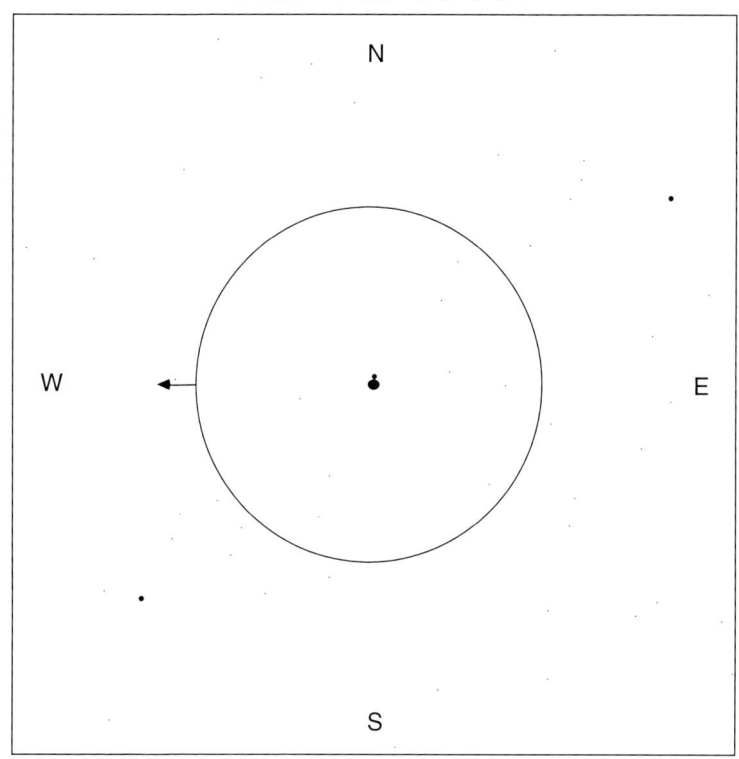

고배율로 보았을 때의 이자르

접근했던 때는 1865년이다.

또한 그 주변에는 알칼루로프스에서 동쪽으로 약 3도 정도 가면 5등급 밝기의 왕관자리 제타가 있다. 왕관자리 제타는 5등급과 6등급의 비슷한 밝기로 이루어진 쌍성으로 별 사이 거리는 겨우 6초밖에 안 된다. 작은 망원경으로 이 쌍성을 찾기란 꽤 어렵지만 밤 공기가 안정되어 있는 날에 충분한 구경의 망원경을 쓴다면 이 쌍성을 분해해 보는 일은 무척 즐거울 것이다.

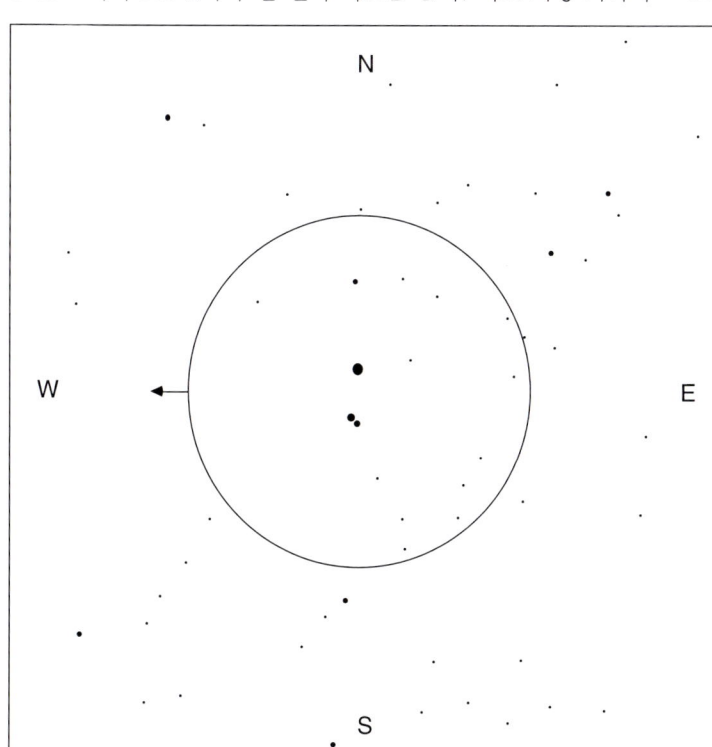

고배율로 보았을 때의 알칼루로프스

이자르

별	등급	색깔	위치
A	2.5	노란색	주성
B	5.0	빨간색	A에서 북쪽으로 3초

알칼루로프스

별	등급	색깔	위치
A	4.5	백색	주성
B	7.2	백색	A에서 남쪽으로 109초
C	7.8	백색	B에서 북북동쪽으로 2초

왕관자리 제타

별	등급	색깔	위치
A	5.1	백색	주성
B	6.0	백색	A에서 서쪽으로 6.3초

계절별 천체 : 여름

여름은 하늘을 관측하기에 가장 편한 계절이지만 쌀쌀한 기운이나 풀잎(그리고 망원경 렌즈)에 맺히는 이슬, 머리 위로 날아다니는 벌레들에 대한 대비를 해야만 한다(절대로 방충제를 과소평가하지 말아라). 게다가 여름에는 관측할 수 있는 시간이 줄어든다. 밤이 짧아질 뿐만 아니라 서머 타임이 적용되는 곳이라면 여러분이 사는 곳이 어딘가에 따라 어두운 별을 볼 수 있을 정도로 날이 어두워지려면 오후 10시나 그 이후 시간까지 기다려야만 한다.

여름철에서 가장 좋은 시기는 물론 늦게까지 관측해도 괜찮은 휴가철이다. 이 책에서 가을철 편에 실어놓은 천체들은 여름에는 새벽 3시나 4시경에 볼 수 있다. 도시의 불빛을 벗어나 시골로 캠핑이나 휴가를 떠난다면 망원경을 꼭 가지고 가자. 도시에서 보면 성단과 성운이 흐릿한 빛조각처럼 보이지만 맑고 어두운 하늘에서는 이런 천체들도 놀랄 만큼 멋진 모습으로 나타난다. 하지만 바닷가나 호숫가는 공기가 습하기 때문에 별을 관측하기에 적당한 장소가 아니다.

가장 멋지게 보이는 천체들 상당수는 하늘의 남쪽 부분, 은하수에 모여 있다. 망원경을 설치할 때는 남쪽 하늘이 잘 보이는 장소를 찾도록 노력하자.

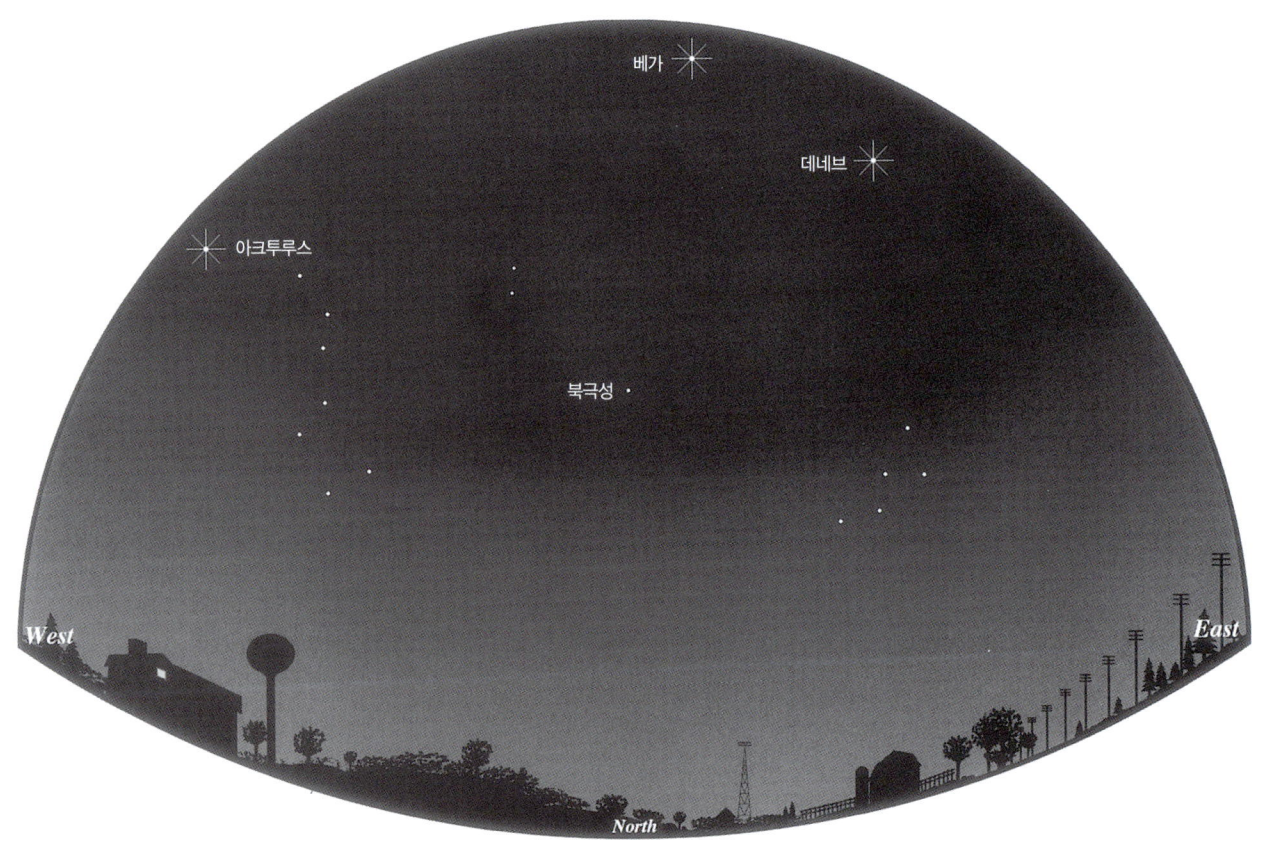

방향 찾기 : 여름 하늘 길잡이

북쪽을 바라보고 서서 왼쪽, 즉 북서 방향에 있는 북두칠성을 찾아라. 국자의 손잡이 부분은 하늘 높이 떠 있고 그릇처럼 생긴 부분은 나무 꼭대기 근처에 낮게 걸려 있을 것이다.

북두칠성에서 그릇 모양의 바깥쪽에 있는 두 개의 별은 '지극성'으로 지평선에 가장 가깝게 걸려 있다. 이 두 별을 연결한 선을 따라 북쪽으로 가면 **북극성**을 발견할 수 있다. 북극성을 바라보면 언제나 정북 방향을 바라보게 된다.

북극성은 소북두칠성의 손잡이 끝부분에 해당한다. 북두칠성으로부터 북극성의 반대쪽에 있는 다섯 개의 밝은 별은 카시오페이아이다. 카시오페이아자리는 'W'자가 지평선 위에 북동쪽으로 앉아 있는 모습을 하고 있다.

다음으로는 아크투루스와 스피카이다. 즉 북두칠성의 손잡이를 연결한 곡선을 계속 남쪽으로 뻗어나가 보면 오렌지빛의 밝은 별 **아크투루스**를 찾을 수 있다. 이 곡선을 남쪽으로 따라가면 두 번째로 밝은 별이자 좀더 파란색인 **스피카**가 보인다. 아크투루스와 스피카는 서쪽 하늘을 관측할 때 우리가 쓰는 길잡이다. 스피

서쪽으로 여름철에도 서쪽 지평선 위로는 봄철에 잘 보이던 많은 천체들을 쉽게 관측할 수 있다. 해가 진 직후 이 천체들을 관측해보라.

천체	별자리	유형	쪽
M3	사냥개자리	구상 성단	98
미자르	큰곰자리	쌍성	84
소용돌이	사냥개자리	은하	88
M81, M82	큰곰자리	은하	82
코르카롤리	사냥개자리	쌍성	90
이자르	목동자리	쌍성	100

카는 황도 12궁의 하나인 처녀자리에 있는 별이다. 행성을 보려면 황도 12궁 쪽을 보아야 한다.

남쪽으로 돌아보면 세 개의 아주 밝은 별이 하늘 높이 여름철 대삼각형을 이루고 있다. 남쪽에 있는 별은 1등급 밝기의 파란색 별로 알타이르라 한다. 알타이르는 짧게 늘어서 있는 세 개의 별 가운데 있으며 가장 밝다. 나머지 두 별은 거의 머리 꼭대기에 있다. 이 가운데 서쪽에 있는 좀더 밝은 쪽 별은 베가로서 밝은 청백색이다. 베가의 청백색과 아크투루스의 오렌지색을 비교해보라. 이 둘은 같은 밝기이다. 대삼각형의 세번째 별은 동쪽에서 밝게 빛나고 있는 데네브이다. 데네브는 '십자가' 모양을 이루고 있는 밝은 별들의 꼭대기에 위치하고 있다.

남쪽 하늘 낮은 곳을 보면 **안타레스**라는 아주 밝고 붉은색 별이 보인다. 이 천체는 황도 12궁의 하나인 전갈자리에 있는 별이다. 따라서 이 근처를 보면 역시 행성을 찾을 수 있다. 안타레스는 화성과 혼동할 수도 있다('안타레스'는 '화성에 대적하는 자'라는 뜻의 그리스어이다). 하지만 안타레스는 행성들과 달리 반짝거린다. 안타레스의 오른쪽으로는 세 개의 밝은 별이 수직으로 늘어서 있다. 이 별들은 남쪽 지방에서 더 쉽게 보인다.

마지막으로 안타레스의 왼쪽, 동쪽 방향으로는 집의 외곽 같은 모양을 한 별들이 뜨고 있다(근처에 있는 좀더 흐린 별까지 포함한다면 '찻주전자'처럼 보이기도 한다). 이 별자리는 궁수자리로서, 황도 12궁의 하나이다. 따라서 이곳도 행성이 있을 만한 장소이다.

은하수는 북동쪽에서 남쪽으로 흐르는 빛줄기를 만든다. 맑고 어두운 날 밤에는 망원경으로 은하수를 따라가며 보는 것만으로도 황홀한 느낌이 든다. 특히 궁수자리, 데네브와 이 별을 포함하고 있는 십자가 근처를 유심히 살펴보라.

헤르쿨레스자리 : 대(大) 구상 성단, M13

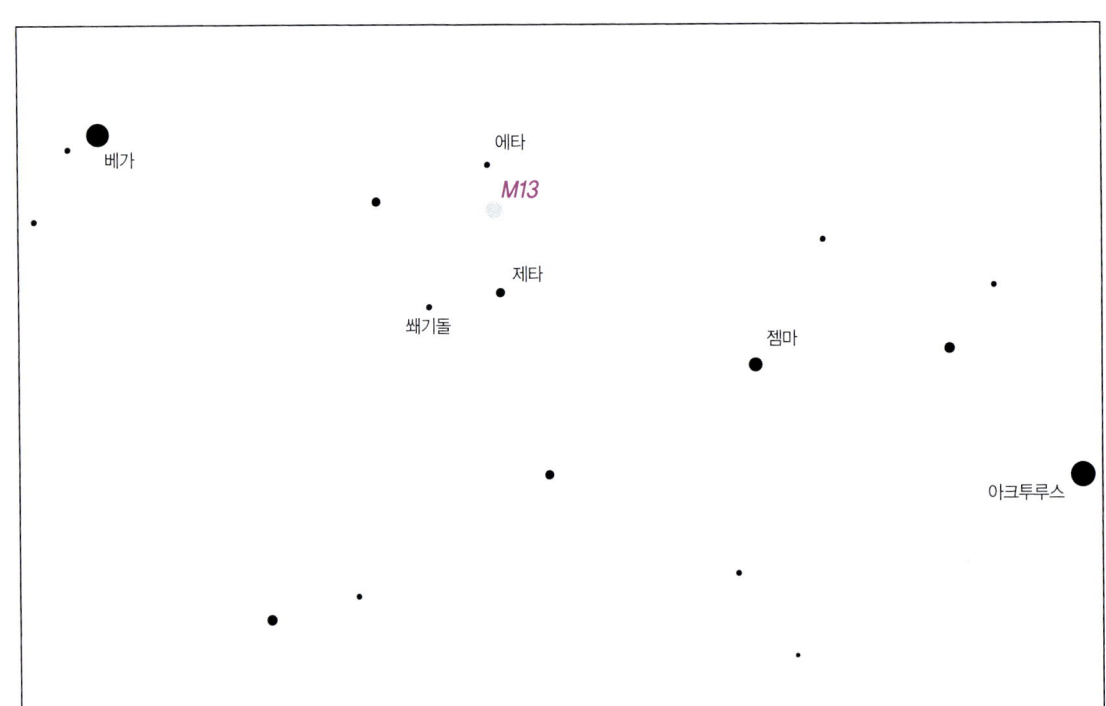

하늘의 상태
관계 없음

접안렌즈
저배율

최적 관측 시기
5월부터 10월

보아야 할 곳 여름철 대삼각형 가장 서쪽에서 파란색으로 밝게 빛나고 있는 베가를 찾아라. 그리고 북두칠성의 손잡이 부분이 가리키고 있는 곳에서 오렌지빛으로 밝게 빛나고 있는 아크투루스를 찾아라. 이 두 별을 잇는 선을 그린 다음 이를 삼등분해라. 아크투루스에서 베가 쪽으로 1/3쯤 간 곳에 북쪽왕관자리를 이루는 별들이 반원형으로 늘어서 있다. 이 별들 가운데 가장 밝은 별이 젬마이다 (알페카라는 이름으로도 알려져 있다).

여름철 저녁 아크투루스에서 베가 쪽으로 2/3쯤 간 곳(또는 젬마에서 베가 방향으로 반쯤 간 곳)에서 머리 위를 보면 찌그러진 사각형 모양을 한 별 네 개가 보일 것이다. 이 네 개의 별을 '쐐기돌'이라 한다. 이 사각형의 서쪽 변을 이루는, 즉 젬마와 아크투루스 쪽을 향해 있는 두 별을 찾자. 이 두 별 사이 중간에서 약간 북쪽을 조준하라.

예전에는 M13을 맨눈으로 볼 수 있는지 아닌지를 가지고 날씨가 맑은지 아닌지를 시험하곤 했다.

파인더스코프로 보았을 때 쐐기돌 북서쪽 구석에

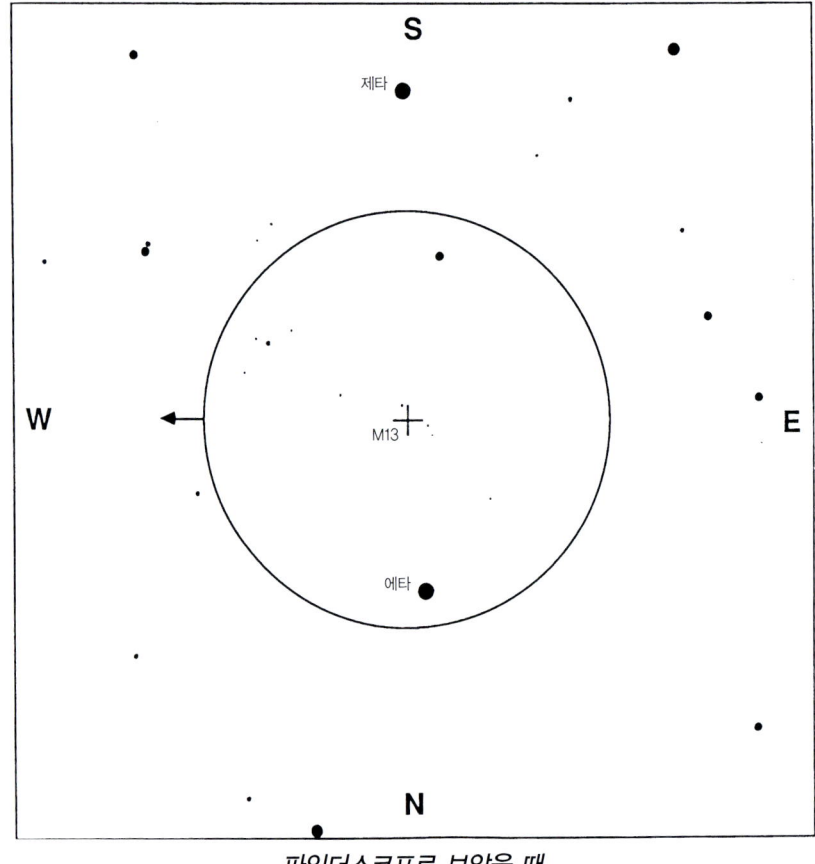

파인더스코프로 보았을 때

저배율로 보았을 때의 M13

있는 헤르쿨레스 에타를 찾아라. 에타에서 남서쪽 구석에 있는 헤르쿨레스 제타 쪽으로 1/3쯤 가면 어둡게 퍼져 보이는 빛조각이 눈에 들어온다. 이 퍼진 빛조각이 M13이다.

망원경으로 보았을 때 이 구상 성단은 중심부가 가장자리보다 더 밝은 공처럼 보인다. 그리고 이 성단 옆으로는 7등급 밝기의 별 두 개가 있다.

M13은 북위도에서 가장 멋지게 보이는 구상 성단이다(여러분이 플로리다처럼 남쪽 지방에 산다면 144쪽에서 설명하게 될 M22가 더 멋있게 보일 것이다. 하지만 이 두 성단 모두 186쪽에서 설명하게 될 남반구의 구상 성단 센타우르스자리 오메가의 아름다움에는 발치에도 미치지 못한다).

날씨가 썩 좋지 않은 저녁이라 할지라도 작고 밝은 중심부는 볼 수 있으며, 밤이 깜깜하면 할수록 성단의 더 많은 부분을 볼 수 있다.

사실 우리가 보는 밝은 중심부는 성단의 총 반경의 1/5밖에 되지 않는다. 작은 망원경으로는 이 성단의 낱알 모양의 조직을 약간밖에 보지 못한다. 6인치 망원경으로 이 성단을 보면 가장자리를 따라 수많은 개개의 별이 분해되어 보이기 시작한다.

여러분이 보는 것 이 천체는 구상 성단으로서 약 1백만 개의 별로 이루어져 있다(구상 성단에 대해 더 자세히 알고 싶으면 99쪽을 보라). 이 성단의 중심부는 직경이 1백 광년 이상이며 우리로부터 2만5천 광년 정도 떨어져 있다.

커다란 망원경으로 보면 성단 가장자리에 있는 별을 3만 개 정도 분해해 볼 수 있지만 중심부는 별들이 너무 가까이 있기 때문에 개개의 별로 분해해 볼 수 없다. 물론 '가까이'라는 단어는 상대적인 표현으로 성단 중앙에 별들이 아무리 빽빽이 있다 할지라도 별과 별 사이 거리는 거의 1/10광년 정도 떨어져 있어 별끼리 충돌하는 일은 없다.

사실 우리가 알고 있는 한, 이 별들은 지난 백억 년 동안 뭉쳐 있었으며, 이 기간은 태양계 나이의 두 배 이상이며 우리 은하의 기원까지 거슬러 올라가는 시간이다.

헤르쿨레스자리 : 구상 성단, M92

하늘의 상태
  어두운 하늘

접안렌즈
  저배율

최적 관측 시기
  5월부터 10월

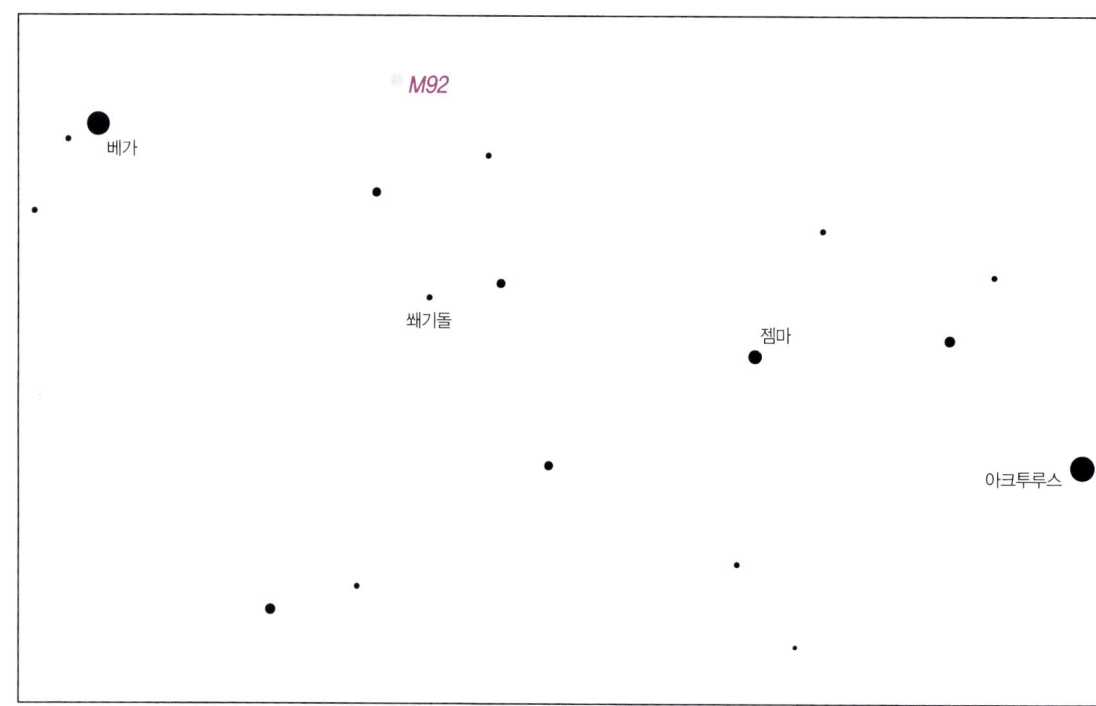

보아야 할 곳 여름철 대삼각형의 가장 서쪽에 있는 파란색으로 밝게 빛나는 베가와 북두칠성의 손잡이에서 약간 떨어진 곳에 있는 오렌지빛의 밝은 별 아크투루스를 찾아라. 이 두 별 사이에 선을 그리고 삼등분하라. 아크투루스에서 베가 쪽으로 1/3 정도 간 곳에 젬마라는 밝은 별이 있다. 여름철 저녁, 아크투루스에서 베가로 2/3(또는 젬마에서 베가로 반쯤 간 거리)쯤 가면 머리 위로 다소 찌그러진 사각형을 이루고 있는 네 개의 별이 보일 것이다. 이 별들을 '쐐기돌'이라 한다.

쐐기돌에서 가장 북쪽에 있는 두 별을 북쪽을 가리키는 삼각형의 밑변으로 삼아라. 이 삼각형이 정삼각형이라고 가정하면, M92는 이 삼각형의 북쪽 꼭지점(가상의 위치)의 바로 서쪽에 있다.

파인더스코프로 보았을 때 이 성단은 상대적으로 밝기 때문에(6등급) 파인더스코프로도 쉽사리 볼 수 있다. 하지만 주변에 이 성단까지 길잡이를 해줄 별이 드물기 때문에 성단을 찾기가 쉽지만은 않을 것이다.

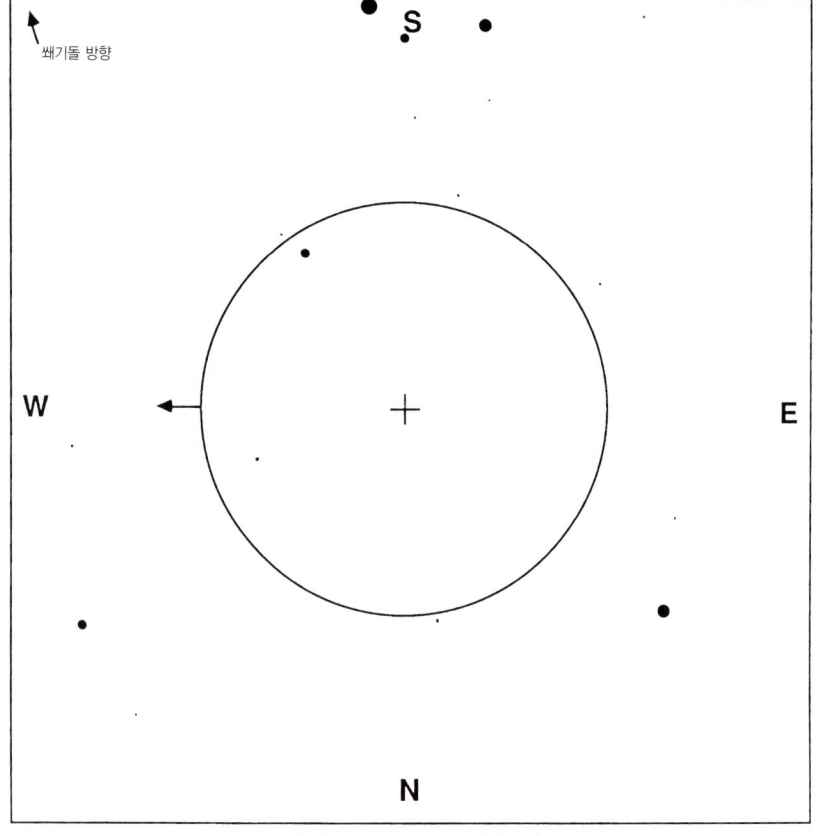

파인더스코프로 보았을 때

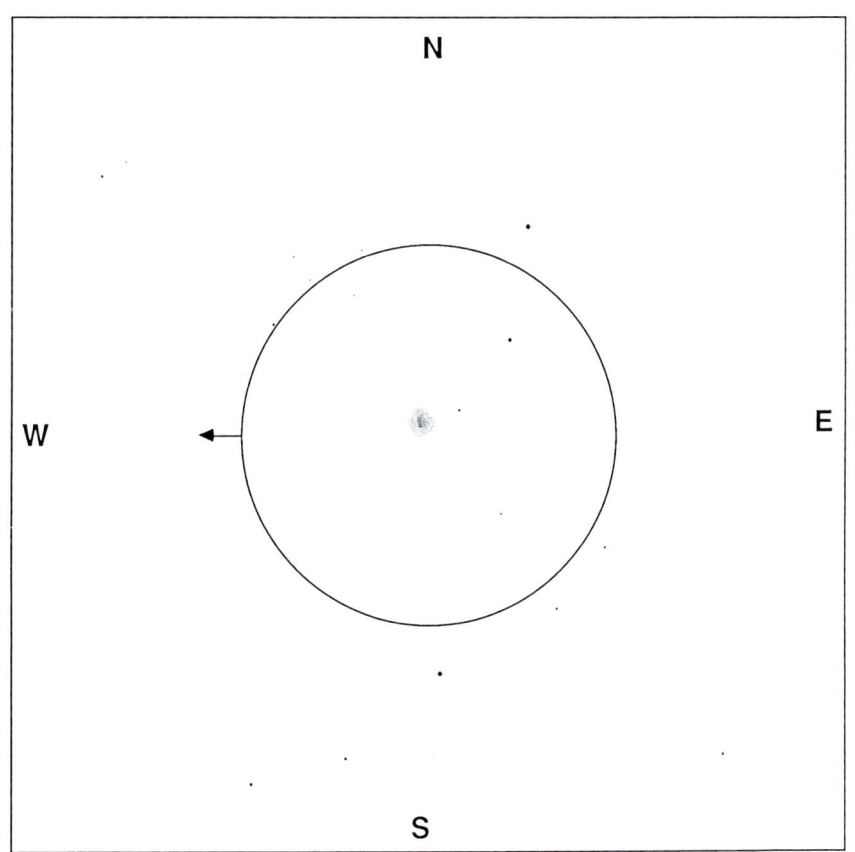

저배율로 보았을 때의 M92

망원경으로 보았을 때 이 성단은 크기는 작지만 다른 성단과 혼동할 수 없는 천체이다. 이 성단에서 나오는 빛은 고르지 않아서 군데군데 덩어리져 보이지만 낟알 같은 무늬는 보이지 않는다. 그리고 성단에 핵은 있지만 특별히 눈에 띄지는 않는다.

코멘트 M92는 무척 아름다운 구상 성단이지만 가까이에 있는 M13 때문에 언제나 2등의 자리밖에 차지하지 못한다. 주변시(눈을 중심핵에서 빗겨 보는 방법. '눈동자의 가장자리'가 약한 빛에 더 민감하기 때문이다)는 성단의 전체 모습을 보는 데 효과적이다. 눈이 이 천체를 보는 데 적응이 되면 성단의 모습이 더 크고 밝게 보이게 된다.

여러분이 보는 것 이 성단은 수십만 개의 별이 모인 집단으로 직경은 약 1백 광년이다. 이 크기를 고려해보면 M92는 M13보다 덜 밝은 듯하다. 우리로부터 M92까지 거리는 M13보다 훨씬 먼 약 3천5백 광년이기 때문이다.

구상 성단에 대한 더 많은 정보는 99쪽에 있다. 99쪽에서 설명한 대로, 구상 성단에 있는 별에는 무거운 원소가 거의 없다. 이는 구상 성단에 있는 별들이 원시별이라는 사실을 의미하며, 별의 진화에 대한 자세한 계산 결과, 이러한 구상 성단에 있는 별들의 나이는 실제로 130억 년에서 150억 년 정도 되는 것으로 드러났다.

이러한 계산 결과는 정교하게 체계화된 물리학에 바탕을 두고 있으며, 이 결과를 뒷받침하는 수많은 증거들이 있다. 그러나 불행히도, 우주의 팽창을 설명해주는 '허블 상수'를 이용해 계산해 보면, 대폭발 자체는 일어난 지 겨우 120억 년밖에 되지 않았다!

하지만 어떻게 말한다 할지라도 우주 그 자체보다 우주 안에 있는 별의 나이가 더 많다는 주장은 있을 수 없는 일이다. 아마 이러한 계산을 할 때 어떤 부분에서 오차가 있었던 모양이다. 이렇게 명백한 모순은 천문학자들에게는 무척 흥분되는 사실로 다가온다. 이런 모순을 통해, 천문학자들은 별과 우주의 진화 과정에서 잘못 알고 있는 부분이 어디인지 발견할 단서를 얻을 수 있기 때문이다.

헤르쿨레스자리: 라스알게시, 쌍성, 헤르쿨레스 알파 별

하늘의 상태
안정된 하늘

접안렌즈
고배율

최적 관측 시기
5월부터 10월

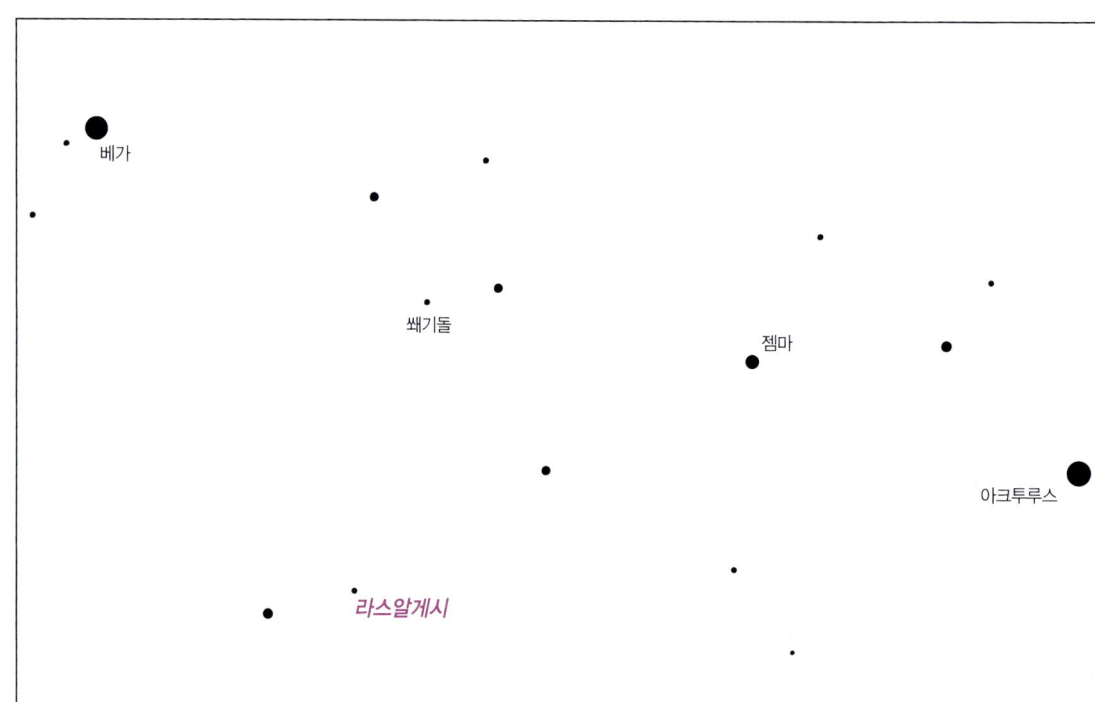

보아야 할 곳 여름철 대삼각형에서 파란색으로 밝게 빛나고 있는 베가와 북두칠성의 손잡이에서 조금 떨어진 곳에서 오렌지빛으로 밝게 빛나고 있는 아크투루스를 찾아라. 아크투루스에서 베가로 1/3 정도 가면 젬마라는 밝은 별이 나온다. 아크투루스에서 베가로 2/3 또는 젬마와 베가의 중간 지점에는 '쐐기돌'이라 불리는 네 개의 별이 찌그러진 사각형 모양으로 있다. 이 네 개의 별은 모두 여름철 저녁에 하늘 높이 떠 있다.

쐐기돌의 가장 북쪽에 있는 별로부터 남동쪽에 있는 별로 한 걸음 가라. 같은 방향으로 다시 두 걸음 더 가면 꽤 밝은 한 쌍의 별을 볼 수 있을 것이다. 이 별 가운데 서쪽에 있는 별에 망원경을 조준하라. 이 별이 라스알게시이다.

파인더스코프로 보았을 때 라스알게시는 진한 붉은색이다. 파인더스코프 시야에서 라스알게시와 남동쪽에 떨어져 있는 백색의 밝은 별과 혼동하지 말아라. 그 별은 라스알하그라고 부른다.

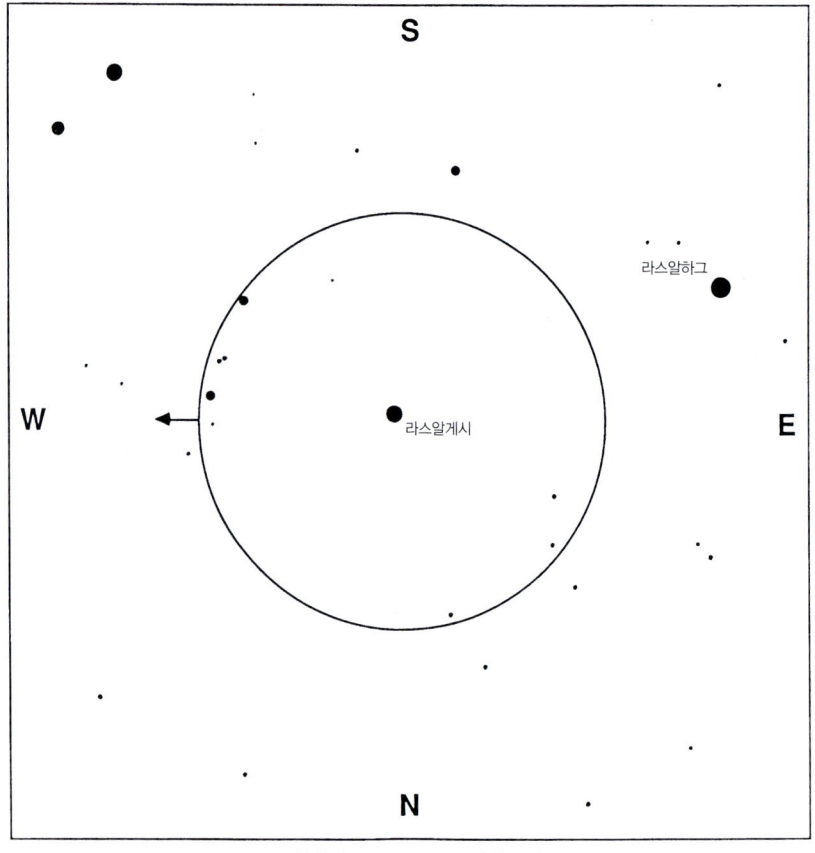

파인더스코프로 보았을 때

고배율로 보았을 때의 라스알게시

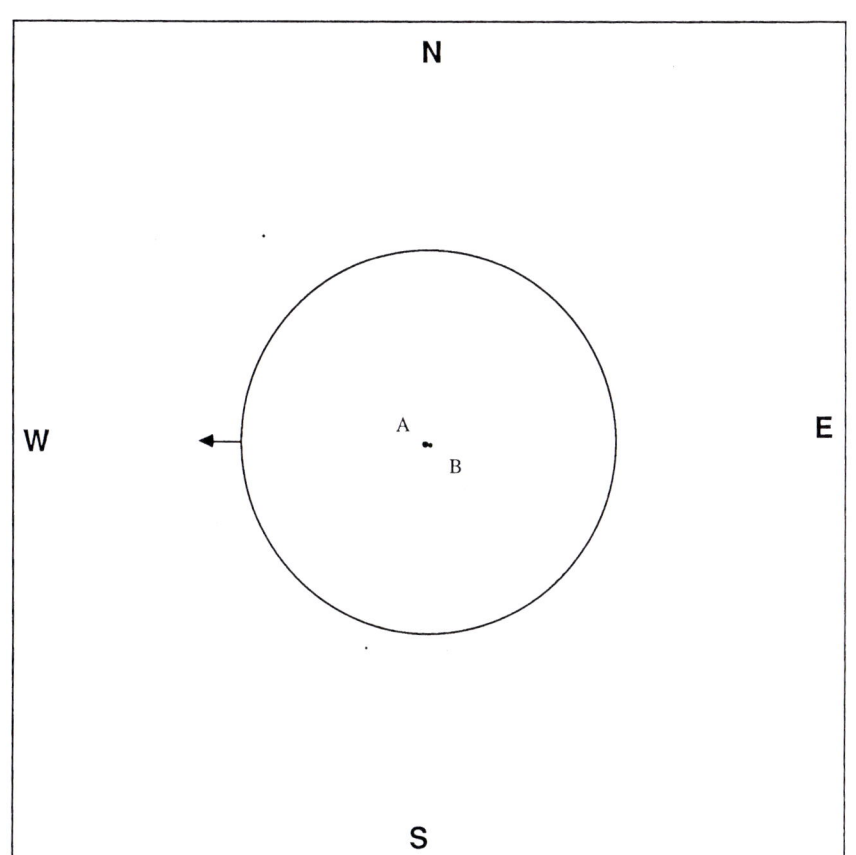

망원경으로 보았을 때 라스알게시는 망원경 시야에서 밝게 빛나는 유일한 별일 것이다. 이 쌍성은 서로 너무 가까이 있기 때문에 저배율로는 분해해 보기 어려우며, 중배율로도 분해해 보기가 쉽지 않다. 하지만 고배율로 보면 망원경 시야에서 주성이 흐르는 방향(동쪽)으로 동반성이 아주 가까이 붙어 있는 모습이 보인다.

코멘트 이 쌍성은 하늘에서 가장 뚜렷한 색 대비를 보이는 천체 가운데 하나로서, 동반성은 파란색에 약간 녹색의 기운을 띠고 있는 반면, 주성은 붉은 오렌지빛을 띠고 있다. 일부 쌍성은 고배율로 보았을 때 색깔의 구별이 잘 안 되지만, 라스알게시는 고배율로 보아도 될 만큼 충분히 밝기 때문에 아무런 문제가 없다.

라스알게시는 쌍성이면서 동시에 변광성이기도 하다. 일 년의 기간에 걸쳐 A별의 밝기는 3등급에서 4등급 사이를 무작위로 변한다. 주성의 밝기가 어두워질 때 쌍성으로 분해해 보기 더 쉽다.

여러분이 보는 것 라스알게시는 거대하지만 멀리 떨어져 있는 적색거성이다. 우리로부터 라스알게시까지의 거리는 5백 광년에 가까우며 직경은 태양보다 4백 배 정도 크다. 즉 태양 대신 라스알게시를 그 자리에 놓는다면 수성부터 (지구는 물론이고) 화성까지 모든 지구형 행성이 라스알게시 안에 들어가게 된다. 라스알게시의 동반성은 약 500AU 떨어진 곳에서 라스알게시를 돌고 있으며 한 번 공전하는 데는 수천 년이 걸린다. 이 쌍성의 스펙트럼을 연구한 결과 라스알게시가 사실은 쌍성이라는 사실을 알아냈지만 망원경으로 이 쌍성을 분해해서 보기에는 두 별이 너무 가까이 있다.

별	등급	색깔	위치
A	3~4*	붉은색	주성
B	5.4	녹색	A에서 동남동쪽으로 4.6초

*변광성

적색거성은 별이 자신의 연료 대부분을 소모하고 죽어가는 단계이다. 별이 빛을 내는 에너지는 수소 원자가 헬륨으로 융합되며 나오는 것으로 수소폭탄과 같은 에너지이다. 자연에서 이러한 융합이 일어날 수 있는 곳은 오직 별의 중심부뿐이다. 수소 핵끼리 서로 맞닿으려면 강한 압력이 필요하기 때문이다. 하지만 별 안에 있던 수소가 헬륨으로 바뀌고 나면 별을 뜨겁게 할 수 있는 에너지가 없게 된다. 이때부터 별은 차가워지고 수축한다. 이때에도 별이 충분히 크면, 이렇게 수축하며 내는 에너지가 헬륨이 다시 융합하도록 해서 별 중심부의 온도를 유지시킨다. 하지만 별의 바깥쪽은 이런 수축에 의해 '부풀어 오르며' 뜨거운 핵 주위로 거대하지만 차가운 가스 껍질을 만든다. 밝고 뜨겁고 하얀빛을 내는 대신 이런 외부 가스 껍질은 탁한 붉은빛을 낸다. 이 별이 적색거성이다.

중심핵에 있던 헬륨을 다 쓰고 나면 별은 다시 수축한다. 이때의 수축은 바깥쪽에 있는 차가운 가스 껍질을 별의 중심으로부터 완전히 날려버릴 만큼 격렬하게 일어난다. 이렇게 껍질이 사라져버린 천체가 행성상 성운이다(61쪽을 보라). 별이 아주 무겁다면 이런 일련의 수축은 몇 번이고 일어나며, 수축의 마지막 단계는 매우 격렬하게 일어나 초신성이 탄생하게 된다(48쪽을 보라).

뱀자리 : 구상 성단, M5

하늘의 상태
   어두운 하늘

접안렌즈
   저배율

최적 관측 시기
   6월부터 9월

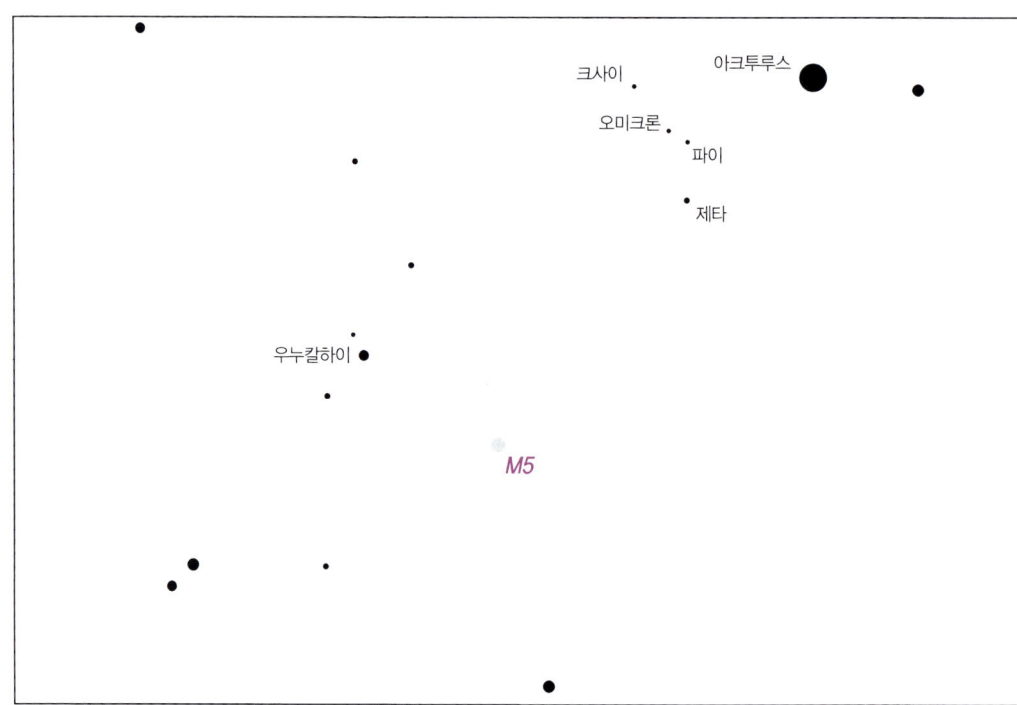

보아야 할 곳 서쪽 하늘 높이에서 오렌지빛으로 밝게 빛나고 있는(0등급) 아크투루스를 찾아라. 아크투루스에서 남동쪽으로는 꽤 어두운 별인 목동자리 제타가 있다(이 별의 북쪽에 있는 세 개의 어두운 별과 혼동하지 말아라. 목동자리 파이와 오미크론은 서로 인접해 있으며, 크사이는 이보다 좀더 북쪽에 있다. 이 세 별에 대해서는 아래에서 다시 설명하겠다). 아크투루스에서 목동자리 제타로 한 걸음 가라. 이 방향으로 다시 두 걸음 더 가면 남서쪽에 우누칼하이라는 빛나는 별이 어두운 하늘에 나타날 것이다(우누칼하이는 근처에 흐릿한 두 개의 별과 함께 꽤 밝게 빛나고 있다).

파인더스코프로 보았을 때 파인더스코프에서 삼각형을 이루며 꽤 밝게 빛나고 있는 별을 찾아라. 둘은 동서 방향으로 위치하고 있다. 세번째 별은 약간 남쪽, 서쪽에 있는 별에 가깝게 있다. 이 서쪽에 있는 별을 조준하라.

망원경으로 보았을 때 이 구상 성단은 중심부가 가

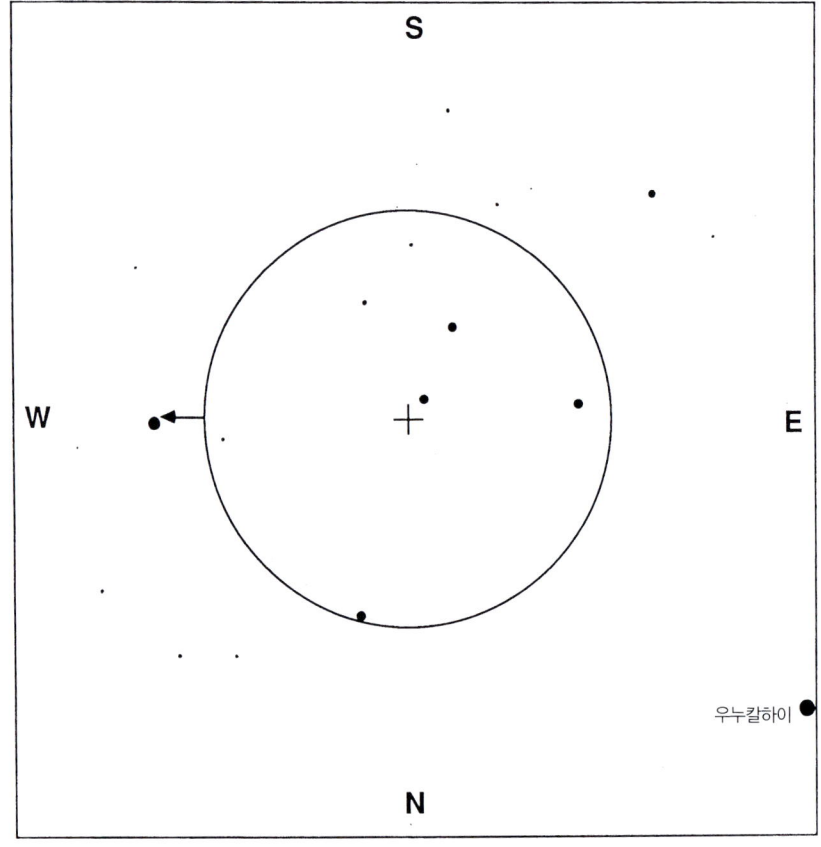

파인더스코프로 보았을 때

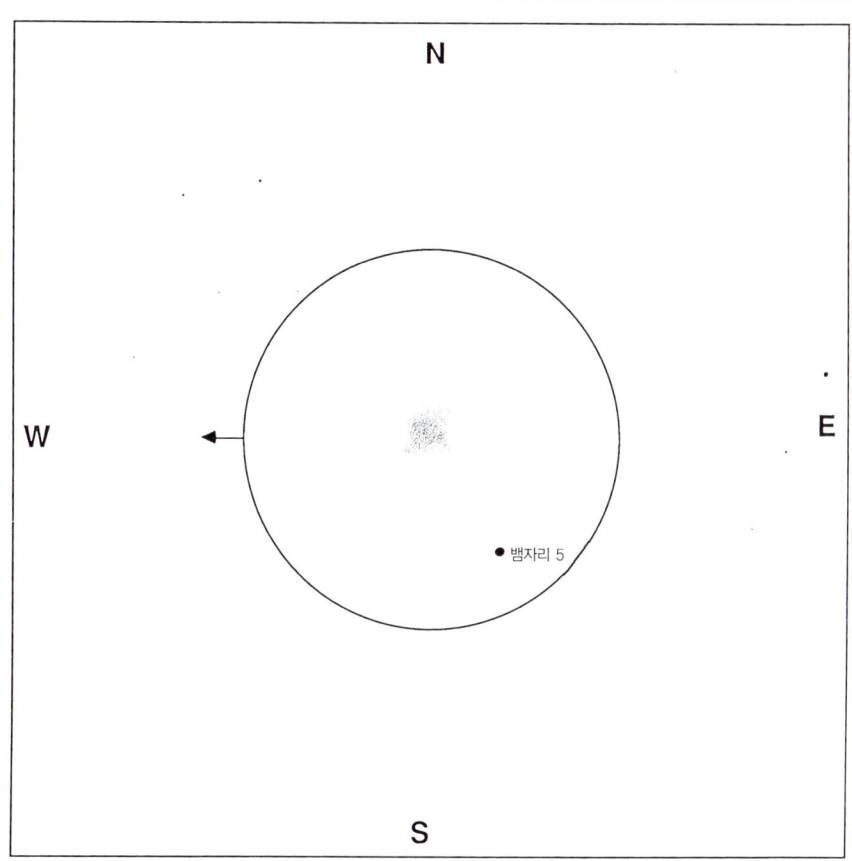

저배율로 보았을 때의 M5

장자리보다 다소 밝은, 빛으로 된 공처럼 보일 것이다. 성단의 남남서쪽으로는 5등급 밝기의 '뱀자리 5'가 보인다.

코멘트 이 천체 주변에는 육안으로 보기 쉬운 별들이 없기 때문에 처음 하늘에서 이 성단을 찾기는 어려운 편이다. 하지만 이 천체는 밝은 구상 성단에 속하기 때문에 파인더스코프로 쉽사리 볼 수 있다. 밤하늘이 특히 어두운 날이라면 육안으로도 볼 수 있다.

작은 망원경으로 보면 이 성단은 아무런 특징이 없는, 가장자리로 갈수록 밝기가 어두워지는 밝고 둥그런 공처럼 보인다. 2~4인치 망원경으로 보면 바깥 가장자리에 있는 빛은 덩어리진 듯 보인다. 이것은 성단의 바깥 지역에 별들이 모여 있는 작은 집단이다. 어두운 밤하늘에 4인치에서 6인치 망원경으로 보면 낱알 무늬가 보이기 시작하며 가장 밝은 별들이 개개의 빛으로 보이기 시작한다.

여러분이 보는 것 이 구상 성단은 현재까지 알려진 가장 오래 된 구상 성단 중 하나이다. 이 성단에 있는 별의 분광형을 관측한 결과(심지어는 질량이 작고 오래 사는 별들마저도 별의 마지막 단계인 적색거성으로 팽창하기 시작했다), 천문학자들은 이 성단의 나이가 약 130억 년으로, 태양계보다 거의 세 배나 오래 되었다고 추측하고 있다(구상 성단의 나이에 대해서는 107쪽을 보라). 이 성단에는 약간 타원형의 구에 직경은 1백 광년 정도인 1백만 개 가량의 별이 모여 있으며, 우리로부터 거리는 2만 7천 광년이다. 커다란 망원경으로 보면, 성단의 중심은 밝게 보이며 별이 빽빽하게 들어차 있다. 작은 망원경으로 우리가 보는 곳은 바로 이 중심부이다.

구상 성단에 대해 더 자세히 알고 싶으면 99쪽을 보라.

또한 그 주변에는 아크투루스에서 M5로 가는 징검다리 역할을 하는 목동자리 제타를 떠올려라. 제타는 비슷한 밝기의 별로 이루어진 쌍성이다. 동반성은 작은 망원경으로 분해해 보기에 너무 가까이 붙어 있지만(동반성은 북서쪽으로 1초도 떨어져 있지 않다), 6인치나 그 이상의 망원경을 가지고 있다면 한번 시도해보라. 하지만 이 쌍성은 점점 접근하고 있다. 2010년에는 커다란 망원경으로도 분해해 보기 어렵게 될 것이다.

이 쌍성의 바로 북쪽으로는 다소 어두운 별이 두 개 있다. 바로 목동자리 파이와 오미크론이다. 둘 가운데 남서쪽에 있는 파이는 제타에서 북쪽으로 3도(파인더스코프 시야의 반) 떨어져 있다. 파이 역시 쌍성이다. 주성은 5등급이며 동반성은 6등급으로 동남동쪽으로 6초 떨어져 있다.

목동자리 오미크론과 파이의 북동쪽으로 파인더스코프 시야 반 정도 가면 목동자리 크사이가 나온다. 이 천체는 특히 아름다운 쌍성이다. 7등급 밝기의 붉은 오렌지빛 동반성은 5등급 밝기의 노란색 주성에서 북서쪽으로 6초 떨어진 곳에 있다. 이 쌍성 역시 서로 꽤 가까이 있으며 밝기 차이가 나는 편이라서 개개의 별로 분해해 보려면 적어도 중배율 정도의 접안렌즈를 써야 하지만 너무 고배율을 쓰면 색깔을 볼 수 없게 된다.

뱀주인자리 : 두 개의 구상 성단, M10과 M12

하늘의 상태
  어두운 하늘

접안렌즈
  저배율

최적 관측 시기
  6월부터 9월

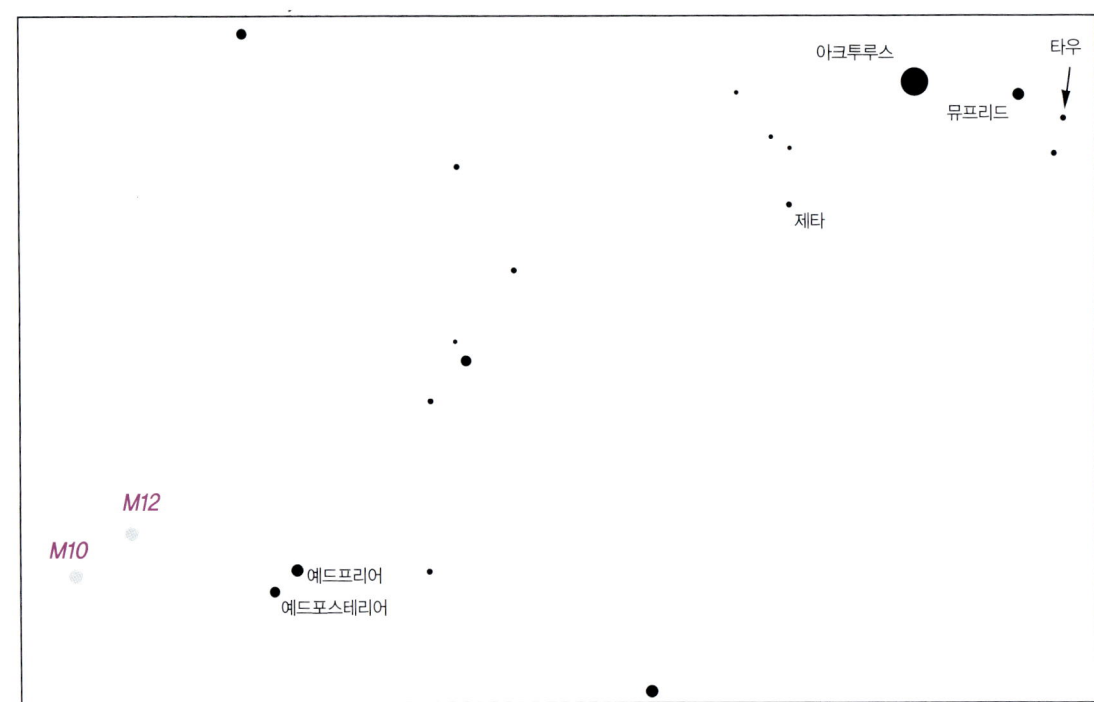

보아야 할 곳 서쪽 하늘 높이에서 오렌지빛으로 밝게 빛나고 있는 아크투루스를 찾아라. 아크투루스의 동쪽에서 약간 남쪽으로 목동자리 제타라는 어두운 별이 있다. 아크투루스에서 제타까지 한 걸음 간 다음 같은 방향으로 세 걸음 더 가면 8시~2시 방향으로 있는 같은 밝기의 별을 두 개 발견할 수 있다. 북서쪽에 있는 별은 '예드프리어', 남동쪽에 있는 별은 '예드포스테리어'이다. 이 두 별을 조준하라. M10은 이 별에서 한 걸음 왼쪽(정동 방향)에 있다. M12는 M10에서 북서쪽으로 세 걸음 더 가면 나온다.

파인더스코프로 보았을 때

M10 : 두 개의 예드 별에서 파인더스코프를 동쪽으로 움직여 M10 근처까지 오는 동안 별은 거의 보이지 않을 것이다. M10 근처에 도달해야 두 개의 별이 시야에 들어올 것이다. 뱀주인자리 30은 M10이 있는 곳에서 약 1도쯤(보름달 직경의 두 배) 동쪽에 있으며 또다른 하나(뱀주인자리 23)는 남쪽으로 세 배쯤 더 멀리 떨어져 있다. 날씨가 좋은 날이면

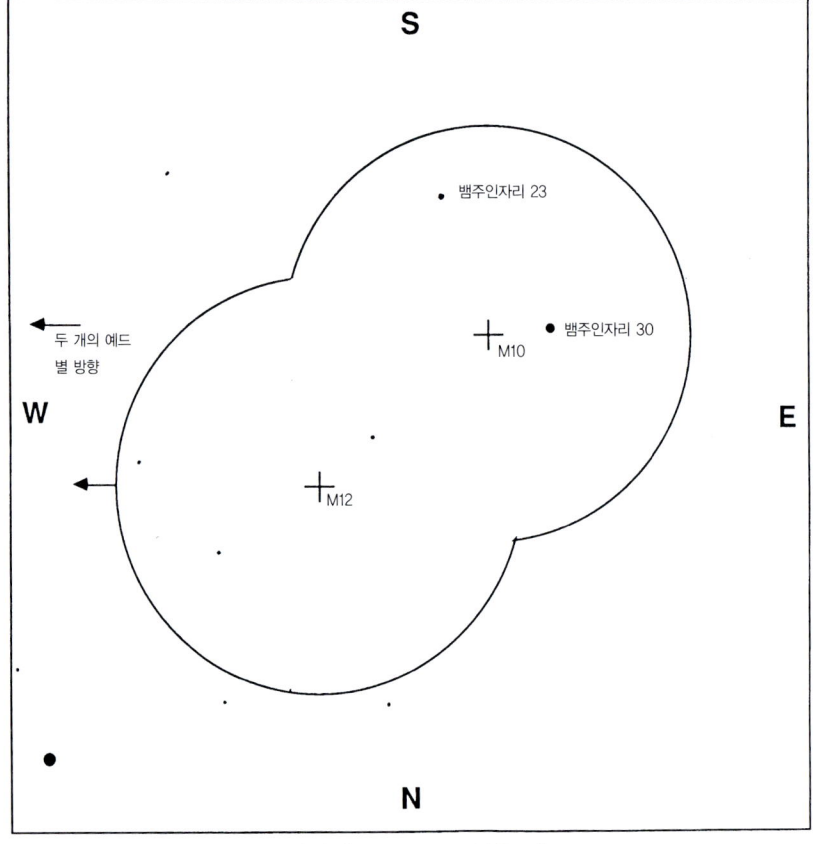

파인더스코프로 보았을 때

파인더스코프에 M10 자체도 작은 빛얼룩처럼 보인다. 이 천체를 볼 수 있다면 시야를 뱀주인자리 30의 바로 서쪽으로 향하도록 하라.

M12 : 뱀주인자리 30이 시계의 중심이고 23이 11시 방향에 있다고 생각하라. 그러면 M12는 8시 방향으로 뱀주인자리 30까지 거리의 두 배쯤 되는 곳에 있다. 파인더스코프에서 M12는 아주 어둡기 때문에 M10보다 더 찾기 어려울 것이다.

망원경으로 보았을 때 M10은 빛원반처럼 보이며 꽤 밝으면서도 그 밝기가 원반 전체에 고르게 퍼져 있다. M10은 밝고 비교적 커다란 핵이 있으며 이 핵은 원반의 남서쪽 방향으로 약간 치우쳐 있다. M12 역시 빛원반처럼 보이며 M10보다 다소 크지만 밝기는 오히려 더 어둡다.

M10과 M12는 서로 혼동하기 쉽다. 이 두 천체를 구별하려면 M12는 그 남쪽 가장자리에 10등급 밝기의 별이 있으며 동쪽으로는 어두운 별들이 모여 있다는 사실에 주목하라.

코멘트 M10은 꽤 눈에 잘 띄며 이웃인 M12보다 약간 더 밝다. M10에 있는 별들을 개개로 분해해 보려면 6인치 이상의 망원경이 필요하다. M10과 비교해볼 때, M12는 다소 느슨한 구조를 하고 있으며, 별들이 중심에 집중되어 있는 정도도 덜하다. 충분히 어두운 밤이라면 4인치나 6인치 정도의 망원경으로도 M12 개개의 별을 분해해 볼 수 있다.

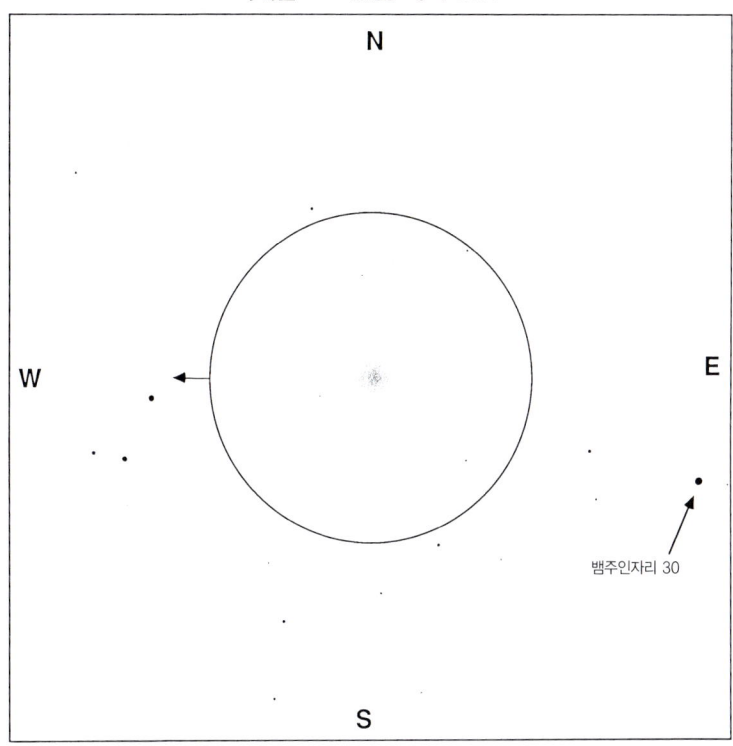

저배율로 보았을 때의 M10

뱀주인자리 30

여러분이 보는 것 M10과 M12는 구상 성단으로 치자면 상대적으로 가까운 이웃이다. 이 둘은 서로 겨우 1천 광년밖에 떨어져 있지 않다. 우리로부터 이 두 천체까지의 거리는 약 2만 광년이다. M10은 수십만 개의 별이 모여 있는 공으로 직경은 약 80광년이다. M12는 직경이 약 70광년으로 M10보다 약간 더 작을 뿐이다.

구상 성단에 대해 더 자세히 알고 싶으면 99쪽을 보라.

또한 그 주변에는 육안으로 아크투루스를 보라. 아크투루스의 오른쪽에는 3등급 밝기의 뮤프리드가 있다. 뮤프리드의 바로 오른쪽에는 목동자리 타우가 있다. 타우는 4등급 밝기인 주성과 5초 떨어진 곳에 있는 11등급짜리 어두운 별로 이루어져 있다. 목동자리 타우를 보려면 8인치 이상의 망원경이 필요하다.

하지만 타우는 작은 망원경의 성능으로는 감지할 수 없는 어두운 동반자가 있다. 목성 질량의 약 네 배쯤 되는 행성이 별 직경의 다섯 배도 안 되는 0.045AU 되는 거리에서 타우를 3.31일마다 공전하고 있다. 이 천체는 최근 태양계 근처의 별을 공전하고 있는 몇 안 되는 '뜨거운 목성' 가운데 하나이다. 이렇게 커다란 행성이 어떻게 생기고 생존할 수 있는지를 결정하는 물리법칙을 알게 된다면 태양계가 어떻게 만들어졌는지에 대해 더 자세히 이해할 수 있다.

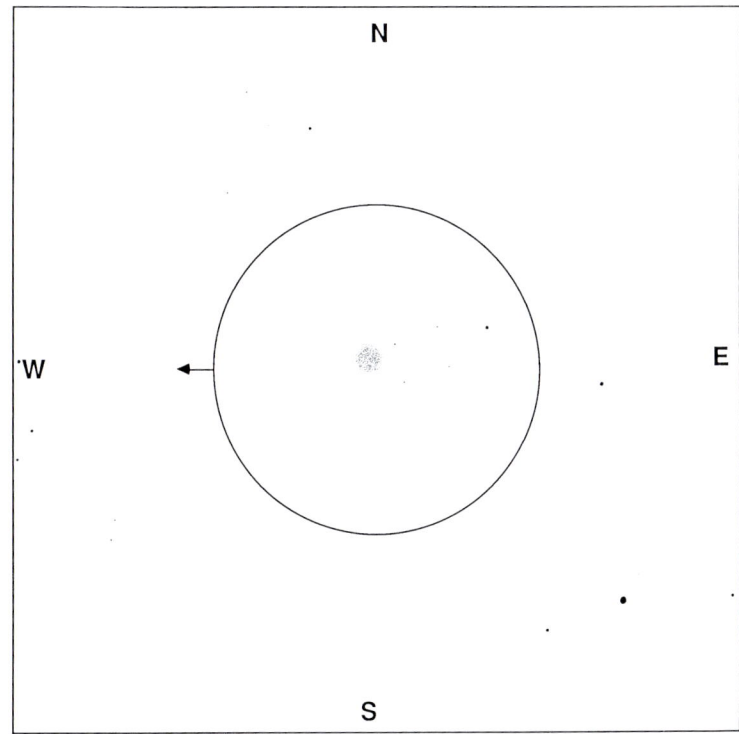

저배율로 보았을 때의 M12

거문고자리: 이중 쌍성, 쌍성계, 거문고자리 엡실론

하늘의 상태
안정된 하늘

접안렌즈
고배율

최적 관측 시기
5월부터 11월

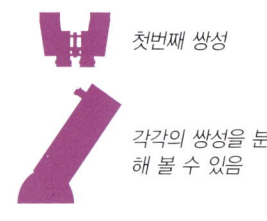

첫번째 쌍성

각각의 쌍성을 분해
해 볼 수 있음

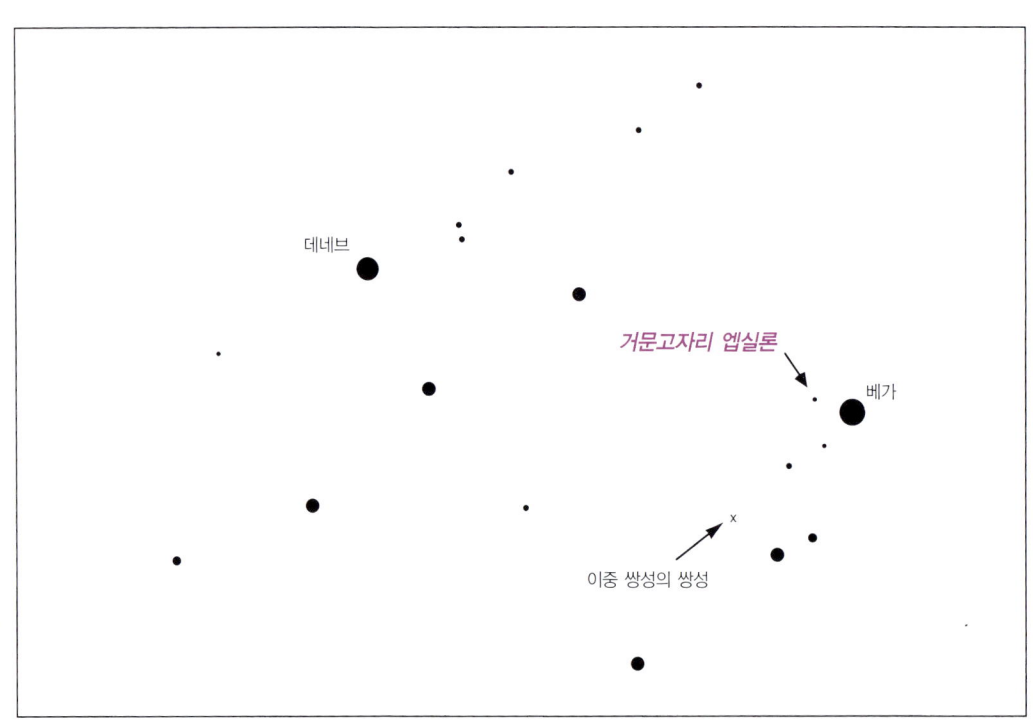

보아야 할 곳 거의 머리 꼭대기에서 여름철 대삼각형을 이루고 있는 베가, 데네브, 알타이르를 찾아라. 망원경을 이 세 별 중 북서쪽 꼭지점에서 가장 밝게 빛나는 베가 쪽으로 향하게 하라.

파인더스코프로 보았을 때 베가의 바로 동쪽으로 아주 가깝게 붙어 있는 한 쌍의 별을 볼 수 있을 것이다. 이 한 쌍의 별과 베가 그리고 또다른 별 하나가 거의 정삼각형을 이루고 있다. 이 한 쌍의 별은 쌍성이다. 이 쌍성에 십자선을 맞춰라.

망원경으로 보았을 때 이 쌍성은 꽤 보기 쉽고, 육안으로는 하나의 별로 보이지만 파인더스코프(또는 성능 좋은 망원경)로 보면 두 개의 별로 분해되어 보인다. 사실 시력이 좋은 사람들은 망원경이 없이도 이 천체를 두 개의 별로 분해해 볼 수 있다. 하지만 이 쌍성은 특별한 천체이다. 별이 흔들리지 않고 또렷하게 보이는 대기가 맑고 안정된 날 충분히 큰 구경의 망원경(2.4인치면 충분하다)으로 관측한다면 이 쌍성의 각 별을 다시금 한 쌍의

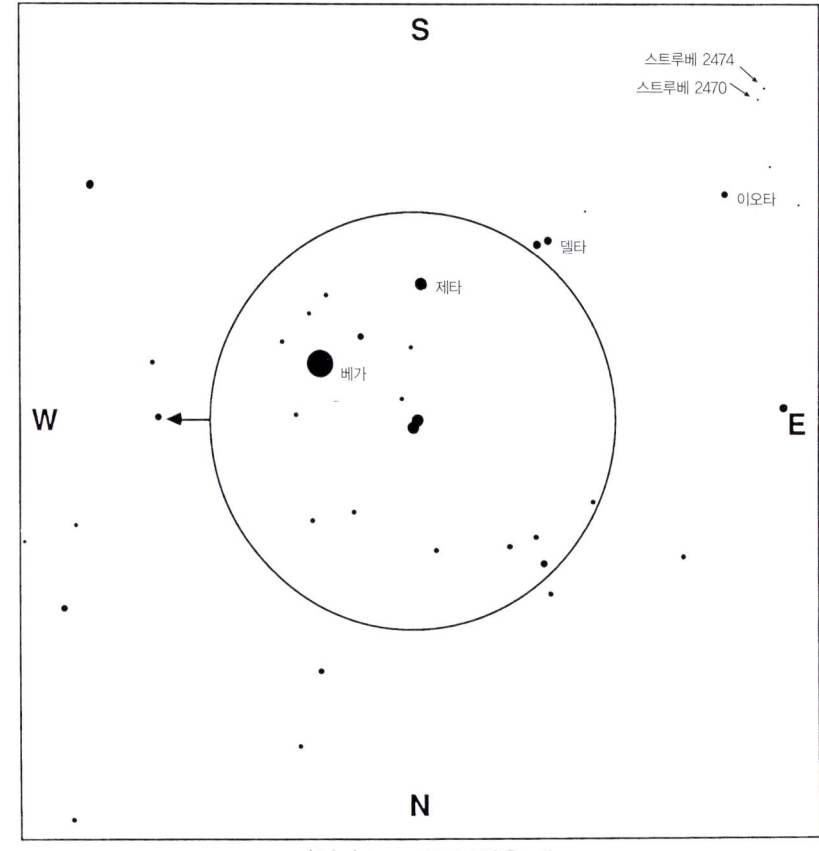

파인더스코프로 보았을 때

고배율로 보았을 때의 이중 쌍성

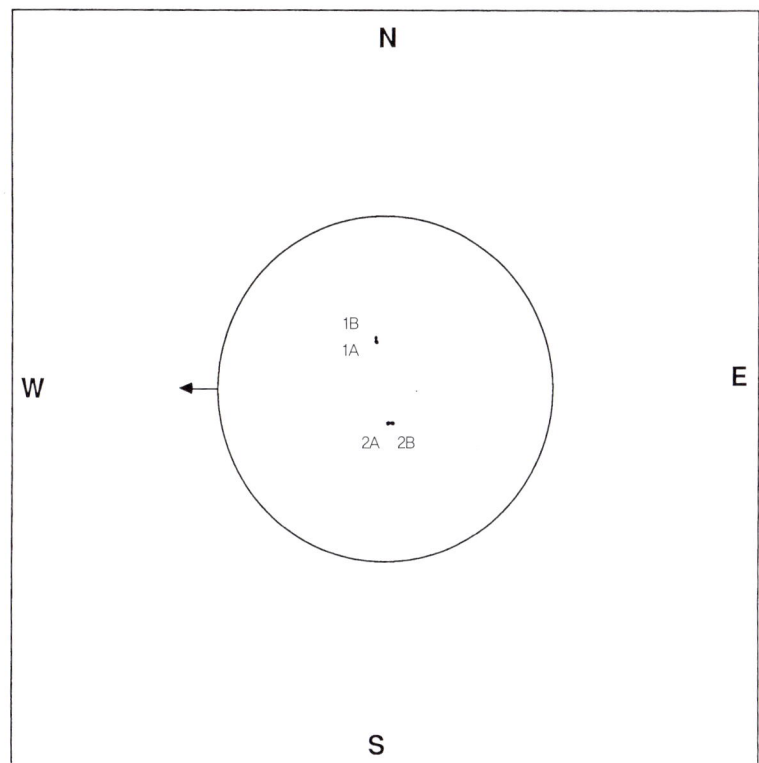

또한 그 주변에는 이중 쌍성을 분해해 볼 수 없는가? 그렇다면 이중 쌍성의 쌍성을 분해해 보려 노력하라! 베가로 돌아가 파인더스코프를 남동쪽으로 움직여 '삼각형'의 다른 꼭지점인 거문고자리 제타로 향하게 하라(이 별도 분해해 보기 쉬운 쌍성이다). 한 걸음 더 가면 파인더스코프에 거문고자리 델타라는 한 쌍의 별이 들어온다. 한 걸음 더 가면 거문고자리 이오타가 나타난다. 정남쪽으로 1.5도(보름달의 세 배) 가면 7등급 밝기의 스트루베 2470과 그 남쪽으로 있는 스트루베 2474라는 한 쌍의 별이 보일 것이다. 고배율로 각 별을 분해해 볼 수 있지만 이중 쌍성보다 훨씬 쉬울 것이다. 이중 쌍성과 달리, 이 두 쌍의 별은 실제 상대방 별과 관련이 없다. 스트루베 2474는 우리로부터 겨우 155광년 떨어져 있는 반면, 스트루베 2470은 훨씬 먼 거리에 있으며, 이 두 별은 '눈으로 보기에' 쌍성으로 보일 뿐이지 실제 쌍성은 아니다.

별로 분해해 볼 수 있다. 즉 하나의 별이 아닌 네 개의 별로 볼 수 있다(오늘 저녁에 네 개로 분해해 보지 못했다 할지라도 실망하지 말아라. 대기가 안정되어 있는 다음 기회에 다시 시도하면 결국 즐겁고 놀라운 기분을 느낄 수 있을 것이다).

코멘트 이 한 쌍의 쌍성은 분해해 보기가 꽤 어려운 편으로서, 여러분이 쓰는 망원경이 얼마나 성능이 좋으며 여러분의 시력이 얼마나 좋은가를 시험하는 장이 될 것이다. 하지만 실제 이 쌍을 분해해 보았는지 아니면 단지 상상으로 분해해 보았다고 생각하는 것인지 확신하지 못할 정도로 이 쌍성은 분해해 보기 어려운 대상이다. 이를 검증하는 하나의 방법으로는 친구에게 같이 관측을 시킨 다음 각 쌍 사이를 연결한 선이 어떤 방향으로 정렬되어 있는지를, 즉 평행한지 수직인지를 물어보는 것이다.

여러분이 보는 것 이 이중 쌍성은 복잡한 다성계로서 우리로부터 약 2백 광년 정도 떨어져 있다. 북쪽에 있는 쌍성은 1A와 1B로서 서로 150AU 떨어져 있으며 서로를 도는 데 1천 년 이상이 걸린다. 남쪽에 있는 2A와 2B 역시 서로 150AU 정도 떨어져 있지만 이 쌍성은 서로의 무게중심을 도는 데 약 6백 년이 걸린다. 이 쌍성이 다른 쌍성보다 더 빨리 도는 이유는 별이 더 무겁기 때문이다. 두 쌍성의 위치는 지난 몇 세기 동안 상당히 변해왔다.

이 두 쌍의 쌍성은 또한 서로를 돌기도 한다. 이 두 쌍성 사이의 거리는 약 0.2광년이며 두 쌍성의 무게중심을 한 바퀴 완전히 도는 데는 약 50만 년 정도가 걸린다.

이중 쌍성

별	등급	색깔	위치
분해되어 보이지 않을 때			
1	4.7	백색	2에서 북쪽으로 208초
2	4.5	백색	주성
분해되어 보일 때			
1A	5.1	백색	주성
1B	6.0	백색	1A에서 북쪽으로 2.8초
2A	5.1	백색	주성
2B	5.4	백색	2A에서 동쪽으로 2.3초

이중 쌍성의 쌍성

별	등급	색깔	위치
스트루베 2470			
A	7.0	백색	주성
B	8.4	백색	A에서 서쪽으로 13.8초
스트루베 2474			
A	6.8	노란색	주성
B	8.1	노란색	A에서 서쪽으로 16.1초

거문고자리: 고리 성운, 행성상 성운, M57

하늘의 상태
  어두운 하늘

접안렌즈
  저배율: 발견용
  고배율: 관측용

최적 관측 시기
  6월부터 11월

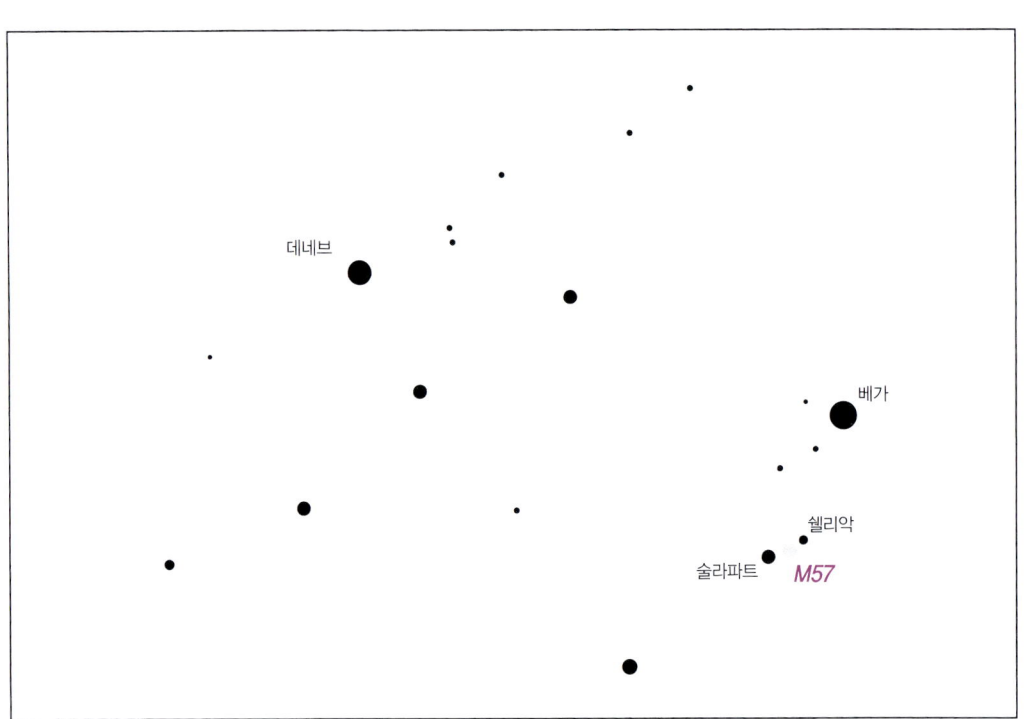

보아야 할 곳 머리 위로 높이 떠 여름철 대삼각형을 이루고 있는 베가, 데네브, 알타이르를 찾아라. 망원경을 삼각형의 북서쪽 꼭지점에서 가장 밝게 빛나고 있는 베가로 향하게 하라. 베가의 남쪽으로 베가와 알비레오 중간쯤에 꽤 밝은 별이 두 개 보일 것이다. 쉘리악과 술라파트이다. 망원경을 이 두 별의 중간에 조준하라.

파인더스코프로 보았을 때 쉘리악과 술라파트는 파인더스코프로도 쉽게 볼 수 있다. 두 별을 연결한 가상의 선에서 술라파트 쪽으로 퍽 가까운 지점에 있는 번햄 648이라는 세번째 별에 주목하라. 우리가 찾는 성운은 번햄 648과 쉘리악의 중간에 있다.

망원경으로 보았을 때 고리 성운은 주변에 있는 밝고 또렷한 별들에 비해 밝지만 어렴풋한 형체의 아주 작은 원반처럼 보인다. 더 고배율로 보면 이 성운은 중앙이 좀더 어두운 다소 납작한 빛원반처럼 보인다.

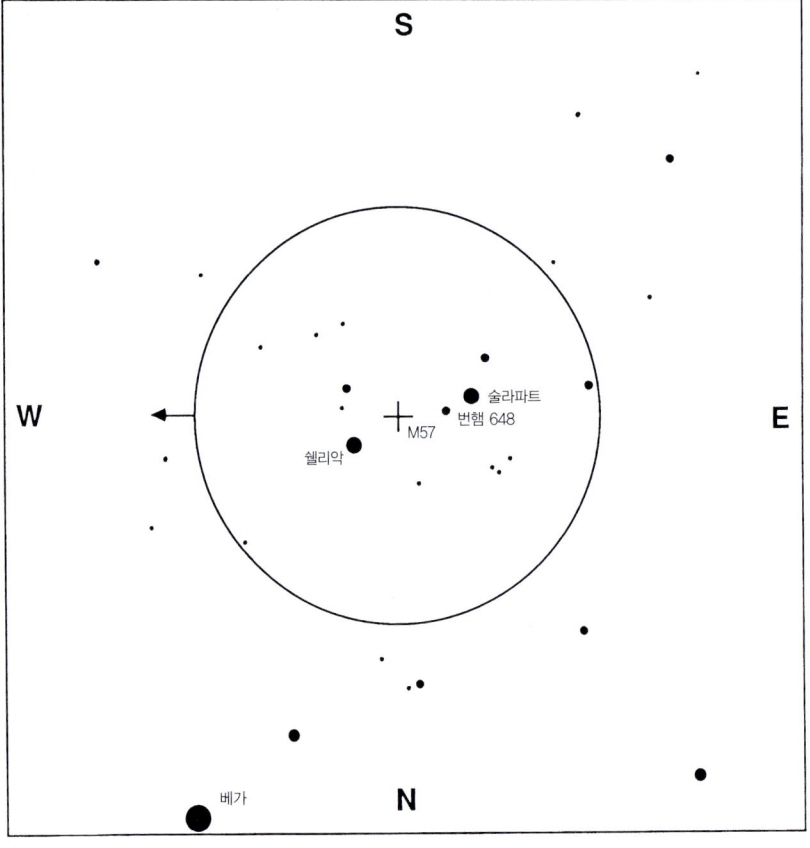

파인더스코프로 보았을 때

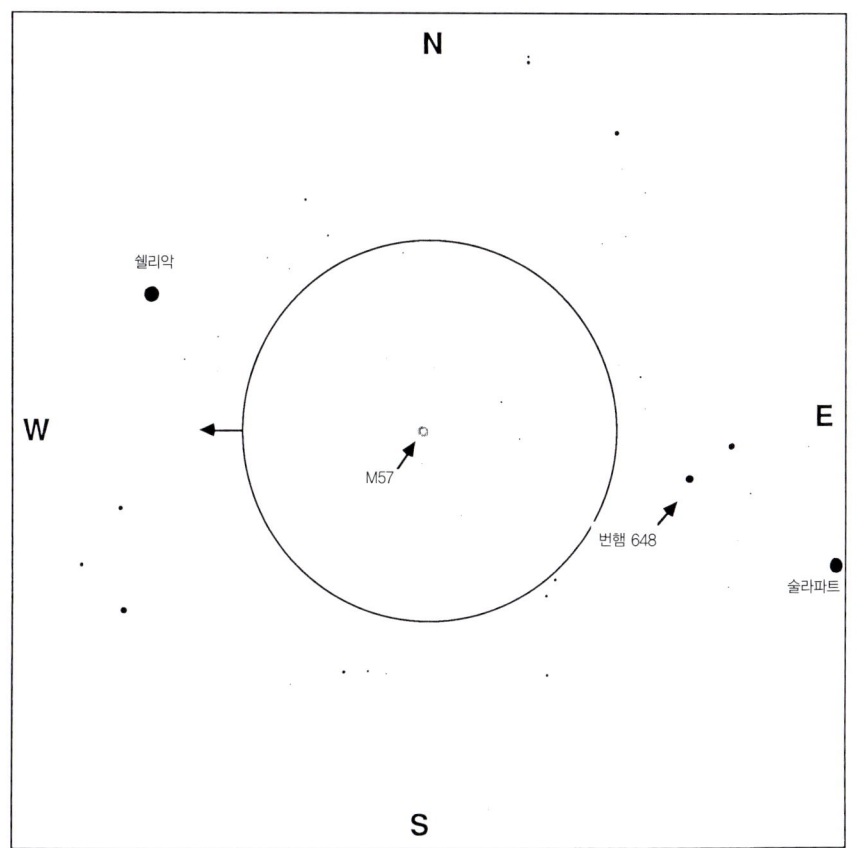

저배율로 보았을 때의 M57

코멘트 고리 성운은 다른 행성상 성운과 마찬가지로 이 책에 있는 대부분의 확산 성운이나 성단보다 크기는 작지만 밝기는 더 밝다. 망원경으로 보는 데 아무런 어려움이 없지만 저배율로 보면 처음에는 별과 구별하기 힘들 수도 있다. 고리 성운은 꽤 작으면서도 밝기 때문에 대부분의 다른 성운을 볼 때보다 더 고배율을 써서 보는 것이 좋다. 주변시로 보면 2.4인치나 3인치 망원경으로도 작은 '연기 고리' 같은 모습을 볼 수 있을 것이다. 고리 모양은 4인치 망원경으로 보면 아주 잘 보인다. 더 큰 망원경으로 고배율을 써서 보면 고리 자체에서 나오는 빛이 불규칙하게 변하는 모습을 볼 수 있다.

여러분이 보는 것 고리 성운은 작은 망원경으로 보기에는 '아령 성운'(M27, 126쪽을 보라)만큼 인상적이지는 않지만, 아마도 '행성상 성운' 가운데에서 가장 유명한 천체일 것이다. 이 성운은 대부분이 수소와 헬륨으로 이루어진 차가운 가스 구름으로서, 밀도는 아주 희박해 지구 대기 밀도의 1천조분의 1에도 못 미친다. 이 가스는 중심의 작고 뜨거운 별로부터 팽창하고 있으며, 이 별이 내는 에너지로 가스 구름이 빛을 내지만 12인치 미만의 망원경으로는 이 별을 볼 수 없다.

우리로부터 이 성운까지의 거리는 1천 광년에서 5천 광년 사이일 것이라고 추정하고 있으며, 고리 자체의 직경은 1광년 정도라고 생각하고 있다. 몇몇 관측 결과, 이 가스 구름은 1초에 약 20km 정도로 팽창하고 있다고 한다. 이 성운이 태어난 다음 계속해서 이러한 비율로 팽창하고 있다면, 현재 우리가 보고 있는 크기까지 되기에는 약 2만 년이 걸렸을 것이다.

행성상 성운에 대해 더 자세히 알고 싶으면 61쪽을 보라.

또한 그 주변에는 M57을 포위하고 있는 두 개의 별 가운데 하나인 쉘리악(거문고자리 베타 별)은 유명한 변광성이다. 쉘리악은 근접 쌍성계로 가장 커다란 망원경으로도 개개의 별을 분해해 볼 수 없을 정도로 서로 가까이 있다. 이 쌍성은 서로 너무 가까이 있기 때문에 사실상 한 별의 가스가 다른 별로 흘러 들어갈 수 있을 정도로 맞닿아 있다. 이 두 별은 서로를 12.9일 주기로 회전하며 상대방 별 앞을 교대로 지나간다. 이 쌍성이 가장 밝을 때는 둘이 합쳐 3.4등급으로 거의 술라파트(3.3등급)만큼이나 밝다. 두 별 가운데 어두운 별이 일부 가려지면 쌍성의 밝기는 며칠 동안 3.7등급 정도로 어두워진다. 더 밝은(그러나 크기는 작은) 별이 가려지면 밝기는 4.3등급이 된다. 즉 이 쌍성이 술라파트보다 상당히 어둡게 보인다면 이 쌍성이 식을 일으키고 있다는 사실을 알 수 있다.

가까운 동반성말고도 쉘리악은 더 멀리 떨어져 있는 동반성도 가지고 있다. 쉘리악에서 남남동쪽으로 47초 떨어진 곳에 있는 7.8등급 밝기의 별을 찾아보라.

백조자리: 알비레오, 쌍성, 백조자리 베타 별

하늘의 상태
　관계 없음

접안렌즈
　저, 중배율

최적 관측 시기
　6월부터 11월

 은하수에 있는 별들

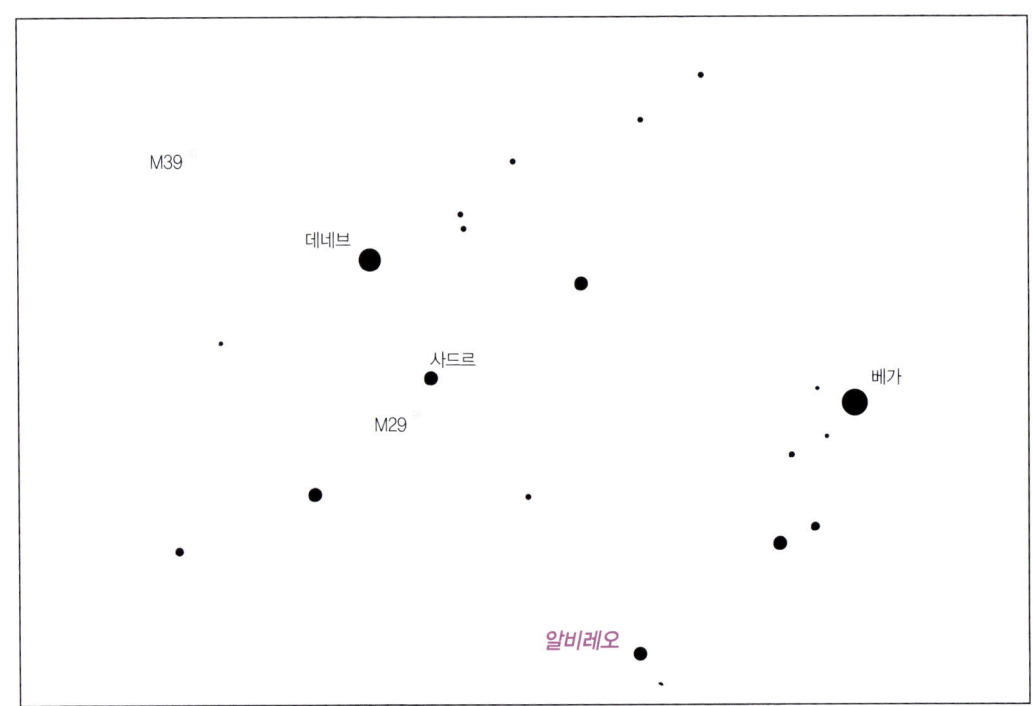

보아야 할 곳 남쪽 하늘 높이 넓게 퍼져 있는 여름철 대삼각형을 찾아라. 가장 동쪽에 있는 별은 데네브로 북십자성의 맨 위에 있다(또는 백조자리의 꼬리에 있다). 이 십자가는 남동쪽으로 뻗어 데네브와 함께 여름철 대삼각형을 이루는 베가와 알타이르 사이를 지나간다. 알비레오는 이 십자가의 발에 해당하는 곳에 있는 별이다.

파인더스코프로 보았을 때 알비레오는 주변 하늘에서 가장 밝은 별이기 때문에 꽤 찾기 쉽다.

망원경으로 보았을 때 이 쌍성은 중배율 정도로도 쉽게 분해해 볼 수 있으며 놀라운 색 대조를 보인다.

코멘트 알비레오는 다른 모든 쌍성을 판단하는 표준성이다.
　이 쌍성은 여러 가지 면에서 매력적이다. 첫째, 찾기가 아주 쉽다. 둘째, 이 쌍성은 서로 꽤 멀리 떨어져 있기 때문에 아주 쉽게 분해해 볼 수 있다. 그러면서도 적당히 가까이 있기 때문에 밝게 보이

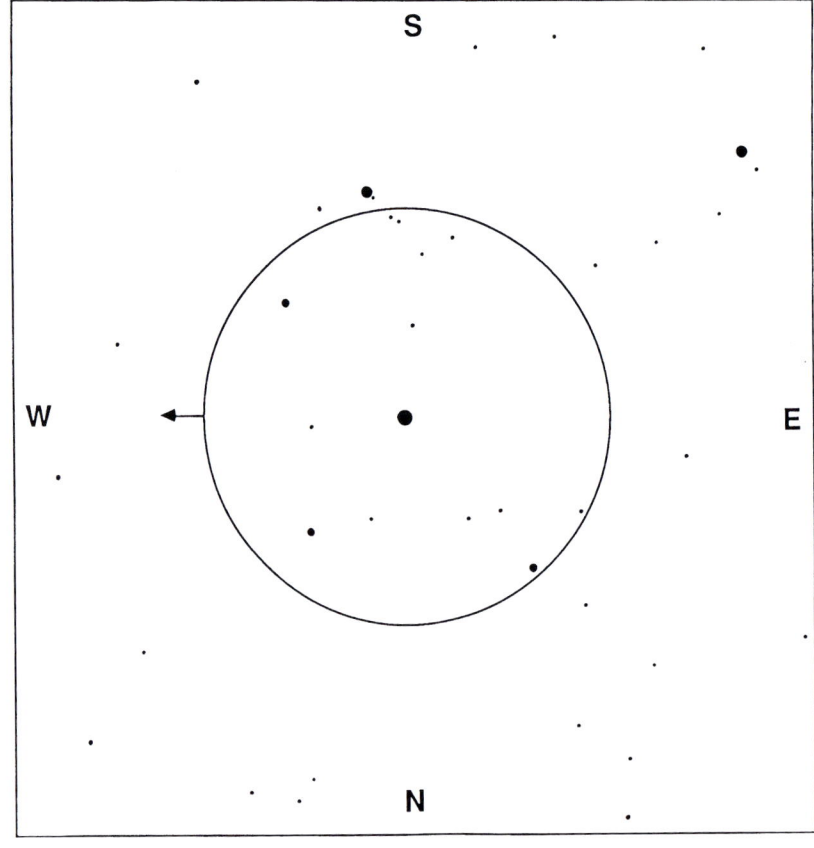

파인더스코프로 보았을 때

저배율로 보았을 때의 알비레오

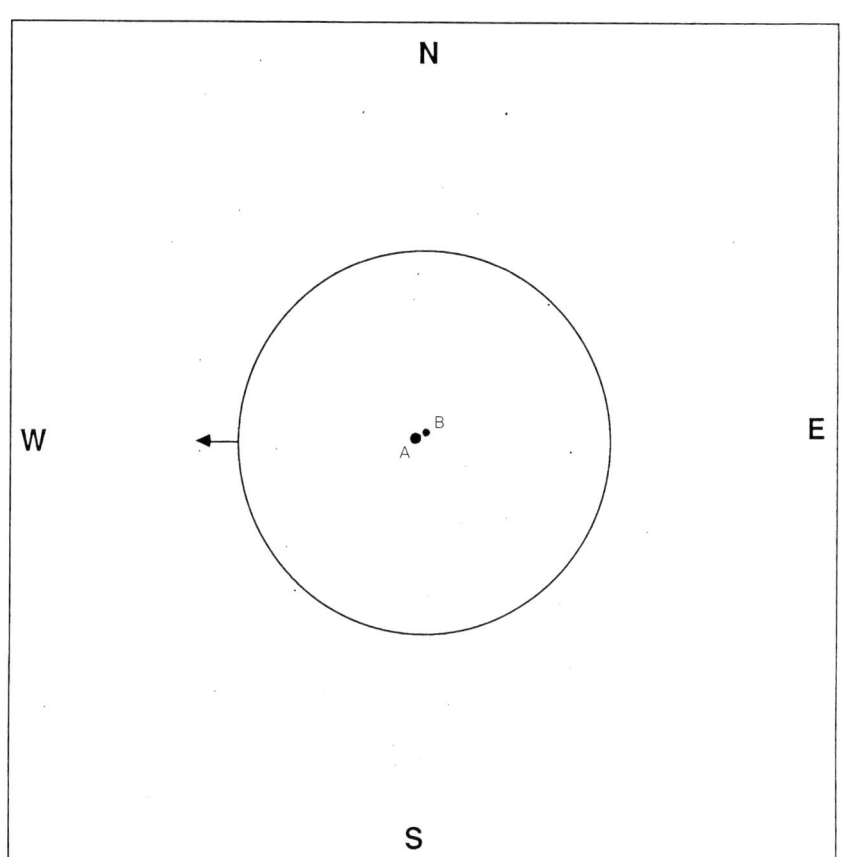

는 멋진 천체이다. 하지만 이 쌍성의 가장 커다란 매력은 뚜렷한 색 대비에 있다. 별에 색이 있다는 말이 믿어지지 않는다면 이 쌍성을 보라. 그런 의문은 당장 사라질 것이다.

작은 망원경으로 볼 때는 저배율이나 중배율에서 색을 뚜렷하게 볼 수 있다. 약간 밝은 저녁 하늘(황혼이나 보름달)은 인간의 눈이 색을 감지하는 데 도움이 된다. 어떤 관측자들은 알비레오의 색깔을 잘 보기 위해 아주 약간 초점을 흐려놓고 보기도 한다.

여러분이 보는 것 알비레오는 오렌지빛의 거성(K형)과 그 주위를 도는 파란색의 뜨거운 별(B형)로 이루어져 있다. B별은 A별로부터 적어도 4,500AU 떨어져 있으며 한 바퀴 완전히 도는 데 걸리는 시간은 대략 십만 년 정도로서 우리가 이 운동을 관측하기에는 너무나 느린 속도이다. 우리로부터 이 두 별까지의 거리는 약 4백 광년 정도이다.

또한 그 주변에는 어두운 저녁, 이 지역에는 숨막힐 듯 아름다운 은하수가 배경으로 흐르고 있다. 알비레오 관측을 끝마치고 나면 최저배율 접안렌즈를 써서 데네브 주위의 십자가 주변을 살펴보아라.

망원경을 십자가의 교차점에 있는 사드르로 향하게 하라. 파인더스코프의 시야에서 북쪽 가장자리를 사드르 근처에 오게 하라. 저배율 접안렌즈를 써서 보면 은하수 가득히 있는 별들을 볼 수 있을 것이다. 어두운 별들이 소형 플레이아데스 성단 비슷한 모양으로 모여 있는 작은 집단이 산개 성단 M29이다. 이 성단에는 약 20개의 별이 있으며, 작은 망원경으로는 예닐곱 개 정도를 볼 수 있을 것이다. 이 성단은 우리로부터 약 5천 광년 떨어져 있다.

데네브를 지나 카시오페이아 쪽으로 은하수를 좀더 탐험하다 보면 은하수를 배경으로 몇 개의 별이 흩어져 있는 M39라는 산개 성단을 만나게 될 것이다.

별	등급	색깔	위치
A	3.2	오렌지색	주성
B	5.4	파란색	A에서 북동쪽으로 34초

거문고자리 : M56, 구상 성단

하늘의 상태
  어두운 하늘

접안렌즈
  저배율

최적 관측 시기
  6월부터 11월

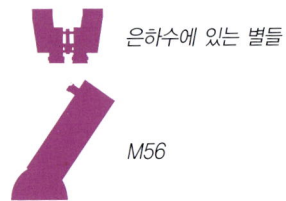

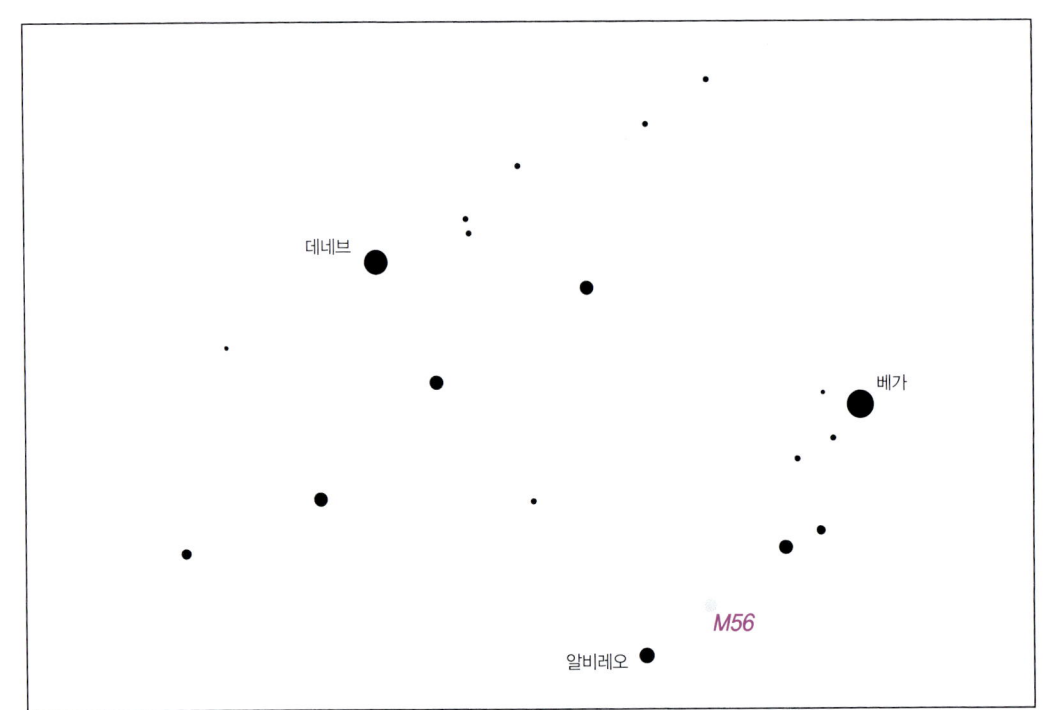

보아야 할 곳 남쪽 하늘에 머리 위로 높이 떠 여름철 대삼각형을 이루고 있는 베가, 데네브, 알타이르를 찾아라. 가장 동쪽에 있는 별이 데네브로서 북십자성의 머리 꼭대기를 차지하고 있다(또는 백조자리의 꼬리에 있다고 할 수도 있다). 이 십자가는 남서쪽으로 뻗어 데네브와 함께 여름철 대삼각형을 이루는 베가와 알타이르 사이를 지나간다. 알비레오는 십자가의 발에 해당하는 곳에 있다. 알비레오부터 시작하자.

파인더스코프로 보았을 때 알비레오의 바로 북서쪽(M57 근처 베가의 남쪽에서 꽤 밝게 빛나고 있는 술라파트와 쉘리악이 있는 방향)으로 알비레오보다 약 2등급쯤 어두운 백조자리 2라는 별이 있다. 이 방향으로 한 걸음 더 가면 더 어두운 별이 나온다. M56은 이 두번째 별 바로 옆에 있다. 알비레오와 술라파트의 중간쯤 되는 곳이다.

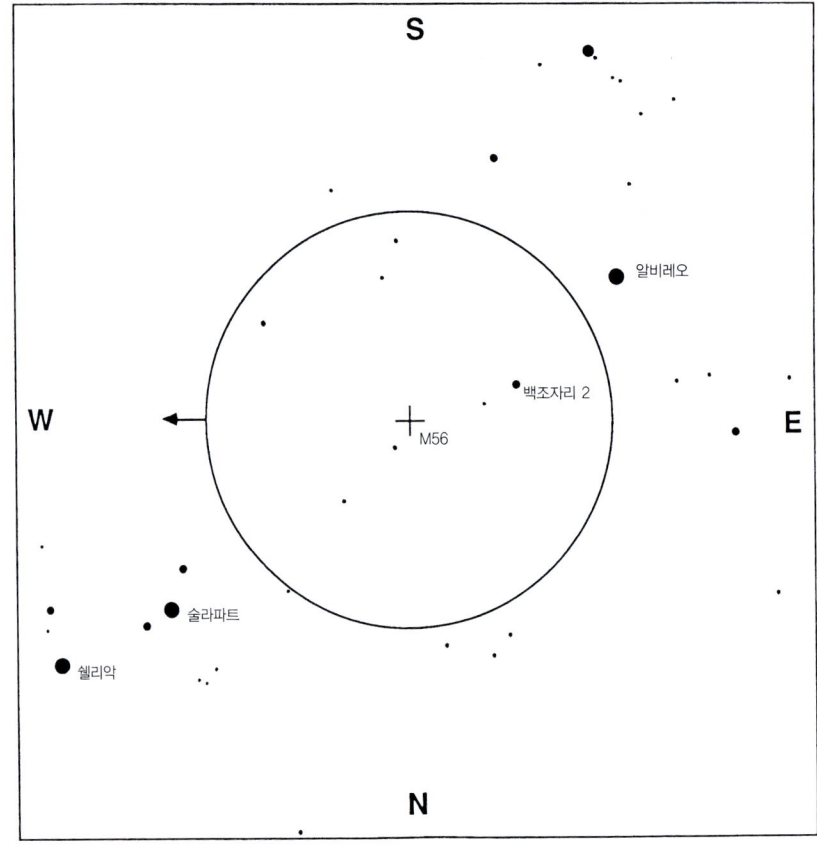

파인더스코프로 보았을 때

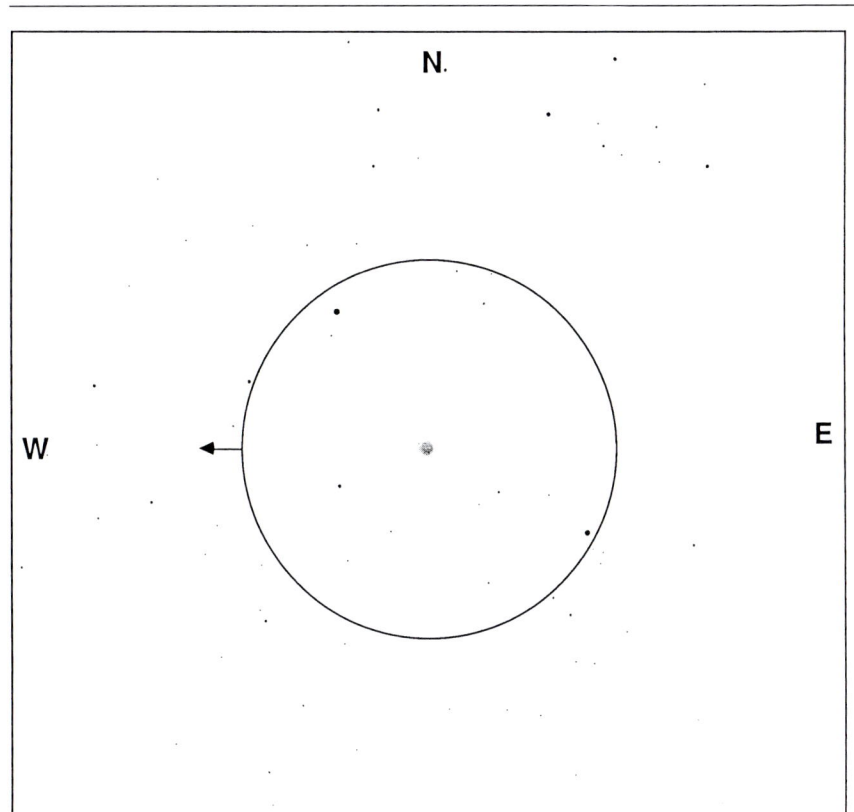

저배율로 보았을 때의 M56

망원경으로 보았을 때 이 성단은 별들이 많은 지역에서 상대적으로 밝은 두 개의 별 사이에 있는 작고 퍼진 빛원반처럼 보인다.

코멘트 이 성단은 그 자체로는 그저 그런 구상 성단일 뿐이다. 하지만 별이 가득한 은하수 안에 있기 때문에 작은 망원경으로 보아도 무척이나 특별한 매력이 있다. 이 성단의 별을 낱개로 분해해 보기 위해서는 6인치 이상의 망원경이 필요하다. M56 관측을 끝내고 나면 이 부근의 은하수를 어슬렁거리고 싶은 생각이 들 수도 있다. 어두운 저녁, 저배율로 M56을 볼 때 배경으로 나타나는 별의 아름다움에는 숨이 막힐 지경이다. 가지고 있는 최저배율 접안렌즈를 쓰도록 하라.

여러분이 보는 것 이 구상 성단은 약 10광년 직경의 구에 만 개의 별로 이루어져 있다. 나이는 태양계 나이의 약 세 배인 약 130억 년 정도로 추정하고 있다(구상 성단의 나이에 대해서는 107쪽의 설명을 보라). 이 성단은 우리로부터 4만 광년 떨어져 있다. 구상 성단에 대해 더 자세히 알고 싶으면 99쪽을 보라.

백조자리 : 백조자리 61, 쌍성

하늘의 상태
 관계 없음

접안렌즈
 중배율

최적 관측 시기
 6월부터 11월

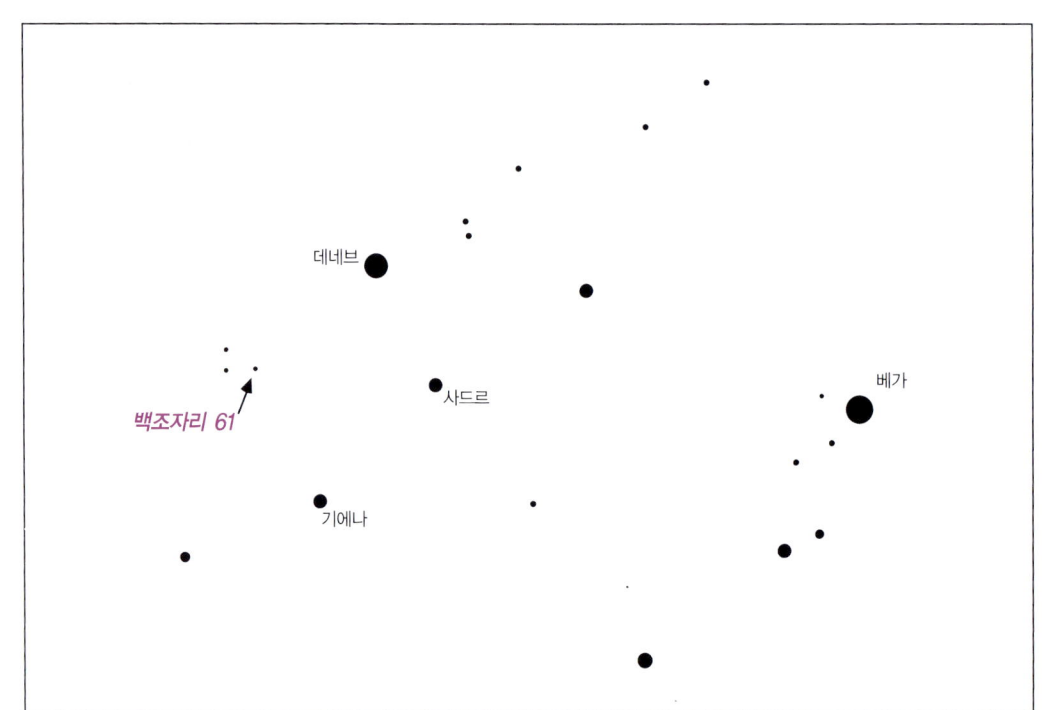

보아야 할 곳 남쪽 하늘에서 머리 위로 높이 떠 여름철 대삼각형을 이루고 있는 세 개의 밝은 별을 찾아라. 가장 동쪽에 있는 별은 데네브로 북십자성의 머리 꼭대기를 차지하고 있다(백조자리의 꼬리에 있다고 말하는 사람도 있다). 이 십자가는 남서쪽으로 뻗어 데네브와 함께 여름철 대삼각형을 이루는 베가와 알타이르 사이를 지나간다.

십자가의 중앙 교차점에 있는 별이 사드르이다. 십자가의 왼쪽 팔(남동쪽)에 있는 별은 기에나이다. 기에나, 사드르, 데네브가 각 모서리에 있는 찌그러진 상자 또는 연 모양을 상상하라. 네번째 꼭지점에 밝은 별은 없지만 어두운 별들이 모인 집단 같은 것이 보일 것이다. 망원경을 이쪽으로 향하게 하라.

파인더스코프로 보았을 때 거의 비슷한 밝기의 세 별을 볼 수 있을 것이다. 십자가의 나머지 부분에서 가장 가까운 별을 조준하라.

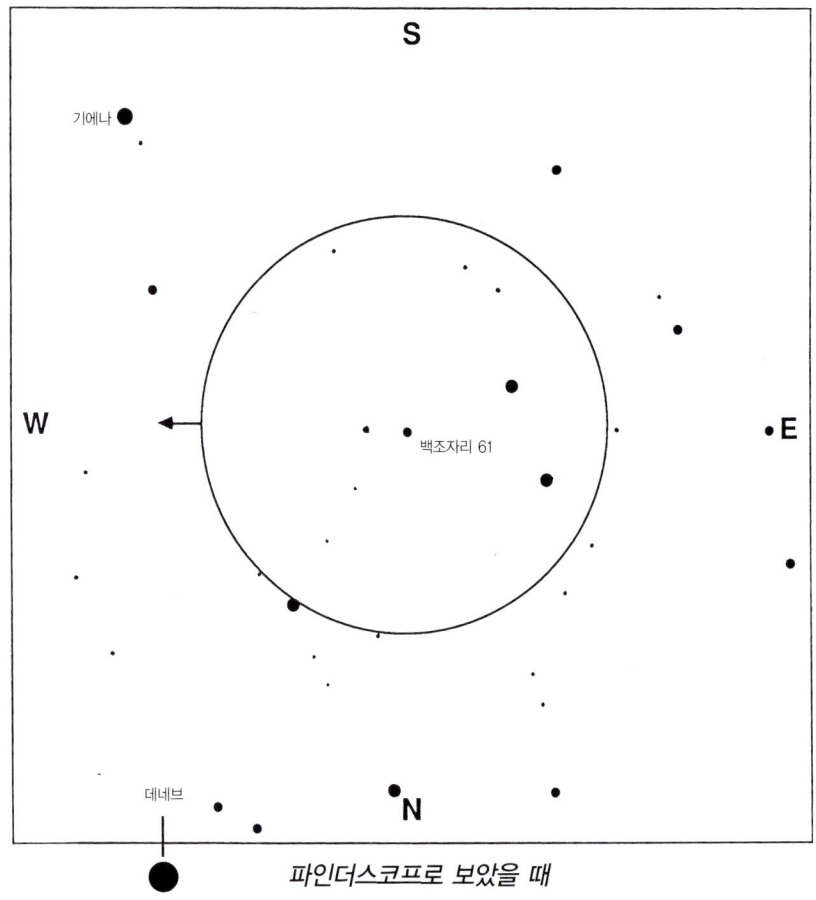

파인더스코프로 보았을 때

중배율로 보았을때의 백조자리 61

망원경으로 보았을 때 이 쌍성은 은하수의 복판에 있다. 이 쌍성은 은하수에 있는 많은 흐릿한 별들 사이를 뚫고 밝게 빛나는 한 쌍의 별로 보일 것이다.

코멘트 이 쌍성은 작은 망원경으로도 쉽게 분해해 볼 수 있으며, 두 별 모두 뚜렷한 오렌지빛이다. 이 두 별의 색깔은 배경 은하수의 별들이 내는 파란색, 흰색과 대비되어 무척 아름답게 보인다.

여러분이 보는 것 백조자리 61에서 보이는 두 구성원은 K형의 오렌지빛 쌍으로 서로간의 거리는 약 84AU이며 7백 년 이상의 주기로 상대방을 돌고 있다.

이 쌍성은 몇 가지 이유에서 특별한 관심거리이다. 첫째 우리로부터 이 쌍성까지의 거리는 겨우 11.4광년으로서 하늘에서 가장 가까이 있는 별 가운데 하나이다. 북반구에서 우리가 볼 수 있는 별들 가운데, 오직 시리우스와 (겨울 하늘에 뜨며 잘 보이지 않는 별인) '에리다누스 엡실론'만이 이 쌍성보다 더 가까이 있을 뿐이다. 이 쌍성은 우리에게 무척 가까이 있기 때문에 배경에 있는 별들에 대한 움직임을 측정할 수 있다. 이 쌍성은 북동쪽으로 일 년에 5초의 비율로 움직인다. 이는 육 년이 안 되는 시간에 이 쌍성이 A와 B 사이 거리만큼 하늘을 가로질러 간다는 뜻이다.

이 쌍성은 무척 가까이 있기 때문에 일 년의 기간에 걸쳐 하늘에 있는 다른 별들에 대해 그 위치가 앞서거니 뒤서거니 하며 바뀌는 것처럼 보인다. 실제로는 천체가 움직이는 것이 아니라 지구가 태양 주변을 도는 것이다. '시차(視差)'라고 불리는 이런 효과를 측정함으로써 우리는 이 별까지 얼마나 떨어져 있는지 직접 계산할 수 있다. 사실 백조자리 61은 시차가 측정된 최초의 별이다.

1960년대에 이 쌍성에 보이지 않는 세번째 동반성이 있는지 없는지에 대해 격렬한 논쟁이 벌어졌다. 이 쌍성의 운동에 작은 '요동'이 있음이 관측되었고, 몇몇 천문학자들은 A별 주위로 오 년에 한 번씩 공전을 하는 목성 질량의 열 배쯤 무거운 행성이 있다고 제안했다. '백조자리 61C'이라는 이름이 이 가상의 어두운 동반자에 붙여졌다. 하지만 다른 천문학자들은 같은 관측 자료를 검토한 결과 요동이나 행성이 존재한다는 주장에 회의를 품게 되었다.

별	등급	색깔	위치
A	5.5	오렌지색	주성
B	6.4	오렌지색	A로부터 남동쪽으로 27초

백조자리 : 깜박이 행성상 성운, NGC 6826

하늘의 상태
  어두운 하늘

접안렌즈
  저, 중배율

최적 관측 시기
  6월부터 11월

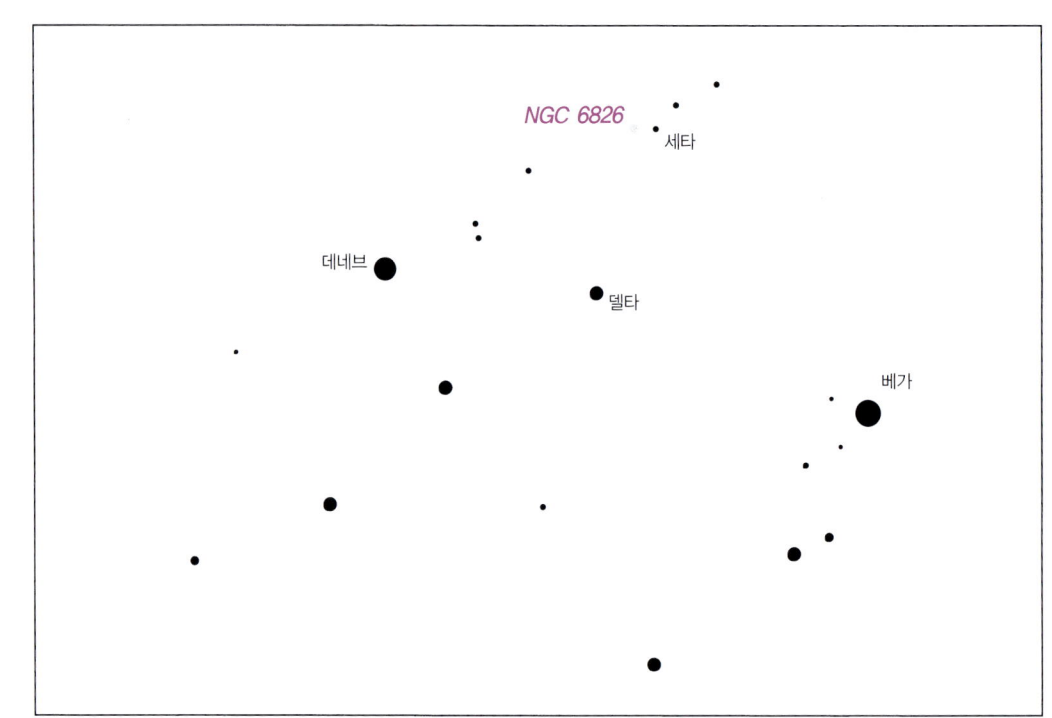

보아야 할 곳 남쪽 하늘 높이 활개를 펴며 여름철 대삼각형을 이루고 있는 세 개의 밝은 별을 찾아라. 이 세 별 가운데 동쪽에 있는 별은 데네브로서 북십자성의 꼭대기에 자리잡고 있다. 데네브는 백조자리의 꼬리이기도 하다.

 세 개의 밝은 별이 남동쪽에서 북서쪽으로 십자가의 가로대를 이룬다. 이 별들을 백조의 날개 앞쪽 끄트머리라고 생각하라. 북서쪽으로 뻗은 날개를 바라보라. 데네브와 그 북서쪽에 있는 두 개의 별, 그리고 데네브의 서쪽에서 북서쪽으로 정렬해 있는 세 개의 별이 백조자리의 날개 뒷전을 만들고 있는 모습을 볼 수 있다. 세 개의 별 가운데 백조의 몸통에 가장 가까이 있는, 즉 남동쪽에 있는 별이 백조자리 세타이다. 백조자리 세타를 조준하라.

파인더스코프로 보았을 때 백조자리 세타, 백조자리 이오타, 그리고 (충분히 어두운 밤이라면) 은하수 안의 빛무리, 이렇게 세 개의 빛이 파인더스코프에서 쐐기 모양으로 보일 것이다. 은하수의 별무리 안에 있으면서 쐐기의 남동쪽 끝을 차지하고 있는

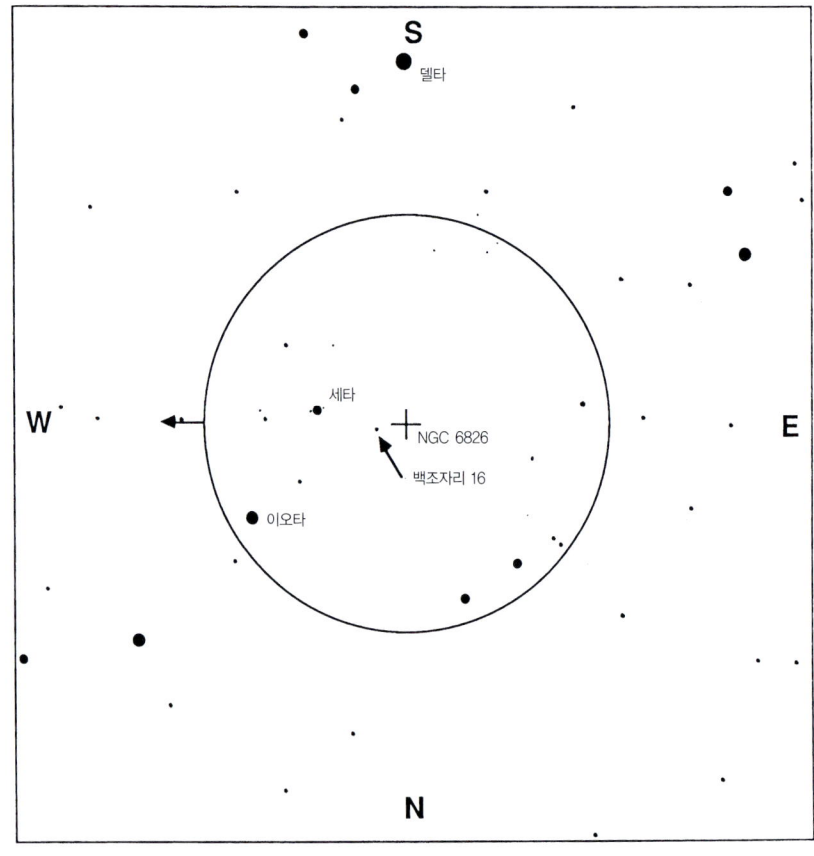

파인더스코프로 보았을 때

저배율로 보았을 때의 NGC 6826

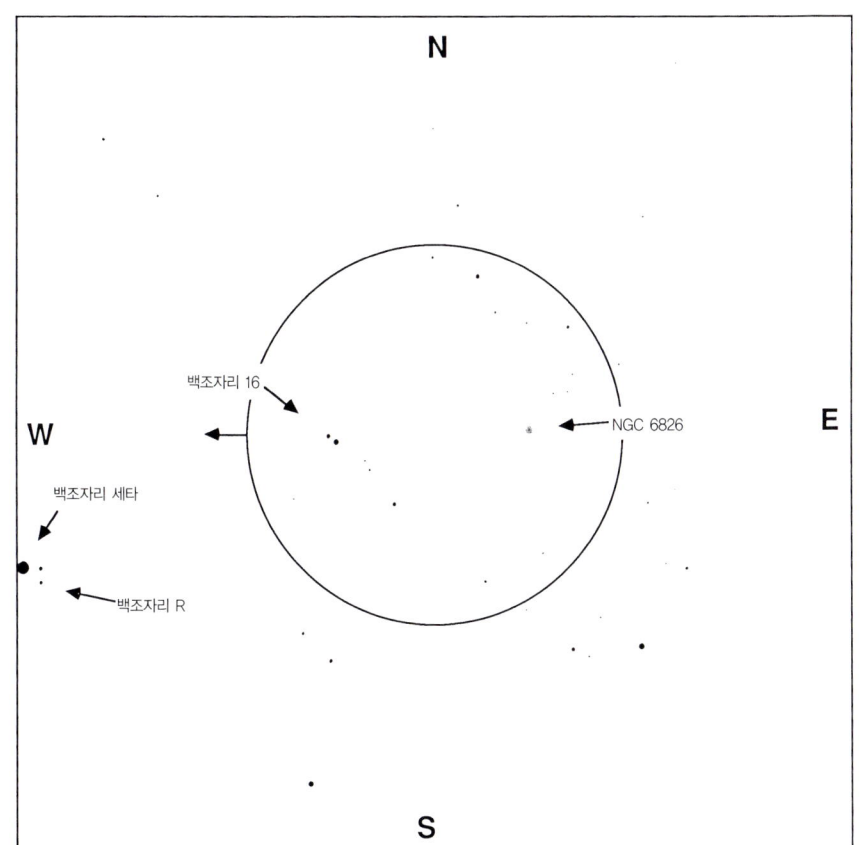

별은 백조자리 16이다(백조자리 16과 122쪽에서 설명하게 될 백조자리 61이라는 쌍성과 혼동하지 말아라!). 백조자리 16을 조준하라.

망원경으로 보았을 때 망원경으로 보았을 때 백조자리 16은 분해해 보기 쉬운 쌍성이다(A별은 6.3등급이고 B별은 6.4등급으로 A에서 남동쪽으로 39초 떨어져 있다). 백조자리 16에서 정동 방향으로 0.5도도 채 떨어지지 않은 곳을 보라(또는 그냥 백조자리 16에 중심을 맞추고는 3분을 기다려라). 다소 어두운 '별'이 나타날 것이다. 하지만 이 '별'은 직시하려 할 때마다 원래 밝기보다 훨씬 어둡게 보일 것이다. 이 천체는 성운이다. 자세히 관찰하면, 이 성운은 11등급의 별을 중심에 품고 있는 작고 흐린 빛원반처럼 보인다. 그 크기는 백조자리 16의 두 별 사이 거리보다도 작다.

코멘트 이 성운은 9등급 밝기의 별과 같은 빛을 내지만 빛은 한 점에 집중되지 않고 작은 원반에 두루 퍼져 있다. 즉 이 천체는 눈에서 빛에 더 민감하게 반응하는 곳, 다시 말해 망막 가장자리로 보면 더 쉽게 관측할 수 있다. 이 원반 안에 10등급 밝기의 별이 있다. 성운을 눈동자의 정면으로 바라보면(주변시로 볼 때보다 어두운 빛에는 둔감하지만 자세한 모습을 볼 수 있다) 별을 둘러싸고 있는 구름은 보이지 않고 중심의 별만 볼 수 있다. 즉 주변시로 보면 성운은 또렷한 모습을 보여주지만 직시하려고 하면 완전히 그 모습이 사라지게 될 것이다. 이 성운의 이름이 깜박이 행성상 성운인 이유는 이렇게 시야에서 '나타났다 사라졌다'를 반복하기 때문이다.

여러분이 보는 것 자신만의 독특한 특징이 있는 이 행성상 성운은 우리로부터 2천 광년 떨어진 곳에 있다. 가스 구름은 직경 15,000AU, 즉 1/4광년에 걸쳐 팽창해 있다. 행성상 성운(61쪽을 보라)은 적색거성이 파괴될 때 뿜어져나온 가스 구름이다. 행성상 성운에서는 폭발 후에 남은 백색왜성을 볼 수도 있다.

우연히도, 백조자리 16의 별은 72광년 떨어져 있으며, 두 별 모두 G형으로 태양과 아주 비슷하다. 사실 백조자리 16-B는 태양과 거의 같은 스펙트럼을 보이고 있다. 백조자리 16-B는 종종 '태양 상사(solar analog)' 별로 사용된다. 이 별에서 나오는 빛을 다른 천체에서 나오는 빛과 비교하는 일은 태양에서 나오는 빛과 비교하는 일과 같다.

이 별의 스펙트럼의 작은 변화를 측정한 최근의 결과(분광 쌍성이기 때문에 가능하다)에 따르면, 백조자리 16-B가 802일 주기의 목성 두 배만한 행성을 가지고 있다는 것이 밝혀졌다. 이 행성은 궤도 반지름이 0.7AU(금성의 궤도 반지름)에서 2.7AU(소행성까지의 거리)까지 변하는 이심률이 아주 큰 궤도를 돌고 있다. 어떻게 이토록 이심률이 큰 궤도가 오랜 시간 지속할 수 있는가는 아직까지도 수수께끼이다.

또한 그 주변에는 백조자리 세타의 바로 동쪽으로는 하나 또는 두 개의 별을 볼 수 있을 것이다. 항상 보이는 별은 9등급 밝기의 보통 별이다. 이 별의 바로 남서쪽으로는 백조자리 R이라는 장주기 변광성이 있다. 이 별은 약 14개월 주기로 밝기가 7등급부터 14등급까지 변한다. 즉 상당 기간 동안은 10인치 이하의 망원경으로는 이 별을 볼 수가 없다. 이 별은 'S'형이라는 드문 천체로서, 붉고 차갑고 어두운 별이며 산개 성단에서 흔히 볼 수 있는 O나 B형의 반대되는 별이다.

여우자리: 아령 성운, 행성상 성운, M27

하늘의 상태
　어두운 하늘

접안렌즈
　저배율

최적 관측 시기
　6월부터 11월

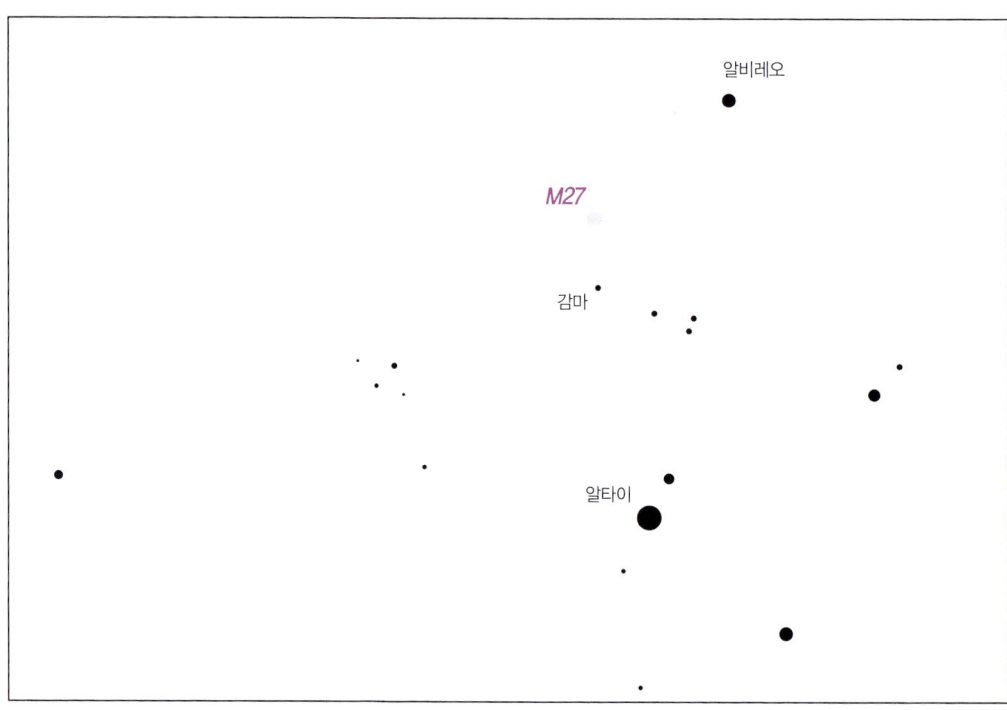

보아야 할 곳 여름철 대삼각형을 이루는 세 개의 별 가운데 가장 남쪽에 있는 알타이르를 찾아라. 바로 북쪽으로 좁은 지역에 모여 있는 네 개의 별을 쉽게 찾을 수 있다. 화살자리이다. 가장 왼쪽에 있는 별이 화살자리 감마 별로 화살의 뾰족한 촉이며 날카로운 삼각형을 이루고 있는 다른 세 별은 화살의 깃털 부분이다. 화살의 중앙에 해당하는 별에서 화살촉까지의 거리를 한 걸음이라고 하자. 망원경을 화살촉에서 정북으로 한 걸음 이동하라.

파인더스코프로 보았을 때 이 성운은 어둡고 별이 가득한 은하수를 배경으로 작고 희미한 점처럼 보인다. 북서쪽으로부터 성단을 가리키고 있는 날카로운 삼각형을 찾아라.

망원경으로 보았을 때 이 성운은 별이 가득한 하늘에 초점이 맞지 않은 나비 넥타이가 있는 것처럼 보인다(또는 좀더 고전적으로 표현하자면, 역도선수용 덤벨 같다).

코멘트 눈의 긴장을 풀고 어두운 빛에 적응할 수

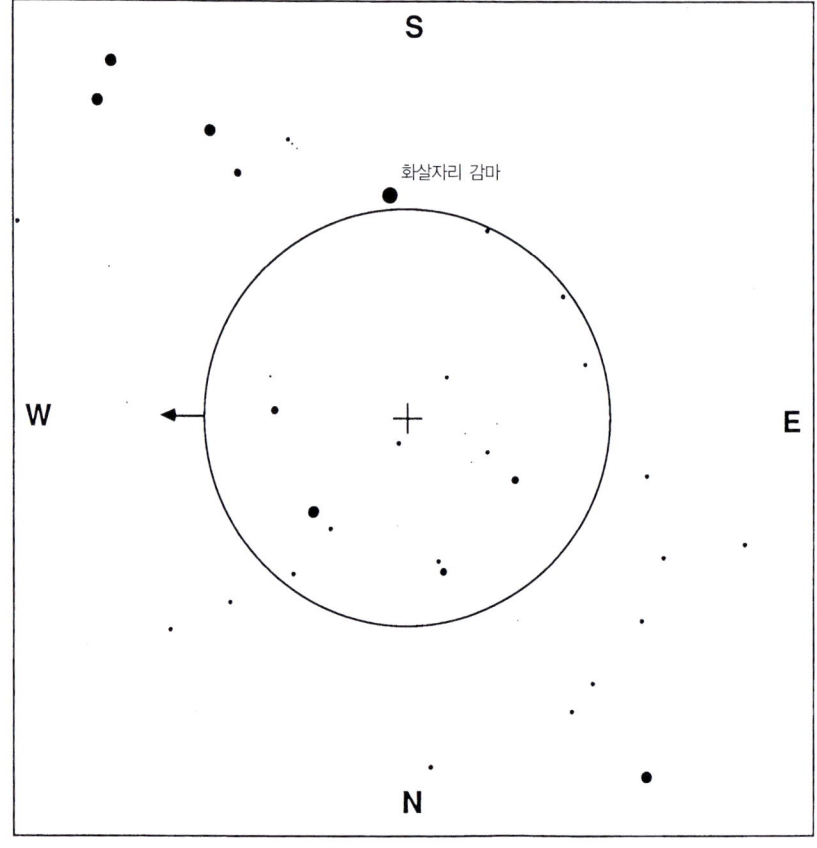

파인더스코프로 보았을 때

저배율로 보았을 때의 아령 성운

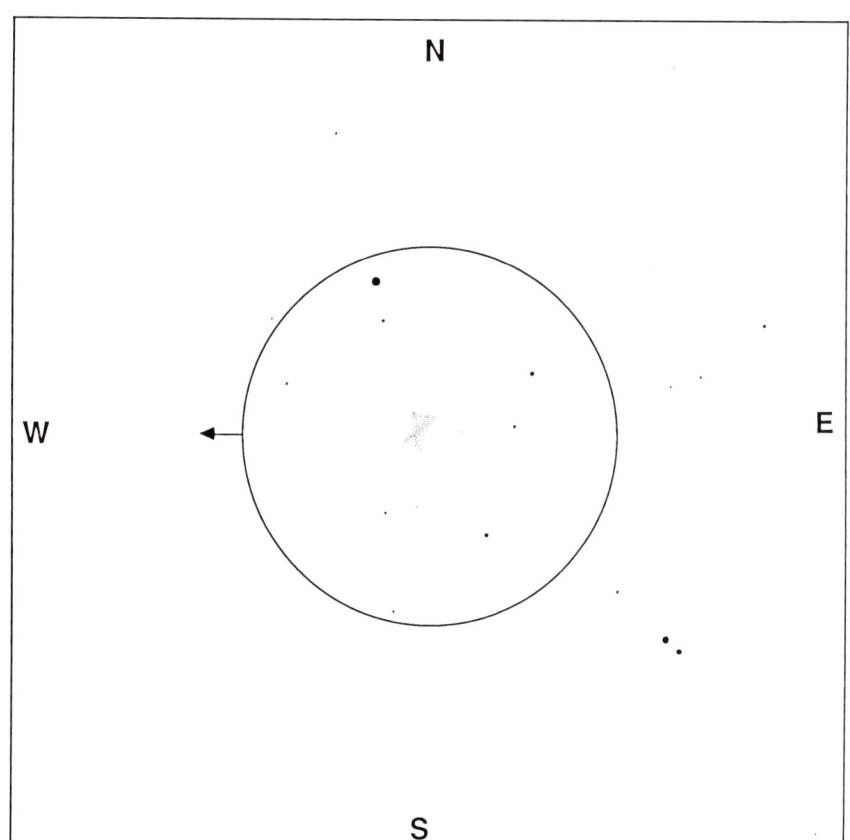

있도록 이 성운의 주변을 둘러보는 시간을 가져라. 천천히, 천천히 성운을 바라보면 그만한 보상을 얻을 수 있을 것이다.

어두운 저녁이면 하늘에 광범위하게 퍼져 있는 빛이 주변의 별을 배경으로 '우주에 걸려 있는' 것처럼 보인다. 주위의 별에서 나오는 점광과 성운에서 퍼져나오는 빛이 만드는 대조는 놀랍고도 아름다운 장면을 연출한다.

어두운 저녁에 이 성운의 모습이 비대칭이며 밝기도 불규칙한지 찾아보라.

여러분이 보는 것 이 행성상 성운은 중앙의 별에서 팽창한 차가운 가스가 불규칙한 모양으로 옅게 퍼져 있는 것이다(작은 망원경으로 보기에 중앙의 별은 너무 어둡다). 중앙의 별은 팽창한 가스가 빛을 낼 수 있는 에너지를 제공한다. 이 가스는 거의 수소와 헬륨으로 되어 있으며 아주 차갑고 밀도도 아주 희박하다.

이 성운은 우리로부터 1천 광년 떨어진 곳에 있으며 직경은 2광년 이상이다. 가스 구름은 초당 거의 36킬로미터 정도 팽창하고 있으며, 따라서 한 세기에 약 1초의 비율로 팽창한다. 이 천체가 처음 생겼을 때부터 이 비율로 팽창했다면, 현재의 크기까지 되는 데 약 5만 년이 걸렸을 것이다.

행성상 성운에 대해 더 자세히 알고 싶으면 61쪽을 보라.

화살자리 : 구상 성단(?), M71

하늘의 상태
 어두운 하늘

접안렌즈
 저배율

최적 관측 시기
 7월부터 11월

브로치의 성단

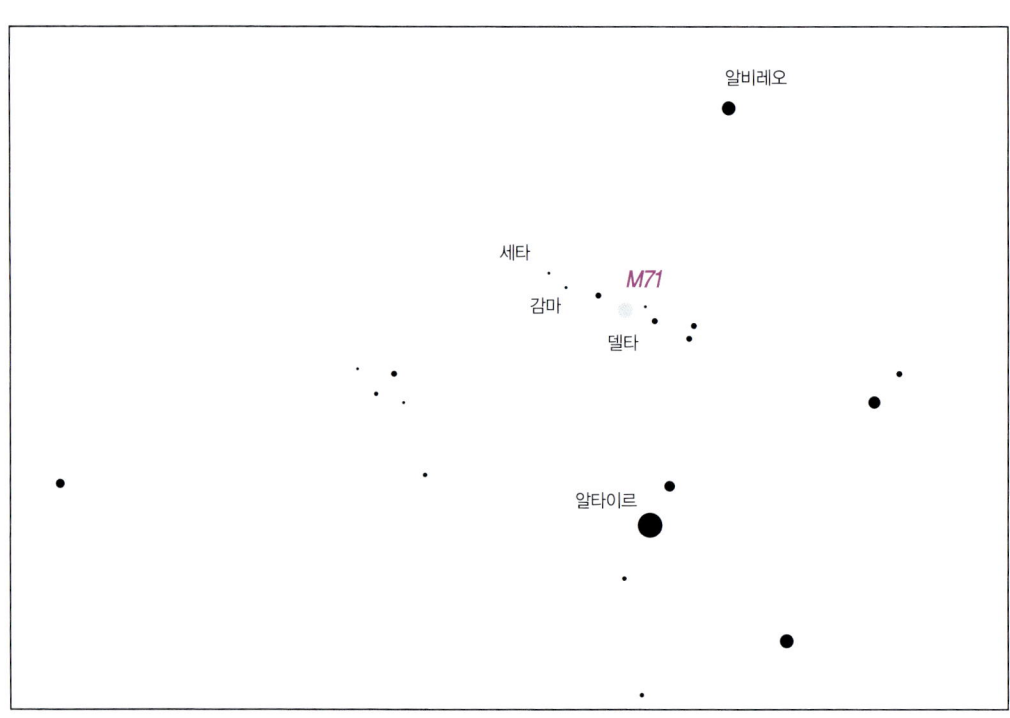

보아야 할 곳 여름철 대삼각형을 이루고 있는 세 개의 별 가운데 가장 남쪽에 있는 알타이르를 찾아라. 바로 북쪽에 적당한 밝기의 별 네 개가 한데 모여 있다. 이 별들이 화살자리이다. 가장 왼쪽의 별은 화살자리 감마 별로 화살촉에 해당한다. 다른 세 개의 별은 날카로운 삼각형을 이루고 있으며 화살의 깃털에 해당한다. 이 세 별 가운데 가장 왼쪽에 있으면서 깃털과 화살대가 만나는 부분을 연결하는 부분을 만들어주는 별이 화살자리 델타이다. 감마와 델타의 중간에서 다시 아주 약간 남쪽으로 가라.

파인더스코프로 보았을 때 하늘의 상태가 아주 좋은 날을 제외하고는 파인더스코프로는 이 성운을 볼 수 없다. 그러므로 성운을 직접 찾는 대신에 파인더스코프로 볼 수 있는 화살자리의 별 네 개를 찾은 다음 화살촉과 중간 별 사이 '화살대'의 중간에 망원경을 향하게 하라.

망원경으로 보았을 때 작은 망원경으로 보면, M71

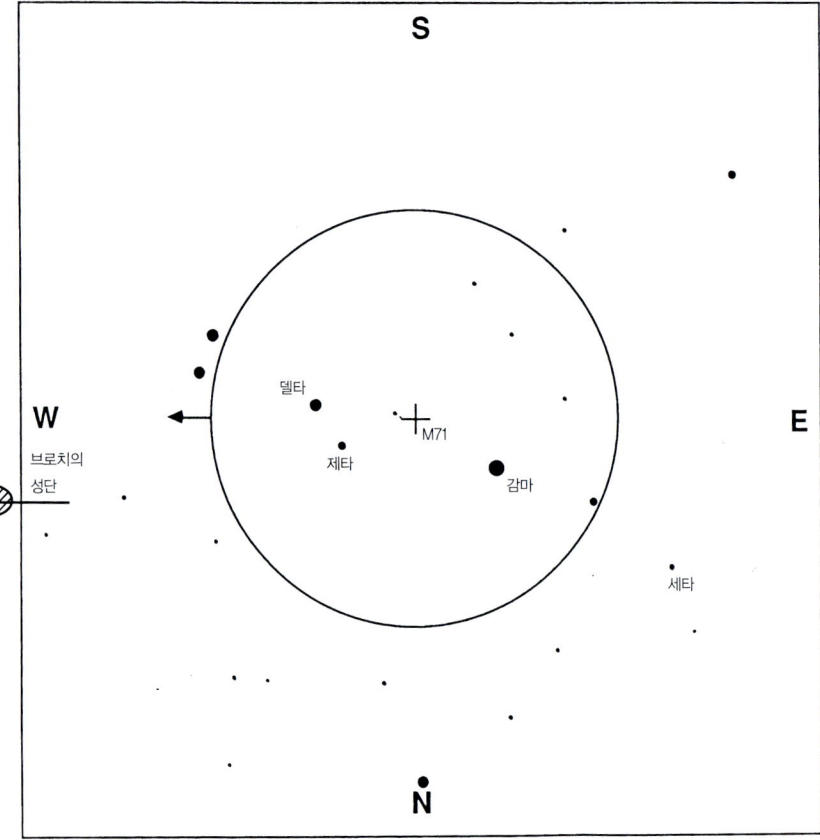

파인더스코프로 보았을 때

저배율로 보았을 때의 M71

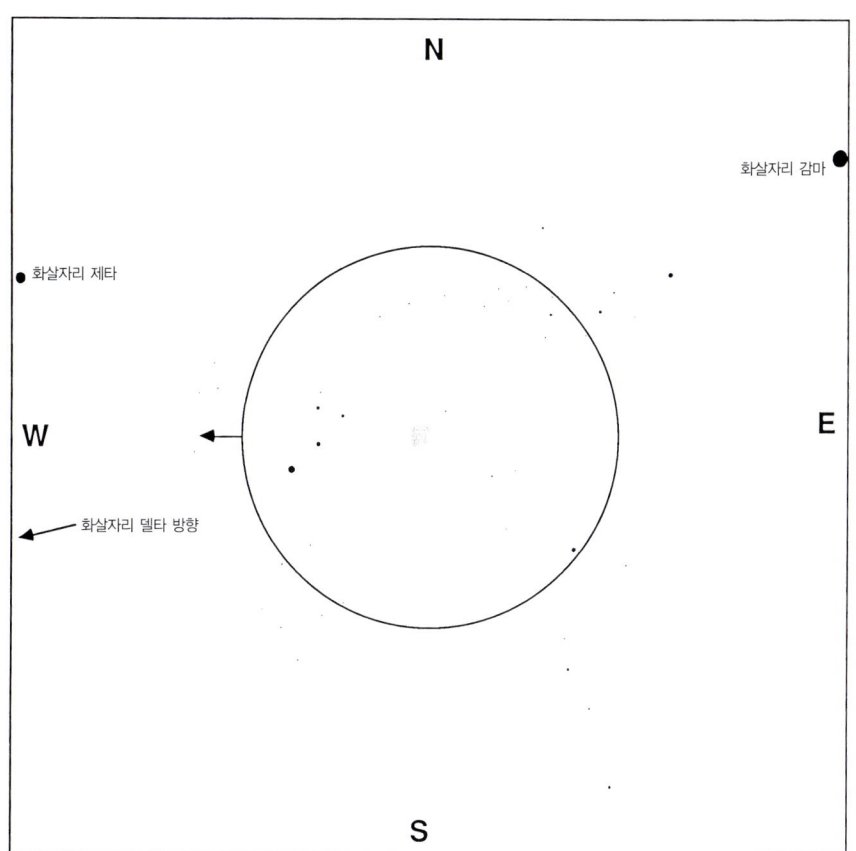

은 어두운 행성상 성운이나 불투명하고 불규칙한 모습의 은하처럼 보인다. 4인치 망원경으로 보면 약간의 낱알 무늬가 보일 것이다. 6인치 망원경으로 보면 성운을 이루고 있는 낱개의 별을 볼 수 있을 것이다.

이 천체는 무척 어둡다. 그러니 이 천체를 보려면 아주 어두운 저녁이어야만 한다. 더불어 주변시로 보면 도움이 될 것이다.

코멘트 M71은 커다랗지도 밝지도 않지만 우아한 모습을 하고 있다. 이 천체는 다른 구상 성단과는 무척 다른 모습을 하고 있다. 그래서 이 천체가 구상 성단인지 아닌지에 대해서도 논란이 있다 (아래를 보라).

여러분이 보는 것 이 천체가 정확히 어떤 성단인지에 대해서 상당한 논쟁이 있어왔다. 성단에 있는 여러 형태의 별을 연구한 결과, 일반적인 산개 성단(47쪽을 보라)에서 볼 수 있는 것과 달리 파란 별이 적색거성으로 진화하며 생기는 패턴이 보이지 않았다. 대신, 별 색깔의 패턴은 구상 성단에서 보이는 것과 무척이나 비슷하다. 그러나 이 성단에 있는 별들은 일반적인 구상 성단의 별(99쪽을 보라)처럼 순수한 수소와 헬륨으로만 되어 있지 않다.

구상 성단인지 산개 성단인지 확실하지 않은 이 성단의 직경은 30광년으로 추정되며 우리로부터 거의 2만 광년 떨어진 곳에 있다.

또한 그 주변에는 화살자리 델타(화살의 중간에 해당하는 별)의 바로 북동쪽으로는 5등급 밝기의 화살자리 제타가 있다. 제타를 작은 망원경으로 보면, 9등급 밝기의 동반성이 북서쪽으로 8.5초 떨어져 있는 쌍성으로 보인다. 한편 주성은 그 자체가 다시 쌍성이지만 분해해서 보기에는 서로 너무 가까이 붙어 있다. 또한 이 계 주변에는 네번째 별 주성에서 멀찍이 떨어진 곳에 있지만 작은 망원경으로 보기에는 너무 어둡다.

또다른 쌍성이 화살자리의 축에 있다. 델타에서 감마로 한 걸음 가라(화살의 중간에서 화살촉으로). 한 걸음 더 가면 화살자리 세타가 나온다. 세타는 6등급 밝기의 별과 북서쪽으로 12초 떨어진 곳에 있는 9등급 밝기의 별로 이루어져 있다. 이 지역은 별들로 붐비는 곳이다. 남서쪽으로 1.5분이 채 안 되는 곳에 이 쌍성계의 일원으로 보이는 7등급 밝기의 별이 있지만 사실은 쌍성과는 아무런 관련이 없는 별이다.

M71에서 서쪽으로 5도 가서 다시 약간 북쪽을 보면(대략 파인더스코프 시야 하나 정도의 거리) 브로치의 성단, 또는 콜린더 399, 또는 좀더 평범하게 옷걸이라 부르는 6등급과 7등급 밝기의 별이 아름답게 모여 있는 모습을 볼 수 있다. 이 성단의 폭은 2도 이상이 되기 때문에 대부분의 망원경으로는 한꺼번에 볼 수 없지만 쌍안경이나 파인더스코프로 보아도 괜찮다. 사람들은 한때 이 천체가 산개 성단이라고 생각했지만 최근 유럽의 히파르코스 위성이 보내온 별까지 거리와 운동 자료를 분석한 결과, 이것은 우리로부터 2백 광년에서 1천 광년 사이에 분포하는 천체들로 서로 아무런 연관이 없으며 단지 같은 방향에 있을 뿐이라는 사실이 밝혀졌다. 하지만 그와 상관없이 이 천체는 여름밤을 아름답게 수놓고 있다.

돌고래자리 : 쌍성, 돌고래자리 감마

하늘의 상태
관계 없음

접안렌즈
중, 고배율

최적 관측 시기
7월부터 11월

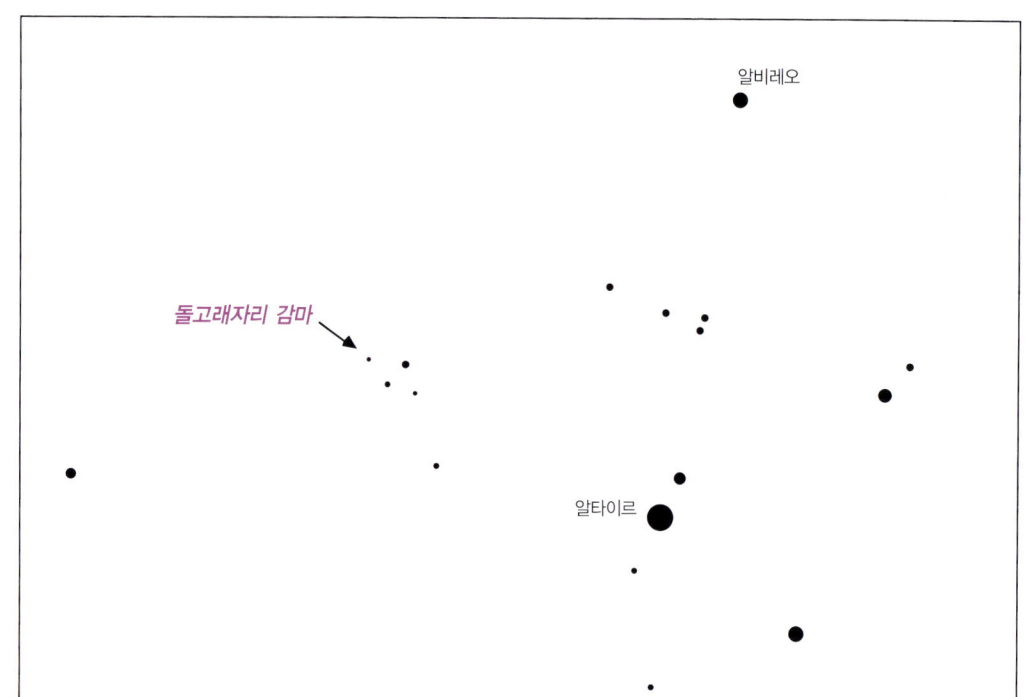

보아야 할 곳 머리 위 높이 떠 있는 여름철 대삼각형에서 삼각형의 가장 남쪽에 있는 알타이르를 찾아라. 그 동쪽(여러분이 남쪽을 향하고 있다면 왼쪽)에 작은 연 모양의 별 네 개와 남쪽으로 연꼬리처럼 보이는 다섯번째 별이 보일 것이다(베가에서 알비레오를 연결하는 선이 이 '연'을 지나갈 것이다). 이곳이 돌고래자리이다.

파인더스코프로 보았을 때 파인더스코프를 '연'의 네번째 별에 맞춰라. '꼬리'에서 가장 멀리 떨어진 별이 돌고래자리 감마이다.

망원경으로 보았을 때 돌고래자리 감마는 노랑-파랑색 쌍성이다. 주성은 노란색이며 좀더 어두운 별은 녹청색이다.

코멘트 이 쌍성은 하늘에서 가장 아름다운 쌍성 가운데 하나이다. 주성의 색은 오렌지빛을 띤 노란색이며 동반성은 녹색기가 도는 파란색이다. 색을 쉽게 보려면 고배율 접안렌즈를 쓰는 것이

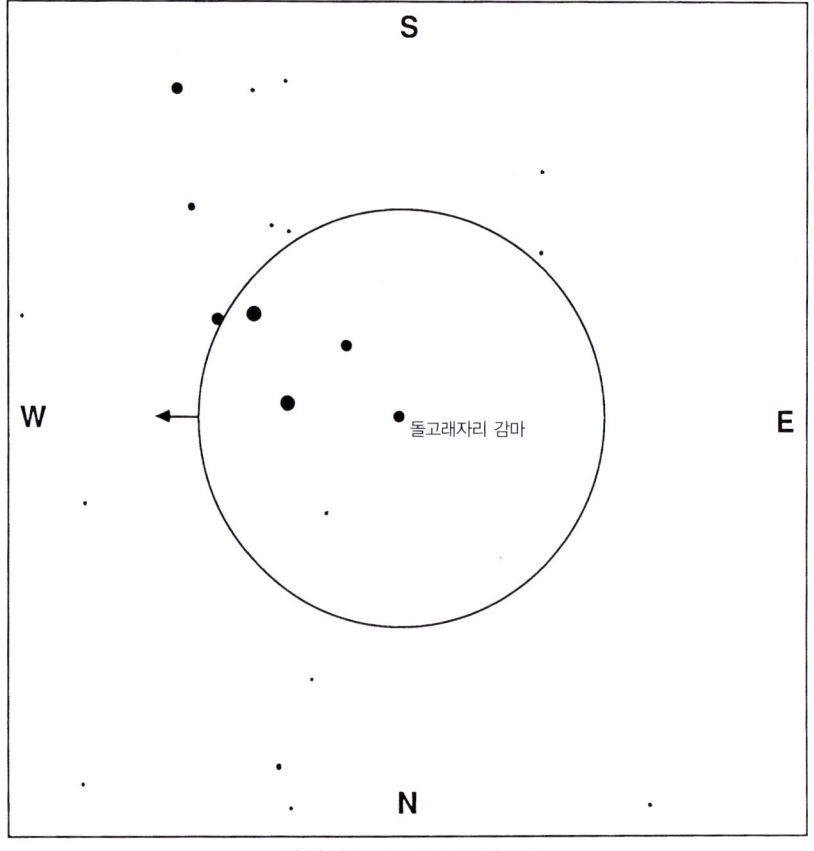

파인더스코프로 보았을 때

고배율로 보았을 때의 돌고래자리 감마

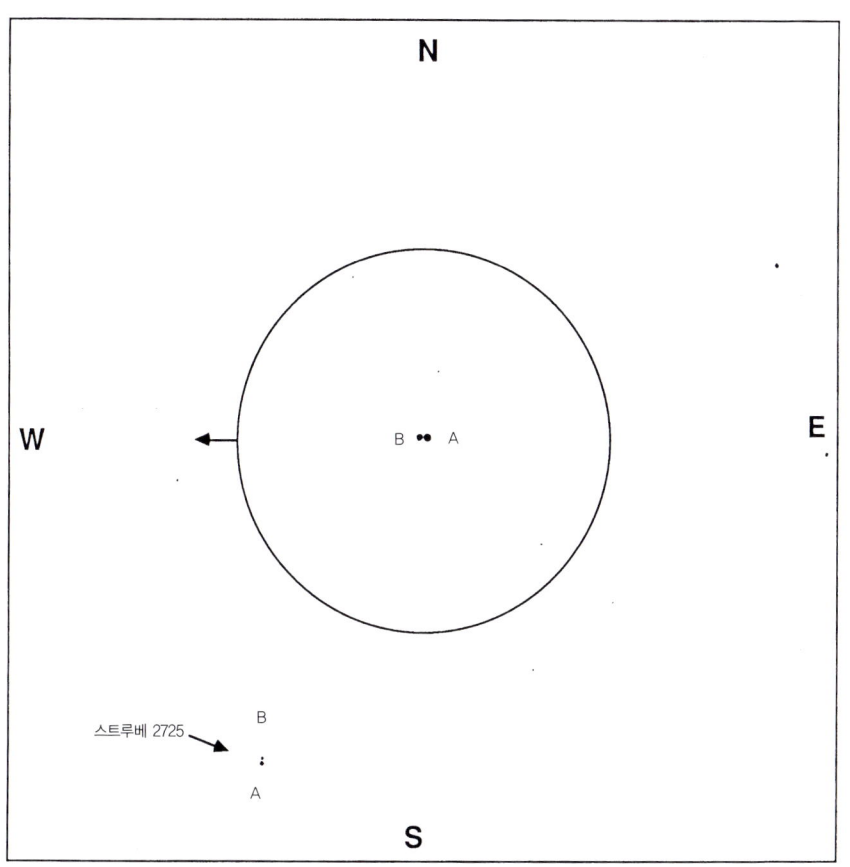

좋다. 달빛이나 황혼 무렵에 관측하면 색깔을 보는 데 도움이 될 것이다.

망원경을 이 쌍성에 맞췄다면 중배율 시야의 가장자리 쪽으로 좀더 어두운 쌍성을 하나 더 볼 수 있다. 이 쌍성은 훨씬 어두우며, 감마 쌍성 사이 거리의 반밖에 떨어져 있지 않다. 이 쌍성이 스트루베 2725이다.

여러분이 보는 것 감마의 주성은 분광형이 K형이다. K형 별은 태양보다 좀더 차갑고 더 오렌지빛을 띤다. 부성은 태양보다 작지만 더 뜨거운 F형 별로, 태양보다 좀더 녹색을 띤다. 이 두 별은 우리로부터 약 1백 광년 떨어져 있으며, 아주 느린 속도로 서로를 돈다. 이 둘은 적어도 350AU 떨어져 있다.

또다른 쌍성인 스트루베 2725는 감마와는 아무런 관련이 없다. 스트루베 2725 역시 우리로부터 약 1백 광년 정도 떨어져 있기 때문에 감마와 스트루베 2725는 서로 가까운 거리에 있지만 은하 중심을 도는 궤도는 전혀 다르다.

돌고래자리 감마

별	등급	색깔	위치
A	4.5	오렌지색	주성
B	5.5	레몬색	A에서 서쪽으로 10초

스트루베 2725

별	등급	색깔	위치
A	7.3	백색	주성
B	8.2	백색	A에서 북쪽으로 5.7초

궁수자리 : 백조 성운, M17

하늘의 상태
　어두운 하늘

접안렌즈
　저배율

최적 관측 시기
　7월부터 10월

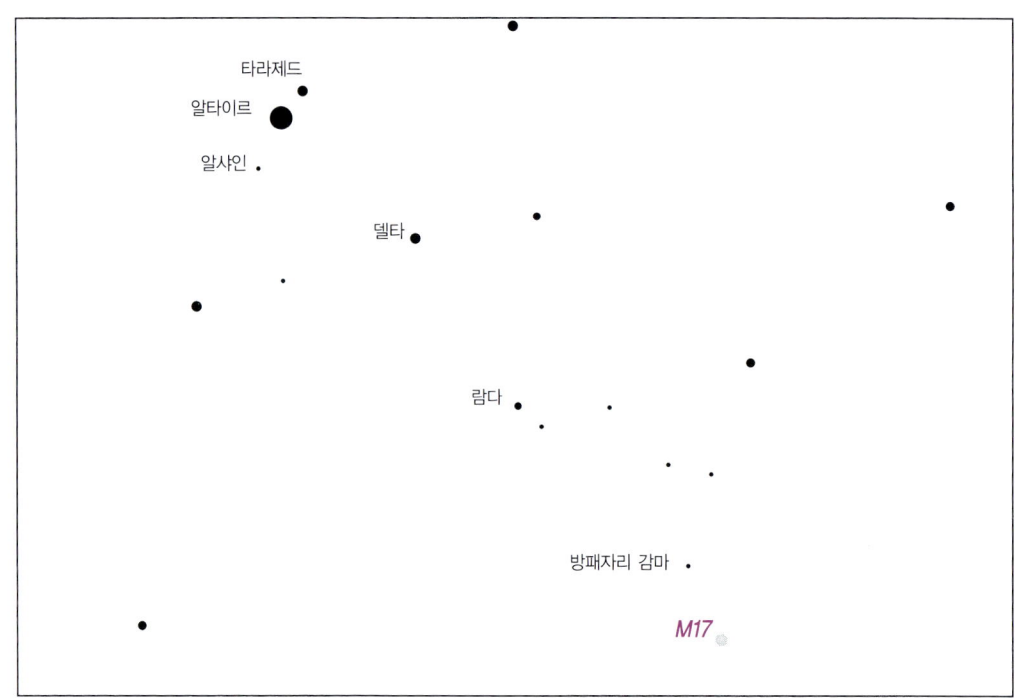

보아야 할 곳 여름철 대삼각형을 이루고 있는 별 가운데 가장 남쪽에 있는 알타이르를 찾아라. 1등급의 밝은 별이다. 알타이르는 양쪽으로 좀더 어두운 별을 거느리고 있다. 알타이르를 중심으로 북쪽에서 약간 서쪽으로 하나(타라제드), 남쪽에서 약간 동쪽으로 좀더 어두운 별 하나(알샤인)이다. 타라제드와 알샤인은 독수리자리의 머리를 이루고 있는 별들이다.

북동쪽에서 남서쪽으로 열지어 있는 별들이 독수리자리의 머리부터 꼬리까지를 이루고 있다. 타라제드(알타이르 옆에 있는 별)에서 독수리자리 델타까지 그리고 다시 독수리자리의 꼬리를 이루고 있는 람다 별까지는 일직선이며 대충 비슷한 간격으로 떨어져 있다. 다시금 한 걸음 간 곳에 흐릿하게 보이는 방패자리의 별들 가운데 하나인 감마가 보인다. 파인더스코프를 이 감마로 향하게 하라.

파인더스코프로 보았을 때 파인더스코프로 방패자리 감마를 찾은 다음 이 별이 파인더스코프 시야에서 동북쪽 가장자리에 가까스로 걸치게끔 망원

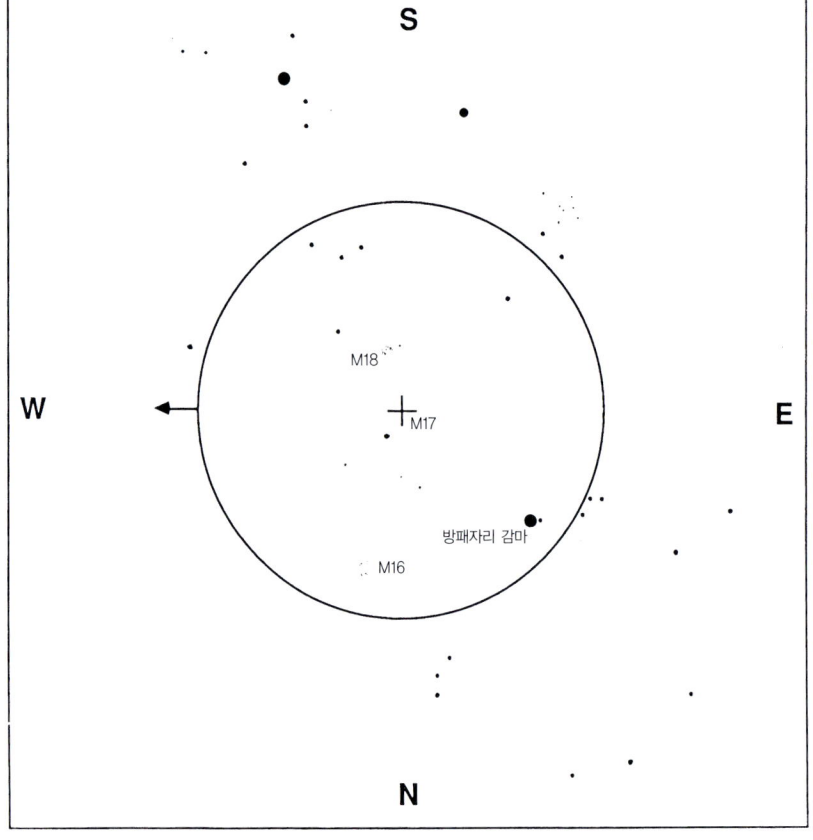

파인더스코프로 보았을 때

저배율로 보았을 때의 백조 성운

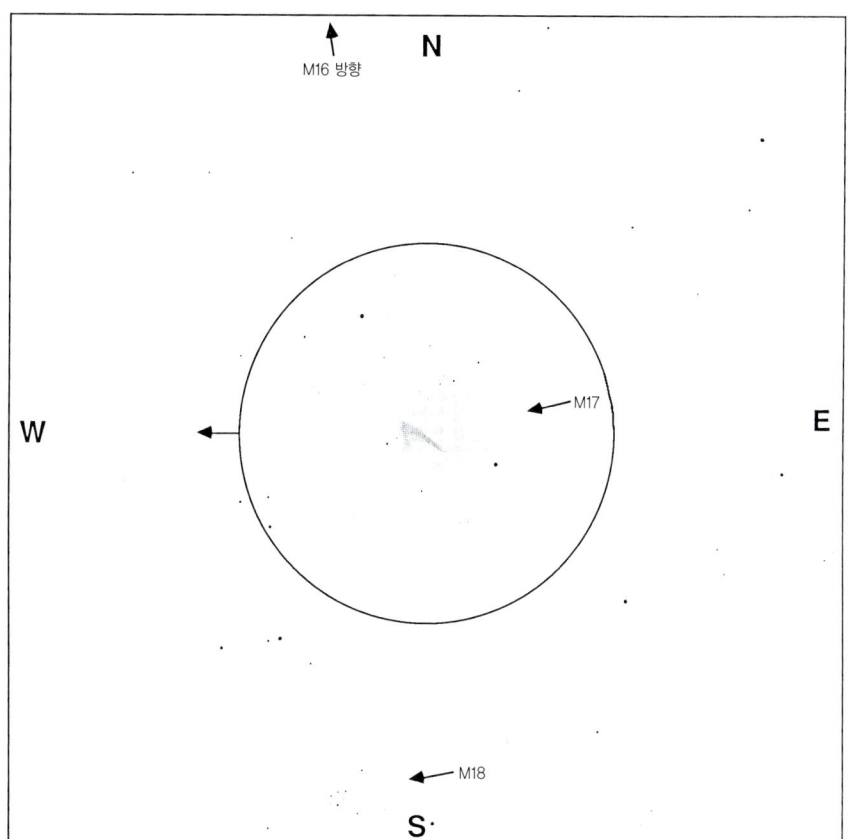

경을 움직여라(오른쪽 아래 방향이다).

망원경으로 보았을 때 M17의 남동쪽에는 자그마한 빛막대가 '갈매기 표시'(√) 또는 'L'자가 거꾸로 되어 있는 모양으로 들어 있다.

약간의 상상력을 발휘하면 여러분에게 헤엄쳐오는 백조를 연상할 수도 있다. 빛막대의 긴 쪽은 백조의 목이며 서쪽에서 남쪽으로 뻗어 있는 짧은 막대는 백조의 머리와 부리이며 '목' 뒤쪽으로 둘러싸고 있는 산개 성단의 흐릿한 구름은 몸통이다.

코멘트 M17의 구름 같은 모습을 자세히 보기 위해서는 맑고 어두운 저녁이어야만 한다. 빛의 막대는 대부분 쉽게 볼 수 있지만 성단 안으로 뻗어 있는 '백조의 몸통'은 아주 맑고 어두운 날이라도 보기 어렵다. 이 성운은 남쪽 하늘 멀리 있기 때문에 캐나다와 북유럽에 있는 관측자들은 보기 어려울 것이다.

여러분이 보는 것 M17은 대부분이 수소와 헬륨으로 된 가스 구름이며 가스가 둘러싸고 있는 젊은 별들에서 나오는 에너지를 받은 먼지들이 빛을 내고 있다. 이 지역은 별이 생기고 있는 곳으로, 구름 안에는 수천 개의 별들을 만들 만큼 충분한 물질이 있다. 성운 중앙에 있는 밝은 막대의 길이는 약 10광년이며 성운 전체의 크기는 약 40광년이다. 이 성운은 우리로부터 5천 광년 떨어진 곳에 있다.

확산 성운에 대해 더 자세히 알고 싶으면 53쪽을 보라.

또한 그 주변에는 M17의 바로 북쪽으로는 성운이자 산개 성단인 M16이 있다. 파인더스코프에 방패자리 감마가 들어오도록 한 다음에 이 천체가 파인더스코프 시야의 동남동쪽 가장자리에 걸릴 때까지 망원경을 움직여라(남쪽을 위로 생각할 때 거의 2시 방향이다). 그러면 파인더스코프의 시야에서 M17이 거의 꼭대기(남쪽)에 놓일 것이다. M16은 망원경 시야의 중앙에 오게 된다. 작은 망원경으로 보면 M16은 20개 정도의 별이 느슨하게 모여 있는 산개 성단으로 보인다. 성단 가장자리 근처에 눈에 확 들어오는 작은 쌍성을 찾아라. 10×50 배율의 망원경으로 보면 M16은 어둡고 흐릿한 빛조각처럼 보인다. 2인치나 3인치 망원경으로 보면 20개 정도의 별을 분해해 볼 수 있다. 날씨가 좋은 날 8인치 망원경을 쓴다면 이 별들 주위에 있는 성운을 볼 수 있을 것이다. 이 천체는 꽤 젊은 산개 성단으로 나이는 겨우 3백만 년밖에 안 된 것으로 추측하고 있다.

M17에서 바로 남남서쪽으로 약 1도(보름달 두 개 거리) 정도 가면 M18이라는 작은 산개 성단이 나온다. 이 성단은 열 개 정도의 별이 모여 있는 천체로서 그다지 주의를 끌지 못한다.

방패자리 : 야생 오리, 산개 성단, M11

하늘의 상태
　어두운 하늘

접안렌즈
　저배율

최적 관측 시기
　7월부터 10월

방패자리 R,
독수리자리 V

M11, M26

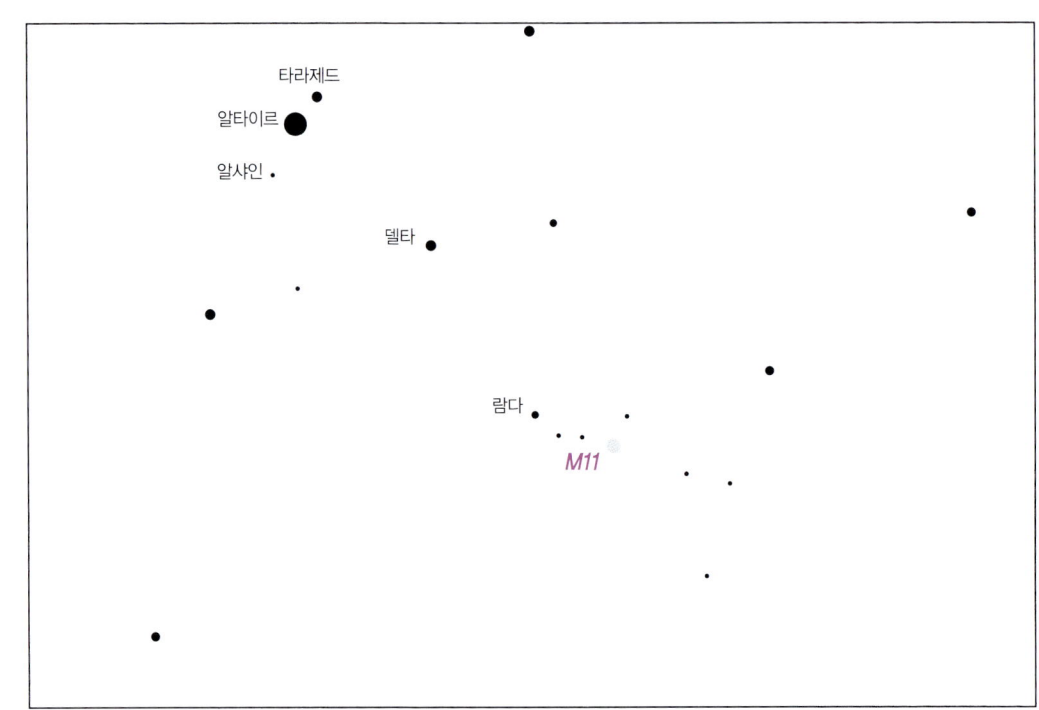

여러분이 보는 것 여름철 대삼각형을 이루고 있는 별 가운데 가장 남쪽에 있는 알타이르를 찾아라. 1등급의 밝은 별이다. 알타이르는 양쪽으로 좀더 어두운 별을 거느리고 있다. 알타이르를 중심으로 북쪽에서 약간 서쪽으로 하나(타라제드), 남쪽에서 약간 동쪽으로 좀더 어두운 별 하나(알샤인)가 있다. 독수리자리의 머리를 이루고 있는 별들이다.

　북동쪽에서 남서쪽으로 줄지어 있는 별들이 독수리자리의 머리부터 꼬리까지 이루고 있다. 타라제드(알타이르 옆에 있는 별)부터 독수리자리 델타까지 그리고 다시 독수리자리의 꼬리를 이루고 있는 람다 별까지는 일직선이며 대충 비슷한 간격이다. 람다의 남쪽에 두 개의 어두운 별을 볼 수 있을 것이다. 이 세 별을 파인더스코프로 한꺼번에 잡아라.

파인더스보았을 때 세 별을 파인더스코프로 한꺼번에 잡은 다음, 머릿속으로 시계를 상상하라. 중앙에 있는 별이 시계의 중심이다. 세 별 가운데 가장 밝은 독수리자리 람다는 4시 방향에 있고 세번째 별인 방패자리 에타는 9시 방향에 있다. 시계 중심

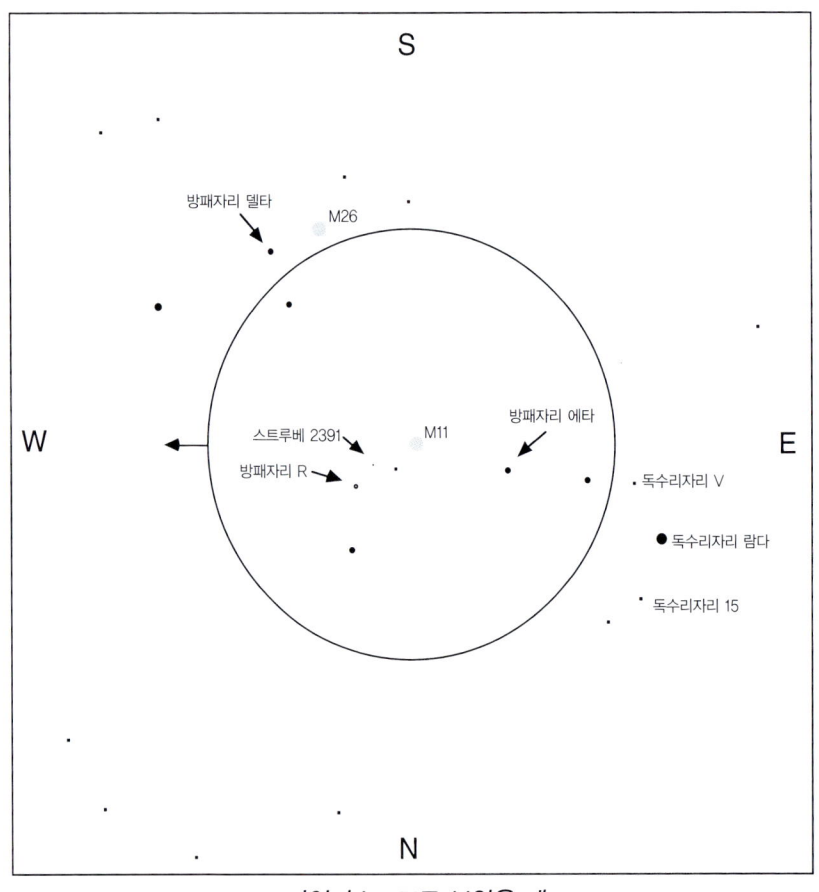

파인더스코프로 보았을 때

저배율로 보았을 때의 M11

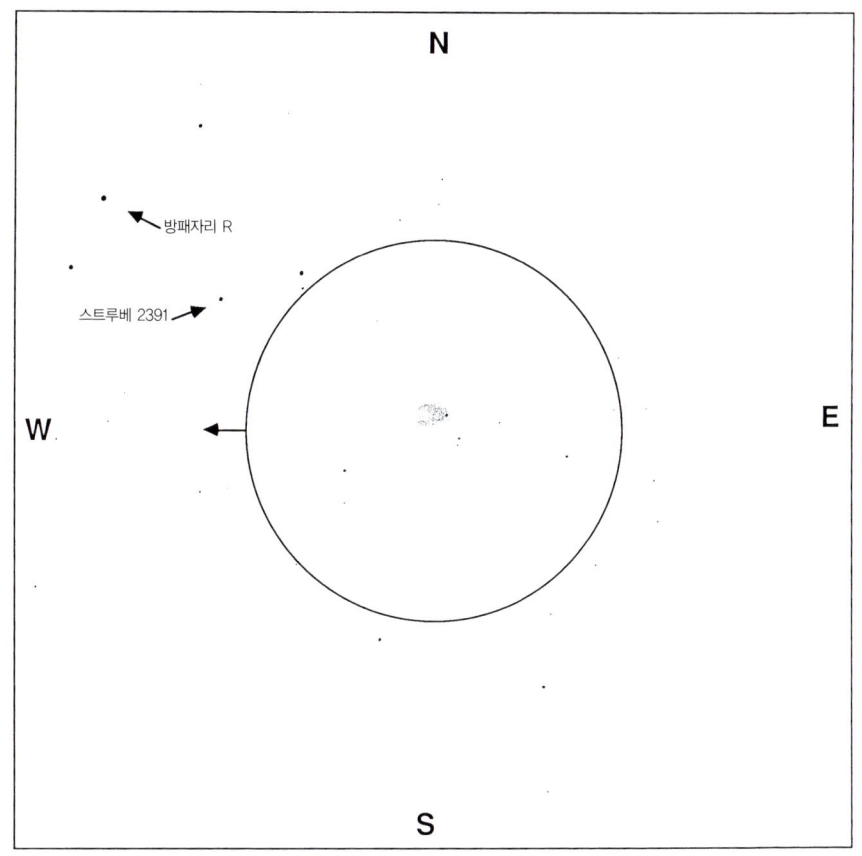

에서 에타 쪽으로 한 걸음 간 다음 다시 한 걸음 더 가라. M11은 이 지점에서 아주 약간 남서쪽에 위치하고 있다.

망원경으로 보았을 때 이 성단은 낱알 무늬의 쐐기 형태이며, 서쪽의 꼭지점에 있는 9등급 밝기의 별에서 빛이 퍼져나오는 모습을 하고 있다. 중간 크기의 망원경(4인치 또는 그 이상)으로 보면 'V'자의 각 날개를 가로지르는 텅 빈 공간을 볼 수 있을 것이다.

코멘트 작은 망원경으로 보면, 쐐기의 꼭지점에 있는 밝은 별은 쉽게 볼 수 있으며, 쐐기 안에 있는 두세 개의 다른 별들도 아슬아슬하게 분해해 볼 수 있다. 쐐기의 나머지 부분은 대부분의 일반 성단보다 어둡지만 여전히 매력적이다. 한 가지 문제는 이 성단이 작지만 작은 망원경에서 고배율로 볼 만큼 밝지는 않다는 데 있다. 날씨가 좋은 날, 더 커다란 망원경(6인치나 그 이상)으로 이 성단을 보면 무척 멋진 모습을 볼 수 있는데, 낱알 무늬의 빛 아지랑이를 배경으로 백 개 이상의 별들을 낱개로 분해해 볼 수 있다.

여러분이 보는 것 사실 이 성단은 천 개 이상의 별이 50광년 이상 되는 반경 안에 동그랗게 모여 있는 집단으로, 우리로부터의 거리는 약 6천 광년 정도 된다. 밝은 별의 대부분은 '날아가는 오리' 모양의 쐐기 모양에 모여 있으며, 폭은 약 20광년쯤 된다. 이 지역에는 무척 좁은 영역에 아주 많은 별이 모여 있기 때문에 별과 별 사이의 평균 거리는 1광년이 안 된다.

밝은 별 대부분은 뜨겁고 젊은 파란색 또는 백색이며, 분광형은 A형과 F형이지만 열 개 이상의 별이 적색거성 단계로 진화했다. O형과 B형 별은 거성 단계로 진화한 반면 A형 별은 아직 이 단계에 도달하지 못했기 때문에 이 성단의 전체 나이는 아마도 약 1억 년 정도라고 추측하고 있다(산개 성단에 대해 더 자세히 알고 싶으면 47쪽을 보라).

덧붙여 에타의 바로 동쪽에 있는 델타에 주목하라. 델타는 190광년 떨어져 있으며 현재로서는 그리 인상적이지 못한 천체이다. 하지만 125만 년 뒤에는 지구로부터 거리가 겨우 9광년밖에 되지 않으며 시리우스만큼이나 밝게 빛나게 된다.

또한 그 주변에는 M11에서 북서쪽으로 0.5도만큼 가면 6등급 밝기의 별이 두 개 나타난다. 서쪽(M11에서 먼 쪽)에 있는 다소 어두운 쪽 별은 스트루베 2391이라는 쌍성이다. 주성의 밝기는 6등급이며 동반성은 9등급으로 훨씬 어두우며, 주성에서 북북서로 38초 떨어져 있다.

스트루베 2391에서 다시 0.5도 북서쪽으로 가면 방패자리 R이라는 변광성이 나타난다. 방패자리 R은 한 달 정도의 간격을 두고 밝기가 5.7등급부터 8.6등급까지 불규칙하게 변한다.

독수리자리 람다의 바로 북쪽에 있는 5등급 밝기의 별은 독수리자리 15라는 쌍성이다. 주성은 노란색에 5.4등급 밝기이며 동반성은 진파란색에 7등급 밝기로 주성에서 38초만큼 남쪽으로 떨어져 있다. 람다의 남쪽으로 같은 거리에는 진붉은색의 변광성인 독수리자리 V가 아름답게 빛나고 있다.

파인더스코프 시야의 바로 바깥에는 M26이라는 산개 성단이 있다. 메시에 목록에 있는 다른 천체들과 비교해보았을 때, 이 성단은 작고 어둡다. 하지만 6인치나 그 이상의 망원경으로 보면 10등급이나 그보다 어두운 별들 수십 개가 몇 분 정도밖에 안 되는 영역에 몰려 있는 것을 볼 수 있다.

전갈자리 : 그라피아스, 쌍성, 전갈자리 베타

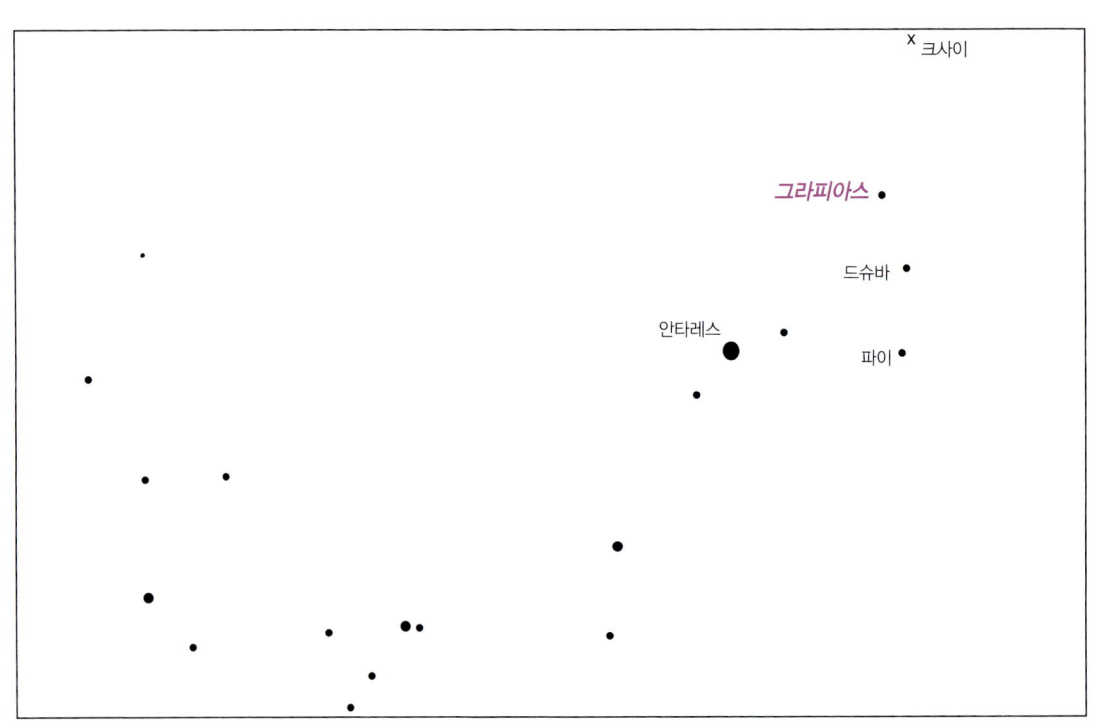

하늘의 상태
관계 없음

접안렌즈
중, 고배율

최적 관측 시기
7월부터 8월

보아야 할 곳 남쪽 하늘 낮게 떠 있는 전갈자리를 찾아라. 붉은색으로 아주 밝게 빛나고 있는 별이 안타레스이다. 안타레스의 서쪽(남쪽을 보고 있다면 오른쪽)에서 북-남으로 세 개의 별이 늘어서 있다. 제일 위에 있는 별이 그라피아스이다.

파인더스코프로 보았을 때 3등급 밝기인 그라피아스는 육안으로도 쉽게 찾을 수 있다. 그라피아스와 근처에 있는 두 개의 별이 멋진 삼각형을 이루는 데 주목하라. 하나는 전갈자리 오메가로서 파인더스코프로 보았을 때 별 사이의 거리가 먼 쌍성처럼 보이며, 또하나는 전갈자리 누이다.

망원경으로 보았을 때 그라피아스는 또렷하고 쉽게 분해되어 보인다. 주성은 특징 없는 백색이며 동반성은 파란색 또는 녹색이 도는 파란색이다.

코멘트 이 천체는 쉽게 분해해 볼 수 있는 쌍성이지만 색깔은 그리 특별하지 않다. 고배율로 보면 주성이 약간 더 노란색으로 보일 수도 있다.

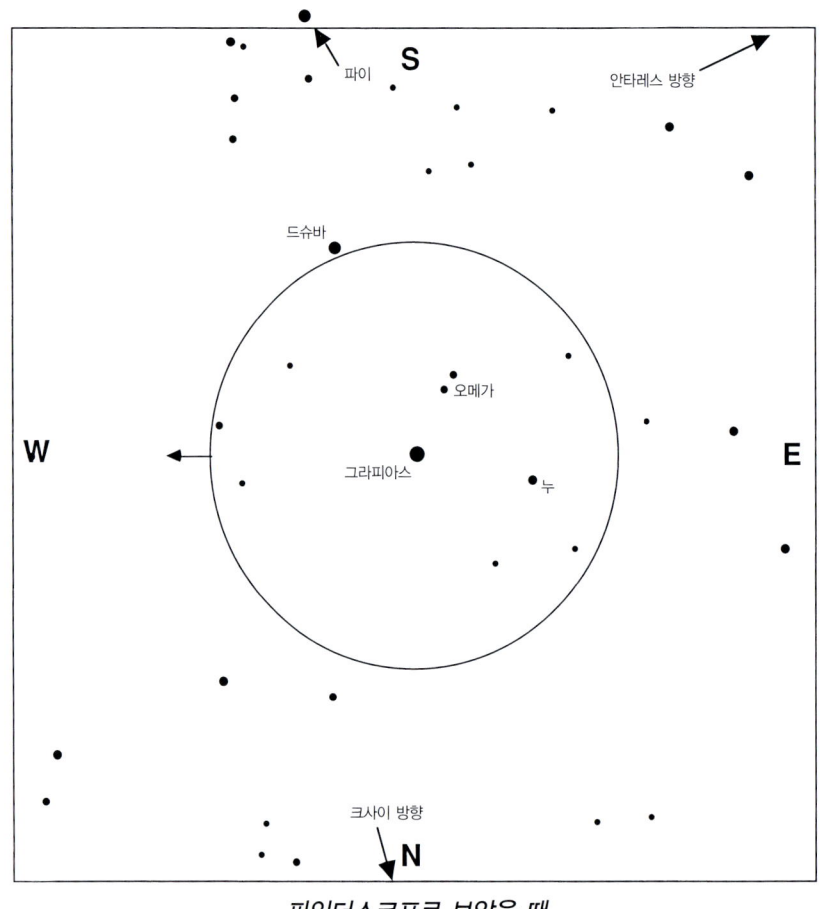

파인더스코프로 보았을 때

그라피아스 137

고배율로 보았을 때의 그라피아스

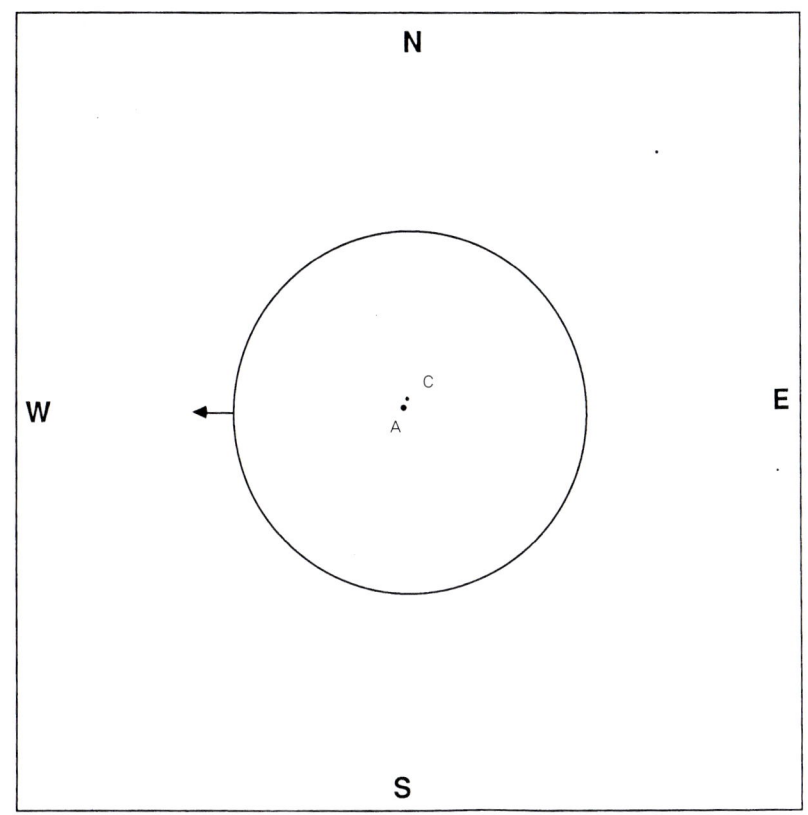

서로 1/10광년 떨어져 있는 반면, C와 D 사이의 거리는 명왕성의 공전 궤도 반지름의 열 배가 된다.

파이에서 드슈바로 한 걸음 이동하면 그라피아스의 바로 서쪽을 보게 된다. 이 방향으로 두 걸음 더 가게 되면 4등급 밝기의 별인 전갈자리 크사이를 보게 된다. 이 천체 역시 이중 쌍성이다. 하지만 각 쌍성에는 고유한 이름이 붙어 있다. 크사이 A와 C는 밝기 차이 때문에 3인치 망원경으로 보기 힘들지만 계속 시도를 해보라. 크사이 B는 크사이 A에 너무 가까이 있었기 때문에(0.5초) 1998년에는 8인치 망원경으로도 분해해 보기 어려웠다. 하지만 2011년에 B는 A에서 1초만큼 북쪽에 위치하게 되어 돕슨식 망원경으로 분해해 볼 수 있게 된다.

이 계의 나머지 반인 스트루베 1999는 크사이에서 남쪽으로 4분 정도 떨어져 있어 쉽게 분해해 볼 수 있다. 이들은 서로 1/10광년 떨어져 있으며 크사이의 주위를 약 50만 광년 주위로 돌고 있다. 스트루베 1999 자신은 3인치 망원경으로 분해해 볼 수 있다.

여러분이 보는 것 이 천체는 (적어도) 사중성이지만 작은 망원경으로 그들을 분해해 보기에는 주성('A1')과 그 동반성들이 너무 가까이 붙어 있다. 주성과 가장 가까운 동반성인 A2는 수성과 태양보다도 더 가까우며 일 주일에 한 번씩 서로를 돈다. 또다른 별인 B는 약 100AU 떨어진 곳에서 수백 년에 한 번씩 이 두 별을 돌고 있다.

그라피아스의 별들은 우리로부터 약 550광년 떨어져 있다. 우리가 볼 수 있는 동반성 C는 B보다 주성에서 훨씬 멀리 떨어져 있다. A와 C는 2,000AU 이상 떨어져 있어서 C가 A 주위를 한 바퀴 완전히 돌려면 2만 년 이상이 걸린다. 최근의 관측에 따르면, C별은 그 자체가 쌍성으로, 그라피아스는 전체가 오중성인 듯하다.

그라피아스는 더 커다란 항성계의 일부분인 듯하다. 전갈자리 누(아래를 보라)와 (안타레스, 전갈자리 시그마, 베크룩스를 포함한) 다른 많은 별들은 그라피아스와 비슷한 비율로 우리 은하를 여행하고 있다. 이들은 모두가 같은 곳에서 태어났으며 수억 년 전 같은 산개 성단에서 출발한 것 같다.

또한 그 주변에는 전갈자리 누는 재미있는 이중 쌍성이다. 작은 망원경으로 보면 북-남으로 멀찌감치 떨어져 있는 A와 C를 쉽게 분해해 볼 수 있다. C는 (날씨만 좋으면) 3인치 망원경으로도 더 분해해 볼 수 있으며, 8인치 망원경으로는 A까지도 분해해 볼 수 있다. 이 계는 우리로부터 약 5백 광년 떨어져 있다. 즉 A와 C는

그라피아스

별	등급	색깔	위치
A	2.9	노란색	주성
C	5.1	파란색	A에서 북북동으로 14초

전갈자리 누

별	등급	색깔	위치
A	4.5	파란색	주성
B	6.0	파란색	A에서 북쪽으로 1.2초
C	7.0	파란색	A에서 북북서쪽으로 41초
D	7.8	파란색	C에서 북동쪽으로 2.3초

전갈자리 크사이/스트루베 1999

별	등급	색깔	위치
전갈자리 크사이			
A	4.9	노란색	주성
B	4.9	노란색	A에서 북쪽으로 1.0초 미만
C	7.2	오렌지색	A에서 북동쪽으로 7초
스트루베 1999			
A	7.4	노란색	크사이에서 남쪽으로 4.7분
B	8.1	노란색	A에서 동쪽으로 11초

전갈자리: 구상 성단 두 개, M4와 M80

하늘의 상태
  어두운 하늘

접안렌즈
  저배율

최적 관측 시기
  7월부터 8월

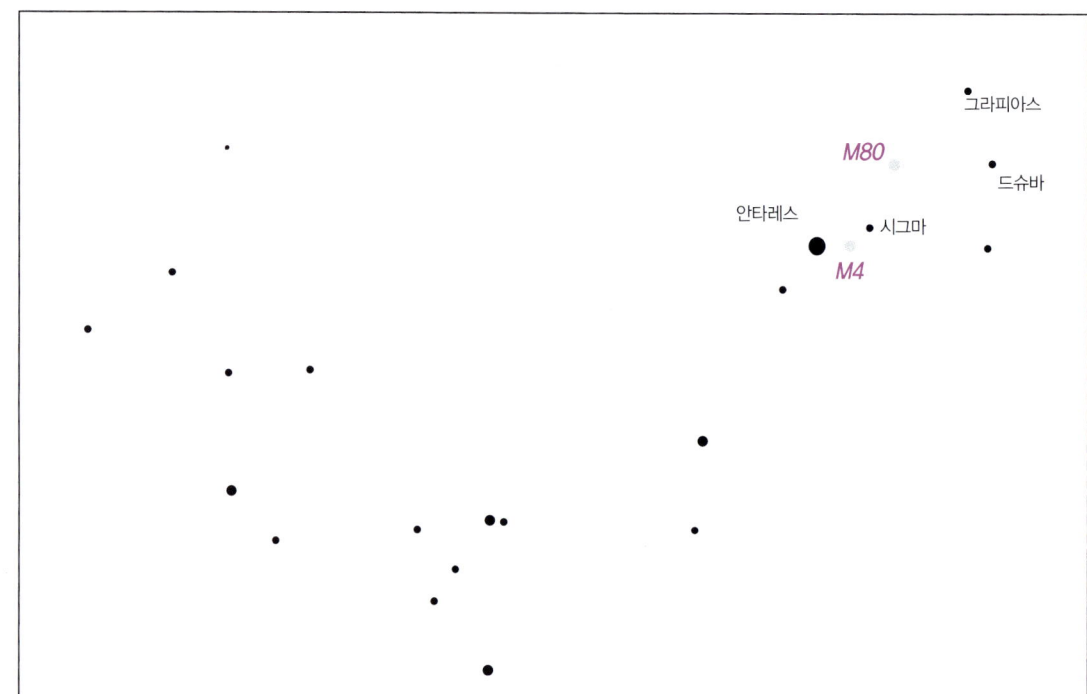

보아야 할 곳 남쪽 하늘 낮게 떠 있는 전갈자리를 찾아라. 붉은색으로 밝게 빛나고 있는 안타레스의 오른쪽(서쪽)에 있는 세 개의 별이 전갈의 '집게'이다. 맨 위의 별은 '그라피아스'이고 그 아래 있는 별은 '드슈바'이다. M80은 안타레스와 그라피아스 중간에 있다. 안타레스에서 드슈바 방향으로 1/4쯤 가면 전갈자리 시그마라는 어두운 별이 보인다. 안타레스와 시그마를 연결하는 선을 상상하라. 이 선의 중간 지점 약간 남쪽(안타레스의 정서쪽)으로 M4가 있다.

파인더스코프로 보았을 때

M4 : 파인더스코프에 안타레스와 전갈자리 시그마는 같은 시야에 들어오기 때문에 M4는 쉽게 찾을 수 있다. 안타레스가 시계의 중심이라고 가정하면 전갈자리 시그마는 8시 방향에 있으며 M4는 9시 방향으로 안타레스에서 반쯤 되는 거리에 있다. M4는 파인더스코프 상에서 아마 흐릿한 빛으로 보일 것이다.

M80 : M80은 안타레스로부터 그라피아스 쪽으로

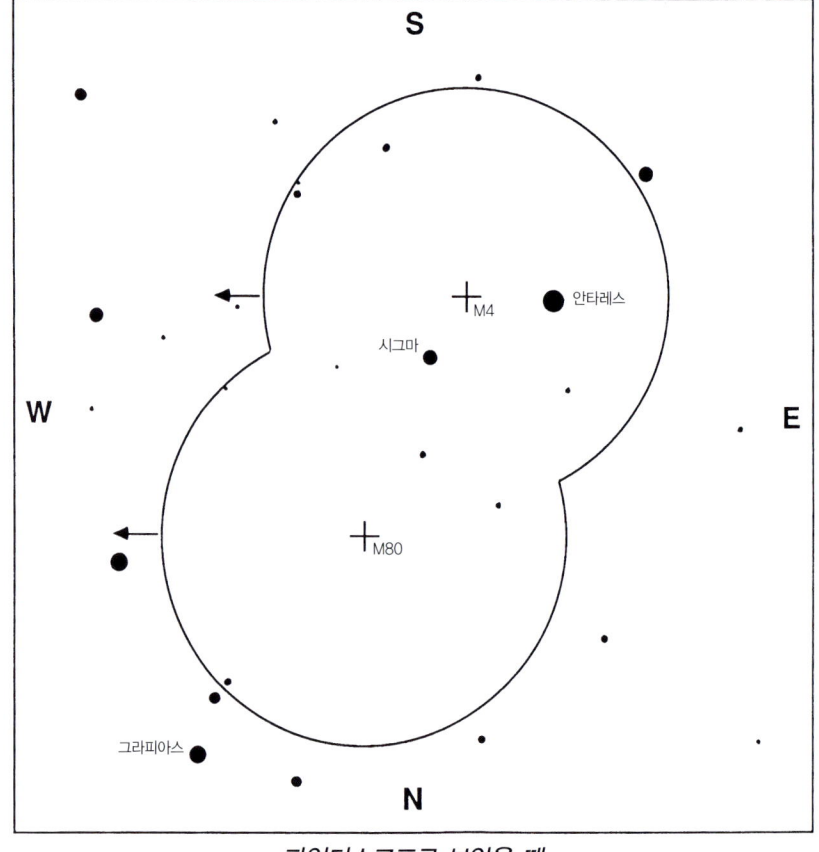

파인더스코프로 보았을 때

반 조금 더 간 곳에 있다.

망원경으로 보았을 때 M4는 중앙은 뿌옇고 가장자리를 따라서는 낱알 무늬가 있는 동그랗고 흐릿한 빛처럼 보이지만 중심 쪽으로는 아주 약간 밝다.

저배율로 보았을 때, M80은 거의 별처럼 보인다. 하지만 이 천체는 고배율로 보아도 충분할 정도로 밝으며 중심이 밝고 가장자리로 갈수록 어두워지는 뿌연 빛조각처럼 보인다.

코멘트 어두운 저녁에 3인치 망원경으로 보면 M4 가장자리에 있는 별들은 낱개로 분해해 볼 수 있다. 이 성단은 근처에 있는 성단인 M80보다 크고 밝으며 별들을 낱개로 분해해 보기도 쉽다. M4가 M80보다 훨씬 가까이 있으며 M4에는 별이 훨씬 느슨하게 분포하고 있기 때문이다.

M80의 가장 큰 매력은 덩치는 작지만 밝다는 점이다. 아주 좋은 기상 조건(그리고 꽤 고배율 접안렌즈를 쓰는 조건)에서는 6인치나 8인치 망원경으로 이 성단의 중심부에 있는 작은 덩어리들을 분해해 볼

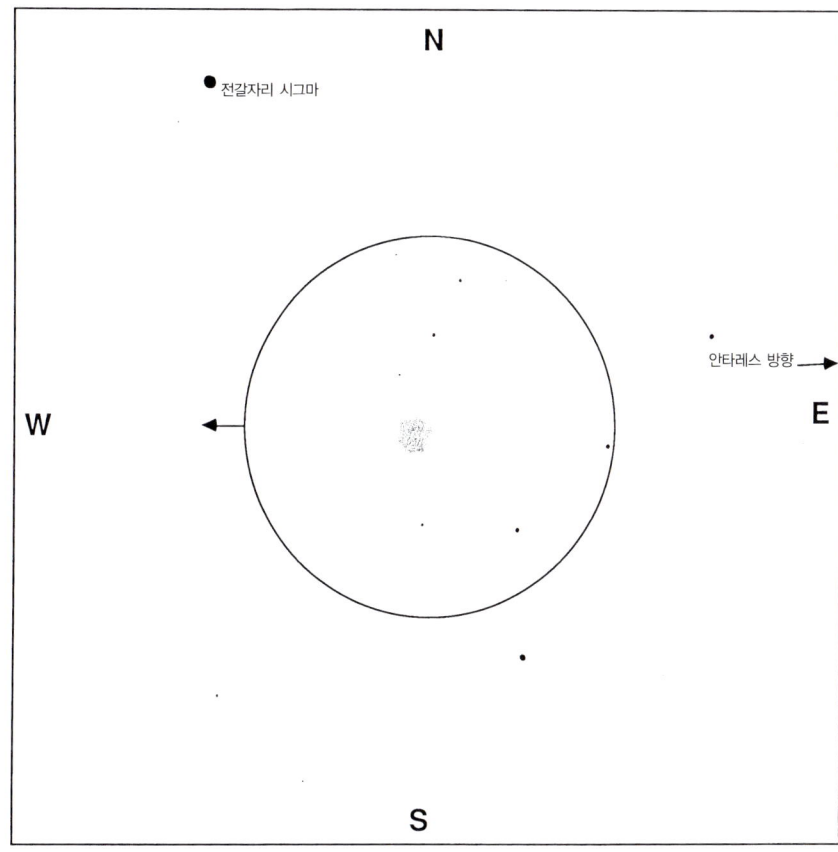

저배율로 보았을 때의 M4

수 있다. 성단의 별을 개개로 분해해 볼 수는 없다. 그리고 작은 망원경으로 보면 작고 아무런 특징 없는 공 같은 모습이 마치 밝은 행성상 성운처럼 보일 것이다.

여러분이 보는 것 M4는 우리 근처에 있는 가장 큰 구상 성단 가운데 하나이다. 우리로부터 이 성단까지 거리는 약 7천 광년으로 일반적인 구상 성단보다 꽤 가까우며 직경은 거의 1백 광년 정도 된다. 커다란 망원경으로 이 성단을 사진 찍어보면 수천 개의 별이 분해되어 보이며, 이 성단 안에 있는 더 어두운 별들은 수십만 개가 될 것이다. M80은 직경 50광년의 공에 수백만 개의 별이 모여 있으며, 우리로부터 약 3만 광년 떨어져 있다. 이 성단에 대한 진기한 기록으로는 1860년에 이 성단에 있는 별 하나가 신성이 되어 며칠 동안 성단 전체의 밝기보다 밝았다는 기록이 있다.

구상 성단에 대해 더 자세히 알고 싶으면 99쪽을 보라.

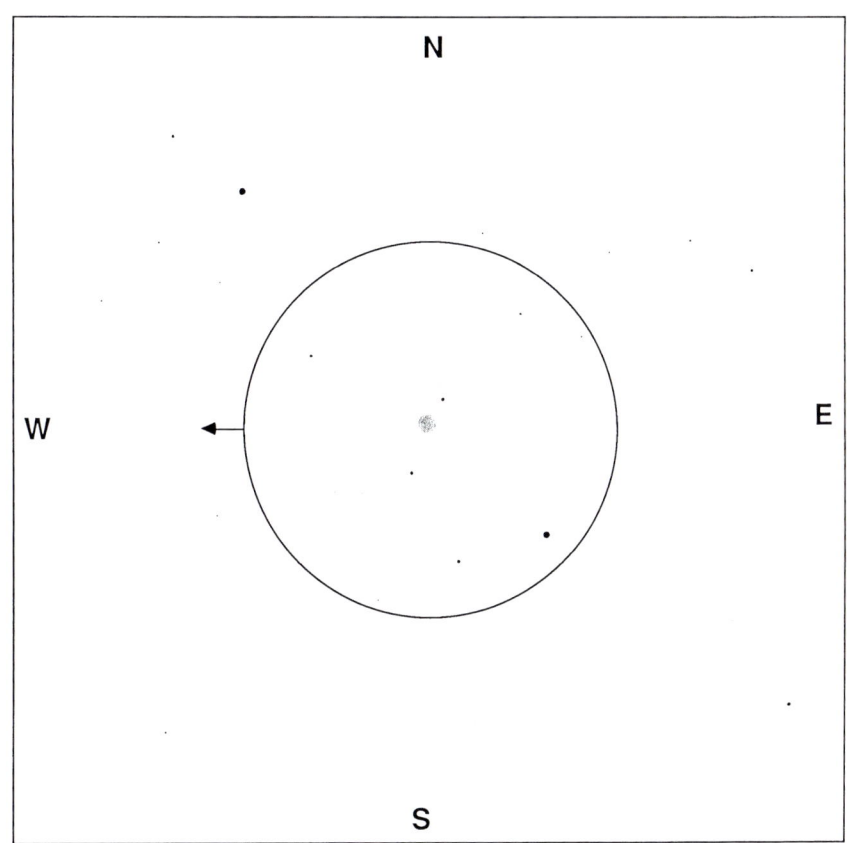

저배율로 보았을 때의 M80

뱀주인자리: 구상 성단 두 개, M19와 M62

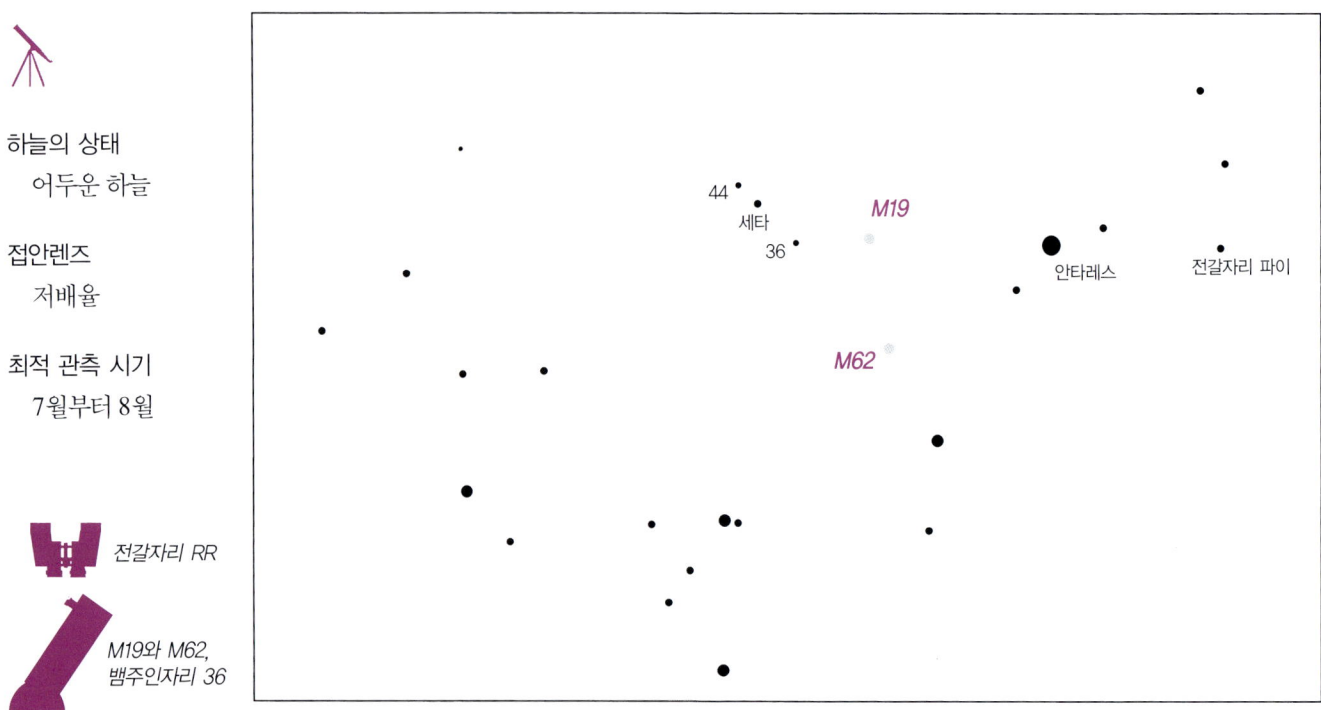

하늘의 상태
　어두운 하늘

접안렌즈
　저배율

최적 관측 시기
　7월부터 8월

전갈자리 RR

M19와 M62,
뱀주인자리 36

보아야 할 곳 남쪽 하늘에 낮게 떠 있는 전갈자리를 찾아라. 붉은색으로 밝게 빛나고 있는 별이 안타레스이고 서쪽(오른쪽)에는 남북으로 걸쳐 있는 별이 셋 있다. 세 별 가운데 가장 남쪽에 있는 전갈자리 파이에서 안타레스를 향해 동쪽으로 가라. 다시 한 걸음 계속 동쪽으로 진행하라. 그러면 M19 근처에 도착하게 된다. 이 천체는 안타레스와 그 동쪽에 적당히 밝게 빛나고 있는 뱀주인자리 세타 사이 2/3되는 지점에 있다. 뱀주인자리 세타는 북동쪽에서 남서로 자리잡은 세 별 중 가운데 천체이다 (남서쪽 별인 뱀주인자리 36은 북동쪽 별인 뱀주인자리 44보다 세타 별에서 조금 더 떨어져 있다. 뱀주인자리 36은 근접 쌍성이기 때문에 망원경으로 보고 있는 별이 뱀주인자리 36인지는 금방 알 수 있다).

파인더스코프로 보았을 때
M19: 뱀주인자리 36을 파인더스코프 시야의 동쪽(오른쪽) 가장자리에 오도록 하라. 시야의 중심 근처에 윤곽이 흐릿한 빛을 찾아라. M19이다.
M62: 뱀주인자리 44, 세타, 36으로 돌아가라. 뱀

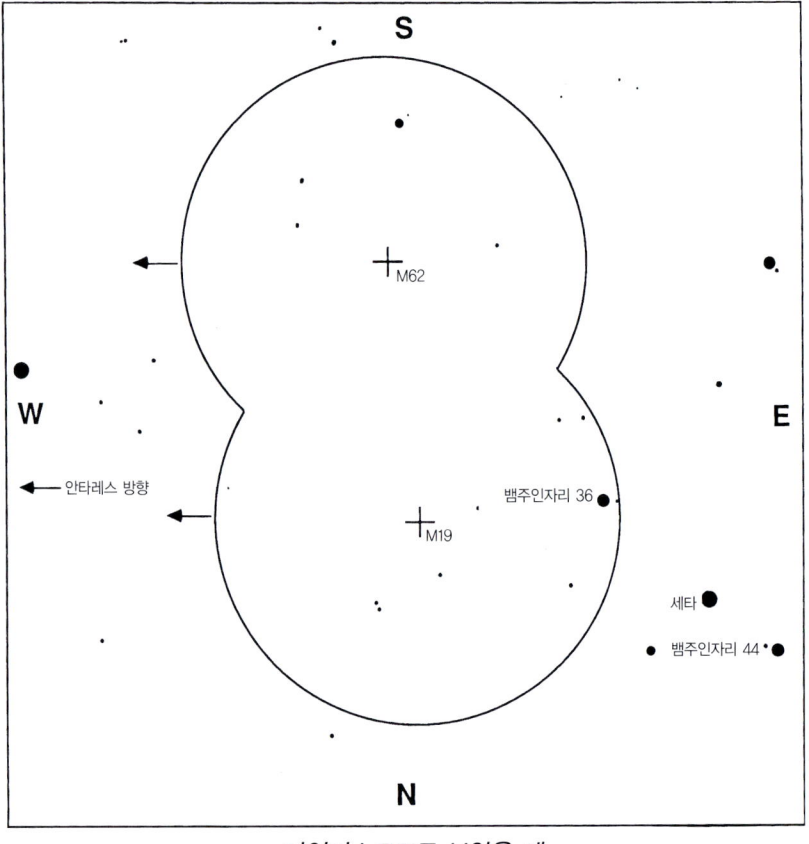

파인더스코프로 보았을 때

주인자리 44에서 36을 향해 남서쪽으로 한 걸음 가라. 이 방향으로 한 걸음 더 가면 파인더스코프 상에 이 성운이 윤곽이 흐릿한 빛으로 보일 것이다.

망원경으로 보았을 때 M19는 약간 달걀 모양의 꽤 밝은 빛원반처럼 보인다. M62는 직사각형 빛이다. M62를 보고 있으며 약간 '찌그러졌다'는 느낌이 든다.

코멘트 M19는 남북 방향으로 있는 달걀 모양이다. 밝은 중심부는 다른 구상 성단과 비교해볼 때 비정상적으로 크다. 바깥 영역에는 낟알 무늬가 보인다. 그리고 날씨가 좋은 날에는 중심부에도 낟알 무늬를 볼 수 있다. 6인치 망원경을 쓰면 성단의 가장자리에 있는 밝은 별들을 볼 수 있다.

M62는 먼지에 가려져 있기 때문에 약간 균형이 안 맞아 보인다. 낟알 무늬는 보이지만 작은 망원경으로는 성단 안에 있는 별들을 분해해 볼 수 없다. 이 성단은 우연히도 전갈자리와 뱀주인자리의 경계에 있다(물론 별자리와 별자리의 경계가 정확하게 정해져 있는 것은 아니다).

여러분이 보는 것 M19는 우리 은하의 중심부 가까이에 있다. 은하의 중심부에는 먼지들이 많이 있기 때문에 M19가 정확히 어디에 있으며 그 안에 얼마나 많은 별이 있는지를 딱 집어 말하기는 힘들다. 현재까지 추정한 바로는 이 성단은 우리로부터 약 3만 광년 떨어져 있으며 직경은 30광년 정도 되며 십만 개 정도의 별이

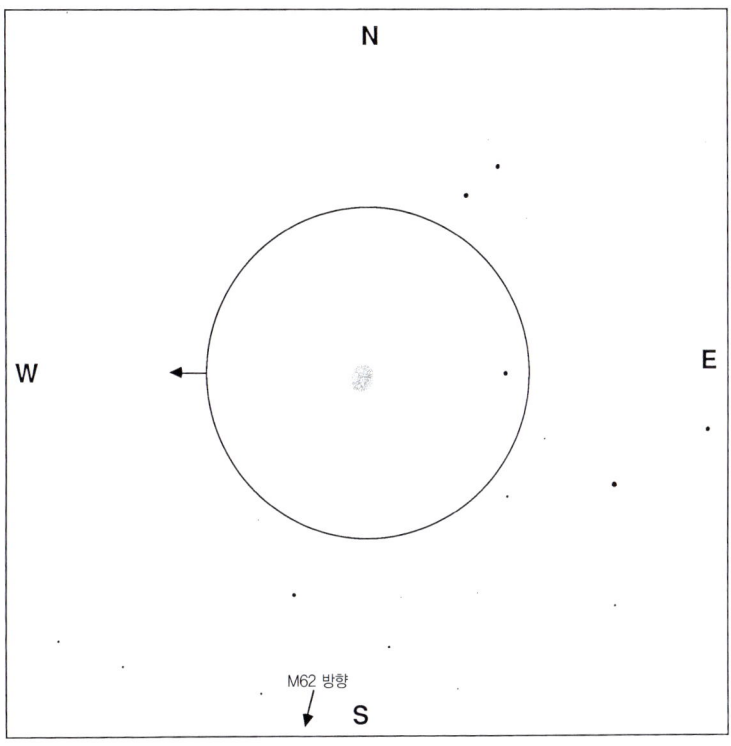

저배율로 보았을 때의 M19

있다고 한다.

M62는 40광년 직경에 수십만 개의 별이 모여 있는 천체이다. 이 천체는 우리로부터 약 2만5천 광년 떨어져 있는데, 이 거리는 은하 중심에서 태양계까지 거리의 약 2/3에 해당한다. 이 성단과 우리 사이에 있는 먼지가 성단의 빛을 가리기 때문에 먼지가 없다고 가정했을 때보다 열 배나 어둡다.

또한 그 주변에는 M19 동쪽으로 파인더스코프 시야 반 정도 되는 곳에 있는 뱀주인자리 36을 기억하라. 이 천체는 아름답고 작은 쌍성이다. 이 쌍성은 비슷한 밝기의 두 별이 합쳐져 5.3등급으로 빛나고 있으며 남북 방향으로 겨우 5초밖에 떨어져 있지 않다. 이 둘을 분해해 보려면 최소한 중배율을 써야만 한다. 뱀주인자리 36은 우리로부터 상대적으로 가까운 이웃으로 겨우 18광년밖에 떨어져 있지 않다. 이 오렌지빛 왜성은 서로간의 거리가 겨우 30AU(태양에서 해왕성까지 거리이다)밖에 안 되지만 서로를 도는 데는 약 5백 년이 걸린다.

파인더스코프 시야에서 M62의 남서쪽으로 1도쯤 되는 곳에 있는 전갈자리 RR에 주목하라. 이 천체는 '미라'형 변광성으로 9개월을 주기로 등급이 6등급(보기 쉽다)에서 12등급(너무 어둡다)으로 바뀐다. 즉 전갈자리 RR은 사 년에 한 번씩 여름에 가장 밝아지기 때문에 북쪽 하늘에서 쉽게 찾아볼 수 있다(2002년과 2006년이 이때이다).

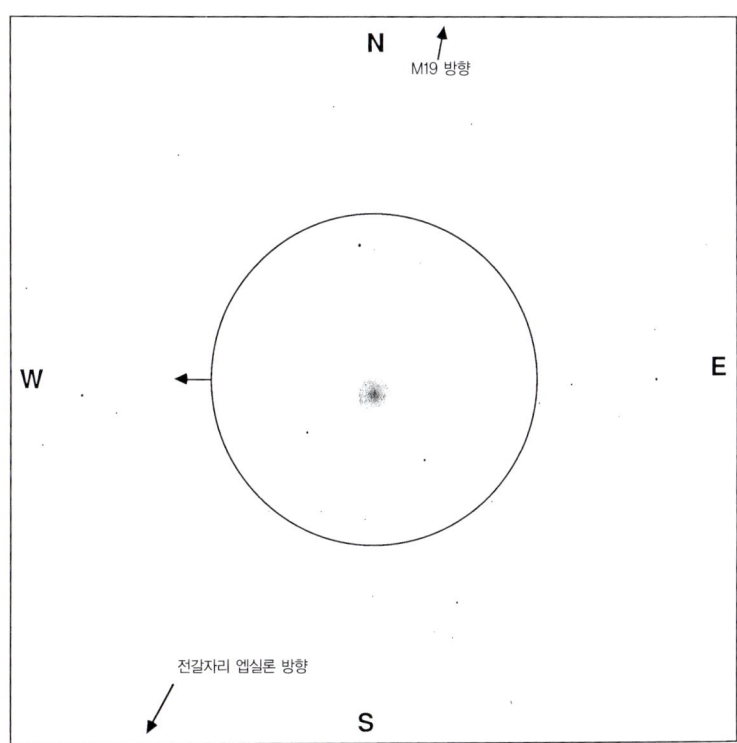

저배율로 보았을 때의 M62

전갈자리: 산개 성단 두 개, M6과 M7

하늘의 상태
관계 없음

접안렌즈
저배율

최적 관측 시기
7월부터 8월

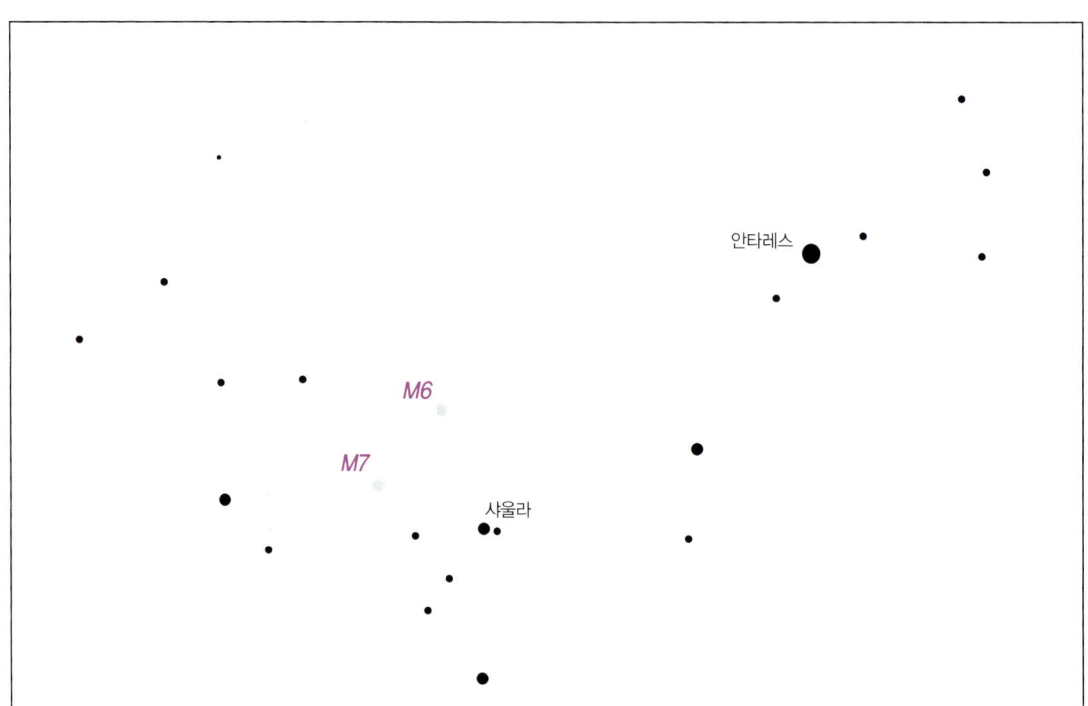

보아야 할 곳 남쪽 하늘 낮게 떠 있는 전갈자리를 찾아라(여러분이 남쪽 지방으로 꽤 내려간 곳에 산다면 전갈자리는 맥빠진 'J'자처럼 보일 것이다). 안타레스로부터 남동쪽으로 곡선을 그리며 늘어서 있는 별들을 따라가라. 2등급 밝기의 별이 곡선 끝에 보일 것이다. 샤울라이다. 샤울라 바로 오른쪽(서쪽)으로 좀더 어두운 별이 있기 때문에 구별하기 쉽다. 이 두 별을 전갈의 '침'이라고 부르기도 한다.

파인더스코프로 보았을 때

M7: 우선 샤울라를 조준하라. 파인더스코프로 보면 샤울라와 그 주변으로 정삼각형을 이루고 있는 별 가운데 오른쪽 꼭지점에 있는 밝은 별이 보일 것이다. 삼각형의 다른 두 별로부터 위쪽(남쪽) 별에서 샤울라의 오른쪽에 있는 별로 한 걸음 간 다음 희미한 빛조각이 있는 곳으로 한 걸음 더 진행하라. 빛조각을 개개의 별로 분해해 볼 수도 있을 것이다. 이 천체가 M7이다.

M6: 일단 M7을 중앙에 두고 파인더스코프 시야

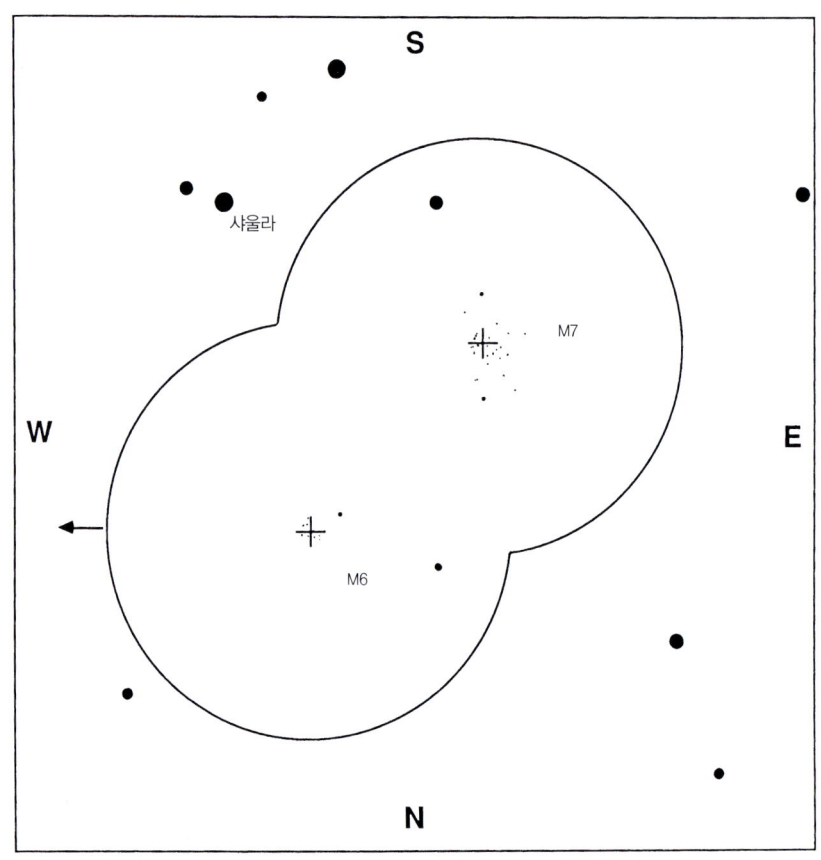

파인더스코프로 보았을 때

에서 북서쪽(파인더스코프에서 왼쪽 아래)에 있는 또다른 희미한 빛조각을 찾아라. 이 빛조각이 M6이다.

망원경으로 보았을 때 M7을 보면 스무 개 정도의 별이 펼쳐져 있는 모습을 볼 수 있다. 그 별 가운데 몇 개는 꽤 밝다. 이 성단은 망원경 시야를 꽤 차지한다.

M6은 밝은 별들의 모임으로 M7보다 느슨하고 작은 성단이다. M6의 가장 밝은 별인 전갈자리 BM은 명백한 오렌지빛이다. 전갈자리 BM의 밝기는 6등급에서 8등급 사이를 28개월 주기로 변하지만 특별한 규칙이 있어 보이지는 않는다.

코멘트 M7에 있는 밝은 별 상당수는 어둡기 때문에 맑고 어두운 저녁에만 볼 수 있다. M7을 오래 보면 볼수록 더 많은 별들을 볼 수 있다. 2~3인치 망원경으로는 대부분의 별이 한계 등급에 걸리기 때문에 잘 보이지 않는다. 이 성단에 있는 별의 배경으로 (다른 산개 성단과 달리) 뿌옇게 퍼져 보이는 빛을 볼 수 없지만, 대신 넓은 영역에 걸쳐 퍼져 있는 어두운 별을 많이 볼 수 있다.

M6은 M7보다 어두운 별이 적어서 '더 큰 망원경을 쓰면 더 많은 별을 볼 수 있다'는 느낌은 좀 덜하다. 2~3인치 망원경으로 보면 불규칙한 모양 안에 별들이 다소 아무렇게 분포하고 있는 듯 보인다.

M6에서 성단의 서쪽 가장자리 근처에서 삼각형을 이루고 있는

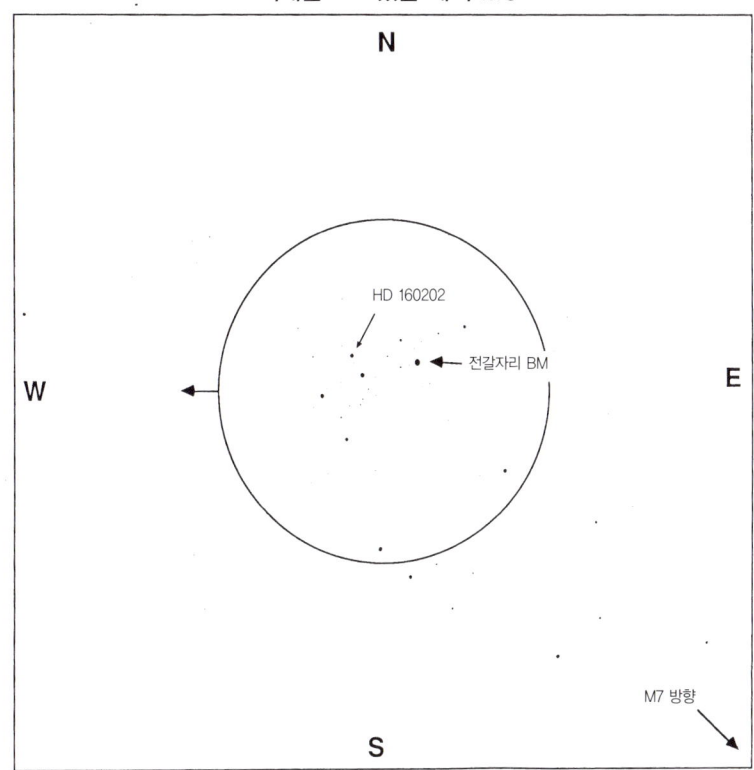

저배율로 보았을 때의 M6

밝은 세 개의 별에 주목하라(성단에서 가장 밝은 별들이다). 가장 북쪽에 있는 별인 HD 160202는 시시때때로 아주 특이한 모습을 보여준다. HD 160202는 보통 때는 7등급 밝기이지만 몇 번인가는 2등급 이상이나 밝기가 어두워진 적이 있다. 하지만 1965년 7월 3일 HD 160202는 갑자기 8등급에서 1등급으로 번쩍였다! 사십 분 후, 보통 때의 밝기로 돌아갔다. 갑작스런 변화의 이유에 대해서는 아직 아무도 알지 못한다.

여러분이 보는 것 M7은 대략 80개의 별로 되어 있으며 직경 20광년에 걸쳐 분포하고 있다. 이 성단은 우리로부터 약 80광년 떨어진 곳에 있다. M6은 13광년 직경의 영역에 80개의 별이 분포하고 있으며 우리로부터 거리는 약 1천5백 광년이다.

M6에 있는 별 대부분은 분광형이 B형과 A형이다(47쪽을 보라). 하지만 이들 가운데 어떤 별은 이미 거성 단계로 진화했기 때문에 성단의 나이를 1억 년 정도로 추측하고 있다. 오렌지빛의 밝은 별들은 '주계열' 단계에서 거성 단계로 진입한 별들로서, 별의 수로 판단컨대 M7은 M6보다 더 나이가 많은 듯하다.

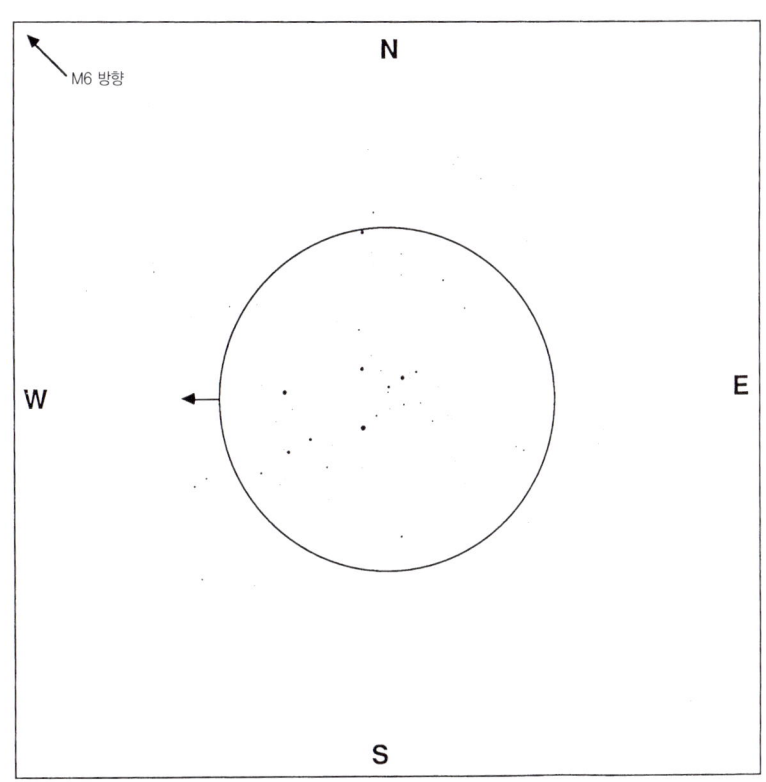

저배율로 보았을 때의 M7

궁수자리: 구상 성단 두 개, M22와 M28

M22

M28

하늘의 상태
  어두운 하늘

접안렌즈
  저배율

최적 관측 시기
  7월부터 9월

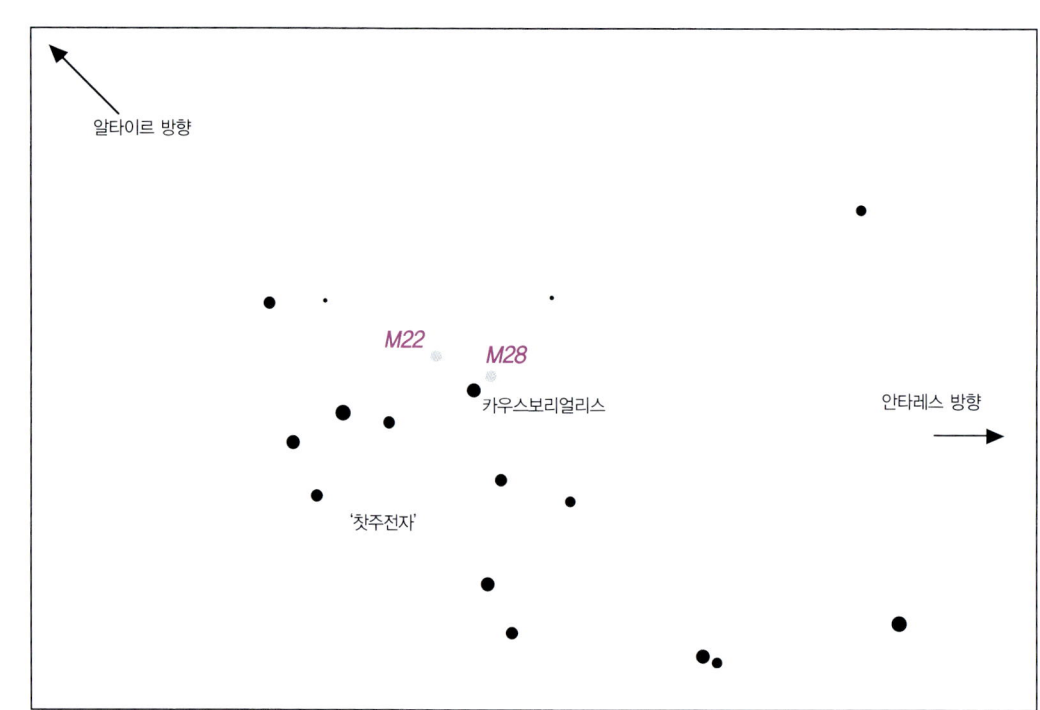

보아야 할 곳 안타레스 왼쪽으로 남쪽 하늘 낮은 곳에 있는 '찻주전자'를 찾아라(밝은 별 다섯 개는 집 모습처럼 보이고, 다른 어두운 별들은 손잡이와 주전자 주둥이처럼 보인다). 이 별들은 궁수자리이다. 찻주전자의 맨 위에 있는 별을 찾아라.

파인더스코프로 보았을 때

M22: 찻주전자의 가장 위에 있는 별 카우스보리얼리스를 파인더스코프의 왼쪽 위 구석에 오도록 하라. 북동쪽에 다소 어두운 별들이 이루는 작은 삼각형을 보라. 우리가 찾는 구상 성단은 이 별들의 바로 동쪽(오른쪽)에 있다. 이 성단은 아주 어두운 저녁에만 파인더스코프로 볼 수 있다. 아주 좋은 기상 상태에서는 육안으로도 볼 수 있다(이 천체는 너무 남쪽에 있기 때문에 북위도 지역에서 관측하기는 어렵다).

M28: 카우스보리얼리스에서 북서쪽(왼쪽 아래)으로 파인더스코프 시야의 대략 반쯤 가라. 구상 성단이 흐릿한 빛조각으로 보일 것이다.

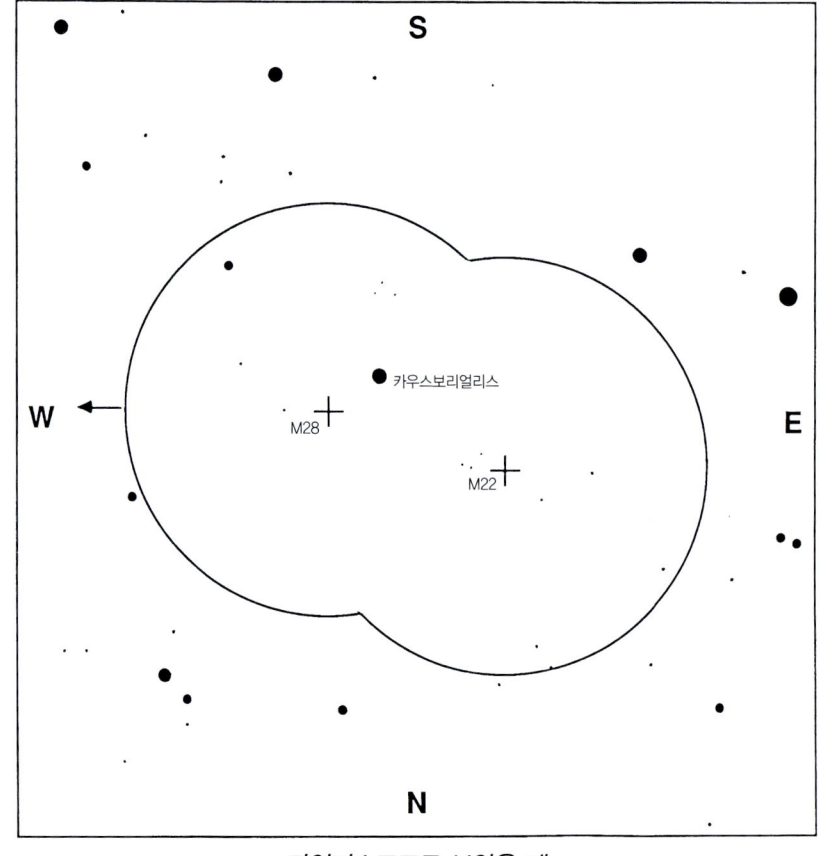

파인더스코프로 보았을 때

망원경으로 보았을 때 M22는 희미하고 커다랗게 보인다. 중심은 밝으며 가장자리로 갈수록 어두워진다. 이 성단은 보름달 직경의 거의 반만한 크기로 보인다. 아주 맑은 날이면 작은 망원경으로도 이 성단을 이루고 있는 별들 가운데 밝은 것들을 분해해 볼 수 있다. 하지만 대부분의 경우에는 둥그스름하며 약간 평평하고 빛이 골고루 퍼져 있는 공처럼 보인다.

M28은 더 작지만 그래도 꽤 밝으며 빛이 공 중심에 집중되어 있다.

코멘트 M22가 더 북쪽에 있었다면, 즉 관측하기가 더 쉬웠다면, 이 천체는 M13마저 빛을 잃게 했을 것이다. 여러분이 북위 40도 아래에 살고 있다면(예를 들어 미국 남부 지방), M22는 캄캄한 밤에 작은 망원경으로 볼 수 있는 가장 멋진 구상 성단 가운데 하나이다.

대조적으로 M28은 꽤 작은 성단이다. 사실 이 성단은 거의 초점이 맞지 않는 별처럼 보인다. 고배율 접안렌즈를 쓴다 할지라도 이 성단에 있는 별들을 분해해 보기는 어렵지만 성단에서 보이는 낟알 무늬는 꽤 인상적이다.

저배율로 보았을 때의 M22

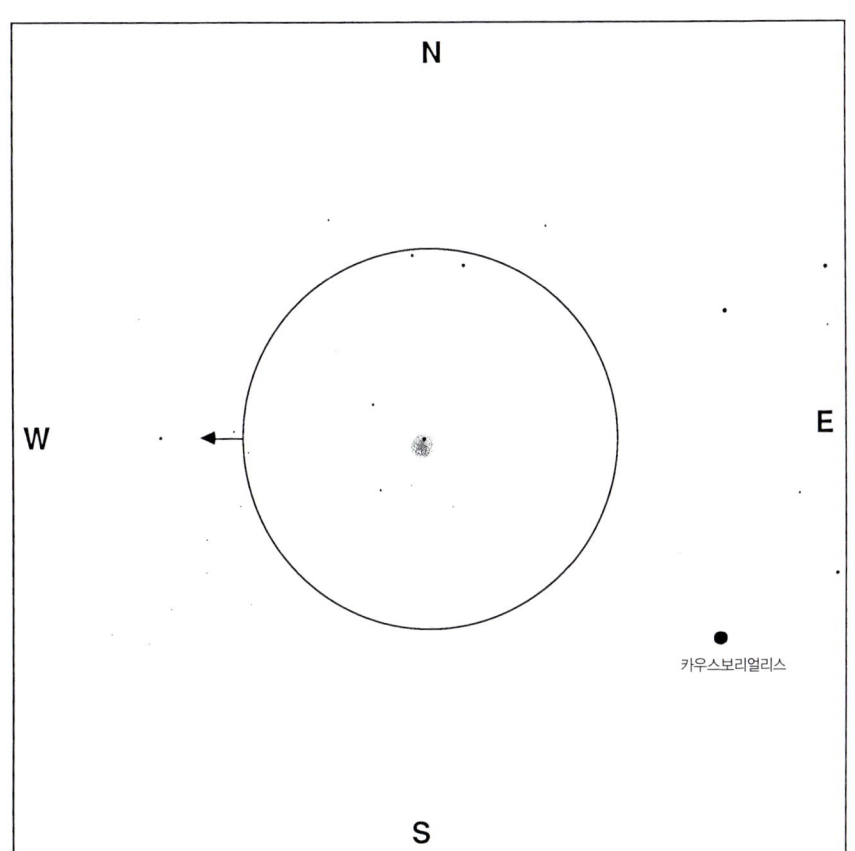

저배율로 보았을 때의 M28

여러분이 보는 것 M22는 50광년 직경의 공에 50만 개 정도의 별이 모여 있으며, 우리로부터의 거리는 약 1만 광년 정도이다. 이 성단은 우리 은하의 중심에서 상대적으로 가까우며, 이 성단과 우리 사이에는 먼지 구름이 하나 있다. 이 먼지 구름이 없었다면 현재 우리가 보고 있는 밝기보다 다섯 배 정도 더 밝게 보일 것이다.

M28은 10만 개 정도의 별이 직경 65광년의 공 안에 모여 있다. 이 성단까지의 거리는 1만 5천 광년으로, M22보다 1.5배 정도 더 멀다. M22와 마찬가지로 이 성단도 우리 은하면에 가까이 있다. 이 성단은 우리와 은하 중심의 중간쯤에 위치하고 있다.

구상 성단에 대해 더 자세히 알고 싶으면 99쪽을 보라.

궁수자리: 석호 성운, 산개 성단과 함께 있는 성운, M8(NGC 6530과 함께 있음)

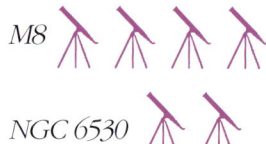

M8

NGC 6530

하늘의 상태
 M8: 어두운 하늘
 NGC 6530: 관계 없음

접안렌즈
 저배율

최적 관측 시기
 1월부터 5월

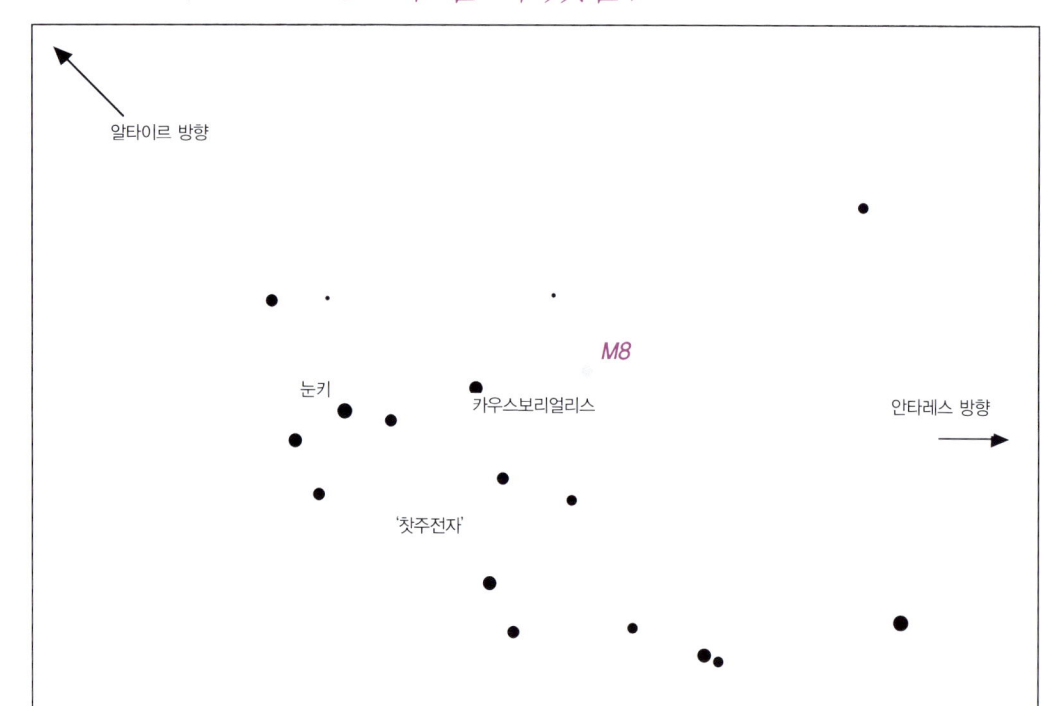

보아야 할 곳 남쪽 하늘 낮게 떠 있는 '찻주전자'를 찾아라. 찻주전자의 손잡이를 찾은 다음 손잡이 꼭대기에 있는 별 눈키에서 찻주전자 꼭대기에 있는 카우스보리얼리스 쪽으로 가라. 계속해서 같은 거리만큼 더 가면 성운과 성단이 있다. 달이 없는 어두운 저녁에는 망원경이 없더라도 은하수를 이루는 천체들이 모여 있는 모습을 볼 수 있다.

파인더스코프로 보았을 때 이곳은 은하수의 중심 방향이기 때문에 파인더스코프로 꽤 많은 별을 볼 수 있지만 특별히 밝은 별은 보이지 않는다. 산개 성단 NGC 6530은 파인더스코프 상에서 어두운 빛조각으로 보인다.

망원경으로 보았을 때 관측 조건이 좋지 않은 밤이라 할지라도 열 개나 그 이상의 별이 모여 있는 산개 성단(NGC 6530)과 그 근처에서 밝게 빛나는 별(7등급)을 볼 수 있다. 기상 조건이 좋은 저녁이면, 이 별의 반대 방향에 있는 작은 빛조각(M8)을 볼 수 있다. 맑고 어두운 저녁이면 이 빛조각은 모

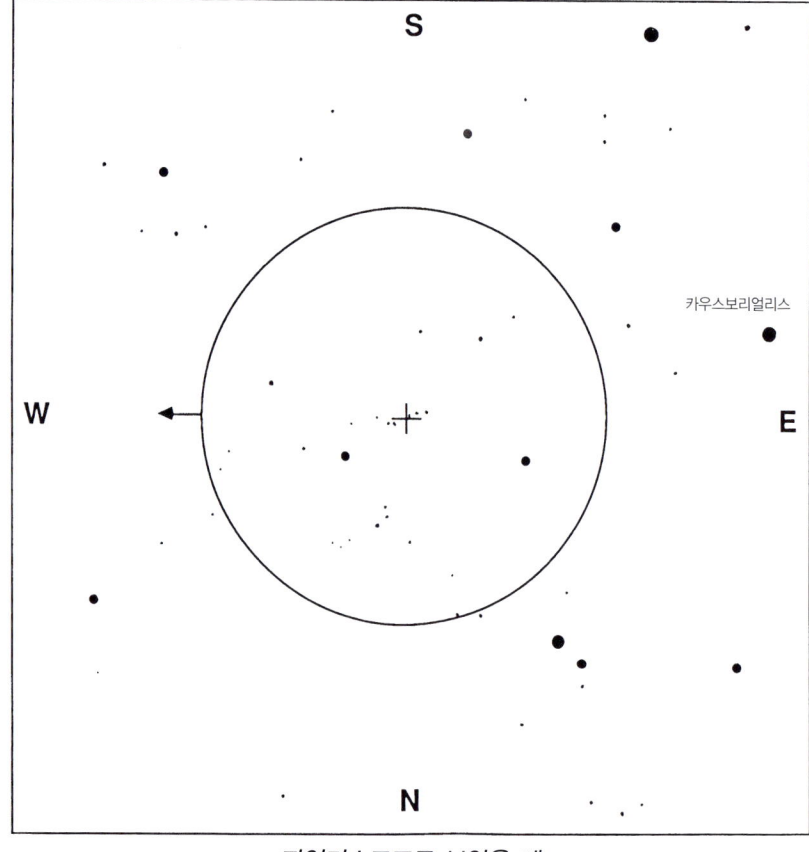

파인더스코프로 보았을 때

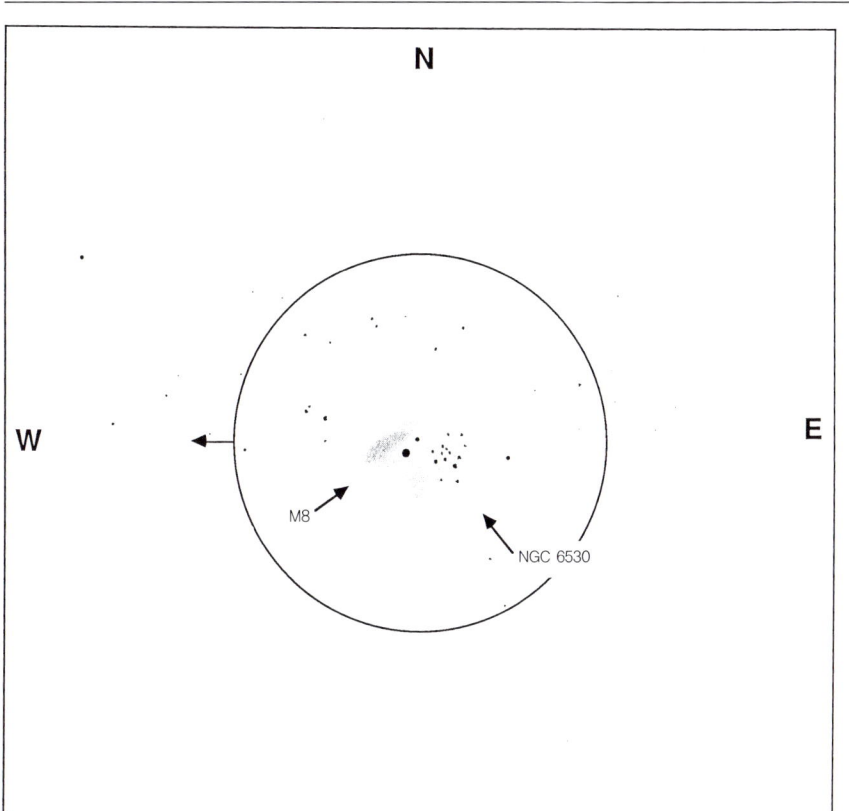

저배율로 보았을 때의 M8과 NGC 6530

양이 일정하지 않은 밝은 빛구름으로 보인다. 이 성운의 촉수는 주변과 산개 성단까지 뻗어 있어, 마치 석호를 둘러싸고 있는 산호섬처럼 보인다. 석호 성운은 성단의 반대 방향에서 오렌지색으로 꽤 밝게 빛나고 있는 별에까지 뻗어 있다.

코멘트 어둡지 않은 밤이라도 산개 성단은 볼 수 있지만, 성운은 대부분 하늘에 있는 빛에 가려 보이지 않는다. 북위도 지방에서는 이 성운을 보기 어렵다. 늘 남쪽 하늘에 걸려 있기 때문이다. 캐나다나 유럽에 사는 관측자 대부분은 이 성운의 완전한 모습을 감상하기 어려울 것이다.

하지만 어두운 저녁, 이 성운은 아주 독특한 모습으로 나타난다. 눈이 어둠에 적응하도록 한 다음 산개 성단 주위로 펼쳐져 있는 이 성운의 모습을 '주변시'로 보도록 하라.

여러분이 보는 것 M8은 이온화된 수소 가스로 이루어진 구름으로 직경 50광년 정도 되며 우리에게서 5천 광년 정도 떨어져 있는 성운이다. 이 성운 안에 있는 두 개의 별은 성운의 가스를 이온화시키고 빛을 내게 하는 에너지를 제공한다. 오리온 성운(53쪽을 보라)과 마찬가지로 이 성운도 젊은 별이 태어나는 곳이다. 이 구름에는 적어도 1천 개 정도의 태양을 만들 수 있는 가스가 있다고 한다.

산개 성단 NGC 6530은 성운 근처에 있으며, 우리로부터 5천 광년 떨어져 있다. 이 성단에는 20여 개의 별이 직경 15광년 정도 되는 꽤 둥그런 지역에 모여 있다. 별들 대부분은 아주 젊으며 별이 태어나는 마지막 과정을 거치고 있다. 몇몇 별은 이제 막 빛을 내기 시작했는데, 이런 별을 '황소자리 T' 형 별이라 한다. 황소자리 T별은 뜨거운 플라즈마로 된 강한 '바람'을 내뿜는데, 이 바람은 별을 만든 후 남아 있는 얼마 안 되는 가스들을 멀리 밀어낸다. 천문학자들은 이 독특한 성단의 나이가 겨우 수백만 년 정도밖에 되지 않았으며, 현재까지 알려진 산개 성단 중에서 가장 젊은 축에 든다고 생각하고 있다.

148 여름

궁수자리 : 삼렬 성운, M20과 산개 성단, M21

M20

M21

하늘의 상태
  어두운 하늘

접안렌즈
  저배율

최적 관측 시기
  7월부터 9월

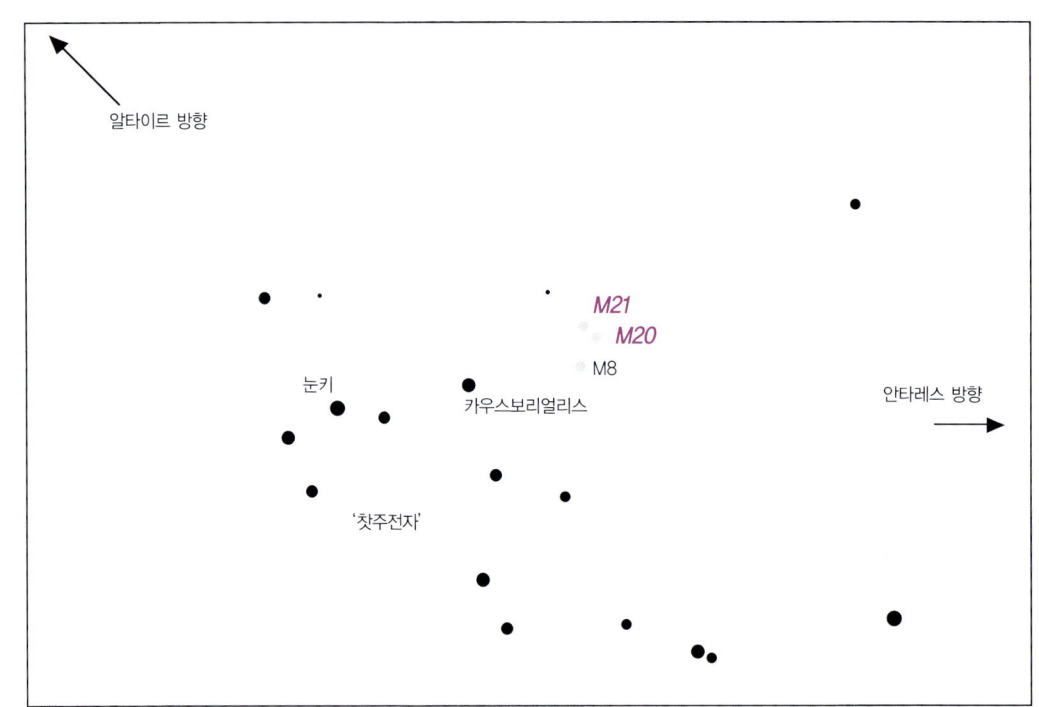

보아야 할 곳 남쪽 하늘 낮게 걸려 있는 '찻주전자'를 찾아라. 우선 M8을 찾아라. 주전자의 손잡이 제일 위에 있는 눈키로부터 주전자의 꼭대기에 있는 카우스보리얼리스까지 간 다음 은하수의 덩어리가 있는 곳까지 한 걸음 더 가라(여기에 M8이 있다). 그리고 이 지점에서 북쪽을 올려다보아라.

파인더스코프로 보았을 때 M8을 찾은 다음 파인더스코프 시야의 1/3 정도 북쪽으로 이동하라. 파인더스코프로 M8을 볼 수 있을 정도로 충분히 어둡지 않다면, M20은 보기 어려울 것이다. 'M'자 모양을 한 어둡게 빛나고 있는 별들을 찾아라.

망원경으로 보았을 때 망원경으로 우선 M8부터 찾은 다음(146쪽을 보라) 천천히 북쪽으로 이동하는 편이 더 쉬울 것이다. 북쪽으로 한 시야(저배율의 경우)만큼 완전히 이동하면 M20이 시야에 들어오기 시작한다. 파인더스코프에서 'M'자 모양으로 보였던 다섯 개의 별을 찾아라. 망원경으로 보면 이 다섯 개의 별은 좀 이상한 모양의 커다란 'W'

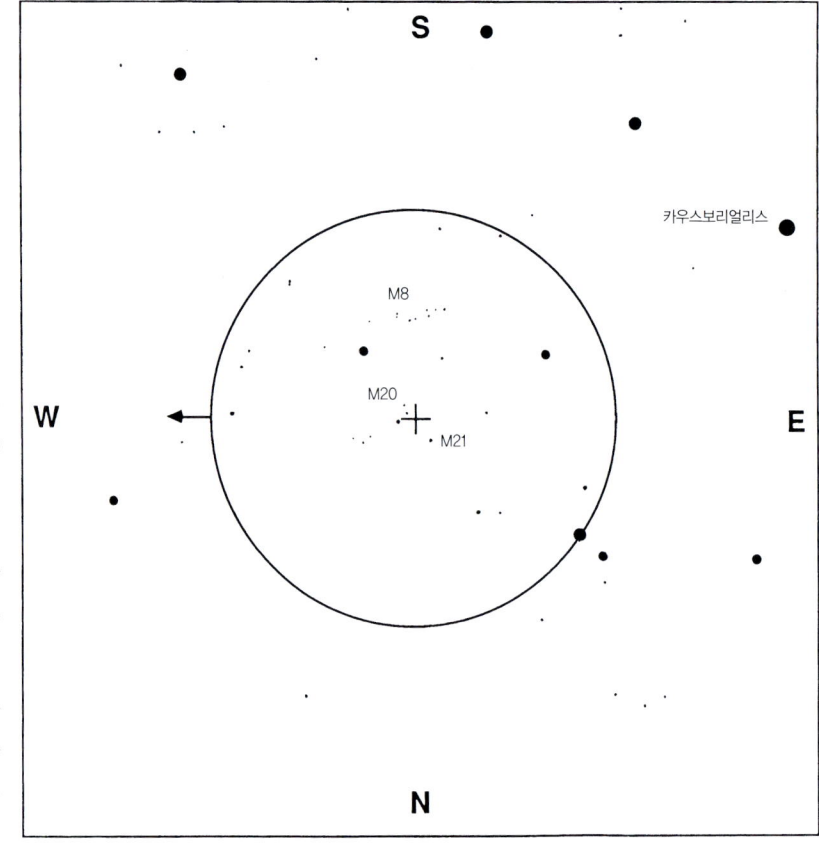

파인더스코프로 보았을 때

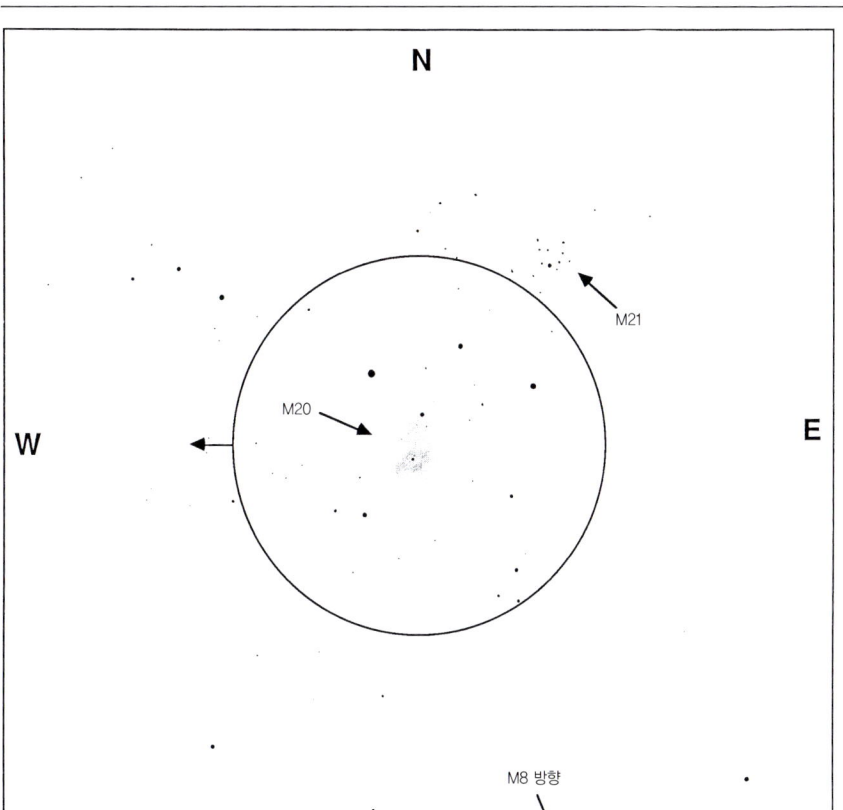

저배율로 보았을 때의 M20과 M21

자 모양으로 보일 것이다. 'W'자에서 왼쪽부터 오른쪽으로 번호를 붙여라. W자의 두번째 별의 바로 남쪽에 있는 성운이 M20이다. 이 성운은 어두운 쌍성인 HN 40을 감싸고 있는 듯 보이고, 불규칙한 모양의 빛조각처럼 보일 것이다. 산개 성단 M21은 'W'자의 다섯번째 별에서 북동쪽으로 약간 떨어진 곳에 있다.

코멘트 어두운 저녁이면 이 천체는 멋진 모습을 뽐낸다. 3인치나 4인치 망원경으로 보면, 이 성운을 세 조각으로 나누는 검은 선이 보이기 시작한다(이 선 때문에 '삼렬'이라는 이름이 붙었다). 8인치 망원경으로 보면 선들을 아주 또렷하게 볼 수 있다. 어두운 선들은 중심으로부터 서, 북동, 남동쪽으로 뻗어 있다. 게다가 성운보다 약간 어두운 빛조각이 중심부의 북쪽으로 조금 뻗어나간 모습도 볼 수 있다.

가로수 불빛이 밝고 공기도 그리 깨끗하지 않은 저녁에 어두운 쌍성인 HN 40을 제외한 나머지 천체를 보기 위해서는 '주변시'로 보아야 할 필요가 있다.

성운은 남쪽으로 낮게 걸려 있기 때문에 북위 40도 이상이 되는 지역의 하늘에서 그리 높이 뜨지 않는다. 캐나다나 유럽에서 관측하는 대부분의 사람들은 성운의 모습을 완전히 감상하기 어려울 것이다.

M20 안에 있는 쌍성인 HN 40은 사실은 다성계이다. 가장 밝은 별은 약 7.5등급이며 남서쪽으로 11초 떨어진 곳에 9등급의 동반성이 있다. 각각 10.5등급 정도 되는 다른 두 동반성도 6인치나 8인치 망원경으로 볼 수 있다.

여러분이 보는 것 M20은 25광년 되는 크기의 이온화된 수소 구름으로, 별이 생기고 있는 지역이다. 천문학자들은 이 성운에 수백 개의 태양을 만들 수 있을 만큼 충분한 가스가 있다고 생각한다. 오리온 성운(53쪽을 보라)과 마찬가지로 M20은 가스가 둘러싸고 있는 별들이 내는 에너지 때문에 밝게 빛나고 있다. 삼렬 성운의 경우, 주 에너지원은 성운의 중심부 근처에 있는 다성계 HN 40이다. 어두운 밤에 볼 수 있는 검은 줄은 먼지 구름이 빛을 가려 생긴 것이다.

M21은 50개 정도의 별이 느슨히 모여 있는 부정형의 집단으로, 작은 망원경으로는 10개 정도의 별이 보인다. 성단의 크기는 대략 10광년 정도이다. 나이는 1천만 년에서 1천5백만 년 정도 되는 젊은 성단이다.

이 성운과 성단 모두 우리로부터 약 2천5백 광년 정도 떨어져 있다.

궁수자리: 산개 성단 두 개, M23과 M25

하늘의 상태
  어두운 하늘

접안렌즈
  저배율

최적 관측 시기
  7월부터 9월

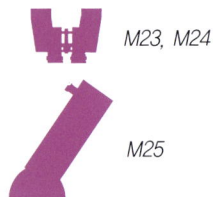

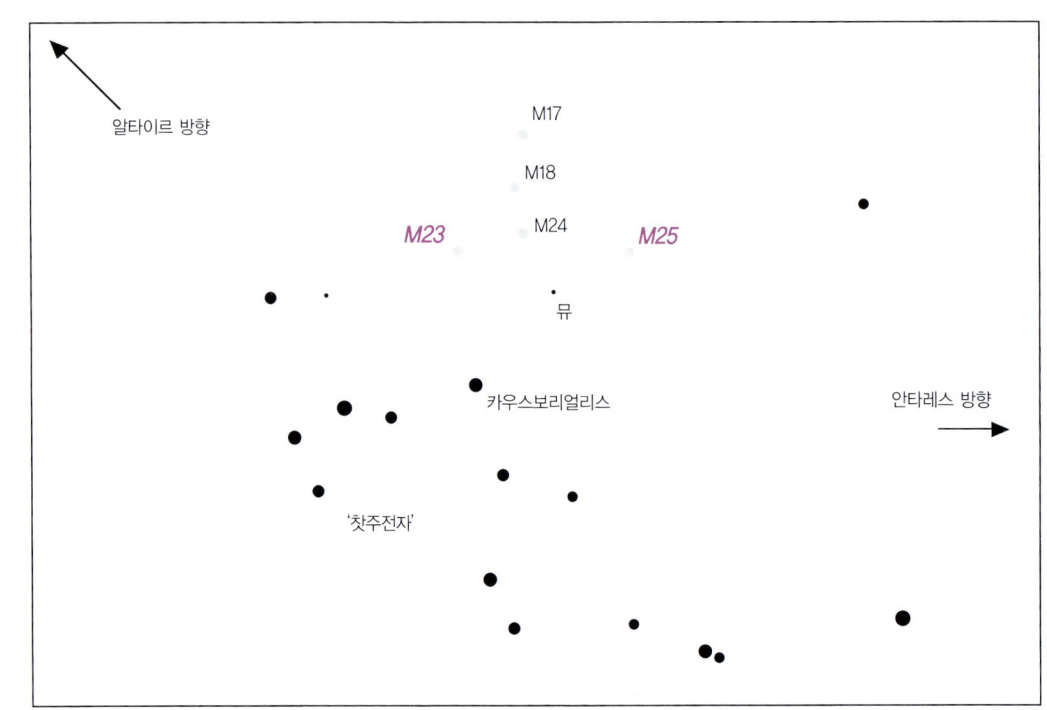

보아야 할 곳 남쪽 하늘 낮게 떠 있는 '찻주전자'를 찾아라. 찻주전자 꼭대기에 있는 '손잡이'가 카우스보리얼리스이다. 카우스보리얼리스 위쪽에서 서쪽으로 약간 어둡게 빛나고 있는 궁수자리 뮤라는 별을 조준하라.

파인더스코프로 보았을 때 두 천체 모두 같은 방법으로 찾을 수 있다. 우선 궁수자리 뮤에 중심을 맞춘 다음 파인더스코프 시야에 해당하는 만큼 이동하면 된다.

M23: 궁수자리 뮤가 파인더스코프 시야의 동남동쪽 가장자리에 걸릴 때까지 망원경을 이동하라. 파인더스코프의 대략 서북서쪽에 성단이 나타날 것이다. 궁수자리 뮤가 파인더스코프 상에서 2시 방향에 있다면, 성단은 8시 방향에 있다. 성단이 시야의 중심에 올 때까지 망원경을 이동하라.

M25: 이 성단은 궁수자리 뮤에서 M23이 떨어져 있는 거리만큼 떨어져 있지만 서쪽이 아닌 동쪽 방향이다. 그러므로 궁수자리 뮤를 파인더스코프에서 서남서 쪽으로 10시 방향에 오게 한 다음 동북

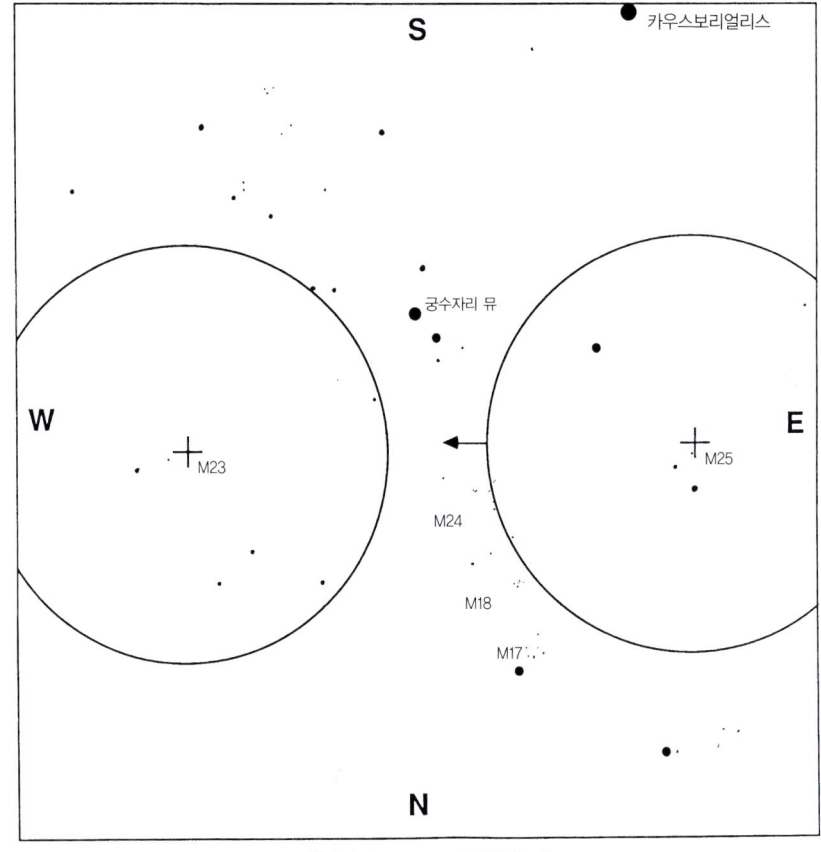

파인더스코프로 보았을 때

동쪽 4시 방향을 조준하라.

망원경으로 보았을 때 M23은 별들이 느슨하게 모여 있는 커다란 성단으로, 대부분은 9등급, 10등급, 그리고 그보다 어두운 별들로 구성되어 있다. 2.4인치 망원경에 저배율 접안렌즈를 써서 보면 대략 30개 정도의 별을 볼 수 있다. 이 별들의 배경에 다른 더 어두운 별들이 내는 뿌연 빛이 보이지만, 작은 망원경으로는 배경에 있는 별을 분해해 볼 수 없다. 이 성단의 북서쪽에 더 밝은 별(6.5등급)이 하나 있는데, 똑같은 저배율 렌즈로도 잘 보인다.

M25는 다소 작지만 별이 더 빽빽하게 모여 있는 성단이다. 작은 망원경으로 보면 대여섯 개의 눈에 띄는 별과 그 별의 배경으로 20개 정도의 훨씬 어두운 별을 볼 수 있다. M25 중심부 근처에는 변광성인 궁수자리 U가 자리잡고 있다.

코멘트 M23은 작은 망원경에 저배율 접안렌즈를 써서 보았을 때가 가장 아름답다. 사실, 이 성단은 10×50 배율의 쌍안경으로 관측해도 커다랗고 아스라한 빛조각으로 보인다.

M25 중앙에 자리잡고 있으며 눈길을 끌고 있는 세 개의 별에 주목하라. 이 별들은 (이 책의 그림에서) 3시 10분 전과 같은 위치를 하고 있다. '시계'의 중심에 있는 별은 궁수자리 U로서 변광성이다. 궁수자리 U는 망원경 시야 그림에서 중심 바로 동쪽에 자리잡고 있으며 바로 서편으로는 아주 어두운 별들이 모여 있다. 궁수자리 U는 세페이드 형 변광성으로 6과 3/4일을 주기로 6.3등급에서 7.1등급 사이로 밝기가 변한다. 망원경 시야의 북동

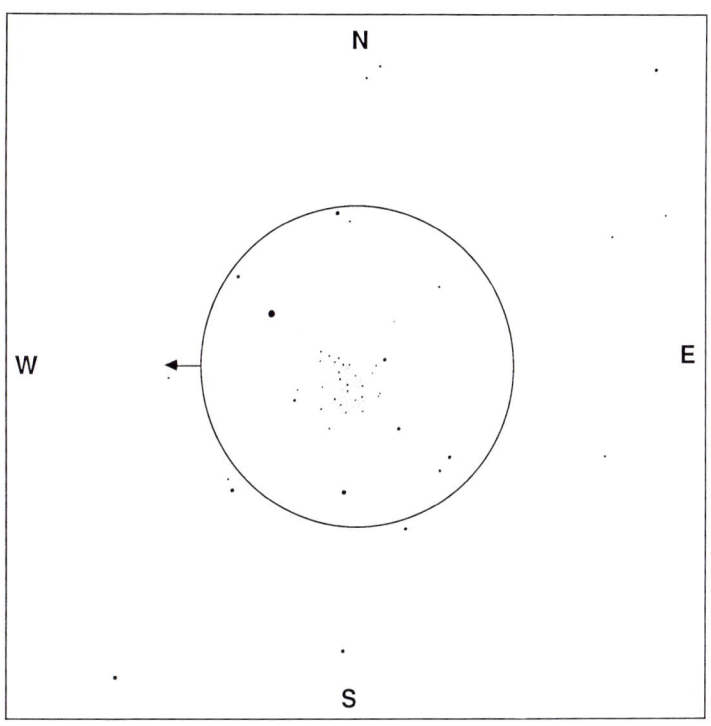

저배율로 보았을 때의 M23

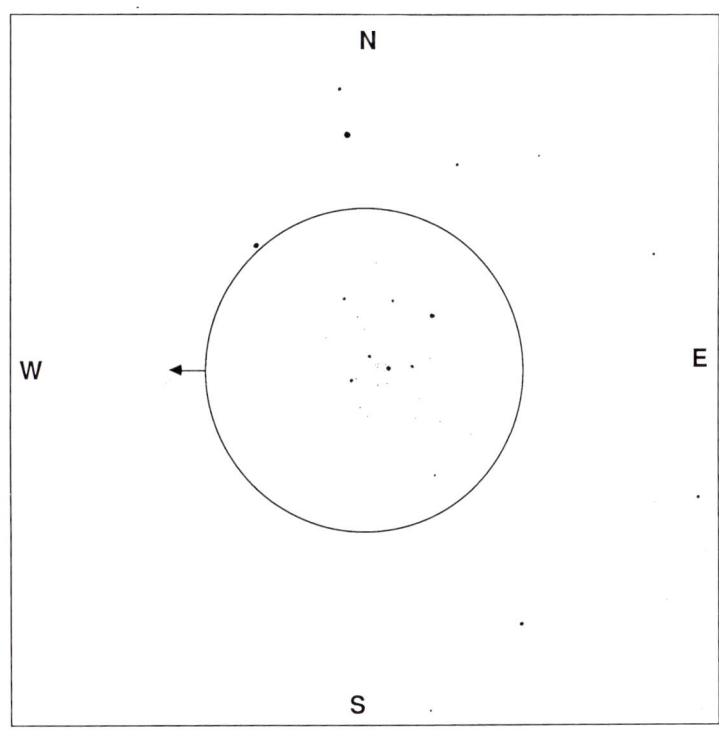

저배율로 보았을 때의 M25

쪽 가장자리 중간쯤에 있는 별은 밝기가 7등급으로서 이 변광성과 비교하기 알맞은 천체이다. 이 별은 완만한 곡선을 그리고 있는 7등급과 8등급 밝기의 별 세 개 중 가장 동쪽에 자리잡고 있기 때문에 알아보기 쉽다.

여러분이 보는 것 M23은 직경 30광년 정도 되는 지역에 백 개 이상의 별이 모여 있는 천체이다. 이 성단은 지구로부터 약 4천 광년 정도 떨어져 있다. 이 성단은 아주 많은 수의 별이 거의 같은 밝기와 분광형을 하고 있기 때문에 다소 유별나다. 별들 대부분은 분광형이 'B'형이며 몇 개는 노란색 거성이 있기는 하지만 뚜렷하게 붉거나 오렌지빛을 띠는 별은 없다.

M25는 우리로부터 약 2천 광년 떨어져 있다. 이 성단에는 20광년 정도 되는 직경에 거의 백 개 정도 되는 별이 느슨하게 모여 있다.

또한 그 주변에는 육안으로도 별들이 느슨하게 모여 있는 모습을 볼 수 있는 M24는 궁수자리 뮤에서 약간 동쪽 그리고 은하수 북쪽에 자리잡고 있는 천체로, M25에서 M23으로 반 조금 못 간 곳에 있다. 쌍안경이나 저배율 광각 망원경으로 보면 M24의 아름다운 모습을 감상할 수 있다. 그렇지만 M24는 너무 커서 작은 망원경으로는 세세한 특징들까지 감상하기 힘들다. M24 바로 북쪽에는 작은 산개 성단인 M18과 백조 성운인 M17이 자리잡고 있다. 이 천체들에 대해서는 132쪽에 설명해놓았다.

궁수자리: 구상 성단 두 개, M54와 M55

하늘의 상태
　어두운 하늘

접안렌즈
　저배율

최적 관측 시기
　8월부터 9월

M54, M55, 아셀라

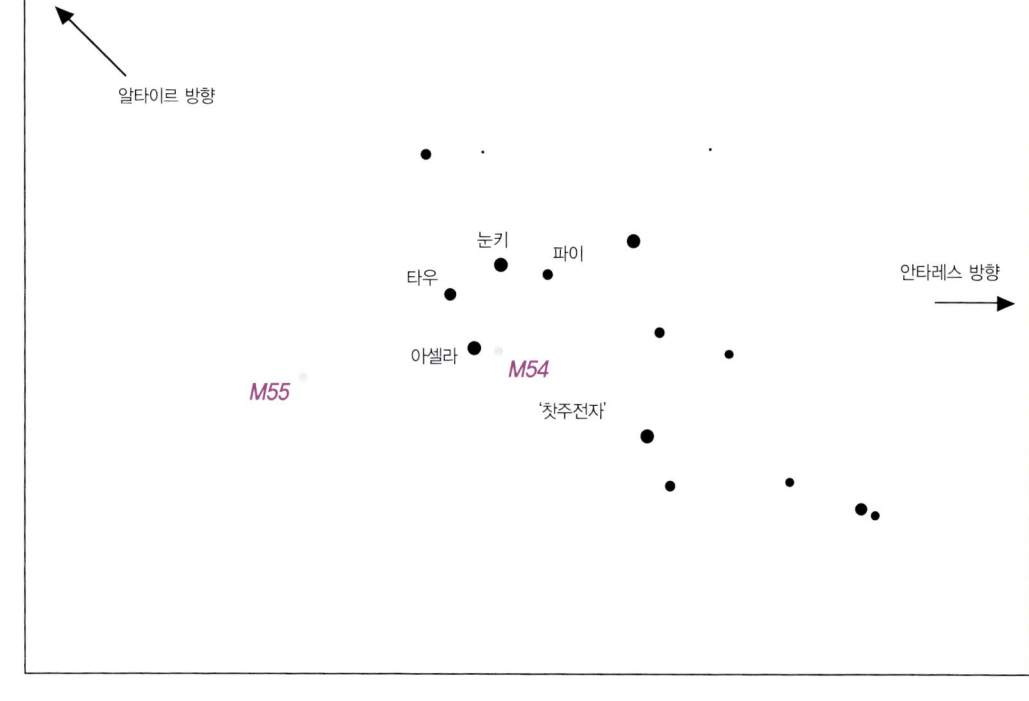

보아야 할 곳 남쪽 하늘 낮게 떠 있는 '찻주전자'를 찾아라. 네 개의 별이 주전자 손잡이를 만들고 있다. 손잡이 맨 위의 밝은 별이 눈키이고 그 오른쪽(서쪽)으로 보이는 별이 궁수자리 파이, 손잡이의 아래 부분이 궁수자리 타우, 눈키 왼쪽(동쪽)으로 밝게 빛나는 별이 아셀라이다. M54는 아셀라에서 서남서 방향으로 가까이에 있다.

파인더스코프로 보았을 때
M54: 우선 아셀라를 조준하라. 그리고 아셀라가 파인더스코프 시야의 동북동 가장자리로 반 조금 더 간 곳에 오게끔 망원경을 움직이면 중앙에 M54가 온다. 하지만 파인더스코프로는 M54가 보이지 않을 것이다.
M55: 눈키에서 남동쪽으로 타우를 향해 간 다음 그 거리의 두 배에 해당하는 거리만큼 더 가라. 그러면 망원경은 궁수자리에서 별이 거의 없는 지역을 향하게 된다. 파인더스코프 상에서 M55는 어둡고 작은 덩치에 윤곽이 흐린 빛공처럼 보인다.

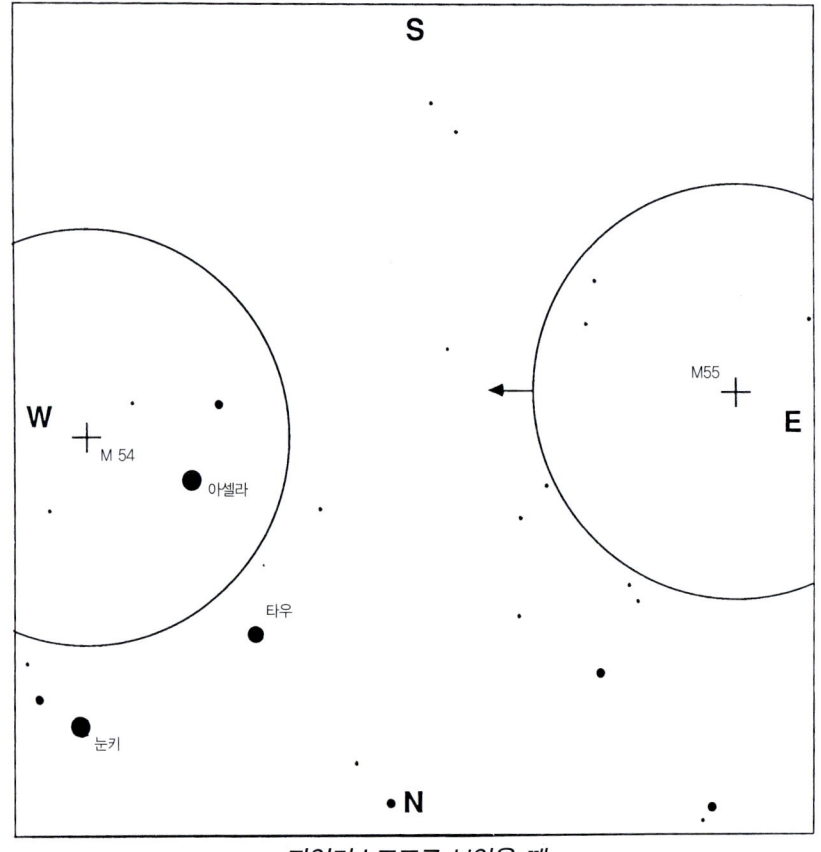

파인더스코프로 보았을 때

망원경으로 보았을 때 M54는 아주 작고 둥글며 다소 어두운 빛공처럼 보여 어딘가 행성상 성운을 떠올리게 한다(행성상 성운이라면 대개 보이는 녹색 기운이 안 보일 뿐이다). 반면에 M55는 더 크고 낱알 무늬도 많아 연기처럼 보인다.

코멘트 이 두 천체는 남쪽 지평선에 너무 가깝기 때문에 북반구에서는 보기가 어렵다. 이 천체를 보기에 가장 좋은 시기는 궁수자리가 남쪽 지평선 위를 가장 높이 통과하는 때인 늦여름이나 초가을 무렵이다.

미국 남부 지역(또는 더 남쪽 지방)에서 이 두 천체를 더 확실하게 볼 수 있다. 특히 M55는 중심부가 더 밝은 모습을 볼 수 있으며, 4인치나 그 이상의 망원경으로 보면 낱개의 별을 분해해 볼 수 있다.

여러분이 보는 것 구상 성단(99쪽을 보라)은 그 중심에 별이 얼마나 모여 있는가에 따라 급이 정해진다. 이 급은 1부터 12까지이며, 1급 구상 성단은 별이 중심에 빽빽하게 모여 있는 반면, 12급은 아주 느슨하고 드문드문 모여 있다. M54와 M55를 대조해보면 구상 성단의 등급이 어떻게 다른지를 볼 수 있다.

M54는 3급 구상 성단으로 별이 꽤 빽빽하게 들어차 있는 편으로, 10만 개 정도의 별이 60광년 직경에 모여 있으며, 우리로부터 5만 광년 떨어져 있다. 이 성단은 M55보다 아주 조금 작을 뿐이

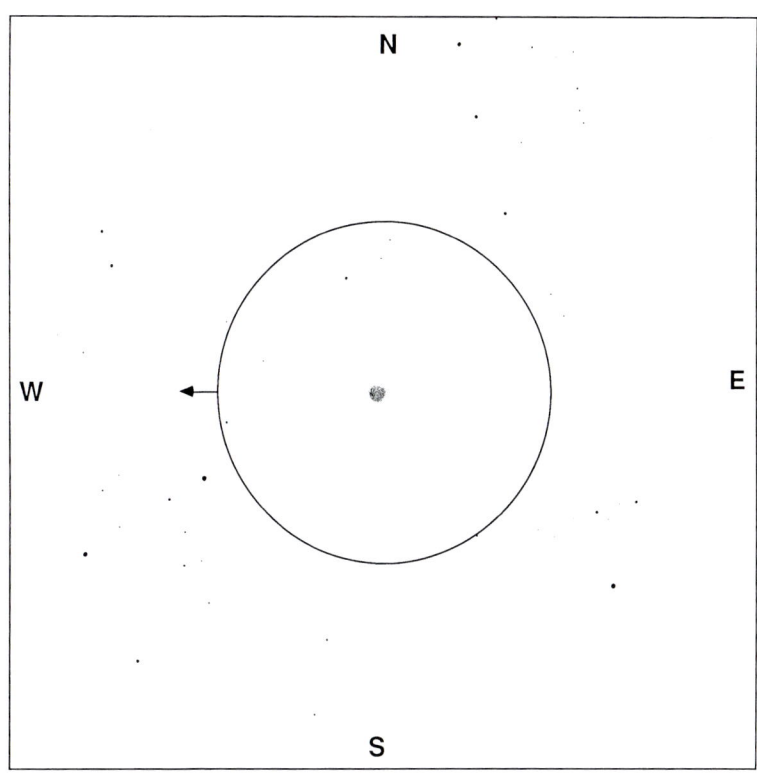

저배율로 보았을 때의 M54

지만 우리가 볼 때는 훨씬 더 작게 보이는데, 이는 성단에 있는 별 대부분(따라서 빛 대부분)이 중심의 좁은 핵 부위에 밀집되어 있기 때문이다.

M55는 11급 성단으로, 모든 구상 성단 가운데 별이 가장 성기게 모인 편에 속한다. 이 성단에는 수십만 개의 별이 M54보다 좀더 균일하게 분포하고 있다. 추가로 이 성단은 M54보다 우리에게 더 가까이 있으며(3만 광년밖에 안 떨어져 있다), 더 크다(직경 약 75광년). 이런 모든 이유 때문에 M55에 있는 별들을 더 쉽게 분해해 볼 수 있다.

또한 그 주변에는 아셀라(궁수자리 제타)는 근접 쌍성으로 8인치 정도 되는 커다란 망원경이라면 도전해볼 만한 천체이다. 3.6등급인 동반성은 3.4등급인 주성을 21년마다 한 번씩 돌고 있다. 2016년은 두 별 사이가 가장 멀리 떨어져 있을 때로, 동반성은 주성에서 서쪽으로 약 0.8초 떨어져 있게 된다. 오늘날에도 꽤 밝은 이 천체는 120만 년 전에는 지금보다 열 배 정도 더 가까이 붙어 있었으며 시리우스보다 세 배나 더 밝아 보였다.

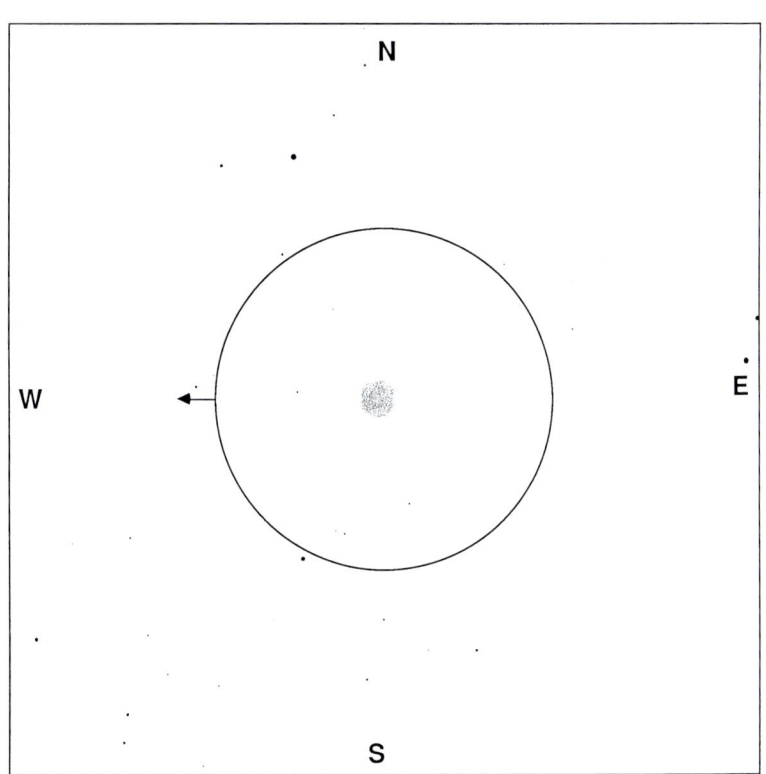

저배율로 보았을 때의 M55

계절별 천체 : 가을

가을 저녁은 종종 놀랄 만큼 쌀쌀하기 때문에 옷가지를 든든히 챙겨야 한다. 또 습기가 많고 축축한 곳이 많으므로 관측하기 전에 미리 망원경을 바깥에 내놓아 바깥 온도와 망원경의 온도를 같게 만들어주어야 한다.

가장 일반적으로 일어나는 문제는 망원경의 외부 표면에 이슬이 맺히는 것이다. 유리 렌즈는 열을 복사할 수 있기 때문에 공기의 온도보다 빨리 차가워지게 되며, 이렇게 차가워진 표면에 습기를 머금은 공기가 응결하게 된다. 이슬 막이 덮개(dew cap)는 이러한 복사를 줄여주므로 도움이 될 것이다. 돈을 주고 사거나 검은 종이를 둥글게 말아서 망원경에 씌워도 된다. 렌즈를 따뜻하게 유지시켜주는 멋진 전기용품을 쓸 수도 있다. 하지만 가장 간단한 해결책은 관측을 하기 전까지 망원경을 하늘로 향하게 하는 대신 땅으로 향하게 하는 방법이다.

'중추만월'을 조심하라! 다른 계절에는 보름달이 지나고 나면 다음날부터는 달이 뜰 때까지 한 시간 정도 빛이 없는 어두운 시간이 있다. 하지만 가을에는 보름달이 지나고 나도 며칠 동안은 어두운 시간이 이십여 분 정도밖에 되지 않는다. 이는 달 궤도가 지평선과 이루는 각도 때문에 벌어지는 현상이다. 여러분이 사는 곳이 북쪽일수록 이 효과는 좀더 확실하게 나타난다. 농부나 사냥꾼, 낭만주의자에게야 이런 효과가 커다란 도움이 되겠지만, 천체를 보고 싶은 우리들에게는 끔찍한 일이다.

방향 찾기 : 가을 하늘 길잡이

이 시기에는 북두칠성을 찾기 어렵다. 북쪽 지평선을 따라 낮게 떠 있기 때문이다. 지평선 부근에 나무나 건물이 있거나 단지 하늘에 안개만 조금 껴도 북두칠성은 가려서 안 보이기 십상이며, 여러분이 남쪽 지방에 산다면 더욱 그렇다.

그러므로 북쪽으로 방향을 잡는 대신, 우선 남서쪽을 바라보라. 그곳에는 여름철 대삼각형을 이루고 있는 밝은 별 세 개가 천천히 지고 있다. 알타이르는 남쪽에 있다. 지평선에서 가장 가까우며 파란색으로 밝게 빛나고 있는 별은 베가이다. 그리고 머리 위쪽으로 조금 더 높이 떠 있는 별은 데네브이다. 데네브는 십자가 모양으로 늘어서 있는 별들 중에서 가장 위에 있는 별이기도

서쪽에는 가을 하늘에서도 여름철에 볼 수 있던 멋진 천체 가운데 상당수를 여전히 볼 수 있다. 해가 일찍 지면서 서쪽 지평선에서 지고 있는 이들 천체를 볼 수 있는 기회를 잡을 수 있다.

천체	별자리	유형	쪽수
M13	헤르쿨레스	구상 성단	104
거문고자리 엡실론	거문고	사중성	114
고리 성운	거문고	행성상 성운	116
알비레오	백조	쌍성	118
M11	방패	산개 성단	134
아령 성운	여우	행성상 성운	126

하다. 이 십자가는 베가와 알타이르 사이에 있으며, 가을에는 거의 똑바로 서 있다.

머리 위로 **페가수스 사각형**을 이루는 네 개의 별이 있다. 이 별들은 특별히 밝지 않지만 주변에 있는 다른 별들보다 밝기 때문에 쉽게 눈에 띈다. 이 사각형의 변은 남북, 동서 방향을 보고 있다.

페가수스 사각형을 발견하고 나면 북쪽을 보라. 카시오페이아자리의 다섯 별이 'W'자를 이루고 있는 모습을 볼 수 있을 것이다('M'자로 보일 수도 있다. 카시오페이아는 거의 머리 꼭대기에 있기 때문에 어느 방향으로 보는가에 따라 'W'나 'M'으로 보인다).

동쪽에는 **플레이아데스**라는 이름의 작은 성단이 보일 것이다. 플레이아데스 북쪽으로는 카펠라라는 밝은 별이 뜬다. 카펠라는 '0등급' 별로 서쪽에 있는 베가에 버금가는 밝기이다.

페가수스 사각형의 남쪽으로는 별들이 거의 없다. 남쪽 낮게 단 하나, **포말하우트**만이 밝게 빛날 뿐이다. 이 지역에서 밝게 빛나고 있는 다른 천체를 본다면 십중팔구 행성일 것이다.

일 년 가운데 이 시기에는 은하수가 지평선 높이 떠오른다. 가을에는 일 년 중 다른 계절에 볼 수 있었던 멋진 성운들이 별로 없지만 대신 은하수 안, 특히 카시오페이아 안에 여러 가지 볼거리가 많이 있다. 어떤 때는 특정한 천체를 정해놓고 보는 대신 망원경으로 은하수 여기저기를 훑어보는 것만으로 멋진 광경을 볼 수 있다.

페가수스자리 : 구상 성단, M15

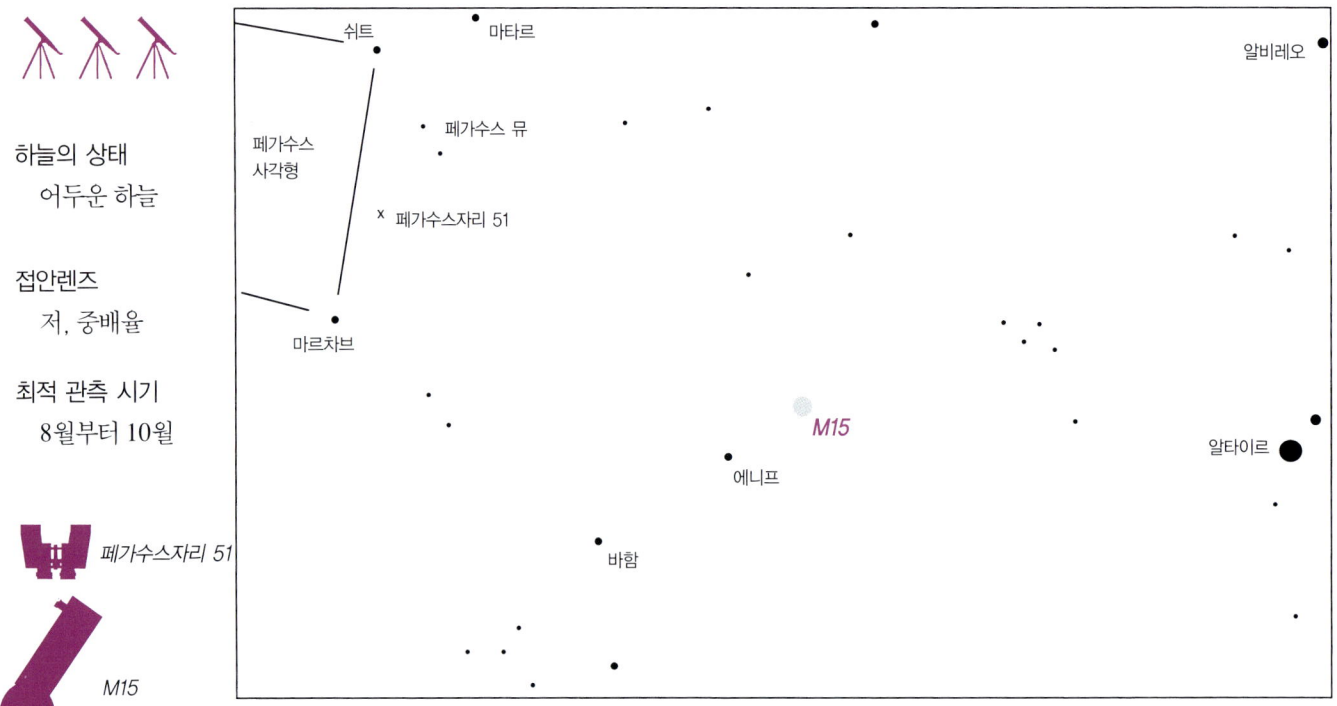

하늘의 상태
어두운 하늘

접안렌즈
저, 중배율

최적 관측 시기
8월부터 10월

보아야 할 곳 머리 위 높이 떠 있는 페가수스 사각형을 찾아라. 남서쪽 구석에 있는 별, 마르차브를 보라.

마르차브에서 서남서 방향에 별이 두 개 있고 빈 공간이 나오다 다시 세번째 별(바함)이 나오며, 이 세 별이 거의 일직선으로 있다. 바함에서 북서 방향으로는 에니프라는 이름의 꽤 밝은(3등급) 별이 있다. 에니프는 사각형을 이루고 있는 별들만큼이나 밝다. 바함에서 에니프를 향해 북서쪽으로 가라. 다시 그 반만큼 가면 성단이 나온다.

파인더스코프로 보았을 때 이 천체는 파인더스코프로 보면 바로 오른쪽에 있는 별과 비슷한 밝기에 윤곽이 흐릿한 점처럼 보인다. 에니프는 아마도 파인더스코프 시야 바로 바깥에 있을 것이며(여러분이 쓰는 파인더스코프에 따라 다르다) 근처에는 밝은 별이 거의 없다.

망원경으로 보았을 때 이 성단은 작고 밝은 중심 핵이 있고, 훨씬 더 크고 균일하며 어두운 외곽으로

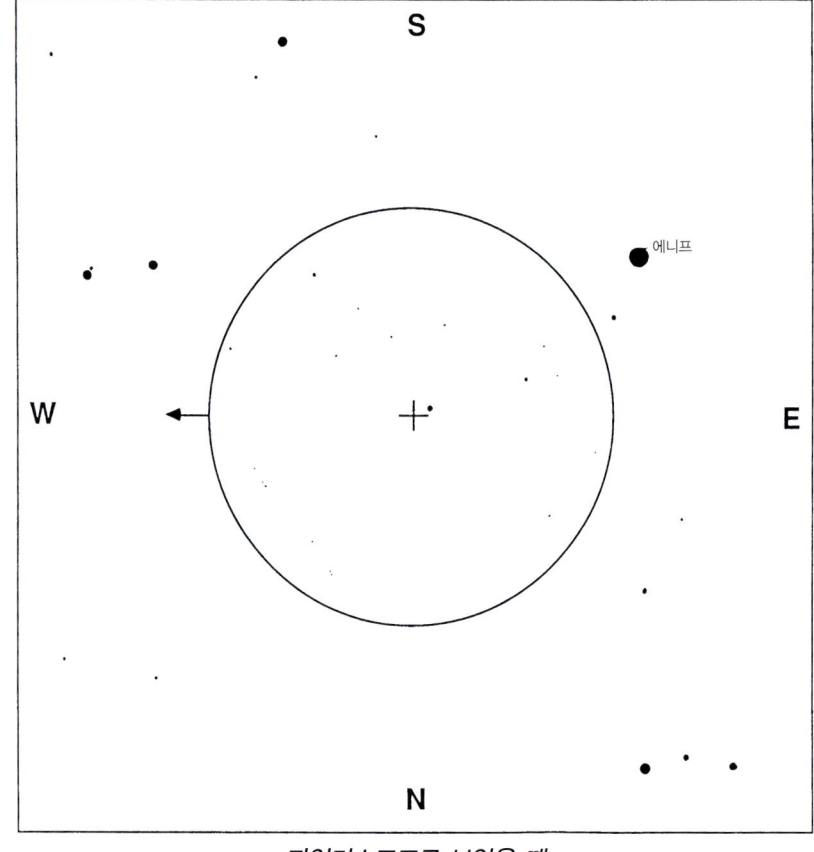

파인더스코프로 보았을 때

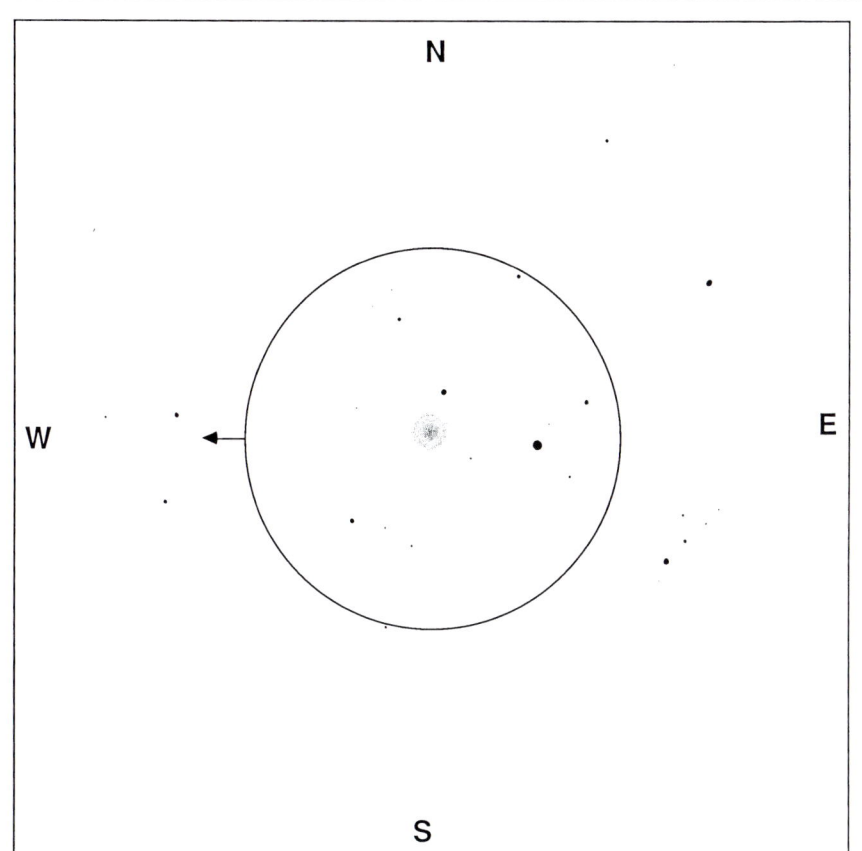

저배율로 보았을 때의 M15

퀠

둘러싸여 있어, 마치 고르게 퍼진 빛에 둘러싸인 별처럼 보인다.

코멘트 M15는 충분히 밝기 때문에 일단 하늘에서 찾고 나면 (특히 하늘이 아주 어둡다면) 자세한 모습을 보기 위해 고배율 접안렌즈를 써도 되지만, 일반적으로 저배율로 볼 때가 더 멋지게 보인다. 이 성단에 있는 별들을 분해해 보려면 4인치에서 6인치 구경이 필요하다.

여러분이 보는 것 이 구상 성단은 약 125광년 직경에 수십만 개의 별이 모인 것으로, 우리로부터 4만 광년 정도 떨어진 곳에 있다. 성단 중심에 이토록 많은 별이 밀집해 있어서 작은 망원경으로 볼 때는 핵이 마치 별처럼 보인다. 이렇게 보이는 구상 성단은 무척 드물다.

이 구상 성단은 다른 여러 가지 재미있는 특징들이 있다. 이 성단은 X-선을 내고 있으며, 이는 이 성단에 있는 별 가운데 하나가 중성자별이거나 어쩌면 블랙홀일 수도 있음을 암시한다. 그리고 커다란 망원경으로 이 성단 안에 어두운 행성상 성운이 하나 있음을 발견하기도 했다.

구상 성단에 대해 더 자세히 알고 싶으면 99쪽을 보라.

또한 그 주변에는 쌍안경이나 파인더스코프를 쓰면 페가수스자리 51을 볼 수 있다. 이 천체는 놀랄 만큼 별이 없는 지역에서 아무 특색 없이 자리잡고 있다. 페가수스자리 51은 찾기도 어렵고 다른 볼 만한 거리도 없다. 그냥 단순한 별일 뿐이다. 그런데 왜 보아야 하는 걸까? 순전히 평판 때문이다. 페가수스자리 51은 (태양을 제외하고) 행성을 가진 것으로 밝혀진 첫번째 별이다.

1995년 제네바 천문대의 미셸 메이어(Michel Mayor)와 디디에 퀠로즈(Didier Queloz)는 페가수스자리 51 주위를 도는 천체가 있어 스펙트럼에서 작은 변화를 준다는 사실을 발견했다(분광쌍성도 이런 방법으로 찾아낸다). 그리고 G형 별로 태양과 아주 비슷하며 겨우 50광년밖에 떨어져 있지 않은 페가수스 51이 목성보다 조금 작은 행성을 거느리고 있다는 사실을 밝혀냈다. 이 행성의 궤도는 별에 아주 가까워서 0.051AU 또는 대략 별 직경의 다섯 배 정도이며 4.2일마다 한 번씩 '일 년'이 찾아온다(목동자리 타우 역시 '뜨거운 목성'을 가지고 있다. 113쪽을 보라).

페가수스자리 51을 보려면 페가수스 사각형의 남서쪽 구석에 있는 마르차브부터 출발하라. 북서쪽 모서리에 있는 별이 쉬트이다. 쉬트 오른쪽에서 약간 북쪽으로 같은 밝기의 별인 마타르가 있다. 마타르에서 마르차브로 방향을 돌려라. 4등급 밝기의 페가수스 뮤(같은 밝기인 페가수스 람다 바로 북동쪽에 있다)를 지나면 텅 빈 공간이 나온다. 그리고 마르차브가 나온다. 파인더스코프를 뮤와 마르차브 중간에 향하게 하면 6등급 밝기의 별이 보인다. 이 별이 페가수스자리 51이다. 망원경으로 보면 바로 동쪽으로 8등급 밝기의 별이 보일 것이다.

물병자리: 구상 성단, M2

하늘의 상태
 어두운 하늘

접안렌즈
 저, 중배율

최적 관측 시기
 8월부터 10월

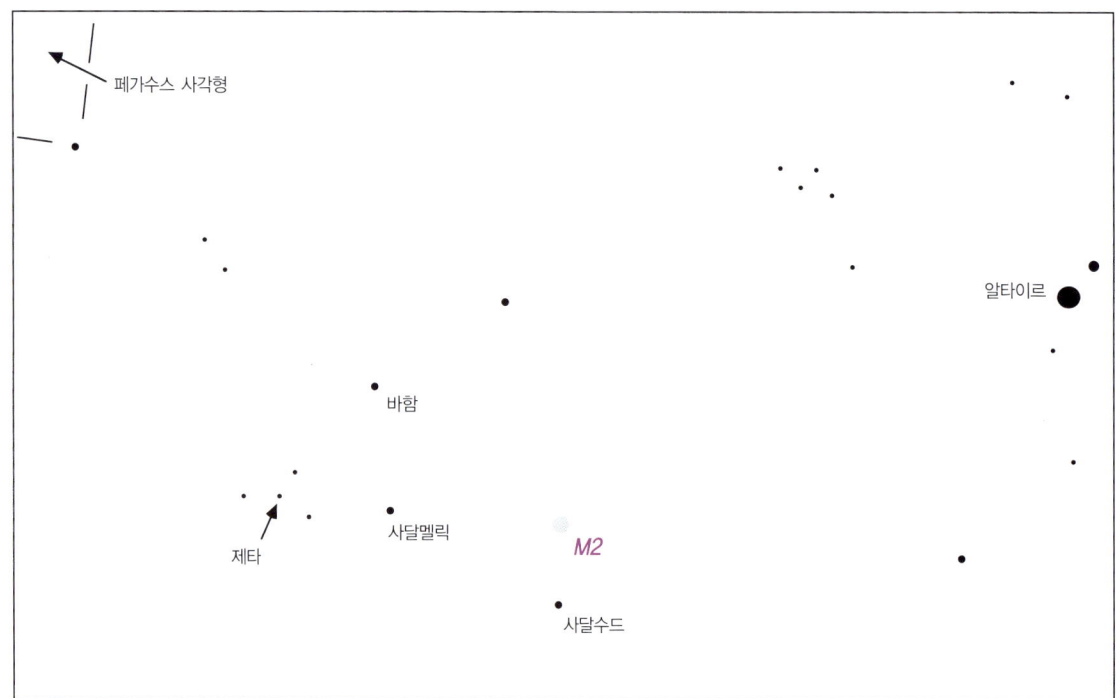

보아야 할 곳 머리 위 높이 떠 있는 페가수스 사각형을 찾아라. 남서쪽 모서리에 있는 별로 가라.

 이 별의 남서쪽으로 별이 두 개 있고 빈 공간이 보이다가 다시 세번째 별(바함)이 나오며, 이 세 별은 거의 일직선으로 있다. 바함에서 남동 방향으로 'Y'자를 이루고 있는 별 네 개를 찾아라(이 별들은 물병자리의 일부이다). Y의 중심에 있는 별이 물병자리 제타이다. Y의 서쪽, 다소 밝은 별은 사달멜릭이라 한다. 제타로부터 사달멜릭을 향해 서쪽으로 간 다음 그 거리의 1과 1/3배만큼 서쪽으로 더 가라.

파인더스코프로 보았을 때 이 성단은 어둡고 윤곽이 흐릿한 별처럼 보이며 여섯 개 정도 되는 같은 밝기의 어두운 별들이 시야에 들어온다. 어두운 별 두 개, 빈 공간, 윤곽이 흐릿한 세번째 별이 이루는 직선을 찾아라. 윤곽이 흐릿한 별이 우리가 찾는 성단이다. 이 성단은 사달수드라는 3등급 밝기의 별에서 파인더스코프 시야 하나만큼 북쪽에 자리 잡고 있다.

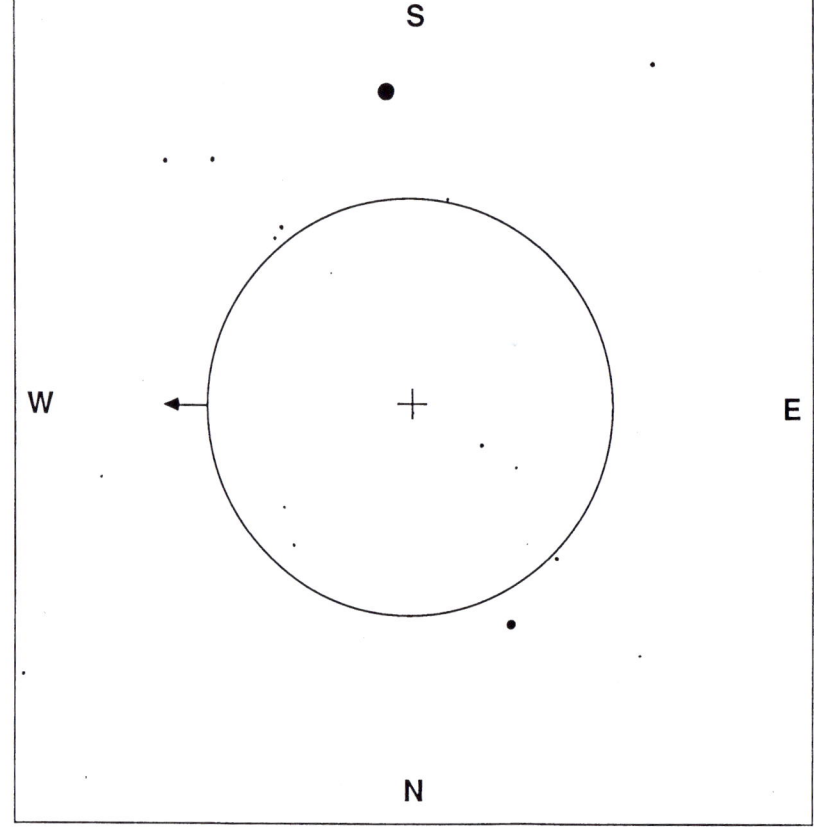

파인더스코프로 보았을 때

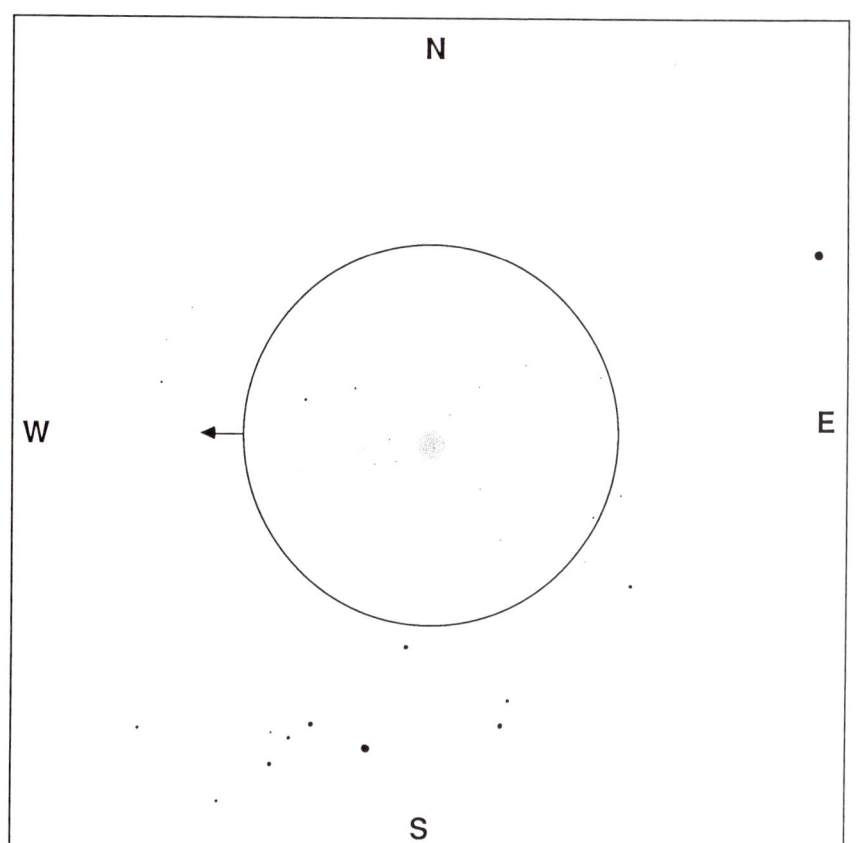

저배율로 보았을 때의 M2

망원경으로 보았을 때 이 성단은 둥글고 밝기가 균일하며 특징이 없다. 망원경 시야에는 어두운 별들만이 보이기 때문에 M2는 이 별들과 비교해볼 때 작은 빛원반으로 두드러져 보인다.

코멘트 이 성단은 저배율로 보면 더 밝게 보이지만 100x만큼 배율을 높여보면 아무런 특징 없는 원반 모양에서 뭔가를 찾아볼 수 있다.

작은 망원경으로 보면 이 성단은 밝기가 균일한 듯 보인다. 하지만 4인치에서 6인치 망원경으로 보면 개개의 별이 분해되어 보이며 '얼룩'이나 '낱알' 무늬가 나타나기 시작할 것이다.

여러분이 보는 것 이 구상 성단은 약 170광년 직경의 지역에 수십만 개의 별이 모여 있는 집단이다. 이 천체는 우리로부터 거의 5만 광년 떨어져 있다.

구상 성단에 대해 더 자세히 알고 싶으면 99쪽을 보라.

안드로메다자리 : 안드로메다 은하, M31, 동반 은하, M32와 M110

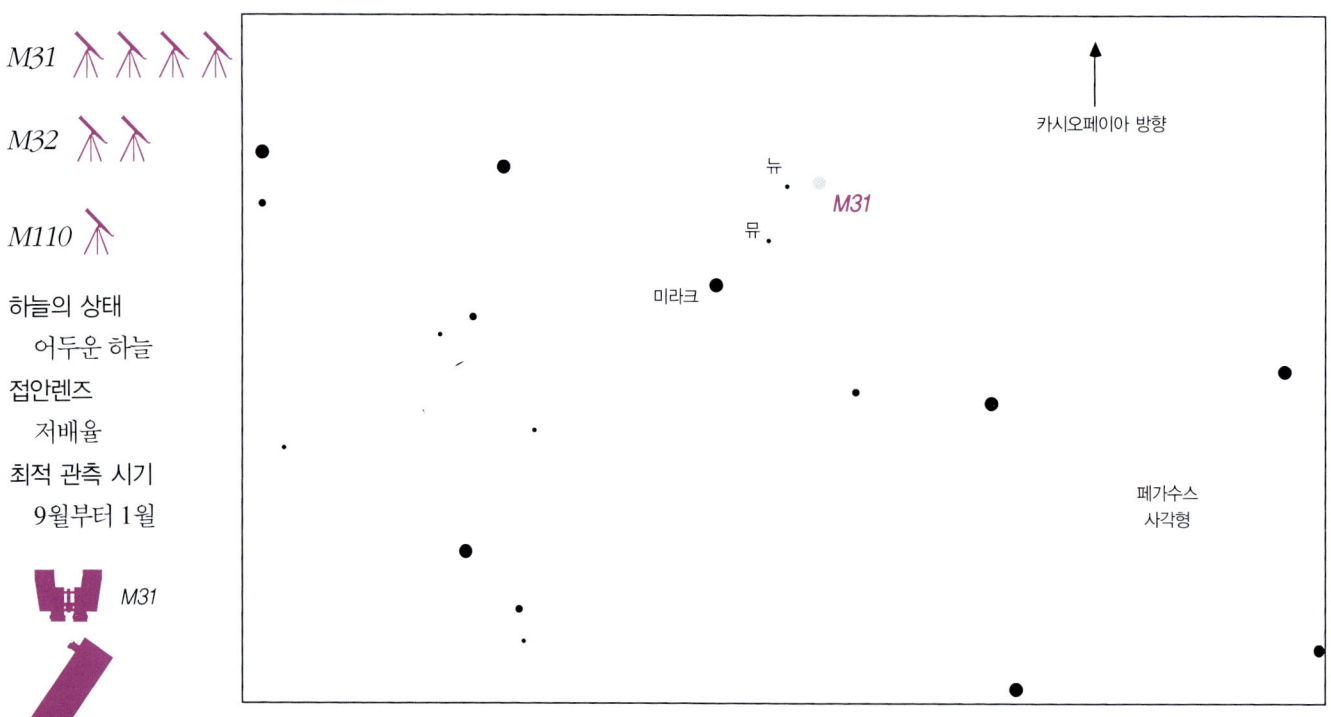

보아야 할 곳 거의 머리 꼭대기에 떠 있는 페가수스 사각형을 찾아라.

북동쪽 꼭지점으로부터 하늘을 서에서 동으로 가로지르며 W자 모양의 카시오페이아 바로 남단까지 길게 줄지어 있는 밝은 별 세 개를 찾아라. 가운데 별(미라크)로부터 카이오페이아가 있는 북쪽을 향해 안드로메다자리 뮤, 안드로메다자리 뉴 이렇게 세 별이 가벼운 곡선을 그리며 자리잡고 있다. 안드로메다 은하는 꽤 어두운 저녁에만 육안으로 간신히 볼 수 있으며, 안드로메다자리 뉴의 바로 서쪽에 자리잡고 있다.

파인더스코프로 보았을 때 안드로메다자리 뉴를 향하게 하면 파인더스코프로 쉽게 은하를 찾을 수 있다.

망원경으로 보았을 때 M31 은하는 밝은 달걀형에 중심에는 빛이 길게 휩쓸고 간 모습을 하고 있으며 망원경 시야 가득히 들어찬다.

남쪽에서 약간 동쪽을 보면 좀 커다란 덩치의 별

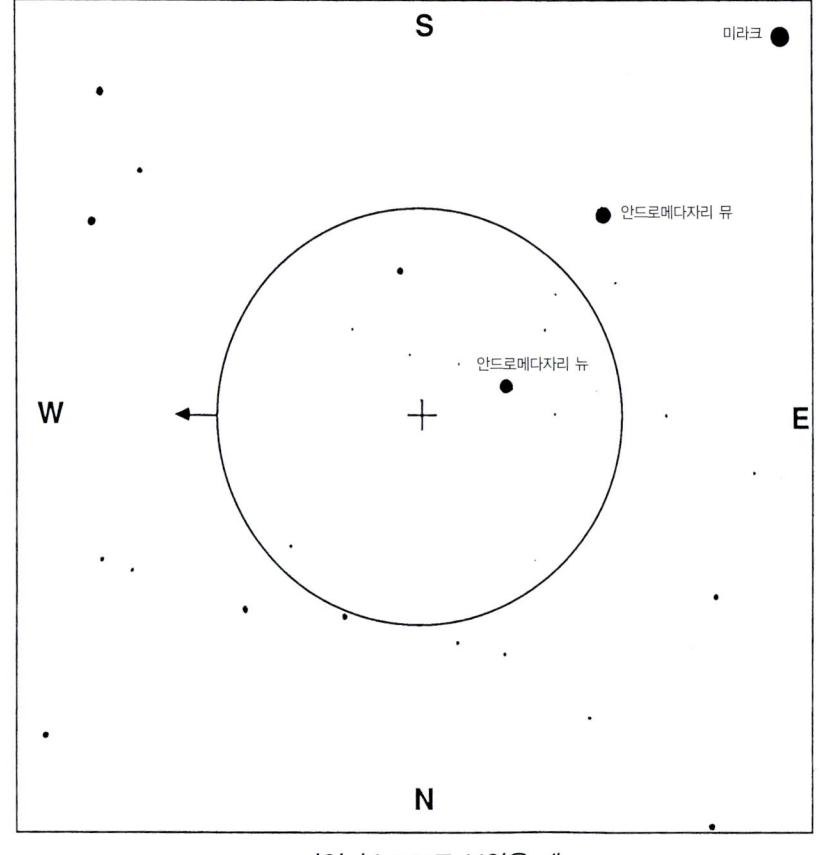

파인더스코프로 보았을 때

저배율로 보았을 때의 안드로메다 은하

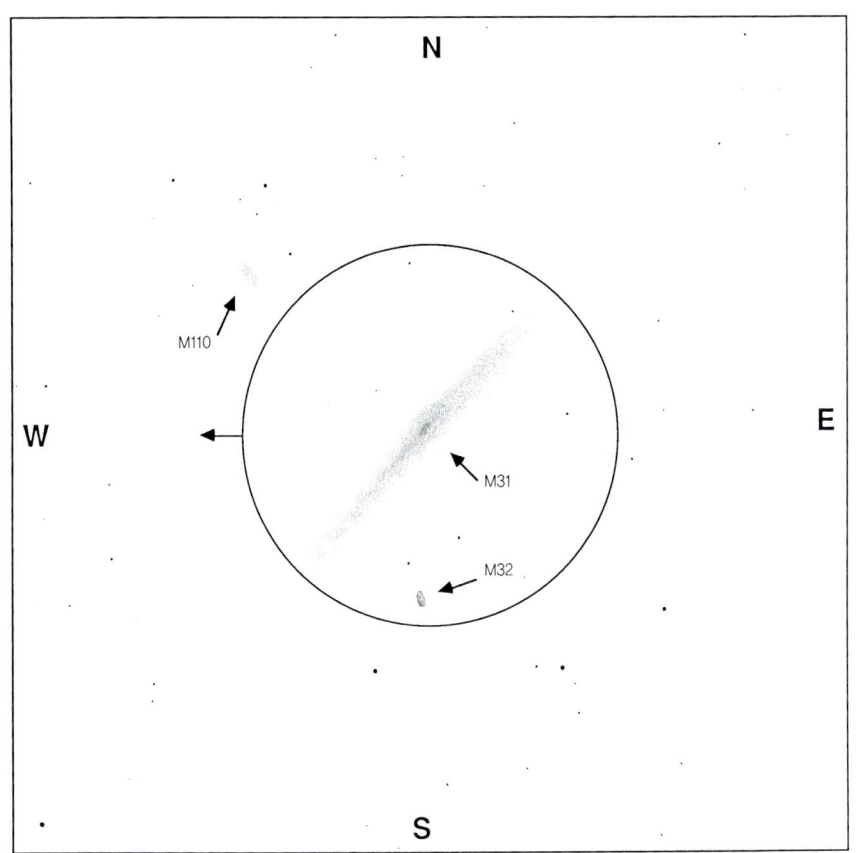

처럼 보이는 천체가 두 개의 어두운 별과 함께 정삼각형을 이루고 있다. 이 천체가 동반 은하인 M32이다. 배율을 높이면 달걀 모양을 한 빛구름을 볼 수 있다.

저배율 접안렌즈로 보았을 때의 시야 중심에는 M31이 보이며, 시야 바로 바깥에는 M110(좀더 정확하게는 NGC 205)가 북서쪽으로 자리잡고 있다. 이 천체는 또다른 동반 은하인 M32의 반대쪽에 있다. 이 은하는 M32보다 더 어둡지만 덩치는 오히려 더 크며 잘 보이지 않는다. M110은 남북으로 길쭉하게 생긴 달걀 모양이다.

코멘트 어둡지 않은 밤이라 할지라도 M31의 밝은 중심핵을 볼 수 있다. 캄캄한 밤일수록 은하 주변을 더 잘 볼 수 있을 것이다. 밝은 핵은 좀더 어두운 빛줄기의 중앙으로부터 약간 어긋한 곳에 있다. 이 좀 어두운 빛은 처음에는 거의 보이지 않는다. 하지만 오래 보고 있으면 좀더 잘 보이며, 최저배율 접안렌즈를 써서 본다 할지라도 망원경 시야에 한꺼번에 들어오지 않는다.

동반 은하는 중배율 접안렌즈로 볼 수 있을 정도로 밝다.

여러분이 보는 것 안드로메다 은하는 우리 은하와 다른 이십여 개의 은하들이 모여 있는 '국부 은하군'에서 가장 커다란 은하이다. 직경은 15만 광년이고, 그 안에는 3천억 개의 별이 있으며, 우리 은하보다 상당히 커다랗다. 안드로메다는 나선 은하지만 우리에게는 거의 '가장자리'만 보이기 때문에 나선 구조를 보기는 힘들다(작은 망원경으로는 더욱 나선 모양을 찾기 힘들다).

지구에서 안드로메다 은하까지의 거리는 250만 광년이라고 추측하고 있다. 어두운 저녁이면 육안으로도 안드로메다 은하를 볼 수 있다. 이 천체는 인간이 망원경을 쓰지 않고 볼 수 있는 가장 멀리 떨어진 천체이다. 안드로메다 은하에 가까이 있는 동반 은하인 M32는 직경이 거의 2천 광년이며 덩치가 훨씬 큰 안드로메다 은하의 남쪽 2만 광년 떨어진 곳에 있다. 또다른 동반 은하인 M110은 M32보다 두 배 정도 크다. 두 은하는 모두 타원 은하이다.

안드로메다 은하는 어두운 동반 은하가 두 개 더 있다. 하지만 두 은하는 너무 어두워서 작은 망원경으로는 볼 수 없다.

커다란 망원경을 쓰면 이 은하에 있는 별을 분해해 볼 수 있으며 1920년대 허블은 이 별들 가운데 일부는 '세페이드'형 변광성(78쪽에서 설명한 게자리 VZ와 비슷한 변광성)이라 부르는 것과 같은 종류의 맥동 변광성(별의 크기가 팽창과 수축을 되풀이하며 밝기가 변하는 변광성 — 옮긴이)이라는 사실을 밝혀냈다. 허블은 맥동 주기가 별의 밝기와 관계가 있다는 사실을 알아내고는 우리로부터 떨어져 있는 거리에 따라 이런 별들이 얼마나 밝게 보이는지를 계산했다. 안드로메다 은하에 있는 이런 유형의 별들이 얼마나 어둡게 보이는지 측정함으로써 허블은 안드로메다 은하까지의 어마어마한 거리를 처음으로 알아냈다.

은하에 대해 더 자세히 알고 싶으면 89쪽을 보라.

안드로메다자리 : 알마크, 쌍성, 안드로메다자리 감마

하늘의 상태
　보통의 하늘

접안렌즈
　중, 고배율

최적 관측 시기
　9월부터 2월

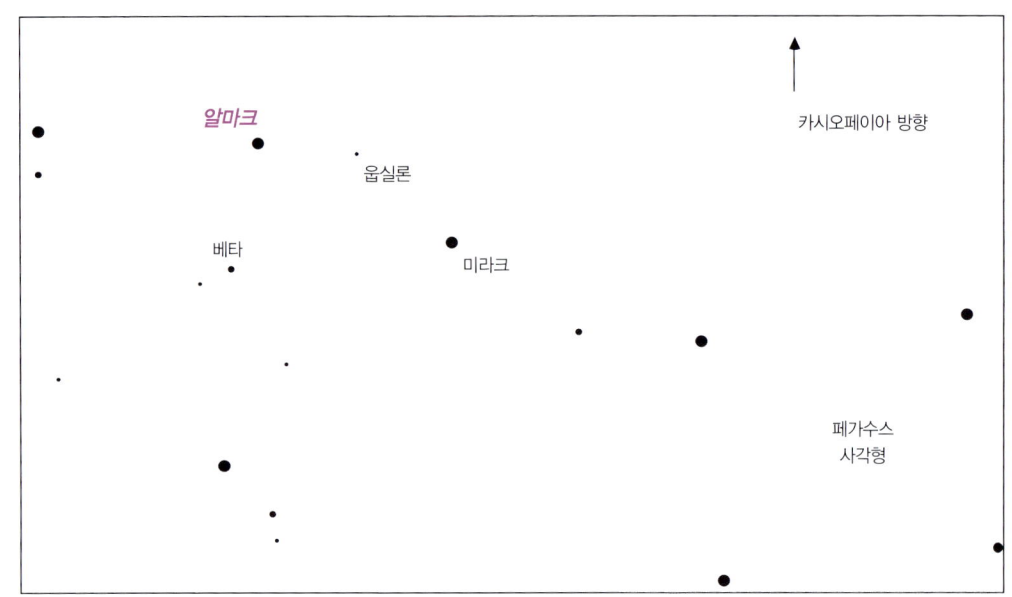

보아야 할 곳 머리 위 높이 떠 있는 페가수스 사각형을 찾아라. 북동쪽 모서리에 있는 별을 시작으로 하늘을 서에서 동으로 길게 호를 그리며 가로지르는 밝은 별 세 개를 찾아라. 이 세 별은 W자 모양을 하고 있는 카시오페이아자리의 바로 아래(남쪽)까지 온다. 알마크는 이 세 별 가운데 가장 동쪽에 있는 천체이다.

파인더스코프로 보았을 때 2등급으로 밝게 빛나고 있는 알마크는 파인더스코프로 보이는 다른 어떤 별보다 더 밝기 때문에 쉽게 찾을 수 있다.

망원경으로 보았을 때 주성은 동반성보다 3등급(약 15배) 더 밝다. 하늘이 불안정하거나 고배율 접안렌즈를 가지고 있지 않다면 두 별을 동시에 보기 위해 평상시보다 좀더 많은 인내심을 발휘해야 할 것이다.

코멘트 이 쌍성은 뚜렷한 색 대비를 보이고 있다. 주성은 노란색(오랜지빛으로 보는 사람들도 있다)이

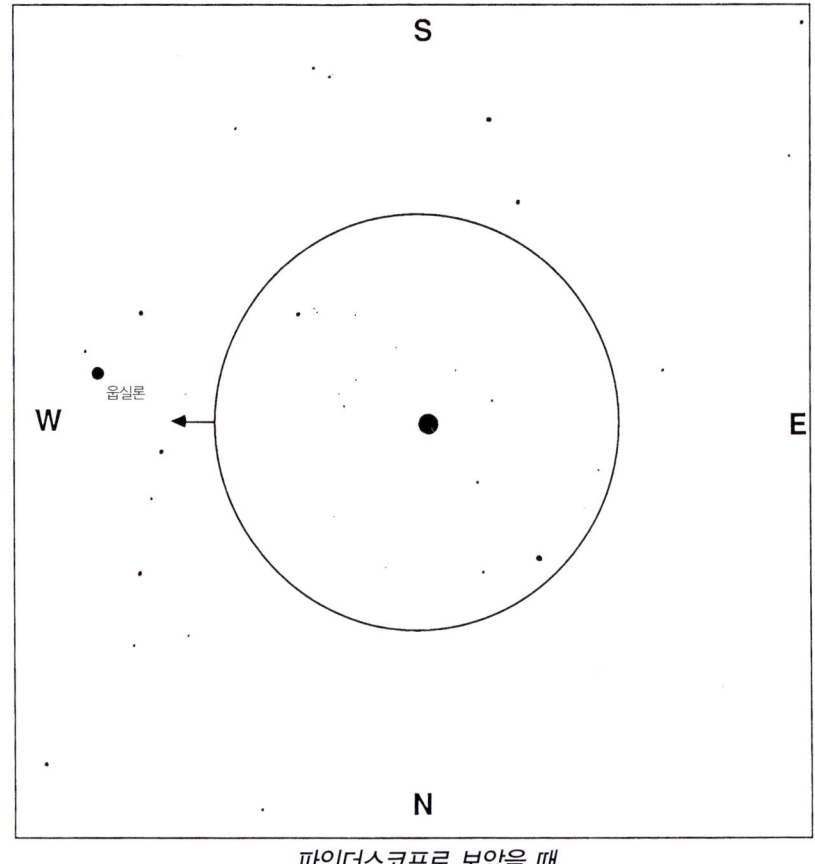

파인더스코프로 보았을 때

고배율로 보았을 때의 알마크

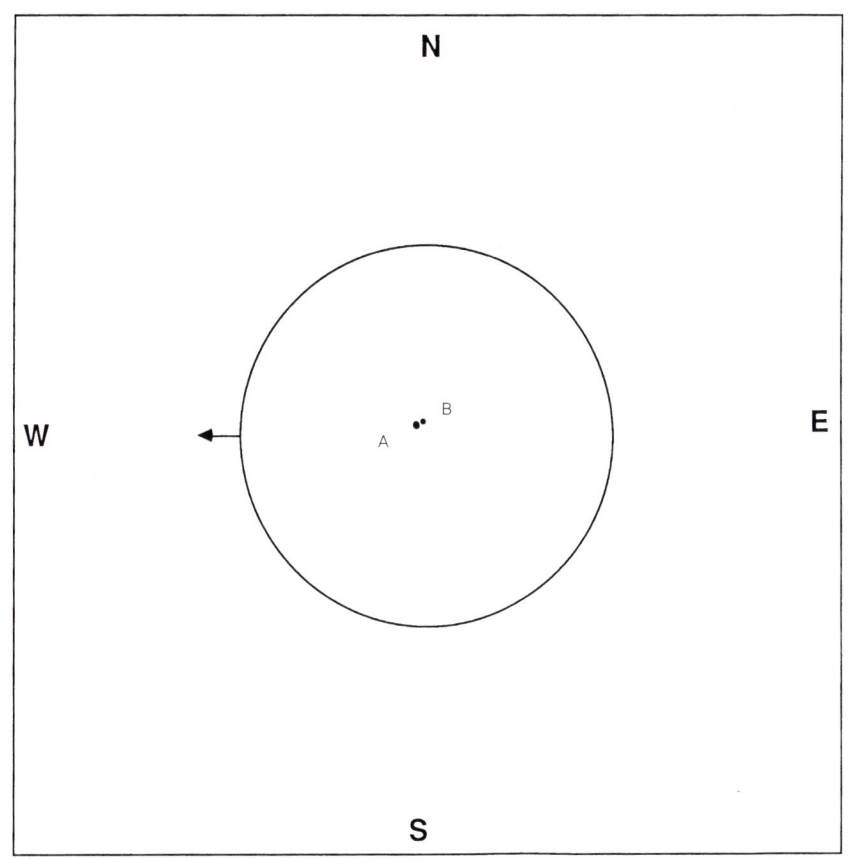

며, 동반성은 파란색이다. 고배율 접안렌즈를 썼을 때 색을 가장 잘 볼 수 있다. 색 대조만으로 놓고 보자면, 이 쌍성은 알비레오 (118쪽)와 우위를 다툰다

여러분이 보는 것 사실 이 천체는 사중성으로 우리로부터 약 2백 광년 떨어진 곳에 있다. 하지만 작은 망원경으로 보면 밝게 빛나고 있는 별 두 개밖에 볼 수 없다.

가장 밝은 별인 알마크 A는 K형 거성으로 태양보다 덩치는 크지만 온도는 오히려 더 낮다. A 주위를 도는 다른 별들은 모두 백색왜성이다. 망원경으로 보이는 B는 A에서 적어도 600AU 떨어진 거리에서 천천히 A 주위를 돌고 있다.

다른 두 별 C와 D는 B 주위를 돈다. C는 B에서 평균 30AU 정도밖에 안 떨어져 있는데, 이 거리는 태양과 해왕성 사이의 거리에 해당한다. C가 B 주위를 한 번 완전히 도는 데는 55년이 걸리는 반면, B와 C가 A 주위를 도는 데는 수천 년이 걸린다.

알마크 C의 궤도는 꽤 찌그러진 타원이다. C가 B에서 가장 멀리 떨어져 있을 때('원성점apastron')는 거의 2/3초 정도 떨어져 보인다. 이 시기에는 8인치나 10인치 망원경으로 B와 C를 분해해 볼 수 있다. 불행히도 다음 원성점이 되는 시기는 2024년이다. 사실 2002년은 C가 B에 가장 가까이 접근하는 때('근성점 perastron')로 각거리가 1/10초도 안 되기 때문에 아마추어용 망원경으로 분해해 볼 수 있는 영역을 넘어선다.

B-D 계는 분광 쌍성의 한 예이다. 지구에서 가장 커다란 망원경을 쓴다 할지라도 이 별을 직접 볼 수는 없지만 'D별'이 존재한다는 사실은 알고 있다. 이 별의 운동이 B에서 나오는 빛의 색깔에 영향을 주기 때문이다.

천문학자들은 분광기를 사용해 별빛을 분리해낸 '스펙트럼'에 많은 관심이 있다. 각 화학 성분은 특별한 파장의 빛을 방출하고, 이런 빛들이 만든 스펙트럼을 분석하면 별의 화학 조성을 알 수 있다. 하지만 별의 스펙트럼에서 어떤 원소에 해당하는 파장이 주기를 가지고 규칙적으로 조금씩 변하는 경우 이는 주위를 돌고 있는 동반성의 중력이 주성을 잡아당기기 때문이라는 사실을 알 수 있다. 이런 작용을 '도플러 효과'[+]라 하는데, 사이렌이 여러분에게 다가왔다가 멀어질 때 일어나는 소리의 변화와 같은 효과이다.

천문학자들은 B별의 스펙트럼 이동으로부터 'D별'이 B별에서 겨우 160만 킬로미터(태양과 지구 사이 거리의 1%)밖에 떨어져 있지 않으며 B별 주위를 도는 데 사흘도 채 안 걸린다는 사실을 알아냈다.

또한 그 주변에는 파인더스코프로 보았을 때 알마크 서쪽으로 3도 떨어진 곳에 있는 안드로메다자리 웁실론에 주목하라. 웁실론은 태양과 비슷한 별로 우리로부터 44광년 떨어져 있으며, 최근 알아낸 바에 따르면 행성계를 거느리고 있다. 목성 크기의 한 행성은 웁실론에 가까이 있으며 4.6일 주기로 공전한다. 또다른 행성은 목성보다 적어도 다섯 배 이상의 크기로서 3.5년 주기로 한 번씩 공전한다(태양과 화성 사이보다 더 멀리 떨어져 있다). 하지만 이 두 행성 사이에 목성 질량의 두 배쯤 되며 8개월 주기로 지구에서 화성까지 거리와 비슷한 반경의 타원 궤도를 도는 행성이 있다. 이곳에 (목성처럼) 커다란 위성이 있다면 사람이 살 수 있을 것이다.

별	등급	색깔	위치
A	2.3	노란색	주성
B	5.1	파란색	A에서 동북동쪽으로 10초

삼각형자리: 삼각형 은하, M33

하늘의 상태
아주 어두운 하늘

접안렌즈
파인더; 저배율

최적 관측 시기
10월부터 1월

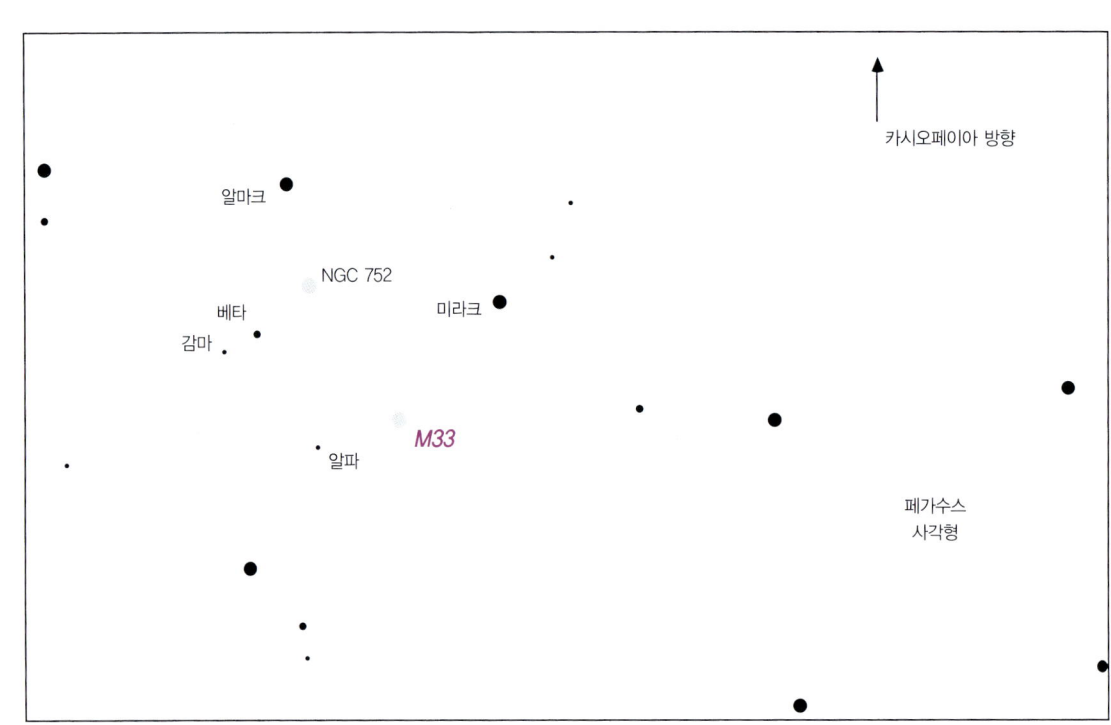

보아야 할 곳 머리 위 높이 떠 있는 페가수스 사각형을 찾아라. 북동쪽 모서리에 있는 별을 시작으로 하늘을 서에서 동으로 길게 호를 그리며 가로지르는 밝은 별 세 개를 찾아라. 이 세 별은 W자 모양을 하고 있는 카시오페이아자리의 바로 아래(남쪽)까지 온다. 두번째 별과 세번째 별까지 내려와라(각각 미라크와 알마크이다). 세 개의 별이 날카로운 삼각형을 이루며 대충 남서쪽 방향을 가리키고 있는 모습이 보일 것이다. 이 천체가 삼각형자리이다.

이 삼각형에서 가장 북쪽에 있는 삼각형자리 베타에서부터 삼각형의 꼭지점에 있는 삼각형자리 알파까지 거리를 척도로 쓰자. 삼각형의 꼭지점에서 이 거리의 1/3만큼 오른쪽 위로 가면(미라크를 향해 북서쪽) CBS 485라는 이름의 아주 흐릿한 별이 나온다(CBS는 '밝은 별 목록 Catalog of Bright Stars'의 약자이다). CBS 485를 지나 반쯤 더 가면 M33이 자리잡고 있다(하늘이 충분히 어두워 CBS 485를 볼 수 있다면 M33 역시 볼 수 있을 것이다. 아래쪽을 보라!).

파인더스코프로 보았을 때 파인더스코프의 중심을

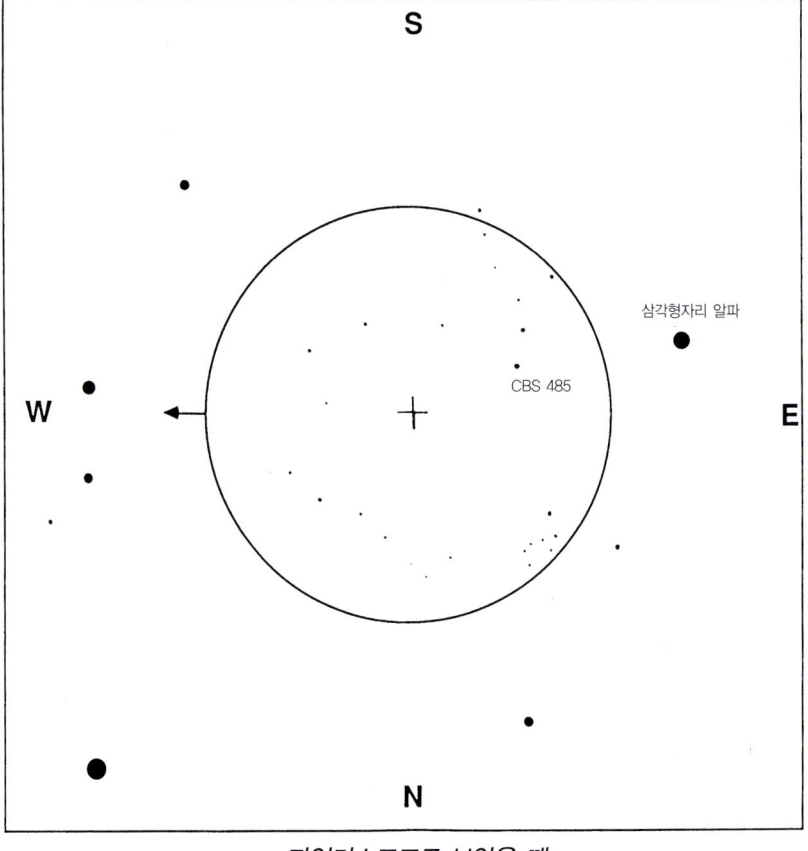

파인더스코프로 보았을 때

저배율로 보았을 때의 M33

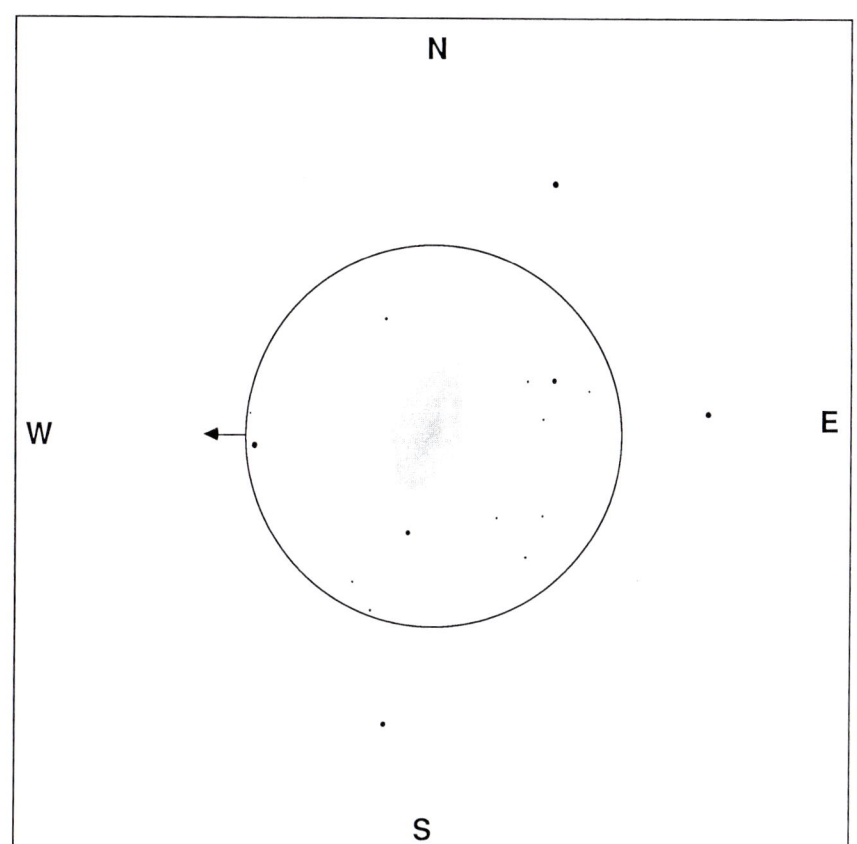

CBS 485에 맞춰라. CBS 485 남쪽에 있는 약간 더 어두운 별과 혼동하지 말아라. 삼각형자리 알파에서 CBS 485 쪽으로 반 걸음쯤 더 가라. 어렴풋이 퍼져 있는 빛을 찾아라. 이 빛이 우리가 찾는 은하이다.

망원경으로 보았을 때 망원경 시야에 '연' 모양으로 생긴 네 개의 별이 보일 것이다. M33은 이 연 속에 있으며 커다랗지만 아주 흐릿한 빛조각처럼 보일 것이다. 최저배율 접안렌즈를 써야 한다는 점에 유의하라.

코멘트 M33은 아주 크지만 보기 어렵다. 크기가 큰 탓에 총 밝기가 상대적으로 넓은 영역에 엷게 퍼져 있기 때문이다. 안드로메다자리에 있는 은하와 달리, 은하의 가장자리와 중심과의 밝기 대조가 거의 없기 때문에 이 은하를 찾고 나서도 알아차리기 힘들다. 하늘의 상태가 특별히 좋지 않다면 14인치 망원경으로도 M33을 찾기 어렵다. 하지만 맑은 날에는 쌍안경이나 '시야가 넓은' 작은 망원경을 써도 멋진 모습을 볼 수 있다. 모든 것은 하늘이 얼마나 어두운가에 달려 있다. 달이 떠 있다면 하늘에서 이 은하를 찾으려는 생각조차 하지 말아라. 시간낭비일 뿐이다!

한편 하늘이 정말로 어둡고 눈이 어둠에 잘 적응되었다면, 8인치 망원경을 통해 완전히 새로운 시야를 열 수 있다. 주변시로 보면 얼룩이 있는 나선 팔 한 쌍이 커다랗게 'S'자를 그리고 있는 모습이 확실하게 보인다. 세 개의 빛매듭이 특히 눈에 띈다. 두 개는 은하 중심으로부터 10초 정도 남쪽과 남서쪽에 있다. 다른 하나는 북동쪽으로 10분 떨어진 곳, 즉 'S'자의 오른쪽 위 가장자리에 있다. 이 세번째 지역에는 NGC 604라는 자기 고유의 NGC 목록 번호가 붙어 있다.

여러분이 보는 것 안드로메다자리에 있는 은하들과 함께 '국부 은하군'을 이루고 있는 삼각형 은하는 우리로부터 거리가 약 3백만 광년 정도로 안드로메다 은하보다 그리 멀지 않다. 사실 이 두 은하는 서로 50만 광년 정도밖에 떨어져 있지 않다. 안드로메다 은하에서 관측을 한다면 삼각형 은하의 아름다운 모습을 볼 수 있고, 그 반대도 마찬가지일 것이다.

M33의 질량은 태양의 백억 배 정도이다. M33에는 밝은 중심핵이 없다는 점만 뺀다면 나선 은하의 표준적인 예이다. 안드로메다 은하와 달리 밝은 중심핵이 없다는 점이 작은 망원경으로 찾아보기 그토록 어려운 이유 가운데 하나이다.

은하에 대해 더 자세히 알고 싶으면 87쪽을 보라.

또한 그 주변에는 날이 충분히 어둡지 않아서 삼각형 은하를 찾을 수 없다 할지라도 찾기 훨씬 쉬운 산개 성단이 있으니 당황하지 말아라. 별이 느슨하게 모여 있는 산개 성단 NGC 752의 위치를 성도에서 미리 확인해두어라. NGC 752를 찾기 위해, 삼각형자리 감마에서 베타까지 거리를 한 걸음이라고 정의하자. 감마에서 베타로 한 걸음 간 다음 두 걸음 더 가라. 육안으로는 볼 수 없지만, 파인더스코프로 보면 윤곽이 흐릿한 점이 보이며, 저배율 접안렌즈로 보면 갑자기 이 천체가 여러분 눈앞에 뛰어들 것이다. 이 성단에는 약 백 개의 별이 모여 있으며 우리로부터 3천 광년 정도 떨어져 있다

양자리 : 메사르심, 쌍성, 양자리 감마

하늘의 상태
관계 없음

접안렌즈
고, 중배율

최적 관측 시기
10월부터 2월

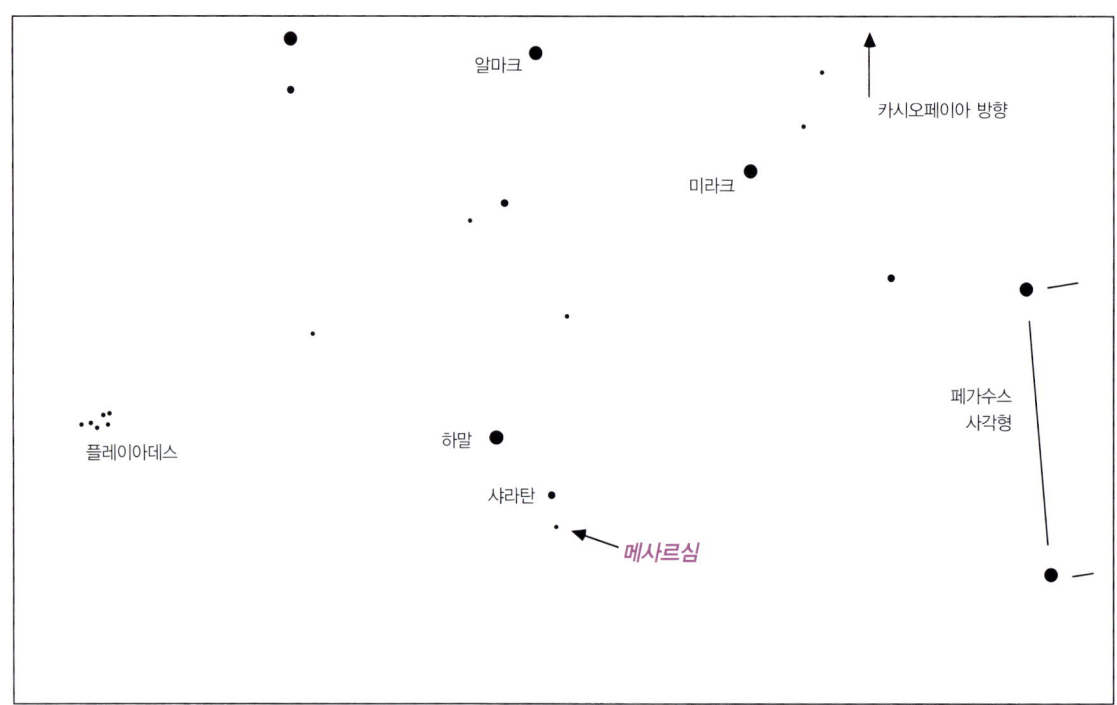

보아야 할 곳 머리 위에 높이 떠 있는 페가수스 사각형을 찾아라. 사각형으로부터 정동 방향 지평선을 보면 플레이아데스가 뜨고 있다. 사각형과 플레이아데스의 중간에 대충 북동쪽에서 남서쪽으로 정렬해 있는 두 개의 별을 볼 수 있다. 각각 하말과 샤라탄이라고 한다(또다른 방법으로는, 안드로메다자리의 세 별과 삼각형자리의 세별을 지나 W자를 하고 있는 카시오페아의 바로 아래를 보면 이 두 별을 찾을 수 있다). 샤라탄에서 바로 아래 조금 왼쪽(남동쪽)으로 세번째 별이 있다. 메사르심이다.

파인더스코프로 보았을 때 샤라탄과 메사르심은 파인더스코프로 볼 수 있다. 둘 가운데 메사르심이 더 어둡다.

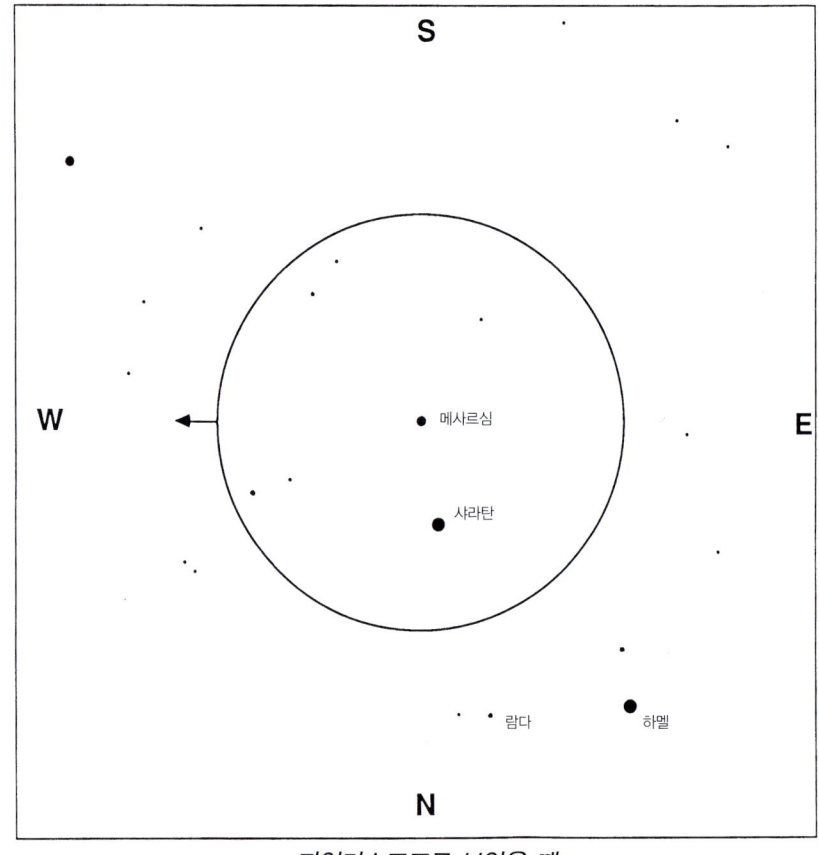

파인더스코프로 보았을 때

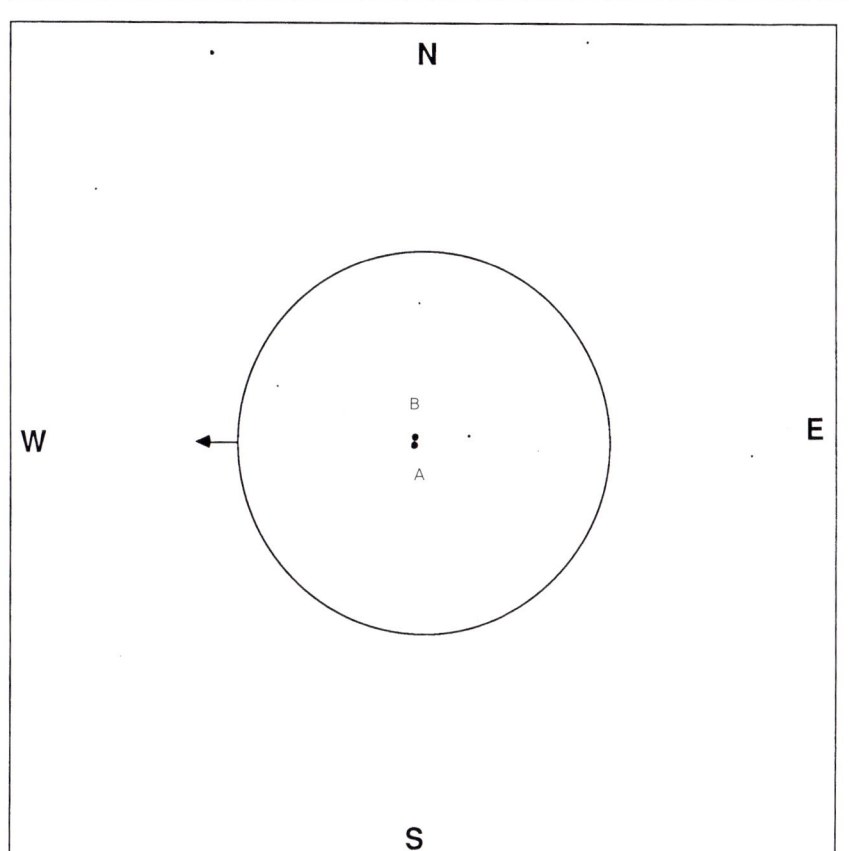

중배율로 보았을 때의 메사르심

망원경으로 보았을 때 메사르심의 두 별은 거의 같은 밝기이며 청백색이다. 두 별은 꽤 가까이 붙어 있기 때문에, 개개로 분해해 보려면 최고배율 접안렌즈를 써야 한다. 두 별은 남-북 방향을 꽤 정확하게 가리키고 있다.

코멘트 두 별은 색깔도 같고 가깝게 붙어 있기도 하지만, 밝기가 상당히 비슷하기 때문에 관측하는 재미가 남다르다. 어떤 이들은 이 쌍성을 자신들을 바라보고 있는 '고양이 눈'이라고도 부른다.

여러분이 보는 것 이 쌍성을 이루고 있는 별들은 태양보다 각기 세 배와 네 배 더 무겁다. 두 별은 우리로부터 약 150광년 떨어져 있으며 서로간의 거리는 최소한 400AU(지구에서 태양까지 거리의 4백 배)로서 서로의 주변을 아주 느리게 돈다. 둘이 서로를 완전히 한 바퀴 도는 데는 최소한 3천 년이 걸린다.

이 쌍성의 상대적인 위치는 지난 3세기 동안 전혀 바뀌지 않았지만 150년 넘게 조금씩 서로에게 접근하고 있다. 이런 사실로부터 우리가 이 쌍성 궤도를 옆쪽에서 보고 있다는 결론을 내릴 수 있다.

또한 그 주변에는 메사르심으로부터 샤라탄으로 돌아가 두 배만큼 더 진행하라. 이 지점에 있는 5등급 밝기 별이 양자리 람다 별로, 쌍성이다. 이 쌍성의 주성은 메사르심의 별들과 같은 밝기이다. 하지만 주성에서 북동쪽으로 37초 떨어진 곳에 있는 동반성은 7.4등급으로 주성보다 열 배나 더 어둡다. 이 어울리지 않는 한 쌍을 메사르심의 '고양이 눈'과 비교해보라.

메사르심

별	등급	색깔	위치
A	4.8	백색	주성
B	4.8	백색	A에서 북쪽으로 7.8초

양자리 람다

별	등급	색깔	위치
A	4.8	백색	주성
B	7.4	백색	A에서 북동쪽으로 37초

카시오페이아자리 : 쌍성, 카시오페이아자리 에타

하늘의 상태
 관계 없음

접안렌즈
 중, 고배율

최적 관측 시기
 9월부터 2월

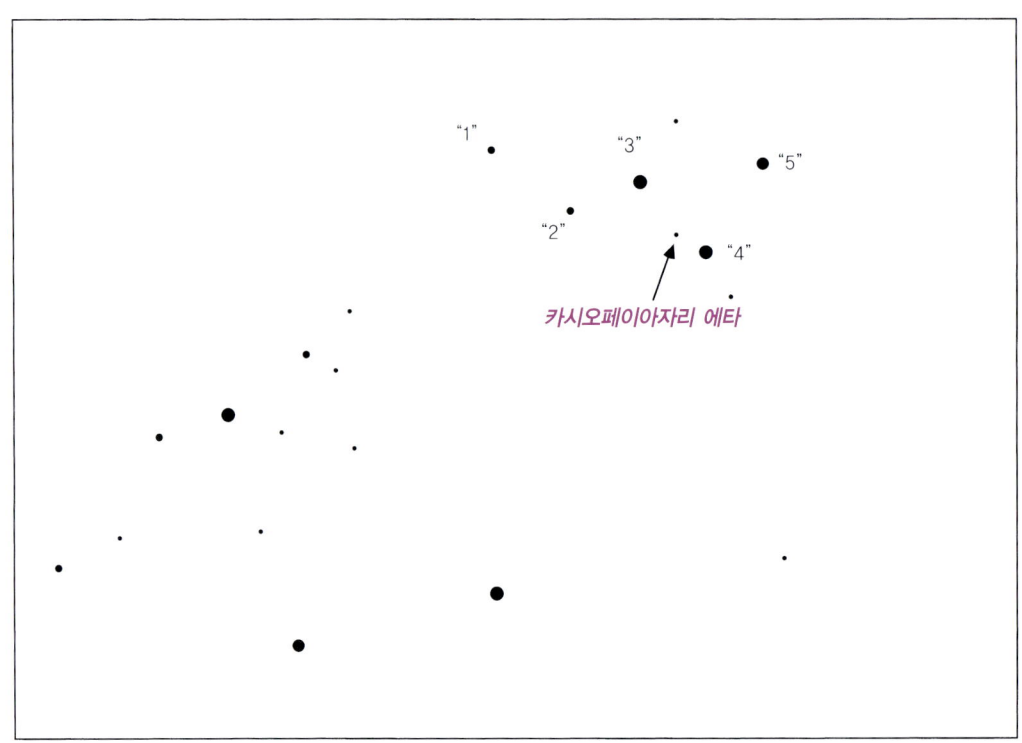

보아야 할 곳 머리 위 북동쪽으로 다섯 개의 별이 커다랗게 W자를 그리고 있는 카시오페이아자리를 찾아라. W의 왼쪽부터 오른쪽으로 숫자를 붙였을 때 3번과 4번 별의 약 2/3 지점에 있는 카시오페이아자리 에타를 찾아라. 에타는 꽤 밝기 때문에 쉽게 찾을 수 있을 것이다.

파인더스코프로 보았을 때 셰다르라는 이름을 가진 4번 별은 파인더스코프에서 남서쪽에 있다. 3번 별인 카시오페이아자리 감마는 파인더스코프 시야의 북북서쪽 가장자리에 있다.

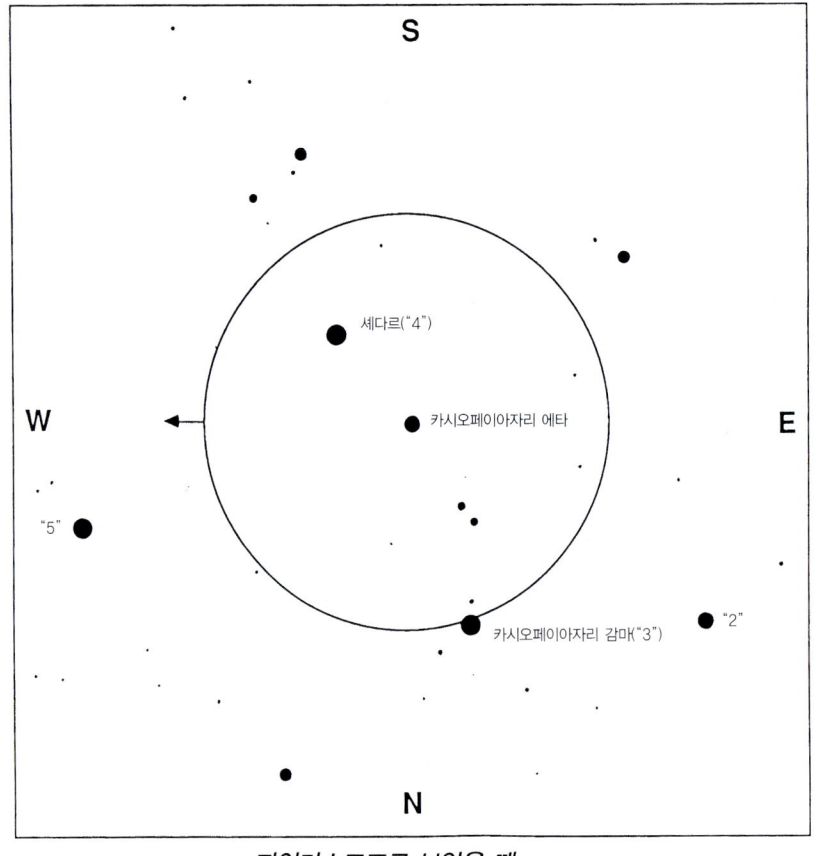

파인더스코프로 보았을 때

고배율로 보았을 때의 카시오페이아자리 에타

망원경으로 보았을 때 이 쌍성은 밝은 별 하나와 북서쪽에 있는 동반성으로 이루어져 있다. 이 두 별은 서로 꽤 가까이 있지만, 주성은 동반성보다 거의 4등급(약 40배)이나 더 밝기 때문에 대기가 안정되어 있을 때 고배율로 보면 이 두 별을 분해해 볼 수 있다.

코멘트 이 두 별은 색 대비가 뚜렷해서, 주성은 녹색기가 도는 노란색이며 동반성은 붉은색이다. 황혼 무렵에 고배율로 보면 색 대비가 더 잘 보인다.

여러분이 보는 것 이 쌍성에서 더 밝은 별인 A는 분광형이 G형으로서 태양과 아주 비슷하며, 색깔도 노란색이다. A별은 태양보다 약 10%쯤 더 무거우며 밝기는 25% 더 밝다. 작은 별인 B는 태양 부피의 1/4에 질량은 1/2이며 밝기는 1/25로 매우 어둡다. B의 색은 붉은색으로, 이로부터 B의 온도는 태양보다 훨씬 낮다는 사실을 추정할 수 있다(분광형은 M형이다).

이 쌍성은 우리로부터 상대적으로 가까운 거리인 19.7광년 떨어진 곳에 있다. 평균적으로 이 두 별은 서로 약 70AU 떨어져 있으며 서로를 한 바퀴 도는 데 5백 년 걸린다. 1890년 이 쌍성은 서로에게 가장 가까웠으며, 그 이후로 지금까지 계속 서로에게서 멀어지고 있다. 즉 이 쌍성 사이의 간격이 최소 5초에서 최대 16초까지 변할 수 있다는 말이다. 앞으로 수십 년 동안 이 쌍성 사이의 간격은 대략 13초이다.

또한 이 쌍성이 서로를 도는 모습을 볼 수 있는데, 그 비율은 대략 일 년에 1도 정도이다. 1940년대에 어두운 별은 밝은 별의 서쪽에 있었다. 현재는 북서쪽에 위치하고 있다.

별	등급	색깔	위치
A	3.6	노란색	주성
B	7.5	붉은색	A에서 북서쪽으로 13초

카시오페이아자리: 삼중성, 카시오페이아자리 이오타와 변광성 두 개, 카시오페이아자리 RZ와 SU

하늘의 상태
  관계 없음

접안렌즈
  카시오페이아자리 이오타:
    고배율
  카시오페이아자리 RZ, SU:
    저배율

최적 관측 시기
  9월부터 2월

카시오페이아자리 RZ와 SU

카시오페이아자리 이오타 A-B

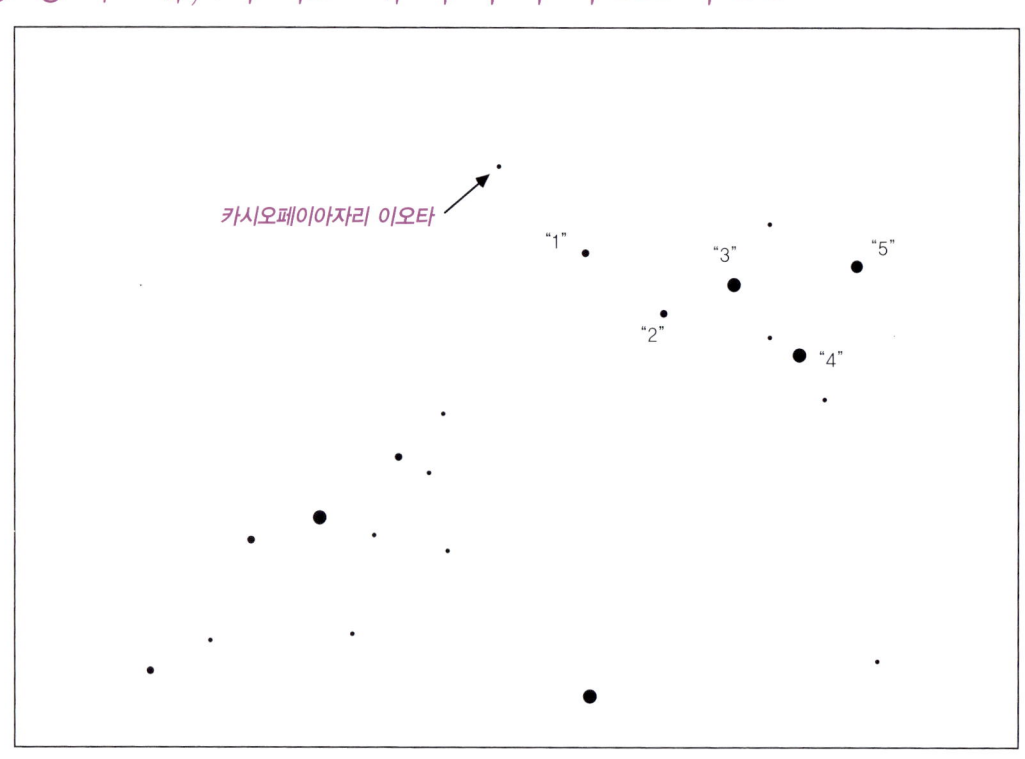

보아야 할 곳 머리 위 북동쪽으로 다섯 개의 별이 커다랗게 W자를 그리고 있는 카시오페이아자리를 찾아라. W의 왼쪽부터 오른쪽으로 숫자를 붙인 뒤, 2번에서 1번으로 한 걸음 가라. 이 선을 따라 한 걸음 더 전진하면 카시오페이아자리 이오타가 나온다. 이 천체는 꽤 밝은 별이라 육안으로도 쉽게 보인다.

파인더스코프로 보았을 때 카시오페이아자리 이오타를 찾은 다음, 같은 선을 따라 카시오페이아의 W자로부터 계속 떨어져라. 이 선을 따라 반 걸음쯤 더 가면 카시오페이아자리 SU라는 어두운 별이 나온다. 카시오페이아자리 RZ는 북쪽으로 1도 정도(보름달 직경의 두 배) 떨어진 곳에 있다.

망원경으로 보았을 때 카시오페이아자리 이오타에 있는 두 별은 쉽게 볼 수 있다. 맑고 안정된 밤에 작은 망원경으로 보면, 더 밝은 쪽 별에 '불룩'하게 붙어 있는 듯한 모습의 세번째 별을 볼 수 있다.

카시오페이아자리 RZ와 SU는 저배율 망원경

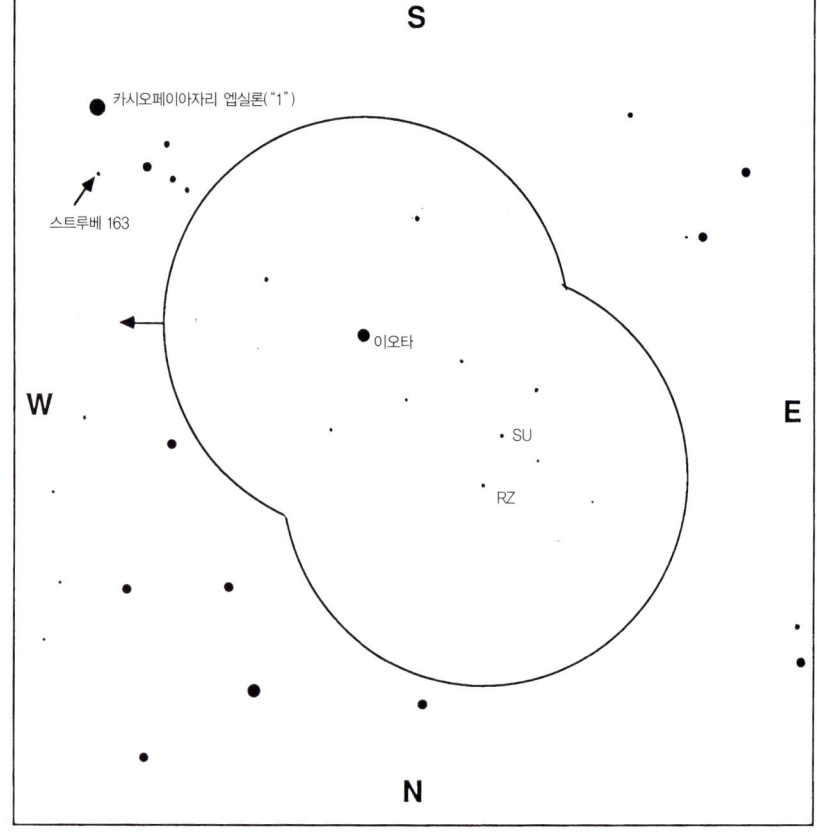

파인더스코프로 보았을 때

카시오페이아자리 이오타 171

고배율로 보았을 때의 카시오페이아자리 이오타

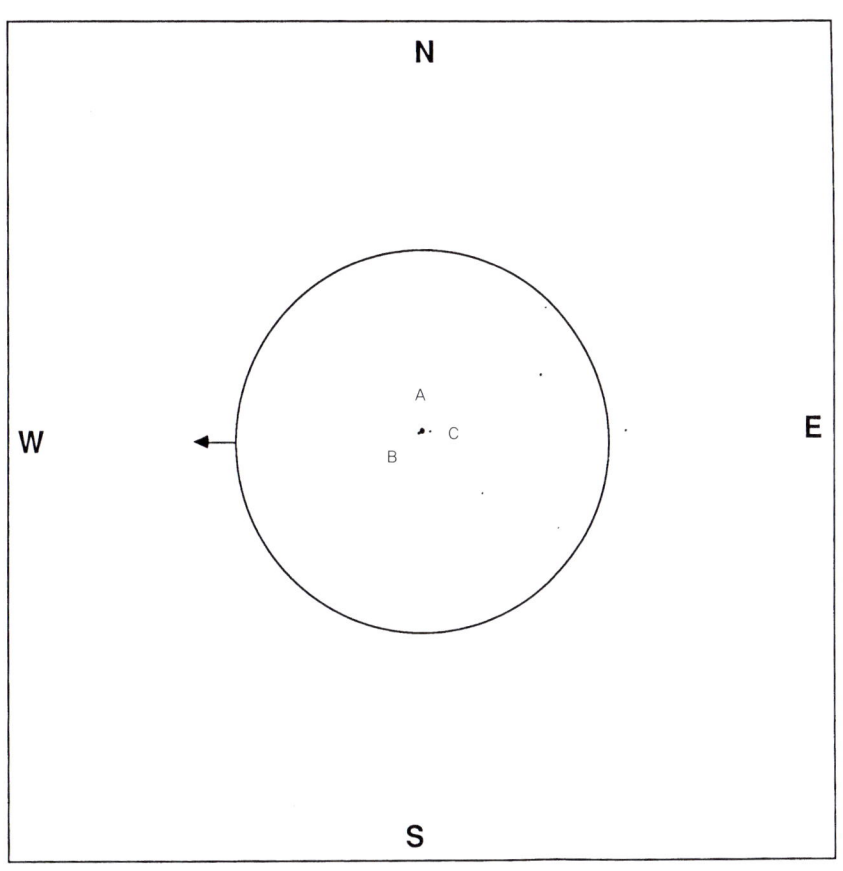

시야에 한꺼번에 들어온다. 두 별이 가장 밝을 때는 망원경 시야에 들어오는 별 가운데 가장 밝은 천체로 보인다. 가장 어두워졌을 때에도 SU는 그 근방에서 가장 밝은 별이다. 하지만 RZ는 부근에 있는 다른 별들과 비슷한 밝기가 된다.

코멘트 카시오페이아자리 이오타의 변화는 세번째 별이 주성에 아주 가깝게 있기 때문에 보이는 현상이다. 카시오페이아자리 이오타를 구성하고 있는 별들에는 뚜렷한 색이 없다.

카시오페이아자리 RZ는 가장 극적인 변광성일 것이다. 카시오페이아자리 RZ의 밝기는 대부분 6.4등급이다. 하지만 대략 이틀 간격으로 이 별은 어두워지기 시작한다. 그리고 두 시간 정도 지나면 밝기는 최초 밝기의 1/4 조금 더 되는 7.8등급으로 떨어진다. 다시 두 시간이 지나면 원래 상태로 돌아온다. 이렇게 밝기가 어두워지는 시기 동안에는 십 분 정도만 보고 있어도 그 변화를 알아차릴 수 있다. 카이오페이아자리 RZ의 밝기를 망원경 시야에 보이는 다른 별의 밝기와 비교해보라.

카시오페이아자리 SU 역시 약 이틀 주기로 밝기가 변한다. 하지만 이 변화는 갑작스럽다거나 극적이지 않다. 밝기는 5.9등급에서 6.3등급으로 변한다.

여러분이 보는 것 카시오페이아자리 이오타는 사중성이지만 작은 망원경으로 보면 세 개만이 보인다. 이 천체는 우리로부터 170광년 떨어져 있다. 카시오페이아자리 RZ는 식쌍성이다. 쌍성은 서로 너무 가까이 접근해 있어 커다란 망원경으로조차 분해해 볼 수 없을 정도이다. 동반성은 주성을 이틀에 한 번씩 돈다. 더 어두운 별이 주성의 앞을 지나갈 때 주성에서 나오는 빛이 일부 가려져서 우리는 볼 수 없게 된다. 이런 과정을 통해 우리가 보는 밝기가 급격히 바뀌어 보인다.

카시오페이아자리 SU는 세페이드 형 변광성으로, 게자리 VZ 변광성(78쪽에 설명되어 있다)처럼 맥동 변광성이며 우리로부터 1천 광년 이상 떨어져 있다.

또한 그 주변에는 스트루베 163은 카시오페이아자리 엡실론(W에서 1번 별) 근처에 있는 쌍성이다. 이 쌍성을 찾으려면 1번 별로 돌아가라. 바로 북북동쪽(카시오페이아자리 이오타 쪽)에 5등급과 6등급 별로 이루어진 작은 삼각형이 있다. 이 삼각형은 서쪽, 스트루베 163이 있는 곳을 가리키고 있다. 삼각형이 1번 별에서 북북동쪽으로 한 걸음 떨어져 있다고 한다면, 스트루베 163은 북북서쪽으로 한 걸음 떨어져 있다(또다른 방법으로는, 1번 별을 저배율 접안렌즈를 장착한 망원경의 시야에 들어오게 한 다음 북북동쪽으로 망원경을 움직여라. 시야가 움직이면서 스트루베 163이 시야에 들어오기 시작할 것이다). 스트루베 163은 어둡지만 색채가 풍부한 쌍성으로, 6등급 밝기의 오렌지빛 주성과 북북동쪽으로 35초 떨어진 곳에 자리잡고 있는 8등급 밝기의 파란색 동반성으로 이루어져 있다.

별	등급	색깔	위치
A	4.7	백색	주성
B	7.0	백색	A에서 서남서쪽으로 2.3초
C	8.2	백색	A에서 동남동쪽으로 7.2초

카시오페이아자리: 산개 성단들

🔭🔭🔭 NGC 457, NGC 663

🔭🔭 M52, NGC 129, NGC 225, NGC 7789

🔭 M103, NGC 436, NGC 637, NGC 654, NGC 659

하늘의 상태
어두운 하늘. 단 NGC 654, NGC 659, NGC 7789는 아주 어두운 하늘

접안렌즈
저배율

최적 관측 시기
9월부터 2월

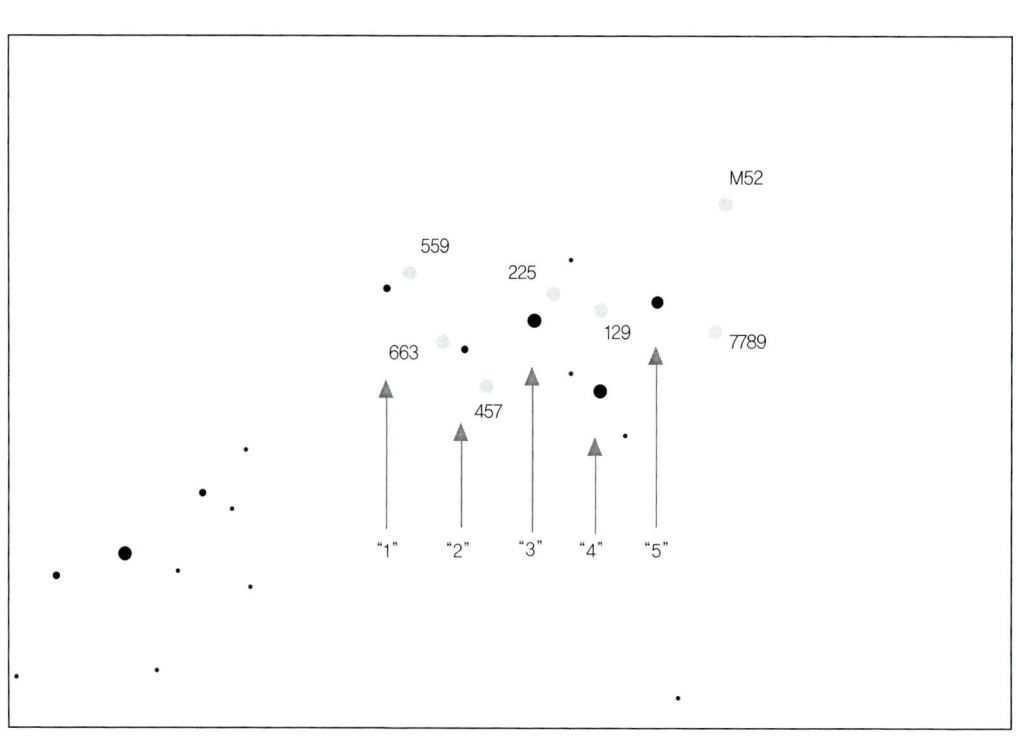

보아야 할 곳 머리 위 높이, 북동쪽으로 다섯 개의 별이 W자 모양을 하고 있는 카시오페이아자리를 찾아라. 카시오페이아자리에는 20개 이상의 산개 성단이 있다. 여기 그 가운데 11개를 소개한다.

카시오페이아자리의 동쪽 지역에 있는 산개 성단

파인더스코프로 보았을 때

NGC 663과 M103, NGC 654, NGC 659 : W자의 왼쪽부터 오른쪽으로 1부터 5까지 숫자를 붙인 다음, 2번 별인 루츠바흐부터 시작하라. 망원경을 천천히 1번 별로 이동하라.

1도(보름달 폭의 두 배) 정도 이동하고 나면 망원경에서 M103이 보이기 시작한다. 망원경 시야의 동쪽 가장자리에서 나타날 것이다.

일단 M103이 중앙에 들어오고 나면 현재의 위치를 파인더스코프로 확인하라. 루츠바흐(2번 별)부터 M103까지의 거리를 한 걸음이라 정의하자. M103을 지나 루츠바흐에서 멀어지는 방향으로 두

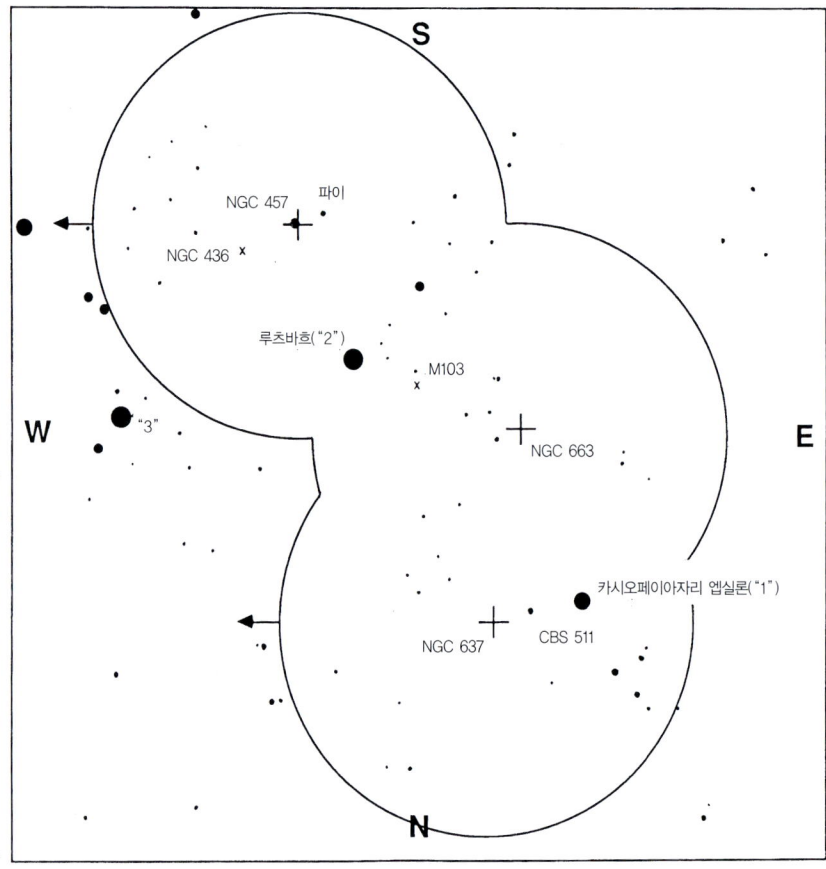

파인더스코프로 보았을 때

걸음 더 가면 NGC 663이 나온다. 이 성단을 발견하고 나면 다른 두 성단 역시 망원경으로 발견할 수 있다. NGC 654는 북쪽으로 1도 조금 안 되는 곳에 있으며 그 약간 서쪽으로 NGC 663이 있다. NGC 659는 NGC 663에서 남쪽으로 1도 조금 덜 미쳐 약간 서쪽에 자리잡고 있다. 망원경에 따라 한꺼번에 두 개 또는 세 개가 동시에 망원경 시야에 들어올 것이다.

NGC 457, NGC 436 : 1번 별(카시오페이아자리 엡실론)에서 루츠바흐로 한 걸음 간 다음 1/3걸음 더 진행하라. 그곳에 NGC 436이 있다. 파인더스코프로 이곳을 보았을 때 동쪽에서 약간 남쪽으로 떨어진 지점에 카시오페이아자리 파이라는 별이 보일 것이다. NGC 457은 카시오페이아자리 파이에서 북서쪽으로 뻗어 있다.

NGC 637 : 1번 별인 카시오페이아자리 엡실론을 찾아라. 파인더스코프로 보면 엡실론말고도 바로 서쪽으로 CBS 511이라는 이름의 별이 보일 것이다. 엡실론에서 CBS 511로 한 걸음 가라. 이 방향으로 한 걸음 더가면 NGC 637에 도달한다.

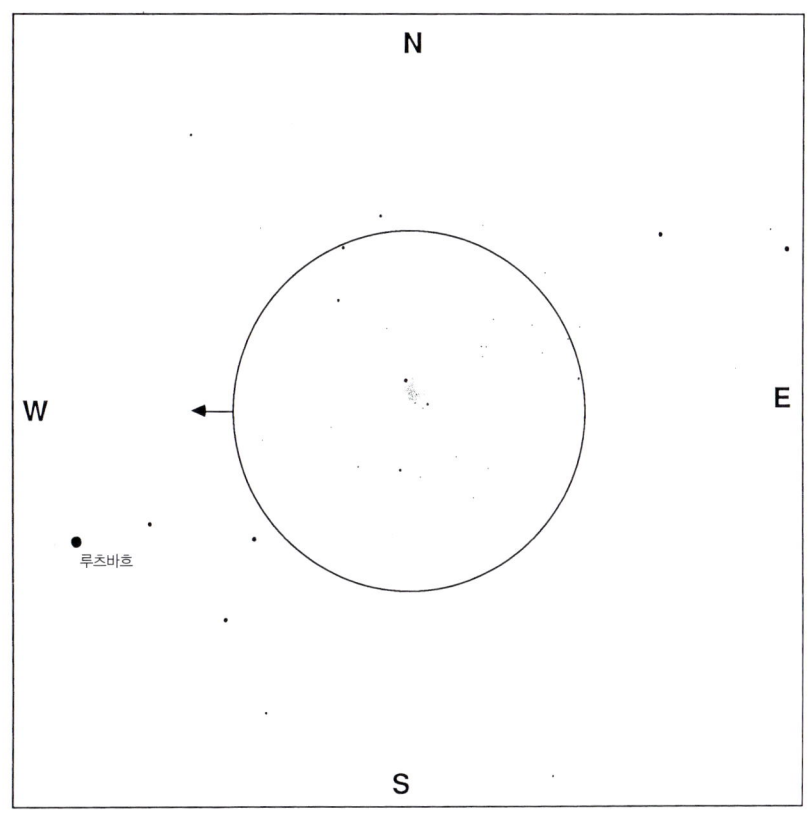

저배율로 보았을 때의 M103

망원경으로 보았을 때 작은 망원경에서 M103은 작고 흐린 빛원반으로 보이며 성단에 있는 세 개의 별만이 보인다. 그중 하나는 또렷한 오렌지빛이다.

NGC 663은 꽤 눈에 잘 띄며 이 영역에 있는 산개 성단 가운데 아마도 가장 멋진 성단일 것이다. 루츠바흐에서 출발해서 M103을 찾지 못했다 해도 NGC 663은 분명히 찾을 수 있다. 흐릿한 빛을 배경으로 보석처럼 반짝이는 작고 노란색 별 15개 정도를 볼 수 있을 것이다.

NGC 654는 3인치 망원경으로 보았을 때는 어두워서 찾기도 어려우며 작은 크기의 빛공 이상의 아무것도 아닌 것으로 보인다.

NGC 659는 작고 덩어리져 있는 빛조각처럼 보이지만, 이 천체 역시 작은 망원경으로 보기에는 꽤 힘이 든다. 일반적으로 여러분이 정말로 별에 미쳐 있지 않다면 NGC 659나 NGC 654는 작은 망원경으로는 볼 만한 가치가 없다. 그리고 이들 천체는 NGC 663에서 무척 가까이 자리잡고 있기 때문에 이 두 천체에서는 아예 눈을 돌리고 있는 편이 낫다.

NGC 436은 작고 어둡고 어렴풋한 빛이다. NGC 457은 이보다는 훨씬 잘 보여서, 20여 개의 다양한 밝기의 별들이 날개 모양으로 펼쳐져 있다. NGC 457은 북쪽 하늘에서 볼 수 있는 멋진 산개

저배율로 보았을 때의 NGC 663, NGC 654, NGC 659

성단 가운데 하나로, 메시에가 놓쳐버린 최고 멋진 천체 가운데 하나이다.

NGC 637은 어둡고 작은 덩치에 갸르스름한 빛 조각이다. 이 조각 안에서 별을 몇 개쯤 낱개로 분해해 볼 수 있으며, 몇 개 정도는 더 분해되어 보일 것 같은 느낌이 든다. NGC 637을 발견하는 가장 쉬운 방법은 카시오페이아자리 엡실론을 저배율 시야에 넣은 뒤 망원경을 천천히 서쪽으로 움직이는 것이다. 하지만 약간 더 서쪽에 자리잡고 있는 좀더 흐린 성단인 NGC 559와 혼동하지 말아라.

여러분이 보는 것

M103은 50여 개의 별이 15광년쯤 되는 지역에 걸쳐 느슨하게 있는 천체이다. 이 성단은 우리로부터 약 8천 광년 떨어져 있으며 나이는 1천 5백만 년 정도 된다.

NGC 663은 35광년 직경에 퍼져 있는 약 백 개의 별로 이루어져 있다. 이 천체는 우리로부터 약 5천 광년 떨어져 있다.

NGC 654는 작은 성단으로 직경은 5광년이며 50개 정도의 별이 있다. 이 별들 가운데 대부분

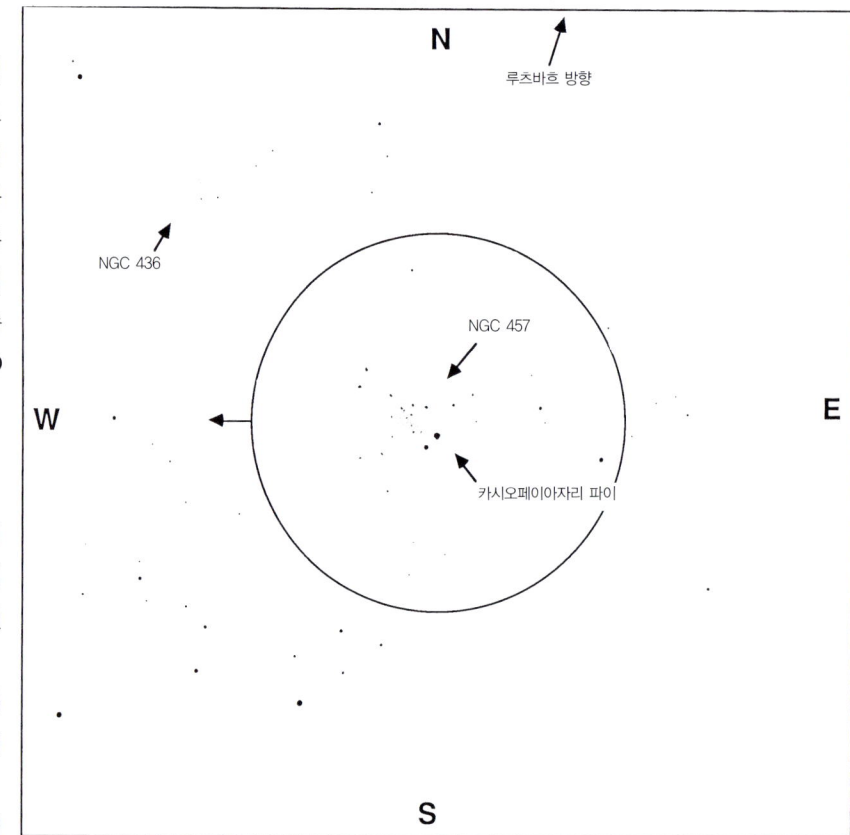

저배율로 보았을 때의 NGC 457과 NGC 436

은 적외선 영역에서 밝게 보인다. 이는 별들이 커다란 성간 구름 안에 위치하고 있으며, 성간 구름이 별이 내는 빛을 흡수, 재방출한다는 뜻이다. NGC 654는 우리로부터 약 4천 광년 떨어진 곳에 위치하고 있다.

NGC 659는 30개의 밝은 별이 10광년 직경에 모여 있는 성단으로, 우리로부터 거리는 7천 광년이다.

NGC 436은 40개의 별이 4광년 정도의 폭에 퍼져 있는 작은 성단으로, 우리로부터 거리는 약 4천 광년이다.

NGC 457은 우리로부터 약 9천 광년 떨어진 곳에 자리잡고 있다. 이 성단은 30광년 정도 되는 직경에 2백여 개의 별로 구성되어 있다.

카시오페이아자리 파이가 이 성단의 실제 구성원인지 아닌지는 확실하지 않다. 카시오페이아자리 파이가 이 성단에 있는 다른 별들보다 훨씬 밝기 때문에 사람들은 처음에 카시오페이아자리 파이가 NGC 457에 있는 별들보다 우리에게 훨씬 가까우며, 성단 안에 있어 보이는

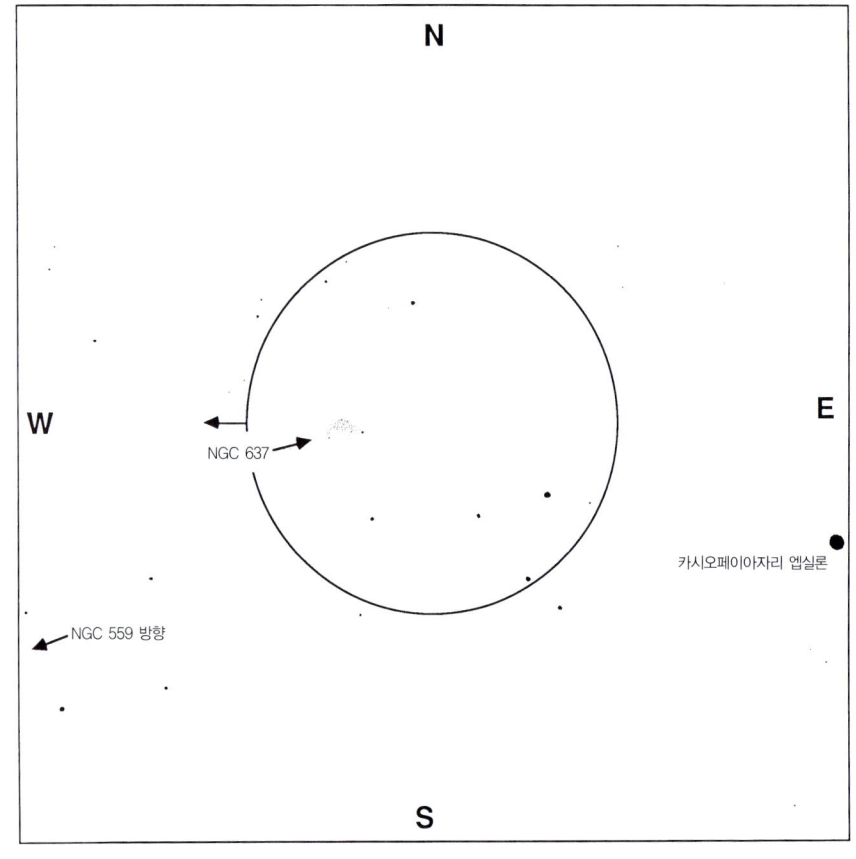

저배율로 보았을 때의 NGC 637

이유는 단지 시선 방향이 비슷하기 때문이라고 생각했다. 하지만 파이는 성단에 있는 다른 별들과 같은 비율로 공간을 이동하고 있는 듯하다. 파이는 노란색의 적색거성으로 성단에서 '적색거성' 단계로 진화한 별이라고 생각하면 딱 들어맞는다. 카시오페이아자리 파이가 진짜 NGC 457의 일부이며 성단에 있는 다른 별들처럼 우리로부터 멀리 떨어져 있다면 이 별은 우리 은하에서 가장 밝은 별 가운데 하나일 것이다.

NGC 637은 약 20개의 별이 폭이 5광년이 안 되는 지역에 모여 있는 아주 작은 성단으로, 우리로부터 5천 광년 떨어져 있다.

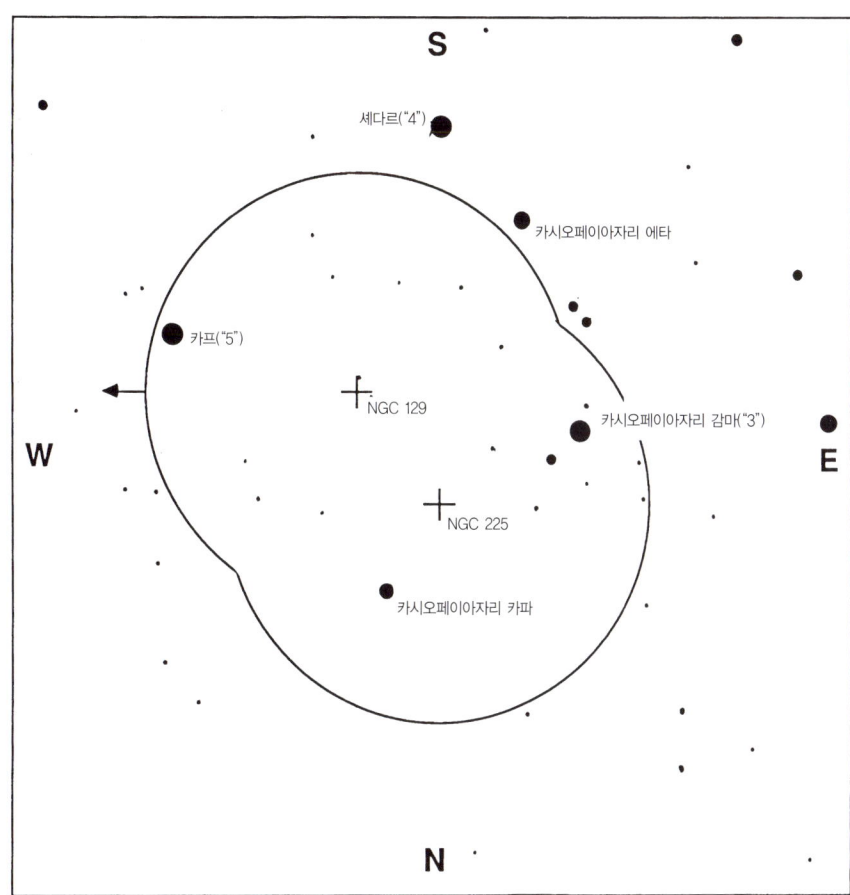

파인더스코프로 보았을 때의 카시오페이아자리 중앙 지역

카시오페이아자리의 중앙 지역에 있는 산개 성단

파인더스코프로 보았을 때

NGC 225 : 카시오페이아자리의 중간에 감마라는 이름이 붙은 3번 별을 보라. W자의 3, 4, 5번 별은 감마의 북서쪽에 자리잡고 있는 네번째 별 카파와 함께 사각형을 이루고 있다. 우선 파인더스코프를 감마로 향하게 하라(파인더스코프에는 상대적으로 서로 가까이 있는 세 개의 별이 한꺼번에 들어올 것이다). 감마로부터 카파를 향해 북서쪽으로 반쯤 움직여라.

NGC 129 : W자에서 3번 별(감마)과 5번 별(카프)를 찾아라. 파인더스코프를 이 두 별의 중간으로 향하게 하라.

망원경으로 보았을 때

NGC 225에는 작고 우아한 반원 안에 약 십여 개의 별들이 있으며, 작은 원 안에 한 쌍의 별이 있는 모습을 볼 수 있다. 주변시로 보면 작은 원 서쪽 편으로 흐릿한 빛조각과 함께 더 많은 별들의 은근한 모습을 볼 수 있다.

NGC 129 : 이 성단은 크지만 다른 성단에 비해 별들이 특별히 빽빽하지는 않다. 작은 망원경으로는 이 성단에서 15개 정도의 별들이 보인다. 15개의 별은 밝기가 9등급 또는 그보다 더 어둡다. 성단의 중앙에서는 별이 없는 지역이 눈에 띈다.

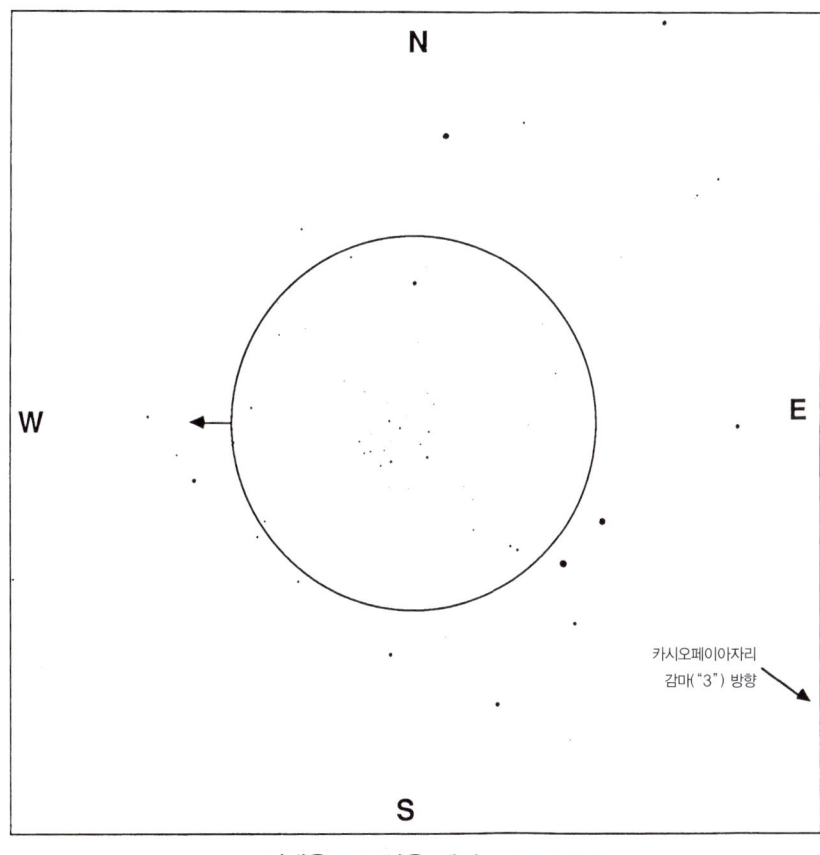

저배율로 보았을 때의 NGC 225

여러분이 보는 것

NGC 225는 20여 개의 밝은 별과 50개 정도의 어두운 별로 구성되어 있다. 이 성단은 폭이 5광년 정도이며 우리로부터 2천 광년 조금 안 되는 곳에 위치하고 있다.

NGC 129는 지름 20광년인 지역에 50개의 별로 구성되어 있으며, 우리로부터 거리는 약 5천 광년이다.

카시오페이아자리의 서쪽 지역에 있는 산개 성단

파인더스코프로 보았을 때

NGC 7789 : 카시오페이아의 W자 모양에서 서쪽에 있는 세 개의 별(3, 4, 5)은 카프의 북동쪽에 있는 네번째 별 카파와 함께 사각형을 이루고 있다. 카시오페이아의 W자에서 마지막 별(서쪽에 위치함)인 다섯번째 별 카프에 주목하라. 카파에서 카프로 한 걸음 간 다음 반 걸음 더 가라. 파인더스코프에서 각각 어두운 동반성과 같이 있는 밝은 별 두 개를 찾을 수 있을 것이다. 이 두 별 사이의 중간 지점에 망원경을 향하게 하라.

M52 : 세다르(4번 별)에서 카프(5번 별)로 한 걸음 가라. 같은 방향으로 한 걸음 더 가면 카시오페이아자리 4라는 어두운 별 근처에 도착하게 된다. 파인더스코프에서 카시오페이아자리 4를 찾은 다음 바로 남쪽에 자리잡고 있는 윤곽이 흐릿한 빛을 찾아라. 이 빛이 바로 M52이다.

망원경으로 보았을 때

NGC 7789 : 작은 망원경(3인치나 그 이하)로 보았을 때, NGC 7789는 커다랗고 둥근 모습에 어두운 빛원반처럼 보인다. 밝기는 중심부나 가장자리나 대충 비슷하다. 원반은 균일하지 않고 군데군데 낱알 무늬가 보이기 때문에 조금만 더 분해능⁺이 높으면 성단에 있는 별들을 낱개로 볼 수 있겠다는 생각이 든다. 이 성단에 있는 꽤 많은 별들은 밝기가 11등급 정도로 3인치 망원경으로 볼 수 있는 한계 등급에 걸려 있다. 4인치나 6인치 망원경으로 이 원반을 보면 십여 개의 별들이 분해되어 보이기 시작한다.

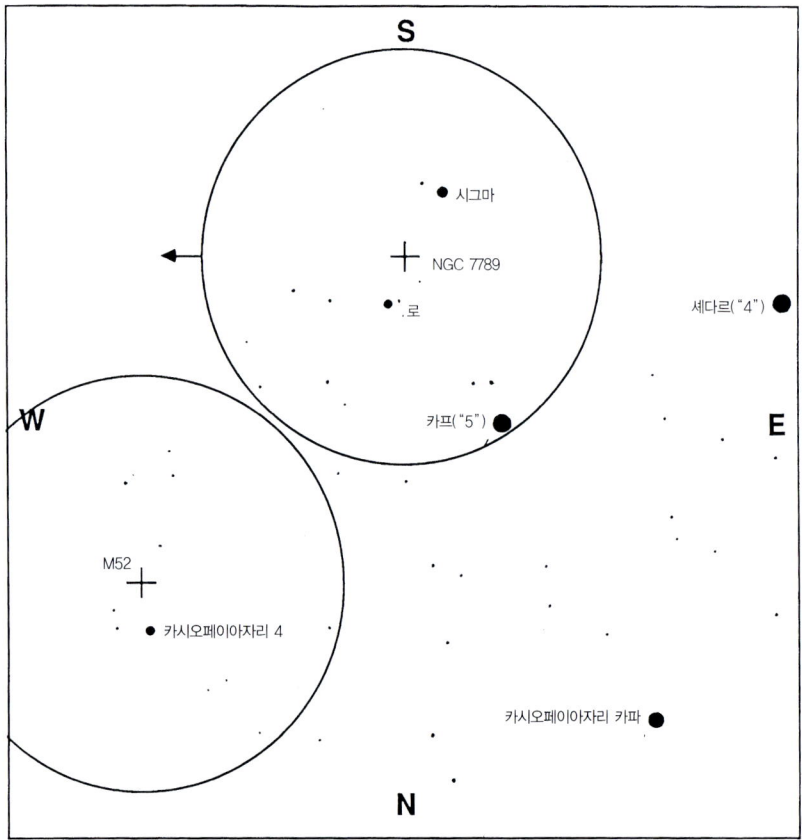

파인더스코프로 보았을 때의 카시오페이아자리 서쪽 지역

M52 : 어둡고 퍼져 있는 빛을 배경으로 몇 개의 별을 볼 수 있다. 이 빛은 주변시로 볼 때 가장 잘 볼 수 있으며, 수십 개의 별이 숨어 있는 듯 보이지만 낱개의 별로 분해해 볼 수는 없다. M52에서 가장 두드러진 별은 남서쪽 가장자리에 있는 8등급 밝기의 별이며 동쪽 가장자리를 따라 몇 개의 더 어두운 별들이 분해되어 보인다.

여러분이 보는 것

NGC 7789는 보통 산개 성단과는 달리 아주 커다랗고 나이가 오래 된 별들로 되어 있다. 천문학자들은 이 성단이 40광년의 직경에 거의 천 개의 별로 이루어져 있다고 추정하고 있다. 별들 대부분은 적색거성이나 초거성으로 진화해 있으며, 이 성단의 나이가 십억 년 이상이라는 것을 뜻한다. NGC 7789는 우리로부터 5천 광년 이상 떨어져 있다.

카시오페이아자리 시그마는 도전해볼 만한 가치가 있는 쌍성이다. 주성의 밝기는 5.0등급이며 북서쪽으로 3.1초 떨어진 곳에 있는 동반성의 밝기는 7등급이다. 두 별 모두 파란색이다.

카시오페이아자리 로는 불안정한 초거성으로 우리 은하에 있는 가장 밝은 별 가운데 하나지만 거리는 우리로부터 수천 광년 떨어져 있다. 카시오페이아자리 로는 변광성으로,

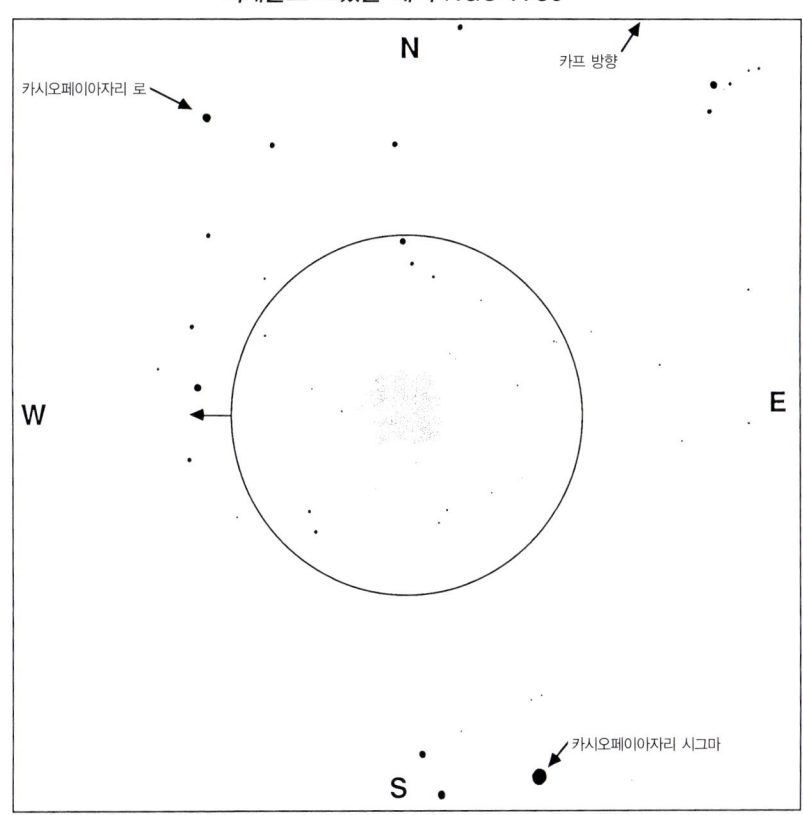

저배율로 보았을 때의 NGC 7789

때때로 많은 양의 물질을 뿜어내고 있다. 이런 작용은 영원히 계속될 수 없다. 이 별은 초신성이 되고 있는 과정인 듯하다.

M52는 15광년 직경의 구에 모여 있는 약 2백 개의 별로 이루어져 있다. M52는 우리로부터 약 5천 광년 떨어진 곳에 자리잡고 있다.

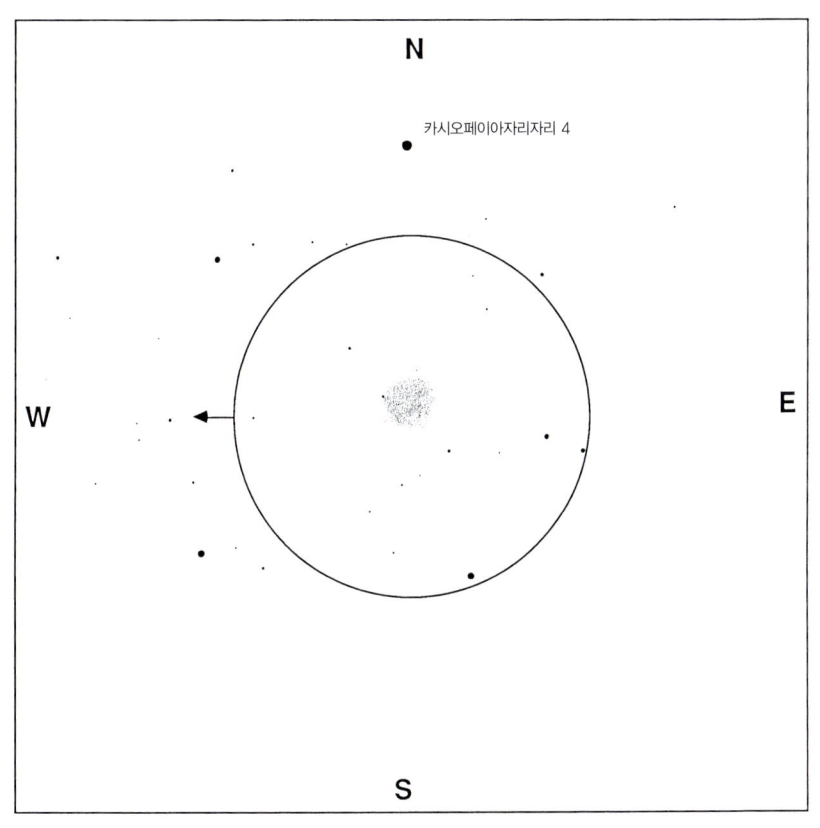

저배율로 보았을 때의 M52

페르세우스자리: 산개 성단, M34

하늘의 상태
관계 없음

접안렌즈
저배율

최적 관측 시기
10월부터 3월

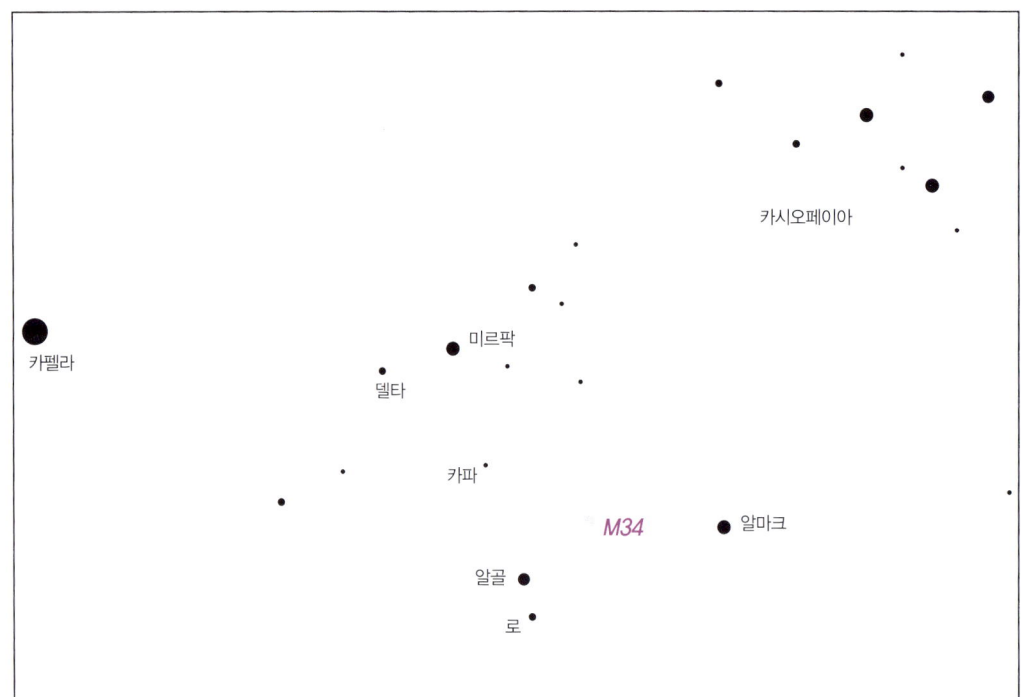

보아야 할 곳 카시오페이아자리와 밝게 빛나는 카펠라 사이에서 가장 밝게 빛나고 있는 별은 2등급 밝기의 미르팍이다. 미르팍의 바로 남쪽으로는 거의 비슷한 밝기의 알골이라는 별이 있다(하지만 알골은 변광성이다. 아래를 보라). 알골의 서쪽에 있는 그 다음 밝기의 별은 알마크이다. 알골과 알마크 사이를 선으로 연결하라. M34는 이 선의 바로 북쪽에 자리잡고 있다.

파인더스코프로 보았을 때 알골에서 알마크로 반 조금 못 간 곳에서 약간 북쪽으로 이동하라. 찾는 성단은 파인더스코프에서 낟알 무늬의 빛조각으로 보일 것이다.

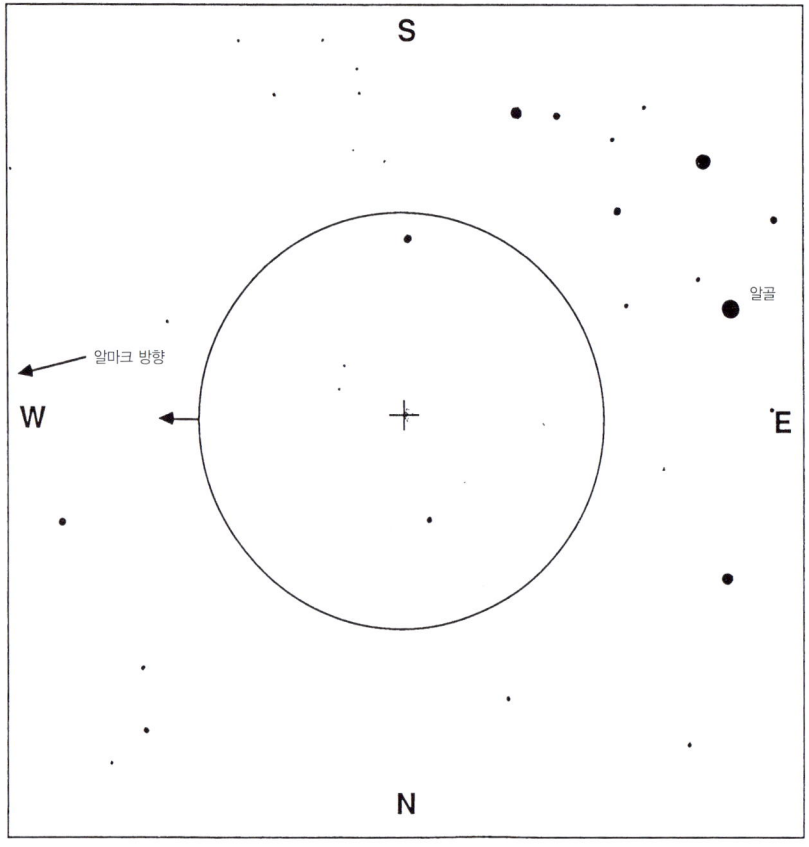

파인더스코프로 보았을 때

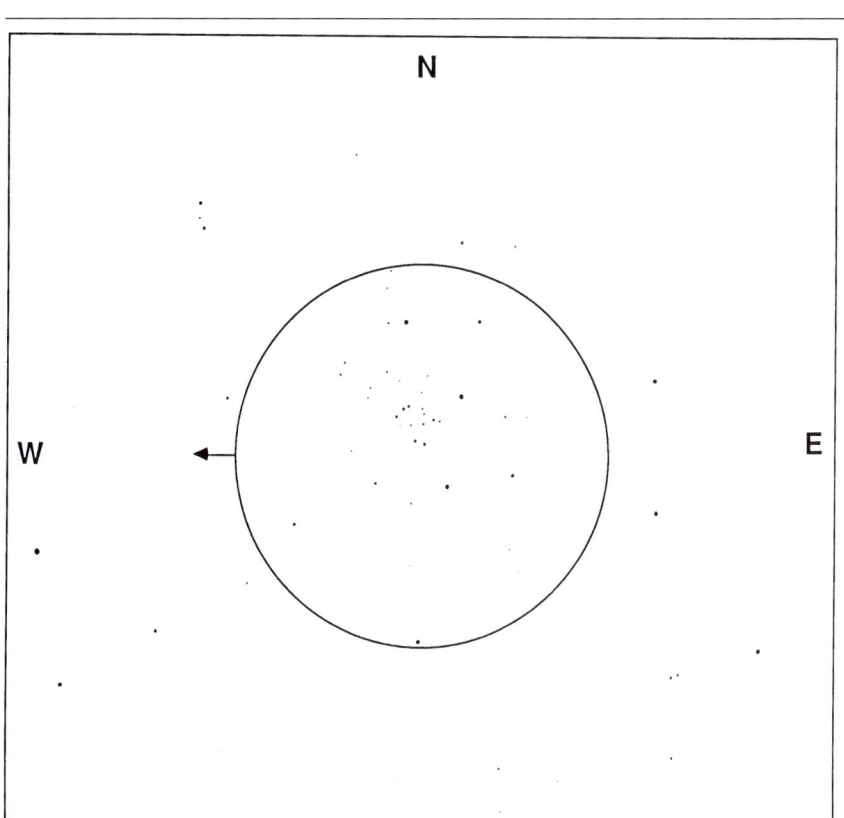

저배율로 보았을 때의 M34

망원경으로 보았을 때 M34는 저배율에서 눈에 확 띈다. 열 개 정도의 어두운 별들이 꽤 좁은 지역에 모여 있으며 배경으로 열 개 남짓한 별이 좀더 고르게 퍼져 있는 모습을 볼 수 있을 것이다. 성단 중심에서 남남동쪽에 있는 가장 밝은 별은 진한 오렌지색이다.

코멘트 성단의 배경으로 보이는 은하수의 별들과 혼동하지 말아라. 이는 특히 커다란 망원경이나 고배율 접안렌즈를 쓸 때 문제가 될 수 있다. M34는 꽤 눈에 잘 띄고 아름다운 천체로서 '보석 상자'처럼 보인다.

여러분이 보는 것 M34에는 약 80개의 별이 5광년 정도의 영역에 모여 있으며, 우리로부터 1천5백 광년 떨어져 있다. 나이는 1억년 조금 넘는 정도로, 산개 성단에서 중간 정도에 해당한다. 산개 성단에 대해 더 자세히 알고 싶으면 47쪽을 보라.

또한 그 주변에는 알골은 하늘에서 가장 유명한 변광성일 것이다. 알골은 식쌍성으로, 어두운 동반성이 밝은 주성 앞을 지나며 밝기가 변한다. 보통 때는 2등급 밝기인 별은 3일을 주기로 약 열 시간 정도 평소 밝기의 1/3이 안 되는 3.5등급으로 떨어진다.

이 효과는 꽤 눈에 잘 띄기 때문에 보는 재미를 느낄 수 있다 (하지만 알골이 가장 어두운 시기에 이 천체를 길잡이 별로 삼으려 든다면 골탕을 먹게 될 것이다). 알골을 미르팍의 남동쪽에 있는 3.1등급 밝기의 페르세우스자리 델타와 비교해보라. 알골이 가장 많이 가려질 때는 눈에 확 띌 정도로 그 밝기가 어두워진다. 그 나머지 동안에는 델타보다 훨씬 밝다.

알골의 바로 남쪽에는 페르세우스자리 로라는 또다른 변광성이 있다. 페르세우스자리 로는 적색거성으로, 핵융합 반응 때문에 상태가 불안정해져 밝기가 변하고 있다. 페르세우스자리 로는 5주에서 8주를 주기로 그 밝기가 3.3등급에서 4.0등급으로 변한다. 밝기가 4.0등급으로 일정한 페르세우스자리 카파와 비교해보라. 알골과 그 남쪽에 있는 페르세우스자리 로 사이 거리의 세 배에 해당하는 거리만큼 알골 북쪽에 위치하고 있다.

미르팍 근처에 밝게 빛나고 있는 별무리는 쌍안경이나 파인더스코프로 보면 무척 아름답다. 하지만 이 별들은 망원경으로 그 멋진 모습을 감상하기에는 너무 넓은 영역에 걸쳐 자리잡고 있다.

페르세우스자리: 이중 성단, 산개 성단 두 개, NGC 869와 NGC 884

하늘의 상태
관계 없음

접안렌즈
저배율

최적 관측 시기
9월부터 3월

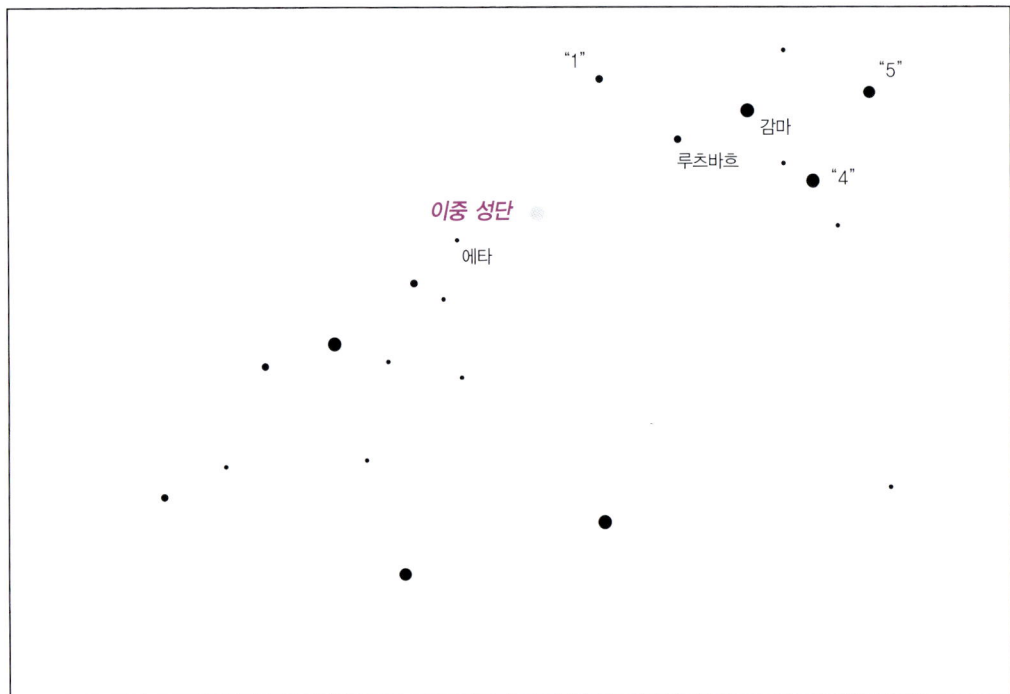

보아야 할 곳 머리 위 높이 떠 있는 카시오페이아자리를 찾아라. 이 별자리를 커다란 W자라고 생각하고 왼쪽에서 오른쪽으로 1번부터 5번까지 번호를 붙여라(북쪽을 '위쪽'이라고 정의하자). 2번 별(루츠바흐)에서 3번 별(카시오페이아자리 감마)까지 거리를 한 걸음이라고 정의하자. 감마에서 루츠바흐까지 한 걸음 내려온 다음 루츠바흐를 지나 두 걸음 더 간 곳까지 가라.

파인더스코프로 보았을 때 파인더스코프를 통해 어렴풋한 뭔가를 볼 수 있을 것이다. 사실 하늘의 상태가 그리 썩 좋지 않을 때라도 육안으로 볼 수 있으며, 쌍안경으로 보면 꽤 뚜렷하게 보인다. 이 천체는 이중 성단이다.

망원경으로 보았을 때 카시오페이아자리에 가까운 성단은 NGC 869이다. 더 멀리 떨어져 있는 성단은 NGC 884이다. NGC 869에서는 약 30개의 별을 볼 수 있으며, 대부분은 보름달 반 정도 되는 동그란 지역에 모여 있으며, 두 별은 다른 별들보다

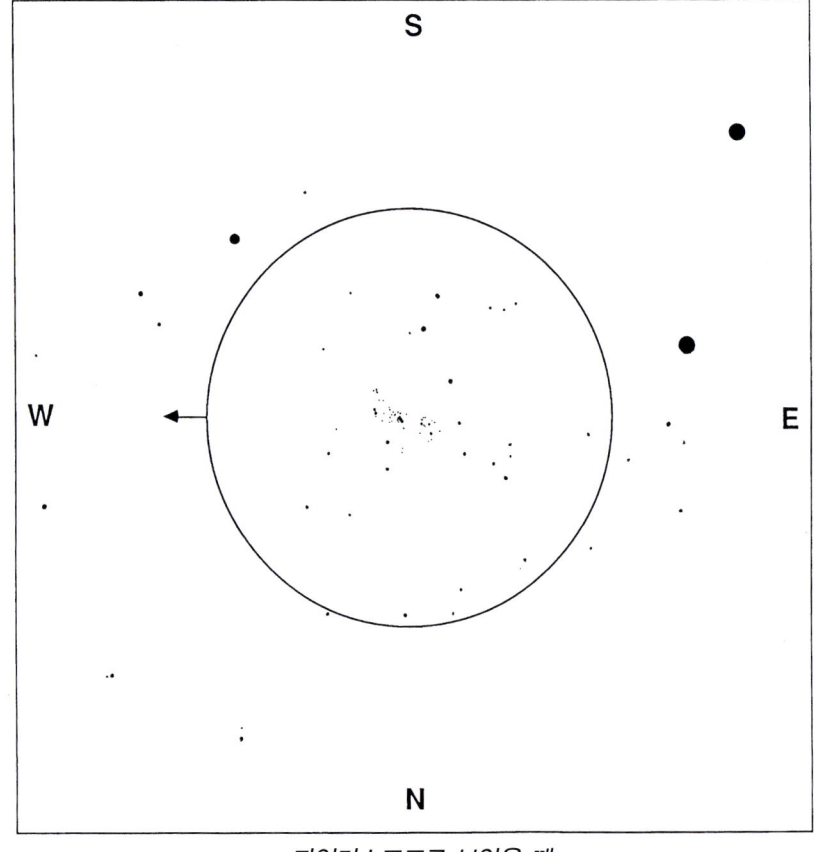

파인더스코프로 보았을 때

저배율로 보았을 때의 이중 성단

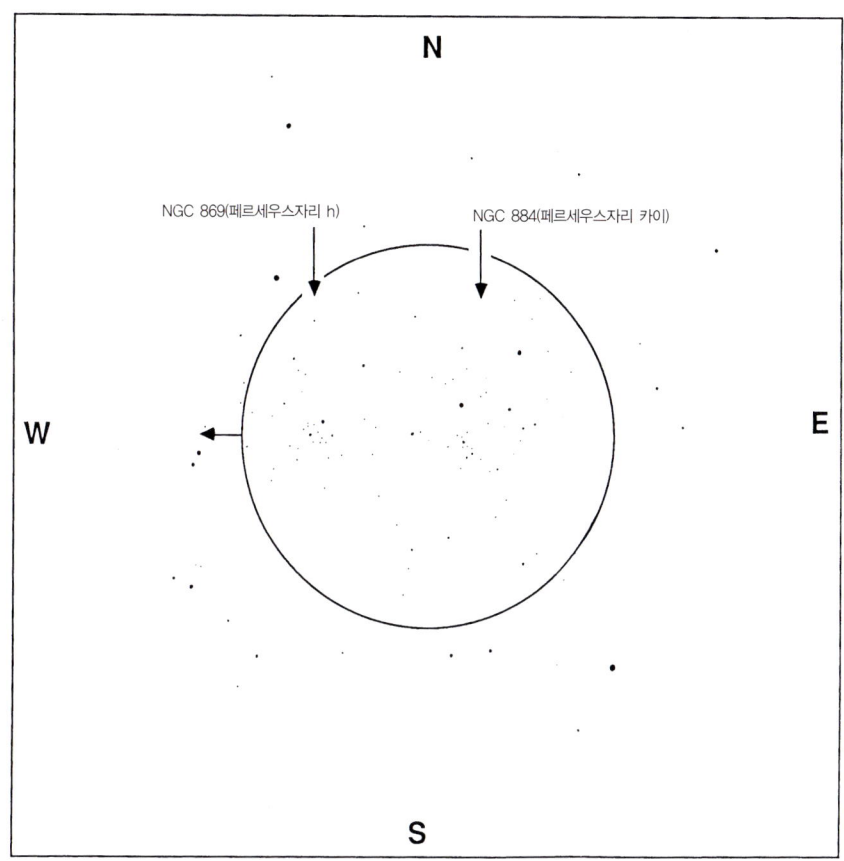

무척 밝다. 성단의 중심에서 낟알 무늬의 빛을 볼 수 있지만 별들이 서로 너무 가까이 있기 때문에 개개의 별로 분해해 볼 수는 없다. 또다른 성단인 NGC 884는 약 30개의 별로 이루어져 있으며 NGC 869보다 약간 넓은 지역에 퍼져 있다. 중앙에는 별들을 거의 볼 수 없는 '구멍'이 있는 것처럼 보인다.

코멘트 이 두 성단은 커다란 망원경보다 작은 망원경으로 보았을 때 훨씬 아름답게 보인다. 특히 NGC 869의 밝은 별들 뒤로 안개처럼 퍼져 있는 빛무리는 멋진 모습을 뽐내고 있다. 망원경 시야에 두 성단을 동시에 들어오게 하려면 최저배율 접안렌즈를 써야 할 것이다.

이 성단에 있는 몇몇 별은 아주 붉은색의 변광성이다. 이 별들을 직시하라. 눈동자 가장자리는 어두운 천체를 보기에는 최적이지만 눈동자의 중앙은 색깔 구별을 더 쉽게 한다. 이 별들 가운데 하나는 두 성단 사이에서 약간 NGC 884 쪽으로 치우친 곳에 자리잡고 있다(망원경 시야를 그린 그림 정중앙). 또다른 별은 남서쪽, 거의 가장자리 쪽으로 반쯤 간 곳에 있다. 그리고 망원경 시야의 동쪽 가장자리로 2/3쯤 간 지역, 즉 NGC 884의 동쪽 가장자리에는 서로 인접해 있는 별이 두 개 더 있다. 성단의 중앙 바로 남동쪽으로는 더 어두운 별이 하나 더 있다.

여러분이 보는 것 NGC 869는 '페르세우스자리 h'라고도 알려져 있으며, 70광년 직경에 최소한 350개의 별들이 빽빽하게 들어차 있다. 이 성단은 우리로부터 약 7천5백 광년 떨어진 곳에 있다.

NGC 884 역시 '페르세우스자리 카이'라는 이름으로도 알려져 있다. 이 성단은 이웃에 자리잡고 있는 NGC 869와 비슷한 크기이며 우리까지 거리도 비슷해서, 크기는 70광년 정도이며 거리는 7천5백 광년 정도이다. 성단에는 약 3백 개의 별이 들어 있으며, 가장 밝은 별은 태양보다 5만 배나 밝은 초거성이다.

이들 성단과 우리 사이에는 암흑 구름이 있기 때문에 각 성단에 별이 얼마나 있는지 정확히 알기는 어렵다. 같은 이유로 이 성단까지의 거리 역시 약간은 불확실하다. 어떤 계산에 따르면, NGC 884는 NGC 869보다 약 1천 광년 정도 더 멀다는 주장도 있다.

(적색거성으로 진화한 밝은 별들의 숫자로부터) 추정한 이 두 성단의 나이를 보면 이 두 성단이 젊은 편으로서, NGC 884가 1천만 년 조금 더 되었으며, NGC 869는 그 반 정도밖에 되지 않는 5백만 년 정도이다. 붉은색 별들은 모두 NGC 884 근처에서만 보인다는 점을 그 증거로 들 수 있으며, 여러분이 직접 이를 확인해볼 수 있다. 이 두 성단은 나이도 거리도 서로 다르기 때문에 아무런 관계도 없지만 시선 방향이 비슷하기 때문에 우리가 보기에는 두 성단이 서로 이웃처럼 보이는 것이다.

또한 그 주변에는 이 이중 성단의 남동쪽으로는 북쪽으로 길쭉한 삼각형을 이루고 있는 별들이 보인다. 남쪽 꼭지점에 자리잡고 있으면서 4등급 밝기로 빛나고 있는 오렌지색의 별은 페르세우스자리 에타로서 쌍성이다. 페르세우스자리 에타의 동북동쪽으로 28초 떨어져 있는 동반성은 밝기가 8.6등급이다. 이 동반성은 어둡지만 색 대비는 아주 아름답다.

남반구 천체들

적도 이남으로 여행할 기회가 있다면 망원경, 아니 최소한 성능 좋은 쌍안경이라도 꼭 가지고 가라. 하늘에서 가장 멋지게 보이는 몇 개의 천체는 오직 남반구 하늘에서만 볼 수 있으니 말이다.

남쪽으로 여행을 하다 보면, 북쪽에 사는 우리들에게 친숙한 몇몇 천체들은 북쪽 지평선 아래로 사라지지만 새로운 별들이 남쪽 지평선 위로 떠오른다. 북위 30도 이남, 즉 플로리다, 남부 텍사스, 중동, 동아시아, 일본 남부, 중국 등에서 남위 60도 아래에 있는 천체를 볼 수 있다. 이러한 장소에서는 센타우르스자리 오메가 구상 성단을 볼 수 있다.

카브리 해, 중앙 아메리카, 하와이, 인도 지역에서는 센타우르스자리 알파, 남십자성 등 남위 75도 아래에 있는 천체들을 볼 수 있다. 물론 적도 지방에서는 이론상 이 모든 천체들을 볼 수 있다. 하지만 마젤란 성운처럼 천구의 남극 부근에 있는 어두운 천체들은 오직 남반구에서만 제대로 볼 수 있다. 칠레, 아르헨티나, 남아프리카, 오스트레일리아, 뉴질랜드 지방에서 이런 천체들을 찾아보라.

여기 우리는 6월과 12월에 남위 20도부터 볼 수 있는 천체들을 실어놓았다.

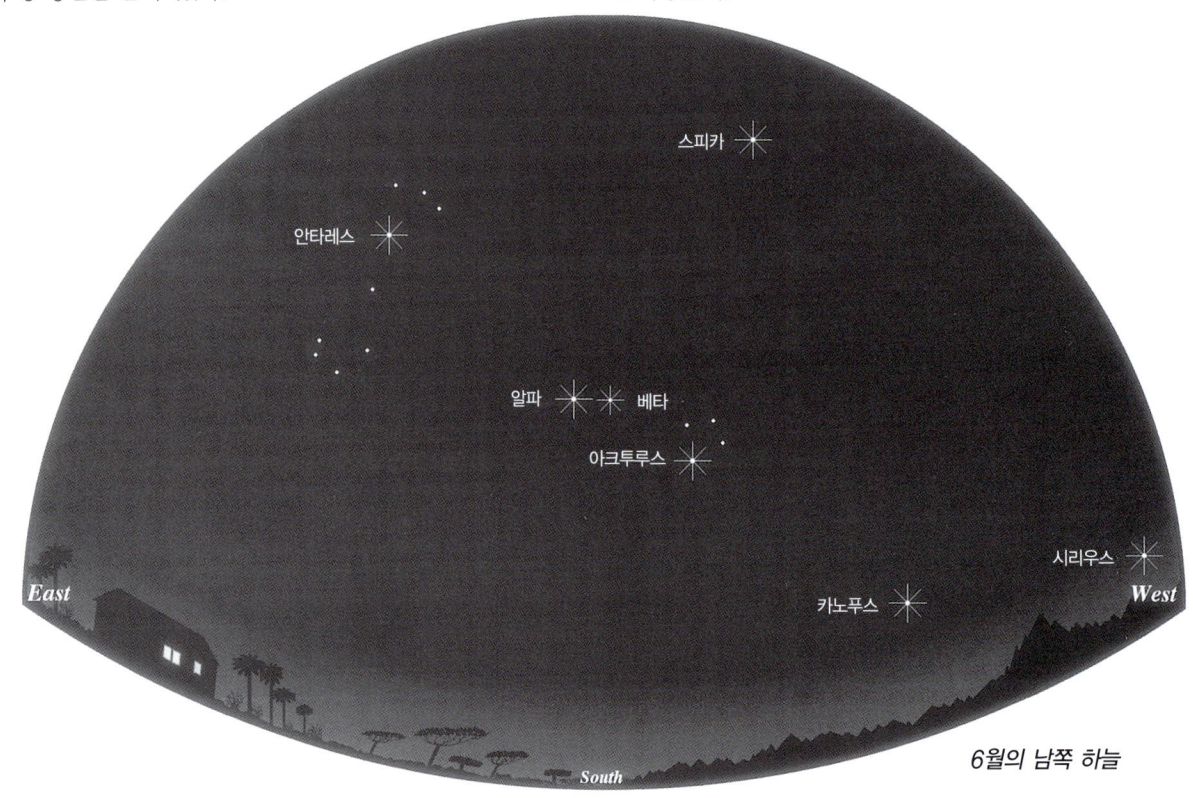

6월의 남쪽 하늘

방향 찾기 : 남쪽 하늘 길잡이

적도 이남으로 가면 계절이 반대이다. 6월의 캘리포니아에서 남쪽 하늘에 보이던 여름철 별은 오스트레일리아에서는 북쪽 하늘에 뜨는 겨울철 별이 된다. 남반구 지역의 북쪽 하늘은 북반구의 여름철 '남쪽 하늘'과 비슷하다. 하지만 위아래가 반대이다! 그리고 여기서 보이는 남쪽의 시야는 완전히 새로운 것이다.

6월 : 가장 눈에 띄는 남쪽 별자리는 은하수와 함께 6월의 남반구 하늘을 가로지른다. 전갈자리와 붉은색 **안타레스**, 궁수자리의 '찻주전자'가 동쪽에서 뜨는 모습을 볼 수 있다. 또한 정남 방향으로 하와이나 카리브 해에서는 지평선 근처에 위치하지만 남쪽으로 내려갈수록 센타우르스자리 알파와 그 왼쪽으로 센타우르스자리 베타, 남십자성이 하늘 높이 떠 있는 모습을 볼 수 있다.

저녁 일찍 또는 한 해의 초반부, 좀더 남쪽에서 관측을 한다면 서쪽 지평선으로 지고 있는 밝은 별을 한두 개 볼 수 있다. 바로 **카노푸스**와 **시리우스**이다.

(여기에는 그려놓지 않았지만) 북쪽으로는 뉴질랜드에서도 북두칠성을 볼 수 있다(하지만 M81과 M82를 찾느라 시간낭비를 하지는 말아라! 두 천체는 암흑 속에 잠겨 있거나 아니면 지평선 아래에 있다). 북두칠성의 손잡이를 따라가면 이제 아크투루스와 스피카가 머리 위 높이 떠 있다. 사자자리의 갈기에서 '뒤집힌 물음표' 모양의 발치에 있는 레굴루스는 서쪽으로 진다. 지평선을 따라

그리고 마지막으로 경고 북반구에서 볼 수 있는 천체들은 오랜 친구로, 우리는 이 책을 쓰기 이전부터 거듭 관측해온 익숙한 존재이다. 하지만 남반구 천체에 대해서는 불행히도 그럴 수가 없다. 이는 앞으로 나오는 설명들이 우리가 원하는 만큼 충분히 자세하거나 완벽하지 못하다는 뜻이다.

옅은 안개, 빛 공해, 보름달은 우리 은하 바깥에 있는 가장 멋진 천체들의 모습조차도 망쳐버릴 수 있다. 우리 제안은 오직 출발점으로서만 받아들여라. 남반구에 사는 사람들은 우리가 자신들이 가장 좋아하는 천체들을 빼먹었다고 생각할 수도 있다. 남반구에 사는 이들에게 사과하고 싶다. 하지만 그들을 동정하지는 않겠다. 그들은 하늘에서 볼 수 있는 가장 기억에 남는 천체들을 볼 수 있을 테니까 말이다.

북쪽으로는 여러분은 더이상 남쪽 지평선 낮게 떠 있는 모습을 볼 필요가 없기 때문에 많은 천체들이 완전히 새로운 모습으로 보인다. 그리고 열대 지방의 황혼은 북반구의 여름보다 일찍 찾아오기 때문에 훨씬 오랫동안 이런 천체들을 볼 수 있다. 여러분이 남쪽 지방을 여행한다면 오랫동안 친숙히 보아온 이런 천체들을 꼭 찾아보도록 하라.

천체	별자리	유형	쪽수
M47, M46	고물자리	산개 성단	70
M93	고물자리	산개 성단	72
백조 성운	궁수자리	성운	132
M22, M28	궁수자리	구상 성단	144
석호 성운	궁수자리	성운	146
삼렬 성운	궁수자리	성운	148

12월의 남쪽 하늘

누워 있는 사자자리는 아마도 중추만월 때문에 생기는 착시 덕분에 평상시와 달리 아주 크게 보일 것이다. 우리에게 친숙한 '여름철 대삼각형'은 이제 막 떠오르기 시작한다. 별들은 저녁 늦은 시간(또는 일 년 중 후반부)이 되기 전에 쉽게 보기 어렵다.

12월: 북쪽 별(여기에는 그려놓지 않았다)은 안드로메다자리부터 쌍둥이자리까지 우리에게 친숙한 '겨울철' 천체를 모두 다 포함하고 있다. 오직 몇 개의 밝은 별만이 남쪽에 새로 자리잡고 있을 뿐이다. 동쪽에서 뜨고 있는 오리온자리를 찾아라. 오리온자리의 정남쪽에는 **카노푸스**라는 이름의 밝은 별이 보일 것이다. 오리온자리가 가장 높이 떴을 때(3월의 저녁) 카노푸스는 미국 남부 지방에서도 볼 수 있다. 카노푸스는 2등급과 3등급 밝기의 별들이 'D'자 모양을 커다랗게 그리고 있는 별의 한 구성원이다. 이 별들은 그리스 신화의 영웅 이아손과 아르고 호의 승무원을 기려 한때는 아르고 선이라는 이름이 붙었다. 오늘날 이 별들은 배의 각 부속 이름으로 알려져 있다. 즉 고물자리, 용골자리 등 배의 각 부분에 해당하는 이름이 붙어 있다.

12월에 정남쪽에는 1등급 밝기의 아케르나르와 서쪽으로는 포말하우트가 밝게 빛나고 있다. 이 두 별이 있는 지역에는 별들이 거의 없기 때문에 다소 외로워 보인다.

하지만 일 년 가운데 이 시기에 남쪽에 밝은 별이 없기 때문에 남반구의 보석 마젤란 성운이 그 진가를 발휘한다. 여러분이 남쪽 지방으로 충분히 멀리까지 가 있고 어두운 밤하늘에 관측을 할 수 있다면, 대(大) 마젤란 성운과 소(小) 마젤란 성운이 은하수의 두 라이벌처럼 하늘에서 밝게 빛나고 있는 모습을 볼 수 있을 것이다. 육안으로도 우아하게 보이지만 작은 망원경으로 보면 머리가 멍해질 정도로 아름다운 모습을 볼 수 있다.

센타우르스자리 : 센타우르스자리 리겔, 쌍성, 센타우르스자리 알파

하늘의 상태
　관계 없음

접안렌즈
　중배율

최적 관측 시기
　6월,
　북위 20도 남쪽

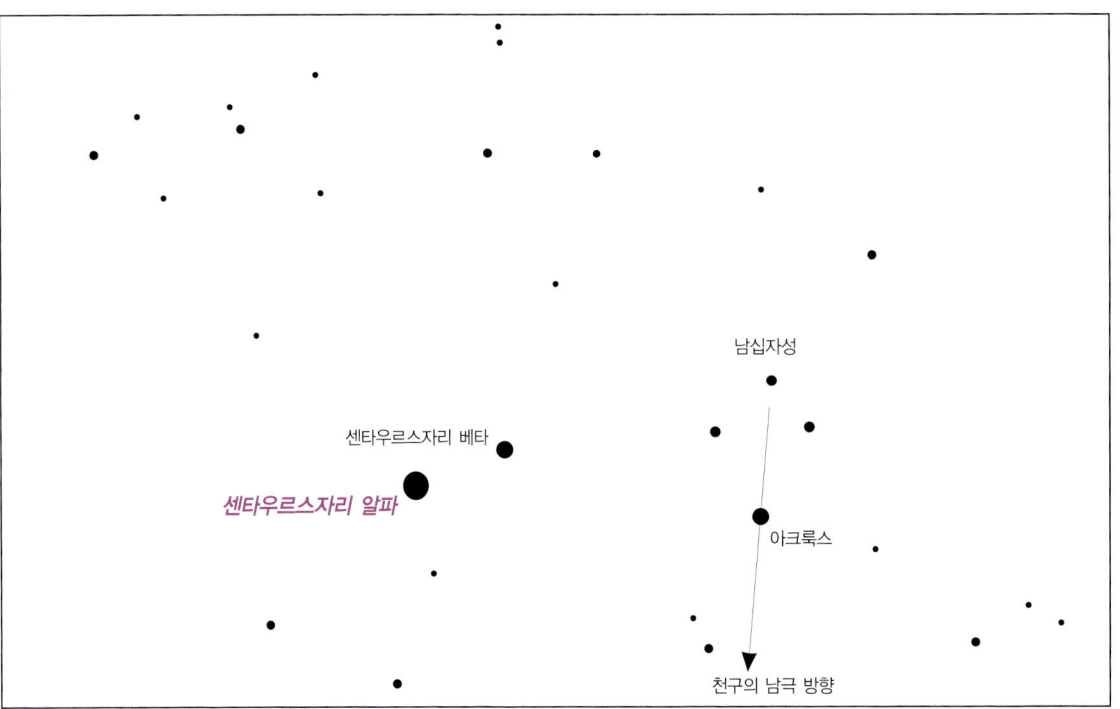

보아야 할 곳 남십자성을 찾아라. 그 왼쪽으로 센타우르스자리 알파와 센타우르스자리 베타가 밝게 빛나고 있다(천구의 북극 주변으로 시계 방향 순으로 있다). 알파는 베타보다 더 밝으며 남십자성에서 좀더 멀리 떨어져 있다.

파인더스코프로 보았을 때 센타우르스자리 알파는 0등급 밝기이며 하늘에서 세번째로 밝은 별이기 때문에 절대로 다른 별과 혼동할 수가 없다. 오른편에 거의 비슷한 밝기로 빛나고 있는 센타우르스자리 베타와 혼동하지만 않는다면 말이다!

　(물론 베타는 알파와 겉보기만 비슷할 뿐이다. 사실 베타는 더 밝지만 알파보다 훨씬 멀리 떨어져 있는 별이다. 베타가 알파만큼 우리로부터 가까이 있다면 거의 -10등급 밝기로서 상현달만큼이나 밝게 보일 것이다!)

망원경으로 보았을 때 이 쌍성은 쉽게 분해해 볼 수 있다. 밝은 별은 진한 노란색이다. 약 1등급 정도 어두운 또다른 별은 약한 오렌지색이나 붉은색으

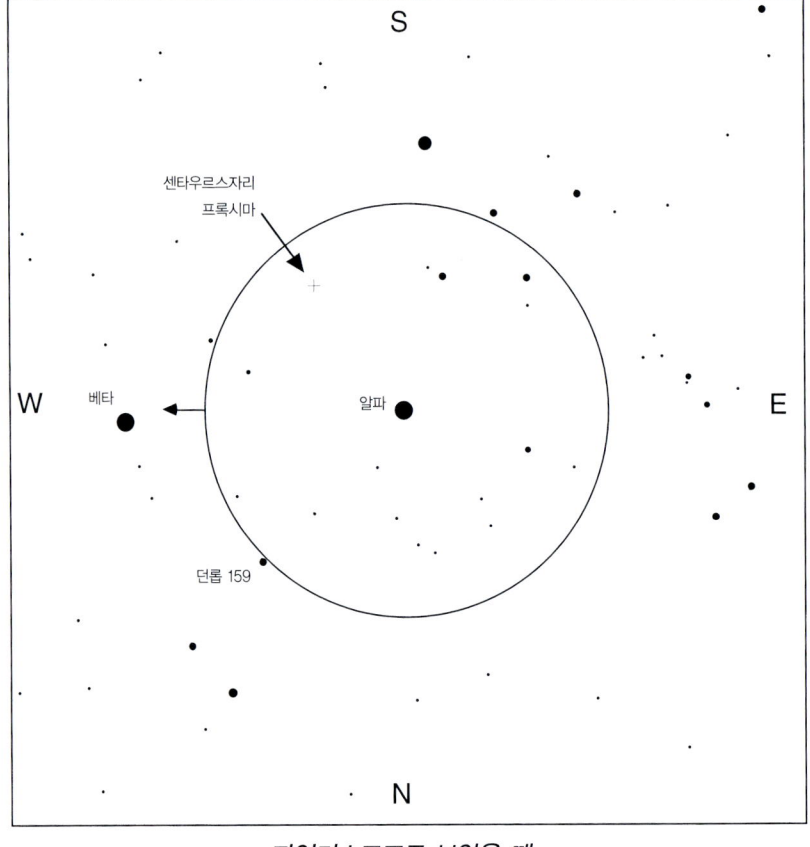

파인더스코프로 보았을 때

고배율로 보았을 때의 센타우르스자리 알파

로 보인다.

코멘트 센타우르스자리 알파는 하늘에서 가장 밝은 쌍성으로, 찾는 데나 분해해 보는 데 아무런 어려움이 없다. 주성과 동반성 사이 밝기 차이는 메사르심(166쪽)의 '고양이 눈'처럼 보이지도 않으며 특별히 색 대비가 강하지도 않지만 그럼에도 여전히 보는 즐거움이 있다. 물론 그런 즐거움의 일부는 여러분이 보고 있는 별이 태양에서 가장 가까운 이웃이기 때문이기도 하다.

여러분이 보는 것 센타우르스자리 알파는 삼중성으로 우리로부터 단지 4,395광년밖에 떨어지지 않은, 태양계와 가장 가까운 별로 유명하다. 삼중성에서 두 별은 작은 망원경으로 볼 수 있으며, 80년 주기로 공전을 하고 두 별 사이 거리는 12AU에서 36AU 사이로 변한다. 두 별이 가장 가까워졌을 때 동반성과 주성 사이의 거리는 태양과 토성 사이의 거리 정도이다. 망원경으로 보면 이러한 거리 변화는 4초에서 22초 사이로 변하는 각거리 변화로 나타난다. 지구에서 볼 때 두 별이 가장 멀어졌던 때는 1980년이며 2015년에 가장 가까이 접근한다.

주성에서 흥미로운 또하나의 사실은 이 별이 색깔이나 밝기 면에서 볼 때 태양과 거의 쌍둥이라는 점이다. 이 별을 보고 있자면 센타우르스자리 알파에 있는 천문학자들이 우리를 볼 때 어떤 느낌을 받을지 대강 짐작할 수 있다(물론 우리는 밝고 약간 오렌지색의 동반성이 없다). 사실 그 별에는 우리를 바라보고 있는 천문학자들이 있을 수도 있다. 주성과 동반성 어느 별이든 간에 3~4AU 정도 떨어진 곳에 있는 행성이라면 안정된 궤도를 돌 수 있고 생명체가 살 수도 있기 때문이다.

이 그룹의 세번째 구성원은 11등급으로 대부분의 작은 망원경으로는 찾아내기 어렵다. 이 별은 다른 두 별로부터 0.22광년, 즉 14,000AU 떨어져 있으며, 이 거리는 태양에서 오오트 구름(Oort Cloud, 태양으로부터 약 4~5광년 떨어진 거리에 구상으로 분포하는 혜성 핵의 집합체—옮긴이)까지의 거리에 해당한다. 이 별은 우리가 볼 때 다른 두 별에서 2도 이상 떨어져 있기 때문에 세 별은 망원경의 한 시야에 넣을 수는 없다. 이 별은 현재 공전 궤도에서 위치가 다른 두 별보다 우리에게 약간 더 가까이 있다(4.22 광년). 그러므로 태양에서 가장 가까이 있는 별의 영예는 바로 이 별, 센타우르스자리 프록시마에게 돌아간다. 우리는 이 책에 있는 '파인더스코프로 보았을 때'에 프록시마의 자리를 십자 표시 해놓았다. 하지만 이 별을 3인치 망원경으로 본다면 최상의 조건에서 겨우 볼 수 있을 정도이다. 사실 지구가 센타우르스자리 알파 주위에서 돌고 있다 할지라도 프록시마는 4.5등급 밝기로서 육안으로 겨우 보일 정도이다.

또한 그 주변에는 망원경을 알파와 베타 중간 지점에 향하도록 한 다음 북쪽으로 1.5도 떨어진 곳을 보라. 던롭 159라는 이름이 붙은 5등급 밝기의 별을 찾을 수 있을 것이다. 던롭 159는 작은 망원경으로 찾기는 다소 어려운 작은 쌍성이지만 보는 재미가 있다. 이 쌍성은 4.9등급 밝기의 주성과 주성에서 9초 떨어진 곳에 있는 7등급 밝기의 별로 이루어져 있다.

별	등급	색깔	위치
A	0.0	노란색	주성
B	1.3	오렌지색	A에서 남서쪽으로 10초

센타우르스자리: 센타우르스자리 오메가, 구상 성단, NGC 5139

하늘의 상태
관계 없음

접안렌즈
저배율

최적 관측 시기
5월~6월
북위 30도 이남

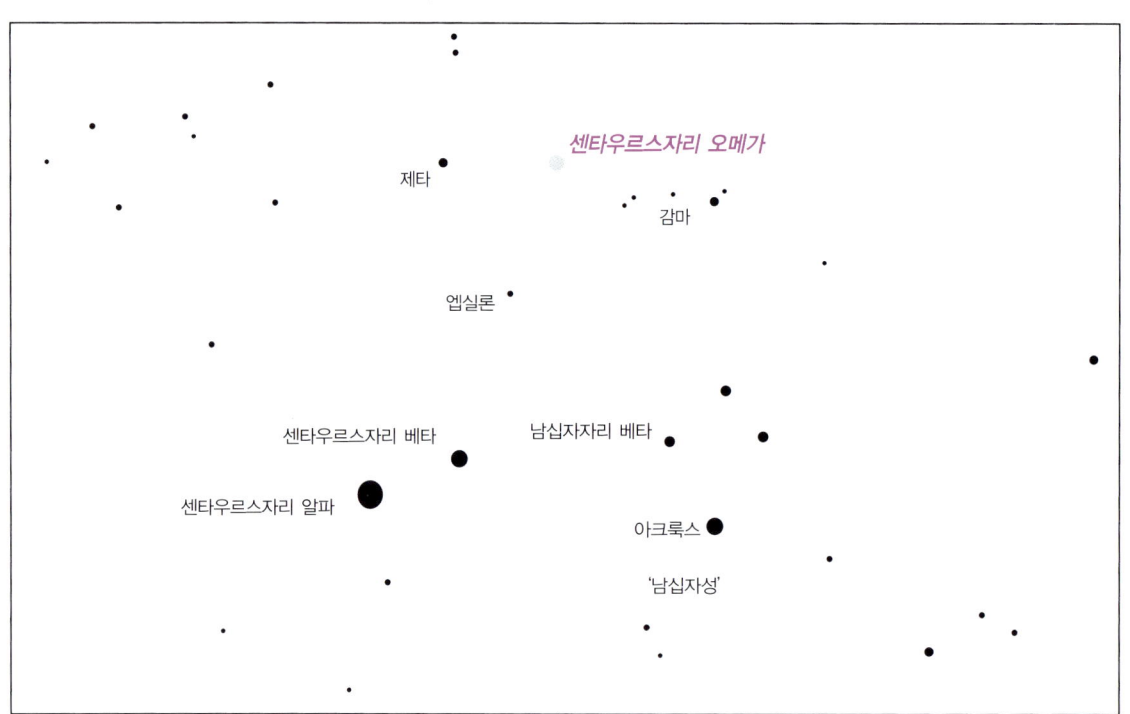

보아야 할 곳 육안으로 보면 이 구상 성단은 마치 4등급 밝기의 별처럼 보인다.

센타우르스자리 알파와 남십자성의 중간 지점을 정삼각형의 밑변이라 하자. 이 삼각형의 세번째 꼭지점에 해당하는 곳에서 꽤 어두운 별을 찾아라. 북쪽에 있으며 다른 두 꼭지점에서 같은 거리에 있다. 이 별은 몇 개의 2등급 별들이 있는 곳에 자리잡고 있으며 센타우르스자리 제타에서 감마까지(왼쪽에서 오른쪽, 동쪽에서 서쪽) 가는 중간 조금 못 미치는 곳에 있다.

또다른 방법으로는, 아크룩스(남십자성의 발치)에서 남십자리 베타(왼쪽 팔)까지 간 다음 그 방향으로 그 세 배만큼 더 가면 된다.

파인더스코프로 보았을 때 이 천체는 파인더스코프로 보아도 잘 보이며, 다른 별처럼 점으로 보이는 대신 면적이 있는 성운 그대로를 감상할 수 있다. 쌍안경으로 보아도 역시 잘 보인다.

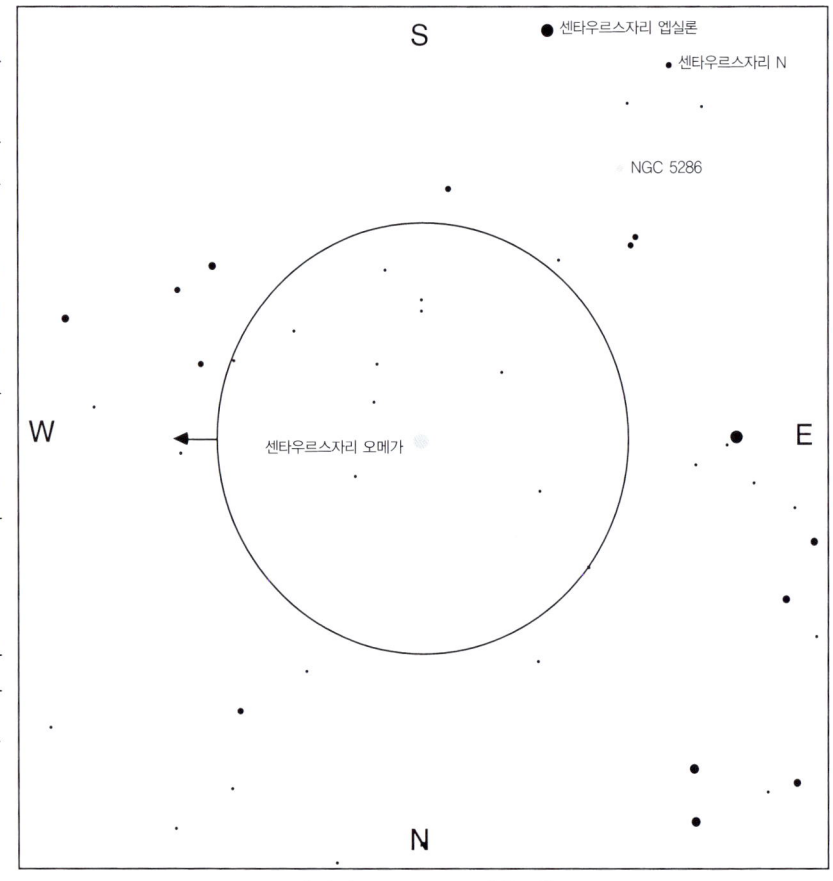

파인더스코프로 보았을 때

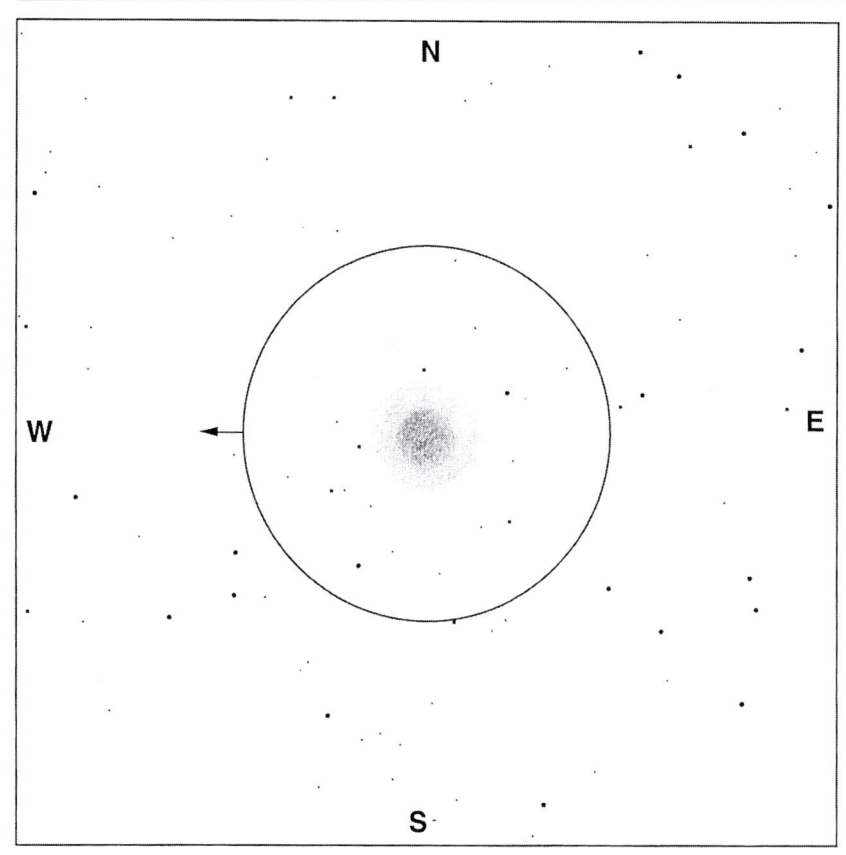

저배율로 보았을 때의 센타우르스자리 오메가

망원경으로 보았을 때 저배율 접안렌즈를 써서 본다 해도 이 구상 성단은 망원경 시야의 상당 부분을 차지하고 있을 것이다. 이 성단 중심부의 밝은 영역은 전체 성운의 반 너머 뻗어 있다. 3인치 망원경으로 보면 이 성단에서 낱알 무늬는 볼 수 있지만 개개의 별로 분해해 볼 수는 없다. 이 성단은 이 책에 그려진 배경 별들보다 아주 약간 더 어두운 별들이 많은 지역에 자리잡고 있다.

코멘트 센타우르스자리 오메가 성단은 하늘에서 가장 크고, 가장 밝고 가장 멋진 구상 성단이다. 크기는 0.5도 이상(보름달보다 크다!)이며 가장 가까이 있는 M22보다 1.5배 이상 크며 세 배 이상 밝다. 북쪽 하늘에서 가장 멋진 구상 성단인 헤르쿨레스자리의 '대성단' M13과 비교해보아도 센타우르스자리 오메가 성단은 각지름이 두 배이며 2등급 이상 더 밝다. 북반구에서는 이 성단과 비슷한 것조차 없다(하지만 202쪽에 있는 큰부리새자리 47을 보라).

작은 망원경으로 볼 때 이 천체를 고배율로 본다 할지라도 크기가 훨씬 커 보인다거나 더 자세한 구조가 보이지는 않는다. 고배율로 보면 중심핵이 크게는 보이지만 성단의 흐릿한 외곽이 더 퍼져 보이기 때문에 오히려 관측하기 어렵다.

여러분이 보는 것 예전 사람들은 센타우르스자리 오메가 성단이 별이라고 생각했다. 지구 자전축의 흔들림(이 때문에 별자리가 시간이 지남에 따라 이동하는 것처럼 보인다) 때문에 이 천체는 2000년 정도 전부터 이집트 같은 북부에서도 볼 수 있었다. 이 성단은 르네상스 시대의 별 목록에서 별로 등록되면서 현재와 같은 그리스 식 이름을 얻게 되었다. 그리고 1670년대 (혜성으로 유명한) 에드먼드 핼리가 남아프리카를 여행하면서 남반구 하늘을 관측하는 최초의 관측자 가운데 한 명이 되었다. 1677년 핼리는 이 '별'이 사실은 구상 성단이라는 사실을 알아냈다.

이 성단은 우리로부터 약 1만 5천 광년 떨어져 있으며 50만 개에서 1백만 개 사이의 별을 포함하고 있다. 여기서는 그 일부분만 넣어놓은 이 성단의 핵은 직경이 거의 50광년이 된다.

또한 그 주변에는 엡실론에서 약 2도쯤 동쪽(그리고 약간 북쪽)으로 가면 센타우르스자리 N이라는 이름의 쌍성이 있다. 망원경을 엡실론으로 향하게 하면 파인더스코프에서 쉽게 찾을 수 있다. 중배율로 보면 5.4등급과 7.6등급 밝기의 파란 별이 동서 방향으로 18초만큼 떨어져 있는 모습을 볼 수 있다.

비슷한 밝기의 또다른 별이 엡실론에서 남쪽으로 1도 떨어진 곳에서 약간 동쪽으로 있다(파인더스코프 시야 바로 바깥에 있다). 이 천체는 센타우르스자리 Q로서 역시 쌍성이다. 이 쌍성의 구성원은 N보다는 약간 더 밝지만 분해해 보기는 더 어렵다. 3인치 망원경으로 도전해볼 만한 천체다. 6.6등급 밝기의 동반성은 5.3등급인 주성에서 남남동쪽으로 겨우 5초밖에 안 떨어진 곳에 있다.

센타우르스자리 오메가 성단의 남동쪽으로 5도쯤 떨어진 곳에는 왼쪽의 파인더스코프 시야에서 보이듯 구상 성단 NGC 5286이 있다. 이 성단은 오메가와 센타우르스자리 베타 중간에 있는 2등급 밝기의 별 센타우르스자리 엡실론에서 북쪽으로 2도만큼 떨어져 있다. 작은 망원경으로 보기에는 약간은 벅찬 상대이며 크기나 밝기는 M53과 비슷하다. 상대적으로 밝게(5등급) 빛나고 있는 노란색 별 센타우르스자리 M 근처에서 찾아라.

남십자자리 : 아크룩스, 남십자자리 알파, 삼중성

하늘의 상태
 관계 없음

접안렌즈
 고배율

최적 관측 시기
 5월,
 북위 15도 이남

 석판 자루

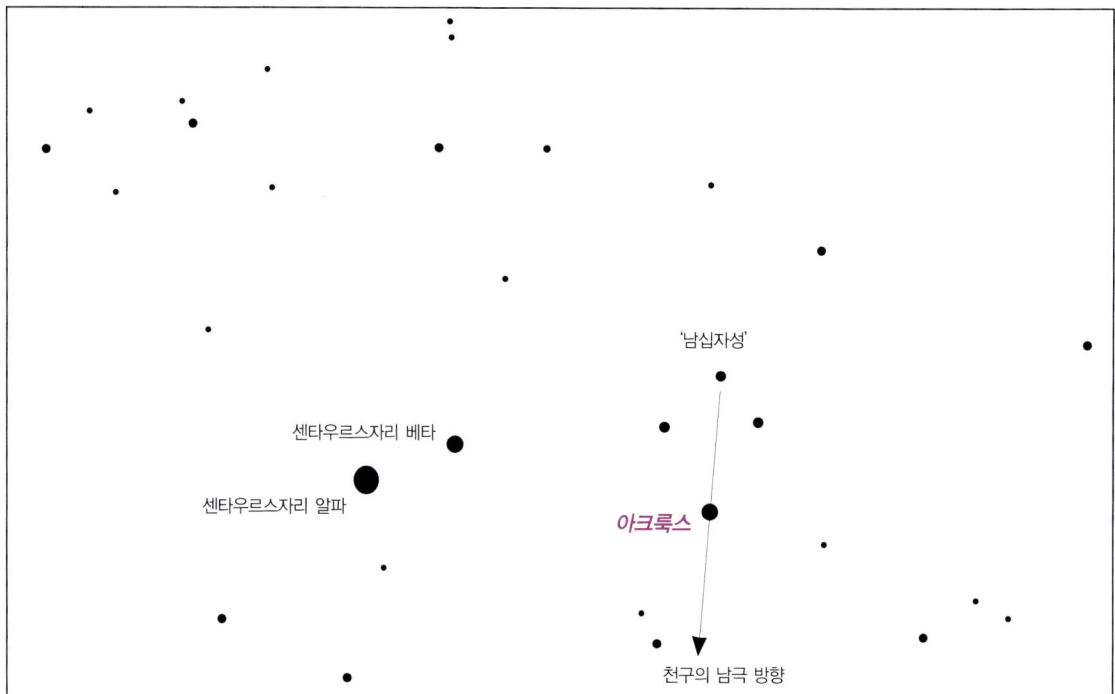

보아야 할 곳 남십자성을 찾아라. 십자가에서 가장 남쪽에 있는 별이 아크룩스(남십자자리 알파)이다. 우연히도, 북두칠성의 지극성들이 북쪽을 가리키듯 남십자성 위에서 아래쪽으로 직선을 그으면 정남을 가리킨다는 사실에 주목하라. 불행히도 천구의 남극에는 밝은 별이 없다. 하지만 남십자성에 있는 지극성들 덕분에 밤에 바깥에 나갔을 때 방향을 쉽게 알 수 있다.

 하지만 진짜 남십자성과 밝은 별 카노푸스 사이에 있는 네 개의 별이 이루고 있는 '가짜 남십자성'에 주의하라. 이 가짜 남십자성은 약간 더 어둡고 약간 더 크며 조금 일그러져 있다. 그리고 남쪽을 가리키지 않는다. 그리고 더 나쁜 것은 이 별들 가운데 그 어느 것도 볼 수 있는 쌍성이 아니라는 점이다!

파인더스코프로 보았을 때 남십자자리에서 가장 밝은 별인 아크룩스는 하늘에서 가장 밝은 20개의 별들 가운데 하나로서, 주위로 퍼져 있는 은하수의 별들 사이에서도 단연 우뚝하기 때문에 절대 혼동할 우려가 없다.

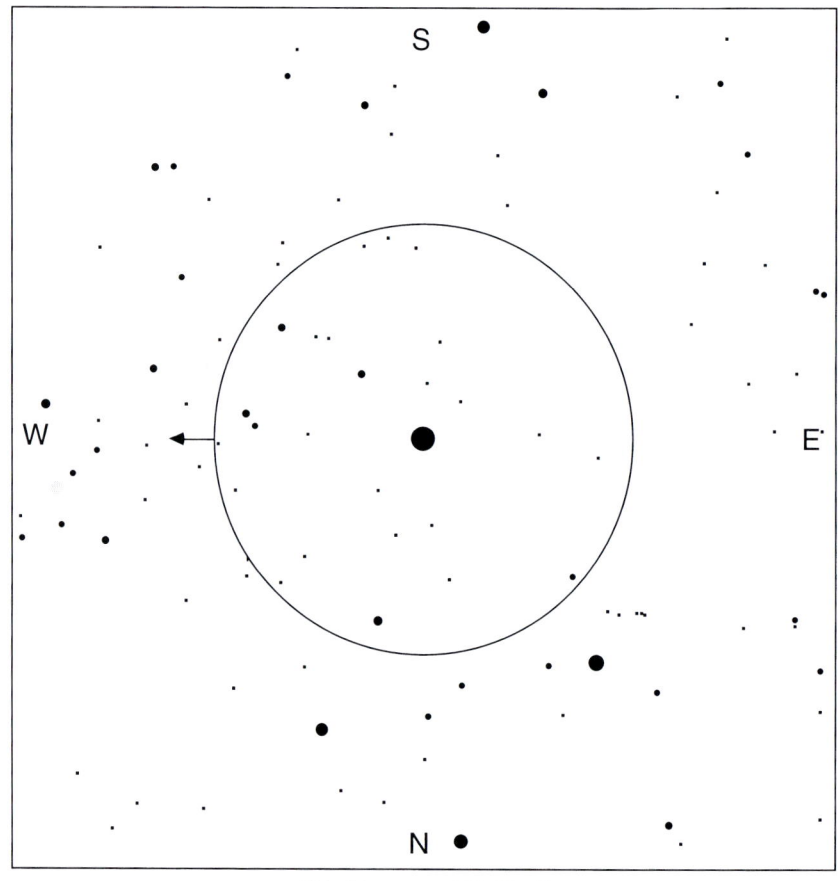

파인더스코프로 보았을 때

고배율로 보았을 때의 아크룩스

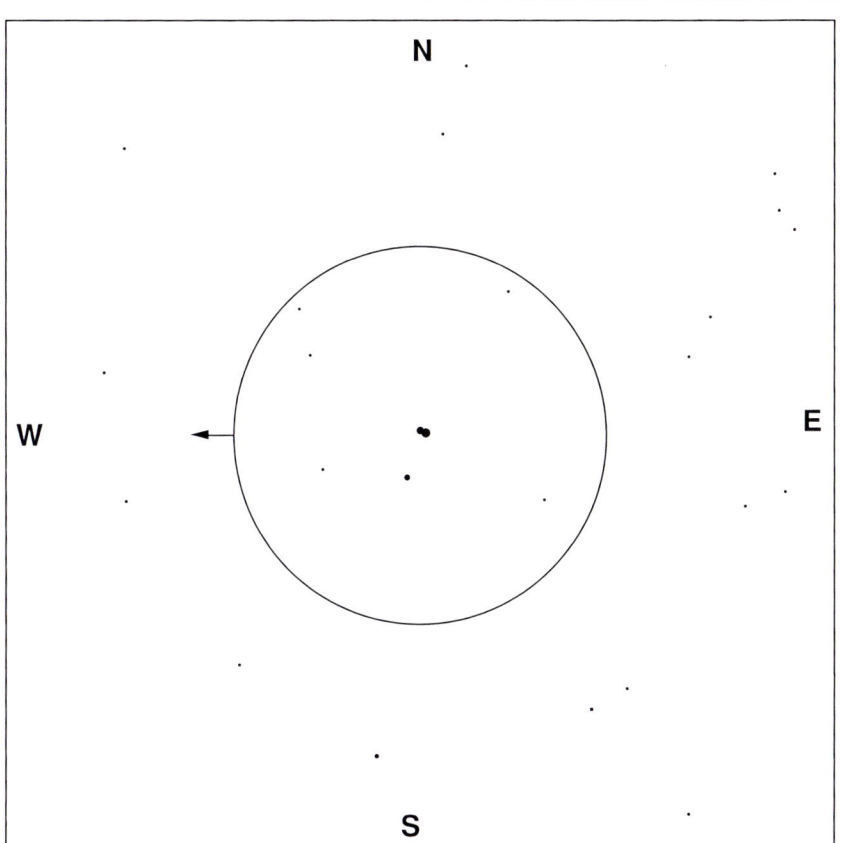

망원경으로 보았을 때 아크룩스는 삼중성이다. 밝은 두 구성원은 서로 가까이 있으며 고배율로 보아야 하지만 세번째 별은 쉽게 분해해 볼 수 있다. 세 별 모두가 파란색이다.

코멘트 A–C는 쉽게 분해해 볼 수 있지만 더 밝은 '별'이 쌍성인 것을 보려면 아주 자세히 들여다보아야 한다. 하지만 두 별은 모두 밝기 때문에 일단 시도하기만 하면 중배율 접안렌즈로도 분해해 볼 수 있다. 가장 밝은 한 쌍을 분해해 볼 수 없을지라도 이 천체는 그 자체로 볼 만한 가치가 있다. 3인치 망원경에서, A–C쌍은 무척 멀리 떨어져 있기 때문에 보기에 지루하다고 생각할지도 모르지만, 이 별들은 은하수의 중간에 자리잡고 있기 때문에 여기에서 그려놓은 것처럼, 이 세 별 뒤로는 아크룩스 C보다 1등급 정도 어두운 별들이 많이 있다. 이러한 다른 별들 '앞에' 있는 밝은 별 세 개를 보면 우주의 깊이에 대한 독특하고도 아름다운 느낌을 얻을 수 있다.

여러분이 보는 것 이 계는 사실은 최소한 사중성이다. A별 자체가 분광 쌍성으로 알려져 있기 때문이다. A의 스펙트럼 선은 76일 주기로 약간씩 이동하고 있다. 이는 가까이 돌고 있는 별이 A별을 앞뒤로 잡아당기고 있다는 뜻이다. 이 계는 우리로부터 약 5백 광년 정도 떨어져 있다.

꽤 최근까지도 이 지역에 대한 연구를 하지 않았다는 사실을 고려해보면, 아크룩스가 쌍성으로 밝혀진 세번째 별이라는 사실이 놀라울 따름이다(처음 두 별은 미자르와 메사르심이다). 네번째 쌍성은 센타우르스자리 알파이다. 이 두 쌍성은 예수회 선교사들에 의해 발견되었는데, 장 드 퐁타네이(Jean de Fontanay)는 1685년 남아프리카의 희망봉에서 관측을 하며 아크룩스를 분해해냈고, 수도사 장 리쇼(Jean Richaud)는 1689년에 인도의 퐁디셰리에서 혜성 근처를 관측하다 센타우르스자리 알파를 분해해냈다.

또한 그 주변에는 가장 작은 별자리인 남십자자리는 은하수 안에 폭 들어가 있다. 하지만 은하수를 쉽게 볼 수 있는 꽤 어두운 저녁에는 동쪽 하늘에 은하수의 다른 부분보다 상당히 어둡고 넓은 영역이 있다는 사실을 쉽게 알아차릴 수 있다. 이는 가스와 먼지로 이루어진 암흑 성운으로 '석탄 자루'라고 불리며 우리로부터 약 3백 광년 떨어져 있으면서 그 뒤에 있는 별빛을 막고 있다. 이곳에는 망원경으로 볼 만한 것이 문자 그대로 아무것도 없다. 하지만 육안으로 보기에는 아름다운 천체이다.

별	등급	색깔	위치
A	1.4	파란색	주성
B	1.9	파란색	A에서 서쪽으로 4.1초
C	4.9	파란색	A에서 남남서쪽으로 90초

남십자자리 : 보석 상자, 산개 성단, NGC 4755

하늘의 상태
관계 없음

접안렌즈
중배율

최적 관측 시기
5월,
북위 10도 이남

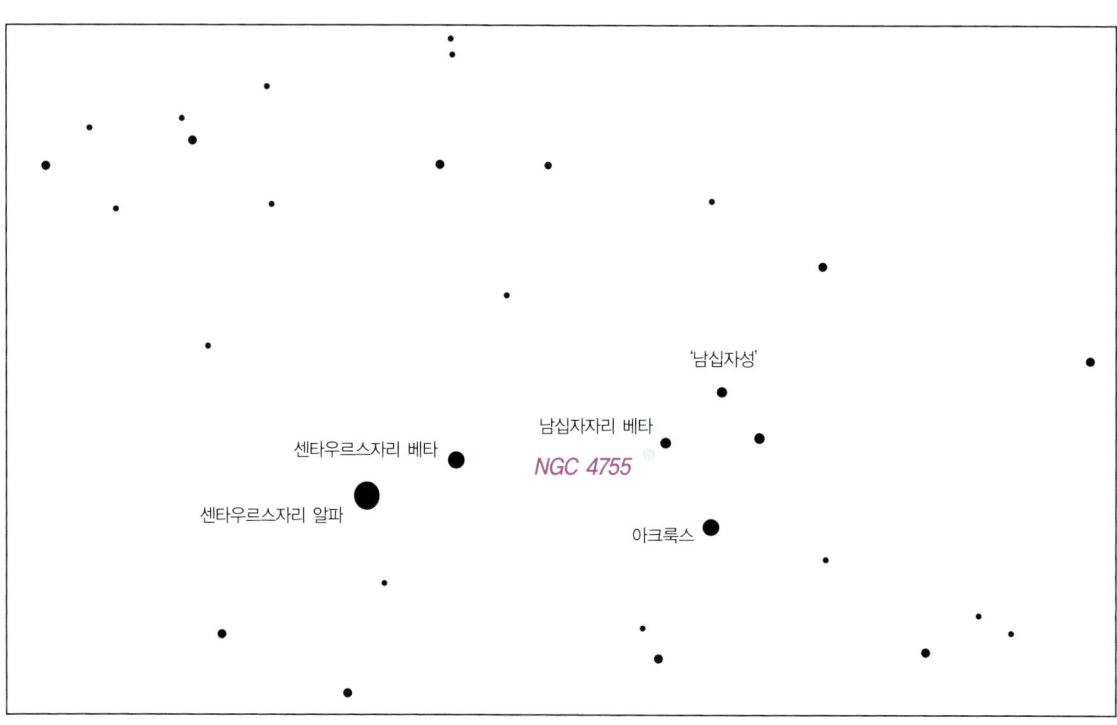

보아야 할 곳 남십자성을 찾아라. 가장 남쪽, 십자가의 발치에 있는 별이 아크룩스(남십자자리 알파)이다. 십자가 가로대의 왼쪽 별로 센타우르스자리 알파와 센타우르스자리 베타에서 가장 가까이 있는 별이 남십자자리 베타(베크룩스라고 부르기도 한다)이다. 이곳을 조준하라.

파인더스코프로 보았을 때 베타와 4등급 밝기의 다른 두 별 람다와 카파가 이루는 정삼각형을 찾아라. 람다는 북쪽에, 카파는 남쪽(아크룩스 쪽)에 있다. 카파를 조준하라.

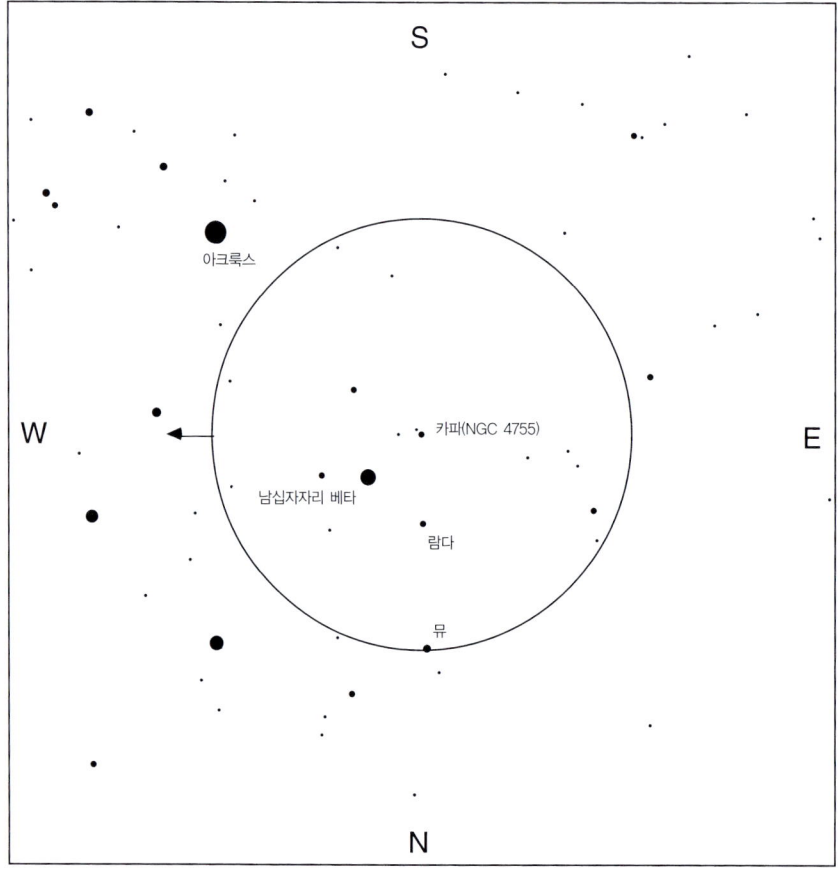

파인더스코프로 보았을 때

중배율로 보았을 때의 NGC 4755

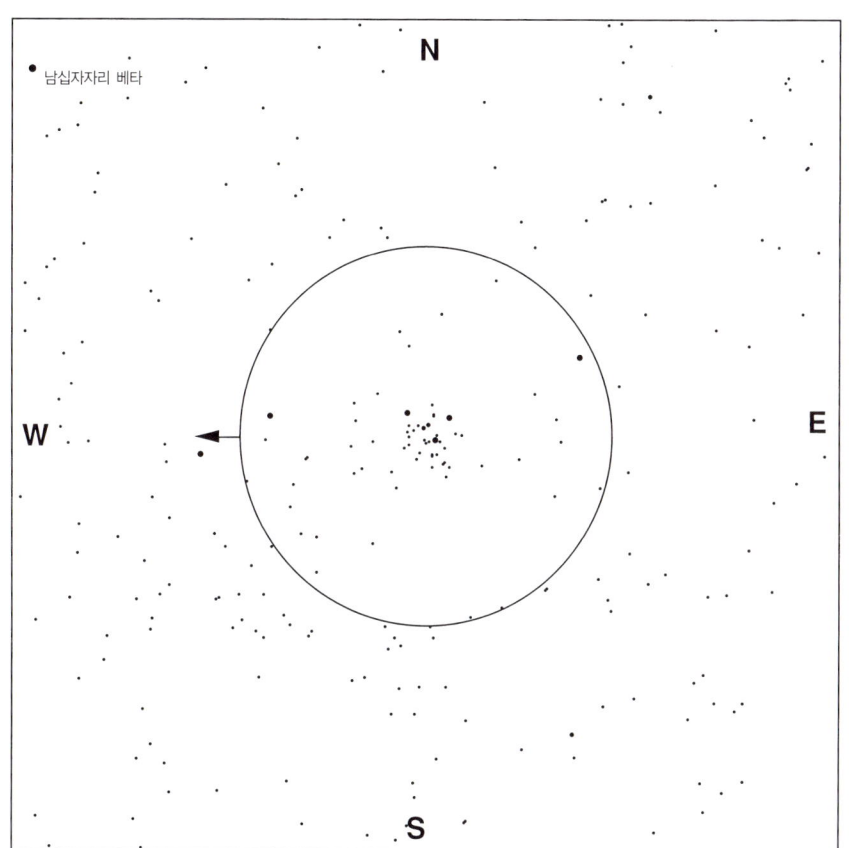

망원경으로 보았을 때 육안으로 보았을 때는 4등급 밝기의 별로 보이는 천체가 망원경 상에는 6등급에서 8등급 밝기의 별 대여섯 개와 20여 개의 더 어두운 별 그리고 그 배경으로 아주 어둡고 어렴풋한 빛이 있는 성단으로 보이게 된다. 처음 보았을 때는 쐐기 형태로 별이 모여 있는 집단이 눈에 띄며 그 중심부에는 서쪽을 가리키며 밝게 빛나는 세 개의 별이 삼각형을 이루고 있는 모습을 볼 수 있다. 더 관측을 하면 성단 주변과 배경도 볼 수 있다. 세 개의 밝은 별 가운데 가장 밝은 별은 성단의 중앙 부근에 있는 것으로 6등급 밝기이며 남십자자리 카파라는 이름으로 불린다.

저배율로 보았을 때 남십자자리 베타와 이 성단이 한 시야에 들어온다는 사실에 주목하라. 이는 이 성단을 찾을 때 무척 편리하다. 하지만 보석 상자는 작지만 꽤 밝기 때문에 중배율이나 고배율로 보는 것이 더 낫다.

코멘트 이 아름다운 산개 성단의 이름은 어두운 별들을 배경으로 밝게 빛나고 있는 별들이 마치 보석 상자에 있는 커다란 보석과 같아 보이는 데에서 유래한 것이다. 존 허셀 경이 19세기에 했던 표현에 따르면 '색색의 아름다운 여러 가지 보석들이 담긴 상자'이다. 이 성단은 3인치 망원경으로 보아도 상당히 멋있게 보이지만, 큰 망원경으로 보면 배경으로 있는 성단의 빛무리가 밝아지며 개개의 별로 분해되어 보이기 때문에 훨씬 인상적이다.

여러분이 보는 것 보석 상자는 적어도 50개의 별이 모여 있는 성단으로 우리로부터 약 7천5백 광년 떨어져 있다. 하지만 이 거리에는 꽤 큰 불확실성이 있다. 천체까지의 거리를 재는 표준적 방법은 분광형과 절대 광도를 알고 있는 별을 고른 다음 이 별이 지금 우리가 보고 있는 밝기로 보이려면 얼마나 멀리 떨어져 있는가를 계산하는 것이다. 하지만 남십자자리 주변의 영역은 먼지 구름으로 가려져 있으며(189쪽에서 말한 석탄 자루이다). 이 먼지가 주는 효과를 보정하기란 꽤 까다로운 일이다.

이 성단에 있는 10개의 가장 밝은 별 가운데서 오직 하나만이 적색거성이다. 다른 9개의 별들은 크고 밝은 파란색의 B형으로 각자가 태양보다 1만 배 이상 밝다(7천5백 광년의 거리를 고려해 볼 때, 가장 밝은 별은 태양보다 8만 배 밝게 빛날 것이다). 이렇게 밝은 별들은 자신들이 가지고 있는 연료를 꽤 빨리 소모하고 적색거성 단계로 들어간다. 이 별들이 아직 적색거성이 아니라는 점은 이 성단이 꽤 젊다는 뜻이며, 실제 이 성단의 나이는 수백만 년밖에 되지 않았다(산개 성단에 대해 더 자세히 알고 싶으면 47쪽을 보라).

또한 그 주변에는 파인더스코프 시야의 북쪽 가장자리에는 4등급 밝기의 남십자자리 뮤라는 별이 있다. 이 별은 쌍성으로 두 별 사이의 거리가 멀기 때문에 쉽게 분해해 볼 수 있다. 주성은 4등급 밝기이며 5.2등급 밝기인 동반성은 35초 떨어진 곳에 있다.

용골자리: 용골자리 에타와 열쇠구멍 성운, NGC 3372

하늘의 상태
  어두운 하늘

접안렌즈
  저배율

최적 관측 시기
  4월, 적도 이남

열쇠구멍, IC 2602, NGC 3532

열쇠구멍, 난쟁이

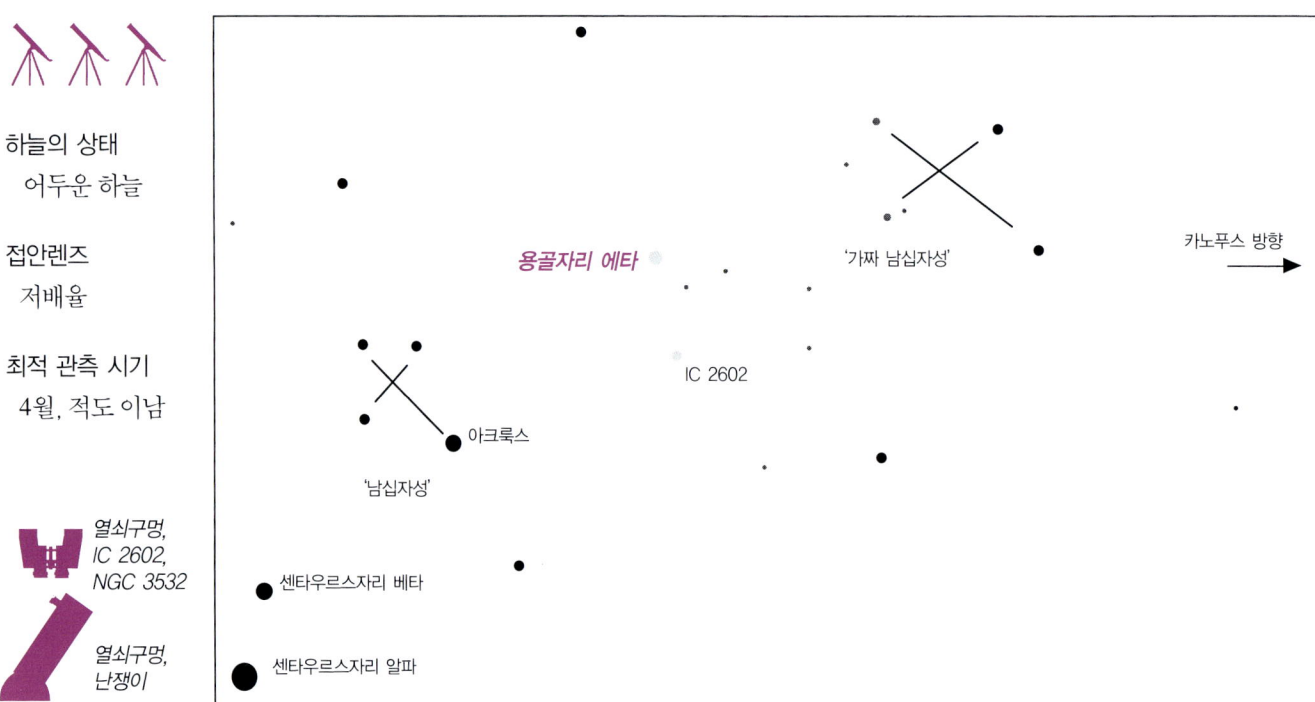

보아야 할 곳 은하수는 오리온자리 남쪽으로부터 1등급 밝기의 카노푸스를 지나 남십자성 아래까지 흐르고 있다. 카노푸스와 남십자성의 대략 중간쯤에는 '가짜 남십자성'이라 불리는 네 개의 별이 '십자가'를 이루고 있다. 이 별들은 남십자성보다 약간 더 떨어져 있으며 좀더 어둡다. 은하수의 남쪽으로 남십자성과 '가짜 남십자성' 사이에 있는 밝은 빛 매듭을 찾아라.

파인더스코프로 보았을 때 은하수 안에서도 유달리 천체가 많은 이 지역에서 퍼져 보이는 빛조각을 찾아라.

망원경으로 보았을 때 이 성운은 꽤 커서 각 크기가 약 1.5도 정도가 되며 저배율로 보아도 망원경 시야를 꽉 채운다. 망원경으로 보면 밝은 부분과 어두운 선들이 복잡하게 얽혀 있으며 이런 구조가 뒤에 배경으로 있는 은하수 속으로 점차 사라지고 있는 모습을 볼 수 있다. 시야의 중심에 있는 아주 밝은 빛무리 안에는 근접 쌍성이 있다. 시야의 중앙

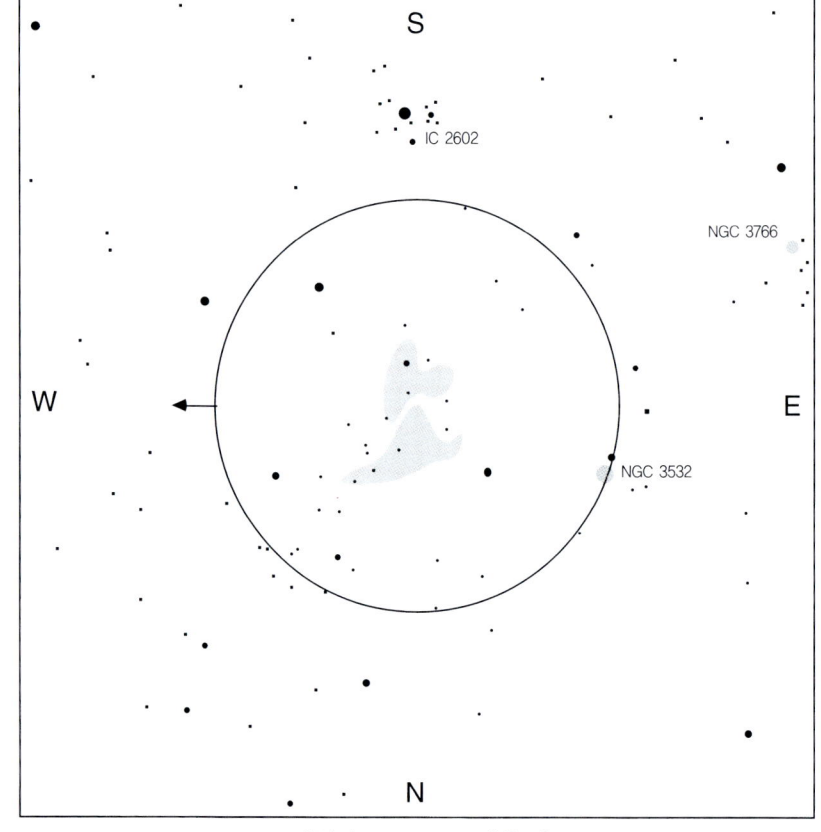

파인더스코프로 보았을 때

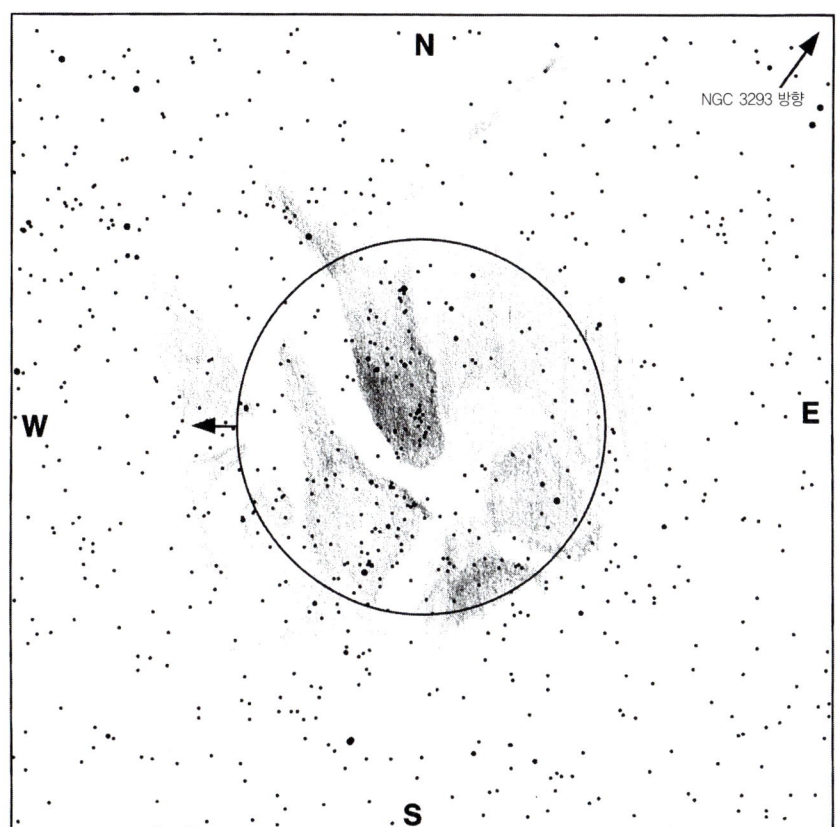

저배율로 보았을 때의 NGC 3372

에 있는 진한 오렌지색의 밝은 별에 주의하라. 더 큰 망원경을 쓰면 이 천체는 작은 난쟁이 모양을 하고 있는 성운이라는 사실을 알 수 있으며, '난쟁이'라는 별명으로 불리기도 한다. 그림에 나와 있는 시야 바로 너머 북서쪽으로 별이 모여 있는 지역에 주의하라. 이것은 보석 성단(Gem Cluster)이라 불리는 NGC 3293이다.

코멘트 열쇠구멍 성운은 오직 남반구에서만 볼 수 있는 멋진 천체 가운데 하나이다. 이 성운의 이름은 성운에 있는 진한 블랙홀 때문에 붙은 것이다. 오리온 성운만큼 밝지는 않지만, 그 크기나 복잡성에서 보면 훨씬 매력적이다. 달이 없는 어두운 저녁이라면 육안으로도 이 성운을 잘 볼 수 있다. 작은 망원경은 이 천체를 관측하는 데 이상적이다. 이 성운이 그만큼 크고 밝기 때문이다. 밝은 빛무리와 어두운 띠 사이의 대조, 성운 각 부분마다 다르게 보이는 명암, 빛무리 사이로 보이는 밝은 별빛의 세례는 잊을 수 없는 광경을 선사한다.

여러분이 보는 것 가스와 먼지로 이루어진 이 거대한 구름은 별이 많이 탄생하는 지역이며, 우리로부터 2천 광년에서 1만 광년 사이 어딘가에 자리잡고 있다. 보석 상자와 마찬가지로 이 성운과 우리 사이에 있는 먼지 때문에 정확한 거리를 알기란 어렵다. 이 성운에는 1천2백 개 이상의 별이 있는 것으로 추정하고 있다.

이 성운에서 가장 밝고 흥미 있는 별은 용골자리 에타로서 그 자체로 아주 흥미로운 역사가 있다. 오늘날 이 별은 7등급에서 8등급 사이를 왔다갔다하는 변광성이다. 하지만 1700년대 에타의 밝기는 4등급과 2등급 사이를 오갔다. 그러다가 1800년대 초반 에타는 훨씬 밝게 빛났다. 1827년 에타의 밝기는 1등급이 되었다. 그리고 1843년 4월 에타의 밝기는 0.8등급으로 시리우스를 제외한 다른 모든 별보다 더 밝았다. 이 별까지의 거리를 고려해보면, 이 별은 태양의 백만 배쯤 밝았을 것이다. 안드로메다 은하에서 관측을 하는 외계 천문학자는 이 별을 12인치 망원경으로도 볼 수 있었을 것이다. 오늘날까지도 천문학자들은 이 별이 밝아진 원인에 대해 논란을 벌이고 있다. 이러한 밝기의 증가는 신성이나 초신성에서 일어날 수 있지만 보통의 경우 수십 년간이나 지속되지는 않는다.

또한 그 주변에는 이 성운은 은하수의 중앙에 자리잡고 있기 때문에 주변으로 아름다운 천체들을 많이 볼 수 있다.

아름다운 산개 성단인 NGC 3532는 열쇠구멍 성운에서 3도 동쪽에 자리잡고 있다. 열쇠구멍 성운과 마찬가지로 NGC 3532 역시 육안으로 볼 수 있으며 은하수 안에 있는 빛매듭처럼 보인다. 망원경으로 보면 이 성단은 밝고 별들이 느슨하게 모여 있으며, 세로 1도, 가로 0.5도의 영역을 차지하고 있다.

약 2도 남쪽에는 별들이 느슨하게 모여 있는 산개 성단인 IC 2602가 있다. 이 성단은 '남쪽 플레이아데스'로 잘 알려져 있다. 이 성단은 작은 망원경으로 보기에는 거북한 크기이지만 파인더 스코프로 보기에는 너무 작고 저배율로 보기에는 너무 크다. 쌍안경으로 시도해보라.

열쇠구멍 성운과 아크룩스의 거의 정확하게 중간 지점에는 NGC 3766이라는 산개 성단이 있다. 이 성단은 훨씬 촘촘하며 작은 망원경으로 보기에 훨씬 알맞은 천체이다.

용골자리 : NGC 2516, 산개 성단

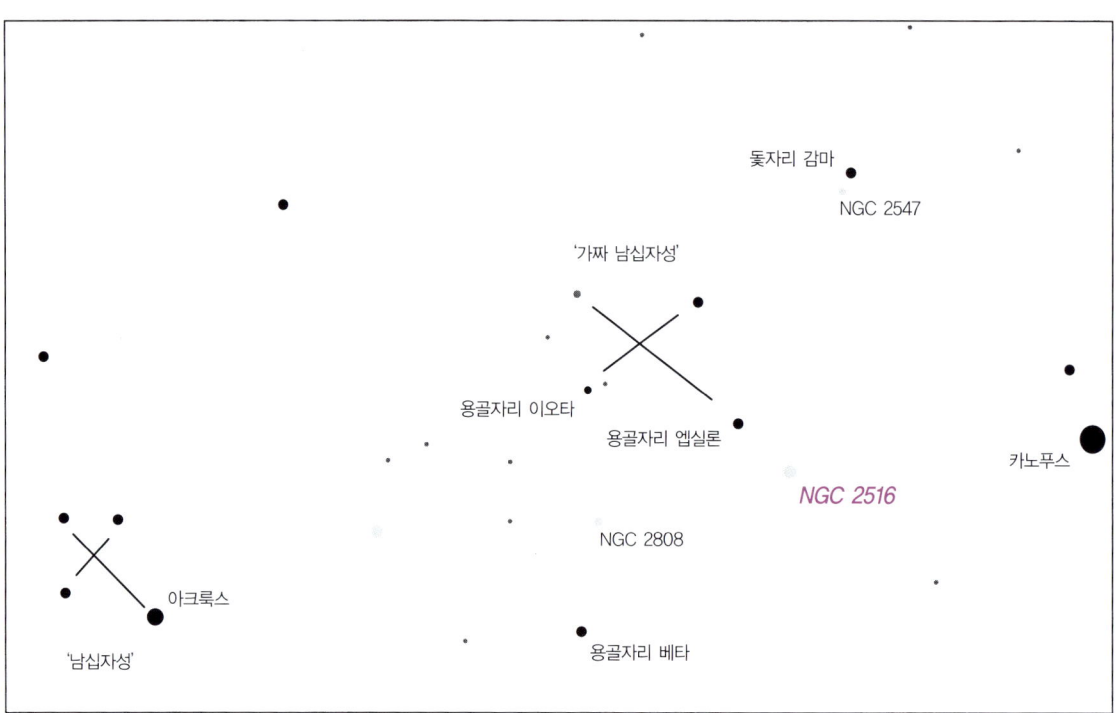

하늘의 상태
관계 없음

접안렌즈
중배율

최적 관측 시기
3월,
북위 10도 이남

보아야 할 곳 은하수는 오리온자리 남쪽에서부터 1등급 밝기의 카노푸스를 지나 남십자성 아래까지 흐르고 있다. 카노푸스와 남십자성의 중간쯤에 '가짜 남십자성'이라 불리는 네 개의 별이 '십자가'를 이루고 있다. 이 별들은 남십자성보다 약간 더 떨어져 있으며 좀더 어둡다. 가짜 남십자성에서 가장 남쪽에 있는 가장 밝은 별(3등급)을 겨냥하라. 용골자리 엡실론이다.

파인더스코프로 보았을 때 용골자리 엡실론에서 파인더스코프를 서쪽과 약간 남쪽을 향해 움직여라. 엡실론이 파인더스코프 시야에서 사라지려 할 때 산개 성단이 시야 중앙에 있게 된다. 이 산개 성단은 파인더스코프로도 쉽게 볼 수 있다.

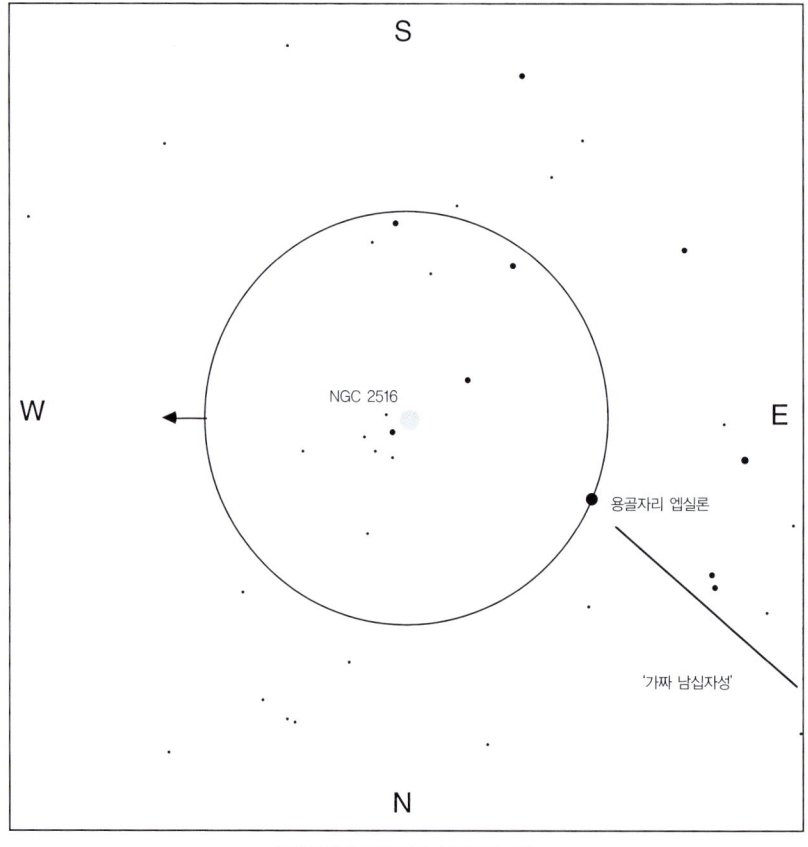

파인더스코프로 보았을 때

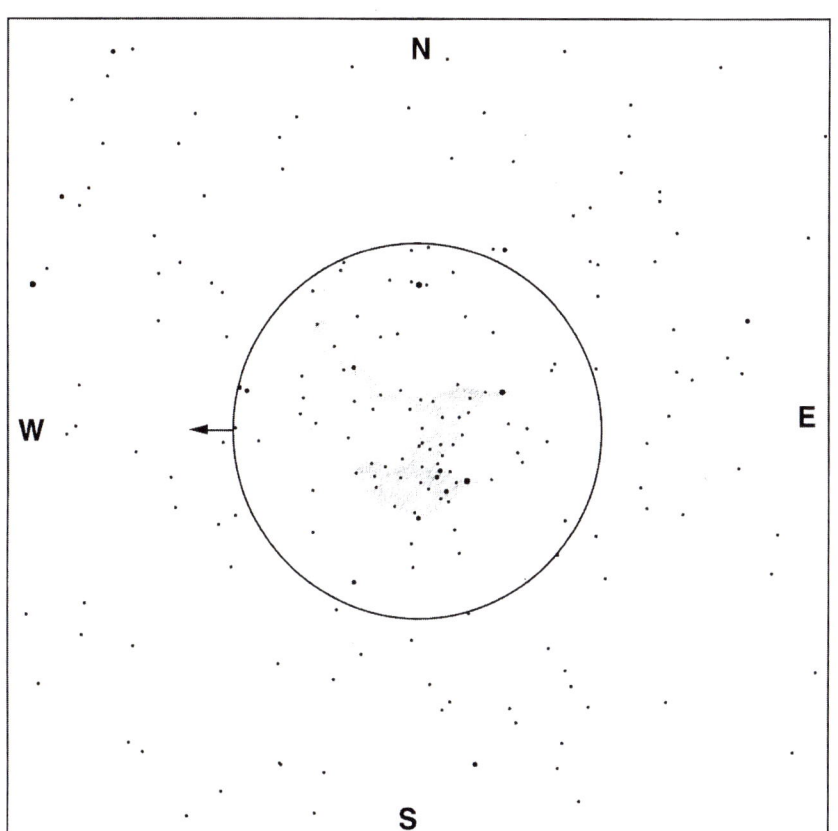

저배율로 보았을 때의 NGC 2516

망원경으로 보았을 때 작은 망원경으로 보면 이 성단의 중앙에서 적어도 20개 이상의 별들을 볼 수 있다. 3인치 망원경으로 보면 이 별들의 배경으로 분해되어 보이지 않는 별들이 윤곽이 흐릿한 빛무리를 이루고 있다. 성단 전체는 각 지름이 1도 이상 뻗어 있다. 이 성단 전체를 보려면 망원경으로 이리저리 하늘을 훑고 다녀야 한다.

성단 중심에서 동쪽으로 가다 약간 북쪽, 낱알 무늬 빛이 끝나는 부근에서 붉은색으로 밝게 빛나고 있는 별(5등급)과 세 개의 쌍성에 주목하라. 이 쌍성들은 서로 10초 안쪽으로 떨어져 있는 8등급의 천체이다.

코멘트 이 성단에는 위에서 설명한 '어렴풋한 빛'을 만드는 역할을 하는 12등급과 13등급 별이 많이 있으며, 작은 망원경으로 보았을 때 이 별들은 성단에 아름답고 우아한 배경 역할을 한다. 분해능이 더 좋은 커다란 망원경으로 보면 훨씬 좋으리라는 생각 따위는 전혀 들지 않을 것이다.

여러분이 보는 것 이 성단에는 백 개 이상의 별이 있으며 폭은 수십 광년 정도이고 우리로부터 거리는 1천 광년 조금 더 된다. 성단 중심에 있는 5등급 밝기의 별만이 눈에 띄게 붉은색 별이며 B, A형 별을 포함한 쌍성들이 있다는 사실로부터 이 성단은 상대적으로 젊다는 사실을 알 수 있다. 이 성단의 나이는 별이 탄생한 이후 5백만 년에서 1천만 년 정도 되었을 것이다.

또한 그 주변에는 육안용 성도에서 돛자리 감마의 위치를 알아두어라. 이 별은 쉽게 분해해 볼 수 있는 쌍성으로, 주성은 1.8등급 밝기이며 남서쪽으로 41초 떨어진 동반성은 4등급 밝기이다. 이 쌍성은 다른 천체들이 많은 곳에 자리잡고 있기 때문에 보는 재미가 쏠쏠하다. 이 별을 찾으면, 정남 방향으로 2도 떨어진 곳에 자리잡고 있는 멋진 산개 성단 NGC 2547을 보는 것을 잊지 마라.

가짜 남십자성의 남동쪽에는 구상 성단 NGC 2808이 있다. 이 성단은 물병자리에 있는 M2(158쪽을 보라)만큼이나 별이 빽빽하고 밝지만 크기는 약간 더 작다. 가짜 남십자성의 가로대에서 왼쪽에 있는 별 용골자리 이오타를 찾은 다음 정동쪽으로 용골자리 베타를 향해 반 조금 더 가라. 파인더스코프에서 이 성단을 찾을 수 있을 것이다.

황새치자리: 대 마젤란 성운

하늘의 상태
 어두운 하늘

접안렌즈
 중배율

최적 관측 시기
 1월~2월,
 남위 10도 이남

보아야 할 곳 카노푸스에서 아케르나르까지 선을 그려라. 마젤란 성운은 이 선의 남쪽에 자리잡고 있다. 대 마젤란 성운(LMC)은 크고 밝다. 어느 정도 어두운 저녁에 적도 이남으로 꽤 내려간 곳에서 관측을 한다면 LMC는 아주 쉽게 찾을 수 있다.

파인더스코프로 보았을 때 가장 넓은 부분의 각지름이 7도가 넘을 정도로 LMC는 크기 때문에 파인더스코프 시야에 이 천체가 한꺼번에 들어오게 할 수는 없다. 여기에 있는 파인더스코프 시야는 LMC에 있는 가장 멋진 구성원이자 가장 밝은 천체인 NGC 2070, 즉 독거미 성운에 중심을 맞추어 놓은 것이다.

망원경으로 보았을 때 대 마젤란 성운은 다양한 명암을 보여주는 아주 커다란 빛구름으로, 어렴풋한 빛무리를 배경으로 성단과 발광 성운, 그리고 찬란히 빛을 발하는 별들로 구성되어 있다. 여기서 찾아보아야 할 천체 목록은 다음과 같다(파인더스코프용 성도와 위에 있는 지도를 보라).

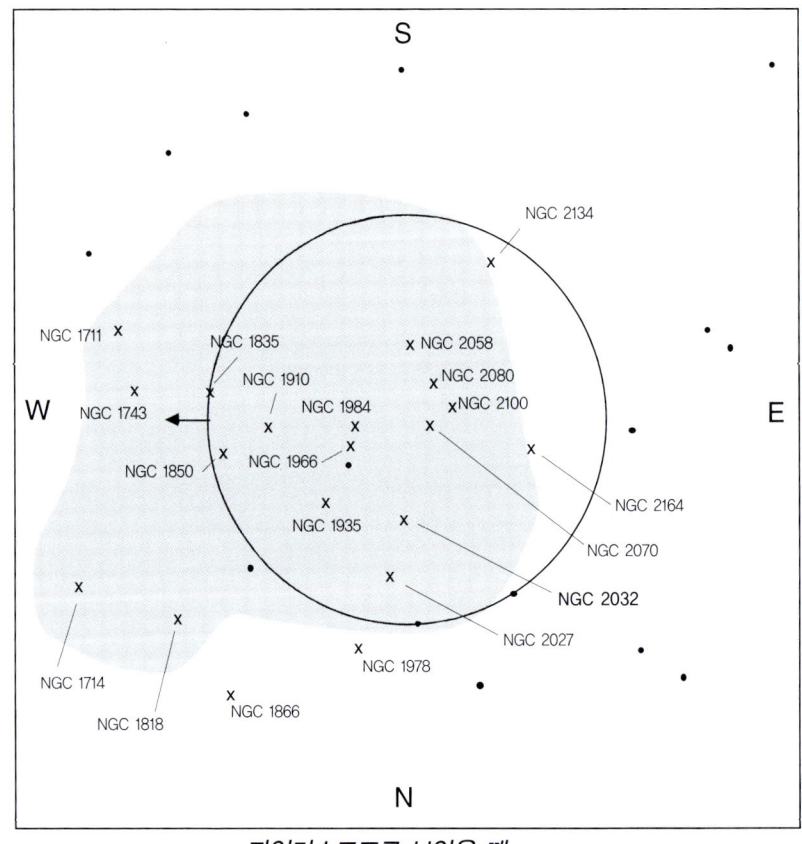

파인더스코프로 보았을 때

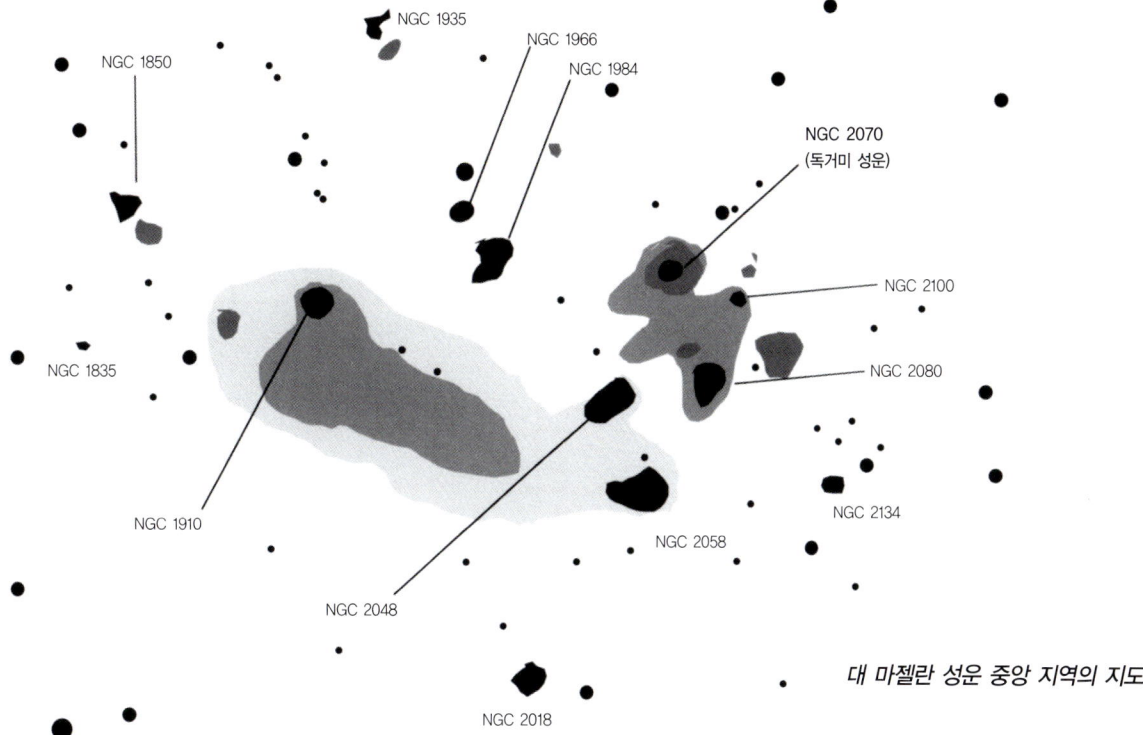

대 마젤란 성운 중앙 지역의 지도

NGC 1711	촘촘한 성단
NGC 1714	발광 성운
NGC 1743	발광 성운군
NGC 1818	성단
NGC 1835	구상 성단
NGC 1850	성운과 함께 있는 성단
NGC 1866	'젊은' 구상 성단
NGC 1910	변광성 황새치자리 S가 있는 성운
NGC 1935/36	성운 모양 성단
NGC 1966	발광 성운
NGC 1978	구상 성단
NGC 1984	성단
NGC 2018	발광 성운
NGC 2027	성단
NGC 2032	가스 성운
NGC 2048	발광 성운
NGC 2058	여러 개의 성단!
NGC 2070	독거미 성운 : 믿을 수 없을 정도로 멋있음!!!
NGC 2080	가스 성운
NGC 2100	성단
NGC 2134	촘촘한 성단
NGC 2164	성단

코멘트 대 마젤란 성운은 폭이 약 5도에 길이는 7도 정도 되는 달걀 모양이다. 저배율로 보아도 이 천체를 다 보려면 망원경 시야가 50개 정도 필요하다. 그리고 그 시야 하나하나가 북반구에 있는 가장 멋진 성운만큼 천체가 풍부하고 흥미롭다! 빛구름 위에 겹쳐 보이는 빛구름, 밝은 지역과 어두운 띠, 찬란하게 빛나는 성단. 이 모든 모습 그대로 그냥 믿는 수밖에 없다.

여러분이 보는 것 대 마젤란 성운은 우리 은하의 위성 은하로서, 안드로메다 은하보다 15배쯤 가까운 14만 광년 떨어진 곳에 있다. 이 천체는 은하치고는 작은 덩치로 약 10억 개 정도의 별을 포함하고 있으며 특이하게도 이 별들 대부분에는 탄소가 많이 있다. 이렇게 탄소가 많은 별은 우리 은하에는 무척 드물다.

독거미 성운은 황새치자리 30을 포함하고 있으며 별이 태어나고 있는 넓은 지역이다. 이 천체는 최상급이라는 단어가 모자랄 정도이다. 이 성운이 오리온 성운만큼 우리에게 가까이 있다면 밤하늘을 밝히는 빛 때문에 그림자가 생길 정도이다.

또한 그 주변에는 LMC에서 정동 방향으로 10도쯤 가면 대략 3등급 밝기쯤 되는 네 개의 별이 다이아몬드 모양으로 느슨하게 모여 있다. LMC에서 가장 가까운 별이 날치자리 감마이고 가장 멀리 있는 별이 날치자리 엡실론이다. 이 두 별은 쌍성이다. 감마는 상대적으로 분해해 보기가 쉬워서 3.8등급의 주성과 13초 떨어진 5.7등급의 동반성으로 이루어져 있다. 엡실론은 좀더 분해하기가 어려워서 4.4등급의 주성과 그로부터 겨우 5초 떨어진 7.4등급의 동반성으로 이루어져 있다.

큰부리새자리: 소 마젤란 성운

하늘의 상태
  어두운 하늘

접안렌즈
  저배율

최적 관측 시기
  11월,
  남위 20도 이남

보아야 할 곳 카노푸스에서 아케르나르로 선을 그려라. 마젤란 성운은 이 선 바로 남쪽에 있으며 소 마젤란 성운은 서쪽에 자리잡고 있다. 남십자성이 보인다면 가장 위에 있는 별(남십자자리 감마)로부터 아크룩스로 선을 따라 천구의 남극을 지나 소 마젤란 성운으로 갈 수 있다.

어느 정도 어두운 저녁에 적도보다 충분히 남쪽에서 관측을 한다면 소 마젤란 성운은 쉽게 찾을 수 있다.

파인더스코프로 보았을 때 소 마젤란 성운은 직경이 거의 5도나 될 정도로 너무 크고 넓게 퍼져 있기 때문에 파인더스코프로 특별히 흥미를 끌 만한 부분을 볼 수 없다. 이 천체는 육안으로 보는 것이 훨씬 관측하기 쉽다.

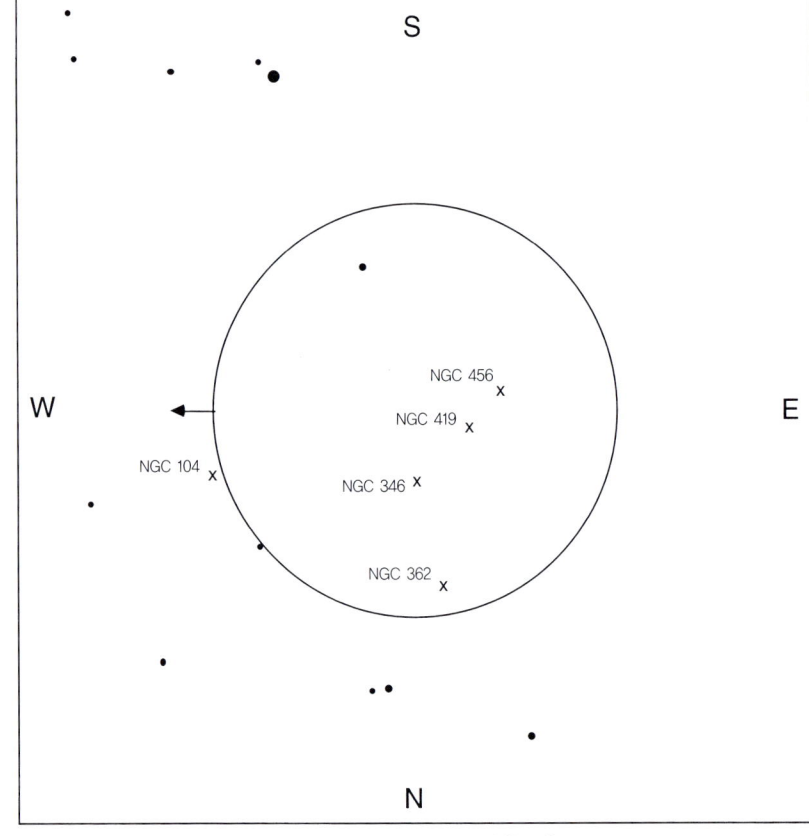

파인더스코프로 보았을 때

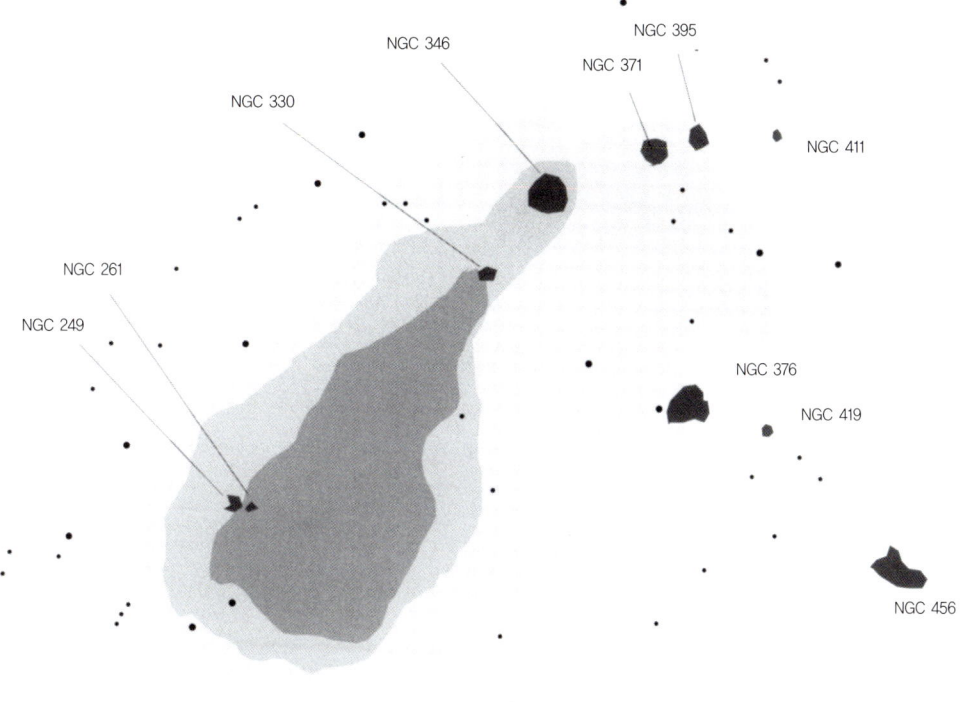

소 마젤란 성운 중앙 지역의 지도

망원경으로 보았을 때 소 마젤란 성운은 무척 얼룩덜룩한 빛구름처럼 보이며 망원경 시야보다 몇 배나 더 크고, 눈에 띄는 빛구름 덩어리들 몇 개가 그 안에 자리잡고 있다.

볼 만한 천체들은 다음과 같다.

NGC 249   작고 밝은 성운
NGC 261   작고 밝은 성운
NGC 330   성단
NGC 346   8.6등급 밝기의 커다란 발광 성운
NGC 371   성단
NGC 376   성단
NGC 395   산개 성단
NGC 411   10등급 밝기의 구상 성단
NGC 419   10등급 밝기의 구상 성단
NGC 456   일련의 성단들

코멘트 대 마젤란 성운이 더 크고 볼 만한 천체지만, 작은 망원경으로 볼 때는 여러 가지 면에서 소 마젤란 성운이 더 흥미를 끈다. 단지 대 마젤란 성운 근처를 훑어보는 것만도 커다란 즐거움을 맛볼 수 있다.

소 마젤란 성운이 너무 커서 최저배율 접안렌즈를 쓰더라도 한꺼번에 볼 수는 없다. 이 때문에 망원경으로 소 마젤란 성운의 전체 구조를 알아보기가 무척 어렵다. 대신 빛이 집중되어 있는 여러 지역과 함께 그 배경으로 어렴풋한 빛으로 접안렌즈가 꽉 차게 된다. 이런 특징은 특히 소 마젤란 성운을 배경으로 하는 중앙부보다는 어두운 하늘과 쉽게 대비되는 가장자리 쪽에서 더 잘 보인다.

여러분이 보는 것 덩치가 더 큰 이웃사촌과 마찬가지로, 소 마젤란 성운은 우리 은하의 위성 은하이다. 소 마젤란 성운은 대 마젤란 성운보다 조금 더 작고 약간 더 멀리 떨어져 있다. 천문학자들은 소 마젤란 성운에 약 10억 개 가량의 별이 있으며, 우리로부터 약 20만 광년 떨어진 곳에 자리잡고 있다고 추정하고 있다. 중심에 보이는 밝은 핵은 그 직경이 약 1만 광년이다.

소 마젤란 성운 근처에 두드러져 보이는 두 개의 구상 성단 NGC 104와 NGC 362(200쪽과 202쪽을 보라)가 사실은 소 마젤란 성운의 구성원이 아니라는 사실에 주목하라. 이 두 성단은 우리 은하의 일원으로, 소 마젤란 성운과는 우연히도 시선 방향이 같을 뿐이다.

큰부리새자리 : 큰부리새자리 47, 구상 성단, NGC 104

하늘의 상태
　어두운 하늘

접안렌즈
　저배율

최적 관측 시기
　11월,
　남위 20도 이남

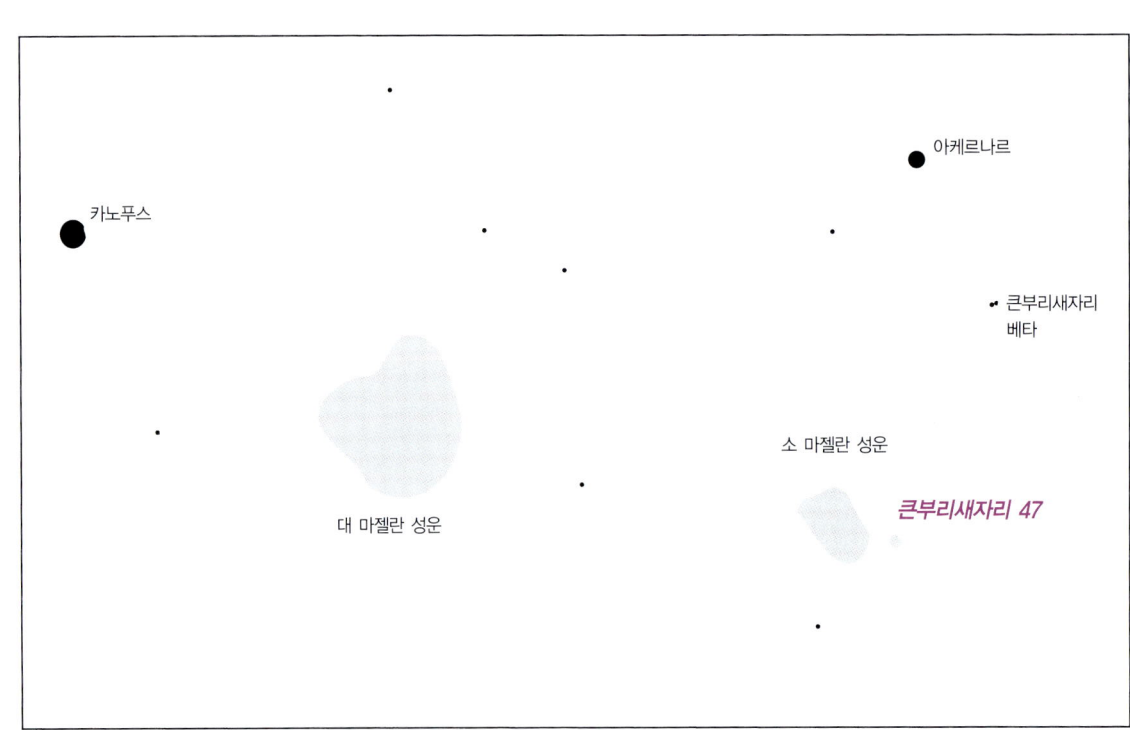

보아야 할 곳 소 마젤란 성운을 찾아라. 카노푸스에서 아케르나르로 선을 그리고 난 뒤, 이 선 바로 남쪽에 있는 마젤란 성운을 찾아라. 또는 여러분이 충분히 남쪽 지방에 있기 때문에 남십자성이 극 주변에 있는 천체로 보인다면 남십자성의 꼭대기에 자리잡고 있는 남십자자리 감마 별로부터 아크룩스까지 따라간 다음 천구의 남극을 넘어 소 마젤란 성운이 있는 곳으로 갈 수 있다.

파인더스코프로 보았을 때 소 마젤란 성운의 서쪽에서 약간 북쪽에 있는 퍼져 보이는 '별'을 조준하라.

망원경으로 보았을 때 이 구상 성단은 별들이 많이 있는 지역을 배경으로 커다랗고 밝은 낟알 무늬의 빛공처럼 보일 것이다. 성단의 중심핵은 약간 직사각형이며(장축이 동서 방향을 가리키고 있다) 다소 어두운 바깥쪽은 중심핵보다 약 세 배 정도 폭이 넓다.

코멘트 이 구상 성단은 하늘에서 센타우르스자리

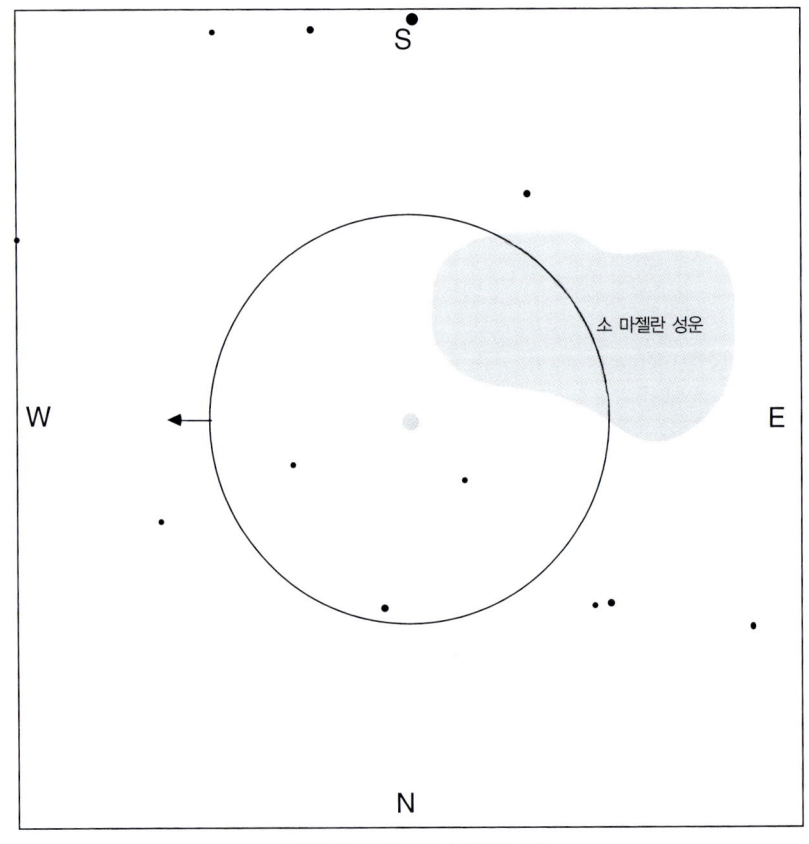

파인더스코프로 보았을 때

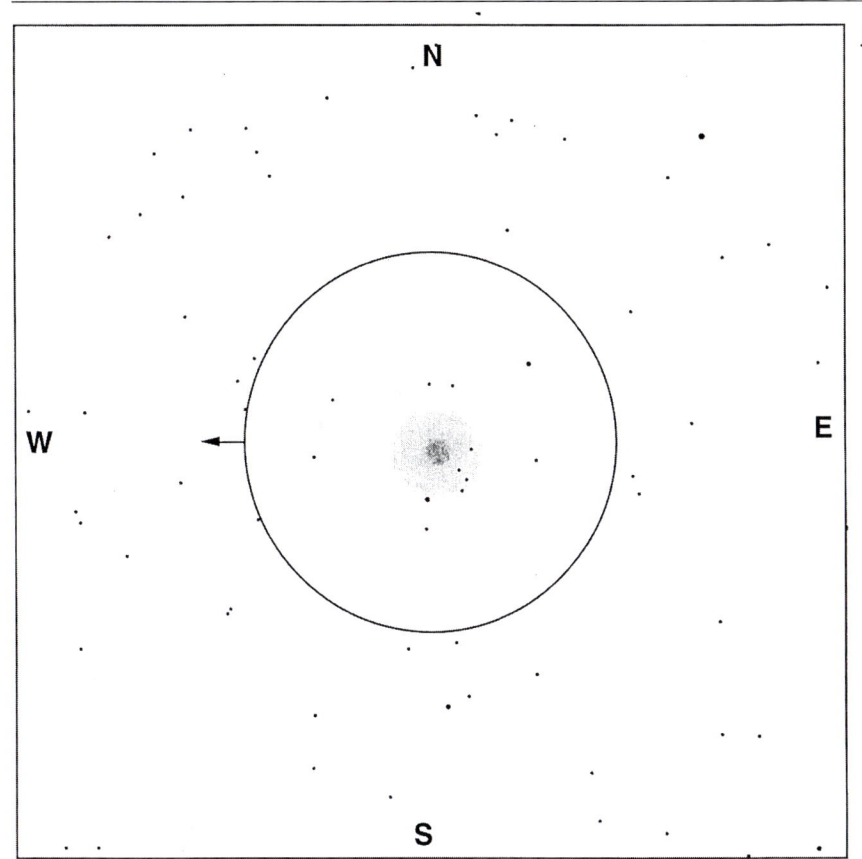

저배율로 보았을 때의 NGC 104

오메가(186쪽을 보라)에 이어 두번째로 밝은 구상 성단이다. 이 성단은 육안으로 보았을 때도 퍼진 점처럼 보이며, 캄캄한 밤이라면 파인더스코프나 성능 좋은 쌍안경으로도 성운 같은 모습을 쉽게 볼 수 있다. 4인치나 그 이상의 망원경으로 보면 이 성단에 있는 별들을 충분히 분해해 볼 수 있다.

이 성단은 M13보다 훨씬 크고 밝으며 M22와 크기는 비슷하지만 밝기는 1등급 정도 더 밝다. 성단의 핵은 주변을 둘러싸고 있는 빛구름보다 훨씬 밝다. 실제로 핵이 내는 휘황찬란한 빛이 너무 밝기 때문에 성단 외곽 지역을 분해해 보기 힘들 지경이다.

시야에 밝은 별들이 있다는 사실에 주의해라. 이 성단은 남쪽으로 9등급 밝기의 (성단의 구성원이 아닌) 낱별 부근까지 뻗어 있으며, 보름달 크기의 2/3 정도 크기로 저배율 접안렌즈로 보았을 때의 망원경 시야를 거의 1/3이나 차지한다.

여러분이 보는 것 이 성단은 우리로부터 1만5천 광년에서 2만 광년 사이에 존재하지만 정확한 거리를 추정해내기는 어렵다. 성단의 질량은 태양 질량의 50만 배 이상인 것으로 추측하고 있다. 다른 구상 성단들과 비교해볼 때, 큰부리새자리 47에 있는 별에는 유난히 중금속 원소가 많다. 99쪽에서 말했듯이, 대부분의 구상 성단에 있는 별들은 이러한 원소들이 거의 없다. 이런 원소들은 별 깊숙한 곳에서 만들어지기 때문에 표면에 중금속이 있는 별은 초기 별의 잔해로부터 만들어진 것이 틀림없다. 즉 천문학자들은 대부분의 구상 성단이 은하에서 중금속이 만들어지기 이전인 아주 초창기에 만들어졌다고 생각하고 있으며, 큰부리새자리 47은 아마도 가장 젊은 구상 성단 가운데 하나일 것이다. 이 성단은 자신보다 더 일찍 태어난 별들이 중금속을 만들고 초신성 폭발을 한 다음에 생겨났다.

이 성단의 또다른 특이점은 개개의 별을 자세히 관찰해보아도 지나칠 정도로 쌍성이 없다는 사실이다. 이는 쌍성이 만들어지는 데 무엇인가가 있다는 사실을 우리에게 말해준다. 하지만 그것이 무엇인지 우리는 아직까지 알지 못하고 있다.

또한 그 주변에는 NGC 104와 소 마젤란 성운에서 10도만큼 북쪽으로 가면 아주 가까이 있는 한 쌍의 별이 육안으로도 분해되어 보인다. 이 천체는 큰부리새자리 베타로서, 아주 복잡한 계의 구성원들이다. 이 두 별 가운데 더 밝은 쪽을 망원경으로 보면 4.4등급의 베타-1과 27초만큼 떨어진 4.5등급의 베타-2로 분해되어 보인다. 육안으로 보이는 다른 별(망원경에서 베타와 같은 시야에 들어오지만 육안으로 분해할 수 있다)은 베타에서 10분 떨어져 있으며 베타-3이라 부른다. 이 별의 밝기는 5.2등급이다. 사실 세 별 모두는 각자가 아주 가까운 쌍성들로, 너무 가깝기 때문에 작은 망원경으로는 분해해 볼 수 없는 6중 쌍성이다.

큰부리새자리 : 구상 성단, NGC 362

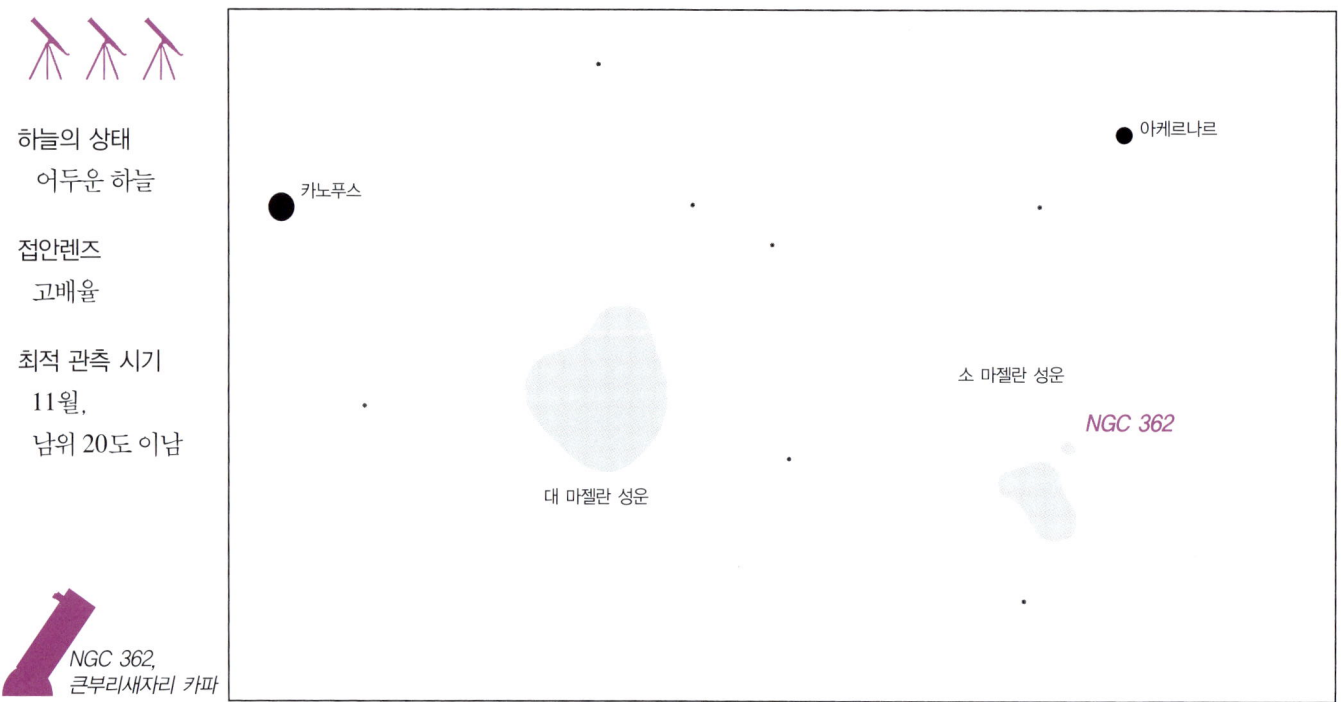

하늘의 상태
　어두운 하늘

접안렌즈
　고배율

최적 관측 시기
　11월,
　남위 20도 이남

NGC 362,
큰부리새자리 카파

보아야 할 곳 소 마젤란 성운을 찾아라. 카노푸스에서 아케르나르로 선을 그리고 이 선 바로 남쪽에 있는 마젤란 성운을 찾아라. 또는 남십자성이 극 주변에서 보이는 남쪽 지방이라면 남십자성의 꼭대기에 자리잡고 있는 남십자자리 감마로부터 아크룩스까지 따라간 다음 천구의 남극을 넘어 소 마젤란 성운을 찾아갈 수도 있다.

파인더스코프로 보았을 때 소 마젤란 성운 북동쪽 모퉁이가 파인더스코프에 보일 것이다. 소 마젤란 성운를 지나 바로 보이는 6.5등급 밝기의 '별'을 찾아라. 이 천체가 NGC 362이다.

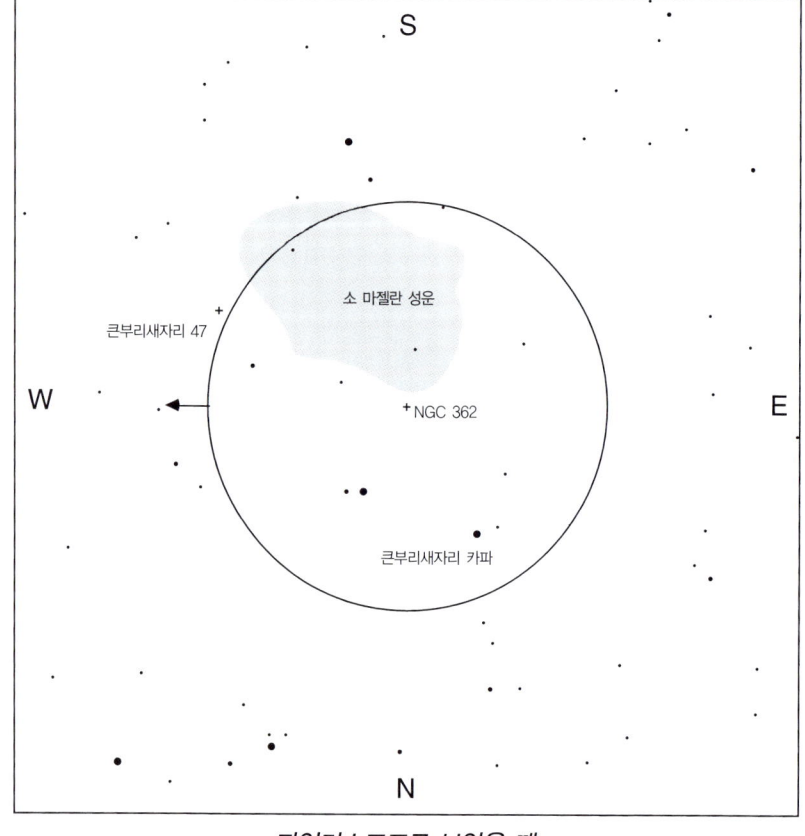

파인더스코프로 보았을 때

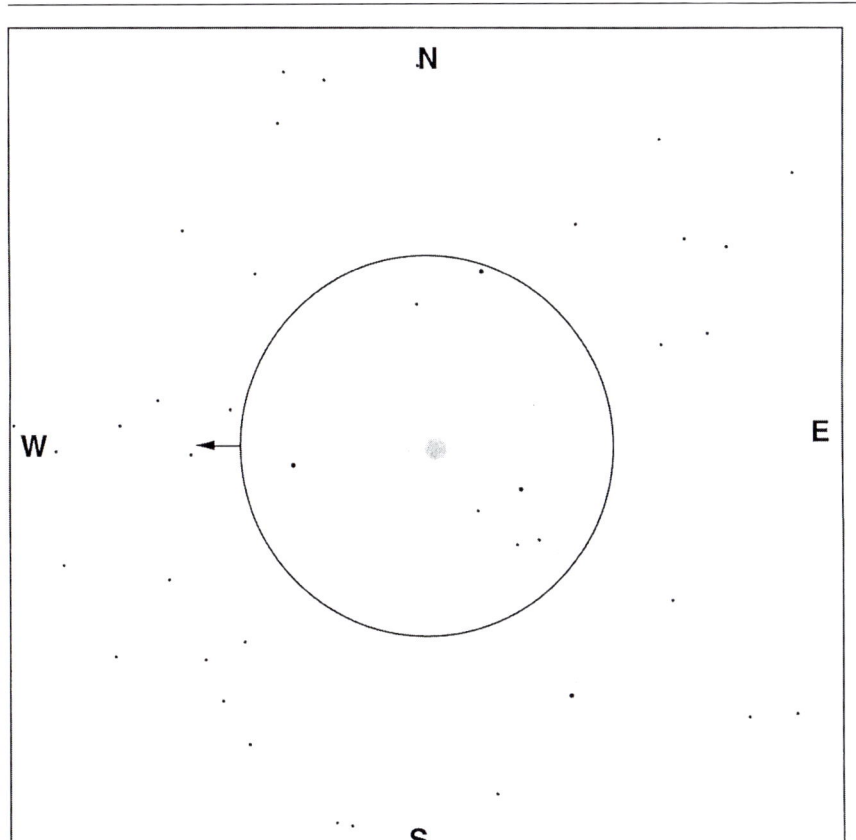

중배율로 보았을 때의 NGC 362

망원경으로 보았을 때 NGC 362는 작지만 밝은 구상 성단으로, 주변에 별이 많은 지역에 있다.

코멘트 이 천체를 제대로 보려면 최소한 중배율 접안렌즈를 써야 한다. 전체 성단의 각거리는 약 13분이지만 (가장 쉽게 볼 수 있는) 중심핵은 전체 반경의 반 정도밖에 안 된다. 다행히도 이 천체는 고배율로 보아도 아무 문제가 없을 만큼 밝다.

여러분이 보는 것 가장 가까이 있는 큰부리새자리 47을 포함해 다른 구상 성단들과 비교해볼 때, NGC 362는 작아 보인다. 그리고 사실 큰부리새자리 47이 50만 개의 별이 있고 센타우르스자리 오메가 같은 거대한 성단에는 거의 1백만 개의 별이 있는 데 비해 NGC 362에는 십만 개 정도의 별이 있을 뿐이다. NGC 362는 우리로부터 약 1만5천 광년 떨어진 곳에 있다. 이 거리는 센타우르스자리 오메가나 큰부리새자리 47과 비슷한 거리로, 이 때문에 망원경으로 보았을 때 세 천체의 실제 크기가 얼마나 차이나는지 제대로 비교해볼 수 있는 것이다.

또한 그 주변에는 NGC 362에서 북동쪽으로 2도만큼 가면 큰부리새자리 카파라는 다중성이 나온다. 주성은 5등급 밝기의 노란색 별이고 7.4등급 밝기의 동반성은 주성에서 5초만큼 떨어진 진한 오렌지색 별이다. 또한 주성 자체도 쌍성으로, 8등급 밝기의 별 한 쌍이 각거리 1초만큼 떨어져 있다. 3인치 망원경으로 분해해 보기에 이 쌍성은 서로 너무 가까이 있지만 6인치 망원경으로는 분해해 볼 수 있다.

망원경을 어떻게 사용할 것인가?

갈릴레오는 목성의 위성 네 개를 처음 발견했고(그 이후 갈릴레오를 기리기 위해 이 네 개의 위성을 '갈릴레오 위성'이라 한다), 처음으로 금성의 위상과 토성의 고리를 보았으며, 성운과 성단을 망원경으로 본 최초의 인물이다. 또 갈릴레오의 관측 기록을 자세히 검토해보면 해왕성을 관측하고 위치를 기록했다는 증거가 나오는데, 사람들이 해왕성이 행성이라는 사실을 알기 거의 2백 년 전이었다.

갈릴레오는 이 모든 일을 겨우 1인치 망원경으로 해냈다.

수백 개의 천체를 발견해 자신의 이름을 딴 목록을 만든 찰스 메시에는 조악한 금속 거울이 딸린 7인치 반사경으로 관측을 시작했으며, 어떤 사람의 증언에 따르자면 그 망원경은 현대의 3인치 망원경보다 그리 나을 게 없었다고 한다. 실제로 메시에가 나중에 썼던 망원경은 3인치 굴절식이었다.

요점을 말하자면, 세상에 성능 나쁜 망원경은 없다는 것이다. 여러분이 쓰는 망원경이 아무리 싸구려거나 보잘것없다 할지라도 분명 갈릴레오가 써야 했던 것보다는 좋은 제품이다. 망원경을 소중하게 다루어야만 한다. 절대로 망원경을 무시하지 말아라. 망원경 탓을 하지 말아라. 소중하게 다뤄야 할 가치가 없는 물건이라는 생각은 절대로 하지 말아라.

구름이 걷히길 기다리는 동안…

자기 망원경에 익숙해져라

망원경 사용의 첫 단계는 자신이 가지고 있는 망원경이 무엇인지 아는 것이다. 망원경이 어떤 방식으로 작동하는지에 대해서 기본적인 사실 몇 가지를 알고 있다면 망원경을 좀더 쉽게 이해할 수 있다.

천문용 망원경은 아주 다른 두 가지 역할을 동시에 한다. 즉 어두운 물체를 밝게 보이도록 하며 작은 물체를 더 크게 보이게 한다. 망원경은 이를 두 단계에 걸쳐 수행한다. 모든 망원경에는 **대물렌즈**(대물거울)라는 커다란 렌즈(또는 거울)가 달려 있다. 이 렌즈나 거울은 가능한 한 많은 빛을 모으기 위해 고안되었다. 빗물을 받기 위해 내놓은 양동이를 생각하면 되겠다(어떤 천문학자들은 망원경을 '빛-양동이'라고 말하기도 한다). 분명히 렌즈나 거울이 더 커지면 더 많은 빛을 받을 수 있으며, 더 많은 빛을 받으면 어두운 물체도 더 밝게 볼 수 있다. 즉 여러분이 망원경에서 알아야 할 가장 중요한 숫자는 대물렌즈의 직경이다. 이 직경을 **구경**이라 한다.

여러분의 망원경이 빛을 모으기 위해 렌즈를 쓰고 있다면, 이런 망원경을 **굴절 망원경**이라 부른다. 거울을 쓴다면 **반사 망원경**이라 한다. 굴절 망원경에서 빛은 대물렌즈라 불리는 커다란 렌즈에 의해 굴절 또는 꺾이게 된다. 반사 망원경에서는 대물거울이라 물리는 주경에서 반사되어 대물거울 앞쪽에 자리잡고 있는 더 작은 거울로 간다(이 거울을 부경이라 한다). 양쪽 모두 이렇게 꺾어진 빛은 눈으로 볼 수 있게끔 접안렌즈에 의해 꺾이게 된다.

반사식 망원경 가운데 부경이 반사한 빛을 경통 꼭대기 부근에 있는 옆쪽으로 뽑아내는 방식을 **뉴튼** 식이라 한다. 뉴튼 식 반사 망원경 가운데 오늘날 아마추어들이 가장 많이 쓰는 형식은 돕슨 식으로, 뉴튼 식 반사 망원경에다 거울이 있는 아래 부분에 망원경 받침대를 달아놓은 망원경이다.

반사한 빛을 주경에 있는 구멍을 통해 되돌려 보내는 방식의 반사 망원경을 카세그레인 식 반사 망원경이라 한다. 카타다이옵틱 반사 망원경은 여기에 망원경 경통의 길이가 훨씬 짧아질 수 있도록 주경 앞에 렌즈를 달아놓았다. 이런 유에서 아마추어들이 쓰기 편한 것으로는 **막스토프 식 반사 망원경**[+]이 있다.

주경이나 대물렌즈는 빛을 **초점**이라 부르는 한 점에 모아 작고 밝은 상을 만들기 위해 빛을 꺾는다. 이렇게 꺾인 빛은 초점에 도달하기까지 어느 정도 거리를 지나야 하는데, 이 거리를 **초점거리**라 한다.

주경이나 대물렌즈에 의해 초점에 맺힌 작고 밝은 상은 공간에 떠 있는 것처럼 보인다. 이 지점에 종이나 필름 또는 불투명 유리를 놓으면 주경(대물렌즈)이 만든 작은 상을 실제로 볼 수 있다. 여기를 망원경의 **주초점**이라 한다. 이곳에 렌즈를 떼어낸 카메라 몸통을 붙인다면 사진을 찍을 수 있다. 그러면 망원경은 카메라 렌즈를 대신하는 거대한 망원렌즈가 된다.

초점거리를 구경으로 나눈 값을 망원경의 f비(f ratio) 한다. 이는 카메라에서 쓰는 f-스톱(f-stop)에 해당한다. 카메라광이라면 f비가 작을수록 상이 더 밝아진다는 사실을 기억할 것이다. f비가 작은 망원경을 쓰면 천체 사진을 찍을 때 짧은 시간에 밝은 상을 얻을 수 있기 때문에 f비가 작은 망원경을 '빠른' 망원경이라 부르기도 한다.

다음으로 접안렌즈에 대해 알아보자. 접안렌즈의 역할을 설명하는 한 가지 방법은 대물렌즈를 통과해 초점에 맺힌 작은 물체를 확대하는 돋보기로 생각하라는 것이다. 접안렌즈의 종류가 다르면 배율도 다르다.

접안렌즈를 썼을 때의 **배율**을 알려면 대물렌즈의 초점거리를 접안렌즈의 초점거리(대개의 경우에는 옆면에 씌어 있다)로 나누면 된다. 두 숫자의 단위가 같은지에 유의하라. 요즘에 쓰고 있는 접안렌즈 대부분은 밀리미터 단위로 초점거리를 표시하므로 대물렌즈의 초점거리가 밀리미터 단위로는 얼마인지 알아야만 한다.

예를 들어 대물렌즈의 초점거리가 1미터(즉 100cm 또는 1,000mm)이고 접안렌즈의 초점거리가 20mm이면 배율은 1,000/20 또는 50x이다. 10mm 접안렌즈를 쓴다면 망원경 배율은 100x가 된다.

배율과 함께, **분해능**에 대해 알고 있으면 많은 도움이 된다. 분해능이란 망원경을 통해 두 별이 서로 떨어져 있는 상태로 보이려면 각거리로 얼마나 떨어져 있어야 하는가를 수치로 표현한 값으로, 행성의 표면을 얼마나 자세히 볼 수 있는가 하는 한계를 나타내주기도 한다.

분해능에 영향을 주는 요소는 여러 가지가 있지만 가장 큰 영향을 주는 것은 여러분 망원경 위 공기의 안정성과 깨끗함이다. 하지만 공기가 완벽하게 안정되고 깨끗하다 할지라도 망원경에는 여전히 분해능의 한계가 있게 된다. 이론적으로는 망원경의 대물렌즈(거울)가 크면 클수록 분해능이 커진다. 이것이 망원경의 대물렌즈나 거울이 중요한 또하나의 이유이다.

분해능은 망원경으로 보았을 때 두 개의 점으로 나누어볼 수 있는 두 점 사이 최소 각거리로 표시한다. 이런 작은 각은 초로 표시한다(원의 내각은 360도라는 사실을 상기하라. 1도는 60분으로 나눌 수 있고, 다시 1분은 60초로 나눌 수 있다). 여러분이 가지고 있는 망원경의 이론적인 분해능을 알아낼 수 있는 좋은 방법은 대물렌즈의 구경을 밀리미터로 표시한 다음 120으로 나누는 것이다(여러분의 망원경이 인치 단위로 표시되어 있으면 대물렌즈의 폭을 4.5로 나누면 초 단위의 분해능을 얻을 수 있다). 좋은 상태라면, 60밀리미터 구경의 망원경 렌즈로는 2초만큼 떨어진 쌍성을 분해해 볼 수 있다. 이렇게 하려면 대기의 상태가 무척이나 안정되어 있어야 한다. 3인치 망원경의 이론적인 분해능 한계는 1.5초이다.

어떤 경우 육안으로도 이 정도 분해능을 얻을 수 있다. 사람의 눈은 어느 한 방향으로는 분해능 한계보다 더 작은 물체도 구별해볼 수 있지만 다른 한 방향으로는, 특히 강한 밝기 대비가 있는 경우에는 분해능 한계보다 큰 물체도 구별하기 힘들어한다. 토성 고리에 있는 카시니 간극이 한 예이다.

두 별의 밝기가 비슷하다면 분해능 한계보다 약간 더 가까이 있는 쌍성도 구별해볼 수 있다. 쌍성은 길쭉한 빛덩이처럼 보일 것이다. 한편 한 별이 다른 별보다 훨씬 밝다면, 이론적인 각거리보다 두 별 사이가 훨씬 떨어져 있어야만 어두운 별의 존재를 알아차릴 수 있다. 언제 어떻게 되는지는 경험이 말해준다.

최대 배율은 망원경의 분해능을 결정하는 또하나의 중요한 요소다. 망원경의 분해능에는 한계가 있기 때문에 망원경 대물렌즈나 거울로 만들어진 상은 결코 완벽한 것이 아니다. 이런 이유 때문에 상을 크게 확대해 자세히 들여다보려 할 때 한계가 생긴다.

아주 고배율로 망원경을 통해 보는 것은 신문 안에 있는 사진

굴절 망원경

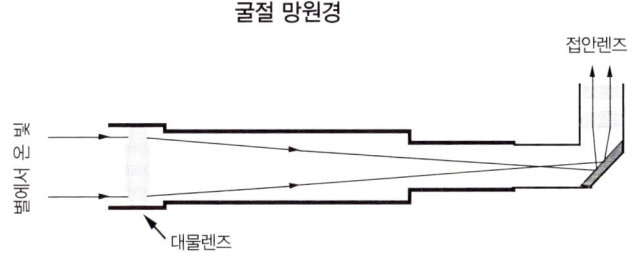

카세그레인 식 반사 망원경

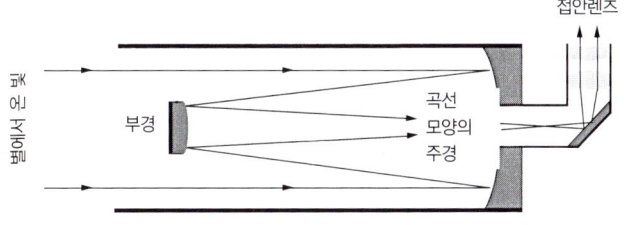

뉴튼 식(돕슨 식) 반사 망원경

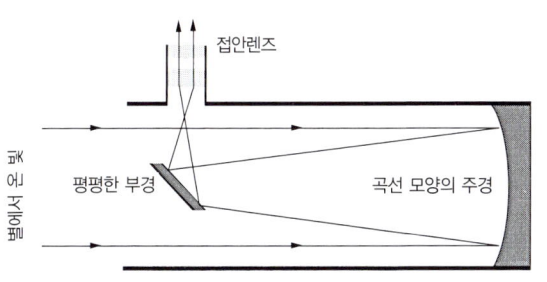

카타다이옵틱(막스토프 식) 반사 망원경

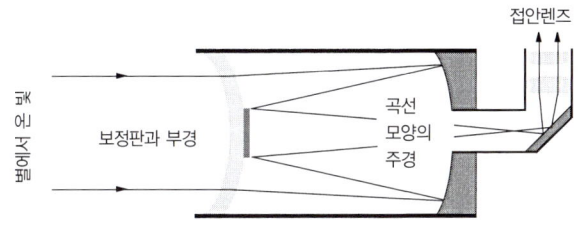

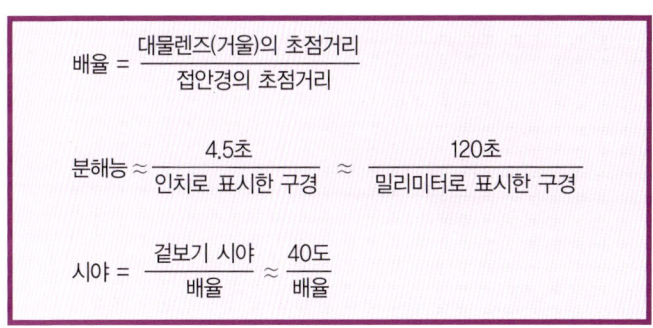

배율 = 대물렌즈(거울)의 초점거리 / 접안경의 초점거리

분해능 ≈ 4.5초 / 인치로 표시한 구경 ≈ 120초 / 밀리미터로 표시한 구경

시야 = 겉보기 시야 / 배율 ≈ 40도 / 배율

을 돋보기로 들여다보면서 뭔가 더 자세한 것을 보려는 것과 같다(신문의 사진이 작은 점으로 이루어져 있다는 사실을 볼 수 있을 것이다. 더 큰 돋보기를 쓴다면, 그 점들이 더 확대되어 보일 뿐이다). 일단 여러분이 원래 상의 한계 분해능에 도달하고 나면 더 확대를 해보았자 더 자세한 내용을 볼 수는 없다.

경험 법칙에 따르면, 망원경에서 쓸 수 있는 최대 배율은 구경의 밀리미터당 2.5x(또는 인치당 60x)이다. 여러분이 3인치 망원경을 가지고 있다면, 180x 이상 고배율로 보는 것은 별 쓸모가 없다. 게다가 그렇게 고배율로 관측해서 얻는 상의 밝기는 매우 어두워진다.

시야는 접안경으로 보는 하늘의 영역이 얼마나 넓은지를 말해준다. 다시 말하지만, 우리는 천체의 크기를 초, 분, 각으로 잰다는 사실을 기억하라. 이 책에 있는 행성상 성운은 대개 각거리가 1분 정도이다. 보름달은 0.5도(30분)이다. 180도의 시야는 전 하늘을 다 포함한다.

일반적인 접안렌즈를 눈에 대고 보았을 때, 시야는 35도에서 40도 정도 된다(겉보기 시야이다). 망원경을 통해 보이는 시야는 확대되어 보이기 때문에 여러분이 접안렌즈를 통해 실제로 보는 하늘의 크기는 겉보기 시야를 배율로 나눈 값이다. 즉 35x나 40x처럼 저배율 접안렌즈를 쓰면 하늘의 1도 정도를 볼 수 있으며 중배율(75x)을 쓰면 1/2도를, 고배율(150x)을 쓰면 1/4도 정도를 볼 수 있다. 이 값들은 이 책의 저배율, 중배율, 고배율 그림에서 각각 가정한 값들이다. 하지만 어떤 접안렌즈에서 정확한 시야는 접안렌즈가 어떻게 설계되었는가에 따라 다르다. 설계를 잘한(하지만 값은 비싼) 접안렌즈는 훨씬 큰 시야를 확보해준다.

자신이 쓰는 가대에 대해 알아라

작은 망원경을 위아래, 앞뒤로 움직일 때는 카메라 삼각대 비슷한 삼각대를 쓴다. 위아래 방향을 '고도'라 한다. 앞뒤 방향은 '방위각'이라 한다. 이런 가대를 경위의(經緯儀) 가대[+]라 한다. 작은 망원경의 경우 경위식 가대가 알맞다. 이런 유형의 가대는 가볍고 특별히 정렬을 할 필요도 없으며 보고자 하는 방향을 그저 망원경으로 가리키면 되기 때문에 사용하기도 쉽다.

경위의 망원경 가운데 싸고 흔히 볼 수 있는 변형은 돕슨 식이다. 망원경 경통 중심을 지지하는 삼각대 대신, 돕슨 식은 거울이 있는 아래쪽에 가대가 달려 있다. 망원경이 뒤집어질 수도 있지만 이를 막기 위해 설계상 두 가지 대책을 마련해놓았다. 즉 바닥을 무척 무겁게 만들었으며(망원경에서 가장 무거운 부분은 거울로서, 뉴턴 식 망원경에는 이미 아래에 달려 있다), 플라스틱을 입힌 마분지와 같이 아주 가벼운 재질로 경통을 만드는 것이다. 또한 제작비를 낮추고 간단하게 쓸 수 있도록 하기 위해, 망원경이 움직이는 두 축에 테플론 마찰 패드를 달아놓았다. 덕분에 제대로 고정만 해준다면 망원경으로 한 곳을 본 다음 다른 방향을 보기 위해 회전을 시킨 뒤 손을 놓고 있어도 망원경이 흔들리지 않고 고정되어 있다. 돕슨 식은 크기에 비해 놀랄 만큼 싸며 아주 쓰기 쉽다. 하지만 휴대하기 어렵고(캠핑을 갈 때 가지고 다니기 거추장스러우며, 심지어 뒤뜰에 내놓을 때도 힘들다), 천체 사진을 찍을 수 없다.

하늘에 있는 대상에 초점을 맞추고 나면 이 천체가 시야에서 천천히 움직이는 현상을 발견할 것이다. 경위의 가대를 쓰면 계속해서 양방향으로 망원경을 보정해주어야만 한다. 여러분이 보고 있는 천체는 동쪽에서 서쪽으로 움직이고, 고도도 더 높아지

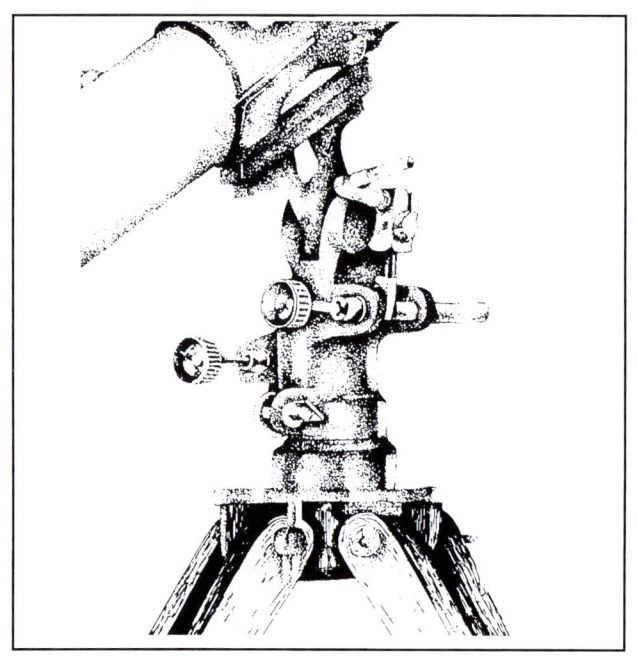

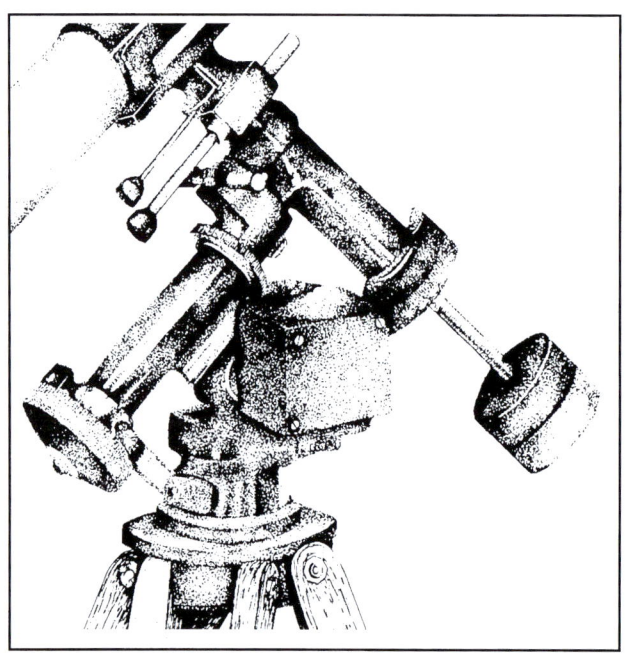

망원경의 가대에는 경위의(위)와 적도의(아래)가 있다. 적도의 가대는 사실 경위의 가대의 한 종류로서, 한 축이 지구와 함께 돌도록 기울어져 있다.

거나 낮아지기 때문이다.

잠깐만 생각해보면 왜 그런지 금방 알 수 있다. 별은 동쪽에서 떠서 서쪽으로 지며, 천천히 하늘을 가로질러 간다. 물론 실제로 일어나는 현상은 지구가 자전하며 우리를 한쪽 별자리에서 다른 쪽 별자리로 옮기는 것이다. 사람들은 이런 운동을 보정하기 위해 더 멋진 가대를 발명했는데, 적도의(赤道儀)라고 한다(대개는 커다란 망원경에만 부착되어 있다). 이 가대는 한 축이 기울어져 있는 경위의 가대라고 생각할 수 있다. 경위의 가대에서 수직으로 곧장 향했던 망원경의 한 축이 적도의에서는 천구의 북극을 가리키게 해놓았다 (이는 90도에서 여러분이 관측하는 위도를 뺀 값만큼 기울어져 있다). 이 축을 **적경축**이라 한다. 이런 방식의 가대에 망원경을 세우면 기울어져 있는 축을 중심으로 해서 지구 자전 방향과 반대 방향으로 망원경을 회전하기만 하면 관측하는 천체가 망원경의 중심에 오도록 할 수 있다. 또한 여러분은 망원경이 스스로 회전하도록 모터를 달 수도 있다. **구동 모터**라 불리는 이 모터는 기울어진 축을 중심으로 망원경을 시침의 반 속도로 돌게 한다. 즉 이 모터는 망원경이 하루에 한 번 회전하게 해준다(정확하게 말하자면 23시간 56분마다 한 번씩이다. 별이 하루에 4분씩 일찍 뜨기 때문이다).

하지만 적도의에 부착되어 있는 또다른 축 때문에 이런 망원경을 처음으로 쓰는 사람들은 자신이 원하는 천체를 찾기 힘들어한다. 그리고 가대의 설계에 따라서는 망원경이 삼각대의 한쪽으로 흔들리기도 한다. 따라서 망원경의 무게는 평형추로 균형을 맞춰주어야만 한다. 이런 이유로 적도의 망원경을 가지고 다니기는 상당히 부담스럽다.

여러분의 망원경이 **적도의 가대**라면, 관측을 할 때 처음 해야 할 일은 삼각대를 올바른 방향으로 세우는 것이다. 즉 극축이 지구의 자전축과 평행하게 되도록 해야만 한다. 다행히도 지난 수천 년 동안 지구의 자전축은 북극성이라는 이름의 밝은 별에 아주 가까이 자리잡고 있다. 그러니 여러분이 해야 할 일이라고는 삼각대에 있는 극축이 북극성을 향하고 있는지 확인하는 것뿐이다. 하지만 망원경을 설치할 때마다 축을 다시 맞추어야 한다는 사실을 기억하라!

(천체 사진을 찍기 위해 모터가 달린 망원경을 쓸 계획이라면 축을 더 정밀하게 맞추어야만 한다. 하지만 일상의 관측을 위해서라면 북극성에 축을 맞추는 것만으로도 충분하다.)

파인더스코프를 정렬하는 데 시간을 쓰면 나중에 천체를 찾으면서 쓸데없이 버리는 시간을 절약하게 된다.

파인더스코프 정렬하기

아직 밤이 되지 않았다면 관측 전에 할 만한 일이 하나 있다. 파인더스코프의 정렬이다. 파인더스코프는 망원경으로 재미있게 관측을 할 수 있게 해주는 중요한 열쇠이다. 파인더스코프를 제대로 정렬해놓았다면 여러분은 대부분의 천체를 아주 빠르게 찾을 수 있다. 하지만 제대로 정렬해놓지 않았다면 달보다 작은 천체를 찾기는 무척 고통스러울 것이다.

여러분의 파인더스코프는 손이나 드라이버로 조절할 수 있는 나사못들이 달려 있으며, 이들을 조절하면 약간씩 다른 방향을 가리키게 할 수 있다. 바깥으로 나가서 망원경을 설치한 다음 1킬로미터 정도 떨어진 가로등, 멀리 떨어져 있는 건물의 꼭대기, 멀리 있는 언덕 위의 나무와 같이 잘 보이면서도 되도록 멀리 떨어진 물체를 조준하라. 그냥 눈에 띄는 뭔가가 보일 때까지 망원경으로 훑어보고 있기만 하면 된다.

이제 그 물체를 파인더스코프로 찾아봐라(댄과 나는 여러분이 망원경으로 보며 고른 대상이 파인더스코프로도 보일 정도로 크다고 가정했다). 보고 있는 대상이 파인더스코프의 십자선 위에 **정확하**게 오도록 나사를 조절하라. 십자선에 '가까이' 오는 것만으로는 충분하지 않다. 나사들을 돌리다 보면 언제나 파인더스코프가 예상치 못한 곳으로 움직이는 듯하지만, 끈기를 갖고 정확하게 십자선 위에 물체가 올 때까지 계속 정렬을 하라.

그리고 나서 집 안으로 망원경을 가지고 들어가서 곧바로 정렬한 파인더스코프가 움직이지 않도록 모든 나사가 확실하게 조여졌는지를 확인하라(사실 이 부분이 가장 어려운 부분이다). 나사를 확실하게 조이면 어쩔 수 없이 정렬이 흐트러지므로, 아마도 제대로 하려면 이런 과정을 두세 번은 거쳐야 할 것이다.

하지만 이런 시간이 헛수고는 아니다. 제대로 정렬이 안 된 파인더스코프가 달린 망원경은 별을 관측하려는 사람들이 화를 내고 굴욕감을 느끼며 집으로 돌아가 텔레비전을 보게 하려는 악마의 발명품이다. 그런 일이 여러분에게도 일어나지 않도록 하라.

관측을 하러 바깥으로 나갈 때…

관측할 장소를 찾아라

관측하기 가장 쉬운 장소는 집 뒤뜰이다. 물론 근처에 가로등이 있다면 어두운 천체를 보기 어려우며 높게 솟아 있는 가로수가 있다면 이를 뚫고 관측하기도 어려울 것이다. 하지만 완벽한 장소나 날씨를 기다리며 그냥 앉아만 있지 말아라. 여러분에게 편한 장소 아무 곳에서나 관측을 하라. 밤마다 밀리 여행을 떠나야 할 필요는 없다. 그런 일은 특별한 때를 위해 남겨두어라. 뒤뜰에서 행성이나 성운을 몇 개 볼 수 있다면 대부분은 그 정도로 충분하다. 도시에 살고 있다면 건물 옥상이 관측하기 좋은 장소일 것이다. 대부분의 가로등보다 높이 있으며, 건물이 충분히 높다면 도시 근교에서 나무에 둘러싸여 있는 친구들보다 더 많은 하늘을 볼 수도 있다.

하지만 관측을 하려면 집 바깥으로 나가야만 한다. 대부분의 창유리는 표면이 매끄럽지 않고 망원경을 통해 확대해 보기 때문에 창문을 통해 초점을 잘 맞춰보기란 불가능하다. 더구나 방 안에 있는 아주 작은 불빛조차 유리창에 반사되며, 이런 반사광은 여러분이 보려는 대부분의 천체보다 더 밝다. 창문을 열고 보면 이런 문제를 피해갈 수 있겠지만 겨울에는 안쪽에 있는 따뜻한 공기와 바깥에 있는 차가운 공기가 섞이는 문제가 일어난다. 뜨거운 공기와 차가운 공기를 통과하는 빛은 굴절되고 뒤틀리기 때문에 불안정하고 깜빡거리는 상을 만든다.

망원경을 차갑게 하라

따뜻한 집 안에서 차가운 바깥으로 망원경을 가지고 나가면 온도의 변화가 여러 가지 문제를 일으킬 수 있다. 따뜻한 거울과 렌즈는 온도가 내려가면 수축하며 뒤틀릴 수 있다. 더 나쁜 것은, 경통 안에 있는 따뜻한 공기가 바깥의 차가운 공기와 섞이면서 난류를 만들 수 있다는 점이다. 난류가 생기면 망원경 분해능이 심각할 정도로 나빠진다. 하지만 이런 일을 해결하기 위해 주변에서 서성거릴 필요는 없다. 망원경이 최고의 분해능을 되찾을 때까지 잠시 차분히 기다리면 된다.

겨울철에 일어날 수 있는 또다른 문제는 안개이다. 따뜻하고 촉촉한 집 안 공기는 추운 겨울밤이 되면 굴절 망원경이나 막스토프 식 망원경 안에 갇히게 되고, 바깥에 내놓은 망원경이 차가워지면서 망원경 안에 있던 습기는 렌즈 안쪽 면에 응결하게 된다. 이런 응결을 처리할 수 있는 가장 좋은 방법은 따뜻하고 촉촉한 공기를 한꺼번에 없애는 것이다. 망원경을 차가운 곳으로 가지고 나갈 때 스타 다이아고날을 제거해서 경통을 연 다음, 망원경을 땅으로 향하게 해 경통 안에 있는 뜨거운 공기가 위로 올라가 바깥쪽의 차가운 공기와 뒤바뀌게 하는 것이다.

봄과 여름에는 좀더 까다로운 문제가 정반대의 방향에서 일어난다. 렌즈의 바깥 면에 이슬이 맺히는 것이다. 재미있게도, 이런 일이 벌어지는 까닭은 망원경을 너무 오랫동안 차갑게 했기 때문이다! (구름이 낄 정도는 아니지만 풀 위에 이슬이 맺히기에는 충분할 정도로) 습기가 있는 여름철 저녁, 집 바깥으로 가지고 나간 단단한 물체는 물체 주변에 있는 축축한 공기보다 훨씬 빨리

의자나 걸상 또는 무릎을 꿇을 때 깔 담요, 손전등과 책을 올려놓을 책상을 준비하라. 손전등을 손가락으로 막아 손톱이 불그스름하게 보이도록 하는 것은 천문학자들의 오래 된 전통이다. 이 방법을 쓰면 손전등의 불빛을 약하게 해주기 때문에 빛을 보고 난 뒤에도 눈이 어두운 별빛을 잘 볼 수 있다.

온도가 내려간다(왜 그럴까? 단단한 물체는 공기가 흡수하지 않는 파장을 포함한 여러 가지 파장으로 열을 방출하지만 물을 머금은 공기는 자신이 방출하는 파장과 같은 파장만 흡수하기 때문에 열이 바깥으로 달아나는 데는 오랜 시간이 걸린다). 이는 더운 여름날 차가운 사이다 캔에 이슬이 맺히듯 차가운 망원경에 물이 맺힌다는 뜻이다.

수증기의 응결을 없애는 한 가지 방법은 렌즈에 뜨거운 공기를 불어보내는 것이다. 헤어드라이어를 쓰거나 망원경을 자동차의 서리 제거 장치의 방출구 근방에 놓아두는 식으로 말이다. 하지만 대개 이런 방법은 기껏해야 몇 분 정도만 효과가 있으며 망원경이 따뜻하게 되기 때문에 위에서 말한 또다른 문제가 발생하게 된다.

가장 간단한 방법은 망원경 렌즈가 열을 방출하지 못하도록 막는 것이다. 렌즈 넘어서까지 뻗어 있는 길다란 검은색 통('이슬 막이 덮개'라 한다)은 열 방출을 멈추게 하고 렌즈의 온도를 따뜻하게 유지해준다. 이슬 막이 덮개가 없다면 임시 방편으로 렌즈 주변에 그냥 검은색 종이를 두르거나 망원경을 쓰지 않을 때 (겨울철에 했던 식으로) 망원경 앞부분을 땅으로 향해 놓으면 된다. 하지만 이슬이 많은 저녁이라면 망원경을 타고 흘러내리는 이슬이 접안렌즈로 가지 않도록 주의하라! 이 문제는 커다란 구경의 카타다이옵틱 망원경에서는 무척 심각한 영향을 주게 된다.

몸을 편안하게 하라

추운 날씨에 대비하라. 여러분은 오랜 시간 동안 꼼짝 않고 앉아 있어야 한다. 그러니 아주 따뜻하게 입어라. 겨울에는 내복을 입는 것이 좋으며, 망원경의 금속 부분을 조작하기 위해서 장갑은 필수다. 커피나 코코아가 든 보온병이 있다면 세상이 달리 보일 것이다. 여름철에는 냉기와 벌레로부터 보호할 수 있도록 팔다리를 노출시키지 말아라.

의자나 걸상 또는 무릎을 꿇을 때 깔 담요를 준비하고 플래시와 책을 올려놓을 책상을 준비하라. 어쩌면 이런 물건들까지 꼼꼼하게 챙기는 일이 귀찮을 수도 있지만 이런 물건들이 있으면 여러분은 훨씬 편안하고 즐겁게 관측할 수 있다. 걸상이나 탁자를 설치하는 데는 일 분 정도밖에 걸리지 않지만 덕분에 몇 시간 동안 행복하게 관측할 수 있다. 결국, 요점은 재미있게 놀아보자는 것이지 스스로를 고문하자는 것이 아니다.

눈을 어둠에 적응시켜라

눈이 어둠에 적응하는 데는 시간이 걸린다. 처음에 하늘을 보면 맑고 깜깜하다 할지라도 많은 별을 볼 수 없을 것이다. 15분 정도 지나고 나야 어두운 별들과 10킬로미터쯤 떨어진 쇼핑센터의 불빛이 보이기 시작할 것이다. 이쯤 되어야 어두운 성운들을 관측할 수 있다.

일단 어둠에 눈이 익숙해지고 나면 빛을 피하라. 어둠에 적응되었던 눈은 순식간에 그 적응력을 잃게 되며 다시금 어둠에 익숙해지려면 또다시 십여 분이 흘러야 한다.

책이나 성도를 읽기 위해 작은 손전등이 필요할 것이다. 손전등을 손가락으로 막아 손톱이 불그스름하게 보이도록 하는 것은 천문학자들의 오래 된 전통이다. 이 방법은 손전등의 불빛을 약하게 해주기 때문에 빛을 보고 난 뒤에도 눈이 어두운 별빛에 익숙하게끔 도와준다.

망원경의 보관과 유지

렌즈 뚜껑

여러분의 가장 악랄한 적은 렌즈에 떨어진 먼지이다. 렌즈 위에 있는 먼지는 렌즈가 빛을 모으는 역할을 방해하며 빛을 여러 방향으로 산란시킬 뿐만 아니라 렌즈 위를 움직이면서 민감한 광학 코팅에 영구적인 홈집을 남긴다.

지문 역시 공포의 대상이다. 렌즈에 있는 수천분의 1밀리미터만큼의 오차도 렌즈의 효율을 떨어뜨린다. 손가락으로 렌즈를 만질 때마다 묻는 지방분은 계속해서 이러한 오차를 유발한다. 일 년 정도 계속해서 접안렌즈에 지문을 묻히고 먼지가 쌓이게 하면 렌즈가 뿌옇게 되고…… 생각하기도 싫은 상황에 부닥치게 될 것이다.

언제나처럼 가장 좋은 해결책은 미리 방지하는 것이다. 절대로 렌즈를 손으로 만지지 말아라. 더 중요한 것은, 망원경을 사용하지 않을 때는 실수로라도 만지지 않도록 덮개를 씌워놓아야 한다는 점이다. 먼지를 막을 수 있는 유일한 방법은 렌즈를 쓰지 않을 때는 덮개를 씌워서 보관하는 것이다.

주의를 기울이지 않으면 렌즈 뚜껑을 쉽게 잃어버리게 된다(대체 왜 망원경 가게에서는 뚜껑만 따로 팔지 않는지 알다가도 모를 일이다). 남들이 볼 때 좀 지나치다 싶을 정도로 렌즈 뚜껑이 어디에 있는지 그 위치에 대해 관심을 가지고 있어라. 그만한 가치가 있는 일이다. 정해진 주머니 또는 망원경 케이스의 정해진 구석과 같이 뚜껑을 항상 같은 곳에 놓는 버릇을 들여라. 그리고 렌즈를 눈으로 들여다보고 있지 않은 때라면 관측을 하고 있는 동안에도 렌즈 뚜껑을 닫도록 하라.

렌즈 닦기

이런 모든 노력에도 불구하고 대물렌즈에 먼지가 끼면 어떻게 해야 하는가? 가장 아끼는 접안렌즈에 엄지손가락 지문이 선명하게 찍히게 되면 어떻게 해야 하는가?

먼지의 경우는 쉽다. 카메라 가게는 렌즈에서 먼지를 불어 없애는 작은 도구를 판다. 하지만 입으로 먼지를 불어 없애려 하지 말아라. 숨결에 포함되어 있는 습기는 먼지 자체보다 더 렌즈에 나쁘기 때문이다. 그리고 천으로 먼지를 쓸어내려고도 하지 말아라. 그러면 오히려 렌즈에 영구적인 흠집만 생길 뿐이다.

지문 같은 좀더 심각한 문제는 어떻게 해결해야 할까? 렌즈를 다치게 하지 않으면서도 깨끗하게 닦을 수 있을까?

이론적으로는 가능하다. 카메라나 망원경 가게에서 렌즈 닦는 도구를 살 수 있다. 험하게 쓰던 망원경을 물려받았다면 이 방법은 잠깐 동안은 해결책이 되어줄 수 있을 것이다. 하지만 처음부터 렌즈를 제대로 다루는 것을 대체할 만한 방법은 없다.

문제는, 요즘 팔고 있는 모든 고성능 접안렌즈에는 얇고 부드러운 반사 방지막이 입혀져 있다는 점이다. 이 막 때문에 렌즈는 독특한 푸른색을 띤다. 여러분이 렌즈에서 지문을 지우기 위해 하는 대부분의 행동은 (위에서 말한 값비싼 도구를 쓰는 경우를 제외하고는) 반사방지막에 얼룩을 남기거나 아예 망가뜨려버린다. 그리고 이렇게 막에 생긴 얼룩을 없애려 하다가는 렌즈 자체에 영구적인 흠집을 남기게 되어 원래 있던 지문보다 훨씬 심각한 문제가 된다.

여러분이 렌즈를 조심스레 간수하고 있었다면 아주 작은 티끌이나 가벼운 손가락 자국일지라도 눈에 거슬릴 것이다. 여러분의 렌즈가 너무나 깨끗하기 때문에 조금만 뭐가 묻어도 금세 티가 나기 때문이다. 지문 하나 또는 먼지 몇 개 정도는 망원경의 성능에 아무런 영향을 미치지 않으므로 이를 없애려 렌즈에 영구적인 흠집을 낼 수 있는 위험을 감수할 필요는 없다.

그럼에도 렌즈를 닦아야 할 필요를 느낀다면 우리가 추천하는 최선의 방법은 다음의 것이다. 닦지 말아라! 정말로 렌즈를 닦아야 할 필요가 있다면 가장 안전한 방법은 다음과 같다. 닦지 말아라! 렌즈가 너무나 더러워 쓰고 싶은 마음이 들지 않는다면 가게에서 파는 도구 가운데 하나를 구해서 렌즈를 닦아라. 그리고 난 다음에도 여전히 렌즈에 묻어 있는 때나 또는 닦는 도중에 생긴 흠집 때문에 새로운 접안렌즈를 사야겠다고 마음먹게 될지 모른다. 하지만 그렇다고 여러분이 잃을 건 하나도 없으며, 어쩌면 세척을 한 뒤에 접안렌즈를 다시 쓸 수 있게 될 수도 있다. 렌즈에 대해 일반적으로 알려진 법칙은 일단 한 번 닦고 난 렌즈의 상태는 원래의 상태보다 언제나 떨어진다는 것이다.

망원경의 보관

커다란 관측소에서는 천문학자들이 관측을 끝내고 나면 망원경을 재배치해 무거운 망원경 거울의 무게 때문에 모양이 뒤틀리지 않도록 하는 정규적인 과정이 있다. 하지만 여러분이 쓰는 2인치 구경의 망원경은 그런 문제가 없다! 기본적으로, 망원경을 보관하는 장소는 어느 정도 이상은 깨끗하고 서늘해야만 한다(여러분이 보관하는 장소가 차가우면 차가울수록 망원경이 바깥 온도와 맞춰지는 시간이 줄어든다).

여러분에게 관측실이 있다면 망원경을 조립해놓은 상태로 놓아두고, 원하는 순간 어느 때고 관측을 하고 싶을 것이다. 망원경을 쓰기 쉬우면 쉬울수록 더 자주 사용하고 싶어지게 되고, 더 자주 사용할수록 밤하늘에 있는 어두운 천체를 더 쉽게 찾아서 관측할 수 있다(그리고 더 재미있다). 강아지나 아장아장 걷는 아이로부터 망원경을 보호할 수만 있다면, 벽장 속에 처박아놓아 접안렌즈를 잃어버리거나 밟아 부수는 대신, 훨씬 좋은 성능으로 잘 쓸 수 있다.

컴퓨터와 아마추어 천문학자

개인용 컴퓨터 소프트웨어

오늘날 작은 망원경으로 관측을 하며 천문학자를 꿈꾸는 사람들이라면 모두가 개인용 컴퓨터를 가지고 있다고 해도 과언은 아닐 것이다. 그리고 이런 컴퓨터는 아마추어에게 놀라운 자산이 될 수 있다. 하지만 동시에 컴퓨터는 아마추어에게 커다란 혼란을 줄 수도 있다. 여러 가지 면에서, 컴퓨터 사용 기술 가운데 가장 중요한 기술은 언제 그 빌어먹을 물건을 꺼야 하는지를 아는 것이다(그리고 이 기술은 가장 배우기가 어렵다).

이 말은, 언제 컴퓨터를 켜야 하는지 알아야 한다는 뜻이기도 하다. PC 세대를 사는 아마추어 천문학자들이 누리는 가장 커다란 축복은 천문학 소프트웨어가 관측 계획을 짜게 도와주고, 식과 엄폐 현상이 언제인지 가르쳐주고, 주어진 시간과 장소에서 행성, 소행성, 혜성의 위치가 어디에 있는지를 보여준다는 점이다. 이런 일을 할 수 있게 해주는 프로그램은 수십 개가 있다. 이들 가운데 보이저Voyager(맥 용), 레드쉬프트 Redshift(맥과 PC 양쪽에서 사용 가능), 가이드Guide, 행성들의 춤Dance of the Planets(PC 용)과 같은 제품들은 만족스러운 성능을 보이고 있다. 의심할 여지 없이, 여러분이 이 책을 읽을 때쯤이면 더 빠르고 더 멋진 프로그램이 나와 있을 것이다. 여기서는 어떤 특별한 소프트웨어를 소개하기보다 몇 가지 일반적인 법칙에 대해 이야기하겠다.

이런 프로그램들에 깔려 있는 기본적인 개념은, 날짜와 장소를 입력하면 컴퓨터 화면상에 여러 가지 척도에 다양한 배율로 하늘에 있는 천체를 컴퓨터 화면상으로 볼 수 있다는 점이다. 이들로부터, 여러분은 사실상 하늘에 있는 모든 천체의 차트를 만들 수 있다. 하지만 여러분이 부닥치는 주요한 문제는 여러분이 너무 많은 정보에 노출되어 있다는 점이다. 그러므로 이러한 프로그램을 사용할 때의 첫번째 법칙은 여러분의 특별한 목적에 맞게 이런 프로그램을 사용하라는 것이다.

망원경으로 보고 싶은 가장 어두운 별은 무엇인가? 여러분이 가지고 있는 망원경이 2인치짜리라면 히파르쿠스 별 목록을 컴퓨터 화면에 완벽하게 찍어봐야 아무런 소용이 없다. 차트에 너무 많은 별들이 들어 있으면 혼란스러울 뿐 별 쓸모가 없다. 우리는 이 책에 있는 차트를 만들면서 몇 가지 기본 법칙을 썼다. 우리는 육안 차트에는 2등급 밝기의 천체(그리고 그보다 밝은 천체)를 모두 포함시켰으며, (북두칠성처럼) 눈으로 기억하고 있어야 하는 천체의 경우에는 3등급 별들도 포함해 그렸다. 파인더스코프 시야에서는 6등급보다 어두운 별은 거의 포함시키지 않았다. 그리고 망원경 시야에서는 우리가 볼 수 있는 한계 등급인 11등급의 천체까지 포함시켰다(그리고 관측하는 데 도움이 되겠다고 생각했을 때만 포함시켰다). 스스로 성도를 만들 때는 여러분이 가지고 있는 망원경과 하늘에 따라 알맞은 단계로 조절하라.

둘째로, 일단 컴퓨터 화면에 별들을 찍고 나면, (이 책에 있는 차트처럼) 흰 종이 위에 검은색으로 별들을 찍어보아라. 노트북 컴퓨터를 포함해 대부분의 컴퓨터 화면은 너무 밝기 때문에 어둠에 적응된 여러분의 눈에 방해가 된다. 그리고 어둠 속에서 수백만원하는 노트북 컴퓨터를 밟아버릴 걱정을 하고 싶지는 않으리라 믿는다. 컴퓨터는 집 안에 놓아두고 바깥에 종이말고 아무것도 가지고 가지 말아라. 왜 흰 종이에 검은색으로 별을 찍어야 하는지 궁금한가? 프린터 잉크나 토너를 절약하는 이유말고도, 어두운 붉은색 손전등 불빛 아래서는 이러한 성도가 더 알아보기 쉽기 때문이다. 그리고 관측을 하다 필요한 경우 흰 종이의 여백에 뭔가 적어넣을 수도 있다.

마지막으로, 여러분이 쓰는 프로그램에서 혜성의 궤도 자료를 어떻게 입력하는지를 배워라. 하늘에서 혜성을 찾기란 개인용 컴퓨터가 나오기 전에는 아마추어 천문학자들이 달성하기 가장 어려운 업적 가운데 하나였다(새로운 혜성을 찾는 것은 말할 것도 없고 이미 발견되어 그 궤도가 알려진 혜성도 마찬가지다). 대부분의 혜성은 무척 어둡다. 게 성운을 찾는 일이 어렵다고 생각한다면 시간마다 그 위치가 변하는 게 성운을 찾는다고 생각해보라. 하지만 여러분이 있는 곳에서 혜성이 어떤 위치에 있는지를 관측 차트에 찍을 수 있다면 여러분이 관측을 하려고 세웠던 시간 동안 '불가능'했던 문제들이 단순히 어려운 문제로 바뀌게 될 것이다.

하지만 비결은 궤도 자료를 찾은 다음(이런 일에는 인터넷이 좋다. 아래를 보라) 어떤 숫자가 어떤 상자에 맞는지를 알아야만 한다. 이런 일을 처리하는 데 알맞은 소프트웨어들이 있다. 결국은 시행착오가 그 효력을 발휘한다. 천문학 월간지의 정보를 검사하고 여러분이 쓰는 소프트웨어가 잡지에 실린 관측 차트를 그대로 보여주는지를 확인하라.

인터넷 이용하기

인터넷은 인류의 구세주도 아니며 악마의 근원도 아니다. 인터넷이 텔레비전을 보는 것보다 더 낫다. 하지만 별을 보는 것만큼 좋지는 않다. 그러나 구름이 낀 저녁에는 천문학에 관련된 수많은 사이트들을 찾아다니면서 허블 망원경이 찍은 최신 사진을 보거나 탐사선이 갓 보내온 사진을 보고, 다른 아마추어나 아마추어 모임에서는 무슨 일을 하고 있는지 읽거나 쓸 만한(종종 쓸모없기는 하지만) 소프트웨어를 모으는 일도 퍽 재미있다. 그리고 특히 새로 발견된 혜성의 궤도 위치를 얻는 데는 그만이다.

하지만 인터넷 페이지는 날씨보다도 빨리 바뀐다는 점에 유의하라. 찾고 싶은 정보를 제대로 찾으려면 서치 엔진 사용법을 익히고 이번 달에 발행된 천문학 잡지의 해당 인터넷 사이트를 체크해보는 게 가장 먼저 할 일이다.

컴퓨터로 조종하는 망원경과 CCD

슈퍼마켓에서 냉동식품 코너는 연어를 쉽게 구할 수 있는 장소이다. 하지만 이곳에 가며 '낚시'를 간다고 하지는 않는다.

오해하지는 말아라. 컴퓨터와 기계 사이의 인터페이스 때문에 씨름하고 여러분 입맛에 맞게 기계를 조종하며 보내는 시간도 재미있다. 물론 CCD(Charge-Coupled Device, 빛을 전기신호로 전환하는 디지털 카메라, 캠코더의 핵심 소자. 반면 디지털 카메라로 찍은 사진을 볼 수 있는 화면은 LCD라고 한다—옮긴이)로 찍은 상을 처리하는 기술을 익히는 데는 취미치고는 무척이나 시간이 많이 든다. 하지만 여러분이 이런 시간을 재미있게 보낼 수 있다면 커다란 도움이 된다.

그런 일을 아마추어 천문학이라고 말하지 말아라.

이는 단순히 여러분의 돈을 어딘가 더 좋은 곳에 쓸 수 있기 때문이 아니다. 사실 컴퓨터를 써서 하늘에 있는 천체를 발견하고 기록하면 관측으로 얻을 수 있는 재미의 90% 이상과 아마추어 천문학에서 작은 망원경을 쓴다는 의미의 100%가 날아가게 된다.

여러분이 원하는 것이 우주에 있는 천체들의 아름다운 모습일 뿐이라면 여러분은 단지 멋진 슬라이드 필름과 환등기만 있으면 된다. 하지만 여러분이 몸소 참여해서 하늘과 친숙해지며 이런 천체들을 여러분 자신의 것으로 만들고 싶다면 어두운 바깥에서 추위에 떨며 피곤에 지치는 것을 대신할 만한 것은 아무것도 없다.

미묘함과 감정을 제대로 느끼고 잡아내는 데는 인간의 눈에 대적할 만한 도구가 없다. 여러분은 하늘을 올려다보며 천체를 찾다가 우연히 뜻밖의 발견을 할 수 있지만 그 어떤 컴퓨터 프로그램도 그러한 기회를 마련해주지는 못한다.

그리고 그 어떤 기계도 여러분이 바깥에서 별을 쳐다보면서 "난 널 봤어. 이제 넌 내 거라고. 내 우주란 말이야. 너는 내 안식처야"라고 말하며 느끼는 궁극적인 포근함과 안전, 기쁨을 제공하지 못한다.

여기서 어디로 가야 하는가?

이제 여러분은 사계절에 걸쳐 이 책에 나와 있는 성단과 성운, 쌍성의 대부분을 다 보았다. 하지만 그렇다고 여기서 끝이라는 뜻은 아니다. 무엇보다도 여러분은 스스로 관측한 천체 가운데 어떤 것은 '오래 된 친구'와 같은 존재로 남겨둔 채 보고 또 보길 원할 것이다. 질리지 않고 말이다! 더구나 지면상의 이유라든가 또는 이 책에 있는 다른 천체들만큼 관측하는 재미를 주지 못한다는 이유로 이 책에 실어놓지 않은 수많은 천체들이 있다.

이 책에 실은 천체들은 우리가 가장 좋아하는 천체들 가운데 고른 것들로서, 여러분과 함께 그 기쁨을 나누고 싶다는 마음으로 골랐기 때문에 다소 주관적 선택의 결과이다. 또한 어떤 경우 우리는 더 멋진 천체를 제쳐두고 다른 천체를 실어놓은 경우도 있다. 찾기가 더 쉽다거나 망원경이나 파인더스코프 시야에 다른 천체들과 함께 들어오기 때문에 관측하는 재미가 더 있다는 이유 때문이었다.

또한 우리들이 천체에 매긴 등수 역시 꽤 주관적이라는 사실을 발견했다. 사실 여러분이 우리가 매겨놓은 등수 가운데 적어도 몇 개에는 동의하지 않았으면 하는 것이 우리의 바람이다. 이는 여러분이 관측할 때 스스로의 입맛에 맞는 기호를 개발해주었으면 한다는 뜻이다. 특히 가이는 색 대비가 강한 쌍성을 좋아하는 반면, 나는 일부가 분해되어 보이는 산개 성단을 더 좋아한다. 이 책에 있는 많은 천체들은 이런 우리의 선호도가 반영된 결과다.

여러분은 어디로 가야만 하는가? 하늘에서 어떤 일이 벌어지고 있는지에 대한 정보를 얻을 수 있는 곳이 좋으리라. 이런 일을 도와줄 수 있는 멋진 잡지가 두 종류 있다. 『스카이 & 텔레스코프』와 『애스트로노미』이다. 이 두 잡지는 큰 서점에 가면 볼 수 있으며 우리는 다음 쪽에 정기 구독 신청에 필요한 주소를 실어놓았다. 또한 이 책에는 달마다 그 달의 성도를 부록으로 끼워준다. 이 두 잡지는 여러분에게 행성과 그 위성의 위치는 물론이고 앞으로 있을 엄폐 현상, 식, 유성우, 혜성에 대한 정보를 가르쳐준다. 『캐나다 왕립 천문학회 핸드북 Royal Astronomy Society of Canada Handbook』이나 가이 오트웰(Guy Ottewell)이 쓴 『천문학 연감 Astronomical Calendar』 같은 연감도 이런 목적으로 아주 유용하게 쓸 수 있다.

이런 책에서도 도움을 얻을 수 있지만, 좀더 진지하게 하늘을 관측하고 싶다면 좋은 성도를 사고 싶을 것이다. H. A. 레이(H. A. Rey)의 『별 The Stars』은 아주 멋진 성도이다. 여러분이 별자리에 대해 알고 싶다면 우리는 이 책을 강력하게 추천하지만 망원경으로 멀리 있는 천체들을 보고 싶다면 별로 추천하고 싶지 않다. 『노튼의 성도 Norton's Star Atlas』는 차트와 표가 쓸 만하다(가장 최근에 나온 판은 '노튼 2000'이라 한다). 6.5등급 밝기의 별까지 포함되어 있는 차트말고도 천체의 목록이 들어 있으며, 일단 여러분이 별을 관측하기 시작하면 유용하게 쓸 수 있는 기본 천문학에 대한 정보도 포함되어 있다.

『스카이 아틀라스 2000 Sky Atlas 2000』은 멀리 떨어져 있는 수천 개의 천체와 함께 8등급 밝기 천체까지 포함하고 있다. 이 성도에 딸린 두 권의 부록에는 이름, 좌표는 물론이고 대부분의 열혈 아마추어 천문학자들을 바쁘게 만들 만큼 충분한 수의 천체들에 대한 중요한 정보들이 들어 있다. 진지하게 관측을 하는 아마추어 천문학자들에게 도움이 될 만한 또다른 성도로는 『우라노메트리아 2000.0 Uranometria 2000.0』『AAVSO 변광성 아틀라스 AAVSO Variable Star Atlas』가 있다. 이들은 약 9.5등급 밝기의 천체까지 포함하고 있다. 이 성도 모두는 천문학 월간지에 광고가 실려 있다.

『AAVSO 변광성 아틀라스』는 모든 종류의 천체를 관측하는 이에게 유용하지만, 그 이름이 말하고 있듯이 특히 변광성에 집중해 있다. 우리 책에서는 하늘에서 가장 멋진 변광성 중 상당수는 일부러 빼놓았다. 주된 이유는 이 천체들이 몇 주에서 몇 달 정도에 걸쳐 밝기가 변하기 때문에 하룻밤 관측을 할 때는 그리 큰 재미를 얻을 수 없기 때문이다. 하지만 긴 시간에 걸쳐 관측을 할 경우에는 변광성 관측은 무척 재미있기 때문에 변광성 관측을 중점적으로 하는 아마추어 천문학자들만 해도 수천 명이 있다. 미국 변광성 관측자 협회(The American Association of Variable Star Observers, AAVSO)와 영국 천문협회의 변광성 분과를 포함한 변광성 관측 모임의 회원들은 문자 그대로 수백만 개의 변광성을 관측하고 기록해놓았다.

서점에도 쓸모 있는 다른 책들이 상당수 있으며, 그 각각은 특별한 용도에 적합하게 구성되어 있다. 『케임브리지 심천 앨범 The Cambridge Deep-Sky Album』이나 한스 베렌버그(Hans Vehrenberg)의 『아름다운 심천 아틀라스 Atlas of Deep Sky Splendors』『별과 행성 관측을 위한 길잡이 A Field Guide to the Stars and Planets』처럼 각 천체의 사진들을 제공하는 책들도 있다. 별자리 위주로 설명을 해놓은 책들도 있다. 중급자용으로 나온 『별과 행성 길잡이 Guide to Stars and Planets』와 『아마추어를 위한 천문학 Astronomy for Amateurs』, 그리고 상급자용으로 나온 『일반 망원경으로 볼 수 있는 천체들 Celestial Objects for Common Telescopes』과 『번햄의 천체 핸드북 Burnham's Celestial Handbook』이 있다. 상급 관측 기술과 하드웨어에 대한 설명이 들어 있는 책 가운데 우리가 가장 좋아하는 것은 시드윅(Sidgwick)의 『아마추어를 위한 관측 천문학 Observational Astronomy for Amateurs』과 『아마추어 천문학자의 핸드북 Amateur Astronomer's Handbook』이다.

태양과 달은 특별한 천체이다. 뤼클(Antonin Rükl)이 쓴 『달 아틀라스 Atlas of the Moon』를 포함해서 이에 대해서는 훌륭한 책들이 여럿 있다. 나는 특히 태양 관측을 즐겨하며 여러분들도 그렇게 되길 바라고 있다. 여러분의 망원경에 안전한 필터를 장착할 수 있다면(그리고 오직 장착할 수 있는 경우에만) 여러분은 마침내 태양을 볼 수 있을 것이다. 금성이 태양면 횡단을 하는 2004년과 2012년 이전에 꼭 안전한 필터를 장착하길 빈다! 하지만 제발 낮에 떠 있는 저 밝디밝은 별을 직접 보려는 시도를 하지는 말길 부탁한다.

이런 모든 책들을 쉽게 구할 수 있는데도 가이가 『오리온자리에서 왼쪽으로』라는 책을 쓰자고 했을 때 내가 관심을 보인 이유는 무엇일까? 초보자에게는 사진이 들어 있거나 상대적으로 복잡한 별 차트가 있는 책이 그리 큰 도움이 되지 않으리라고 생각한 것이 한 가지 이유이다.

사진은 별이 내는 빛을 지나치게 강조해 보여주며 붉은색 별빛을 줄이는 대신 파란색 별빛은 과장해 보여준다. 사실 천문관측소에서 찍은 모든 천체 사진들은 (달을 제외하고는) 여러분이 직접 보는 천체의 모습하고는 너무나 다르기 때문에 여러분이 관측을 하며 그린 스케치를 나중에 사진과 비교해보면 뭔가에 홀렸다는 느낌이 들 정도이다. 하지만 사진의 목적과 찍는 방식은 여러분이 천체를 보는 이유와 방식과 완전히 다르다는 점을 기억해두길 바란다.

상급 관측자들이 보는 책들은 대부분 천체의 위치를 표시하는 데 적도 좌표계를 쓰고 있다. 사실 하늘의 좌표계는 아주 간단하지만 초보자에게는 무시무시해 보인다. 이 때문에 우리는 이 책에서 어떤 '별을 향해 얼마만큼 가라'는 식으로 말과 그림을 조합해서 설명을 했다. 하지만 일단 하늘의 어디에 어떤 천체가 있으며 그 천체가 어떻게 움직이는지 익숙해지고 나면, 적도 좌표계(와 더 복잡한 차트와 성도)의 쓸모를 깨닫게 될 것이다.

여러분이 원하는 것이 가끔씩 하늘을 바라보는 일이라면 이 책으로도 충분하리라 믿는다. 하지만 우리가 여러분의 호기심을 자극해서 여러분들이 아마추어 천문학에 대해 더 알고 싶어진다면 좋겠다. 여러분이 '오리온에서 방향을 틀어 왼쪽으로' 관측경험을 쌓은 다음에는 우리가 앞에서 설명한 책들을 불편한 느낌 없이 참고하며 계속해서 하늘을 탐험하길 비는 바이다.

— 댄 데이비스

참고 도서와 성도

〔정기 간행물〕

애스트로노미 Astronomy
21027 Crossroads Circle
Waukesha, WI 53187

스카이 & 텔레스코프 Sky & Telescope
Sky Publishing
49 Bay State Rd.
Cambridge, MA 02238

추가로, 거의 모든 나라에서는 아마추어 천문학 잡지가 있다(최근 이탈리아에서만도 네 개의 잡지가 경쟁하고 있다). 그리고 아마추어 동아리들은 정기 소식지를 발행하고 있다. 이런 잡지나 소식지는 여러분이 사는 지역에서 무엇을 볼 수 있는지에 대해 최신 소식을 전달해준다. 도서관을 수시로 찾아가 이들을 살펴보라.

〔성도〕

스카이 아틀라스 2000 Sky Atlas 2000
우라노메트리아 2000.0 Uranometria 2000.0

AAVSO 변광성 아틀라스 The AAVSO Variable Star Atlas

〔더 읽을 거리〕(본문도 보라)

책제목은 북미와 유럽에서 약간씩 다를 수 있다는 점에 주의하라.

R. Garfinkle, Star Hopping
B. Liller and B. Mayer, The Cambridge Astronomy Guide
C. Luginbuhl and B. Skiff, Observing Handbook and Catalogue of Deep-Sky Objects
P. Martinez, The Observer's Guide to Astronomy
H. Mills, Practical Astronomy
J. Newton and P. Teece, The Guide to Amateur Astronomy
O. North, Advanced Amateur Astronomy
S. J. O'Meara, The Messier Catalog
J. Pasachoff and D. Menzel, A Field Guide to the Star and Planets
I. Ridpath, Norton's 2000.0 Star Atlas
I. Ridpath and W. Tirion, Stars and Planets
A. Rükl, Atlas of the Moon

P. Taylor, Observing the Sun

〔협회〕

미국 변광성 관측자 협회 American Association of Variable Star Observers(AAVSO)
25 Birch St.
Cambridge, MA 02138

태평양 지역 천문학회 Astronomical Society of the Pacific
390 Ashton Ave
San Francisco, CA 94112

영국 천문협회 British Astronomical Association
Burlington House, Piccadilly,
London W1V 9AG

캐나다 왕립 천문학회 Royal Astronomical Society of Canada
136 Dupont St.
Toronto Ontario M5R 1V2

용어 해설

우리는 이 책을 쓰며 전문 용어를 쓰지 않으려 노력했다.
하지만 어떤 개념에 대한 설명을 하면서 천문학자들이 항상 쓰는 간단한 용어를 계속해서 쓰기도 했다.
이런 용어들에 익숙하지 않은 사람들을 위해서 여기에 그러한 용어에 대한 설명을 실어놓았다.

경위의 가대 Alt-azimuth Mount
망원경을 올려놓는 가장 간단한 가대로서, 카메라의 삼각대와 비슷한 모양을 하고 있으며 망원경을 위아래, 좌우로 움직일 수 있도록 해준다. 위아래 방향은 '고도'라 하며 좌우 방향을 '방위각'이라 부른다.

광년 Light Year
빛이 일 년 동안 갈 수 있는 거리이다. 이 거리는 대략 9,500,000,000,000km이다. 우리에게서 가장 가까이 있는 별도 4광년 이상 떨어져 있다. 이 책에서 설명하고 있는 은하 가운데는 20만 광년 이상 떨어져 있는 천체도 들어 있다.

구경 Apprture
망원경의 대물거울이나 렌즈의 직경을 말한다. 이 값은 망원경의 성능을 대표하는 값으로서, 구경이 클수록 더 어두운 천체까지도 볼 수 있으며 분해능도 좋다. 구경이 두 배로 커지면 분해능도 두 배로 커지며 모을 수 있는 빛의 양은 네 배가 되기 때문에 어두운 물체를 네 배 더 밝게 볼 수 있다. 우리는 이 책에서 보통은 6에서 10센티미터, 즉 2에서 4인치 구경의 망원경을 쓰고 있다.

구상 성단 Globular Cluster
수십만 개의 별이 아주 빽빽하게 공처럼 모인 집단으로 우리 은하의 중심을 공전하고 있다(다른 은하에도 구상 성단이 있다). 구상 성단에 있는 별은 아주 나이가 많다고 알려져 있다. 이 별들은 은하가 생겼을 때 맨 처음 생긴 천체들이라 한다.

굴절 망원경 Refractor
경통의 한쪽 끝에는 커다란 대물렌즈가 있고 다른 한쪽 끝에는 접안렌즈가 있는 망원경.

뉴튼 식 반사 망원경 Newtonian Reflector
망원경 경통의 아래쪽에 빛을 반사하는 커다란 거울이 달려 있으며, 위쪽에는 반사된 빛을 경통 옆쪽으로 보내는 부경이 달려 있는 반사 망원경이다. 관측자는 경통 옆으로 빠져나오는 빛을 관측한다. 대부분의 다른 망원경들은 관측을 더 쉽게 하기 위해 스타 다이아고날을 부착해 쓰지만 뉴튼 식 반사 망원경에서는 이 물건이 필요없다. 스타 다이아고날은 원래 상의 '거울상'을 보여준다. 이 책에 나오는 망원경 시야 그림은 뉴튼 식 망원경을 통해 보았을 때 보이는 상의 거울상이다.

도플러 효과 Doppler Effect
1842년 오스트리아의 물리학자 도플러에 의해 발견된 것으로, 소리를 내는 음원과 관측자의 상대적 운동에 따라 음파의 진동수가 다르게 관측되는 현상이다. 예컨대 기차가 관측자 쪽으로 다가올 때는 기적 소리가 높게 들리다가 관측자를 지나친 직후에는 갑자기 낮게 들리는 것이 도플러 효과를 보여주는 대표적인 예이다. 이때 관측되는 음파의 진동수는 원래의 진동수와 음원과 관측자 사이의 상대속도에 의해 결정된다. 도플러 효과는 음파뿐만 아니라 모든 파동 현상에서 관측할 수 있다.

돕슨 식 망원경 Dobsonian Telescope
뉴튼 식 망원경의 변형으로 아주 싸게 만들 수 있지만 그 효용성은 매우 크다. 망원경 자체의 구조는 뉴튼 식과 완전히 똑같다. 차이점은 가대의 설계 방식에 있다. 뉴튼 식처럼 망원경 경통 중심에 삼각대를 설치하는 대신, 돕슨 식은 거울이 있는 기부에 삼각대를 설치한다. 가대에 있는 두 축에는 테플론 마찰 패드가 달려 있는데 이는 비용을 줄이면서 사용을 쉽게 하려는 목적으로 설

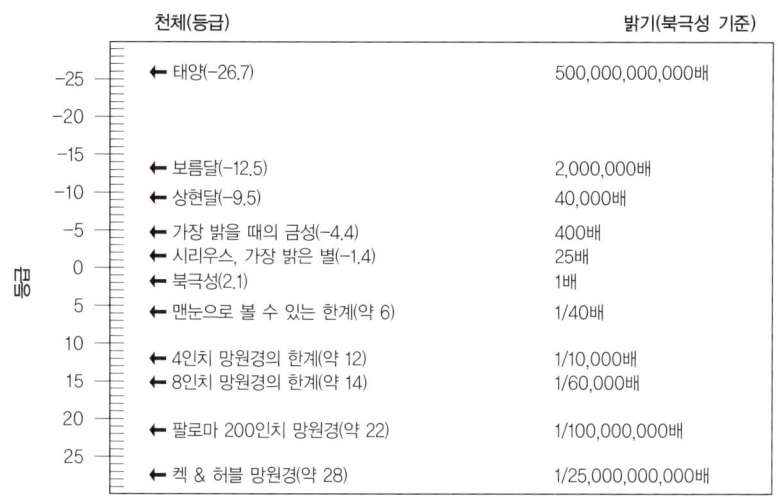

치한 것이다. 이 패드를 제대로 조이고 나면 축을 중심으로 망원경을 쉽게 움직일 수 있으면서도 망원경에서 손을 떼었을 때는 망원경이 움직이지 않는다.

등급 Magnitude

별의 상대적 밝기이다. 1등급 밝기의 별은 2등급 밝기의 별보다 약 2.5배 정도 밝으며 2등급 밝기의 별은 3등급 밝기의 별보다 약 2.5배 정도 더 밝다. 베가는 0등급 밝기이다. 하늘에서 가장 밝게 보이는 시리우스의 등급은 음수로서, -1.4등급이다. 1등급보다 밝은 별은 겨우 스무 개 남짓하다. 최적의 조건에서 망원경 없이 사람의 눈으로 볼 수 있는 한계 등급은 6등급이다.

막스토프 식 반사 망원경 Maksutov Reflector

안시 관측을 위해 고안된 카타다이옵틱 망원경의 한 형식으로 작은 구경의 망원경에 어울린다. 이 망원경으로 들어간 빛은 보정렌즈에 의해 꺾인 다음 두 개의 곡면 거울에 의해 다시 한번 꺾인다. 이는 길다란 빛의 경로를 짧은 경통 안에 다 넣기 위해서이다. 경통의 한쪽 끝은 보정렌즈에 의해 막혀 있고 다른 한쪽 끝은 주경이 달려 있다(아래 있는 그림에서는 망원경 뒤에 있는 스타 다이아고날에 접안렌즈가 부착되어 있다는 점에 유의하라).

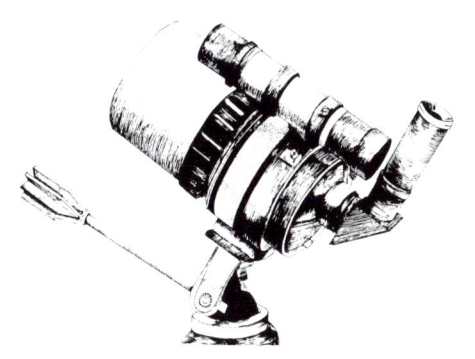

백색왜성 White Dwarf

지구만한 지름에 태양만한 질량을 가지며 고밀도의 백색광을 비치는 항성. 밝기는 태양의 1/1,000~10배이다. 항성 진화에서 마지막 단계에 있는 별들로, 모든 에너지를 다 소모하고 서서히 식어가는 별이다.

변광성 Variable Star

시간에 따라 그 밝기가 변하는 별이다. 별의 밝기가 변하는 이유는 여러 가지이다. 아주 가까이 붙어 있는 쌍성의 경우에는 한 별이 다른 별의 앞을 지나가는 경우 전체 밝기가 주기적으로 어두워진다. 이런 변광성을 식변광성이라 한다. 별 내부의 상태가 약간 불안정하다면 별 혼자서도 밝기가 변할 수 있다. 이러한 변광은 주기가 불규칙하기 때문에 예측할 수 없거나, 규칙성은 있어서 일반적인 패턴에 따라 밝기가 변하는 반규칙 주기는 있다 할지라도 시계처럼 정확한 주기가 있는 것은 아니다. 황소자리 RV(RV Tauri) 형 변광성의 변광 주기는 일정한 주기에 반규칙 주기가 겹쳐져 있으며 이에 따라 밝기가 변한다. 내부 불안정성이 아주 정확한 변화를 보여주는 별의 예로서는 세페이드와 거문고자리 RR(RR Lyrae) 형 변광성이 있다. 이들의 변화는 아주 규칙적이다.

분광형 Spectral Type

별을 그 별빛의 스펙트럼에 따라 분류한 것으로, 스펙트럼형이라고도 한다. HD분류법과 MK광도계급 두 가지가 있다. HD분류법은 처음에는 수소 발머흡수선의 세기에 따라 가장 강한 발머선을 보이는 별을 A형, 가장 약한 발머선을 보이는 별을 P형으로 하여 알파벳 순으로 나누었으나, 그 이후 별의 온도 순서에 따라 재분류하여 OBAFGKM의 순으로 정리하였다. 그리고 각 분광형은 다시 10등분하여 0~9 부분으로 나누어진다. MK광도계급은 별들의 절대밝기에 따라 I, II, ..., VI와 같이 6개의 광도계급을 분류한 것으로, I은 세분하여 Ia, Ib로 나뉜다. 여기서 I은 초거성, II는 밝은 거성, III은 거성, IV는 준거성, V는 주계열성 또는 왜성, VI은 준왜성으로 분류된다. 오늘날에는 이 두 가지 방법을 동시에 적용하는 2차원적 분류법을 사용한다. 예를 들어 태양은 분광형 G2V의 별로 분류되는데, 노란색의 주계열별을 의미한다.

분해능 Resolution

망원경으로 얼마나 자세히 볼 수 있는지를 말해주는 척도. 두 별이 얼마나 멀리 떨어져 있어야 각각의 별로 분해해 볼 수 있는가를 말해주는 값이다.

산개 성단 Open Cluster
별들이 느슨하게 모여 있는 집단으로, 이 집단 안에 있는 별들을 모두 거의 비슷한 시기에 하나의 확산 성운에서 태어났다. 이 별들의 밝기와 색깔로부터 우리는 이 성단의 나이를 알 수 있다. 대부분의 산개 성단은 꽤 젊다. 이들 가운데 어떤 성단에는 성운이 별을 만들고 남은 가스들이 존재한다. 산개 성단은 우리 은하의 원반 안에서 발견되기 때문에 '은하 성단'이라고도 불린다(반대로 구상 성단은 은하면 이외의 다른 곳에서도 존재한다).

스타 다이아고날 Star Diagonal
관측자가 접안렌즈를 좀더 편하게 볼 수 있도록 빛의 방향을 꺾어주는 프리즘이나 거울을 말한다. 망원경의 끝에 붙이게 되어 있다. 뉴튼 식과 돕슨 식을 제외한 대부분의 망원경은 스타 다이아고날을 쓰고 있다. 스타 다이아고날을 통해 보면 거울상을 보게 된다. 이 책에서 '망원경 시야'가 거울상으로 그려진 이유이다.

시야 Field of View
접안렌즈를 통해 볼 수 있는 영역의 넓이. 일반적인 접안렌즈를 쓰고 있다면 시야는 350에서 400 근처이다. 이 값은 '겉보기 시야'이다. 망원경으로 보는 시야는 확대되기 때문에 실제로 접안렌즈를 통해 보는 하늘의 넓이는 겉보기 시야를 배율로 나눈 값이 된다. 즉 35x나 40x 정도 되는 저배율 접안렌즈를 쓸 경우 볼 수 있는 하늘은 약 1도 정도 된다. 중배율(75x)로 볼 수 있는 넓이는 1/2도이며 고배율(150x)로는 약 1/4도를 볼 수 있다. 이 책에서 저배율, 중배율, 고배율 접안렌즈라고 말할 때 이 값들을 가정하고 썼다.

쌍성 Double Star
동일한 중심을 돌고 있는 두 별을 말한다. 육안으로 보면 보통의 경우에는 한 개의 별로 보이지만 망원경으로 보면 두 개, 또는 그 이상의 별로 분해해 볼 수 있다. 쌍성의 뜻은 원칙적으로 두 개의 별만을 뜻하지만, 삼중성이나 사중성 또는 그 이상의 계도 그리 드물지는 않다. 두 개의 별이 뚜렷하게 구별되어 보이는 경우('안시 쌍성'이라 한다)말고도, 어떤 쌍성의 경우에는 눈이나 망원경으로 분해해 볼 수는 없지만 동반성이 주성의 운동에 영향을 미치고 이 때문에 스펙트럼이 변하기 때문에 쌍성이라는 사실이 밝혀진 경우도 있다. 이러한 쌍성을 '분광 쌍성'이라 한다.

원일점 Aphelion
태양을 도는 행성, 혜성의 타원 궤도상에서 태양으로부터 가장 멀리 떨어진 위치를 원일점이라 하고, 태양에 가장 가까워지는 위치를 근일점(Perihelion)이라 한다.

은하 Galaxy
수십억 개의 별들이 모인 집단. 대폭발 이후 우주가 만들어졌을 때 우주 안에 있는 모든 물질은 거대한 덩어리들로 나뉘어졌다가 이 덩어리들이 다시 수십억 개의 작은 조각으로 쪼개졌다. 이 거대한 조각들은 은하가 되었으며 작은 조각들은 수십억 개의 별이 되어 은하를 구성하게 되었다. 우주는 수십억 개의 은하로 이루어져 있으며 이 은하들은 서로 모여 있는 경향이 있다. 이를 은하단이라 한다. 그리고 은하단이 모여 있는 집단을 초은하단이라 한다.

이각 Elongation
이각은 천구상에서 한 천체 또는 정점으로부터 어느 천체까지의 각거리를 의미한다.

적도의 가대 Equatorial Mount
별이 하늘을 가로지르는 운동을 추적하며 관측하기 위해 고안한 가대이다(대개는 커다란 망원경에 설치한다). 90도에서 여러분이 관측하고 있는 장소의 위도를 뺀 각만큼 기울어져 있는 경위의 가대를 생각하라. 극축(위를 향해 곧장 뻗어 있는 축)이 이제는 북극성 근처에 있는 천구의 북극을 가리키고 있다. 이 기울어진 축을 중심으로 망원경을 지구 자전 반대 방향으로 회전시키면 관측하는 천체가 망원경 시야의 중앙에 계속해서 머무르게 된다.

적색거성 Red Giant Star
중심핵에서의 수소 연소가 끝난, 별의 진화 단계상 노년기에 접어든 별. 지름이 태양의 수십 배에서 수천 배에 이르는 매우 큰 별로 표면온도가 매우 낮다. 대표적인 적색거성은 베텔기우스이다. 태양 질량의 0.08~12배 사이의 별은 적색거성의 단계를 거친 후 항성의 외부층을 폭발시켜 우주로 서서히 물질을 방출하고, 중심 부분은 백색왜성이 된다.

주변시 Averted Vision
아주 어두운 천체를 볼 때 쓰는 방법이다. 물체를 정면으로 보는 대신 약간 옆쪽으로 보는 방법이다. '눈의 구석'은 어두운 빛에 대해 중심부보다 더 민감하게 반응한다. 눈의 망막에는 빛에 반응하는 두 종류의 세포가 있다. 원추체와 간상체이다. 원추체는 망막의 중심에 집중되어 있으며 색과 세부 묘사에 민감하지만 빛이 충분할 때만 반응한다. 간상체는 망막의 주변부에 더 많이 분포하며 밝기나 운동의 약한 변화에 민감하다(이는 여러분이 눈의 가장자리에서 갑자기 사라지는 물체의 움직임에 민감한 이유이기도 하다). 주변 시야로 보면 어느 정도 면적이 있으면서 어두운 물체(예를 들어 성운)를 가장 잘 볼 수 있지만 그중에서도 '왼쪽 아래쪽'으로 보면 잘 보인다는 식으로 특별히 잘 보이는 방향이 있다. 연습을 계속하면 주변시로 잘 볼 수 있는 방법을 깨닫게 될 것이다.

천문단위(AU)
지구와 태양 사이의 평균 거리로서 약 1억 5천만 킬로미터이다. 쌍성에서 두 별 사이 거리를 말할 때 유용한 단위이다.

초 Arc Second
각을 재는 단위는 도이다. 예를 들어 지평선에서부터 머리 꼭대기까지 각은 90도(90°라고 쓴다)이다. 1도는 다시 분과 초로 나눌 수 있다. 1도는 60분(60′라고 쓴다)이며 1분은 60초(60″라고 쓴다). 즉 1°32′15″는 '1도 32분 15초'라고 읽는다. 하늘에서 거리는 이 용어를 써서 나타낸다. 이는 우리들이 보는 천체에 대해 제대로 연구가 되기 전까지는 이들이 얼마나 멀리 떨어져 있으며 얼마나 큰지를 알 수가 없기 때문이다. 예를 들어 지구에 있는 관측자에게 태양과 달은 거의 같은 크기로서, 하늘에서 비슷한 면적을 차지하고 있다. 태양이 사실은 달보다 훨씬 크지만 훨씬 멀리 떨어져 있기 때문이라는 사실을 알려면 훨씬 정교한 관측을 해야만 한다. 이러한 정보가 없다면 우리가 말할 수 있는 것이라고는 태양(또는 달)의 한쪽 가장자리에서 다른 한쪽 가장자리까지의 각거리는 대략 0.5도라는 사실뿐이다(이 값은 일 년 중 약간씩 변한다. 태양의 경우 정확한 평균값은 0° 32′ 2″이다).

초신성 잔해 Supernova Remnant
별이 초신성으로 폭발하고 남은 가스 구름이 팽창하는 천체이다. 초신성은 무거운 별이 핵 연료를 다 쓰고 난 다음에 온도가 내려가면서 수축을 한 다음 아주 격렬하게 폭발하는 천체이다. 초신성은 몇 주 동안은 은하 안에 있는 모든 별을 합친 것보다도 더 밝게 빛난다. 이런 폭발의 결과, 가스 구름이 우주 공간으로 퍼져나가고, 폭발하기 전에 별이 있던 구름의 중심에는 작지만 아주 밀도가 높은 천체가 남게 된다. 이 천체를 중성자별(neutron star)이라 한다. 중성자별과 이를 둘러싼 가스 구름이 바로 초신성 잔해이다. 중성자별은 전파 망원경으로 찾을 수 있다. 가스 구름은 커다랗고 밝기 때문에 작은 망원경으로도 충분히 볼 수 있다.

칭동 Liberation, 秤動
천체의 자전 또는 공전에 대하여 1주기마다 그 회전에 과부족이 생기는 현상. 예를 들어 달은 공전주기와 자전주기가 완전히 일치하므로 항상 같은 면이 지구를 향하고 있으나 칭동에 의해서 극히 적은 부분이나마 뒷면의 일부가 보인다.

카시니 간극 Cassini Division
토성의 고리 중 A고리와 B고리 사이에 있는 폭 수천 킬로미터의 틈. 1675년 이를 발견한 이탈리아 출신의 프랑스 천문학자 카시니(Cassini)의 이름을 따 명명했다.

파인더스코프 Finderscope
주 망원경에 붙어 있는 작고 저배율의 망원경으로 시야가 넓다. 주로 관측하고자 하는 천체로 망원경을 향하게 하기 위해 쓴다. 파인더스코프는 망원경마다 다르다. 어떤 것은 40도 정도의 시야를 가지고 있으며 70도 이상의 것도 있다. 이 책에 있는 '파인더스코프 시야에서는 60도라고 가정했다. 대부분의 파인더스코프에는 천체를 조준하기 쉽도록 십자선이 있다. 파인더스코프와 망원경이 정확하게 같은 방향을 가리키도록 하는 것은 아주 중요한 일이다.

행성상 성운 Planetary Nebula
나이 든 별이 내뿜는 가스 껍질이다. 행성과는 아무런 관계가 없지만 이 천체의 모습이 흡사 작은 망원경으로 본 천왕성이나 해왕성처럼 어둡고 녹색을 띤다고 해서 붙은 이름이다.

확산 성운 Diffuse Nebula
가스와 먼지 구름으로서 젊은 별이 태어나는 곳이다. 이 구름에서 태어난 별은 자외선으로 빛을 내고 이 때문에 별 주위를 둘러싸고 있는 구름들이 빛을 내게 된다. 가스가 가장 밝게 내는 빛은 붉은색과 녹색이다. 필름은 사람의 눈보다 붉은색 빛에 더 민감하게 반응한다. 따라서 이러한 성운을 사진으로 찍으면 붉은색으로 보이는 반면 망원경으로 보면 약간 녹색으로 보인다.

이 책에서 설명한 천체들

표1

2000년 좌표

겨울

쪽수	천체	별자리	적경(RA)	적위	유형	등수	하늘의 상태	접안렌즈	비고
50	M42, 오리온 성운	오리온	5H 35.3m	−5°25'	성운	5	관계 없음	저배율	사다리꼴 성단과 함께
42	M45, 플레이아데스 성단	황소	3H 46.9m	24°07'	산개 성단	4	관계 없음	파인더스코프, 저배율	
56	외뿔소자리 베타	외뿔소	6H 28.8m	−7°02'	다중성	3	안정	고배율	
62	M35	쌍둥이	6H 08.8m	24°20'	산개 성단	3	관계 없음	저배율	
64	M41	큰개	6H 47.0m	−20°45'	산개 성단	3	관계 없음	저배율	
72	M93	고물	7H 44.5m	−23°52'	산개 성단	3	어두움	저배율	
54	오리온자리 시그마	오리온	5H 38.7m	−20°36'	다중성	2	안정	고배율	
58	쌍둥이자리 알파, 카스토르	쌍둥이	7H 34.6m	31°53'	다중성	2	안정	고배율	
48	M1, 게 성운	황소	5H 34.5m	22°01'	초신성 잔해	2	어두움	저배율	
44	M36	마차부	5H 35.3m	34°09'	산개 성단	2	관계 없음	저배율	M37, M38과 함께
44	M37	마차부	5H 52.3m	32°34'	산개 성단	2	관계 없음	저배율	M36, M38과 함께
44	M38	마차부	5H 28.7m	35°51'	산개 성단	2	관계 없음	저배율	M36, M37과 함께
70	M46	고물	7H 41.8m	−14°49'	산개 성단	2	어두움	저배율	
70	M47 (NGC 2422)	고물	7H 36.6m	−14°29'	산개 성단	2	관계 없음	저배율	
66	M50	외뿔소	7H 02.9m	−8°20'	산개 성단	2	어두움	저배율	
68	NGC 2362	큰개	7H 18.7m	−24°57'	산개 성단	2	보통	저배율, 중배율	
60	NGC 2392, 광대얼굴	쌍둥이	7H 29.2m	20°55'	행성상 성운	2	어두움	중배율, 고배율	
52	오리온자리 BM, 사다리꼴 성단에 있는 변광성	오리온	5H 35.3m	−5°23'	변광성	−	관계 없음	고배율	사다리꼴 성단 안, M42
55	오리온자리 델타, 민타카	오리온	5H 32.0m	0°20'	쌍성	−	관계 없음	중배율	오리온자리 시그마를 보라
68	허셀 3945, 겨울철 알비레오	큰개	7H 16.6m	−23°19'	쌍성	−	관계 없음	중배율	NGC 2392를 보라
51	오리온자리 이오타	오리온	5H 35.4m	−5°54'	쌍성	−	안정	중배율	M42를 보라
50	M43, M42의 동반 성운	오리온	5H 35.6m	−5°16'	성운	−	어두움	저배율	M42를 보라
51	스트루베 745	오리온	5H 34.7m	−6°00'	쌍성	−	어두움	저배율	M42를 보라
51	스트루베 747	오리온	5H 35.0m	−6°00'	쌍성	−	관계 없음	저배율	M42를 보라
55	스트루베 761	오리온	5H 38.6m	−2°34'	다중성	−	안정	고배율	오리온자리 시그마를 보라
52	오리온자리 세타-1, 사다리꼴 성단	오리온	5H 35.3m	−5°25'	다중성	−	관계 없음	고배율	M42와 함께
52	오리온자리 세타-2	오리온	5H 35.4m	−5°26'	쌍성	−	관계 없음	저배율	M42를 보라
52	오리온자리 V 1016, 사다리꼴 성단에 있는 변광성	오리온	5H 35.3m	−5°23'	변광성	−	관계 없음	고배율	사다리꼴 성단안, M42
55	오리온자리 제타, 알린탁	오리온	5H 40.8m	−1°59'	쌍성	−	안정	고배율	오리온자리 시그마를 보라

봄

쪽수	천체	별자리	적경(RA)	적위	유형	등수	하늘의 상태	접안렌즈	비고
98	M3	사냥개	13H 42.2m	28°23'	구상 성단	3	어두움	저배율	
76	M44, 벌집 성단	게	8H 40.3m	19°41'	산개 성단	3	관계 없음	저배율	
78	M67	게	8H 51.0m	11°49'	산개 성단	3	관계 없음	저배율	게자리 VZ와 함께
82	M81	큰곰	9H 55.6m	69°04'	은하	3	어두움	저배율	M82와 함께
82	M82	큰곰	9H 56.1m	69°42'	은하	3	어두움	저배율	M81과 함께
90	사냥개자리 알파, 코르카롤리	사냥개	12H 56.0m	38°19'	쌍성	2	관계 없음	중배율	M94와 함께
80	게자리 이오타	게	8H 46.7m	28°46'	쌍성	2	관계 없음	중배율	
88	M51, 소용돌이 은하	사냥개	13H 29.9m	47°12'	은하	2	어두움	저배율	
78	게자리 VZ	게	8H 40.9m	09°49'	변광성	2	관계 없음	저배율	M67과 함께
84	큰곰자리 제타, 미자르	큰곰	13H 23.9m	54°56'	쌍성	2	관계 없음	중배율	
86	큰곰자리 알파, 북극성	작은곰	2H 22.6m	89°19'	쌍성	1	관계 없음	고배율	
100	목동자리 엡실론, 이자르	목동	14H 45.0m	27°04'	쌍성	1	안정	고배율	
94	사자자리 감마, 알게이바	사자	10H 20.0m	19°51'	쌍성	1	안정	고배율	
96	M53	머리털	13H 12.9m	18°10'	구상 성단	1	어두움	저배율	M64와 함께
96	M64, 검은 눈 은하	머리털	12H 56.8m	21°31'	은하	1	어두움	저배율	M53과 함께
92	M65	사자	11H 18.9m	13°07'	은하	1	어두움	저배율	M65와 함께
92	M66	사자	11H 20.2m	13°01'	은하	1	어두움	저배율	M65와 함께
90	M94	사냥개	12H 50.9m	41°07'	은하	1	어두움	저배율	사냥개자리 알파와 함께
100	목동자리 뮤(알카우로프스)	목동	15H 24.5m	37°23'	쌍성	1	안정	고배율	
81	게자리 이오타-2	게	8H 54.2m	30°35'	다중성	−	안정	저배율, 고배율	게자리 이오타와 함께
89	목동자리 카파	목동	14H 13.5m	52°00'	쌍성	−	안정	중배율	M51을 보라
93	NGC 3628	사자	11H 20.3m	13°37'	은하	−	아주 어두움	저배율	M65, M66을 보라
88	NGC 5195, M51의 동반 은하	사냥개	13H 30.0m	47°16'	은하	−	어두움	저배율	M51을 보라
81	게자리 파이-2	게	8H 26.8m	26°56'	쌍성	−	안정	고배율	게자리 이오타를 보라
81	스트루베 1266	게	8H 44.4m	28°27'	쌍성	−	어두움	중배율	게자리 이오타를 보라
91	스트루베 1702	사냥개	12H 58.5m	38°17'	쌍성	−	어두움	중배율	코르카롤리를 보라
91	사냥개자리 Y, 라 수페르바	사냥개	14H 41.1m	13°44'	쌍성	−	안정	고배율	M5를 보라
77	게자리 제타	게	8H 12.2m	17°39'	다중성	−	안정	고배율	M44, 벌집 성단을 보라
100	왕관자리 제타	왕관	15H 39.4m	36°38'	쌍성	−	안정	고배율	목동자리 뮤를 보라
93	사자자리 54	사자	10H 55.6m	24°45'	쌍성	−	안정	고배율	M65, M66을 보라

여름

쪽수	천체	별자리	적경(RA)	적위	유형	등수	하늘의 상태	접안렌즈	비고
118	백조자리 베타	백조	19H 30.7m	27°58'	쌍성	4	관계 없음	저배율, 중배율	
146	M8, 석호 성운	궁수	18H 04.7m	-24°23'	성운	4	어두움	저배율	NGC 6530과 함께
104	M13, 대(大) 성운	헤르쿨레스	16H 41.7m	36°27'	구상 성단	4	관계 없음	저배율	
126	M27, 아령 성운	여우	19H 59.6m	22°43'	행성상 성운	4	어두움	저배율	
108	헤르쿨레스자리 알파, 라스알게시	헤르쿨레스	17H 14.6m	14°23'	쌍성, 변광성	3	안정	고배율	
114	거문고자리 엡실론, 이중 쌍성	거문고	18H 44.4m	39°38'	다중성	3	안정	고배율	
130	돌고래자리 감마	돌고래	20H 46.7m	16°08'	쌍성	3	관계 없음	중배율, 고배율	
110	M5	뱀	15H 18.5m	2°05'	구상 성단	3	어두움	저배율	
142	M6	전갈	17H 40.1m	-32°13'	산개성간	3	관계 없음	저배율	M7과 함께
142	M7	전갈	17H 54.0m	-34°49'	산개 성단	3	관계 없음	저배율	M6과 함께
134	M11, 야생 오리 성단	방패	18H 51.1m	-6°16'	산개 성단	3	어두움	저배율	
132	M17, 백조 성운	궁수	18H 20.8m	-16°11'	성운	3	어두움	저배율	
144	M22	궁수	18H 36.4m	-23°56'	구상 성단	3	어두움	저배율	M28과 함께
116	M57, 고리 성운	거문고	18H 53.6m	33°02'	행성상 성운	3	어두움	저배율, 중배율	
136	백조자리 베타, 그라피아스	전갈	16H 05.4m	-19°51'	쌍성	2	관계 없음	중배율, 고배율	
148	M20, 삼렬 성운	궁수	18H 01.9m	-23°02'	성운	2	어두움	저배율	M21과 함께
150	M23	궁수	17H 56.9m	-19°01'	산개 성단	2	어두움	저배율	M25와 함께
150	M25	궁수	18H 31.7m	-19°15'	산개 성단	2	어두움	저배율	M23과 함께
144	M28	궁수	18H 24.6m	-24°52'	구상 성단	2	어두움	저배율	M22와 함께
120	M56	거문고	19H 16.6m	30°10'	구상 성단	2	어두움	저배율	
128	M71	화살	19H 53.7m	18°47'	구상 성단	2	어두움	저배율	
106	M92	헤르쿨레스	17H 17.1m	43°09'	구상 성단	2	어두움	저배율	
146	NGC 6530	궁수	18H 04.7m	-24°20'	성운	2	관계 없음	저배율	M8과 함께
124	NGC 6826, 깜빡이 행성상 성운	백조	19H 44.8m	50°31'	행성상 성운	2	어두움	저배율, 중배율	
122	백조자리 61	백조	21H 06.6m	38°42'	쌍성	2	관계 없음	중배율	
138	M4	전갈	16H 23.7m	-26°31'	구상 성단	1	어두움	저배율	M80과 함께
112	M10	뱀주인	16H 57.1m	-4°07'	구상 성단	1	어두움	저배율	M12와 함께
112	M12	뱀주인	16H 47.2m	-1°57'	구상 성단	1	어두움	저배율	M10과 함께
140	M19	뱀주인	17H 02.6m	-26°15'	구상 성단	1	어두움	저배율	M62와 함께
148	M21	궁수	18H 04.8m	-22°30'	산개 성단	1	관계 없음	저배율	M20과 함께
152	M54	궁수	18H 55.2m	-30°28'	구상 성단	1	어두움	저배율	M55와 함께
152	M55	궁수	19H 40.1m	-30°56'	구상 성단	1	어두움	저배율	M54와 함께
140	M62	뱀주인-전갈	16H 54.3m	-30°08'	구상 성단	1	어두움	저배율	M19와 함께
138	M80	전갈	16H 17.1m	-22°59'	구상 성단	1	어두움	저배율	M4와 함께
125	백조자리 16	백조	19H 41.8m	50°31'	쌍성	–	관계 없음	저배율	NGC 6826를 보라
117	거문고자리 베타	거문고	18H 50.1m	33°22'	쌍성	–	관계 없음	저배율	M57을 보라
143	전갈자리 BM	전갈	17H 40.9m	-31°13'	변광성	–	관계 없음	저배율	M6 안에 있음
149	HN40	궁수	18H 02.3m	-23°02'	쌍성	–	안정	고배율	M20을 보라
133	M18	궁수	18H 19.9m	-17°08'	산개 성단	–	어두움	저배율	M17; M23, M25를 보라
151	M24	궁수	18H 18.4m	-18°26'	산개 성단	–	어두움	저배율	M23, 25를 보라
119	M29	백조	20H 23.9m	38°31'	산개 성단	–	관계 없음	저배율	백조자리 베타를 보라
119	M39	백조	21H 32.2m	48°26'	산개 성단	–	관계 없음	저배율	백조자리 베타를 보라
137	전갈자리 누	전갈	16H 12.0m	-19°28'	다중성	–	안정	고배율	전갈자리 베타를 보라
111	목동자리 파이	목동	14H 40.7m	16°23'	쌍성	–	안정	고배율	M5를 보라
125	백조자리 R	백조	19H 36.8m	50°12'	변광성	–	관계 없음	저배율	NGC 6826을 보라
135	방패자리 R	방패	18H 47.5m	-5°43'	변광성	–	관계 없음	저배율	M11을 보라
141	전갈자리 RR	전갈	16H 56.6m	-30°35'	변광성	–	관계 없음	저배율	M19, M62를 보라
137	스트루베 1999	전갈	16H 04.5m	-11°26'	쌍성	–	안정	고배율	전갈자리 베타를 보라
135	스트루베 2391	방패	18H 48.7m	-6°02'	쌍성	–	어두움	중배율	M11을 보라
115	스트루베 2470/D-D 쌍성	거문고	19H 08.8m	34°46'	쌍성	–	관계 없음	고배율	이중쌍성을 보라
131	스트루베 2725	돌고래	20H 46.2m	15°54'	쌍성	–	관계 없음	중배율, 고배율	돌고래자리 감마를 보라
129	화살자리 세타	화살	20H 09.9m	20°55'	쌍성	–	안정	고배율	M71을 보라
151	궁수자리 U	궁수	18H 31.8m	-19°22'	변광성	–	관계 없음	저배율	M25를 보라
111	목동자리 크사이	목동	14H 51.4m	19°06'	쌍성	–	안정	고배율	M5를 보라
137	전갈자리 크사이	전갈	16H 04.4m	-11°22'	다중성	–	안정	고배율	전갈자리 베타를 보라
111	목동자리 제타	목동	14H 41.1m	13°44'	쌍성	–	안정	고배율	M5를 보라
129	화살자리 제타	화살	19H 49.0m	19°08'	쌍성	–	안정	고배율	M71를 보라
153	궁수자리 제타	궁수	19H 02.6m	-29°53'	쌍성	–	안정	고배율	M54, M55를 보라
133	M16	뱀	18H 18.8m	-13°47'	산개 성단	–	어두움	저배율	M17을 보라
141	뱀주인자리 36	뱀주인	17H 15.4m	-26°35'	쌍성	–	안정	고배율	M19, M62를 보라

표1 : 이 책에서 설명한 천체들

가을

쪽수	천체	별자리	적경(RA)	적위	유형	등수	하늘의 상태	접안렌즈	비고
160	M31, 안드로메다 은하	안드로메다	0H 42.7m	41°16'	은하	4	어두움	저배율	
180	NGC 869, 이중 성단	페르세우스	2H 19.3m	57°09'	산개 성단	4	관계 없음	저배율	NGC 884
180	NGC 884, 이중 성단	페르세우스	2H 22.4m	57°07'	산개 성단	4	관계 없음	저배율	NGC 869
162	안드로메다자리 감마, 알마츠	안드로메다	2H 03.9m	42°20'	쌍성	3	관계 없음	중배율, 고배율	
156	M15	페가수스	21H 30.0m	12°10'	구상 성단	3	어두움	저배율, 중배율	
173	NGC 457	카시오페이아	1H 19.0m	58°20'	산개 성단	3	어두움	저배율	카시오페이아 그룹 안에 있음
172	NGC 663	카시오페이아	1H 46.0m	61°16'	산개 성단	3	어두움	저배율	카시오페이아 그룹 안에 있음
168	카시오페이아자리 에타	카시오페이아	0H 49.0m	57°49'	쌍성	2	관계 없음	중배율, 고배율	
166	양자리 감마, 메르사심	양	1H 53.4m	19°18'	쌍성	2	관계 없음	중배율, 고배율	
170	카시오페이아자리 이오타	카시오페이아	2H 29.0m	67°24'	다중성	2	안정	고배율	카시오페이아자리 SU, RZ와 함께
158	M2	물병	21H 33.5m	0°50'	구상 성단	2	어두움	저배율, 중배율	
160	M32, M31의 동반 은하	안드로메다	0H 42.7m	40°52'	은하	2	어두움	중배율	M31을 보라
178	M34	페르세우스	2H 42.0m	42°47'	산개 성단	2	관계 없음	저배율	
176	M52	카시오페이아	23H 24.2m	61°36'	산개 성단	2	어두움	저배율, 중배율	카시오페이아 그룹 안에 있음
175	NGC 129	카시오페이아	0H 29.8m	60°14'	산개 성단	2	어두움	저배율	카시오페이아 그룹 안에 있음
175	NGC 225	카시오페이아	0H 43.4m	61°47'	산개 성단	2	어두움	저배율	카시오페이아 그룹 안에 있음
176	NGC 7789	카시오페이아	23H 57.0m	56°43'	산개 성단	2	아주 어두움	저배율	카시오페이아 그룹 안에 있음
170	카시오페이아자리 RZ	카시오페이아	2H 48.8m	69°39'	변광성	2	관계 없음	저배율	카시오페이아자리 이오타, SU와 함께
170	카시오페이아자리 SU	카시오페이아	2H 51.9m	68°53'	변광성	2	관계 없음	저배율	카시오페이아자리 이오타, RZ와 함께
164	M33, 삼각형 은하	삼각형	1H 33.9m	30°39'	은하	1	아주 어두움	파인더스코프, 저배율	NGC 604를 포함한다.
172	M103	카시오페이아	1H 33.2m	60°42'	산개 성단	1	어두움	저배율, 중배율	카시오페이아 그룹 안에 있음
160	M110(NGC 205), M31	안드로메다	0H 40.3m	41°41'	은하	1	아주 어두움	저배율	M31을 보라
173	NGC 436	카시오페이아	1H 15.5m	58°49'	산개 성단	1	어두움	저배율	카시오페이아 그룹 안에 있음
173	NGC 637	카시오페이아	1H 41.8m	64°02'	산개 성단	1	어두움	저배율	카시오페이아 그룹 안에 있음
172	NGC 654	카시오페이아	1H 43.9m	61°54'	산개 성단	1	아주 어두움	저배율	카시오페이아 그룹 안에 있음
172	NGC 659	카시오페이아	1H 44.2m	60°43'	산개 성단	1	아주 어두움	저배율	카시오페이아 그룹 안에 있음
179	페르세우스자리 베타, 알골	페르세우스	3H 08.2m	40°57'	변광성	–	관계 없음	저배율	M34를 보라
181	페르세우스자리 에다	페르세우스	2H 50.7m	55°54'	쌍성	–	어두움	중배율	NGC 869, NGC 884를 보라
167	양자리 람다	양	1H 58.0m	23°36'	쌍성	–	관계 없음	중배율	양자리 감마를 보라
165	NGC 752	안드로메다	1H 57.8m	37°41'	산개 성단	–	관계 없음	저배율	M33을 보라
179	페르세우스자리 로	페르세우스	3H 05.2m	38°51'	변광성	–	관계 없음	저배율	M34를 보라
171	스트루베 163	카시오페이아	1H 50.2m	64°51'	쌍성	–	관계 없음	중배율	카시오페이아자리 이오타를 보라

남반구

쪽수	천체	별자리	적경(RA)	적위	유형	등수	하늘의 상태	접안렌즈	비고
196	대(大) 마젤란 성운	황새치	5H 20.0m	-69°00'	은하	5	관계 없음	저배율, 고배율	23개의 NGC 천체 포함
198	소(小) 마젤란 성운	큰부리새	0H 53.0m	-72°50'	은하	5	관계 없음	저배율, 고배율	10개의 NGC 천체 포함
200	NGC 104, 큰부리새자리 47	큰부리새	0H 24.1m	-62°58'	구상 성단	4	어두움	저배율	
192	NGC 3372, 열쇠 구멍 성운	용골	10H 45.1m	-59°52'	(암흑) 성운	4	어두움	저배율	
186	NGC 5139, 센타우르스자리 오메가	센타우르스	13H 26.8m	-47°29'	구상 성단	4	관계 없음	저배율	
184	센타우르스자리 알파, 센타우르스자리 리겔	센타우르스	14H 39.6m	-60°50'	쌍성	3	관계 없음	고배율	
188	남십자자리 알파, 아크룩스	남십자	12H 26.6m	-63°06'	쌍성	3	관계 없음	고배율	
202	NGC 362	큰부리새	1H 03.2m	-70°51'	구상 성단	3	어두움	고배율	
194	NGC 2516	용골	7H 58.3m	-60°52'	산개 성단	3	관계 없음	중배율	
190	NGC 4755, 보석 상자	남십자	12H 53.6m	-60°20'	산개 성단	3	관계 없음	중배율	
201	큰부리새자리 베타	큰부리새	0H 31.5m	-62°58'	다중성	–	관계 없음	중배율	
189	석탄 자루	남십자	12H 50.0m	-63°00'	암흑 성운	–	어두움	x	
185	던롭 159	센타우르스	14H 22.6m	-58°28'	쌍성	–	관계 없음	고배율	
195	돛자리 감마	돛	8H 09.5m	-42°20'	쌍성	–	관계 없음	저배율	
193	IC 2602, 남쪽 플레이아데스	용골	10H 43.2m	-64°24'	산개 성단	–	관계 없음	저배율	
203	큰부리새자리 카파	큰부리새	1H 15.8m	-68°53'	다중성	–	관계 없음	고배율	
191	남십자자리 뮤	남십자	12H 54.6m	-57°11'	쌍성	–	관계 없음	중배율	
187	센타우르스자리 N	센타우르스	13H 52.0m	-52°35'	쌍성	–	관계 없음	중배율	
195	NGC 2547	돛	8H 10.7m	-49°16'	산개 성단	–	관계 없음	저배율	
195	NGC 2808	용골	9H 12.0m	-64°52'	구상 성단	–	관계 없음	고배율	
193	NGC 3532	용골	11H 06.4m	-58°40'	산개 성단	–	관계 없음	저배율	
193	NGC 3766	용골	11H 36.1m	-61°37'	산개 성단	–	관계 없음	저배율	
187	NGC 5286	센타우르스	13H 46.4m	-51°22'	구상 성단	–	관계 없음	중배율	
187	센타우르스자리 Q	센타우르스	13H 31.7m	-54°17'	쌍성	–	관계 없음	고배율	

221

표2

천체 유형별로 정리한 천체들(남반구 천체는 포함하지 않았음)

쌍성

2000년 좌표

쪽수	천체	별자리	적경(RA)	적위	계절	등수	등급	간격	비고
168	카시오페이아자리 에타	카시오페이아	0H 49.0m	57° 49'	가을	2	3.6, 7.5	13"	
171	스트루베 163	카시오페이아	1H 51.2m	64° 51'	가을	–	6.2, 8.2	35"	카시오페이아자리 이오타를 보라
166	양자리 감마, 메사르심	양	1H 53.4m	19° 18'	가을	2	4.8, 4.8	7.8"	
167	양자리 람다	양	1H 58.0m	23° 36'	가을	–	4.8, 7.4	38"	양자리 감마를 보라
162	안드로메다자리 람다, 알마츠	안드로메다	2H 03.9m	42° 20'	가을	3	2.3, 5.1	10"	
86	작은곰자리 알파, 북극성	작은곰	2H 22.6m	89° 19'	봄	1	2.1, 9.0	18"	
170	카시오페이아자리 이오타	카시오페이아	2H 29.0m	67° 24'	가을	2	4.7, 7.0, 8.2	2.3", 7.2"	카시오페이아 RZ, SU와 함께
181	페르세우스자리 에타	페르세우스	2H 50.7m	55° 54'	가을	–	3.9, 8.6	28"	NGC 869, NGC 884를 보라
55	오리온자리 델타, 민타카	오리온	5H 32.0m	-0° 20'	겨울	–	2.5, 6.9	53"	오리온자리 시그마를 보라
51	스트루베 745	오리온	5H 34.7m	-6° 00'	겨울	–	8.5, 8.7	29"	M42를 보라
51	스트루베 747	오리온	5H 35.0m	-6° 00'	겨울	–	5.6, 6.5	36"	M42를 보라
52	오리온자리 세타-1, 사다리꼴	오리온	5H 35.3m	-5° 25'	겨울	–	5.4, 6.7, 6.7, 8.1	13", 13", 17"	M42와 함께
52	오리온자리 세타-2	오리온	5H 35.4m	-5° 26'	겨울	–	5.2, 6.5	52"	M42를 보라
51	오리온자리 이오타	오리온	5H 35.4m	-5° 56'	겨울	–	2.9, 7.4	11"	M42를 보라
55	스트루베 761	오리온	5H 38.6m	-2° 34'	겨울	–	8.5, 8.0, 9.0	68", 8.5"	오리온자리 시그마를 보라
54	오리온자리 시그마	오리온	5H 38.7m	-2° 36'	겨울	3	3.8, 7.2, 6.5	13", 42"	
55	오리온자리 제타, 알니타크	오리온	5H 40.8m	-1° 59'	겨울	–	2.0, 4.2	2.4"	오리온자리 시그마를 보라
56	외뿔소자리 베타	외뿔소	6H 28.8m	-7° 02'	겨울	3	4.6, 5.2, 5.6	7.2", 2.8"	
68	허셜 3945, 겨울철 알비레오	큰개	7H 16.6m	-23° 19'	겨울	–	4.8, 6.6	26"	NGC 2362를 보라
58	쌍둥이자리 알파, 카스토르	쌍둥이	7H 34.6m	31° 53'	겨울	2	2.0, 2.9, 9.5	4", 73"	
55	게자리 제타	게	8H 12.2m	17° 39'	봄	–	5.8, 6.0, 6.0	1", 6"	M44를 보라
81	게자리 파이-2	게	8H 26.8m	26° 56'	봄	–	6.3, 6.3	5"	게자리 이오타를 보라
81	스트루베 1266	게	8H 44.4m	28° 27'	봄	–	8.2, 9.3	23"	게자리 이오타를 보라
80	게자리 이오타	게	8H 46.7m	28° 46'	봄	2	4.2, 6.6	30"	
81	게자리 이오타-2	게	8H 54.2m	30° 35'	봄	–	6.3, 6.2, 9.2	1.5", 56"	게자리 이오타를 보라
94	사자자리 감마, 알게이바	사자	10H 20.0m	19° 51'	봄	1	2.6, 3.8	4.4"	
93	사자자리 54	사자	10H 55.6m	24° 45'	봄	–	4.5, 6.3	6.4"	M65, M66을 보라
90	사냥개자리 알파, 코르카롤리	사냥개	12H 56.0m	38° 19'	봄	2	2.9, 5.4	19"	
91	스트루베 1702	사냥개	12H 58.5m	38° 17'	봄	–	8.3, 9.0	36"	코르카롤리를 보라
84	큰곰자리 제타, 미자르	큰곰	13H 23.9m	54° 56'	봄	2	2.4, 4.0	14"	
113	목동자리 타우	목동	13H 47.3m	17° 27'	봄	–	4.5, 11.5	5.4"	M10, M12를 보라
89	목동자리 카파	목동	14H 13.5m	52° 00'	봄	–	4.6, 6.6	13"	M51을 보라
111	목동자리 파이	목동	14H 40.7m	16° 23'	여름	–	4.9, 5.8	5.6"	M5를 보라
111	목동자리 제타	목동	14H 41.1m	13° 44'	여름	–	4.5, 4.6	0.8", 줄어들고 있음	M5를 보라
100	목동자리 엡실론, 이자르	목동	14H 45.0m	27° 04'	봄	1	2.5, 5.0	3"	
111	목동자리 크사이	목동	14H 51.4m	19° 06'	여름	–	4.8, 6.9	6"	M5를 보라
100	목동자리 뮤, 알카우로프스	목동	15H 24.5m	37° 23'	봄	1	4.5, 7.2, 7.8	109", 2"	
100	왕관자리 제타	왕관	15H 39.4m	36° 38'	봄	–	5.1, 6.0	6.3"	목동자리 뮤를 보라
137	전갈자리 크사이	전갈	16H 04.4m	-11° 22'	여름	–	4.9, 4.9, 7.2	0.9", 7"	전갈자리 베타를 보라
137	스트루베 1999	전갈	16H 04.5m	-11° 26'	여름	–	7.4, 8.1	11"	전갈자리 베타를 보라
136	전갈자리 베타, 그라피아스	전갈	16H 05.4m	-19° 51'	여름	2	2.9, 5.1	14"	
137	전갈자리 누	전갈	16H 12.0m	-19° 28'	여름	–	4.5, 6.0; 7.0, 7.8	41"; 1.2", 2.3"	
108	헤르쿨레스자리 알파, 라스알게시	헤르쿨레스	17H 14.6m	14° 23'	여름	3	3-4(변광성), 5.4	4.6"	
141	뱀주인자리 36	뱀주인	17H 15.4m	-26° 35'	여름	–	5.3, 5.3	5"	M19, M62를 보라
149	HN 40	궁수	18H 02.3m	-23° 02'	여름	–	7.5, 8.7, 10.5, 10.5	11", 12", 5.5"	M20을 보라
114	거문고자리 엡실론, 이중쌍성	거문고	18H 44.4m	39° 40'	여름	3	4.5, 4.7	208"	
114	거문고자리 엡실론-1	거문고	18H 44.3m	39° 38'	여름	–	5.1, 6.0	2.8"	거문고자리 엡실론을 보라
114	거문고자리 엡실론-2	거문고	18H 45.4m	39° 37'	여름	–	5.1, 5.4	2.3"	거문고자리 엡실론을 보라
135	스트루베 2391	방패	18H 48.7m	-6° 02'	여름	–	6.3, 9.0	38"	M11을 보라
153	궁수자리 제타	궁수	19H 02.6m	-29° 53'	여름	–	3.4, 3.6	0.8"	M54, M55를 보라
115	스트루베 2470/2474, D-D 쌍성	거문고	19H 08.8m	34° 46'	여름	–	7.0, 8.4; 6.8, 8.1	13.8"; 16.1"	거문고자리 엡실론을 보라
118	백조자리 베타	백조	19H 30.7m	27° 58'	여름	4	3.2, 5.4	34"	
125	백조자리 16	백조	19H 41.8m	50° 31'	여름	–	6.3, 6.4	39"	NGC 6826을 보라
129	화살자리 제타	화살	19H 49.0m	19° 08'	여름	–	5.0, 8.8	8.5"	M71을 보라
129	화살자리 세타	화살	20H 09.9m	20° 55'	여름	–	6.3, 8.7	12"	M71을 보라
131	스트루베 2725	돌고래	20H 46.2m	15° 54'	여름	–	7.3, 8.2	5.7"	돌고래자리 감마를 보라
130	돌고래자리 감마	돌고래	20H 46.7m	16° 08'	여름	3	4.5, 5.5	10"	
122	백조자리 61	백조	21H 06.6m	38° 42'	여름	2	5.5, 6.4	30"	

산개 성단

2000년 좌표

쪽수	천체	별자리	적경(RA)	적위	계절	등수	등급	크기	유형	비고
175	NGC 129	카시오페이아	0H 29.8m	60° 14'	가을	2	6.5	11	관계 없음	카시오페이아 그룹 안에 있음
175	NGC 225	카시오페이아	0H 43.4m	61° 47'	가을	2	7	13	느슨함	카시오페이아 그룹 안에 있음
173	NGC 436	카시오페이아	1H 15.5m	58° 49'	가을	1	8.8	4	느슨함	카시오페이아 그룹 안에 있음
173	NGC 457	카시오페이아	1H 19.1m	58° 20'	가을	3	7.5	14	느슨함	카시오페이아 그룹 안에 있음
172	M103	카시오페이아	1H 33.2m	60° 42'	가을	1	7.2	6	관계 없음	카시오페이아 그룹 안에 있음
173	NGC 637	카시오페이아	1H 41.8m	64° 02'	가을	1	7.5	5	느슨함	카시오페이아 그룹 안에 있음
172	NGC 654	카시오페이아	1H 43.9m	61° 54'	가을	1	9.3	5	느슨함	카시오페이아 그룹 안에 있음
172	NGC 659	카시오페이아	1H 44.2m	60° 43'	가을	1	9.5	5	느슨함	카시오페이아 그룹 안에 있음
172	NGC 663	카시오페이아	1H 46.0m	61° 16'	가을	3	7.1	12	관계 없음	카시오페이아 그룹 안에 있음
165	NGC 752	안드로메다	1H 57.8m	37° 41'	가을	–	5.7	45	느슨함	M33을 보라
180	NGC 869, 페르세우스자리 h(이중 성단)	페르세우스	2H 19.0m	57° 09'	가을	4	4.3	36	빽빽함	NGC 884와 함께
180	NGC 884, 페르세우스 카이(이중 성단)	페르세우스	2H 22.4m	57° 07'	가을	4	4.7	36	관계 없음	NGC 869와 함께
178	M34	페르세우스	2H 42.0m	42° 47'	가을	2	5.5	18	느슨함	
42	M45, 플레이아데스	황소	3H 46.9m	24° 07'	겨울	4	1.4	100	아주 느슨함	
44	M38	마차부	5H 28.7m	35° 50'	겨울	2	7	20	관계 없음	M36, M37과 함께
44	M36	마차부	5H 35.3m	34° 09'	겨울	2	6.3	12	빽빽함	M37, M38과 함께
44	M37	마차부	5H 52.3m	32° 34'	겨울	2	6.1	20	빽빽함	M36, M38과 함께
62	M35	쌍둥이	6H 08.8m	24° 19'	겨울	3	5.3	30	관계 없음	
64	M41	큰개	6H 47.0m	−20° 45'	겨울	3	5	30	관계 없음	
66	M50	외뿔소	7H 02.9m	−8° 20'	겨울	2	6.5	15	관계 없음	
68	NGC 2362	큰개	7H 18.7m	−24° 57'	겨울	2	6	6	느슨함	
70	M47, (NGC2422)	고물	7H 36.6m	−14° 29'	겨울	2	4.8	25	느슨함	M46과 함께
70	M46	고물	7H 41.8m	−14° 49'	겨울	2	6.8	25	빽빽함	M47과 함께
72	M93	고물	7H 44.5m	−23° 52'	겨울	3	6.2	20	아주 빽빽함	
76	M44, 벌집	게	8H 40.4m	19° 41'	봄	3	4	90	느슨함	
78	M67	게	8H 51.0m	11° 49'	봄	3	6.4	15	빽빽함	
142	M6	전갈	17H 40.1m	−32° 13'	여름	3	5.3	25	관계 없음	M7과 함께
142	M7	전갈	17H 54.0m	−34° 49'	여름	3	4	55	관계 없음	M6과 함께
150	M23	궁수	17H 56.9m	−19° 01'	여름	2	6.9	25	관계 없음	M25와 함께
146	NGC 6530	궁수	18H 04.8m	−24° 20'	여름	–	6.3	10	관계 없음	M8을 보라
148	M21	궁수	18H 04.8m	−22° 30'	여름	1	6.5	11	느슨함	M20과 함께
151	M24, (NGC 6603)	궁수	18H 18.4m	−18° 26'	여름	–	6.6	11	느슨함	M23, M25를 보라
133	M16	뱀	18H 18.8m	−13° 47'	여름	–	6.4	25	아주 느슨함	M17을 보라
133	M18	궁수	18H 19.9m	−17° 08'	여름	–	7.9	10	느슨함	M17; M23, M25를 보라
150	M25	궁수	18H 31.7m	−19° 15'	여름	2	6.5	35	느슨함	M23과 함께
134	M11, 야생 오리 성단	방패	18H 51.1m	−6° 16'	여름	3	6.3	11	아주 빽빽함	
119	M29	백조	20H 24.0m	38° 31'	여름	–	7.1	8	느슨함	백조자리 베타를 보라
119	M39	백조	21H 32.2m	48° 26'	여름	–	5.5	30	관계 없음	백조자리 베타를 보라
176	NGC 7789	카시오페이아	23H 57.0m	56° 43'	가을	2	8	20	관계 없음	카시오페이아 그룹 안에 있음

은하

2000년 좌표

쪽수	천체	별자리	적경(RA)	적위	계절	등수	등급	크기	유형	비고
160	M110(NGC 205), M31의 동반은하	안드로메다	0H 403m	41° 41'	가을	1	9.4	10' x4.5'	타원	M31을 보라
160	M31, 안드로메다 은하	안드로메다	0H 427m	41° 16'	가을	4	4.8	160' x35'	나선	
160	M32, M31의 동반은하	안드로메다	0H 427m	40° 52'	가을	2	8.7	3.4' x2.8'	타원	M31을 보라
164	M33, 삼각형	삼각형	1H 339m	30° 39'	가을	1	6.7	65' x35'	나선	
82	M81	큰곰	9H 556m	69° 04'	봄	3	7.9	21' x10'	나선	M82와 함께
82	M82	큰곰	9H 560m	69° 42'	봄	3	8.8	9' x4'	특이	M81과 함께
92	M65	사자	11H 189m	13° 07'	봄	1	9.3	8' x1.5'	나선	M66과 함께
92	M66	사자	11H 200m	13° 01'	봄	1	8.4	8' x2.5'	나선	M65와 함께
93	NGC 3628	사자	11H 203m	13° 37'	봄	–	10.9	8' x2.5'	나선	M65, M66과 함께
90	M94	사냥개	12H 510m	41° 07'	봄	1	7.9	5' x3.5'	나선	사냥개자리 알파와 함께
96	M64, 검은 눈의 은하	머리털	12H 568m	21° 31'	봄	1	8.8	6.5' x3'	나선	M53과 함께
88	M51, 소용돌이 은하	사냥개	13H 299m	47° 12'	봄	2	8.8	10' x5.5'	나선	
88	NGC 5195, M51의 동반은하	사냥개	13H 300m	47° 16'	봄	–	8.4	2' x1.5'	특이	M51을 보라

구상 성단

2000년 좌표

쪽수	천체	별자리	적경(RA)	적위	계절	등수	등급	크기	계급	비고
96	M54	머리털	13H 129m	18° 10'	봄	1	7.6	3	V	M64와 함께
98	M3	큰개자리	13H 422m	28° 23'	봄	3	6.4	10	VI	
110	M5	뱀	15H 185m	2° 05'	여름	3	6.2	13	V	
138	M80	전갈	16H 171m	−22° 59'	여름	1	7.5	5	II	M4와 함께
138	M4	전갈	16H 237m	−26° 31'	여름	2	6.2	14	IX	M80과 함께
104	M13, 대(大) 성단	헤르쿨레스	16H 417m	36° 27'	여름	4	5.7	10	V	
112	M12	뱀주인	16H 472m	−1° 57'	여름	1	6.6	9	IX	M10과 함께
112	M10	뱀주인	16H 571m	−4° 07'	여름	1	6.7	8	VII	M12와 함께
140	M62	뱀주인-전갈	17H 013m	−30° 07'	여름	1	6.6	5	IV	M19와 함께
140	M19	뱀주인	17H 026m	−26° 15'	여름	1	6.6	4	VIII	M62와 함께
106	M92	헤르쿨레스	17H 171m	43° 09'	여름	2	6.3	9	IV	
144	M28	궁수	18H 246m	−24° 52'	여름	2	7.4	5	IV	M22와 함께
144	M22	궁수	18H 364m	−23° 55'	여름	3	5.9	18	VII	M28과 함께
152	M54	궁수	18H 552m	−30° 28'	여름	1	7.3	3	III	M55와 함께
120	M56	거문고	19H 166m	30° 10'	여름	2	8.2	2	X	
152	M55	궁수	19H 401m	−30° 56'	여름	1	7.4	10	IX	M54와 함께
128	M71	화살	19H 537m	18° 47'	여름	2	8.3	6	???	
156	M15	페가수스	21H 300m	12° 10'	가을	3	6	7	IV	
158	M2	물병	21H 335m	−0° 50'	가을	2	6.3	8	II	

비고: 구상 성단의 계급은 I(별이 중심에 빽빽하게 모여 있음)부터 XIII(별이 느슨하게 모여 있음)까지 있다.

확산 성운

2000년 좌표

쪽수	천체	별자리	적경(RA)	적위	계절	등수	크기	등급	비고
50	M42, 오리온 성운	오리온	5H 354m	−5° 23'	겨울	5	66x60'	4	사다리꼴과 함께
50	M43, M42 쪽으로 뻗어 있음	오리온	5H 356m	−5° 16'	겨울	−	20x15'	6	M42를 보라
148	M20, 삼렬 성운	궁수	18H 019m	−23° 02'	여름	2	29x27'	9	M21과 함께
146	M8, 석호 성운	궁수	18H 047m	−24° 23'	여름	4	60x35'	6	NGC 6530과 함께
132	M17, 백조 성운	궁수	18H 209m	−16° 11'	여름	3	46x37'	7	

행성상 성운

2000년 좌표

쪽수	천체	별자리	적경(RA)	적위	계절	등수	크기	등급	등급	모양
60	NGC 2392, 광대얼굴 성운	쌍둥이	7H 292m	20° 55'	겨울	2	47"x43"	8.3	10.2	달걀형
116	M57, 고리 성운	거문고	18H 536m	33° 02'	여름	3	83"x59"	9.3	14.7	고리 모양
124	NGC 6826, 깜박이 성운	백조	19H 448m	50° 31'	여름	2	27"x24"	8.8	10.8	달걀형
126	M27, 아령 성운	여우	19H 596m	22° 43'	여름	4	480"x240"	7.6	13.4	불규칙

변광성

2000년 좌표

쪽수	천체	별자리	적경(RA)	적위	계절	등수	등급	주기	유형	비고
170	카시오페이아자리 RZ	카시오페이아	2H 488m	69° 39'	가을	2	6.4-7.8	28시간 41분	식	카시오페이아자리 이오타를 보라
170	카시오페이아자리 SU	카시오페이아	2H 520m	68° 53'	가을	2	5.9-6.3	46시간 47분	세페이드	카시오페이아자리 이오타를 보라
179	페르세우스자리 로	페르세우스	3H 052m	38° 51'	가을	−	3.3-4.0	33일에서 55일	반규칙	M34를 보라
179	페르세우스자리 베타, 알골	페르세우스	3H 082m	40° 58'	가을	−	2.2-3.5	68시간 49분	식	M34를 보라
52	오리온자리 V1016	오리온	5H 353m	−5° 23'	겨울	−	6.7-7.7	65.4일	식	사다리꼴, M42
52	오리온자리 BM	오리온	5H 353m	−5° 23'	겨울	−	8.1-8.7	6일 11.3시간	식	사다리꼴, M42
78	게자리 VZ	게	8H 409m	9° 49'	봄	2	7.2-7.9	4시간 17분	거문고자리 RR 형	M67과 함께
90	사냥개자리 Y, 라 수페르바	사냥개	12H 451m	45° 41'	봄	−	5.0-6.5	160일	반규칙	코르카롤리를 보라
140	전갈자리 RR	전갈	16H 566m	−30° 35'	여름	−	5.1-12.4	280일	미라	M19, M62를 보라
108	헤르쿨레스자리 알파, 라스알게시	헤르쿨레스	17H 146m	14° 24'	여름	−	3.0-4.0	약 2 개월	반규칙	쌍성
143	HD 160202	전갈	17H 403m	−31° 11'	여름	−	1-7	드물게 밝기가 변함	플레어	M6 안에 있음
143	전갈자리 BM	전갈	17H 409m	−31° 13'	여름	−	6.0-8.0	약 28개월	반규칙	M6 안에 있음
150	궁수자리 U	궁수	18H 318m	−19° 22'	여름	−	6.3-7.1	6일 18시간	세페이드	M25 안에 있음
135	방패자리 R	방패	18H 475m	−5° 43'	여름	−	5.7-8.6	144일	황소자리 RV 형	M11을 보라
117	거문고자리 베타	거문고	18H 501m	33° 22'	여름	−	3.4-4.3	12일 21.79시간	식	M57을 보라
125	백조자리 R	백조	19H 368m	50° 12'	여름	−	6.5-14.2	426일	장주기	NGC 6826을 보라

태양계 근처에 있는 행성계

쪽수	천체	별자리	적경(RA)	적위	계절
163	안드로메다자리 웁실론	안드로메다	1H 367m	41° 11'	가을
113	목동자리 타우	목동	13H 473m	17° 27'	봄, 여름
125	백조자리 16-B	백조	19H 418m	50° 31'	여름
157	페가수스자리 53	페가수스	22H 575m	20° 32'	가을

찾아보기

<2001년 스페이스 오디세이(2001: A Space Odyssey)> 21
AAVSO 212~213
CCD 211
f비(f ratio) 204
HN 149
IC 2602 193
NGC 104 200
NGC 129 172
NGC 205 161
NGC 225 172
NGC 249 199
NGC 261 199
NGC 330 199
NGC 346 199
NGC 362 202
NGC 371 199
NGC 376 199
NGC 395 199
NGC 411 199
NGC 419 199
NGC 436 172
NGC 456 199
NGC 457 172
NGC 604 165
NGC 637 172
NGC 654 172
NGC 659 172
NGC 663 172
NGC 752 165
NGC 869 180
NGC 884 180
NGC 1711 197
NGC 1714 197
NGC 1743 197
NGC 1818 197
NGC 1835 197
NGC 1850 197
NGC 1866 197
NGC 1910 197
NGC 1935/36 197
NGC 1966 197
NGC 1978 197
NGC 1984 197
NGC 2018 197
NGC 2027 197
NGC 2032 197
NGC 2048 197
NGC 2058 197
NGC 2070 196
NGC 2080 197
NGC 2100 197
NGC 2122 197
NGC 2134 197
NGC 2164 197
NGC 2362 68
NGC 2392 60
NGC 2422 71
NGC 2516 194
NGC 2547 195
NGC 2808 195
NGC 3372 192
NGC 3532 193
NGC 3628 93
NGC 3766 193
NGC 4755 190
NGC 5139 186
NGC 5286 187
NGC 6530 146
NGC 6826 124
NGC 7789 172
M1 48
M2 158
M3 98
M4 138
M5 110
M6 142
M7 142
M8 144
M10 112
M11 134
M12 112
M13 104
M15 156
M16 133
M17 132
M18 133
M19 140
M20 148
M21 148
M22 144
M23 150
M24 151
M25 150
M26 135
M27 126
M28 144
M29 119
M31 160
M32 160
M33 164
M34 178
M35 62
M36 44
M37 44
M38 44
M39 119
M41 64

M42 50
M43 50
M44 76
M45 42
M46 70
M47 70
M50 66
M51 88
M52 172
M53 96
M54 152
M55 152
M56 120
M57 116
M62 140
M64 96
M65 92
M66 92
M67 78
M71 128
M80 138
M81 82
M82 82
M92 106
M93 72
M94 90
M103 172
M110 160
UFO 29

ㄱ

가니메데(Ganymede) 36
가짜 남십자자리(False Cross) 188, 192
갈릴레오(Galileo) 204
거문고자리 RR(RR Lyrae) 79, 215
거문고자리 베타(Beta Lyrae) 117
거문고자리 엡실론(Epsilon Lyrae) 114
검은 눈의 은하(Black Eye Galaxy) 96
겉보기 시야(apparent field) 206
게 성운(Crab Nebula) 48

게자리 VZ(VZ Cancri) 78
게자리 이오타(Iota Cancri) 80
게자리 이오타-1(Iota-1 Cancri) 81
게자리 이오타-2(Iota-2 Cancri) 81
게자리 제타(Zeta Cancri) 77
게자리 파이-2(Phi-2 Cancri) 81
겨울철 알비레오(Winter Albireo) 69
경위의 가대(alt-azimuth mount) 206, 214
계절(season) 9
고도(altitude) 206
고리 성운(Ring Nebula) 116
고물자리 k(k Puppis) 73
광년(light year) 214
광대얼굴(Clown Face) 60
구경(aperture) 204, 214
구동 모터(clock drive) 207
구상 성단(globular cluster) 10, 99, 107, 214
국부 은하단(Local Group) 161
굴절 망원경(refractor) 214
궁수자리 제타(Zeta Sagitarii) 153
그라피아스(Graffias) 136
극(poles) 16
금성(Venus) 29~30, 32
   위상(phases) 32
   슈로터 효과(Schröter Effect) 32
깜박이 행성상 성운(Blinking Planetary) 124

ㄴ

날치자리 감마(Gamma Volantis) 197
날치자리 엡실론(Epsilon Volantis) 197
남부 고지대(Southern Highlands) 16, 21
남십자자리 뮤(Mu Crucis) 191
남십자자리 알파(Alpha Crucis) 188
남쪽 플레이아데스(Southern Pleiades) 193
뉴튼 식 망원경(Newtonian) 13, 204, 214
다농, 앙드레(Danjon, André) 24
달(Moon) 14
   가장자리(limb) 14
   계곡(valleys)
      슈로터 계곡(Schroter's Valley) 22

알프스 계곡(Alpine) 18, 20, 27
타우루스-리트로우 계곡(Taurus-Littrow Valley) 18
고지대(highlands) 14
곧은 벽(Straight Wall) 21, 26
구덩이(craters) 15
   가센디(Gassendi) 11
   광조(rays) 15
   그리말디(Grimaldi) 22
   랑그레누스(Langrenus) 16
   리터(Ritter) 18
   마닐리우스(Manilius) 22
   마리우스(Marius) 22
   마스켈리네(Maskelyne) 18
   메넬라우스(Menelaus) 22
   메셀라(Messala) 16
   메시에(Messier) 16, 23
   메시에-A(Messier-A) 16, 23
   버트(Birt) 21, 26
   베셀(Bessel) 18, 22
   부르크하르트(Burckhardt) 16
   분출물 퇴적대(ejecta blanket) 15
   사빈(Sabine) 18
   아르키메데스(Archimedes) 20, 27
   아리스타쿠스(Aristarchus) 22, 27
   아리스토텔레스(Aristotle) 18
   아자첼(Arzachel) 19, 21
   아틀라스(Atlas) 16
   알바테그니우스(Albategnius) 19
   알폰수스(Alphonsus) 19~20
   에라토스테네스(Eratosthenes) 27
   에우독수스(Eudoxus) 18
   제미누스(Geminus) 16
   카사리나(Catharina) 16, 19, 26
   케플러(Kepler) 22, 27
   코페르니쿠스(Copernicus) 20, 22, 27
   클라비우스(Clavius) 21, 27
   클레오메데스(Cleomedes) 16
   키릴루스(Cyrillus) 16, 19, 26
   타이코(Tycho) 15, 17, 21, 22, 27

테오필루스(Theophilus) 16, 19, 26
포시도니우스(Posidonius) 18, 26
프로클루스(Proclus) 23
프톨레메우스(Ptolemaeus) 19~20
플라토(Plato) 20, 27
플램스티드(Flamsteed) 22
피커링(Pickering) → 메시에-A
피코(Pico) 20
한스틴(Hansteen) 22
헤르도투스(Herodotus) 22
헤르쿨레스(Hercules) 16
히파르쿠스(Hipparchus) 19
기원(origin)
   대충격(giant impact) 15
마그마의 바다(magma ocean) 15
명암 경계선(terminator) 14
바다(mare) 14
   감로주의 바다(Nectaris) 16, 19, 26
   고요의 바다(Tranquillitatis) 16, 18, 26
   구름의 바다(Nubium) 26
   꿈의 호수(Lacus Somniorum) 18
   맑음의 바다(Serenitatis) 18, 26
   비의 바다(Imbrium) 18, 26
   습기의 바다(Humorum) 22
   위난의 바다(Crisium) 16
   인식의 바다(Cognitum) 21
   증기의 바다(Vaporum) 18
   추위의 바다(Frigoris) 20
   폭풍우의 바다(Oceanus Procellarum) 22
   풍요의 바다(Fecunditatis) 16
   혼돈의 바다(Palus Putredinis) 20
반달(Half Moon) 18
반달보다 불룩한 모양의 달(Gibbous Moon) 20
보름달(Full Moon) 22
분지(basins) 15
   동방의 분지(Orientale Basin) 23
산과 언덕(mountains and hills)
   곧은 산맥(Straight Range) 20

마리우스 언덕(Marius Hills) 22
아펜니노 산맥(Apennines) 26
카르파티아 산맥(Carpathian Mts) 20
코카수스 산맥(Caucasus Mts) 18, 26
테네리피산맥(Teneriffe Mountains) 20
헤들레이 산(Mt. Hadley) 18
삭(New Moon) 14
상현달(First Quarter) 18
식(eclipses) 24, 29
   반영(penumbral) 24
   본영(umbral) 24
어두운 지역(dark side) 16
열구(rilles)
   아리아대우스 열구(Ariadaeus Rille) 18
   헤들레이 열구(Hadley Rille) 18
   히기누스 열구(Hyginus Rille) 18
위상(phases) 14
이지러지는 달(waning moon) 26
중추만월(Harvest Moon) 28, 154
지구빛(earthshine) 16~17
초승달(Crescent Moon) 16
칭동(librations) 23
탐사(mission)
   레인저 7호(Ranger 7) 21
   레인저 9호(Ranger 9) 21
   루나 프로스펙터 호(Lunar Prospector) 15~16
   아폴로 15호(Apollo 15) 18
   아폴로 17호(Apollo 17) 19
   아폴로 계획(Apollo program) 15
   클레멘타인 호(Clementine) 16
혜성의 꼬리(Comet's Tail) 16

ㄷ

대(大) 구상 성단(Great Globular Cluster) 104
대(大) 마젤란 성운(Large Magellanic Cloud) 196
대물렌즈/거울(objective) 204
대폭발(Big Bang) 89, 107
던롭(Dunlop) 161, 185

데네브(Deneb) 103, 154
독거미 성운(Tarantula Nebula) 196
독수리자리 15(15 Aquilae) 135
독수리자리 V(V Aquila) 135
돌고래자리 감마(Gamma Delphini) 130
돕슨 식 망원경(Dobsonian) 12, 204, 206, 214
돛자리 감마(Gamma Velorum) 195
드 퐁타네이, 장(de Fontanay, Jean) 189
등급(magnitude) 12, 215
등수(rating) 10
디오네(Dione) 38

ㄹ

라 수페르바(La Superba) 91
라스알게시(Ras Algethi) 108
레굴루스(Regulus) 75, 182
레아(Rhea) 38
레이(Rey, H. A.) 8
렌즈 닦기(cleaning lenses) 209~210
렌즈 뚜껑(lens caps) 209
리겔(Rigel) 40
리쇼, 장(Richaud, Jean) 189

ㅁ

마젤란 성운(Magellanic Clouds) 183
막스토프(Maksutov) 204, 215
말과 기수(Horse and Rider) 84
망원경 시야(telescope view) 12
망원경의 보관(storing the telescope) 210
매리너 9호(Mariner 9) 35
메사르심(Mesarthim) 166
메시에, 찰스(Messier, Charles) 10, 49, 204
『메시에 목록 Messier Catalog』 10
명왕성(Pluto) 28
목동자리 뮤(Mu Boötis) 100
목동자리 엡실론(Epsilon Boötis) 100
목동자리 오미크론(Omicron Boötis) 111
목동자리 제타(Zeta Boötis) 111
목동자리 카파(Kappa Boötis) 89
목동자리 크사이(Xi Boötis) 111

목동자리 타우(Tau Boötis) 113
목동자리 파이(Pi Boötis) 111
목성(Jupiter) 29~30, 36
   꽃줄 장식(festoons) 36
   대(帶, zone) 36
   대적반(Great Red Spot) 36
   띠(belts) 36
무엇을, 어디서 그리고 언제(What, where and when) 8, 230
무지개의 만(Sinus Iridum) 20
미르잠(Mirzam) 65
미르팍(Mirfak) 179
미자르(Mizar) 84
민타카(Mintaka) 55

ㅂ

반사 망원경(reflector) 204, 214
방위각(azimuth) 206
방패자리 R(R Scuti) 135
배율(magnification) 204
백조 성운(Swan Nebula) 132
백조자리 16(l6 Cygni) 125
백조자리 16 B(16 Cygni B) 125
백조자리 61(61 Cygni) 122
백조자리 61 C(6l Cygni C) 123
백조자리 R(R Cygni) 125
백조자리 베타(Beta Cygni) 118
뱀주인자리 36(36 Ophiuchi) 141
벌집(Beehive) 76
번햄, 셔르부르네(Burnham, Sherburne) 10
베가(Vega) 103, 154
베들레헴의 별(Star of Bethlehem) 29
베텔기우스(Betelgeuse) 40
변광성(variable star) 9, 215
별자리(constellations) 8
보석 상자(Jewel Box) 190
보아야 할 곳(Where to look) 12
북극성(North Star/Polaris) 86, 102
분광 쌍성(spectroscopic binary) 87, 163
분광형(spectral class) 47, 215

분해능(resolution) 205, 215
브로치의 성단(Brocchi's Cluster) 129

ㅅ

사냥개자리 Y(Y CVn) 91
사냥개자리 알파(Alpha Canis Venaticorum) 90
사다리꼴(Trapezium) 50
사자자리 54(54 Leonis) 93
사자자리 감마(Gamma Leonis) 94
산개 성단(open cluster) 9, 47, 216
삼각형 은하(Triangulum Galaxy) 164
삼렬 성운(Trifid Nebula) 148
상호 사건(mutual events) 37
『새 일반 목록New General Catalog』 10
석탄 자루(Coal Sack) 189
석호 성운(Lagoon Nebula) 146
성단(clusters) 89
성도(sky atlas) 212
세페이드(Cepheid) 215
센타우르스 베타(Beta Centauri) 182, 184
센타우르스자리 M(M Centauri) 187
센타우르스자리 N(N Centauri) 187
센타우르스자리 Q(Q Centauri) 187
센타우르스자리 리겔(Rigel Kentaurus) 184
센타우르스자리 알파(Alpha Centauri) 182, 184
센타우르스자리 오메가(Omega Centauri) 186
센타우르스자리 프록시마(Proxima Centauri) 185
소(小) 마젤란 성운(Small Magellanic Cloud) 198
소용돌이 은하(Whirlpool Galaxy) 88
수성(Mercury) 31~32
수수께끼(puzzle) 84
쉘리악(Sheliak) 117
스타 다이아고날(star diagonal) 13, 216
스트루베, 프리드리히(Struve, Friedrich) 110
스트루베 163(Struve 163) 171

스트루베 745(Struve 745) 52
스트루베 747(Struve 747) 52
스트루베 761(Struve 761) 55
스트루베 1266(Struve 1266) 81
스트루베 1702(Struve 1702) 91
스트루베 2391(Struve 2391) 135
스트루베 2470(Struve 2470) 115
스트루베 2474(Struve 2474) 115
스트루베 2725(Struve 2725) 131
스피츠버겐(Spitzbergen) 20
스피카(Spica) 74, 102, 182
시두스 루드비키아눔(Sidus Ludivicianum) 85
시리우스(Sirius) 40, 65, 75, 182
시야(field of view) 206, 216
식변광성(eclipsing variable) 215
식쌍성(ecipsing binaries) 51
쌍둥이자리 알파(Alpha Geminorum) 58
쌍성(double star) 9, 216
쌍안경(binocular) 12~13

ㅇ

아령 성운(Dumbbell Nebula) 126
아셀라(Ascella) 153
아케르나르(Achernar) 183
아크룩스(Acrux) 188
아크투루스(Arcturus) 74, 102, 182
안개 낀 렌즈(fogged-up lenses) 208
안드로메다 은하(Andromeda Galaxy) 160
안드로메다자리 감마(Gamma Andromedae) 162
안드로메다자리 웁실론(Upsilon Andromedae) 163
안타레스(Antares) 103, 182
알게이바(Algeiba) 94
알골(Algol) 179
알니탁(Alnitak) 55
알데바란(Aldebaran) 41
알마크(Almach) 162
알비레오(Albireo) 69, 118

알칼루로프스(Alkalurops) 100
알코르(Alcor) 84
알타이르(Altair) 103, 154
야생 오리(Wild Ducks) 134
양자리 감마(Gamma Arietis) 166
양자리 람다(Lambda Arietis) 167
엄폐 현상(occultation) 17
여러분이 보는 것(What you're looking at) 12
여름철 대삼각형(summer triangle) 103
열쇠 구멍 성운(Keyhole Nebula) 192
오리온 성운(Orion Nebula) 50
오리온자리 V 1016(V 1016 Orionis) 51
오리온자리 세타-2(Theta-2 Orionis) 52
오리온자리 시그마(Sigma Orionis) 54
오리온자리 이오타(Iota Orionis) 52
오페라 쌍안경(opera glasses) 13
옷걸이(Coat Hanger) 129
왕관자리 제타(Zeta Coronae Borealis) 101
외뿔소자리 베타(Beta Monocerotis) 56
용골자리 에타(Eta Carinae) 192
위도(latitudes) 9
유로파(Europa) 36
육안 차트(naked-eye chart) 12
은하(galaxy) 10, 89, 216
은하수(Milky Way) 63, 103, 119, 155
이슬(dew) 208~209
이슬 막이 덮개(dew cap) 154, 209
이아페투스(Iapetus) 38
이오(Io) 36
이자르(Izar) 100
이중 성단(Double Cluster) 180
이중 쌍성(Double-double) 114
이중 쌍성의 쌍성(Double-double's double) 115
인터넷(internet) 211
일곱 자매(Seven Sisters) 42

ㅈ

작은개자리 알파(Alpha Ursae Minoris) 86

잡지(magazines) 212
적도의 가대(equatorial mount) 207, 216
적색거성(red giant) 47, 109, 216
전갈자리 BM(BM Scorpii) 143
전갈자리 RR(RR Scorpii) 141
전갈자리 누(Nu Scorpii) 137
전갈자리 베타(Beta Scorpii) 136
전갈자리 크사이(Xi Scorpii) 137
접안렌즈 배율(eyepice power) 12
접안렌즈 태양 필터(eyepiece solar filters) 29
접안렌즈(eyepiece) 204
주변시(averted vision) 216
주초점(prime focus) 204
중앙의 만(Sinus Medii) 19

ㅊ

책(books) 212~213
천문단위(Astronomical Unit, AU) 217
천왕성(Uranus) 28
초(arc second) 217
초신성 잔해(supernova remnant) 217
초신성(Supernova) 48
초은하단(Superclusters) 89
초점(focal point) 204
초점거리(focal length) 204
최대 배율(maximum useful mag-nification) 205
최대 이각(greatest elongation) 32
최적 관측 시기(best seen) 12
충(opposition) 34

ㅋ

카노푸스(Canopus) 182~183
카세그레인(Cassegrain) 204
카스토르(Castor) 41, 58, 75
카시니 간극(Cassini division) 38, 217
카시오페이아 SU(SU Cassiopeiae) 170
카시오페이아자리 RZ(RZ Cassiopeiae) 170
카시오페이아자리 로(Rho Cassiopeiae) 177

카시오페이아자리 산개 성단(Cassiopeia Open Clusters) 172
카시오페이아자리 시그마(Sigma Cassiopeiae) 177
카시오페이아자리 에타(Eta Cassiopeiae) 168
카시오페이아자리 이오타(Iota Cassiopeiae) 170
카타다이옵틱(catadioptic) 204
카탈로그(catalogs) 10
카펠라(Capella) 41, 75, 155
칼리스토(Callisto) 36
컴퓨터(computer) 210~211
　소프트웨어(software) 210~211
컴퓨터로 조종하는 망원경(computer-guided telescopes) 211
코멘트(Comment) 12
콜린더 399(Collinder 399) 129
쿡 선장(Cook, Captain) 33
큰개자리 타우(Tau Canis Majoris) 68
큰곰자리 제타(Zeta Ursae Majoris) 84
큰부리새자리 47(47 Tucanae) 200
큰부리새자리 베타(Beta Tucanae) 201
큰부리새자리 카파(Kappa Tucanae) 203

ㅌ

타이탄(Titan) 38
태양(Sun) 29
태양면 통과(transits) 29, 33, 36
테시스(Tethys) 38
토성(Saturn) 29~30, 38
　고리(rings) 38
투영(projection) 29
튜반(Thuban) 87

ㅍ

파인더스코프(finderscope) 13, 207~208, 217
파인더스코프 시야(finderscope view) 12
펄서/맥동성(pulsar) 49

페가수스 51(51 Pegasi) 157
페르세우스자리 카이(Chi Persei) 181
페르세우스자리 h(h Persei) 181
페르세우스자리 로(Rho Persei) 179
페르세우스자리 에타(Eta Persei) 181
포말하우트(Fomalhaut) 155, 183
폴룩스(Pollux) 41, 58, 75
표(table) 12
프로키온(Procyon) 41
플램스티드 수(Flamsteed Number) 10
플레이아데스(Pleiades) 42
필터(filters) 29, 32, 35

ㅎ
하늘의 상태(sky conditions) 11

해왕성(Neptune) 28
행성(planet) 28
행성상 성운(planetary nebulae) 10, 61, 217
허블(Hubble) 161
허블 상수(Hubble Constant) 107
허셜 3945(Herschel 3945) 69
허셜, 윌리엄(Herschel, William) 52
헤르쿨레스자리 알파(Alpha Herculis) 108
헬리, 에드먼드(Halley, Edmund) 33, 187
호문쿨루스(Homunculus) 192
화살자리 세타(Theta Sagittae) 129
화살자리 제타(Zeta Sagittae) 129
화성(Mars) 29~31, 34
    남쪽의 바다(Mare Australe) 34
    대유사(大流砂, Syrtis Major) 35

사르시스(Tharsis) 35
산의 바다(Mare Acidalium) 34
올림푸스 산(Olympus Mons) 35
중앙 만(Sinus Meridiani) 34
확산 성운(diffuse nebula) 10, 53, 217
황도 12궁(zodiac) 28, 41, 75, 102
황도(ecliptic) 28
황소자리 RV(RV Tauri) 215
황소자리 T별(T-Tauri stars) 147
흑점(sunspots) 29
히파르코스(Hipparchos) 65, 129

무엇을, 어디서 그리고 언제
(북위 30°~55°에 있는 관측자를 위해)

표준시												
오후 7시	1월	2월	3월						9월	10월	11월	12월
오후 9시	12월	1월	2월	3월	4월	5월	6월	7월	8월	9월	10월	11월
오후 11시	11월	12월	1월	2월	3월	4월	5월	6월	7월	8월	9월	10월
오전 1시	10월	11월	12월	1월	2월	3월	4월	5월	6월	7월	8월	9월
오전 3시	9월	10월	11월	12월	1월	2월	3월	4월	5월	6월	7월	8월
오전 5시		9월	10월	11월	12월	1월	2월	3월				

별자리		겨울			봄			여름			가을		
황소-마차부	42~49쪽	++	++	서 +	서	서 -						동 -	동
오리온	50~55쪽	남동	남 +	남서 +	서								동 -
외뿔소	56~57쪽	동 -	남동	남 +	남서	서							
쌍둥이	58~63쪽	남동	++	++	서 +	서	서 -						동 -
큰개	64~69쪽	남동-	남동	남	남서								
고물	70~73쪽		남동 -	남	남 _	남서 _							
게	76~81쪽	동 -	동	동 +	++	서 +	서 -						
큰곰/사냥개	82~93쪽		북동 -	북동	++	++	++	북서 +	북서	북서 -			
사자	94~97쪽		동 -	동	++	++	서+	서					
왕관	98~99쪽			동	동	++	++	서 +	서	서 -			
목동	100~101쪽				동 -	동	++	++	서	서			
헤르쿨레스	104~109쪽					동 _	동	동 +	++	서 +	서	서	
뱀/뱀주인	110~113쪽						동	남동			남서		
거문고/백조	114~125쪽						동	동 +	++	++	서 +	서 +	서
여우/화살/돌고래	126~131쪽						동	동	++	++	서	서	
방패	132~135쪽							동 _	남동	남	남서	서 -	
전갈	136~143쪽							남동 -	남	남서-			
궁수	144~153쪽							남동 _	남 _	남 -	남서 -		
페가수스/물병	156~159쪽	서	서 -					동 -	동	동	++	서 +	
안드로메다/삼각형/양	160~167쪽	서 +	서	서 +					동	동	동+	++	
카시오페이아	168~177쪽	++	북서	북서	북서 -	북서			북동	북동	++	++	
페르세우스	178~181쪽	++	++	서 +	북서					북동	동	++	

여러분이 관측할 시간을 찾은 다음 현재의 달에 해당하는 곳을 보라. 열을 따라 내려가면 왼쪽에 있는 별자리를 보기 위해서는 어디를 보아야 하는지 알 수 있을 것이다. '+'는 하늘 높이 떠 있는 천체를 가리키며('++'는 바로 머리 위에 위치한다는 뜻이다) '-'는 지평선 근처에서 볼 수 있음을 의미한다.

감사의 글

브래드 쉐퍼, 사비노 마페오 예수회, 클라우디오 코스타, 클리프 스트롤이 해준 수많은 제안과 교정에 감사한다. 우리는 이 책을 쓰면서 많은 책을 참고했으며 특히 번햄의 천체 안내서, 리드패스와 티리온의 별과 행성 길잡이, 하퉁의 망원경으로 볼 만한 남반구 천체—이 책은 팔린과 프류에 의해 새로 개정되었다—, 그리고 벡바의 천체 성도의 도움을 많이 받았다. 또한 우리는 몇 년치 분량의 『스카이 & 텔레스코프』에 실려 있던 귀중한 자료들을 참조했다. 이들이 인정하지 않을지라도 이 책들은 우리에게 매우 귀중한 도움이 되었다.

케임브리지 출판사의 편집자인 사이먼 미튼과 엘리스 하우스튼이 보여준 인내와 격려에 감사한다. 책의 디자인에 대해 즉석에서 집중적인 훈련을 시켜준 스테파니 셀웰에게 특별히 고마움을 표한다. 우리가 품었던 어렴풋한 생각들을 멋진 예술작품으로 만들어준 카렌 코타시 쎕과 앤 드로진에게도 고마움을 표한다. 토드 존슨은 이번 판에 길잡이 그림을 새로 넣자고 제안했으며 메리 린 스커빈은 이 그림을 그려주었다. 또한 메리는 표지도 새로 만들어주었다. 17쪽부터 27쪽 사이에 있는 달 사진은 릭 천문대의 허락을 받고 썼다. 뉴질랜드 테카포 호수에 있는 크릴 하우스에 사는 그랜트와 로즈메리 브라운, 남아프리카 요하네스버그의 클라우디오 로시 예수회의 티나 무카우에레, 프레디 음용간, 사보 음오타우(위트 워터스랜드 대학의 트리니티 하우스), 그리고 남아프리카 슬로안 공원에 있는 리처드 헨리와 그의 가족들이 보여준 무한한 호의 덕분에 남반구 지역의 천체를 관측할 수 있었다. 우리는 또한 애플 컴퓨터사와 맥킨토시 컴퓨터를 위해 수십 가지의 소프트웨어를 만든 프로그래머들에게 고마움을 전한다. 이런 도구들이 없었다면 우리는 결코 이 책을 쓸 수 없었으리라. 1980년에 제1판을 낼 당시, 우리는 별의 위치를 찍기 위해 우리들이 스스로 만든 프로그램을 써야만 했다. 이번 판을 낼 때에는 보이저 11과 허블 별 목록 덕분에 우리 삶은 훨씬 편해졌다. 마지막으로, 그 무엇보다도 댄의 이상한 행동과 더 이상한 친구들을 묵묵히 참아준 레오니 데이비스와 사라, (이제는 자신의 망원경이 된 걸 우리에게 빌려준) 벤에게 고마움을 전한다.

고양이와 다른 모두에게도.

옮긴이 **최용준**

대전에서 태어나 서울대학교 천문학과를 졸업했다. 『키리냐가』『개는 말할 것도 없고』
『마지막 기회:더글러스 애덤스의 멸종 위기 생물 탐사』 등을 우리말로 옮겼으며
『이 세상을 다시 만들자』로 제17회 한국 과학기술 도서상 번역 부문을 수상했다.
현재 전문번역가로 활동중이다.

오리온자리에서 왼쪽으로

1판 1쇄 2003년 10월 13일
1판 12쇄 2018년 11월 6일

지은이   가이 콘솔매그노 · 댄 데이비스
옮긴이   최용준
펴낸이   김정순
펴낸곳   (주)북하우스 퍼블리셔스
출판등록 1997년 9월 23일 제406-2003-055호

주소   04043 서울시 마포구 양화로 12길 16-9 (서교동 북앤빌딩)
전자우편 henamu@hotmail.com
전화번호 02) 3144-3123
팩스   02) 3144-3121

ISBN 89-89799-23-6 03440